教育部高等学校电子信息类专业教学指导委员会规划教材
高等学校电子信息类专业系列教材·新形态教材

机器学习教程

（微课视频版）

张旭东　编著

清华大学出版社
北京

内 容 简 介

本书兼顾机器学习基础、经典方法和深度学习方法，对组成机器学习的基础知识和基本算法进行了比较细致的介绍，对广泛应用的经典算法如线性回归、逻辑回归、朴素贝叶斯、支持向量机、决策树和集成学习等算法，都给出了深入的分析并讨论了无监督学习的基本方法，对深度学习和强化学习进行了全面的叙述，比较深入地讨论了反向传播算法、多层感知机、CNN、RNN 和 LSTM 等深度神经网络的核心知识和结构；对于强化学习，不仅介绍了经典表格方法，还讨论了深度强化学习。

本书是面向大学理工科各专业的宽口径、综合性机器学习的教材，可供本科生和一年级研究生课程使用，也可供科技人员、工程师和程序员自学机器学习的原理和算法使用。本书对基础和前沿、经典方法和热门技术进行了尽可能的平衡，使得读者不仅能在机器学习领域打下一个良好的基础，同时也可以利用所学知识解决遇到的实际问题并为进入学科前沿打好基础。

图书在版编目(CIP)数据

机器学习教程：微课视频版/张旭东编著. —北京：清华大学出版社，2023.1
高等学校电子信息类专业系列教材. 新形态教材
ISBN 978-7-302-60743-4

Ⅰ. ①机…　Ⅱ. ①张…　Ⅲ. ①机器学习－高等学校－教材　Ⅳ. ①TP181

中国版本图书馆 CIP 数据核字(2022)第 075912 号

责任编辑：盛东亮　崔　彤
封面设计：李召霞
责任校对：时翠兰
责任印制：杨　艳

出版发行：清华大学出版社
　　网　　址：http://www.tup.com.cn，http://www.wqbook.com
　　地　　址：北京清华大学学研大厦 A 座　　**邮　　编**：100084
　　社 总 机：010-83470000　　**邮　　购**：010-62786544
　　投稿与读者服务：010-62776969，c-service@tup.tsinghua.edu.cn
　　质量反馈：010-62772015，zhiliang@tup.tsinghua.edu.cn
　　课件下载：http://www.tup.com.cn，010-83470236
印 装 者：三河市人民印务有限公司
经　　销：全国新华书店
开　　本：185mm×260mm　　**印　张**：19.5　　**字　　数**：475 千字
版　　次：2023 年 2 月第 1 版　　**印　　次**：2023 年 2 月第 1 次印刷
印　　数：1～2000
定　　价：59.00 元

产品编号：095118-01

高等学校电子信息类专业系列教材

序

FOREWORD

我国电子信息产业占工业总体比重已经超过10%。电子信息产业在工业经济中的支撑作用凸显，更加促进了信息化和工业化的高层次深度融合。随着移动互联网、云计算、物联网、大数据和石墨烯等新兴产业的爆发式增长，电子信息产业的发展呈现了新的特点，电子信息产业的人才培养面临着新的挑战。

(1) 随着控制、通信、人机交互和网络互联等新兴电子信息技术的不断发展，传统工业设备融合了大量最新的电子信息技术，它们一起构成了庞大而复杂的系统，派生出大量新兴的电子信息技术应用需求。这些"系统级"的应用需求，迫切要求具有系统级设计能力的电子信息技术人才。

(2) 电子信息系统设备的功能越来越复杂，系统的集成度越来越高。因此，要求未来的设计者应该具备更扎实的理论基础知识和更宽广的专业视野。未来电子信息系统的设计越来越要求软件和硬件的协同规划、协同设计和协同调试。

(3) 新兴电子信息技术的发展依赖于半导体产业的不断推动，半导体厂商为设计者提供了越来越丰富的生态资源，系统集成厂商的全方位配合又加速了这种生态资源的进一步完善。半导体厂商和系统集成厂商所建立的这种生态系统，为未来的设计者提供了更加便捷却又必须依赖的设计资源。

教育部2020年颁布了新版《高等学校本科专业目录》，将电子信息类专业进行了整合，为各高校建立系统化的人才培养体系，培养具有扎实理论基础和宽广专业技能的、兼顾"基础"和"系统"的高层次电子信息人才给出了指引。

传统的电子信息学科专业课程体系呈现"自底向上"的特点，这种课程体系偏重对底层元器件的分析与设计，较少涉及系统级的集成与设计。近年来，国内很多高校对电子信息类专业课程体系进行了大力度的改革，这些改革顺应时代潮流，从系统集成的角度，更加科学合理地构建了课程体系。

为了进一步提高普通高校电子信息类专业教育与教学质量，推动教育与教学高质量发展，教育部高等学校电子信息类专业教学指导委员会开展了"高等学校电子信息类专业课程体系"的立项研究工作，并启动了"高等学校电子信息类专业系列教材"(教育部高等学校电子信息类专业教学指导委员会规划教材)的建设工作。其目的是推进高等教育内涵式发展，提高教学水平，满足高等学校对电子信息类专业人才培养、教学改革与课程改革的需要。

本系列教材定位于高等学校电子信息类专业的专业课程，适用于电子信息类的电子信息工程、电子科学与技术、通信工程、微电子科学与工程、光电信息科学与工程、信息工程及其相近专业。经过编审委员会与众多高校多次沟通，初步拟定分批次建设约100门核心课程教材。本系列教材将力求在保证基础的前提下，突出技术的先进性和科学的前沿性，体现创新教学和工程实践教学；将重视系统集成思想在教学中的体现，鼓励推陈出新，采用"自顶向下"的方法编写教材；将注重反映优秀的教学改革成果，推广优秀的教学经验与理念。

为了保证本系列教材的科学性、系统性及编写质量，本系列教材设立顾问委员会及编审委员会。顾问委员会由教指委高级顾问、特约高级顾问和国家级教学名师担任，编审委员会由教育部高等学校电子信息类专业教学指导委员会委员和一线教学名师组成。同时，清华大学出版社为本系列教材配置优秀的编辑团队，力求高水准出版。本系列教材的建设，不仅有众多高校教师参与，也有大量知名的电子信息类企业支持。在此，谨向参与本系列教材策划、组织、编写与出版的广大教师、企业代表及出版人员致以诚挚的感谢，并殷切希望本系列教材在我国高等学校电子信息类专业人才培养与课程体系建设中发挥切实的作用。

吕志伟 教授

前言

PREFACE

机器学习已经成为一种解决诸多问题的有效工具，广泛应用于多学科交叉领域。本书以理工科本科生和一年级研究生的基础知识为起点，以面向工程应用为目标，适度侧重电子信息专业学生，并尽可能满足其他专业需求，是一本通用性和专业性兼顾的机器学习入门教材。通过学习本书，读者可以为掌握机器学习包括深度学习的本质和算法、解决实际问题及开展与本领域相关的研究打下基础。

本书是作者《机器学习导论》(以下称《导论》)的姐妹篇，是对《导论》的精简。但本书不是经过简单删削的简化版，而是对内容进行了重新梳理和编排，更适合作为一个学期"机器学习"课程的基本教材。《导论》更适合作为对机器学习课程要求更高并留有一定自学材料的教材。

与《导论》类似，本书在内容选择上尽可能地进行了平衡，既反映机器学习的基础知识和经典方法，又重视近期非常活跃的深度学习和强化学习的内容。深度学习很重要，尤其当前的一些商业化应用(包括计算机视觉、语音识别、自然语言处理、推荐系统、信息检索等)，既有大数据支持，又可以通过大规模计算系统进行训练(学习)，取得了许多重要进展。但并不是所有应用都有必要使用深度学习，许多问题用传统机器学习技术就可以取得很好的结果，尤其是一些工程中的专门领域，获取大数据集是非常困难的，在这些领域中，经典的机器学习方法可得到更广泛的应用。

全书内容共 12 章，分为 3 部分。

第一部分涵盖前 5 章，包括基础性介绍和一些需要补充的基础知识。第 1 章是机器学习概述，介绍了机器学习要解决的基本问题，以及一些基本术语、基本类型和构成模型的基本元素；第 2 章是统计与优化基础，介绍了概率和统计基础、决策论基础、信息理论入门知识和优化原理入门知识，目的是使本书尽可能满足具有不同背景的读者需求；第 3 章和第 4 章分别介绍了基本回归算法和基本分类算法，包括线性回归、线性基函数回归、Fisher 线性判别分析、感知机、逻辑回归和朴素贝叶斯方法；第 5 章介绍了机器学习的评估和机器学习理论的相关知识。

第二部分由第 6～8 章组成，介绍了机器学习的 3 种重要算法：支持向量机、决策树和集成学习。由于这 3 类算法较为重要，每类都用一章的篇幅进行专题介绍。

第三部分由最后 4 章组成，包括深度学习、无监督学习和强化学习。关于神经网络与深度学习的专题，用两章的篇幅做了较深入的讨论。第 9 章是神经网络的基础，讨论了网络的结构、表示定理、目标函数、基本优化方法、梯度计算、初始化和正则化等，最重要的是给出了反向传播算法的详细介绍；第 10 章详细介绍深度学习中的两大类网络结构：卷积神经网络和循环神经网络，分别介绍了其基本结构、扩展结构，以及几个有影响的网络结构的例子，给出了残差网络、LSTM、GRU 等新结构的介绍，然后介绍了深度网络的优化技术、正则化和归一化。第 11 章是关于无监督学习算法的专题，讨论了聚类算法、EM 算法及主分量分析。第 12 章介绍了强化学习原理和算法，首先讨论了强化学习的表格方法，然后介绍了值函数逼近和策略梯度两类算法，这两类算法都可以结合深度神经网络构成深度强化学习。

目录中标记星号的章节属于选读内容。

作为一本教材，本书每章都设置了适量的习题供选用。作者在附录 A 中给出了课程的实践型作业实例。在作者自己开设的课程中，每学期均要求学生完成若干实践型作业，作业一般来自网络资源中的实际数据，需要学生自己选择预处理方法，实践型作业的效果非常好。每年的作业都有变化，为了提供完整的参考性，附录 A 给出某年的全部实践型作业的原题，仅供使用本书作为教材的老师参考。对于不同的院校、不同的专业，可以有不同的要求，但应该至少完成一项实践型作业。对于自学本书的科技人员，可以自行选择一些题目测试自己的学习效果。真正掌握好机器学习既需要较强的数学知识，从而理解各种算法；又需要有较强的实践能力，编程、调试完成一些实践型作业。本书以原理和算法为主，若读者需要学习编程基础，如 Python 语言，可自行选择相关的编程教材或指南，本书附录 A 的最后介绍了几个编程指南的网络链接。

作为一本综合性、导论性的机器学习教材，本书对深度学习和强化学习的介绍在深度和广度上都做了很大的努力，希望读者在学习到机器学习基础知识的同时，对深度学习和强化学习有深入的了解，尽快进入这些领域的前沿。

本书作为一本适合一学期课程使用的基本教材，参考文献只列出了教材和专著，《导论》则包含了更多较新的研究论文，考虑篇幅和基本教材的定位，本书没有再列出这些文献。

许多同行和研究生对本书的出版做出了贡献。微软亚洲研究院的刘铁岩博士对课程内容的设置提出了宝贵意见，秦涛博士对本书的内容给出了若干有价值的建议，清华大学电子工程系的同事汪玉、王剑、袁坚和沈渊等教授提供了各种帮助，谨表示感谢！作者的学生王超博士，曾多次作为课程助教，协助进行课程内容的完善和实践型作业的设计，并仔细阅读了本书的初稿，提出若干修改意见；助教博士生金月、邱云波帮助绘制了多幅插图，金月帮助实现了 3.3 节的实例，在此一并表示感谢。

尽管做了很大努力，但由于作者水平、时间和精力所限，本书难免有缺点和不足，希望读者批评指正。

张旭东

2023 年 1 月

于清华园

学习建议

SUGGESTION

本课程的授课对象主要为电子、计算机、自动化和生物医学工程等专业的研究生和高年级本科生，为适应更宽口径的专业要求，本课程也可适用于大学理工科专业的学生。本课程的学习可以以课堂讲授为主，同时为学生布置编程实践作业来辅助学习，也可以结合课堂讲授和并行的编程实践课的模式开设。教材附录中提供了编程实践作业的示例供参考。

基于作者在清华大学电子工程系讲授本课程的经验，将本课程主要知识点和课时分配的建议汇总于下表中，供使用本教材的授课教师参考。以下表格按照每学期 16 周安排(周 3 学时为 48 学时，周 2 学时为 32 学时，有一周被五一或十一假期占用，实际 45 或 30 学时)。下表中带 * 的节，对于 32 学时课程可以不讲，对于其他节，32 学时课程也可适当删减部分细节。

序　号	教学内容	知　识　点	48 学时	32 学时
第一部分　基础知识和基本方法	机器学习概述(第 1 章)	课程的主要目的 机器学习的概念 机器学习的类型 机器学习模型的基本组成要素 示例说明 深度学习简介 机器学习的历史简述	3	2
	机器学习的统计与优化基础(第 2 章)	概率基础复习 机器学习中的常用概率函数实例 最大似然估计 MLE * 最大后验估计 MAP 决策论 * 信息论介绍 * 非参数模型 优化技术概述	3	2
	回归学习(第 3 章)	线性回归模型 线性回归模型的递推学习 正则化线性回归 线性基函数回归	3	2
	分类学习(第 4 章)	基本分类问题表示 判决函数方法 逻辑回归 离散生成模型：Naïve Bayes	4	3
	机器学习的性能与评估(第 5 章)	模型的训练、验证与测试 机器学习模型的性能评估 * 机器学习模型的误差分解 * PAC，概率近似正确 * 假设集为有限集合的泛化界 * 假设集为无限集合的泛化界	3	1

续表

序　号	教 学 内 容	知　识　点	48 学时	32 学时
第二部分　经典算法	核函数与 SVM(第 6 章)	核函数 预备：不等式约束的拉格朗日方法 可分情况的 SVM 不可分情况的 SVM * 合页损失函数 * 多分类 SVM * 支持向量回归 SVR	4	3
	决策树(第 7 章)	决策树概述 ID3 算法和信息增益 * C4.5 算法 CART 算法 * 决策树的一些扩展问题	3	2
	集成学习(第 8 章)	集成学习概述 Bagging 和随机森林 AdaBoost 算法 * 加法模型和提升树算法 * 梯度提升树算法	3	2
第三部分　进阶方法	神经网络(第 9 章)	多层感知机 神经网络通用逼近定理 网络训练-目标函数 神经网络的参数优化 误差反向传播算法(BP) * BP 算法的向量形式 * 神经网络正则化	4	3
	深度学习(第 10 章)	整流线性激活函数 卷积网络 RNN 网络 * LSTM 和 GRU 深度学习的优化算法 网络的初始化 批归一化变换 Dropout	4	3
	无监督学习(第 11 章)	K 均值聚类算法 混合高斯模型及参数估计 EM 算法 降维和 PCA	3	2
	强化学习(第 12 章)	强化学习的基本结构模型 马尔可夫决策过程 贝尔曼(Bellman)方程 动态规划 MC 强化学习 时间差分学习 Q 学习 * 深度强化学习 DRL 介绍	5	3
	机动或研讨课	讲座或其他形式的研讨 (例如补充 Python 编程讲座)	3	2

目录

CONTENTS

第一部分　基础知识和基本方法

第二部分　经典算法

第三部分　进阶方法

视频目录

VEDIO CONTENTS

第一部分

PART1

基础知识和基本方法

第 1 章 机器学习概述

CHAPTER 1

本节介绍机器学习(machine learning,ML)的基本概念,并通过一些简单实例说明这些概念。机器学习内容庞杂,所涉及的概念繁多,为了让读者对机器学习有一个基本的认识,本章对机器学习的类型、所要面对的主要问题和关键性术语给出一个入门性的介绍,在后续各章节再对各种模型和算法展开详细介绍。

1.1 什么是机器学习

视频讲解

机器学习的本质是能够从经验中学习。若给机器学习下一个定义,可引用 Mitchell 在机器学习的第一本教材 *Machine Learning* 中给出的定义:对于某类任务 T 和性能度量 P,一个计算机程序被认为可以从经验 E 中学习是指,通过经验 E 的改进后,它在任务 T 上由性能度量 P 所衡量的性能有所提高。大多数机器学习算法所指的经验是由数据提供的。

通过图 1.1.1 的基本结构流程并结合一个具体实例,简要说明机器学习的过程和主要组成部分。

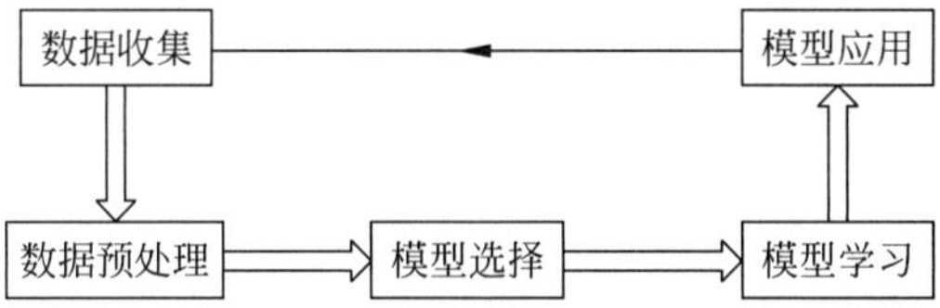

图 1.1.1 一个机器学习系统的基本结构流程

用机器学习解决一个实际问题,第一步就是收集数据。根据任务不同,收集数据的方式各有不同。收集到数据以后,不是所有数据都是可用的,要对数据进行选择和预处理,规范数据结构,删除一些不合格的数据等。

例如,设计一个某地区花卉识别软件,靠自己收集的花卉图片一般是不够的,可以通过一个网站收集旅游爱好者提供的图片,但这些图片不一定都是合格的,要删除一些不合格图片。将保留下的图片集合进行规格化,得到格式规范的数据集。在这个花卉识别的例子中,收集的照片可能有单反相机拍摄的高清晰图片,也有入门型手机拍摄的低质量图片,目前机器学习算法大多对这种分散度很高的输入数据缺乏适应性,需要通过预处理将所有图片剪裁成统一大小的图片,像素的取值范围也规格化到统一的范围。

完成如上预处理后,根据应用需要,可能要对数据样本做标注。对于花卉识别的例子,机器学习需要从样本集中学习给一幅图片命名的规则,相当于一个教师教会软件识别各种花卉的名称，这需要对样本集中各样本代表的花卉品种做人工标注，标明其名称（监督学习）。机器学习通过这些带标注的样本集学习出一个模型，若通过学习过程确定了模型，当使用者给出一幅新的花卉图片时，机器学习软件可推断出其名称。

数据收集和预处理因与应用密切关联，不在本书的进一步详细讨论范围之内。数据预处理后，可能直接使用这个数据，也可能从这个数据中抽取特征向量，将特征向量作为机器学习的输入。本书为了名词统一起见，总将对输入的表示称为特征向量。

模型选择和模型学习是机器学习的核心，也是本书的核心。这里所谓模型是指机器学习最终需要确定的一种数学表示形式。目前人们已经提出了多种不同的机器学习模型或假设，例如线性回归、神经网络、支持向量机等，后续章节会详细介绍这些模型。对于一个机器学习任务，一般会选定一种模型，例如目前图像识别首选的一般是神经网络模型，尤其是卷积神经网络（convolutional neural network，CNN）。选定模型后，使用已收集并预处理的数据集，通过机器学习的算法确定模型，这可能是非常复杂的过程，包括训练、验证和测试等过程，甚至还需要在模型选择和模型学习之间反复迭代多次。学习并确定模型的过程可称为学习过程或训练过程。

当机器学习模型确定后，该模型可用于对新的输入做出结果推断，这一阶段也称为预测。例如，以上花卉软件可以做成手机 App，当手机拍摄了新的花卉照片后，输入给这个模型，该模型可输出花卉的名称。机器学习的这个应用阶段可称为推断过程或预测过程。

在一般的机器学习算法中，学习过程和推断过程的复杂度是不平衡的。大多数机器学习算法需要大量数据进行学习，耗费大量计算资源，但推断过程往往简单快捷。例如花卉识别系统，为了得到好的应用体验，可能需要收集超过百万张花卉图片，通过人工标注，在高速计算机上反复调试训练，才能确定模型。但当模型确定后，在手机上对一幅新拍摄的图片做推断只需要秒级运算。

一个机器学习系统进入应用后，其使用体验可以反馈给设计者，设计者收集到反馈信息和更多数据后可进一步改进并更新系统。

结合图 1.1.1 和以上介绍，将一个机器学习系统简单归结为几部分：①数据收集和预处理；②模型选择；③模型学习或训练；④模型推断和预测，即模型应用。

本书作为机器学习的基础教材，主要关心机器学习模型的学习和模型推断，故在后续章节进一步讨论以上的第②～④部分。至于数据收集和预处理，若需要解决的是一个实际问题，则需要从实际环境中收集数据，这与实际问题密切相关且千变万化，不是本书讨论的重点。需要注意，在机器学习的发展过程中，针对典型应用并为了方便研究，有多个组织公布了各类标准数据集可供使用，用于实验和评估算法。在课程的学习中，也可使用这些数据集完成实践作业，关于标准数据集的进一步说明，可见 1.3 节。

机器学习应用在非常广泛的领域，其中应用较深入并为人们熟悉的领域有图像分类和识别、计算机视觉、语音识别、自然语言处理（如机器翻译、人机对话）、推荐系统、网络搜索引擎等。此外，还有无人系统领域，如智能机器人、无人驾驶汽车、无人机自主系统等，以及一些更加专用的领域，如通信与信息系统领域（通信、雷达等的信号分类和识别、通信信道建模等）、生命科学和医学、机械工程、金融和保险、物流航运等。

由于应用广泛，众多领域的科技工作者对机器学习的贡献使得该领域所涉及知识已非常广泛和深入，本书仅仅通过基本原理和常用算法给出机器学习的导论性介绍。

1.2　机器学习的类型

对所关注的问题进行分类，是理清逻辑关系、理解问题的基本方法，机器学习同样可依据不同原则分为不同类型。

1.2.1　基本分类

可以从不同方面对机器学习进行分类，以下介绍几种基本分类。

1. 针对数据的可用信息进行分类

由于机器学习的本质是从数据中学习，故数据的可用信息尤为重要，根据数据可提供的信息分类，是机器学习最主要的一种分类方式。目前，根据数据集的可用信息可将机器学习分为监督学习（supervised learning）、无监督学习（unsupervised learning）、半监督学习（semi-supervised learning）和强化学习（reinforcement learning），也可将后两者归为弱监督学习（weakly supervised learning）。图 1.2.1 给出了这种分类的关系图。

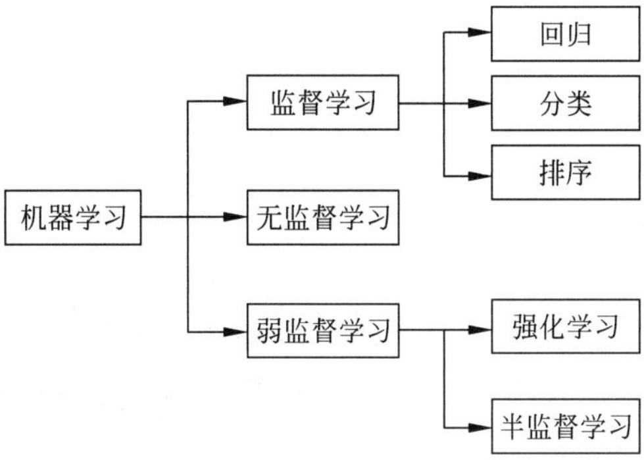

图 1.2.1　机器学习的分类

在用机器学习解决一个实际问题时，首先要从已发生的或可采样的环境中收集针对该问题的数据，然后对这些数据进行预处理，包括进行人工标注。对于**监督学习**，可得到如下的数据集形式：

$$\boldsymbol{D}=\{(\boldsymbol{x}_i,\boldsymbol{y}_i)\}_{i=1}^{N} \tag{1.2.1}$$

数据集中的每一个成员$(\boldsymbol{x}_i,\boldsymbol{y}_i)$代表一个样例，称为一个样本，下标 i 表示样本的序号，故这个数据集也称为样本集。

去掉下标用符号$(\boldsymbol{x},\boldsymbol{y})$作为样本的一般表示，这称为一个样本元。这里 $\boldsymbol{x}$ 称为特征向量，是对样本的输入表示。例如，在垃圾邮件检测的机器学习系统中，样本来自收集的大量电子邮件，为了数字化地处理这些邮件，可定义一个词汇表，这些词汇对判断一封邮件是否为垃圾邮件起作用。在垃圾邮件检测问题中，特征向量 $\boldsymbol{x}$ 的每个分量对应词汇表中的一个词，$\boldsymbol{x}$ 的 k 分量 x_k 对应词汇表的第 k 个词，若该词出现在邮件中则 $x_k=1$，否则 $x_k=0$，这样的 $\boldsymbol{x}$ 表示了一封邮件的特征，即词汇表中哪些词出现在该邮件中。若要求更细致的表示特征，则 x_k 可以表示对应词汇在邮件中出现的次数。

在不同机器学习系统中，$\boldsymbol{x}$ 取自原始样本的方式不同。例如，在语音识别中，原始样本是记录的一段语音信号，由于用向量表示原始样本的维数很高，一些系统通过降维处理或通过人工预处理得到表示该段语音的重要特征表示的向量。有些深度学习系统可将原始录音适当预处理(例如归一化等),构成高维向量来表示语音信号。由于构成 $\boldsymbol{x}$ 有多种不同方式,为了叙述统一起见,对其使用统一的名词“特征向量”,也可称为输入向量。尽管在一些应用中,特征向量可能是矩阵或张量,如图像或视频序列,但在原理和算法叙述中,用向量作为一般表示并不失一般性。

样本元$(\boldsymbol{x},\boldsymbol{y})$中的第2个元素 $\boldsymbol{y}$ 则更体现监督学习的特点。$\boldsymbol{y}$ 称为标注(lable),它告诉机器学习系统特征向量 $\boldsymbol{x}$ 代表的是什么。例如,在垃圾邮件检测中,对于一个样本$(\boldsymbol{x}_i,\boldsymbol{y}_i)$,$\boldsymbol{x}_i$ 表示该邮件的特征向量,$\boldsymbol{y}_i$ 则标明它是垃圾邮件还是正常邮件,在这种情况下 $\boldsymbol{y}_i$ 是个标量,$\boldsymbol{y}_i=1$ 表明该邮件是垃圾邮件,$\boldsymbol{y}_i=0$ 表明是正常邮件。通过标注,样本集式(1.2.1)被赋予了更多信息,这就相当于在教室里学习,$\boldsymbol{x}_i$ 代表老师写在黑板上的一个字,$\boldsymbol{y}_i$ 相当于老师告诉我们这个字读什么,故监督学习也称为有教师的学习。

监督学习的任务就是设计学习算法,利用带有标注的数据集,通过学习过程得到一个数学模型

$$\hat{\boldsymbol{y}}=h(\boldsymbol{x}) \tag{1.2.2}$$

注意,式(1.2.2)的数学模型是广义的函数形式,其可能是一个显式的数学函数,也可能是概率公式,还可能是一种树型的决策结构,在具体模型中 $h(\boldsymbol{x})$有其确定的形式。

监督学习可以分为两个阶段,一是学习过程(或称训练过程),一是预测或推断过程。在学习过程中,使用式(1.2.1)所示的带标注的数据集,得到式(1.2.2)所示的函数;在推断过程中,给出新的特征向量 $\boldsymbol{x}$,代入式(1.2.2)计算出对应的结果。例如,在垃圾邮件检测系统中,通过数据集训练得到一个如式(1.2.2)的模型,当邮件服务器收到一封新邮件时,它抽取新邮件的特征 $\boldsymbol{x}$,代入式(1.2.2)判决是否为垃圾邮件。在多数的机器学习系统中,学习过程往往非常耗时,但推断过程的计算往往更简单,从计算资源开销角度讲,训练过程和预测过程是不平衡的。

对于无监督学习,数据集不带标注,即数据集的形式为

$$\boldsymbol{D}=\{(\boldsymbol{x}_i)\}_{i=1}^{N} \tag{1.2.3}$$

由于没有标注,并不知道 $\boldsymbol{x}_i$ 对应的是什么,与监督学习对比相当于没有“教师”这一项参与学习过程。无监督学习需要从数据自身发现一些现象或模式,一般无监督学习没有统一的很强的目标,但有一些典型的类型,如聚类(clustering)、降维与可视化、密度估计、隐变量因子分析等。

聚类是无监督学习最为常见的一类,指从数据中发现聚集现象,分别聚集成多个类型,每个类型有一些同质化的性质。例如,人口调查的数据可进行聚类分析,对于各类找出一些共同的特征(属性)。降维是另一种常见的无监督学习方法,例如主成分分析(PCA),可将输入的高维向量用一个低维向量逼近,用低维向量替代高维向量作为机器学习后续处理的输入,好的降维方法引起的对后续学习过程性能的降低不明显。降维的另一种应用是可视化,高维数据无法用图形查看,将高维数据降维为二维或三维数据,可通过图形显示数据集,从而得到直观的感受。一般假设式(1.2.3)的数据集来自一个联合概率密度函数 $p(\boldsymbol{x})$,但是并不知道这个概率密度函数是什么,可以通过样本集估计概率密度函数。

可认为**半监督学习**是处于监督学习和无监督学习之间的一种类型。对样例进行标注大多需要人工进行,有些领域的样本需要专家进行标注,标注成本高、耗费时间长,故一些样本

集中只有少量样本有标注，而其他样本没有标注，对于这样的样本集需要半监督学习方法。

半监督学习大多结合监督学习和无监督学习方法。以分类为例，图 1.2.2 给出了一个仅有少量标注的样本集示例，这里特征向量是二维的，三角和方形代表有标注的样本，并分别表示不同类型，黑圆点表示无标注样本。假设这是一个二分类的例子，首先用无监督聚类算法将样本分为两簇，然后每一簇中标注样本的类型可表示这一簇的类型，该例中用叉号表示的新样本与三角样本在同一簇，故分为三角代表的类。实际情况可能比这个例子更复杂，这里只是说明半监督学习的一种直观思想。由于本书的导论性和篇幅限制，后续章节不再进一步讨论半监督学习问题，有兴趣的读者，可参考有关文献，例如文献[9]。

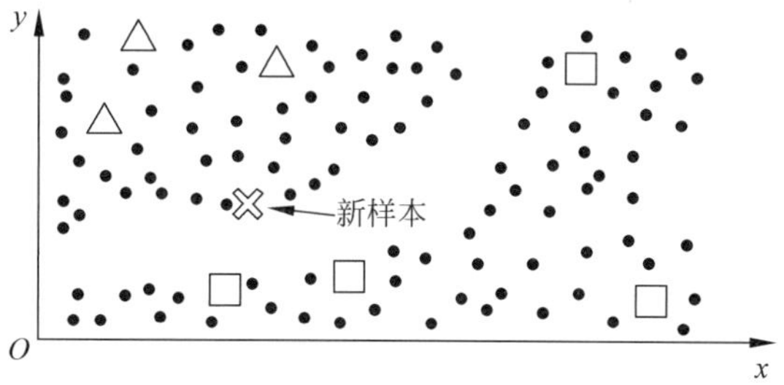

图 1.2.2　半监督学习的样本示例

强化学习研究智能体如何基于对环境的认知做出行动来最大化长期收益，是解决智能控制问题的重要机器学习方法。

这里通过一个例子给出对强化学习的直观理解。例如，训练一个智能体与人类对抗玩一类游戏，游戏的每一步可能会得分或失分，把得分值作为一种奖励。由于奖励只能评价动作的效能，并不能直接指导智能体怎样做下一步动作，并且奖励的长期积累（长期收益）决定游戏的最终输赢。起始时智能体的策略可能为随机动作，不太可能赢得游戏，需要不断试错以改进策略，从而找到在各种游戏状态下动作的最优选择，即最优策略。在强化学习的过程中，尽管奖励和长期收益可能指导最终学习到好的策略，但是奖励本身只是一种评测，并不能直接指导下一步该怎么做（对比监督学习，监督学习的标注会指出在每一状态该如何动作），与监督学习相比，强化学习的监督力是弱的。

在以上游戏的例子中，每一步都有奖励，有一些应用中，奖励是非常稀疏的。例如，在棋类游戏中，只有当胜负发生时才有奖励。中间步骤若给出奖励可能会误导，譬如象棋，若每吃掉对方的棋子就给予奖励，则智能体为了短期的收益倾向于快速吃掉对方的棋子但最终却输棋，因此棋类游戏往往到最后胜负才有奖励，当前行动的影响要延迟很多步才能评价，这样的情况监督性就更弱了。从这种意义上看，强化学习是一种弱监督学习。尽管弱监督，但强化学习更像人类在实践中的学习过程，是机器学习中非常有前景的一类学习方法。尽管有其他技术的辅助，战胜国际围棋九段顶尖高手的强大的 AlphaGo 及后续的 AlphaZero 的核心是强化学习。

图 1.2.3 是强化学习的原理图。假设在时刻 $t=1,2,\cdots$，环境所处的状态表示为 s_t，智能体在当前状态执行一个动作 a_t，环境跳转到了新的状态 s_{t+1}，并反馈给智能体一个奖励 r_{t+1}。这个闭环过程在长期收益最大化原则的指导下，寻找到好的甚至最优或接近最优

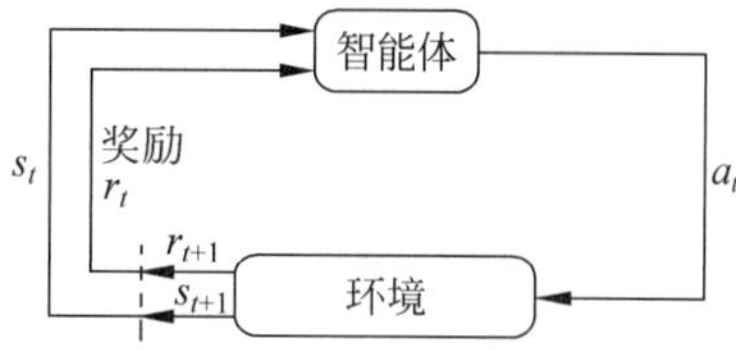

图 1.2.3　强化学习的原理图

的策略。第 12 章将给出强化学习的更详细的介绍。

这些类型并不是相互无关的,一些复杂的系统可能包括多类的成分,类型之间也相互结合。例如,强化学习在相当长时期内是机器学习一个相对独立的分支,但近期的深度强化学习就以监督学习中的深度神经网络作为其重要组成部分。介绍类型的区分主要是为了在学习过程中用比较清晰的主线进行叙述,同时在介绍中逐步引出一系列主要术语,但不要被类型束缚住思维。

2. 针对模型类型进行分类

如前所述,机器学习的目标是学习得到一个如式(1.2.2)所示的模型。尽管式(1.2.2)是在监督学习的情况下写出的,但由于该式是一个广义的函数形式,故对其他类型如无监督学习或强化学习等也适用。这样的机器学习模型有两种典型类型:参数模型和非参数模型。

参数模型是指在数学模型的表示中,显式地由一组参数表示该模型,当模型参数的数目和取值都确定了,该模型也就确定了。故可将式(1.2.2)的一般模型专门化为如下参数模型表示:

$$\hat{\boldsymbol{y}}=h(\boldsymbol{x};\boldsymbol{w}) \tag{1.2.4}$$

这里 $\boldsymbol{w}$ 表示模型的参数。为了叙述的一致性,一般用向量代表所有参数,在具体算法中参数可以是标量、矩阵或张量。分号";"隔开 $\boldsymbol{x}$ 和 $\boldsymbol{w}$,表示 $\boldsymbol{x}$ 是函数的自变量,$\boldsymbol{w}$ 只是参数。在学习阶段确定 $\boldsymbol{w}$,在推断阶段参数是确定的。

为了易于理解,看一个简单线性模型的例子。设 $\boldsymbol{x}$ 是 K 维向量,$\boldsymbol{x}=[x_1,x_2,\cdots,x_K]^{\mathrm{T}}$,需要训练的模型表示为

$$\hat{\boldsymbol{y}}(\boldsymbol{x};\boldsymbol{w})=w_0+\sum_{k=1}^{K}w_kx_k=\boldsymbol{w}^{\mathrm{T}}\bar{\boldsymbol{x}} \tag{1.2.5}$$

其中,$\bar{\boldsymbol{x}}=[1,x_1,x_2,\cdots,x_K]^{\mathrm{T}}$ 是 $\boldsymbol{x}$ 的增广向量。这里输出 $\hat{\boldsymbol{y}}$ 带"^"符号表示这是学习得到的模型而不是问题的精确表示。

式(1.2.5)是一个极简单的参数模型,称为线性回归模型。使用样本集通过学习过程确定参数 $\boldsymbol{w}$,则式(1.2.5)的模型就确定了,之后给出新的 $\boldsymbol{x}$,就可以计算相应结果。在该例中,$\boldsymbol{x}$ 的维数 K 确定后,模型参数 $\boldsymbol{w}$ 有 $K+1$ 个分量是确定的,学习过程就是获得这些参数的最优或接近最优的取值,一旦参数确定了,这个模型就确定了。

目前机器学习中有许多非常复杂的参数模型,例如深度神经网络(deep neural network,DNN)通过多层复合函数表示模型,可能具有超过百万数量的参数。即使如此复杂,一旦一个网络结构确定了,其参数数目和作用就确定了,尽管通过学习确定这些深度模型参数的算法比式(1.2.5)模型参数的计算复杂得多,但参数的作用与式(1.2.5)并无区别。

非参数模型与参数模型相比,模型不是显式地依赖固定的参数集。不是说非参数模型就完全没有参数,而是不显式地依赖一组固定的参数。

目前机器学习常用的模型中,既有参数模型也有非参数模型。像线性回归、逻辑回归和神经网络等是参数模型,而 K 近邻算法则是非参数模型,决策树可以看作非参数模型。

3. 针对模型的确定性进行分类

如前所述,式(1.2.2)的模型是一个广义的函数,一种情况是对于新的特征向量 $\boldsymbol{x}$ 计算得到确定的 $\boldsymbol{y}$,这是一种**确定性模型**;另一种情况是式(1.2.2)模型计算的是在 $\boldsymbol{x}$ 确定的条

件下，y 的一种概率表示。有两类常用的概率表示，一类是 x 作为条件时 y 的条件概率，另一类是 x 和 y 的联合概率，这是一种**概率模型**，由概率模型得到最终结果往往需要一个决策过程，将在第 2 章介绍机器学习中的决策过程。

通过学习得到确定性模型后，其推断过程简单，但在一些应用中，确定模型可能过于武断，例如病情诊断，确定性模型会输出有病或没病，但是在诊断过程尤其初始诊断过程中很难有这种确定性结论。而概率模型会给出有病的概率，例如 0.99 概率有病比 0.6 的概率有病给出的信息量要更丰富。

在机器学习中，确定性模型和概率模型都在使用，各自有其优缺点，需要根据实际问题选择。

4. 针对样本处理方式进行分类

按数据集使用方式进行分类，可有批处理方式、增量式方式和在线学习（online learning）。这是实现层面的问题，这里只简略说明。所谓批处理方式是将完整样本集一次性使用进行训练的方式，而增量式方式每次只取出一个样本或一小批量样本进行训练，对完整样本集的使用是按序列方式或递推方式进行的。

一般来讲，在小规模问题中可选择批处理或增量式方式。例如，在小规模样本的线性回归模型的学习中，可用批处理方式利用闭式公式直接得到最优解；在小规模样本和只有一个隐藏层的小规模神经网络的训练中，可批处理使用全部样本计算梯度，然后用梯度下降法迭代最优解，也可增量式采用单样本或小批量样本计算随机梯度，利用随机梯度法迭代求解。对于大规模问题，为了计算上的方便和算法的有效性，一般采用增量式实现。

在线学习的基本思想是在边采样数据边学习的环境下的一种学习方式，是一种增量式方式。严格来讲，在线学习有其专指的含义，但本书中不对增量式和在线学习区分。

对一个具体的机器学习算法，本小节介绍的各种类型可组合，例如神经网络分类系统是参数模型的监督学习，输出是类型的后验概率；线性回归是参数模型的监督学习，输出是确定值；K 均值聚类是无监督学习，输出是确定性的，但基于混合高斯模型的软聚类属于无监督学习，可输出聚类的后验概率。

1.2.2 监督学习及其功能分类

监督学习是占本书最大篇幅的一类学习方法，也是目前应用最广泛的学习方法，本小节从监督学习的角度对机器学习的各种功能类型再做一些说明。

监督学习从功能上讲，主要有 3 种类型：分类、回归和排序。

分类是使用最广泛的一类功能（注意，这里的“分类”是指一种功能，与本节前述的机器学习类型的“分类”用了同一个词）。当需处理的对象可分为数目有限的类型时，面对的就是分类问题。例如，垃圾邮件检测中只有两类：垃圾邮件和非垃圾邮件；手写数字识别有 10 类，示例如图 1.2.4 所示；动物类型就更多了，一个应用系统往往可支持有限的类型，比如可识别 200 种动物类型。

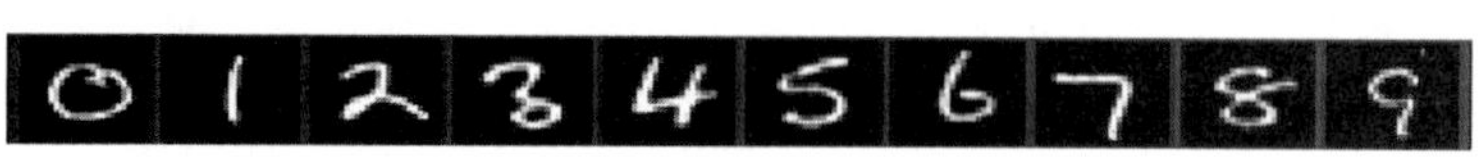

图 1.2.4 手写数字示例

在分类应用中，式(1.2.1)所表示的样本集中，标注值 $\boldsymbol{y}_i$ 只表示有限的类型，故其只取有限的离散值，例如可以用不大于 K 的整数表示最多 K 种类型，也可以用二元向量(一种表示类型的编码方式)表示类标号，这些表示的细节第4章再详述。

在分类问题中，由于只有两种类型的二分类问题有特殊意义，经常专门讨论二分类情况。二分类问题表示简单，原理易于理解且大多数二分类问题很容易推广到多分类问题，故经常以二分类问题作为起点讨论分类算法，然后推广到多分类问题。

很多被称为“识别”或“检测”的问题可归结为分类，例如个人计算机开机的人脸识别，其实就是二分类，识别主人和非主人；家庭智能锁的指纹识别，可识别多个家庭成员和非家庭成员，是一个多分类问题。

回归是另一种常用的机器学习功能类型。例如，股票价值预测、对通信信道建模等，其特点是式(1.2.1)的标注 $\boldsymbol{y}_i$ 和式(1.2.2)的模型输出 $\boldsymbol{y}$ 都是连续值。

一般情况下，人们会选择专门为分类或回归设计的模型，通过样本集学习得到模型表示。有些情况下，为回归设计的算法也可用于分类，反之亦然。有些模型本身既可用作回归也可用作分类，但在不同类型应用中，目标函数选择不同。例如，SVM和神经网络对分类和回归均适用，但对不同类型应用时，目标函数有所不同，学习算法也有相应的变化。

排序学习是随着信息检索的应用发展起来的一种学习方法，模型的输出是一个按照与检索词相关程度排序的列表。限于篇幅，本书不再进一步讨论排序学习，有兴趣的读者可参考文献[26]。

值得注意的是，这里介绍机器学习的各种类型，目的是让读者了解各类方法的特点和逻辑关系，也为后续阅读机器学习文献梳理基本脉络，同时介绍一些常用术语。这个分类是不完全的，甚至有些类型的学习方法不包括在这些分类中。从更高层意义上对机器学习进行分类或对机器学习进行更全面的解释，甚至包括哲学层面或伦理层面，都超出本书的视角和目标。

视频讲解

1.3 构建机器学习系统的基本问题

本节讨论构建机器学习系统的基本要素及相应的几个基本概念。

1.3.1 机器学习的基本元素

构建一个完整的机器学习系统，需要几个基本元素，以下四个元素是一个机器学习系统不可或缺的：数据集、目标函数、模型和优化算法。

1. 数据集

机器学习是从数据中学习，数据集是必需的元素。目前的机器学习方法大多针对特定问题有效，尽管一些将在特定问题有效的算法迁移到更广泛问题的研究已经取得一些进展，但可靠的机器学习算法仍以专用于特定问题的方法为主。例如，针对围棋设计的系统不会用于打麻将，针对垃圾邮件检测设计的系统不会用于对木马病毒的检测。

机器学习要针对具体问题从数据中学习，在确定了要解决的问题后，收集数据是第一步。要从已经发生的该类问题中，收集大量原始数据，并对数据进行适当的预处理，以适合机器学习的后续处理。例如，原始数据中的一些特征是文字描述的，要变成数值。如果是监督学习，要对数据进行标注。

对于监督学习，预处理和标注以后，得到式(1.2.1)所示的数据集。在每个样本$(\boldsymbol{x}_i,\boldsymbol{y}_i)$中，$\boldsymbol{x}_i$是特征向量，代表对对象的描述，$\boldsymbol{y}_i$是标注值，指出对象是什么。为了利用数据集进行学习和测试，可将数据集划分为**训练集 $\boldsymbol{D}_{\text{train}}$** 和**测试集 $\boldsymbol{D}_{\text{test}}$**。训练集用于学习模型，用测试集测试所学模型的有效性。

在机器学习的学习和应用中，数据集有两种典型的来源。在机器学习的学习或算法研究中，可使用标准数据集，这些数据集是有关组织或研究者收集并发布的，其中很多可免费使用，在网络上搜索并下载即可。这些数据集种类很多，语音、文字、图像等通用的数据集更是多种多样，数据集从小规模到大规模都有，为机器学习的学习和研究提供了很大方便。

手写数字识别数据集 MNIST，由美国国家标准与技术研究所发布，包含 60 000 个训练集图像及其标注，以及 10 000 个测试集图像及其标注，每个手写体图像剪裁成 28×28 像素的数字图像，图 1.3.1 是该数据集一部分样本的图像显示。

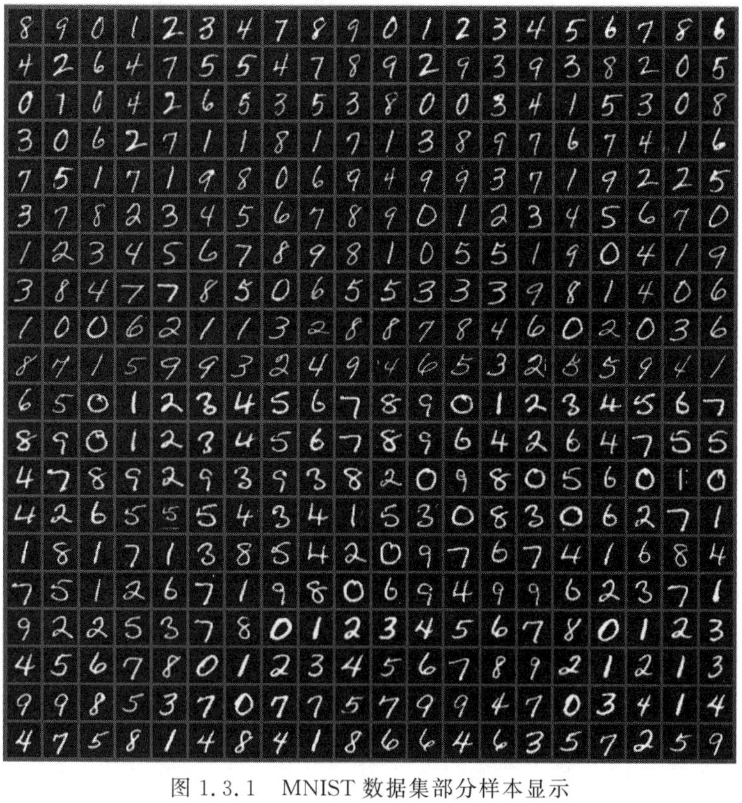

图 1.3.1　MNIST 数据集部分样本显示

CIFAR-10 是一个中规模彩色图像数据集，包含 60 000 张图片，均为 32×32 的彩色照片，每个像素点包括 RGB 三个数值，数值范围是 0～255。所有照片分属 10 个不同的类别，均做了标注。类型分别是 airplane（飞机）、automobile（汽车）、bird（鸟）、cat（猫）、deer（鹿）、dog（狗）、frog（青蛙）、horse（马）、ship（船）和 truck（卡车）。其中 50 000 张图片被划分为训练集，剩下的 10 000 张图片属于测试集。图 1.3.2 给出 CIFAR-10 部分样本的显示。

有一些小的数据集如山鸢尾 Iris 数据集仅包含 150 个样本，只有三个类型，这种数据集可用于一些较简单的经典学习算法的实验。也有一些超大规模的数据集，如 ImageNet 包含1500万张图片，约2.2万类，实际研究中一般只使用其一个子集，例如ISLVRC(ImageNet large scale visual recognition competition)竞赛使用约128万张图片做训练集，共计1000类，这种大规模数据集主要用于训练深度网络。还有许多面向各种应用的数据集，如用于机器翻译的WMT、用于语音识别的TIMIT等。Kaggle网站上有各种各样的由个人或组织公布的各类数据集，并支持在这些数据集上进行机器学习算法的挑战比赛。

图1.3.2 CIFAR-10部分样本显示

数据集的第二种来源就是面对实际问题，从实际问题中采集数据，对数据进行预处理生成合格的数据集。例如，云南当地植物资源极其丰富，可以采集大量植物图片，并可以发动旅游爱好者"众筹"当地的植物照片，剪裁成标准图片并请当地植物行家进行标注，用这样的数据集训练一个当地植物识别软件App。另一个例子是机械故障诊断，通过测量系统积累许多故障下的测量信号，但这样的数据集往往规模有限，可称为小样本情况，传统的机器学习算法如SVM可能更适合解决这类问题。

2. 目标函数

一个机器学习系统要完成一类任务，就要有一个评价函数用于刻画系统对于目标的达到程度，即要有一个目标函数(或称评价函数)。一般来讲，衡量系统是否达到所要求的目标，一种方式是评价其与目标系统的差距，另一种是评价系统的收益。前者是目标函数最小化，后者是目标函数最大化。在不同的场景下，可以用目标函数、代价函数、评价函数、风险函数、损失函数、收益函数等名词作为性能评价的函数，一些专用系统还有特定的一些评价函数，本书对此不做进一步讨论。

以监督学习的损失函数为例，对目标函数进一步说明。设要学习一个模型

$$\hat{\boldsymbol{y}}=h(\boldsymbol{x};\boldsymbol{w}) \tag{1.3.1}$$

这里假设模型是参数模型，$\boldsymbol{w}$ 是模型参数。若模型是理想的，在输入 $\boldsymbol{x}$ 时输出为 $\boldsymbol{y}$，但学习得到的模型并不理想，模型的输出 $\hat{\boldsymbol{y}}$ 和期望的输出 $\boldsymbol{y}$ 之间有误差，定义一个样本的损失函数为

$$L(\hat{\boldsymbol{y}},\boldsymbol{y})=L(h(\boldsymbol{x};\boldsymbol{w}),\boldsymbol{y}) \tag{1.3.2}$$

这里以 $L(\cdot,\cdot)$ 表示一个一般的损失函数，实际中可取具体的损失函数，例如误差平方、误差绝对值等。设 $(\boldsymbol{x},\boldsymbol{y})$ 的联合概率密度为 $p(\boldsymbol{x},\boldsymbol{y})$，则总体损失函数为样本损失函数的期望值，可表示为

$$J^{*}(\boldsymbol{w})=\mathrm{E}_{p(\boldsymbol{x},\boldsymbol{y})}\{L(h(\boldsymbol{x};\boldsymbol{w}),\boldsymbol{y})\}=\iint p(\boldsymbol{x},\boldsymbol{y})L(h(\boldsymbol{x};\boldsymbol{w}),\boldsymbol{y})\mathrm{d}\boldsymbol{x}\mathrm{d}\boldsymbol{y} \tag{1.3.3}$$

这里 $\mathrm{E}_{p(\boldsymbol{x},\boldsymbol{y})}$ 表示按概率函数 $p(\boldsymbol{x},\boldsymbol{y})$ 取期望。但是，在机器学习的情境中，只有样本集，概率密度函数 $p(\boldsymbol{x},\boldsymbol{y})$ 一般是未知的，故式(1.3.3)无法直接计算。实际存在的只是一组样本，例如在学习过程中只有训练集，为了叙述方便，训练集表示为

$$\boldsymbol{D}_{\text{train}}=\{(\boldsymbol{x}_i,\boldsymbol{y}_i)\}_{i=1}^{N} \tag{1.3.4}$$

可以计算训练样本集的平均损失

$$J(\boldsymbol{w})=\frac{1}{N}\sum_{i=1}^{N}L(h(\boldsymbol{x}_i;\boldsymbol{w}),\boldsymbol{y}_i) \tag{1.3.5}$$

式(1.3.5)称为**经验损失函数**，名称源于其通过样本计算获得，样本可以看成一种经验。为了学习得到最优模型(参数模型等价为得到相应的最优模型参数)，从原理上需通过最小化式(1.3.3)的损失函数 $J^{*}(\boldsymbol{w})$ 得到最优参数 $\boldsymbol{w}_o$，但由于不能直接使用式(1.3.3)，实际通过最小化式(1.3.5)的经验损失函数 $J(\boldsymbol{w})$ 得到逼近的最优参数 $\hat{\boldsymbol{w}}_o$。

通过损失函数 $J^{*}(\boldsymbol{w})$ 优化得到的解 $\boldsymbol{w}_o$ 使用了问题的全部统计知识，因此是该问题的总体最优解，但通过式(1.3.5)的经验损失函数 $J(\boldsymbol{w})$ 最小化得到的解 $\hat{\boldsymbol{w}}_o$ 只使用了训练集的数据，即只使用了由部分经验数据所能够表示的统计特征。一个自然的问题：对于训练集中没有的新样本，这个模型的推广能力如何？这个问题称为机器学习的**泛化**(generalization)问题，对未知样本的期望损失称为泛化损失，理论上在一定条件下可估计泛化损失界。

如前所述，如果得到一个数据集，可将其分为训练集和测试集，测试集内的样本与训练集样本来自同一个概率分布(实际中来自对同一类应用场景的采样)，对监督学习来讲测试集也是带标注的，但与训练集是互相独立的。测试集表示为

$$\boldsymbol{D}_{\text{test}}=\{(\boldsymbol{x}_i,\boldsymbol{y}_i)\}_{i=1}^{M} \tag{1.3.6}$$

学习过程中用训练集确定了模型，将模型用于测试集，计算测试集平均损失

$$E_{\text{test}}=\frac{1}{M}\sum_{k=1}^{M}L(h(\boldsymbol{x}_k;\hat{\boldsymbol{w}}_o),\boldsymbol{y}_k) \tag{1.3.7}$$

以测试集损失近似表示泛化损失。当泛化损失满足要求时，才认为机器学习算法得到了所需的模型。很多情况下，损失函数代表的是一类误差，这时可分别用以下几种误差来表达损失：在训练集上的平均损失称为**训练误差**，在测试集上的平均损失为**测试误差**，可用测试误差近似表示**泛化误差**。

3. 模型

这里模型指的是一个机器学习算法采用的具体数学表示形式，即式(1.2.2)广义的数学

函数的具体化,从大类型来讲可分为参数模型和非参数模型。非参数模型的表示随具体应用而定,不易给出一个一般性的表示。参数模型可表示为式(1.2.4)的一般形式

$$\hat{\boldsymbol{y}}=h(\boldsymbol{x};\boldsymbol{w})$$

最基本的参数模型可分为线性模型和非线性模型。这里的线性和非线性既可以指 $\hat{\boldsymbol{y}}$ 与参数 $\boldsymbol{w}$ 的关系,也可以指与特征向量 $\boldsymbol{x}$ 的关系。对 $\boldsymbol{w}$ 是否线性决定了系统优化的复杂度,而对 $\boldsymbol{x}$ 是否线性决定了系统的表达能力。若对两者均是线性的,则是一种最简单的模型;若对两者均是非线性的,所描述的问题则更复杂。

机器学习中已存在很多种人们已经构造的模型,如神经网络、支持向量机、决策树、K 均值聚类等,后续章节会分别介绍这些模型。一些模型的表达能力可能更适合某一类问题,难有一种模型对所有问题都是最优的。在机器学习系统中,需要预先选择一种模型,确定模型的规模,然后进行训练,若无法达到所需要的目标,可以改变模型的规模,或改变模型的类型进行重新学习,找到对所要解决的问题可能最适合的模型。

并不是模型越复杂越好。例如,对于一个回归问题,若损失函数为模型输出与期望输出之间的均方误差,在训练集是有限的情况下,若选择一个非常复杂的模型,模型的表达能力很强,训练过程中可能使得训练误差趋近甚至等于 0。这样的模型选择是否最优(测试误差是否也很小),答案可能是否定的。样本集的获得过程难免存在噪声,模型为了尽可能使训练误差小,可能过度拟合了噪声的趋向,由于噪声又是非常杂乱的,拟合的模型可能局部变化过于急剧,这种模型对于新的输入,可能预测性能不好,或者对测试集误差很大,这种情况称为**过拟合**(overfitting)。过拟合的基本表现:训练误差达到很理想的结果,但泛化性能差。

欠拟合(underfitting)是另一种趋向,即模型过于简单,无法表达数据中较复杂的变化规律,因此训练误差无法下降到较小的程度,既然对训练样本都无法得到好的拟合,也就谈不上有好的泛化性能。在确定机器学习系统的过程中,不希望过拟合和欠拟合。实际系统开发者为避免欠拟合,往往选择相对复杂一些的模型,对这种选择的关键技术是克服过拟合,克服过拟合问题的一种方法是**正则化**(regularization)。

针对系统复杂性方面,正则化的基本做法是对目标函数增加一个约束项。若原来的目标函数是一个损失函数,则新目标函数由原损失函数加上一个约束项组成,约束项用于控制系统复杂度,约束项上一般施加一个权因子 λ,用于平衡损失函数和约束项的影响强度,λ 是一种**超参数**,超参数一般不能通过训练过程确定,大多通过交叉验证的方式确定。

4. 优化算法

当数据集、目标函数、模型都选定后,就要通过优化算法将模型内容确定下来。例如,对于参数模型,需要用训练数据对描述模型的目标函数进行优化得到模型参数。一般来讲,对较为复杂的机器学习模型,难以得到对参数解的闭式公式,需要用优化算法进行迭代寻解。若一类机器学习问题直接使用已有的优化算法即可有效求解,则直接使用这些算法;若没有直接求解算法,或直接使用现有算法效率太低,则可针对具体问题设计改进现有算法或探索新的专门算法。

1.3.2 机器学习的一些基本概念

对于以上讨论的元素,给出几个更专业化的名词:输入空间、输出空间、假设空间。

输入空间：可包含所研究对象的特征向量的空间。例如，特征向量 $\boldsymbol{x}$ 是十维的实向量，则该输入空间是全部的十维实向量空间，该输入空间可包含的对象是无穷的，是无限集合。例如，在第 4 章讨论的朴素贝叶斯分类中，若 $\boldsymbol{x}$ 是 1000 维向量，每个分量只取 0、1，这里特征向量能够表示的模式与 1000 位二进制数相同，即 2^{1000}，尽管数量巨大，但这是一个有限集合。

输出空间：可以表示模型预测目标的空间。例如，垃圾邮件检测系统，其输出空间只有两个元素，即{垃圾邮件，正常邮件}，一个股票预测系统的输出空间则是一维实数域。

假设空间：能够表示从输入空间到输出空间映射关系的函数空间。例如，线性回归模型

$$\hat{y}(\boldsymbol{x},\boldsymbol{w})=w_0+\sum_{k=1}^{K}w_k x_k$$

其假设空间为将 K 维向量空间映射为一维实数空间的所有线性函数集合，这个集合有无穷多成员。另一个例子是二叉树结构的决策树（第 7 章），若树的深度是有限的，且每个节点是由逻辑变量划分的，则全体二叉树的集合是有限成员的。

在具体机器学习算法的介绍中，这些空间往往是自明的，故一般不会给予特别关注，但在机器学习理论中，对各空间往往是有预先假设的，例如假设空间是有限的还是无限的。

在机器学习中，要研究各种模型，有没有一个通用模型对所有问题是最佳的？答案是否定的。Wolpert 给出的**没有免费午餐定理**（no free lunch theorem）回答了这个问题。定理的结论：对于一个特殊问题，我们可以通过交叉验证这类方法实验地选择最好的模型，然而，没有一个最好的通用模型。正因为如此，需要发展各种不同类型的模型以适用于现实世界的各类数据。

另外一个思考是，对于解决一个实际问题来讲，并不是选择越先进、越复杂的模型越好，模型选择和系统实现的一条基本原理是 **Occam 剃刀原理**，该原理叙述为：除非必要，“实体”不应该随便增加，或设计者不应该选用比“必要”更加复杂的系统。这个问题也可表示为方法的“适宜性”，即在解决一个实际问题时，选择最适宜的模型。在机器学习过程中，若选择的模型过于复杂，要面对过拟合问题。

维数灾难是机器学习面对的另一个问题，在无约束的条件下，在高维情况若保持样本的稠密性，需要样本数目随着空间维度的增加而呈指数增加。一些机器学习模型复杂度也随着维度增加而快速增加。但当一个模型针对一类特定应用时，高维数据实际集中在高维空间的一个等效低维子空间上，这种情况下可缓解维数灾难的影响，但这与没有免费午餐定理类似，一个模型往往针对一个特定应用有效。

1.4　从简单示例理解机器学习

视频讲解

本节通过两个简单的示例进一步说明机器学习的一些概念。

1.4.1　一个简单的回归示例

基本的回归学习算法在第 3 章进行详细介绍，这里不涉及算法细节，只给出结果用于说明概念。

假设存在一个函数关系 $f(x)=1/[1+\exp(-x)]$，这个函数称为 sigmoid 函数，通过采样得到一组样本，设采样过程混入了噪声，采样值为 $y_n=f(x_n)+v_n$，其中 v_n 是高斯白噪声，均值为 0，方差为 0.0225，在 $x\in[-1,1]$区间等间隔采样。用同样的采样方式得到训练样本集 $\boldsymbol{D}_{\text{train}}=\{x_n,y_n\}_{n=1}^N$ 和测试样本集 $\boldsymbol{D}_{\text{test}}=\{x_n,y_n\}_{n=1}^L$，学习一个回归模型来拟合该函数关系。图 1.4.1 示出了函数 $f(x)$和一组样本值，注意样本标注是带噪声的。

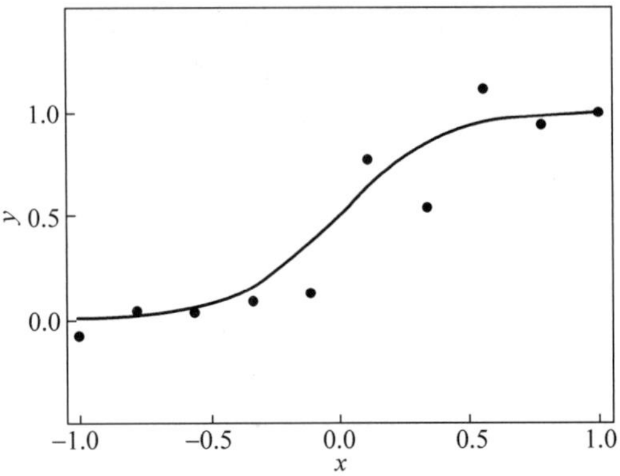

图 1.4.1　函数和样本值

本例是说明性的示例，在实际问题中函数 $f(x)$是未知的，需要用一个机器学习模型来拟合这个函数。这里，采用简单的多项式回归作为模型，模型表达式为

$$\hat{y}(x)=w_0+w_1x+\cdots+w_Mx^M=\sum_{k=0}^{M}w_kx^k \tag{1.4.1}$$

其中 M 是多项式模型的阶，这是一种参数模型。为训练模型，以均方误差作为损失函数，即

$$J(\boldsymbol{w})=\frac{1}{N}\sum_{n=1}^{N}(\hat{y}_n-y_n)^2=\frac{1}{N}\sum_{n=1}^{N}\left(\sum_{k=0}^{M}w_kx_n^k-y_n\right)^2 \tag{1.4.2}$$

首先以训练样本集的样本数 $N=10$ 为例进行说明，为了对比模型复杂度对结果的影响，多项式的阶数分别取 $M=0,1,3,9$ 计算模型参数(具体算法在第 3 章详述)，并将训练获得的模型所表示的函数与图 1.4.1 的内容放在一起对比，结果示于图 1.4.2 中。

对比发现，当模型过于简单，即 $M=0,1$ 时，训练得到的模型无法表示原函数的复杂度，这是欠拟合情况。当 $M=3$ 时，训练的模型对原函数拟合较好，给出新的输入 x 可在一定精度内预测原函数的值。当 $M=9$ 时，在训练集得到最好的结果，训练的函数与各训练样本均重合，训练集误差为 0。但显然，该函数起伏太大，若给出新的输入值 x，模型得到的预测与原函数的输出可能相差巨大，泛化性能很差，这是一种过拟合现象。造成过拟合的原因，一是 $M=9$ 时模型对该训练样本集过于复杂，二是样本存在噪声，这样为了尽可能降低训练误差，模型过于倾向趋从数据中的噪声分布，从而使模型过于起伏。

可以进一步从训练误差和测试误差的角度理解模型复杂度与适应性之间的关系。本例中，测试集取 100 个样本，为了比较方便，训练误差和测试误差都使用均方根误差(均方误差的平方根)。M 取值从 0 到 9 变化，通过训练集得到训练误差最小意义下的最优解后，分别计算训练误差和测试误差，并显示于图 1.4.3 中。从图 1.4.3 中可见，训练误差随着 M 增加单调下降，本例中可下降到 0。测试误差先随 M 增加而下降，然后从 M 取 8 起又上升，测试误差呈现“U”形曲线，尽管这是由一个简单例子得到的结果，但是该曲线却是一般性的。在本例中 M 取 3～7 的值是合适的选择。

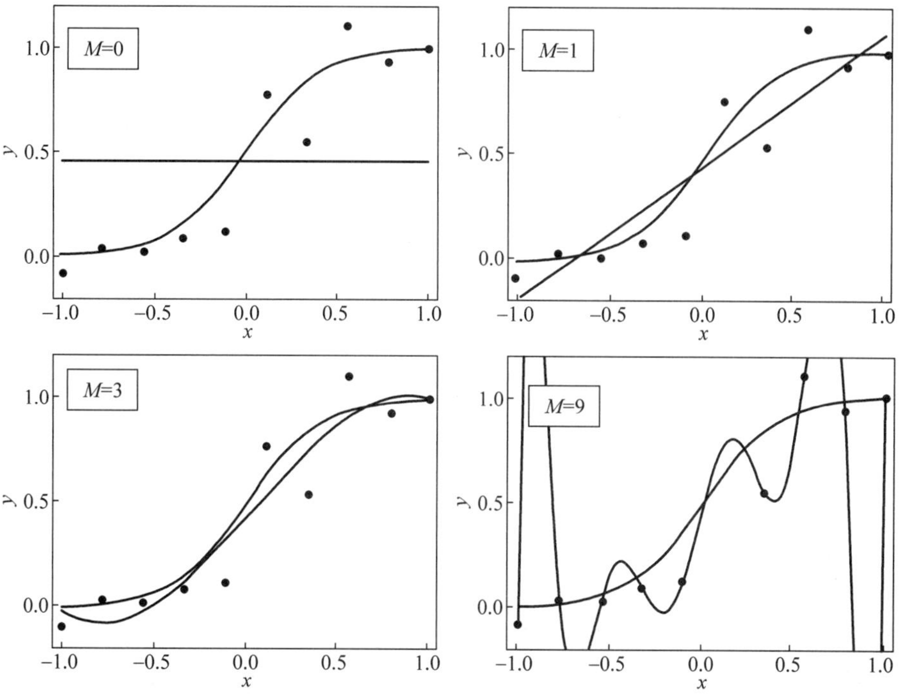

图 1.4.2　阶 M 不同时的拟合曲线

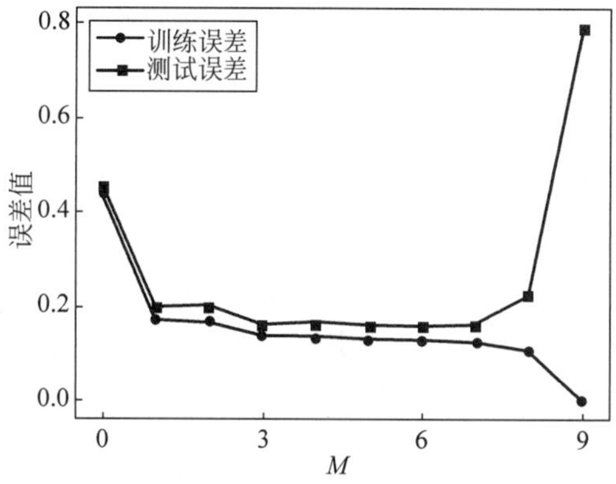

图 1.4.3　训练误差和测试误差曲线

解决过拟合问题的两个基本方法分别为增加训练集规模和正则化。先看增加训练集规模的效果。取模型阶为 $M=9$，图 1.4.4 分别示出训练集大小 N 分别为 30 和 150 时的情况，在 $N=30$ 时过拟合得到很大抑制，在 $N=150$ 时，过拟合已消失，得到了相当好的拟合。在大样本情况下，样本的噪声影响得以平滑，抑制了过拟合问题。

在训练集非常受限时，第二种抑制过拟合的方法是正则化。正则化是一种非常通用的技术，这里只讨论对权系数施加限制的一种正则化技术。正则化是指在式(1.4.2)所示损失函数基础上，施加对权系数的约束，最常用的是对权系数的范数平方约束，即

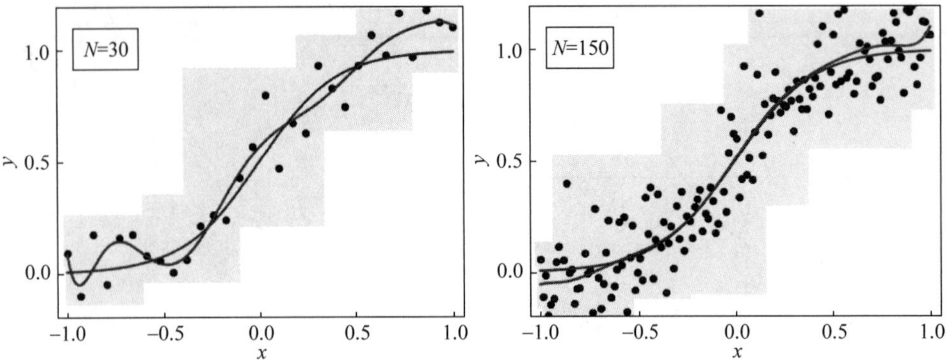

图 1.4.4　样本数分别为 30 和 150 时模型的拟合情况

$$J(\boldsymbol{w})=\frac{1}{N}\sum_{n=1}^{N}\left(\sum_{k=0}^{M}w_k x_n^k-y_n\right)^2+\lambda\sum_{k=1}^{M}w_k^2 \tag{1.4.3}$$

这里 λ 是一个超参数,需要通过实验确定。一般 λ 越小越关注误差损失,λ 越大越约束权系数的范数取值。使得权系数范数取更小的值,相当于降低了系统复杂度。以 $M=9$、$N=10$ 为例观察正则化带来的影响,图 1.4.5 显示了不同 λ 取值的情况下,正则化的效果。可见 λ 太小,没有明显效果,λ 太大则限制了模型复杂性,模型趋于欠拟合,而适中的 λ 取得较好的正则化效果。图 1.4.6 给出了训练误差和测试误差随 λ 的变化曲线,测试误差再次是 U 型曲线。本例中 $\lg\lambda$ 取 $-2\sim-4$ 是合适的正则化参数。

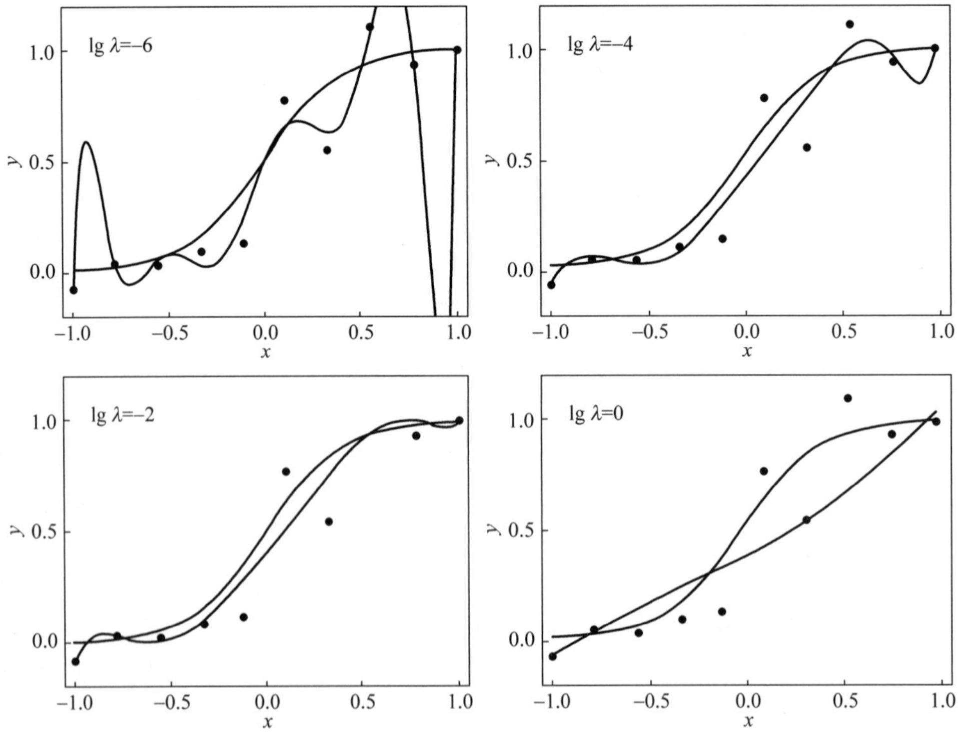

图 1.4.5　正则化系数 λ 的影响

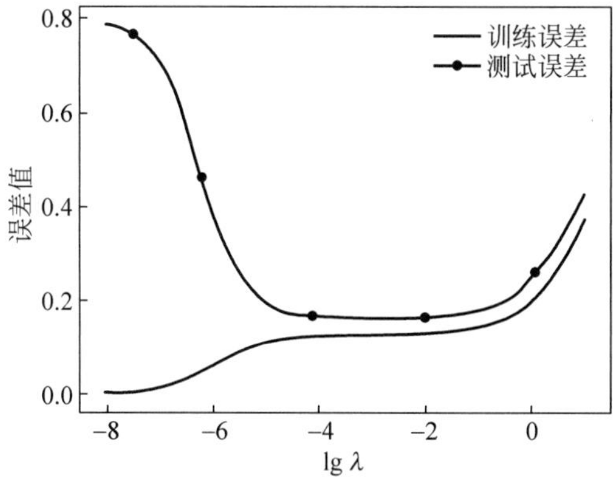

图 1.4.6 训练误差和测试误差随 λ 的变化

1.4.2 一个简单的分类示例

与回归对应，给出一个简单的分类例子并通过一个示例样本集和一个简单算法进行说明。图 1.4.7 所示的是一组训练样本 $\boldsymbol{D}_{\text{train}}=\{\boldsymbol{x}_n, y_n\}_{n=1}^{N}$，其中特征向量 $\boldsymbol{x}$ 是两维的，故可显示于平面图中。该样本集包含 3 种类型，y_n 只取 3 个不同值，y_n 的取值可分别用 C_1、C_2、C_3 表示，图 1.4.7 中对应用 3 种不同的符号表示，分别是“＋”“×”和“＊”。图 1.4.7 中实心圆表示一个待分类的新样本。

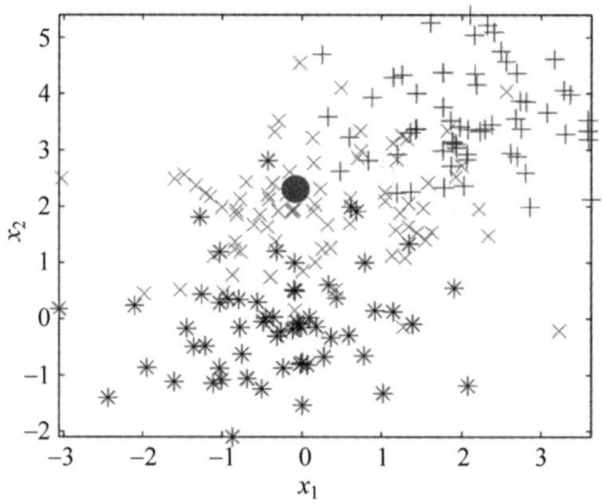

图 1.4.7 分类标注样本的例子

讨论一种最基本的分类算法：K 近邻算法（K-nearest neighbors，KNN）。$\boldsymbol{x}$ 是二维的情况可直观地描述 KNN 算法。对于给定的近邻数 K，当给出一个新的待分类样本时，以该样本为中心形成一个圆（三维以上情况时对应为超球体），半径逐渐扩大直到圆内包含了 K 个训练集样本，将圆内包含的 K 个训练样本表示为 D_K，统计 D_K 内各类型样本数，对本例只需用 K_1、K_2、K_3 表示各类型的数目，若其中最大的是 K_i，则将新样本分类为 C_i。例如，图 1.4.7 的待分类样本，取 $K=10$，计数得到 $K_1=1, K_2=8, K_3=1$，显然，可将该样本分类为 C_2，即图中“×”所示的样本类。

KNN 算法是一种非参数方法。KNN 算法也存在欠拟合、过拟合、超参数确定等问题。

近邻数目 K 是一个超参数,它不能由学习过程确定,需要预先确定。当 K 取最小值 1 时(可称为最近邻方法),对样本集自身可完全正确分类(即样本自身的标注)。但对于新输入,由于只由最近的一个训练集样本的类型确定其类型输出,对分类结果的可信度不高,分类误差(即泛化误差)较大,这是一种过拟合。但当 K 很大时,如极限情况 $K=N$ 即 K 为训练集样本数时,对于所有的新输入,输出类型都由训练集中数目最多的类型作为输出,无法反映样本集的局部性质,这显然是一种欠拟合情况。

本节通过两个易于理解的示例,直观地介绍了机器学习中的一些基本术语。包括模型、训练集、测试集、训练误差、测试误差、欠拟合、过拟合、泛化性能、正则化等。可以看到,在一种简单模型下,在给定的数据集下,因模型复杂度不同可能存在欠拟合或过拟合,训练误差和测试误差随模型复杂度有不同表现、泛化性能不同等现象。在完整的机器学习框架内,问题更复杂,尤其不同类型模型之间的各类性能更是相差甚远。解决一个实际问题时,会遇到诸如模型表达能力、训练集规模、泛化误差界等问题,需要更好的理论指导。机器学习中的重要分支——机器学习理论关注从理论上回答这些问题,但遗憾的是,目前学习理论的结果与应用需求之间还有很大的缝隙,实际中更多的还是通过交叉验证等更实用的技术手段来解决这些问题。

1.5 深度学习简介

深度学习(deep learning)大约起始于 2006 年,目前深度学习的主要模型是深层神经网络,故人们认为这是神经网络(neural network,NN)方法的第三次复兴。在深度学习的名称出现之前,深度学习的主要网络结构多层感知机(MLP)、卷积神经网络(CNN)和循环神经网络(RNN)等均已存在。深度学习通过改进训练算法适用于层数很深的网络,更重要的是数字化技术和互联网发展带来的大规模数据集、集成电路和计算技术的发展带来的大规模并行处理器和大型计算集群,为深度学习的实现提供了基础保证。

尽管深度学习目前非常活跃,但深度学习是机器学习中的一部分,其目的之一是改善传统机器学习的表示能力和泛化能力。

20 世纪 50 年代到 80 年代,机器学习能够获得的样本数量规模大多在数百至数千量级,例如 Iris 样本集只有 150 个样本。20 世纪 80 年代以后,统计学习占据了更主导的地位,一些具有数万样本数的样本集逐渐出现,例如前述的 MNIST 和 CIFAR-10 等。目前大规模数据集超过千万级别样本已很常见,例如前述的 ImageNet 和用于机器翻译的 WMT 等。在一些实际应用中,例如电商平台的推荐系统,通过互联网容易收集百万量级以上的样本集。大规模数据集为深度学习提供了数据基础。

2006 年,G. Hinton 使用贪婪逐层预训练技术训练一种称为“深度信念网络”的模型,拉开了深度学习的帷幕。2012 年,Krizhevsky 等使用深度卷积神经网络,在 ImageNet 的大型视觉识别比赛(ILSVRC)中,将前 5 错误率从 26.1%降低到 15.3%。此后深度卷积神经网络不断刷新纪录,至 2015 年前 5 错误率降低到 3.6%,已超过了人类水平。大约在同时,在语音识别、机器翻译等领域,深度学习也取得了显著的进步,一些指标超过人类。在信息检索、商品推荐等应用上,深度学习同样取得了令人瞩目的成绩。结合深度学习的深度强化学习(DRL)产生出围棋软件 AlphaGo 和 AlphaZero 这样有突破的系统。

深度学习的一个重要特点是它是一种表示学习(representation learning)。对比表示学习,传统机器学习的一般方法是:首先从对象的原始输入抽取重要特征,形成特征向量,将特征向量输入机器学习模型中。深度学习一般可将对象的原始形式(不排除一些必要的剪裁和归一化等基本预处理)直接输入机器学习模型,由多层网络分层抽取各级特征,即模型自身可抽取特征。深度学习从处理对象抽取出嵌套的层次概念表示,由简单表示逐层演进到复杂表示,直到概括出高级的抽象表示,这是表示学习名词的由来。

深度学习是机器学习的一部分。可以看到在许多通用领域,例如机器视觉、语音识别、机器翻译、推荐系统等,因其可获得大规模数据,利用深度学习可取得出色的效果。一般来讲,目前的深度学习至少需要数千样本才可能训练出可用的模型,但在图像识别、语音识别等领域若要达到人类识别水平则需要千万量级样本。一方面,对于深度学习来讲,研究小样本学习技术已得到关注;另一方面,对于大量的复杂度适中、样本有限的专业应用,传统机器学习仍可以发挥重要作用。从全面了解机器学习和面向更全面应用的视角看,传统机器学习和深度学习都十分重要,本书尽可能做到两方面的平衡。

1.6 本章小结

本章作为机器学习概论性的内容,给出了机器学习入门所需的一些基本概念。对机器学习的各种类型进行了简要的介绍,并讨论了构成机器学习的基本要素,介绍了机器学习中许多基本概念,通过简单示例进一步说明了这些概念,最后讨论了作为机器学习一部分的深度学习的主要特点。

目前国际上已有多本相当深入和详尽的机器学习教材,例如 Hastie 等的书对统计学习有全面和系统的叙述;Bishop 的著作逻辑性和启发性很强,尤其强调了贝叶斯方法;Murphy 的书在算法介绍上非常细致和全面;Goodfellow 等新近的书则是深度学习方面最具代表性的著作;Mohri 等的教材则强调了机器学习理论。如果对某一方面更有兴趣,这些著作可作为学习本教材后的进阶读物。

习题

1. 什么是机器学习?怎样理解机器学习?
2. 机器学习算法有哪些基本类型?
3. 构造一个机器学习系统的基本元素是什么?
4. 举例说明机器学习模型有哪些类型。
5. 解释名词:输入空间、输出空间、假设空间。
6. 怎样理解深度学习?
7. 讨论几个名词的含义:过拟合、泛化、正则性。
8. 什么是模型的参数和超参数?超参数有什么作用?怎样确定超参数?
9. 根据自己的专业方向或生活经历,设想一种机器学习任务,叙述用机器学习解决该任务的流程。

第2章 统计与优化基础

CHAPTER 2

统计和优化是最基本的机器学习基础知识。众多机器学习算法的性能评价或目标函数需要用统计方法进行描述，多数算法的目标函数是所求参数的非线性函数，需要通过优化算法进行迭代计算，本章概要讨论这两方面的基础知识。需要指出的是，本章给出的材料仅仅为了本书的后续章节需要，是非常简略的，需要更深入了解统计和优化知识的读者，可参考该领域的专门著作。

视频讲解

2.1 概率论基础

本节对概率论的一些常用概念和公式进行简要介绍，熟悉概率论基础的读者可跳过本节。

由于离散随机变量和连续随机变量有许多数学表示上的不同，分别予以介绍。

2.1.1 离散随机变量

用大写符号 X 表示随机变量，若其取值为有限的离散值，则是离散随机变量。例如，游戏用的骰子有6个面，用随机变量 X 表示其面的点数，故 X 仅取1～6的6个整数值。X 取值为2的概率用 $P(X=2)$ 表示，大写字母表示概率。对于更一般的情况，若用小写字母 x 表示 X 的取值，这里 x 仅取离散值，则有

$$p(x)=P(X=x) \tag{2.1.1}$$

$p(x)$ 表示离散随机变量的概率函数，其表示 $X=x$ 的概率，全书用同样的符号表示离散和连续随机变量。

概率函数满足如下基本条件

$$p(x)\geqslant 0,\quad \sum_x p(x)=1$$

可用如下符号表示两个随机变量的联合概率函数

$$p(x,y)=P(X=x,Y=y) \tag{2.1.2}$$

在随机变量 Y 的取值已确定的条件下表示 X 概率的函数，称为条件概率函数，下式表示条件概率函数

$$p(x\mid y)=P(X=x\mid Y=y) \tag{2.1.3}$$

对于离散随机变量，概率函数满足如下三个基本公式。

边际概率公式（和公式）

$$p(x)=\sum_{y}p(y,x) \tag{2.1.4}$$

全概率公式(积公式)

$$p(x,y)=p(x\mid y)p(y)=p(y\mid x)p(x) \tag{2.1.5}$$

贝叶斯公式

$$p(y\mid x)=\frac{p(x,y)}{p(x)}=\frac{p(x\mid y)p(y)}{p(x)} \tag{2.1.6}$$

2.1.2 连续随机变量

对于连续随机变量 X,可定义概率分布函数为

$$F(x)=P\{X\leqslant x\} \tag{2.1.7}$$

注意,这里用大写字母 P 表示一个事件的概率,将 p 留给概率密度函数。如果有多个随机变量 $X_1,X_2,\cdots,X_M$,其联合概率分布函数定义为

$$F(x_1,x_2,\cdots,x_M)=P\{X_1\leqslant x_1,X_2\leqslant x_2,\cdots,X_M\leqslant x_M\} \tag{2.1.8}$$

对于连续随机变量,更常用的是概率密度函数(probability density function,PDF)$p(x)$。可以这样理解概率密度函数:设 Δ 很小,由 $F(x)$的定义,X 取值在 $x-\Delta<X\leqslant x$ 内的概率为 $F(x)-F(x-\Delta)$,用 PDF 表示的近似概率值为 $p(x)\Delta$,则

$$p(x)\approx\frac{F(x)-F(x-\Delta)}{\Delta}$$

取 $\Delta\to 0$ 的极限,如果 $F(x)$对 x 可导,则

$$p(x)=\frac{\mathrm{d}F(x)}{\mathrm{d}x} \tag{2.1.9}$$

对于联合概率分布,如果 $F(x_1,x_2,\cdots,x_M)$分别对 $x_1,x_2,\cdots,x_M$ 是可导的,则联合概率密度函数为

$$p(x_1,x_2,\cdots,x_M)=\frac{\partial F(x_1,x_2,\cdots,x_M)}{\partial x_1\partial x_2\cdots\partial x_M} \tag{2.1.10}$$

PDF 满足非负性和在取值区间积分为 1,即

$$\int\cdots\int p(x_1,x_2,\cdots,x_{M-1},x_M)\mathrm{d}x_1\mathrm{d}x_2\cdots\mathrm{d}x_M=1 \tag{2.1.11}$$

可用向量 $\boldsymbol{X}=[X_1,X_2,\cdots,X_M]^{\mathrm{T}}$ 表示多个随机变量,其取值向量为 $\boldsymbol{x}=[x_1,x_2,\cdots,x_M]^{\mathrm{T}}$,用紧凑符号 $p(\boldsymbol{x})$表示随机向量的概率密度函数。在概率论中,一般强调用 $\boldsymbol{X}$ 表示随机变量自身,用 $\boldsymbol{x}$ 表示其取值变量,但在许多工程文献中,为了符号简单,常用 $\boldsymbol{x}$ 表示这两个含义,一般不会引起歧义。

已有许多概率密度函数用于表示一些实际问题,这里举两个常用的例子。

例 2.1.1 若一个随机变量满足$[a,b]$区间的均匀分布,其概率密度函数写为

$$p(x)=\begin{cases}\dfrac{1}{b-a}, & a\leqslant x\leqslant b\\ 0, & 其他\end{cases} \tag{2.1.12}$$

例 2.1.2 若一个随机变量满足如下概率密度函数

$$p(x)=\frac{1}{\sqrt{2\pi}\sigma}\mathrm{e}^{-\frac{(x-\mu)^2}{2\sigma^2}} \tag{2.1.13}$$

称其满足高斯分布或正态分布，这里 μ 称为其均值，σ^2 称为其方差，概率密度函数的图形表示如图 2.1.1 所示。

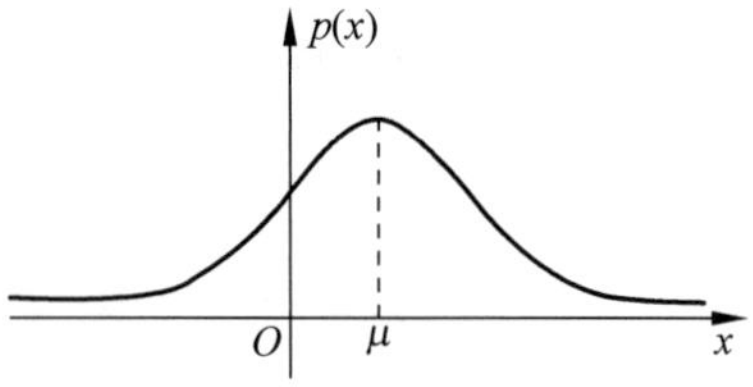

图 2.1.1 高斯密度函数

对于联合概率密度函数，若满足

$$p(x_1,x_2,\cdots,x_M)=p_1(x_1)p_2(x_2)\cdots p_M(x_M) \tag{2.1.14}$$

则称各随机变量是互相统计独立的。如果各变量的概率密度函数 $p_i(x_i)=p(x_i)$ 是相同函数，则称其是独立同分布的(indepenent identically distribution，I. I. D)。经常假设机器学习中的样本集满足 I. I. D 性，I. I. D 性可推广到每个 $\boldsymbol{x}_i$ 是同维度向量的情况。

如果有

$$p(x_1,x_2,\cdots,x_M)=p(x_1,x_2,\cdots,x_l)p(x_{l+1},\cdots,x_M) \tag{2.1.15}$$

则称 $\{x_1,x_2,\cdots,x_l\}$ 和 $\{x_{l+1},\cdots,x_M\}$ 两个子集是统计独立的，但在每个子集内各变量不一定独立。

如果已知一个联合概率密度函数 $p(x_1,x_2,\cdots,x_M)$，通过在其取值区间积分消去一些变量，得到剩下的子集变量的联合概率密度函数，这个子集变量的联合概率密度函数称为边际分布，例如

$$p(x_1,x_2,\cdots,x_{M-1})=\int p(x_1,x_2,\cdots,x_{M-1},x_M)\mathrm{d}x_M \tag{2.1.16}$$

$$p(x_1)=\int\cdots\int p(x_1,x_2,\cdots,x_{M-1},x_M)\mathrm{d}x_2\cdots\mathrm{d}x_M \tag{2.1.17}$$

与离散情况类似，条件概率是很常用的概念。对于两个随机变量 X_1、X_2，假设其联合概率密度函数为 $p(x_1,x_2)$，在 $X_1=x_1$ 确定的条件下，$X_2=x_2$ 的条件概率密度函数记为 $p(x_2|x_1)$，则有

$$p(x_2\mid x_1)=\frac{p(x_1,x_2)}{p(x_1)} \tag{2.1.18}$$

反之，由条件概率密度函数，也可以得到联合概率密度函数

$$p(x_1,x_2)=p(x_2\mid x_1)p(x_1) \tag{2.1.19}$$

显然，改变 x_1、x_2 的作用，上式可进一步写为

$$p(x_1,x_2)=p(x_2\mid x_1)p(x_1)=p(x_1\mid x_2)p(x_2) \tag{2.1.20}$$

可将条件概率密度概念推广到更一般情况，对于 $\{X_1,X_2,\cdots,X_M\}$ 的联合概率密度函数 $p(x_1,x_2,\cdots,x_M)$，更一般的条件概率密度函数可写为

$$p(x_M,x_{M-1},\cdots,x_{k+1}\mid x_k,\cdots,x_1)=\frac{p(x_1,x_2,\cdots,x_k,\cdots,x_{M-1},x_M)}{p(x_1,\cdots,x_k)} \tag{2.1.21}$$

对于条件概率密度函数，不难导出其链式法则(证明留作习题)为

$$p(x_1,\cdots,x_{M-1},x_M)=p(x_M\mid x_{M-1},\cdots,x_1)\cdots p(x_2\mid x_1)p(x_1) \tag{2.1.22}$$

2.1.3 随机变量的统一表示

离散和连续随机变量尽管不同，但基本公式是相同的，例如全概率公式和条件概率公式等形式上是一致的，但求边际分布时，离散用求和，连续用积分，这种区别在后续很多应用中都是类似的。为了减少符号类型，尽管都用函数形式 $p(x)$，对离散随机变量，其表示 $X=x$ 的概率值，但对连续随机变量来讲，其表示 $X=x$ 的概率密度值，因为连续随机变量 $X=x$ 的概率是无穷小量，故需要用概率密度表示。在机器学习中，遇到的对象既可能是离散的，也可能是连续的，均用 $p(x)$表示其概率函数。

可以通过引入冲激函数 $\delta(x)$，将取值连续和取值离散的随机变量统一用概率密度函数表示。对于离散随机变量 X，其只可能取$\{x_1,x_2,\cdots,x_K\}$集合中的值，若 $P(X=x_i)=p_i$，其概率密度函数可表示为

$$p(x)=\sum_{k=1}^{K}p_i\delta(x-x_i) \tag{2.1.23}$$

这里 $\delta(x)$称为冲激函数，是一个广义函数，由狄拉克给出的定义为

$$\begin{cases}\int_{-\infty}^{+\infty}\delta(t)\mathrm{d}t=1\\ \delta(t)=0, t\neq 0\Rightarrow\delta(t)\mid_{t=0}=\infty\end{cases} \tag{2.1.24}$$

其最基本的性质为抽取性质，即 $f(t)\delta(t)=f(0)\delta(t)$，这里 $f(t)$在 $t=0$ 处连续，以及积分抽取性质 $\int_{-\infty}^{+\infty}\delta(t-t_i)f(t)\mathrm{d}t=f(t_i)$。

例 2.1.3 用 X 表示投一个硬币，仅取 0、1 值分别表示正面和反面，若两面出现概率相等，这是最简单的离散随机变量，利用冲激函数将概率密度函数写为

$$p(x)=0.5\delta(x)+0.5\delta(x-1)$$

对于离散随机变量，可以使用 2.1.1 节的概率函数表示，也可以使用冲激函数表示的概率密度函数表示。

2.1.4 随机变量的基本特征

除概率表示外，还常用到一些随机变量的特征，用于描述随机变量的一些性质。最常用的统计特征量是它的一阶和二阶特征，包括均值和方差，这里用连续变量的表示方式定义如下。

均值(一阶特征)

$$\mu=E[X]=\int xp(x)\mathrm{d}x \tag{2.1.25}$$

方差(二阶特征)

$$\sigma^2=E[(X-E(X))^2]=\int(x-\mu)^2p(x)\mathrm{d}x \tag{2.1.26}$$

$E[\cdot]$表示数学期望。对于连续随机变量，$\mu=E[X]$表示其均值，方差 σ^2 表示随机变量取值远离均值的发散程度，σ^2 越小，概率密度函数越集中在均值附近，σ^2 越大，概率密度函数越散布在更宽的范围内。对随机变量来讲，取值的发散程度实际代表其取值的不确定性。方差的平方根 σ 称为标准差，可更直接地表示不确定性。

如例 2.1.2 的高斯分布，其概率密度的最大值点为 $x=\mu$，计算可得 X 取值落在 $[\mu-2\sigma,\mu+2\sigma]$ 区间的概率约为 0.95，计算过程为

$$P\{\mu-2\sigma\leqslant x\leqslant\mu+2\sigma\}=\int_{\mu-2\sigma}^{\mu+2\sigma}p(x)\mathrm{d}x\approx 0.95$$

即高斯分布以 95% 的可能性其取值在以 μ 为中心 $\pm2\sigma$ 范围内。因此，σ 越小，高斯概率密度就越窄地集中在均值附近，当 $\sigma\to0$ 时高斯分布趋于一个冲激函数 $\delta(x-\mu)$，此时其退化为确定量，以概率 1 取值 μ。在机器学习中，方差是刻画模型和算法是否有效的评价指标之一。

更一般地，考虑任何一个函数 $g(\cdot)$，随机变量的函数的期望定义为

$$E[g(X)]=\int g(x)p(x)\mathrm{d}x \tag{2.1.27}$$

显然均值和方差是函数期望的两个特例。

以上是用连续变量给出的特征定义，以式(2.1.27)的函数期望为例，考虑离散情况，设离散随机变量为 X，取值集合为 $\{x_1,x_2,\cdots,x_K\}$，且 $p(X=x_i)=p_i$，将式(2.1.23)表示的离散概率密度函数代入式(2.1.27)得

$$\begin{aligned}E[g(X)]&=\int g(x)p(x)\mathrm{d}x=\int g(x)\sum_{k=1}^{K}p_i\delta(x-x_i)\mathrm{d}x\\&=\sum_{k=1}^{K}p_i\int g(x)\delta(x-x_i)\mathrm{d}x=\sum_{k=1}^{K}p_ig(x_i)\end{aligned}$$

以上使用了冲激函数的积分抽取性质，结果重写如下：

$$E[g(X)]=\sum_{k=1}^{K}p_ig(x_i) \tag{2.1.28}$$

实际上，对离散信号可以直接定义式(2.1.28)作为函数期望。通过离散随机变量的冲激函数表示的概率密度方式，从连续的积分定义也导出同样结果。因为这种统一性，后续讨论一些统计方法的计算时，若只针对离散情况，可直接用式(2.1.28)求和，但若对连续和离散做统一处理，则采用积分公式，积分公式包含了离散作为特殊情况。

实际中常使用随机向量，例如机器学习中样本的特征大多是向量形式。考虑 M 个随机变量排成一个列向量。对于随机向量，其均值向量由各元素的均值组成同维数向量，对于二阶特征，随机向量常用的是自相关矩阵和自协方差矩阵，其定义如下。

定义 2.1.1 设 M 维随机向量的取值用向量 $\boldsymbol{x}=[x_1,x_2,\cdots,x_M]^{\mathrm{T}}$ 表示，向量各分量取自一个随机变量 X_k，随机向量的均值向量记为

$$\boldsymbol{\mu}_x=E[\boldsymbol{x}] \tag{2.1.29}$$

其自相关矩阵定义为向量外积的期望，即

$$\boldsymbol{R}_{xx}=E[\boldsymbol{x}\boldsymbol{x}^{\mathrm{T}}] \tag{2.1.30}$$

这是一个 $M\times M$ 方阵。随机向量的自协方差矩阵定义为

$$\boldsymbol{C}_{xx}=E[(\boldsymbol{x}-\boldsymbol{\mu}_x)(\boldsymbol{x}-\boldsymbol{\mu}_x)^{\mathrm{T}}]=\boldsymbol{R}_{xx}-\boldsymbol{\mu}_x\boldsymbol{\mu}_x^{\mathrm{T}} \tag{2.1.31}$$

对于零均值情况，自协方差矩阵就等于自相关矩阵。在不引起误解的情况下，可省略矩阵的下标，分别简写成 $\boldsymbol{R}$、$\boldsymbol{C}$。

自协方差矩阵的各元素可表示为 $c_{ij}=E[(x_i-\mu_{x_i})(x_j-\mu_{x_j})]$，可见自协方差矩阵的对角线元素对应向量中每个分量的方差，而非对角线元素对应向量中两个不同分量的互协

方差。自协方差矩阵是对一般随机向量的一个重要特征，有几个基本性质。

(1) 自协方差矩阵是对称的，即 $\boldsymbol{C}^{\mathrm{T}}=\boldsymbol{C}$。

(2) 自协方差矩阵是半正定的，即对任意 M 维数据向量 $\boldsymbol{a}\neq\boldsymbol{0}$（$\boldsymbol{0}$ 表示全 0 值向量），有 $\boldsymbol{a}^{\mathrm{T}}\boldsymbol{C}\boldsymbol{a}\geqslant 0$，一般情况下，$\boldsymbol{C}$ 是正定的。

(3) 特征分解，由矩阵理论知，自协方差矩阵的特征值总是大于或等于零，如果自协方差矩阵是正定的，它的特征值总是大于零，不同的两个特征值对应的特征向量是正交的。

设自协方差矩阵 $\boldsymbol{C}$ 的 M 个特征值分别记为 $\lambda_1,\lambda_2,\cdots,\lambda_M$，各特征值对应的特征向量分别记为 $\boldsymbol{q}_1,\boldsymbol{q}_2,\cdots,\boldsymbol{q}_M$，设其是长度为 1 的归一化向量，即

$$\boldsymbol{q}_i^{\mathrm{T}}\boldsymbol{q}_j=\begin{cases}1, & i=j\\ 0, & i\neq j\end{cases}$$

以特征向量作为列构成的矩阵 $\boldsymbol{Q}$ 称为特征矩阵，$\boldsymbol{Q}$ 为

$$\boldsymbol{Q}=[\boldsymbol{q}_1,\boldsymbol{q}_2,\cdots,\boldsymbol{q}_M] \tag{2.1.32}$$

容易验证，自协方差矩阵可以分解为

$$\boldsymbol{C}=\boldsymbol{Q}\boldsymbol{\Lambda}\boldsymbol{Q}^{\mathrm{T}}=\sum_{i=1}^{M}\lambda_i\boldsymbol{q}_i\boldsymbol{q}_i^{\mathrm{T}} \tag{2.1.33}$$

这里 $\Lambda=\mathrm{diag}(\lambda_1,\lambda_2,\cdots,\lambda_M)$ 是由特征值组成的对角矩阵，$\boldsymbol{Q}$ 是正交矩阵，即 $\boldsymbol{Q}^{-1}=\boldsymbol{Q}^{\mathrm{T}}$。

2.1.5 随机特征的蒙特卡洛逼近

式(2.1.27)表示的随机变量函数的期望是一般的形式，所使用的大多数特征是该式的特例，将其重新写为向量形式如下：

$$E[\boldsymbol{g}(\boldsymbol{X})]=\int\boldsymbol{g}(\boldsymbol{x})p(\boldsymbol{x})\mathrm{d}\boldsymbol{x} \tag{2.1.34}$$

式(2.1.34)的积分符号可表示多重积分，$\boldsymbol{g}$ 可以是标量函数也可以是向量函数。

利用式(2.1.34)直接计算期望在许多情况下是困难甚至不可能的，当 $p(\boldsymbol{x})$ 是很复杂的概率密度函数时，积分没有解析结果，需要做逼近运算。一种办法是通过概率密度函数 $p(\boldsymbol{x})$，产生一组样本

$$\{\boldsymbol{x}_n, n=1,2,\cdots,N\} \tag{2.1.35}$$

通过样本逼近式(2.1.34)的积分。在机器学习领域应用时，甚至不知道准确的 $p(\boldsymbol{x})$，只能采集一组如式(2.1.35)所示的样本集，在这些情况下，需要用样本逼近期望，这种用样本集逼近期望的方法称为蒙特卡洛逼近。

蒙特卡洛逼近的基本做法是，通过式(2.1.35)的样本集，首先逼近概率密度函数，最直接的逼近是将每个样本用一个冲激函数表示（这是稍后介绍的 Parzen 窗方法的一种极端情况），即

$$\hat{p}(\boldsymbol{x})=\frac{1}{N}\sum_{i=1}^{N}\delta(\boldsymbol{x}-\boldsymbol{x}_n) \tag{2.1.36}$$

代入式(2.1.34)，有

$$\begin{aligned}E[\boldsymbol{g}(\boldsymbol{x})]&=\int\boldsymbol{g}(\boldsymbol{x})p(\boldsymbol{x})\mathrm{d}\boldsymbol{x}\approx\frac{1}{N}\int\boldsymbol{g}(\boldsymbol{x})\sum_{i=1}^{N}\delta(\boldsymbol{x}-\boldsymbol{x}_n)\mathrm{d}\boldsymbol{x}\\&=\frac{1}{N}\sum_{n=1}^{N}\boldsymbol{g}(\boldsymbol{x}_n)\end{aligned} \tag{2.1.37}$$

在 $p(\boldsymbol{x})$ 取值大的位置，样本 $\boldsymbol{x}_n$ 会很密集，蒙特卡洛逼近用这种方式反映了概率分布。

例 2.1.4 一组标量样本 $\{x_n, n=1,2,\cdots,N\}$，样本是 I.I.D 的，设其均值为 μ，方差为 σ^2，用蒙特卡洛方法逼近其均值。

本例中求均值，故 $g(x)=x$，代入式(2.1.37)的均值逼近为

$$\hat{\mu}=\frac{1}{N}\sum_{n=1}^{N}x_n \tag{2.1.38}$$

由于用有限随机样本估计 μ，估计值 $\hat{\mu}$ 也是随机变量，该估计值的均值为

$$E[\hat{\mu}]=E\left[\frac{1}{N}\sum_{n=1}^{N}x_n\right]=\frac{1}{N}\sum_{n=1}^{N}E[x_n]=\mu$$

估计的均值等于真实均值，这种估计称为无偏估计。接下来计算 $\hat{\mu}$ 的方差

$$\begin{aligned}\sigma_{\hat{u}}^2&=E[(\hat{\mu}-E[\hat{\mu}])^2]=E\left[\left(\frac{1}{N}\sum_{n=1}^{N}x_n-\mu\right)^2\right]\\&=\frac{1}{N^2}\sum_{n=1}^{N}E[(x_n-\mu)^2]=\frac{\sigma^2}{N}\end{aligned} \tag{2.1.39}$$

注意到，估计的参数 $\hat{\mu}$ 的方差随样本数 N 线性下降，对于 I.I.D 集，方差的这个下降规律具有一般性，即样本数量增加，参数估计的方差减小，估计的可确定性提高。实际的许多方法，估计值既存在偏差，也存在方差，两者之间需做平衡。第 5 章对机器学习中偏差与方差的平衡有进一步的讨论。

对于监督学习，可以定义样本的损失函数为 $L(f(\boldsymbol{x};\boldsymbol{\theta}),y)$，$f(\boldsymbol{x};\boldsymbol{\theta})$ 表示机器学习要训练的模型，$\boldsymbol{\theta}$ 是模型参数，$L(\cdot,\cdot)$ 是选择的一种损失函数，样本的联合分布是 $p(\boldsymbol{x},y)$，若定义 $L(\cdot,\cdot)$ 的期望为风险函数，即

$$J^*(\boldsymbol{\theta})=E_{p(x,y)}\{L(f(\boldsymbol{x};\boldsymbol{\theta}),y)\} \tag{2.1.40}$$

但实际上只有一个样本集 $D=\{(\boldsymbol{x}_n,y_n),n=1,2,\cdots,N\}$，若需要用蒙特卡洛逼近风险函数，则用 $\hat{p}$ 替代 p，有

$$J(\boldsymbol{\theta})=E_D\{L(f(\boldsymbol{x};\boldsymbol{\theta}),y)\}=\frac{1}{N}\sum_{n=1}^{N}L(f(\boldsymbol{x}_n;\boldsymbol{\theta}),y_n) \tag{2.1.41}$$

由于只用样本集逼近，将式(2.1.41)表示的 $J(\boldsymbol{\theta})$ 称为经验风险函数，可见经验风险函数是 $J^*(\boldsymbol{\theta})$ 的蒙特卡洛逼近。$J^*(\boldsymbol{\theta})$ 的最小化一般不可求，转而求 $J(\boldsymbol{\theta})$ 的最小化，这是机器学习的基本做法，同时也是许多困扰性问题的起源(如泛化误差、过拟合等)。

例 2.1.5 讨论一个随机变量的零均值化和归一化，这是机器学习的数据预处理常用技术。

设有一个随机变量 X，其均值为 μ，方差为 σ^2，若做变换 $\overline{X}=(X-\mu)/\sqrt{\sigma^2}$ 则可验证，$E(\overline{X})=0, E((\overline{X})^2)=1$，即 $\overline{X}$ 是零均值和归一化的。

如果只有关于 X 的一组样本 $\{x_n, n=1,2,\cdots,N\}$，且样本是 I.I.D 的，用蒙特卡洛方法逼近其均值和方差为

$$\hat{\mu}=\frac{1}{N}\sum_{n=1}^{N}x_n,\quad \hat{\sigma}^2=\frac{1}{N}\sum_{n=1}^{N}[(x_n-\hat{\mu})^2] \tag{2.1.42}$$

实际中，用 $\overline{X}=(X-\hat{\mu})/\sqrt{\hat{\sigma}^2}$ 进行近似零均值和归一化变换，或对每个样本做变换

$$\bar{x}_n=(x_n-\hat{\mu})/\sqrt{\hat{\sigma}^2}$$

注意到，在 $\hat{\sigma}^2$ 中，用估计的 $\hat{\mu}$ 替代 μ 带来的方差估计是有偏的，为了矫正偏的影响，在 $\hat{\sigma}^2$ 估计公式中，常以 $N-1$ 替代 N。

对于多随机变量构成的向量，同样可以将其零均值化、白化（各分量不相关）和归一化，留作习题。

2.2 概率实例

在机器学习领域常用到一些具体的概率函数，包括离散随机变量和连续随机变量，对于离散随机变量一般直接给出其概率取值函数，对于连续随机变量一般给出概率密度函数，不失一般性都称其为概率函数。为了后续章节应用方便，本节罗列一些本书最常用的概率函数及其基本特征。

2.2.1 离散随机变量示例

介绍几个常用的离散随机变量，其中二元分布和多元分布在表示分类问题的类别输出中经常使用。

1. 二元分布和二项分布

一个随机变量 X 只取 0 和 1 两个值，称其为二元分布，或伯努利分布(Bernoulli distribution)。在二分类问题中，经常用二元随机变量取某一值的概率表示这一类的概率。用参数 μ 表示 X 取值为 1 的概率，即

$$P(X=1\mid\mu)=\mu$$

注意，符号"$|\mu$"表示 μ 是该概率函数的参数。由于 X 只取两个值，用变量 x 表示 X 可能的取值，故将伯努利分布的概率函数写为紧凑的数学形式为

$$p(x\mid\mu)=P(X=x\mid\mu)=\mu^x(1-\mu)^{1-x},\quad x\in\{0,1\}\tag{2.2.1}$$

容易计算，X 的均值和方差分别为

$$E[X]=\mu$$
$$\operatorname{var}[X]=\mu(1-\mu)$$

在后文中，若不存在理解模糊的情况下，可不必区分变量符号 X 和其取值 x。

若有 N 个独立的伯努利变量 X_i，$1\leqslant i\leqslant N$，定义一个新的随机变量 $Y=\sum_{i=1}^{N}X_i$，则称 Y 为二项分布(binomial distribution)，其概率函数为

$$p(y\mid N,\mu)=P(Y=y\mid N,\mu)=\binom{N}{y}\mu^y(1-\mu)^{N-y}\tag{2.2.2}$$

y 取整数，满足 $0\leqslant y\leqslant N$，这里

$$\binom{N}{y}=\frac{N!}{y!(N-y)!}$$

容易计算(留作习题)

$$E[Y]=N\mu$$

$$\mathrm{var}[Y]=N\mu(1-\mu)$$

2. 多元分布和多项分布

比二元分布更一般的是，一个离散随机变量 X 可取 K 个不同的值。直接的表示就是定义 X 取不同值的概率，即 $P(X=k|\boldsymbol{\mu})=\mu_k$，$1\leqslant k\leqslant K$，这里有 K 个参数 μ_k，因为有限制条件 $\sum_{k=1}^{K}\mu_k=1$，故只有 $K-1$ 个自由度。令 $1\leqslant x\leqslant K$ 是一整型变量，则 X 的概率函数可写为

$$p(x\mid\boldsymbol{\mu})=P(X=x\mid\boldsymbol{\mu})=\prod_{k=1}^{K}\mu_k^{I(x=k)} \tag{2.2.3}$$

其中，$I(\cdot)$是示性函数，其变量是逻辑量，定义为：I(真)$=1$，I(假)$=0$。

在分类问题中，若用 X 表示 K 个不同类型，可用以上讨论的 X 直接取 K 个不同标量值的表示方法。另一种常用方法是用"1-of-K"编码方式，即用一个 K 维向量 $\boldsymbol{x}=[x_1,x_2,\cdots,x_K]^{\mathrm{T}}$ 表示 X 的不同取值，当 X 取 k 时，$x_k=1$，$x_j=0$，$j\neq k$，即 $\boldsymbol{x}$ 向量中只有一个元素为 1，其他为 0，用这种编码表示方式，数学上更简洁。例如，X 代表骰子的面，有 6 个取值，则可用向量 $\boldsymbol{x}=[x_1,x_2,\cdots,x_6]^{\mathrm{T}}$ 表示，若 X 取 4，则对应向量 $\boldsymbol{x}=[0,0,0,1,0,0]^{\mathrm{T}}$。用编码向量 $\boldsymbol{x}$ 表示的概率函数可表示为

$$p(\boldsymbol{x}\mid\boldsymbol{\mu})=\prod_{k=1}^{K}\mu_k^{x_k} \tag{2.2.4}$$

若独立产生 N 个编码的 $\boldsymbol{x}_n$，则 $\boldsymbol{y}=\sum_{n=1}^{N}\boldsymbol{x}_n$ 得到多项分布，其概率函数为

$$p(\boldsymbol{y}\mid\boldsymbol{\mu})=\binom{N}{y_1,y_2,\cdots,y_K}\prod_{k=1}^{K}\mu_k^{y_k} \tag{2.2.5}$$

其中排列组合式

$$\binom{N}{y_1,y_2,\cdots,y_K}=\frac{N!}{y_1!\,y_2!\cdots y_K!}$$

3. 二元和多元分布的共轭分布

在二元或多元概率函数中，存在参数 $\boldsymbol{\mu}$，一些机器学习算法需要估计这些参数。如果用 2.3 节介绍的最大似然方法估计参数，则只需要采集样本集，但若使用 2.4 节介绍的贝叶斯方法，则还需要有待估计参数的先验概率，即对待估计参数 $\boldsymbol{\mu}$ 的概率假设。注意到，$\boldsymbol{\mu}$ 自身是连续的，但其可作为离散变量概率函数的参数，对其概率函数在本小节一并介绍。

在进行贝叶斯估计时，需要选择 $\boldsymbol{\mu}$ 的概率函数，一种方法是首先考虑选择所谓"共轭"概率函数。在伯努利的概率函数式(2.2.1)中，μ 是以 μ 或$(1-\mu)$的指数形式出现的，若 μ 自身的先验概率也以这种形式表示，则称为共轭概率函数。对于 μ 的概率密度函数，一种共轭形式是贝塔分布，即

$$\mathrm{beta}(\mu\mid\alpha,\beta)=\frac{\Gamma(\alpha+\beta)}{\Gamma(\alpha)\Gamma(\beta)}\mu^{\alpha-1}(1-\mu)^{\beta-1},\quad 0<\mu<1$$

其中 α、β 是贝塔分布的参数，$\Gamma(\alpha)$是伽马函数，定义为

$$\Gamma(\alpha)=\int_0^{\infty}x^{\alpha-1}\mathrm{e}^{-x}\,\mathrm{d}x$$

可以算出贝塔分布均值为

$$E[\mu]=\int_0^1 \mu \cdot \operatorname{beta}(\mu \mid \alpha,\beta)\mathrm{d}\mu=\frac{\alpha}{\alpha+\beta}$$

类似地，对于多元分布，其参数是向量 $\boldsymbol{\mu}=[\mu_1,\mu_2,\cdots,\mu_K]^{\mathrm{T}}$，其共轭分布称为 Dirichlet 分布，其概率密度函数为

$$\operatorname{Dir}(\boldsymbol{\mu} \mid \boldsymbol{\alpha})=\frac{\Gamma(\alpha_0)}{\Gamma(\alpha_1)\Gamma(\alpha_2)\cdots\Gamma(\alpha_K)}\prod_{k=1}^{K}\mu_k^{\alpha_k-1} \tag{2.2.6}$$

其中，$\alpha_0=\sum_{k=1}^{K}\alpha_k$。

2.2.2　高斯分布

高斯分布是最常用的连续随机向量分布。这里用符号 $\boldsymbol{x}=[x_1,x_2,\cdots,x_M]^{\mathrm{T}}$ 表示一个随机向量，为了简化符号，向量符号 $\boldsymbol{x}$ 既表示随机向量自身，又表示它的取值变量，M 维实高斯分布的联合概率密度函数为

$$p_{\boldsymbol{x}}(\boldsymbol{x})=\frac{1}{(2\pi)^{\frac{M}{2}}\det^{\frac{1}{2}}(\boldsymbol{C}_{\boldsymbol{xx}})}\exp\left(-\frac{1}{2}(\boldsymbol{x}-\boldsymbol{\mu}_{\boldsymbol{x}})^{\mathrm{T}}\boldsymbol{C}_{\boldsymbol{xx}}^{-1}(\boldsymbol{x}-\boldsymbol{\mu}_{\boldsymbol{x}})\right) \tag{2.2.7}$$

这里 $\boldsymbol{C}_{\boldsymbol{xx}}$ 表示随机向量 $\boldsymbol{x}$ 的自协方差矩阵，$\boldsymbol{\mu}_{\boldsymbol{x}}$ 是均值向量。

当均值为零时，以自相关矩阵 $\boldsymbol{R}_{\boldsymbol{xx}}$ 代替自协方差矩阵 $\boldsymbol{C}_{\boldsymbol{xx}}$。服从 M 维高斯分布的随机向量 $\boldsymbol{x}$ 可以用符号 $\boldsymbol{x}\sim N(\boldsymbol{x}\mid\boldsymbol{\mu}_{\boldsymbol{x}},\boldsymbol{C}_{\boldsymbol{xx}})$ 表示，这里 $N(\boldsymbol{x}\mid\boldsymbol{\mu}_{\boldsymbol{x}},\boldsymbol{C}_{\boldsymbol{xx}})$ 代表的是式(2.2.7)的概率密度函数，在不发生理解模糊时也可简写为 $N(\boldsymbol{\mu}_{\boldsymbol{x}},\boldsymbol{C}_{\boldsymbol{xx}})$。

图 2.2.1 表示二维 $\boldsymbol{x}$ 情况下高斯分布的等概率曲线(等高线)。所谓等高线，是指当 $p_{\boldsymbol{x}}(\boldsymbol{x})$ 给定一个常数 c 时，满足 $p_{\boldsymbol{x}}(\boldsymbol{x})=c$ 的所有 $\boldsymbol{x}$ 构成的曲线(高维情况下是曲面)，由式(2.2.7)知，当 $\boldsymbol{x}=\boldsymbol{\mu}_{\boldsymbol{x}}$ 时 $p_{\boldsymbol{x}}(\boldsymbol{x})$ 取得最大值 $p_{\max}=[(2\pi)^{M/2}\det^{1/2}(\boldsymbol{C}_{\boldsymbol{xx}})]^{-1}$，若 $\boldsymbol{C}_{\boldsymbol{xx}}$ 是正定的，$p_{\boldsymbol{x}}(\boldsymbol{x})$ 取得最大值的点是唯一的。当 $p_{\boldsymbol{x}}(\boldsymbol{x})=c<p_{\max}$ 时，满足 $p_{\boldsymbol{x}}(\boldsymbol{x})=c$ 的 $\boldsymbol{x}$ 构成方程

$$(\boldsymbol{x}-\boldsymbol{\mu}_{\boldsymbol{x}})^{\mathrm{T}}\boldsymbol{C}_{\boldsymbol{xx}}^{-1}(\boldsymbol{x}-\boldsymbol{\mu}_{\boldsymbol{x}})=\lambda$$

这里 λ 是与 c 相关的常数，取不同的 c 得到不同的曲线，图 2.2.1 就是一组这样的曲线。当 $\boldsymbol{C}_{\boldsymbol{xx}}=\sigma^2\boldsymbol{I}$ 时，等高线是一组同心圆，这里 $\boldsymbol{I}$ 是单位矩阵。当 $\boldsymbol{C}_{\boldsymbol{xx}}=\begin{bmatrix}\sigma_1^2, & 0\\ 0, & \sigma_2^2\end{bmatrix}$，$\sigma_1\neq\sigma_2$ 时，等高线是椭圆，其主轴平行于坐标轴。当 $\boldsymbol{C}_{\boldsymbol{xx}}$ 是任意的对称正定矩阵时，等高线是图 2.2.1 所示的一组斜的椭圆。等高线族的中心总是 $\boldsymbol{x}=\boldsymbol{\mu}_{\boldsymbol{x}}$，常用等高线图描述高斯分布的特点。

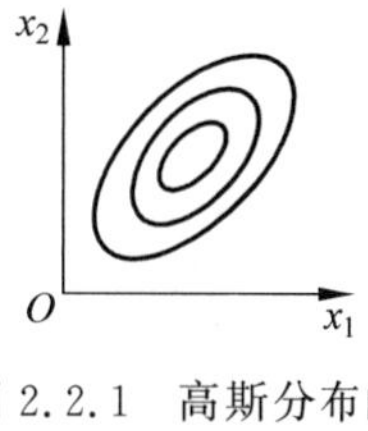

图 2.2.1　高斯分布的等高线图示

高斯分布有一些独有的基本性质。若一个随机向量满足高斯分布，则其通过任意线性变换仍然满足高斯分布。

对于一个随机向量，若其联合概率密度函数满足高斯分布，仅考虑向量的一部分时，其边际密度仍是高斯的；若向量中的一部分已确定，另一部分的条件概率密度也是高斯的。

2.2.3 指数族

一类概率函数(包括连续与离散、概率函数与概率密度函数)可表示为如下形式

$$p(\boldsymbol{x} \mid \boldsymbol{\eta}) = h(\boldsymbol{x})g(\boldsymbol{\eta})\exp[\boldsymbol{\eta}^{\mathrm{T}}\boldsymbol{u}(\boldsymbol{x})] \tag{2.2.8}$$

这类概率函数称为指数族。其中,$h(\boldsymbol{x})$和$\boldsymbol{u}(\boldsymbol{x})$是$\boldsymbol{x}$的函数,$\boldsymbol{\eta}$是参数,$g(\boldsymbol{\eta})$是使概率函数归一化的系数,若$\boldsymbol{x}$是连续的,有

$$\int p(\boldsymbol{x} \mid \boldsymbol{\eta})\mathrm{d}\boldsymbol{x} = g(\boldsymbol{\eta})\int h(\boldsymbol{x})\exp[\boldsymbol{\eta}^{\mathrm{T}}\boldsymbol{u}(\boldsymbol{x})]\mathrm{d}\boldsymbol{x} = 1$$

前面介绍的二元分布、多元分布和高斯分布都属于指数族。对伯努利分布,以下例子给出其组合成指数族的过程,高斯分布表示为指数族的过程留作习题。

例 2.2.1 伯努利分布写成指数族表达式

$$\begin{aligned} p(x \mid \mu) &= \mu^{x}(1-\mu)^{1-x} = \exp[x\ln\mu + (1-x)\ln(1-\mu)] \\ &= (1-\mu)\exp\left[x\ln\frac{\mu}{1-\mu}\right] \end{aligned}$$

设$\eta=\ln\dfrac{\mu}{1-\mu}$,令$\sigma(\eta)=\dfrac{1}{1+\exp(-\eta)}$,则

$$p(x \mid \mu) = \sigma(-\eta)\exp[\eta x] \tag{2.2.9}$$

这是一种指数族形式。

指数族可以表示一类更广义的概率形式,有一些机器学习算法建立在指数族假设上时,比建立在诸如高斯假设这种单一概率假设下更有广泛性。

2.2.4 混合高斯过程

式(2.2.7)表示的高斯分布,在协方差矩阵$\boldsymbol{C}_{xx}$是正定矩阵的情况下,其表示仅有单峰值的概率密度函数。尽管在很多情况下,用高斯分布可以相当好地描述样本的统计性质,且高斯分布具有便于处理的数学形式,但实际中还是有许多环境不能用高斯分布来刻画。一个基本的情况是,当实际概率密度函数存在多峰时,高斯过程是不适用的,但若对高斯分布进行一定的扩展,可以得到满足更一般情况的概率密度描述。混合高斯过程(mixture of Gaussian)是一种对高斯分布的扩展形式。混合高斯分布是多个高斯密度函数的组合,即

$$p(\boldsymbol{x}) = \sum_{k=1}^{K} c_k N(\boldsymbol{x} \mid \boldsymbol{\mu}_k, \boldsymbol{C}_k) \tag{2.2.10}$$

这里,$p(\boldsymbol{x})$是混合高斯过程的概率密度函数,其积分为1,故可得到

$$\sum_{k=1}^{K} c_k = 1 \tag{2.2.11}$$

由于对所有的$\boldsymbol{x}$,有$p(\boldsymbol{x})\geqslant 0$,要求

$$0 \leqslant c_k \leqslant 1 \tag{2.2.12}$$

或者说,在满足式(2.2.11)和(2.2.12)的条件下,式(2.2.10)所得到的$p(\boldsymbol{x})$是一个合格的概率密度函数。

在一维情况下,由4个高斯函数混合得到的一个混合高斯过程的密度函数示于图2.2.2(注意,图中同时用虚线画出了各加权的高斯分量$c_k N(\boldsymbol{x} \mid \boldsymbol{\mu}_k, \boldsymbol{C}_k)$),它可以表述概率密度

中存在多峰的情况。

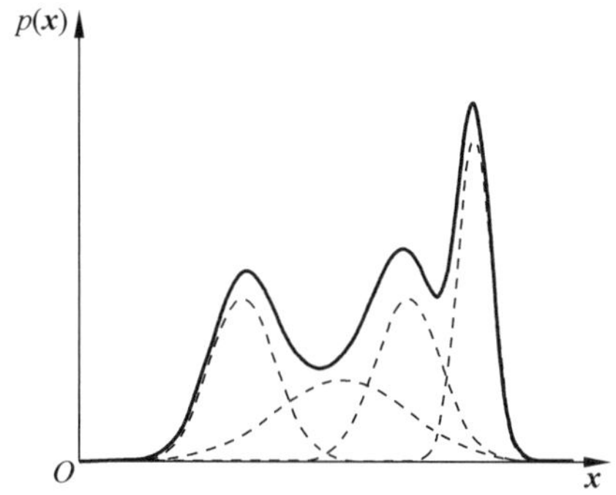

图 2.2.2 一个混合高斯过程的密度函数

实际中，通过选择充分大的 K 和参数集$\{c_k, \boldsymbol{\mu}_k, \boldsymbol{C}_k, k=1,\cdots,K\}$，一个混合高斯过程可以以任意精度逼近一个任意的概率密度函数。对于一个实际特征向量，当建模为式(2.2.10)的混合高斯过程时，若能够收集充分多的样本数据，则可以相当精确地估计出参数集，从而得到估计的概率密度函数。混合高斯过程参数估计问题，将在第 11 章进一步讨论。

2.2.5 马尔可夫过程

如果一个随机样本具有序列性，即 $X_1, X_2, \cdots, X_n, \cdots$是按照其序列顺序产生的，前后之间有因果关系，若

$$P\{X_n \leqslant x_n \mid X_{n-1}=x_{n-1}, X_{n-2}=x_{n-2}, \cdots, X_1=x_1\}=P\{X_n \leqslant x_n \mid X_{n-1}=x_{n-1}\} \tag{2.2.13}$$

则称该序列为马尔可夫过程。马尔可夫过程的含义是：当 X_n 的“现在”已知时，“将来”和“过去”的统计特性是无关的。在与序列有关的机器学习算法设计中，马尔可夫性可有效降低算法的复杂性。在强化学习中(见第 12 章)，马尔可夫性得到深入应用。

2.3 最大似然估计

许多机器学习模型属于参数化模型，模型的表达式受一组参数控制，即

$$y=f(\boldsymbol{x};\boldsymbol{\theta}) \tag{2.3.1}$$

对这类参数模型确定目标函数后，通过在训练集上做优化求出参数向量$\boldsymbol{\theta}$。最大似然方法是通过概率方法确定目标函数，通过优化求得模型参数的最常用技术。通过概率方法来表达这类模型时，得到的概率表达式中包含了待求的参数，因此其概率表达式可表示成 $p(\boldsymbol{x}|\boldsymbol{\theta})$ 的形式。通过这种概率形式给出似然函数的一个定义。

定义 2.3.1 似然函数(likelihood function)，若将表示样本数据的随机向量的概率密度函数 $p(\boldsymbol{x}|\boldsymbol{\theta})$中的 $\boldsymbol{x}$ 固定(即 $\boldsymbol{x}$ 取一固定样本值)，将$\boldsymbol{\theta}$ 作为自变量，考虑$\boldsymbol{\theta}$ 变化对 $p(\boldsymbol{x}|\boldsymbol{\theta})$的影响，这时将 $p(\boldsymbol{x}|\boldsymbol{\theta})$称为似然函数，用符号 $L(\boldsymbol{\theta}|\boldsymbol{x})=p(\boldsymbol{x}|\boldsymbol{\theta})$表示。

定义 2.3.2 最大似然估计(maximum likelihood estimator, MLE)：对于一个样本向量 $\boldsymbol{x}$，令$\boldsymbol{\theta}=\hat{\boldsymbol{\theta}}$ 时使得似然函数 $L(\boldsymbol{\theta}|\boldsymbol{x})$达到最大，则$\hat{\boldsymbol{\theta}}$ 是参数$\boldsymbol{\theta}$ 的最大似然估计(MLE)，

MLE 可更形式化地写为

$$\hat{\boldsymbol{\theta}}=\underset{\boldsymbol{\theta}\in\Omega}{\operatorname{argmax}}\{L(\boldsymbol{\theta}\mid\boldsymbol{x})\} \tag{2.3.2}$$

这里 Ω 表示 $\boldsymbol{\theta}$ 的取值空间。

$\underset{\theta\in\Omega}{\operatorname{argmax}}\{f(\boldsymbol{\theta})\}$ 表示从 $\boldsymbol{\theta}$ 的定义域中,求得 $f(\boldsymbol{\theta})$ 取最大值时对应的 $\boldsymbol{\theta}$ 值, $\underset{\boldsymbol{\theta}\in\Omega}{\max}\{f(\boldsymbol{\theta})\}$ 表示取得 $f(\boldsymbol{\theta})$ 的最大值。

注意,在讨论最大似然估计时,为了概念清楚,可专设符号 $L(\boldsymbol{\theta}\mid\boldsymbol{x})=p(\boldsymbol{x}\mid\boldsymbol{\theta})$ 表示似然函数,在后续应用中,也可直接用 $p(\boldsymbol{x}\mid\boldsymbol{\theta})$ 作为似然函数,不必再引入一个附加的符号。实际中更方便的是取似然函数的对数 $\log L(\boldsymbol{\theta}\mid\boldsymbol{x})$,称其为**对数似然函数**。由于对数函数是 $(0,\infty)$ 区间的严格增函数,故 $\log L(\boldsymbol{\theta}\mid\boldsymbol{x})$ 与 $L(\boldsymbol{\theta}\mid\boldsymbol{x})$ 的最大值点一致,因此可以用对数似然函数进行求解,所得参数的解是一致的。许多概率函数属于指数类函数,对数似然函数的求解更容易。

最大似然估计是一个很直观的概念,当 $\boldsymbol{\theta}$ 取值为 $\hat{\boldsymbol{\theta}}$ 时已采样得到的样本 $\boldsymbol{x}$ 出现的概率最大。若 $L(\boldsymbol{\theta}\mid\boldsymbol{x})$ 和 $\log L(\boldsymbol{\theta}\mid\boldsymbol{x})$ 是可导的,MLE 可用如下方程求解

$$\left.\frac{\partial L(\boldsymbol{\theta}\mid\boldsymbol{x})}{\partial\boldsymbol{\theta}}\right|_{\boldsymbol{\theta}=\hat{\boldsymbol{\theta}}}=\mathbf{0} \tag{2.3.3}$$

或

$$\left.\frac{\partial \log L(\boldsymbol{\theta}\mid\boldsymbol{x})}{\partial\boldsymbol{\theta}}\right|_{\boldsymbol{\theta}=\hat{\boldsymbol{\theta}}}=\mathbf{0} \tag{2.3.4}$$

注意式(2.3.3)或式(2.3.4)的解只是 MLE 的可能解,式(2.3.3)或式(2.3.4)可能有多个解。当存在多个解时,其中任一个解可能对应极大值、极小值或拐点,若 MLE 解落在边界上,则可能不满足式(2.3.3)或式(2.3.4)。因此,对式(2.3.3)或式(2.3.4)的解要做进一步验证,比较这些解和边界点哪个使得似然函数取得最大值。

以上仅给出了一个样本点的情况,在机器学习中,更多的是给出一个样本集,若存在 I. I. D 样本集 $\boldsymbol{X}=\{\boldsymbol{x}_n\}_{n=1}^N$,则样本集的似然函数可写为

$$L(\boldsymbol{\theta}\mid\boldsymbol{X})=\prod_{n=1}^{N}p(\boldsymbol{x}_n\mid\boldsymbol{\theta}) \tag{2.3.5}$$

或对数似然函数为

$$l(\boldsymbol{\theta}\mid\boldsymbol{X})=\sum_{n=1}^{N}\log(p(\boldsymbol{x}_n\mid\boldsymbol{\theta})) \tag{2.3.6}$$

若使用对数似然函数,参数的解为

$$\hat{\boldsymbol{\theta}}=\underset{\boldsymbol{\theta}\in\Omega}{\operatorname{argmax}}\left\{\sum_{n=1}^{N}\log(p(\boldsymbol{x}_n\mid\boldsymbol{\theta}))\right\} \tag{2.3.7}$$

以下通过几个例子进一步介绍最大似然方法。首先考察对一个简单模型的参数估计,然后通过 MLE 对用参数化表示的概率函数的参数进行估计。

例 2.3.1 考虑只有两个样本点的简单例子。样本集 $\{(x_i,y_i)\}_{i=1}^2=\{(2,1),(3,0)\}$ 是 I. I. D 的,训练一个回归模型 $\hat{y}(x,\boldsymbol{w})=w_1x+w_0$,其中 $\boldsymbol{w}=[w_1,w_0]^{\mathrm{T}}$ 是模型参数。

设模型逼近标注值 y_i,但存在逼近误差 ε_i,即

$$y_i=\hat{y}(x_i,\boldsymbol{w})+\varepsilon_i=w_1x_i+w_0+\varepsilon_i$$

设 ε_i 满足高斯分布，即 $\varepsilon_i \sim N(0,\sigma^2)$，则 y_i 满足均值为 $\hat{y}(x_i,\boldsymbol{w})$ 的高斯分布，即

$$p(y_i \mid \boldsymbol{w}) = N(y_i \mid \hat{y}(x_i,\boldsymbol{w}),\sigma^2)$$

由于样本集是 I.I.D 的，故

$$\begin{aligned} p(\boldsymbol{y} \mid \boldsymbol{w}) &= \prod_{i=1}^{2} N(y_i \mid \hat{y}(x_i,\boldsymbol{w}),\sigma^2) \\ &= \prod_{i=1}^{2} \frac{1}{(2\pi\sigma^2)^{\frac{1}{2}}} \exp\left[-\frac{1}{2\sigma^2}(y_i - \hat{y}(x_i,\boldsymbol{w}))^2\right] \end{aligned}$$

且样本值已知，故以上是似然函数，且可简化为

$$\ln p(\boldsymbol{y} \mid \boldsymbol{w}) = -\sum_{i=1}^{2}(y_i - \hat{y}(x_i,\boldsymbol{w}))^2 + C = -\sum_{i=1}^{2}(y_i - w_1 x_i - w_0)^2 + C$$

其中，C 是与求最大无关的常数。使以上似然函数最大，相当于求 $\boldsymbol{w}$ 使得

$$J(\boldsymbol{w}) = \sum_{i=1}^{2}(y_i - w_1 x_i - w_0)^2$$

最小，即求

$$\begin{cases} \dfrac{\partial J(\boldsymbol{w})}{\partial w_1} = 0 \\ \dfrac{\partial J(\boldsymbol{w})}{\partial w_0} = 0 \end{cases} \Rightarrow \begin{cases} 13w_1 + 5w_0 = 2 \\ 5w_1 + 2w_0 = 1 \end{cases}$$

求得 $w_1 = -1, w_0 = 3$，所求的回归模型为 $\hat{y}(x,\boldsymbol{w}) = -x + 3$。这是一个很简单的例子，但是很多更复杂的机器学习模型的学习算法就是这个例子的扩展。

例 2.3.2 设样本集 $\{x_n\}_{n=1}^{N}$ 是 I.I.D 的，每个样本均服从 $N(\mu,\sigma^2)$，且 σ^2 已知，但 μ 未知，由样本集估计概率密度函数的参数 μ。

因为是标量样本，将所有样本排列在向量 $\boldsymbol{x}$ 内，则由 I.I.D 性，$\boldsymbol{x}$ 的联合概率密度函数为

$$p(\boldsymbol{x} \mid \mu) = \prod_{n=1}^{N} N(x_n \mid \mu,\sigma^2) = \frac{1}{(2\pi\sigma^2)^{\frac{N}{2}}} \exp\left[-\frac{1}{2\sigma^2}\sum_{n=0}^{N-1}(x_n - \mu)^2\right]$$

固定 $\boldsymbol{x}$ 并令似然函数 $L(\mu \mid \boldsymbol{x}) = p(\boldsymbol{x} \mid \mu)$，由式(2.3.4)，有

$$\frac{\partial \ln L(\mu \mid \boldsymbol{x})}{\partial \mu} = \frac{1}{\sigma^2}\sum_{n=0}^{N-1}(x_n - \mu)\bigg|_{\mu=\hat{\mu}} = 0 \tag{2.3.8}$$

解得

$$\hat{\mu} = \frac{1}{N}\sum_{n=1}^{N} x_n \tag{2.3.9}$$

可进一步验证

$$\frac{\partial^2 \ln L(\mu \mid \boldsymbol{x})}{\partial \mu^2} = -\frac{N}{\sigma^2} < 0$$

由于式(2.3.8)有唯一解，且其二阶导数为负，因此该解对应最大值点，故式(2.3.9)是 MLE。本例中，式(2.3.9)的结果与例 2.1.4 用蒙特卡洛方法的结果一致。

对于例 2.3.1 和例 2.3.2 这样的情况，似然函数是 θ 的连续函数且只有唯一的峰值，参

数取值范围为$(-\infty,\infty)$，可省去后续的判断过程，由式(2.3.3)或式(2.3.4)求得的解就是 MLE。

例 2.3.3 将例 2.3.2 推广到一般情况，样本集 $\boldsymbol{X}=\{\boldsymbol{x}_n\}_{n=1}^{N}$ 是 I. I. D 的，每个样本是向量 $\boldsymbol{x}_n=[x_{n1},x_{n2},\cdots,x_{nM}]^{\mathrm{T}}$，其服从高斯分布，设向量 $\boldsymbol{x}=[x_1,x_2,\cdots,x_M]^{\mathrm{T}}$ 的概率密度函数表示为

$$p_{\boldsymbol{x}}(\boldsymbol{x}\mid\boldsymbol{\mu}_{\boldsymbol{x}},\boldsymbol{C}_{\boldsymbol{xx}})=\frac{1}{(2\pi)^{\frac{M}{2}}\det^{\frac{1}{2}}(\boldsymbol{C}_{\boldsymbol{xx}})}\exp\left(-\frac{1}{2}(\boldsymbol{x}-\boldsymbol{\mu}_{\boldsymbol{x}})^{\mathrm{T}}\boldsymbol{C}_{\boldsymbol{xx}}^{-1}(\boldsymbol{x}-\boldsymbol{\mu}_{\boldsymbol{x}})\right)$$

这里$\boldsymbol{\mu}_{\boldsymbol{x}}$ 是均值向量，$\boldsymbol{C}_{\boldsymbol{xx}}$ 是协方差矩阵，用样本集估计$\boldsymbol{\mu}_{\boldsymbol{x}}$、$\boldsymbol{C}_{\boldsymbol{xx}}$。

对该问题定义似然函数为

$$L(\boldsymbol{\mu}_{\boldsymbol{x}},\boldsymbol{C}_{\boldsymbol{xx}}\mid\boldsymbol{X})=\prod_{n=1}^{N}p_{\boldsymbol{x}}(\boldsymbol{x}_n\mid\boldsymbol{\mu}_{\boldsymbol{x}},\boldsymbol{C}_{\boldsymbol{xx}})$$

稍加整理，对数似然函数为

$$\ln L(\boldsymbol{\mu}_{\boldsymbol{x}},\boldsymbol{C}_{\boldsymbol{xx}}\mid\boldsymbol{X})=-\frac{NM}{2}\ln 2\pi-\frac{N}{2}\ln|\boldsymbol{C}_{\boldsymbol{xx}}|-\frac{1}{2}\sum_{n=1}^{N}(\boldsymbol{x}_n-\boldsymbol{\mu}_{\boldsymbol{x}})^{\mathrm{T}}\boldsymbol{C}_{\boldsymbol{xx}}^{-1}(\boldsymbol{x}_n-\boldsymbol{\mu}_{\boldsymbol{x}})\tag{2.3.10}$$

对$\boldsymbol{\mu}_{\boldsymbol{x}}$、$\boldsymbol{C}_{\boldsymbol{xx}}$ 求极大值，附录 B 给出了标量函数对向量或矩阵求导的介绍，利用附录 B 的公式，经过代数运算得到

$$\hat{\boldsymbol{\mu}}_{\boldsymbol{x}}=\frac{1}{N}\sum_{n=1}^{N}\boldsymbol{x}_n\tag{2.3.11}$$

$$\hat{\boldsymbol{C}}_{\boldsymbol{xx}}=\frac{1}{N}\sum_{n=1}^{N}(\boldsymbol{x}_n-\hat{\boldsymbol{\mu}}_{\boldsymbol{x}})(\boldsymbol{x}_n-\hat{\boldsymbol{\mu}}_{\boldsymbol{x}})^{\mathrm{T}}\tag{2.3.12}$$

式(2.3.11)和式(2.3.12)是在得到 N 个独立同分布向量样本时，均值向量和自协方差矩阵的 MLE。

这几个例子很简单，但说明了 MLE 应用的广泛性，例 2.3.1 可扩展到监督学习参数化模型的一般情况，例 2.3.2 和例 2.3.3 估计样本的概率函数参数，相当于无监督学习的例子。实际上将看到，最大似然函数是机器学习中应用最多的一种目标函数。

关于 MLE 的性能评价和变换不变性问题，不加证明地给出如下两个定理。

定理 2.3.1(MLE 渐近特性) 如果 PDF $p(\boldsymbol{x}|\boldsymbol{\theta})$满足规则性条件，未知参数$\boldsymbol{\theta}$ 的 MLE 渐近于如下分布

$$\hat{\boldsymbol{\theta}}\to N(\boldsymbol{\theta},\boldsymbol{I}^{-1}(\boldsymbol{\theta})),\quad N\to\infty\tag{2.3.13}$$

这里 $\boldsymbol{I}(\boldsymbol{\theta})$是 Fisher 信息矩阵，且在$\boldsymbol{\theta}$ 的真值处取值。

其中，规则性条件是 $E\left[\dfrac{\partial\log p(\boldsymbol{x}|\boldsymbol{\theta})}{\partial\boldsymbol{\theta}}\right]=0$，这是一个很宽松的条件，当 $p(\boldsymbol{x}|\boldsymbol{\theta})$满足积分与求导可交换时，该条件成立。$\boldsymbol{I}(\boldsymbol{\theta})$为 Fisher 信息矩阵，其各元素定义为

$$[\boldsymbol{I}(\boldsymbol{\theta})]_{ij}=-E\left[\frac{\partial^2\log p(\boldsymbol{x}\mid\boldsymbol{\theta})}{\partial\theta_i\partial\theta_j}\right]$$

统计学中的克拉美-罗(Cramer-Rao)下界指出，最优无偏估计参数的协方差矩阵可达 Fisher 信息矩阵的逆。故定理 2.3.1 说明，在 N 充分大时，MLE 逼近于一个无偏的、可达最小方差(协方差矩阵的对角线值)的估计器。换句话说，MLE 是渐近最优的。尽管 MLE

有这样的良好性质，如上的几个例子也得到“漂亮”的解析表达式，但对于一般的问题，式(2.3.3)或式(2.3.4)所构成的方程式可能是高度非线性方程，MLE一般得不到解析表达式，这时可以通过数值迭代方法进行计算。一种有效的求解MLE的EM算法(expectation-maximization algorithm)得到广泛应用，EM算法在一些模型情况下得到非常有效的解，本书将在第11章对EM算法进行介绍并将其应用于混合高斯模型的参数求解。

定理2.3.2(MLE不变性)　若$\hat{\boldsymbol{\theta}}$是$\boldsymbol{\theta}$的MLE，则对于$\boldsymbol{\theta}$的任何函数$g(\boldsymbol{\theta})$，$g(\hat{\boldsymbol{\theta}})$是$g(\boldsymbol{\theta})$的MLE。

MLE不变性有其意义，在一些应用中需要估计参数$\boldsymbol{\theta}$的函数$g(\boldsymbol{\theta})$，但若参数的MLE更易于获得，则通过参数的MLE代入函数所获得的函数估计仍是MLE。

尽管MLE有其优良的表现，实际上也是目前机器学习中使用最多的目标函数之一，但MLE也有比较明显的弱点。MLE建立在概率的频率思想上，若对离散事件的概率进行估计，当样本集较小，且一些事件在样本集中没有发生时，其概率被估计为0。例如掷骰子，若只收集了少量样本，比如20个样本，面“3”在样本集中恰好没有出现，则面“3”的概率估计为0，这显然不符合常识。解决这个问题的一个方法是拉普拉斯平滑，将在第4章介绍。另外，最大似然敏感于样本集中的“野值”，这里所谓“野值”是指与样本集的统计性质相差很大的样本，可能是采样中突发噪声或其他意外因素所致，少量的野值很可能对MLE的性能产生较大影响，可通过对样本集的预处理删除野值。更重要的一点，MLE偏重更复杂的模型，易造成模型的过拟合，关于这一点，可通过正则化或贝叶斯方法给予解决。

最大似然估计中参数θ假设为确定量，实际上若参数θ是随机变量MLE方法仍然有效，如果参数θ是随机变量，符号$p(\boldsymbol{x}|\theta)$表示条件概率密度函数。对于MLE，样本$\boldsymbol{x}$确定，作为随机变量一次实现的参数θ的求解与确定性情况一致，求似然函数$L(\theta|\boldsymbol{x})=p(\boldsymbol{x}|\theta)$的最大值点确定参数的估计值$\hat{\theta}$。从MLE的角度看，把参数$\theta$看作确定性量还是随机变量的一次实现是无关紧要的。在2.4节讨论的贝叶斯(Bayesian)估计中，把参数θ作为随机变量，并且在获得样本值之前即知道θ的概率密度函数，因此在获取样本之前，对θ的可能取值范围和趋势预先就有一定的知识，故将θ的概率分布称为先验分布，在得到一组样本值之后，由样本值和先验分布一起对θ的值(随机变量的一次实现)进行推断。若先验分布是正确的，贝叶斯估计将利用θ的概率密度函数带来的附加信息改善估计质量，尤其在样本数量较少时更为明显。

本节注释　本书对于一般的对数运算，例如对数似然函数采用对数的通用符号log表示，在实际计算中遇到概率函数是e的指数函数时，自动取自然对数ln。本书在大多数情况下，对使用log和ln不加区分。

2.4　贝叶斯估计

与MLE方法不同，贝叶斯估计假设所估计的参数$\boldsymbol{\theta}$是随机变量，在获得样本集之前已知其概率函数，故称为先验概率，用符号$p_{\theta}(\boldsymbol{\theta})$表示。注意，若$\boldsymbol{\theta}$是连续的，$p_{\theta}(\boldsymbol{\theta})$是概率密度函数；若$\boldsymbol{\theta}$是离散的，$p_{\theta}(\boldsymbol{\theta})$是概率值函数。在获取当前样本集时，随机变量$\boldsymbol{\theta}$有一个确定取值，即随机变量$\boldsymbol{\theta}$的一次实现值，需要估计它的取值。

贝叶斯估计的核心思想是，在已知先验概率 $p_\theta(\boldsymbol{\theta})$ 的条件下，通过样本集，对参数$\boldsymbol{\theta}$ 的分布进行校正，这个由数据样本进行校正后的概率可表示为 $p(\boldsymbol{\theta}|\boldsymbol{x})$，称为后验概率，贝叶斯估计利用后验概率 $p(\boldsymbol{\theta}|\boldsymbol{x})$对参数$\boldsymbol{\theta}$ 进行推断。

在实际问题中，后验概率一般不易直接获取，以$\boldsymbol{\theta}$ 为条件的随机向量的条件概率 $p(\boldsymbol{x}|\boldsymbol{\theta})$ 更易于获得。由贝叶斯公式

$$p(\boldsymbol{x},\boldsymbol{\theta})=p_\theta(\boldsymbol{\theta})p(\boldsymbol{x}\mid\boldsymbol{\theta})=p(\boldsymbol{\theta}\mid\boldsymbol{x})p_x(\boldsymbol{x}) \tag{2.4.1}$$

利用后一个等式，可得后验概率为

$$p(\boldsymbol{\theta}\mid\boldsymbol{x})=\frac{p(\boldsymbol{x}\mid\boldsymbol{\theta})p_\theta(\boldsymbol{\theta})}{p_x(\boldsymbol{x})}=\frac{p(\boldsymbol{x}\mid\boldsymbol{\theta})p_\theta(\boldsymbol{\theta})}{\int p(\boldsymbol{x}\mid\boldsymbol{\theta})p_\theta(\boldsymbol{\theta})\mathrm{d}\boldsymbol{\theta}} \tag{2.4.2}$$

通过式(2.4.2)获得后验概率(密度)，然后利用后验概率进行参数估计或推断的方法，统称为贝叶斯方法。贝叶斯方法有很多不同形式，本节主要讨论最大后验概率(maximum a posteriori，MAP)方法。

考虑贝叶斯估计的一般形式。设 $\boldsymbol{e}=\boldsymbol{\theta}-\hat{\boldsymbol{\theta}}$ 表示估计误差，令 $C(\boldsymbol{e})$为代价函数，不同应用可能会定义不同的代价函数。定义

$$J=E[C(\boldsymbol{e})] \tag{2.4.3}$$

为贝叶斯风险函数。令贝叶斯风险函数最小，由不同的代价函数，可得到各种不同形式的贝叶斯估计。

定义一种门限准则，为了简单，考虑标量情况，令代价函数为

$$C(e)=\begin{cases}0, & |e|<\delta\\ 1, & |e|>\delta\end{cases} \tag{2.4.4}$$

这里 δ 是一个预设门限。这个准则的含义是，当误差小于一个阈值时，代价为零；当误差大于一个阈值时，代价总是为 1。这种代价函数有其实际意义，例如在分类问题中，$\boldsymbol{\theta}$ 表示的不是模型参数而是类型输出，当误差小于一个阈值时，不会产生错误判断，这种误差是容许的；但当误差大于一个阈值时，就会产生错误判断，只要误差大于这个阈值，总是产生错误分类，代价是相同的。门限准则的贝叶斯估计器是如下的最大后验概率估计器，即

$$\hat{\theta}=\underset{\theta\in\Omega}{\operatorname{argmax}}\,p(\theta\mid\boldsymbol{x}) \tag{2.4.5}$$

这里 $p(\theta|\boldsymbol{x})$是后验概率，故估计值使后验概率最大，这是该估计器名称的由来。更一般地，给出向量形式为

$$\hat{\boldsymbol{\theta}}=\underset{\theta\in\Omega}{\operatorname{argmax}}\,p(\boldsymbol{\theta}\mid\boldsymbol{x}) \tag{2.4.6}$$

将式(2.4.2)代入式(2.4.6)，并注意到 $p_x(\boldsymbol{x})$与问题的解无关，故可省略，MAP 得到一个更容易处理的形式为

$$\hat{\boldsymbol{\theta}}=\underset{\theta\in\Omega}{\operatorname{argmax}}\{p(\boldsymbol{x}\mid\boldsymbol{\theta})p_\theta(\boldsymbol{\theta})\} \tag{2.4.7}$$

或等价地使用对数形式为

$$\hat{\boldsymbol{\theta}}=\underset{\theta\in\Omega}{\operatorname{argmax}}\{\log p(\boldsymbol{x}\mid\boldsymbol{\theta})+\log p_\theta(\boldsymbol{\theta})\} \tag{2.4.8}$$

与 MLE 类似，对式(2.4.8)求最大，MAP 估计可转化为求解如下方程

$$\left[\frac{\partial \log p(\boldsymbol{x} \mid \boldsymbol{\theta})}{\partial \boldsymbol{\theta}}+\frac{\partial \log p_{\theta}(\boldsymbol{\theta})}{\partial \boldsymbol{\theta}}\right]_{\boldsymbol{\theta}=\hat{\boldsymbol{\theta}}}=\mathbf{0} \tag{2.4.9}$$

若存在 IID 样本，$\boldsymbol{X}=\{\boldsymbol{x}_n\}_{n=1}^N$，对应对数形式的 MAP 表达式为

$$\hat{\boldsymbol{\theta}}=\underset{\theta\in\Omega}{\operatorname{argmax}}\left\{\sum_{n=1}^N \log(p(\boldsymbol{x}_n \mid \boldsymbol{\theta}))+\log p_{\theta}(\boldsymbol{\theta})\right\} \tag{2.4.10}$$

比较 MAP 和 MLE 可以看到，当参数$\boldsymbol{\theta}$的先验概率密度$p_{\theta}(\boldsymbol{\theta})$在很大的取值范围内为常数时，也就是对$\boldsymbol{\theta}$可能的取值取向没有预先知识时，MAP 就退化为 MLE。若参数有很强的先验知识(例如$\boldsymbol{\theta}$的先验知识服从高斯分布且方差很小)且先验知识是正确的，由于可用信息的加强，MAP 可以取得更好的效果，尤其是样本少的情况下。

例 2.4.1 用 MAP 方法重做例 2.3.2。设样本集$\{x_n\}_{n=1}^N$是 I. I. D 的，每个样本均服从$N(\mu,\sigma_x^2)$，且σ_x^2已知，μ未知但给出其先验概率为

$$p_{\mu}(\mu)=\frac{1}{\sqrt{2\pi\sigma_o^2}}\mathrm{e}^{\frac{-(\mu-\mu_o)^2}{2\sigma_o^2}}$$

求参数μ的 MAP 估计。首先写出$p(\boldsymbol{x}|\mu)$，显然

$$p(\boldsymbol{x} \mid \mu)=\frac{1}{(2\pi\sigma_x^2)^{\frac{N}{2}}}\exp\left[-\frac{1}{2\sigma_x^2}\sum_{n=0}^{N-1}(x_n-\mu)^2\right]$$

因此

$$p(\boldsymbol{x} \mid \mu)P_{\mu}(\mu)=\frac{1}{(2\pi\sigma_x^2)^{\frac{N}{2}}}\frac{1}{(2\pi\sigma_o^2)^{\frac{1}{2}}}\exp\left[-\frac{1}{2\sigma_x^2}\sum_{n=0}^{N-1}(x_n-\mu)^2\right]\exp\left[-\frac{1}{2\sigma_o^2}(\mu-\mu_o)^2\right]$$

上式两边取对数，并求最大值点，相当于代入式(2.4.9)，解得μ的 MAP 估计为

$$\hat{\mu}_{\mathrm{MAP}}=\frac{\sigma_o^2}{\sigma_o^2+\frac{\sigma_x^2}{N}}\frac{1}{N}\sum_{n=1}^N x_n+\frac{\frac{\sigma_x^2}{N}}{\sigma_o^2+\frac{\sigma_x^2}{N}}\mu_o \tag{2.4.11}$$

可对比例 2.3.2 的结果。显然 MAP 估计的解包含先验信息和样本集两部分的贡献，在N比较小时，先验信息的贡献不可忽略，但当$N\to\infty$时

$$\hat{\mu}_{\mathrm{MAP}}\to\frac{1}{N}\sum_{n=0}^{N-1}x_n$$

即观测样本数趋于无穷时，先验信息的作用被忽略。

本例可推广到向量情况，若样本集是$\boldsymbol{X}=\{\boldsymbol{x}_n\}_{n=1}^N$，每个样本满足高斯分布$p(\boldsymbol{x}|\boldsymbol{\mu})=N(\boldsymbol{x}|\boldsymbol{\mu},\Sigma)$，$\boldsymbol{\mu}$未知，但已知先验分布为$p(\boldsymbol{\mu})=N(\boldsymbol{\mu}|\boldsymbol{\mu}_0,\Sigma_0)$，可以验证，$\boldsymbol{\mu}$的后验概率为$p(\boldsymbol{\mu}|\boldsymbol{X})=N(\boldsymbol{\mu}|\boldsymbol{\mu}_N,\Sigma_N)$，其中(推导细节留作习题)

$$\boldsymbol{\mu}_N=\Sigma_0\left(\Sigma_0+\frac{1}{N}\Sigma\right)^{-1}\frac{1}{N}\sum_{n=1}^N\boldsymbol{x}_n+\frac{1}{N}\Sigma\left(\Sigma_0+\frac{1}{N}\Sigma\right)^{-1}\boldsymbol{\mu}_0 \tag{2.4.12}$$

$$\Sigma_N=\Sigma_0\left(\Sigma_0+\frac{1}{N}\Sigma\right)^{-1}\frac{1}{N}\Sigma$$

由于$\boldsymbol{\mu}$的后验概率仍为高斯分布，故其 MAP 估计为式(2.4.12)的$\hat{\boldsymbol{\mu}}_{\mathrm{MAP}}=\boldsymbol{\mu}_N$。

视频讲解

2.5 贝叶斯决策

决策是机器学习中一个相对独立的部分。当机器学习的模型已经确定后，对于新的输入可计算模型输出。对模型输出做出最后判断是决策过程要做的事情。针对不同的模型，决策过程起的作用是不一样的，对于有的模型，模型输出直接表示了明确的结果，不需要一个附加的决策过程，而对于其他模型尤其是概率类模型，往往需要对模型输出做出一个最终的决策，这是决策过程的作用。在机器学习中，决策往往是一个独立且相对简单的单元，本节讨论的决策问题集中在贝叶斯决策。

2.5.1 机器学习中的决策

一般来讲，机器学习通过训练过程得到描述问题的模型，可将模型表示为一种数学关系。当给出新的输入数据时，可按照模型需要的格式将输入数据转换成模型可接受的输入特征向量，计算模型的输出。所谓决策就是对于模型的输出给出一个判决结果。

决策就是要做出最后的结论，对于分类要给出类型的结果，对于回归要给出输出值。从一个模型输出是否确定性的角度，可将其分为概率模型和非概率模型。对于非概率模型，模型是一个确定性的判别函数，该模型通过训练过程直接得到确定的函数关系 $\hat{y}=f(\boldsymbol{x})$，其中 $\boldsymbol{x}$ 是输入特征向量，当通过训练得到模型后，给出一个新的 $\boldsymbol{x}$，函数产生结果 $\hat{y}$。对于分类问题，$\hat{y}$ 取离散值并表示类型；对于回归问题，$\hat{y}$ 得到连续的输出值。对于这类确定性模型，决策是直接的，一般不需要进一步再做决策。

对于概率模型，训练过程中给出的模型是输出 y 的一种概率表示。有两类基本的概率模型。一类是生成模型，给出的是联合概率 $p(\boldsymbol{x},y)$；另一类是判别模型（注意与确定性判别函数是有区别的），给出的是后验概率 $p(y|\boldsymbol{x})$。目前的概率模型中，判别模型应用更广泛。以判别模型为例，假设通过训练过程得到了后验概率表示式 $p(y|\boldsymbol{x})$，首先针对二分类问题说明决策过程。设分别用 C_1、C_2 表示两种类型，则对于新的输入 $\boldsymbol{x}$，可计算 $p(y=C_1|\boldsymbol{x})$（简记为 $p(C_1|\boldsymbol{x})$）和 $p(y=C_2|\boldsymbol{x})$（简记为 $p(C_2|\boldsymbol{x})$），由这些概率怎样确定输入 $\boldsymbol{x}$ 对应哪一类呢？这需要通过决策理论做出最后的判决。例如，$p(C_1|\boldsymbol{x})=0.6$，$p(C_2|\boldsymbol{x})=0.4$ 是否一定会判决为类型 C_1 呢？

对于概率模型，怎样做出最后的决策呢？为了得出最后的结论，需要给出问题的评价函数，一般可以用风险函数作为评价函数，通过最小化风险函数的后验概率期望（即贝叶斯风险函数）获得判决准则，然后利用判决准则对模型输出的结果做出结论。由于决策主要使用后验概率来做出，并采用贝叶斯风险函数作为评价函数，故将所讨论的决策问题称为贝叶斯决策。分类和回归的决策方法和评价函数差别很大，将单独予以处理。

2.5.2 分类的决策

假设学习阶段通过训练已得到模型的联合概率 $p(\boldsymbol{x},y)$（对于生成模型）或后验概率 $p(y|\boldsymbol{x})$（对于判别模型），需要对类型输出做出最终判决，即决策。

讨论二分类问题，以下使用联合概率导出结论，但实际上对于分类决策只需要后验概率。

假设特征输入 $\boldsymbol{x}$ 和类型 C 的联合概率 $p(\boldsymbol{x},C)$ 已知，由于是二分类问题，C 只有两个取值 C_1 和 C_2，故可以分别写出两种类型的联合概率值 $p(\boldsymbol{x},C_1)$ 和 $p(\boldsymbol{x},C_2)$。对于分类问题，一个最直接的评价函数是误分类率，误分类率等于两部分之和：$\boldsymbol{x}$ 属于 C_1 类却被分类为 C_2 的概率和 $\boldsymbol{x}$ 属于 C_2 被分类为 C_1 的概率。决策理论的目标是找到一个判决准则，使得错误分类率最小，即最小错误分类率(minimum misclassification rate，MMR)准则。

设输入特征向量 $\boldsymbol{x}$ 是 D 维向量，其输入空间是 D 维向量空间的一个区域 $\mathcal{R}$，通过决策理论，可将区域 $\mathcal{R}$ 划分为两个不重叠区域 $\mathcal{R}_1$ 和 $\mathcal{R}_2$。当 $\boldsymbol{x}\in\mathcal{R}_1$ 时，判断类型输出为 C_1；当 $\boldsymbol{x}\in\mathcal{R}_2$ 时，判断类型输出为 C_2。划分区域的准则就是 MMR。

为了便于理解，图 2.5.1 给出了 $\boldsymbol{x}$ 是标量情况下，概率密度函数 $p(\boldsymbol{x},C_1)$ 和 $p(\boldsymbol{x},C_2)$ 的示意图。假如已经做出了区域划分 $\mathcal{R}_1$ 和 $\mathcal{R}_2$，那么当 $\boldsymbol{x}\in\mathcal{R}_1$ 但其实际属于 C_2 则对应一个错误的分类，其错误概率可表示为

$$p(\boldsymbol{x}\in\mathcal{R}_1,C_2)=\int_{\mathcal{R}_1}p(\boldsymbol{x},C_2)\mathrm{d}\boldsymbol{x}$$

反之，当 $\boldsymbol{x}\in\mathcal{R}_2$ 但其实际属于 C_1 类时，则对应一个错误分类，其错误概率为

$$p(\boldsymbol{x}\in\mathcal{R}_2,C_1)=\int_{\mathcal{R}_2}p(\boldsymbol{x},C_1)\mathrm{d}\boldsymbol{x}$$

将两者合并，总的误分类率 p_e 为

$$\begin{aligned}p_e&=p(\boldsymbol{x}\in\mathcal{R}_1,C_2)+p(\boldsymbol{x}\in\mathcal{R}_2,C_1)\\&=\int_{\mathcal{R}_1}p(\boldsymbol{x},C_2)\mathrm{d}\boldsymbol{x}+\int_{\mathcal{R}_2}p(\boldsymbol{x},C_1)\mathrm{d}\boldsymbol{x}\end{aligned}\tag{2.5.1}$$

以上假设已划分出 $\mathcal{R}_1$ 和 $\mathcal{R}_2$，从而写出了错误率公式(2.5.1)。现在反过来，通过错误率公式(2.5.1)选择 $\mathcal{R}_1$ 和 $\mathcal{R}_2$ 使 p_e 最小。通过观察图 2.5.1 和式(2.5.1)发现，若想 p_e 最小，只需这样选择 $\mathcal{R}_1$ 和 $\mathcal{R}_2$：将满足 $p(\boldsymbol{x},C_1)>p(\boldsymbol{x},C_2)$ 的取值集合取为 $\mathcal{R}_1$，反之取为 $\mathcal{R}_2$，一般将 $p(\boldsymbol{x},C_1)=p(\boldsymbol{x},C_2)$ 的点任意分配给 $\mathcal{R}_1$ 或 $\mathcal{R}_2$。

由此可得到判决准则，当给出一个新的 $\boldsymbol{x}$，若

$$p(\boldsymbol{x},C_1)>p(\boldsymbol{x},C_2)\tag{2.5.2}$$

则分类为 C_1，反之分类为 C_2。由概率公式 $p(\boldsymbol{x},C_i)=p(C_i|\boldsymbol{x})p(\boldsymbol{x})$，$i=1,2$，将式(2.5.2)表示为后验概率形式，即若

$$p(C_1\mid\boldsymbol{x})>p(C_2\mid\boldsymbol{x})\tag{2.5.3}$$

则分类为 C_1，否则分类为 C_2。应用 MMR 准则的决策公式为式(2.5.2)或式(2.5.3)。目前分类算法中，判别模型应用更多，故式(2.5.3)更常用。由于式(2.5.3)也表示了式(2.5.2)的含义，若非特殊需要总是以式(2.5.3)表示决策公式。

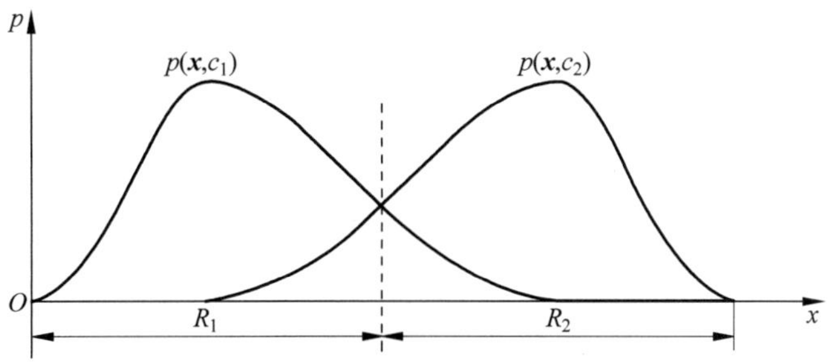

图 2.5.1 概率密度函数

以上结果可直接推广到多类情况，设有$\{C_1, C_2, \cdots, C_K\}$共$K$种类型，最后分类结果为$C_{i^*}$，则

$$C_{i^*} = \underset{C_i}{\operatorname{argmax}}\{p(C_i \mid \boldsymbol{x})\} \tag{2.5.4}$$

以上给出了在最小错误分类率准则下的判决准则，结果非常直观，即将后验概率最大的类作为分类输出。回到本章的开始，若一个机器学习模型是概率模型，对于新的$\boldsymbol{x}$可分别计算分类为C_i的后验概率，则决策准则将后验概率最大的类作为最终类输出。

以上的基本决策原理的前提条件是假设所有错误的代价是平等的，这在很多实际应用中不符合现实，如下讨论两种更实际的判决方式。

1. 加权错误率准则

在实际应用中，一些错误比另一些错误代价更大，例如一辆无人驾驶汽车的刹车系统。为了方便说明，一个简化的模型输出只有两类：刹车或不刹车，这可看作分类问题。应刹车时判决为不刹车，比不应刹车时判决为刹车往往代价更大，所以要对刹车判决的不同错误定义不同的代价，例如表 2.5.1 的代价加权矩阵。

表 2.5.1　刹车决策的错误代价加权矩阵

决　策	刹　车	不　刹　车
应刹车	0	10
不应刹车	1	0

在表 2.5.1 中，应刹车被错判为不刹车的代价是不应刹车错判为刹车的代价的 10 倍，这是一个主观的加权。对于实际刹车问题，可通过预先得到的大量交通事故数据按所关心的指标给出加权矩阵的统计值。对于更一般的多类型情况，将加权矩阵表示为$\boldsymbol{L}$，矩阵的各元素表示为$L_{kj} = L(C_j | C_k)$，即将C_k分类为C_j的代价加权值。考虑所有的C_k和C_j的组合，得到总期望损失为

$$E[\boldsymbol{L}] = \sum_k \sum_j L_{kj} \int_{\mathcal{R}_j} p(\boldsymbol{x}, C_k) \mathrm{d}\boldsymbol{x} \tag{2.5.5}$$

上式重组为

$$E[\boldsymbol{L}] = \sum_j \int_{\mathcal{R}_j} \sum_k L_{kj} p(\boldsymbol{x}, C_k) \mathrm{d}\boldsymbol{x} = \sum_j \int_{\mathcal{R}_j} \left[\sum_k L_{kj} p(C_k \mid \boldsymbol{x})\right] p(\boldsymbol{x}) \mathrm{d}\boldsymbol{x} \tag{2.5.6}$$

将

$$R(C_j \mid \boldsymbol{x}) = \sum_k L_{kj} p(C_k \mid \boldsymbol{x}) \tag{2.5.7}$$

定义为分类为C_j的风险。可见，为了使式(2.5.6)的结果最小，划分$\mathcal{R}_j$的准则是：将$R(C_j | \boldsymbol{x})$最小的区间划分为$\mathcal{R}_j$，由于C_j表示所有可能的类，故分类为C_{i^*}的决策公式为

$$C_{i^*} = \underset{C_j}{\operatorname{argmin}}\{R(C_j \mid \boldsymbol{x}) = \sum_k L_{kj} p(C_k \mid \boldsymbol{x})\} \tag{2.5.8}$$

由于每个$p(C_k | \boldsymbol{x})$在学习过程都已经训练过，L_{kj}是预先确定的，式(2.5.8)的决策是简单的加权求和与比较运算。

例 2.5.1　讨论式(2.5.8)在二分类情况下的特殊形式。只有两类时，式(2.5.7)的风险值只有两个，即

$$R(C_1 \mid \boldsymbol{x}) = L_{11} p(C_1 \mid \boldsymbol{x}) + L_{21} p(C_2 \mid \boldsymbol{x})$$

$$R(C_2 \mid \boldsymbol{x}) = L_{12}p(C_1 \mid \boldsymbol{x}) + L_{22}p(C_2 \mid \boldsymbol{x}) \tag{2.5.9}$$

由式(2.5.8)，若要分类结果为 C_1，则只需 $R(C_1|\boldsymbol{x})<R(C_2|\boldsymbol{x})$，将(2.5.9)各式代入并整理得

$$(L_{12}-L_{11})p(C_1 \mid \boldsymbol{x}) > (L_{21}-L_{22})p(C_2 \mid \boldsymbol{x}) \tag{2.5.10}$$

情况 1：取 $L_{12}=L_{21}=1, L_{22}=L_{11}=0$，则式(2.5.10)简化为 $p(C_1|\boldsymbol{x})>p(C_2|\boldsymbol{x})$，即在各种错误等代价的二分类问题中，式(2.5.8)与式(2.5.3)等价。

情况 2：若取 $L_{12}=10, L_{21}=1, L_{22}=L_{11}=0$，则式(2.5.10)简化为 $p(C_1|\boldsymbol{x})>0.1\times p(C_2|\boldsymbol{x})$，即可判断为 C_1，这里的加权用的是表 2.5.1 的有关刹车的加权矩阵，可见在该损失加权的条件下，$p(C_1|\boldsymbol{x})=0.1$ 就可以决策为刹车。

由贝叶斯公式，可将式(2.5.10)写为

$$(L_{12}-L_{11})p(\boldsymbol{x} \mid C_1)p(C_1) > (L_{21}-L_{22})p(\boldsymbol{x} \mid C_2)p(C_2) \tag{2.5.11}$$

整理得到分类为 C_1 的条件为

$$\frac{p(\boldsymbol{x} \mid C_1)}{p(\boldsymbol{x} \mid C_2)} > \frac{(L_{21}-L_{22})}{(L_{12}-L_{11})}\frac{p(C_2)}{p(C_1)} \tag{2.5.12}$$

式(2.5.12)利用了类条件概率(密度)$p(\boldsymbol{x}|C_i)$和类先验概率 $p(C_i)$，称为似然比准则。

2. 拒绝判决

在各种误分类代价相等的情况下，在二分类时只要满足式(2.5.3)即可分为类型 C_1，例如 $p(C_1|\boldsymbol{x})=0.51$ 即可分类为 C_1。当两类的后验概率很接近时，分类结果可信度不高，误分类率也较大，在一些需要高可靠分类的应用中，这种分类结果显然无法接受，故在很多情况下，可能对一定的后验概率范围拒绝做出判决。如图 2.5.2 所示，在 $p(\boldsymbol{x}|C_i)$均小于一个预定的门限 θ(例如 $\theta=0.9$)时拒绝做出判决。对于多分类问题，只有至少有一个 $p(\boldsymbol{x}|C_i)\geqslant\theta$ 时，才利用式(2.5.4)做判决，否则拒绝判决。

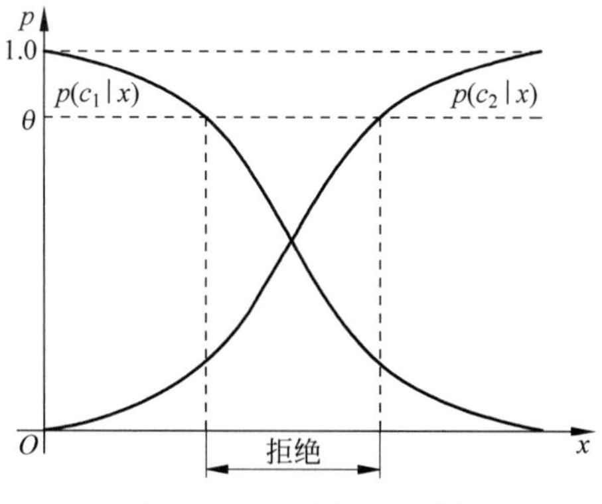

图 2.5.2 拒绝判决示意图

拒绝判决是一个有意义但需要谨慎使用的原则，其使用与所面对问题的代价分析有关。例如，在一个邮件自动分拣的邮政编码识别系统中，假设一封信的第 1 位邮政编码数字被自动分类为 1 和 7 的概率最大但很接近，该信可以由自动分拣系统拒绝判决，转为人工服务，显然，人工服务的成本比自动分拣高，但远低于一封信被错误投递的代价。

拒绝判决可降低误分类率，极端的例子是，拒绝做任何判决则误分类率为 0，但这样的系统毫无意义。故选择拒绝判决及拒绝判决的门限值与应用是密切相关的，需要在实际系

统设计中谨慎选择。

2.5.3 回归的决策

对于回归问题,本书介绍的回归模型较多的是直接得到回归函数 $\hat{y}=g(\boldsymbol{x})$,也有一些方法是先通过学习过程得到联合概率 $p(\boldsymbol{x},y)$或后验概率 $p(y|\boldsymbol{x})$,对这种模型需先选择一种评价性能的函数,通过决策给出回归的连续输出值 $\hat{y}$。在回归情况下,最常用的评价函数之一是均方误差。回归输出 $\hat{y}$ 与真实 y 的均方误差定义为

$$\text{mse}(\hat{y})=\iint(y-\hat{y})^2 p(\boldsymbol{x},y)\mathrm{d}\boldsymbol{x}\mathrm{d}y \tag{2.5.13}$$

若要求一个 $\hat{y}$ 使得均方误差最小,可令式(2.5.13)两侧对 $\hat{y}$ 求导且令之为 0,将得到一个解 $\hat{y}=g(\boldsymbol{x})$。

利用贝叶斯公式,有

$$\text{mse}(\hat{y})=\iint(y-\hat{y})^2 p(\boldsymbol{x},y)\mathrm{d}\boldsymbol{x}\mathrm{d}y=\int\left[\int(y-\hat{y})^2 p(y\mid\boldsymbol{x})\mathrm{d}y\right]p_x(\boldsymbol{x})\mathrm{d}x$$

上式两边对 $\hat{y}$ 求导,并交换积分和求导顺序,得

$$\frac{\partial\text{mse}(\hat{y})}{\partial\hat{y}}=\int\left[\frac{\partial}{\partial\hat{y}}\int(\hat{y}-y)^2 p(y\mid\boldsymbol{x})\mathrm{d}y\right]p_x(\boldsymbol{x})\mathrm{d}x$$

为求最小均方估计 $\hat{y}$,只需令上式为 0,因为对所有 $\boldsymbol{x}$,$p_x(\boldsymbol{x})\geqslant 0$,故欲使$\dfrac{\partial\text{mse}(\hat{y})}{\partial\hat{y}}$为零,只需

$$\frac{\partial}{\partial\hat{y}}\int(y-\hat{y})^2 p(y\mid\boldsymbol{x})\mathrm{d}y=0$$

将上式中求导和积分次序交换,得

$$\frac{\partial}{\partial\hat{y}}\int(y-\hat{y})^2 p(y\mid\boldsymbol{x})\mathrm{d}y=-2\int(y-\hat{y})p(y\mid\boldsymbol{x})\mathrm{d}y=0$$

整理得

$$\hat{y}=\int y\ p(y\mid\boldsymbol{x})\mathrm{d}y=E_{y|\boldsymbol{x}}(y\mid\boldsymbol{x}) \tag{2.5.14}$$

这是最小均方误差(MMSE)意义下回归的最优输出值,称为后验期望输出。在参数估计问题中,若用参数 θ 代替回归输出 y,则同样的结论称为 MMSE 贝叶斯参数估计器。

对于一个回归学习系统,通过学习过程得到后验概率 $p(y|\boldsymbol{x})$,则给出一个新的特征向量输入 $\boldsymbol{x}$ 后,回归的输出是 y 的后验条件期望值 $\hat{y}=E_{y|\boldsymbol{x}}(y|\boldsymbol{x})$。将回归输出 $\hat{y}$ 代入式(2.5.13),得到最小均方误差为

$$\text{mmse}(\hat{\theta})=\iint(y-E(y\mid\boldsymbol{x}))^2 p(\boldsymbol{x},y)\mathrm{d}\boldsymbol{x}\mathrm{d}y$$

例 2.5.2 对回归问题仍以高斯分布为例。若一个回归问题,通过学习过程得到的后验概率是 $p(y|\boldsymbol{x})=N(y|\boldsymbol{w}^{\mathrm{T}}\boldsymbol{x},\sigma_{y|\boldsymbol{x}}^2)$,这里 $\boldsymbol{w}$ 为通过训练得到的权系数向量。由高斯分布的特点和式(2.5.14)可得,使得 mse 最小的回归输出为 $\hat{y}=E_{y|x}(y|\boldsymbol{x})=\boldsymbol{w}^{\mathrm{T}}\boldsymbol{x}$,方差 $\sigma_{y|x}^2$ 刻画了回归输出的不确定性大小。

本节注释 通过机器学习解决一个实际问题,大致是三个步骤:第一步是针对要解决

的问题收集数据，预处理数据(数据清洗、标注等)，确定解决问题的算法模型，例如选择监督学习，选择神经网络模型或SVM模型或其他模型；第二步是训练过程，用样本集对模型进行训练，选择模型规模和参数，对确定性模型得到 $\hat{y}=f(\boldsymbol{x})$ 的判别函数，对概率模型得到联合概率 $p(\boldsymbol{x},y)$ 或后验概率 $p(y|\boldsymbol{x})$；第三步是推断或预测过程，给出新的特征输入 $\boldsymbol{x}$，对确定性模型直接得到结果，对概率模型计算得到后验概率 $p(y|\boldsymbol{x})$，通过后验概率和风险函数获得判决准则做出决策。对于复杂问题，以上三个步骤也可能要反复，直至得到需要的结果。决策理论是机器学习过程中最后一步的组成部分，总地讲是比较容易的一部分。本节给出了决策理论的一个概要介绍，后续章节直接应用这些结果。一般来讲，若不与具体应用环境结合，就采用最简单的决策公式，例如对于多分类，直接采用决策公式(2.5.4)。

2.6 随机变量的熵特征

视频讲解

对于一个随机向量，其统计特性的最完整描述是联合概率密度函数(PDF)。在实际应用中，由联合PDF可导出各种统计特征用于刻画随机量的各种性质，其中熵特征用于表示随机量的不确定性，是一个很重要的特征。熵在电子信息领域已获得广泛应用，机器学习中的一些方法也采用了熵特征。

2.6.1 熵的定义和基本性质

首先针对随机变量 X 取值为离散的情况下讨论其熵特征。设 X 取值为离散集合 $\{x_i \mid i=1,2,\cdots,N\}$，其中 X 取值 x_i 的概率为 $p(x_i)=P\{X=x_i\}$，则 X 的平均信息量或者熵定义为

$$H(X)=-\sum_{i=1}^{N}p(x_i)\log p(x_i) \tag{2.6.1}$$

注意，log可取任意底，若取以2为底的对数，熵的单位为比特(bit)，表示传输满足这一概率分布的一个变量平均所需要的最小二进制位数；若取自然对数，单位为奈特(nat)，与比特量相差固定因子ln2。在机器学习中，在以熵特征作为评价准则表示模型时，熵取何种单位无关紧要，实际中可按照方便取对数的底。在以上定义中，若有 $p(x_i)=0$，规定 $p(x_i)\log p(x_i)=0$。

一个离散随机变量熵的最小值为0，最小值发生在 $p(x_k)=1,p(x_i)=0,i\neq k$ 情况下，即 X 取 x_k 的概率为1，取其他值的概率为0，相当于是一个确定性的量。由于 $p(x_i)$ 满足约束条件 $\sum_{i=1}^{N}p(x_i)=1$，故通过优化下式得到熵的最大值

$$J[p(x_i)]=-\sum_{i=1}^{N}p(x_i)\log p(x_i)+\lambda\left(\sum_{i=1}^{N}p(x_i)-1\right)$$

可求得当 $p(x_i)=1/N$ 时，熵的最大值是 $\log N$。即等概率情况下，熵最大，也就是随机变量取值的不确定性最大。熵的大小确定了一个随机变量取值的不确定性，熵越大不确定性越高。

也可定义连续随机变量 X 的熵，设其PDF为 $p(x)$。为了利用式(2.6.1)导出连续情况的熵，将 X 的值域划分成 Δ 的小区间，变量取值位于区间 $[i\Delta,(i+1)\Delta]$ 的概率可写为

$$\int_{i\Delta}^{(i+1)\Delta} p(x)\mathrm{d}x \approx p(x_i)\Delta, \quad x_i \in [i\Delta, (i+1)\Delta] \tag{2.6.2}$$

Δ 充分小时,连续随机变量的熵逼近为

$$\begin{aligned} H_\Delta(X) &= -\sum_i \Delta p(x_i)\log\Delta p(x_i) = -\sum_i \Delta p(x_i)\log p(x_i) - \sum_i \Delta p(x_i)\log\Delta \\ &= -\sum_i \Delta p(x_i)\log p(x_i) - \log\Delta \end{aligned} \tag{2.6.3}$$

式(2.6.3)第2行利用了 $\sum_i \Delta p(x_i)=1$,注意到,当 $\Delta\to 0$ 时,$-\log\Delta\to\infty$,这容易理解:对于任意连续值的精确表示或传输需要无穷多比特位,但为了描述不同的连续变量之间熵的相对大小,只保留式(2.6.3)第2行的第一项并取极限,则进一步可写为

$$H(X) = -\lim_{\Delta\to 0}\sum_i \Delta p(x_i)\log p(x_i) = -\int p(x)\log p(x)\mathrm{d}x \tag{2.6.4}$$

称式(2.6.4)定义的 $H(X)$ 为微分熵。注意,对于给定的 PDF,X 的熵是确定的一个值,用类似于函数的符号 $H(X)$ 表示熵,是为了区分多个不同随机变量的熵,例如用 $H(X)$ 和 $H(Y)$ 区分 X 和 Y 的熵。

为了比较不同 PDF 的微分熵,需要附加两个限定条件,即在等均值 μ 和方差 σ^2 的条件下,比较哪种 PDF 函数具有最大熵?可求解如下约束最优问题:

$$\begin{aligned} J[p(x)] = &-\int p(x)\log p(x)\mathrm{d}x + \lambda_1\left(\int p(x)\mathrm{d}x - 1\right) + \\ &\lambda_2\left(\int x p(x)\mathrm{d}x - \mu\right) + \lambda_3\left(\int (x-\mu)^2 p(x)\mathrm{d}x - \sigma^2\right) \end{aligned} \tag{2.6.5}$$

可证明,上式的解为

$$p(x) = \frac{1}{(2\pi\sigma^2)^{1/2}}\exp\left\{-\frac{(x-\mu)^2}{2\sigma^2}\right\} \tag{2.6.6}$$

即在相同的均值 μ 和方差 σ^2 的条件下,高斯分布具有最大熵,且高斯过程的微分熵可表示为

$$H_G(x) = \frac{1}{2}\log(2\pi e\sigma^2) \tag{2.6.7}$$

对于一个随机向量 $\boldsymbol{x}=[x_0,x_1,x_2,\cdots,x_{M-1}]^{\mathrm{T}}$,其联合 PDF 可表示为 $p(\boldsymbol{x})$,则式(2.6.4)的微分熵定义推广到多重积分(类似地,离散情况随机向量的熵推广到多重求和),形式化地表示为

$$H(\boldsymbol{x}) = -\int p(\boldsymbol{x})\log p(\boldsymbol{x})\mathrm{d}\boldsymbol{x} \tag{2.6.8}$$

在同均值和协方差矩阵的所有 PDF 中,高斯分布

$$p(\boldsymbol{x}) = \frac{1}{(2\pi)^{\frac{M}{2}}\det^{\frac{1}{2}}(\boldsymbol{C}_{xx})}\exp\left(-\frac{1}{2}(\boldsymbol{x}-\boldsymbol{\mu}_x)^{\mathrm{T}}\boldsymbol{C}_{xx}^{-1}(\boldsymbol{x}-\boldsymbol{\mu}_x)\right)$$

具有最大熵,且最大熵为

$$H_G(\boldsymbol{x}) = \frac{M}{2}\log(2\pi e) + \frac{1}{2}\log|\det(\boldsymbol{C}_{xx})| \tag{2.6.9}$$

若存在两个随机向量 $\boldsymbol{x}$、$\boldsymbol{y}$,其联合 PDF 为 $p(\boldsymbol{x},\boldsymbol{y})$,则联合熵和条件熵分别为

$$H(\boldsymbol{x},\boldsymbol{y})=-\int p(\boldsymbol{x},\boldsymbol{y})\log p(\boldsymbol{x},\boldsymbol{y})\mathrm{d}\boldsymbol{x}\mathrm{d}\boldsymbol{y} \tag{2.6.10}$$

$$H(\boldsymbol{y}\mid\boldsymbol{x})=-\int p(\boldsymbol{x},\boldsymbol{y})\log p(\boldsymbol{y}\mid\boldsymbol{x})\mathrm{d}\boldsymbol{x}\mathrm{d}\boldsymbol{y} \tag{2.6.11}$$

这里 $H(\boldsymbol{y}|\boldsymbol{x})$是假设 $\boldsymbol{x}$ 已知的条件下 $\boldsymbol{y}$ 的条件熵,由积分公式易证明

$$H(\boldsymbol{x},\boldsymbol{y})=H(\boldsymbol{y}\mid\boldsymbol{x})+H(\boldsymbol{x})=H(\boldsymbol{x}\mid\boldsymbol{y})+H(\boldsymbol{y}) \tag{2.6.12}$$

若 $\boldsymbol{x}$、$\boldsymbol{y}$ 相互独立,则

$$H(\boldsymbol{x},\boldsymbol{y})=H(\boldsymbol{x})+H(\boldsymbol{y})$$

以上给出的是连续情况下的条件熵和联合熵,对离散情况用多重求和替代积分,结果是一致的。以下给出离散情况下条件熵的更有直观意义的表示

$$\begin{aligned}H(Y\mid X)&=-\sum_{x_i}\sum_{y_j}p(x_i,y_j)\log p(y_j\mid \boldsymbol{x}_i)\\&=-\sum_{x_i}\sum_{y_j}p(y_j\mid x_i)p(x_i)\log p(y_j\mid x_i)\\&=-\sum_{x_i}p(x_i)\sum_{y_j}p(y_j\mid x_i)\log p(y_j\mid x_i)\\&=\sum_{x_i}p(x_i)H(Y\mid X=x_i)\end{aligned} \tag{2.6.13}$$

其中,$H(Y|X=x_i)$表示 $X=x_i$ 的特定值时 Y 的条件熵。

2.6.2 KL 散度

有两个 PDF $p(\boldsymbol{x})$和 $q(\boldsymbol{x})$,一种度量两个 PDF 之间不同的量 KL 散度(Kullback-Leibler divergence)定义为

$$\mathrm{KL}(p(\boldsymbol{x})\parallel q(\boldsymbol{x}))=-\int p(\boldsymbol{x})\log\frac{q(\boldsymbol{x})}{p(\boldsymbol{x})}\mathrm{d}\boldsymbol{x} \tag{2.6.14}$$

KL 散度也称为相对熵。可以证明,对于任意两个 PDF,其 KL 散度大于或等于 0,即

$$\mathrm{KL}(p(\boldsymbol{x})\parallel q(\boldsymbol{x}))\geqslant 0 \tag{2.6.15}$$

利用 Jensen 不等式可以证明式(2.6.15)。对于一个凸函数 $f(\boldsymbol{y})$和随机向量 $\boldsymbol{y}$,Jensen 不等式写为

$$E[f(\boldsymbol{y})]\geqslant f(E[\boldsymbol{y}]) \tag{2.6.16}$$

这里 $E[\cdot]$表示取期望。由于$-\log y$ 是凸函数,令 $\boldsymbol{y}=\dfrac{q(\boldsymbol{x})}{p(\boldsymbol{x})}$,则对 $p(\boldsymbol{x})$取期望得

$$\begin{aligned}\mathrm{KL}(p(\boldsymbol{x})\parallel q(\boldsymbol{x}))&=E[-\log \boldsymbol{y}]=-\int p(\boldsymbol{x})\log\frac{q(\boldsymbol{x})}{p(\boldsymbol{x})}\mathrm{d}\boldsymbol{x}\\&\geqslant-\log\left\{\int p(\boldsymbol{x})\frac{q(\boldsymbol{x})}{p(\boldsymbol{x})}\mathrm{d}\boldsymbol{x}\right\}=-\log\int q(\boldsymbol{x})\mathrm{d}\boldsymbol{x}=0\end{aligned}$$

故得证 $\mathrm{KL}(p(\boldsymbol{x})\parallel q(\boldsymbol{x}))\geqslant 0$,且只有在 $p(\boldsymbol{x})=q(\boldsymbol{x})$时,$\mathrm{KL}(p(\boldsymbol{x})\parallel q(\boldsymbol{x}))=0$。

从式(2.6.14)中 KL 散度的定义可知,可将其视为函数 $g(\boldsymbol{x})=-\log\dfrac{q(\boldsymbol{x})}{p(\boldsymbol{x})}$在概率 $p(\boldsymbol{x})$意义下的期望值,即 $\mathrm{KL}(p(\boldsymbol{x})\parallel q(\boldsymbol{x}))=-E_{p(\boldsymbol{x})}\left\{\log\dfrac{q(\boldsymbol{x})}{p(\boldsymbol{x})}\right\}$。在给出 I. I. D 样本集

$\{\boldsymbol{x}_n\}_{n=1}^N$ 的情况下，由 2.1.5 节给出的随机特征的蒙特卡洛逼近式(2.1.37)，KL 散度的样本逼近计算为

$$\mathrm{KL}(p(\boldsymbol{x}) \| q(\boldsymbol{x})) \approx -\frac{1}{N}\sum_{n=1}^{N}[\log q(\boldsymbol{x}_n) - \log p(\boldsymbol{x}_n)]$$

如果面对的问题是用样本集学习一个参数模型用于逼近 $p(\boldsymbol{x})$，则将描述参数模型的概率函数 $q(\boldsymbol{x}) = \hat{p}(\boldsymbol{x}|\boldsymbol{w})$ 代入上式，有

$$\mathrm{KL}(p(\boldsymbol{x}) \| q(\boldsymbol{x})) \approx -\frac{1}{N}\sum_{n=1}^{N}[\log \hat{p}(\boldsymbol{x}_n \mid \boldsymbol{w}) - \log p(\boldsymbol{x}_n)] \tag{2.6.17}$$

若求参数向量 $\boldsymbol{w}$ 使得 $\hat{p}(\boldsymbol{x}|\boldsymbol{w})$ 尽可能逼近 $p(\boldsymbol{x})$，则相当于求 $\boldsymbol{w}$ 使 $\mathrm{KL}(p(\boldsymbol{x}) \| q(\boldsymbol{x}))$ 最小(理想逼近时为 0)。由于 $\log p(\boldsymbol{x}_n)$ 是与 $\boldsymbol{w}$ 无关的常量，故求 KL 散度最小相当于只需要

$$-\frac{1}{N}\sum_{n=1}^{N}\log \hat{p}(\boldsymbol{x}_n \mid \boldsymbol{w})$$

最小，这与最大对数似然函数(式(2.3.7))是一致的。即在利用 I.I.D 样本集求解机器学习的参数模型问题上，KL 散度最小准则和最大似然准则近似等价。

2.7 非参数方法

目前在机器学习中，对概率模型表示和相应的学习模型表示上，参数方法占主流地位。在概率模型估计中，首先假设一种数学形式表示的概率(密度)函数，例如高斯分布、混合高斯分布等，通过样本估计表征该概率函数的参数。但这种预先假设的模型是否成立，在实际中可能无法保证。非参数方法(non-parametric method)没有预先假设，可处理任意概率分布。

对于离散随机变量，其概率估计相对简单，在样本充分多时，只需采用概率的频率解释进行估计往往可得到满意的结果。故本节只讨论连续随机变量的概率密度函数估计问题。

设有样本集 $D=\{(\boldsymbol{x}_n)\}_{n=1}^N$，用于估计概率密度函数 $p(\boldsymbol{x})$。对于一个给定的 $\boldsymbol{x}$，在其取值区间内构造一个以 $\boldsymbol{x}$ 为质心的充分小的区间 R，设其体积为 V，则向量 $\boldsymbol{x}$ 落在区间的概率 P 为

$$P = \int_R p(\boldsymbol{x})\mathrm{d}\boldsymbol{x} \approx p(\boldsymbol{x})V \tag{2.7.1}$$

设样本数 N 充分大，样本落在区间 R 内的数目为 K，则概率 P 的另一种表示为 $P \approx K/N$，由式(2.7.1)得到

$$\hat{p}(\boldsymbol{x}) = \frac{K}{NV} \tag{2.7.2}$$

式(2.7.2)是非参数估计概率密度函数的基本公式，根据处理 V 和 K 的不同，分为两类方法，固定 V 的大小构成 Parzen 窗方法，固定 K 的大小构成 K 近邻方法。

1. Parzen 窗方法

为了使式(2.7.2)中 $\boldsymbol{x}$ 变化时，都可以数出区间内样本数目 K，最基本的方法是定义表示超立方体的窗函数 $\varphi(\boldsymbol{x})$，其定义如下：

$$\varphi(\boldsymbol{x}) = \begin{cases} 1, & |x_i| \leqslant \frac{1}{2}, i = 1,2,\cdots,M \\ 0, & \text{其他} \end{cases} \tag{2.7.3}$$

这里 M 是 $\boldsymbol{x}$ 的维数，对于大小固定的区间 R，它的超立方体的边长为 h，体积 $V=h^M$，由这些定义可见，在以 $\boldsymbol{x}$ 为中心的超立方体内的样本数可表示为

$$K=\sum_{n=1}^{N}\varphi\left(\frac{\boldsymbol{x}-\boldsymbol{x}_n}{h}\right) \tag{2.7.4}$$

代入式(2.7.2)得 Parzen 窗概率密度函数估计为

$$\hat{p}(\boldsymbol{x})=\frac{1}{N}\sum_{n=1}^{N}\frac{1}{h^M}\varphi\left(\frac{\boldsymbol{x}-\boldsymbol{x}_n}{h}\right) \tag{2.7.5}$$

式(2.7.3)定义的超立方体窗估计的概率密度函数是分段台阶函数，不连续，可使用光滑窗函数代替超立方体窗，光滑窗函数需要满足如下两个条件：

$$\begin{aligned}&\varphi(\boldsymbol{x})\geqslant 0\\&\int\varphi(\boldsymbol{x})\mathrm{d}\boldsymbol{x}=1\end{aligned} \tag{2.7.6}$$

高斯函数(此时表示窗函数而不是概率密度函数)是一个广泛使用的光滑窗，利用高斯窗函数，式(2.7.5)可重写为

$$\hat{p}(\boldsymbol{x})=\frac{1}{N}\sum_{n=1}^{N}\frac{1}{(2\pi h^2)^{\frac{M}{2}}}\exp\left(-\frac{\|\boldsymbol{x}-\boldsymbol{x}_n\|^2}{2h^2}\right) \tag{2.7.7}$$

对于给定的样本集和不同的概率密度函数类型，表示体积大小的参数 h 的选择很重要，h 太大则 $\hat{p}(\boldsymbol{x})$的分辨力低，可能对真实概率密度函数的一些峰值产生模糊，h 太小，则 $\hat{p}(\boldsymbol{x})$起伏太大，因此需选择适中的 h。已有结论指出，在一定条件下，当 $N\to\infty$时，适当选择 h，可使式(2.7.7)估计的概率密度函数收敛于真实函数，但在有限样本情况下，Parzen 窗的逼近性质很难准确评价。

2. *K* 近邻方法

K 近邻方法可用于概率密度估计，其方法是选择并固定 K，从零开始放大以 $\boldsymbol{x}$ 为中心的超球体，直到该球体中包含 K 个样本，计算超球体体积 V 代入式(2.7.2)计算 $\hat{p}(\boldsymbol{x})$，然后移动 $\boldsymbol{x}$ 的值，重复计算新的概率密度函数值。由于 K 固定，在概率密度取值大的区域，样本密集，故球体体积小，估计的概率密度取值大，反之亦然。在实际中可适当选择 K，例如选择 $K=\sqrt{N}$，但 K 近邻方法往往不是对概率密度函数的一个理想估计，K 近邻方法更多地用于构造一类简单的学习算法。

第 1 章以 K 近邻分类器为例对分类器功能进行了说明，利用 2.5 节的决策理论可进一步解释 K 近邻分类器的原理。

设训练样本集 $\boldsymbol{D}=\{(\boldsymbol{x}_n,y_n)\}_{n=1}^{N}$ 对应 $C_1,\cdots,C_J$ 共 J 种类型，总样本数为 N，在训练集中各类型对应的样本数分别为 $N_1,\cdots,N_J$。对于一个给定的 $\boldsymbol{x}$，以其为中心的超球体内包括 K 个样本，体积为 V。设近邻的 K 个样本中，标注为各类型的样本数分别为 $K_1,\cdots,K_J$，利用这些数据进行概率估计，显然

$$\hat{p}(\boldsymbol{x})=\frac{K}{NV},\quad \hat{p}(\boldsymbol{x}\mid C_j)=\frac{K_j}{N_jV},\quad \hat{p}(C_j)=\frac{N_j}{N} \tag{2.7.8}$$

故后验概率为

$$\hat{p}(C_j\mid\boldsymbol{x})=\frac{\hat{p}(\boldsymbol{x}\mid C_j)\hat{p}(C_j)}{\hat{p}(\boldsymbol{x})}=\frac{K_j}{K} \tag{2.7.9}$$

按照 2.5 节分类错误率最小的决策准则式(2.5.4)，如果一个类型 C_{j^*} 的后验概率最大，则输出为 C_{j^*} 类。在 K 近邻算法中，由式(2.7.9)可见，$\hat{p}(C_{j^*}|\boldsymbol{x})$最大对应近邻样本数 K_{j^*} 最多，则分类为 C_{j^*}。可见 K 近邻分类器是一种建立在后验概率最大化基础上的分类器，只是后验概率的估计采用了 K 近邻概率估计。

当 $K=1$ 时，分类器称为最近邻分类器，即将待分类的输入特征向量分类为距离最近的训练样本的类型，可以证明，用简单的最近邻分类器，当 $N\to\infty$时，分类误差不大于最优分类误差的 2 倍，若取较大的 K，分类误差进一步降低。尽管简单，在一些应用中 K 近邻分类器可以获得可接受的分类效果，但 K 近邻分类器易受维数灾难的限制。

K 近邻方法同样可以用于回归估计，若样本集 $\boldsymbol{D}=\{(\boldsymbol{x}_n,y_n)\}_{n=1}^N$ 的标注是实数，对于一个给定的 $\boldsymbol{x}$，得到以其为中心的超球体，其内包括 K 个样本，记 $\boldsymbol{x}$ 的 K 个近邻样本集合为 $D_K(\boldsymbol{x})$，则 K 近邻回归输出为

$$\hat{y}(\boldsymbol{x})=\frac{1}{K}\sum_{(\boldsymbol{x}_i,y_i)\in D_K(\boldsymbol{x})} y_i \tag{2.7.10}$$

显然，这个输出近似等于 $E(y|\boldsymbol{x})$，是利用 K 个近邻样本的标注值对 $E(y|\boldsymbol{x})$的估计，$E(y|\boldsymbol{x})$是式(2.5.14)给出的回归问题的最优决策值。

2.8 优化技术概述

尽管优化技术内容非常丰富，本节只给出一个极为简略的概述，主要为后续介绍相关算法做一铺垫。与统计基础不一样，机器学习的很多算法，从目标函数起就离不开统计知识，所以要给统计知识一个稍详细和有一定深度的介绍。优化算法在机器学习中往往是一个独立的环节，若一个机器学习算法需要使用通用的优化算法，则它是一个独立模块，往往不影响对机器学习核心内容的理解。也有一些与某类机器学习密切相关的专用优化算法，这些算法会在后续章节结合对应机器学习模型再做专门介绍。

最基本的优化问题可描述为，对于函数 $g(\boldsymbol{w})$求 $\boldsymbol{w}$ 的一个值并记为 $\boldsymbol{w}^*$，使得函数取得最小值 $g(\boldsymbol{w}^*)$，这里设函数的输出是标量值，自变量是向量 $\boldsymbol{w}$。最小化的数学形式描述为

$$g(\boldsymbol{w}^*)=\min_{\boldsymbol{w}}\{g(\boldsymbol{w})\} \tag{2.8.1}$$

对于复杂函数 $g(\boldsymbol{w})$，难以得到解析解，可采用迭代优化算法求解。定义 $g(\boldsymbol{w})$对向量 $\boldsymbol{w}$ 的梯度为

$$\nabla g(\boldsymbol{w})=\frac{\partial g(\boldsymbol{w})}{\partial \boldsymbol{w}}=\left[\frac{\partial g(\boldsymbol{w})}{\partial w_1},\frac{\partial g(\boldsymbol{w})}{\partial w_2},\cdots,\frac{\partial g(\boldsymbol{w})}{\partial w_M}\right]^{\mathrm{T}} \tag{2.8.2}$$

这里用 w_k 表示参数向量 $\boldsymbol{w}$ 的各分量。在最优解的点上梯度为 0，即

$$\nabla g(\boldsymbol{w}^*)=\boldsymbol{0} \tag{2.8.3}$$

最优解满足式(2.8.3)，但不是满足梯度为 0 的都是最优解，如图 2.8.1 的一维变量情况，还有一个拐点也满足梯度为 0。

为了迭代求最小值，假设给出一个初始猜测值 $\boldsymbol{w}^{(0)}$，这里用上标的数字表示迭代次数，上标 0 表示初始值。在初始值附近将 $g(\boldsymbol{w})$展开成一阶泰勒级数

$$f(\boldsymbol{w})=g(\boldsymbol{w}^{(0)})+\nabla g(\boldsymbol{w}^{(0)})(\boldsymbol{w}-\boldsymbol{w}^{(0)}) \tag{2.8.4}$$

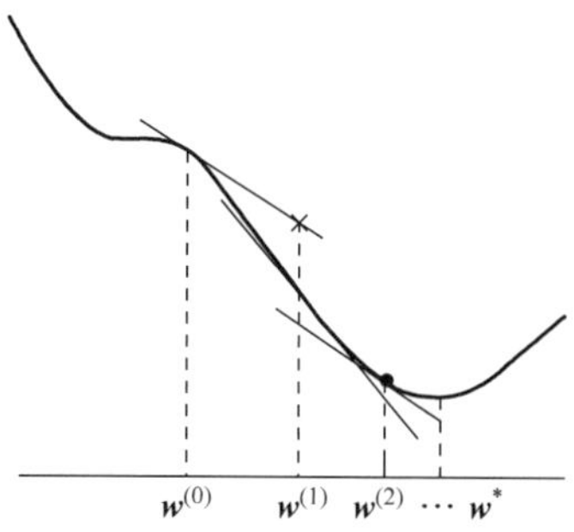

图 2.8.1 梯度下降示意图

由图 2.8.1 的一维情况可见，$f(w)$是所示的线段，在 $w^{(0)}$ 位置与 $g(w)$重合且梯度相等。若寻找最优点需要沿负梯度的方向在 $f(w)$移动，相应 w 的值更新为

$$w^{(1)}=w^{(0)}-\alpha_1\nabla g(w^{(0)}) \tag{2.8.5}$$

α_1 是迭代步长参数，在机器学习的训练中称为学习率。接下来以 $w^{(1)}$ 为起始重复以上过程，这个过程不断重复，形成迭代解序列 $w^{(0)},w^{(1)},\cdots,w^{(k)},\cdots$，迭代的通式写为

$$w^{(k)}=w^{(k-1)}-\alpha_k\nabla g(w^{(k-1)}) \tag{2.8.6}$$

式(2.8.6)的迭代算法称为梯度下降算法，这是解式(2.8.1)问题的最基本优化算法。尽管简单，梯度下降算法及其改进形式仍是目前机器学习中使用最广泛的优化算法。

梯度下降是求最小值问题的解，若求 w^* 使函数达到最大值，只需修改为按梯度上升即可，故最大化问题的梯度解为梯度上升算法，仅在式(2.8.6)梯度前改变符号，即

$$w^{(k)}=w^{(k-1)}+\alpha_k\nabla g(w^{(k-1)}) \tag{2.8.7}$$

梯度下降和梯度上升总称为梯度法。

当函数 $g(w)$存在多个极小值、极大值和鞍点时，以上优化算法无法保证得到全局最优解，收敛结果与初始值相关，可随机多次选择初始值进行迭代。但若函数 $g(w)$是凸函数，则以上算法收敛到全局最小点。凸函数的定义如下。

定义 2.8.1(凸函数) 一个函数 $g(s)$：$\Omega\to R$，Ω 表示定义域，任取 $s_1,s_2\in\Omega$，对于任意 $\alpha\in[0,1]$，若满足

$$g(\alpha s_1+(1-\alpha)s_2)\leqslant \alpha g(s_1)+(1-\alpha)g(s_2) \tag{2.8.8}$$

则称该函数为凸函数。

对于一个凸函数 $g(s)$，若 s 是 M 维向量，则集合$\{(s,y)|y\geqslant J(s)\}$ 是 $M+1$ 维空间的凸集。如下给出一个函数是凸函数的基本判断条件。

定理 2.8.1 一个函数 $g(s)$：$\Omega\to R$，对于任取 $s_1,s_2\in\Omega$，当且仅当

$$g(s_2)\geqslant g(s_1)+[\nabla g(s_1)]^{\mathrm{T}}(s_2-s_1)$$

或当且仅当 Hessian 矩阵$\nabla^2 g(s)$是半正定的，则函数 $g(s)$是凸的(这里∇^2表示二阶梯度)。

在优化问题中，若目标函数 $g(s)$是严格凸函数，优化问题可以保证得到全局最小值。对于非凸的目标函数，优化问题的解要困难得多。

2.9 本章小结

概率统计和优化是理解机器学习不可或缺的基本知识，本章是对概率统计和优化基础的基本介绍，目的是使本书尽可能自成体系，故本章的介绍也是“拼盘”性质的，对于读者来讲，只需要选读不熟悉的内容，熟悉的内容可以跳过。本章分别介绍了概率基础(包括常见概率实例)、统计基础(包括最大似然原理和贝叶斯估计)、决策理论、建立在统计基础上的信息论概要、一个非常简短的非参概率模型及最基本的优化算法。

对于缺乏概率统计基础和优化基础的读者，通过阅读本章能够继续学习本书的后续章节，但对于想更深入研究机器学习的读者来讲，这些介绍是浅显的。需要进一步补充概率统

计基础的读者,可参考 Ross 的书或陈希孺的教材,需要加深信息论知识的读者可参考 Cover 等的著作或朱雪龙的书,MacKay 的著作则将信息论、统计推断和机器学习算法融在一起进行介绍,很有特点;对于优化技术尤其凸优化技术感兴趣的读者,可参阅 Boyd 或袁亚湘等的教材。

习题

1. 证明条件概率密度函数的链式法则

$$p(x_1,\cdots,x_{M-1},x_M)=p(x_M \mid x_{M-1},\cdots,x_1)\cdots p(x_2 \mid x_1)p(x_1)$$

2. 若随机信号向量满足如下的高斯分布:

$$p_x(\boldsymbol{x})=\frac{1}{(2\pi)^{M/2}\det^{1/2}(\boldsymbol{C}_{xx})}\exp\left(-\frac{1}{2}(\boldsymbol{x}-\boldsymbol{\mu}_x)^{\mathrm{T}}\boldsymbol{C}_{xx}^{-1}(\boldsymbol{x}-\boldsymbol{\mu}_x)\right)$$

证明:

$$E[\boldsymbol{x}]=\int \boldsymbol{x}p_x(\boldsymbol{x})\mathrm{d}\boldsymbol{x}=\boldsymbol{\mu}_x$$

$$E[(\boldsymbol{x}-\boldsymbol{\mu}_x)(\boldsymbol{x}-\boldsymbol{\mu}_x)^{\mathrm{T}}]=\int(\boldsymbol{x}-\boldsymbol{\mu}_x)(\boldsymbol{x}-\boldsymbol{\mu}_x)^{\mathrm{T}}p_x(\boldsymbol{x})\mathrm{d}\boldsymbol{x}=\boldsymbol{C}_{xx}$$

3. 一个随机变量 X 的样本集为 $\{x_1,x_2,\cdots,x_N\}$,期望值 $\mu=E\{X\}$,其期望值的一个估计是 $\hat{\mu}_x=\frac{1}{N}\sum_{n=1}^{N}x_n$,证明:如果 x_n 不是 I. I. D 的,该估计的方差为

$$\operatorname{var}(\hat{\mu}_x)=\frac{1}{N}\sum_{l=-N}^{N}\left(1-\frac{|l|}{N}\right)c_l$$

这里样本集按照特殊采样,使得 x_k 和 x_j 的协方差只与其下标的差值有关,即 c_l 作为 x_n 的协方差函数满足 $c_l=E[(x_k-\mu)(x_{k-l}-\mu)]$。

4. 证明二项分布 Y 的均值和方差分别为 $E[Y]=N\mu$,$\operatorname{var}[Y]=N\mu(1-\mu)$。

5. 设有一个旧骰子,随机掷了 N 次,记录的数据为 $\{x_n\}_{n=1}^{N}$,且 x_n 仅取 $1\leqslant x_n\leqslant 6$ 的整数,对应骰子的 6 面,利用最大似然方法,估计骰子各面出现的概率。

6. 设观测样本为 $\{x_1,x_2,\cdots,x_N\}$,每个样本是独立同分布的,样本满足概率密度函数

$$p(x)=\begin{cases}\dfrac{1}{\alpha^2}x\mathrm{e}^{-x^2/2\alpha^2}, & x\geqslant 0\\ 0, & x<0\end{cases}$$

求 α 的 MLE。

7. 两个随机变量 x_1、x_2 是相关的,相关系数为 ρ,其联合概率密度函数为

$$p(x_1,x_2;\rho)=\frac{1}{2\pi(1-\rho^2)^{1/2}}\mathrm{e}^{-\frac{x_1^2-2\rho x_1x_2+x_2^2}{2(1-\rho^2)}}$$

如果记录了两个变量 n 个独立的测量值,$\{x_{1i},x_{2i},i=1,2,\cdots,n\}$,求 ρ 的最大似然估计 $\hat{\rho}$。

8. 设 x_n 仅取 1 和 0 两个值,x_n 取 1 的概率 π 未知,记录了 I. I. D 样本集 $\{x_n\}_{n=1}^{N}$,求 π 的 MLE。

9. 设观测样本为 $x_n=\theta+w_n, n=1,2,\cdots,N, w_n$ 是独立同分布的高斯噪声，均值为 0，方差为 σ_w^2，设 θ 是一个随机参数，服从均匀分布，其概率密度函数为

$$p(\theta)=\begin{cases}\dfrac{1}{\theta_2-\theta_1}, & \theta_1 \leqslant \theta \leqslant \theta_2\\ 0, & \text{其他}\end{cases}$$

求 θ 的 MAP 估计器。

10. 设 x_n 仅取 1 和 0 两个值，x_n 取 1 的概率 π 未知，记录了样本集 I.I.D 的 $\{x_n\}_{n=1}^N$，且已知 π 的先验分布为贝塔分布 $\text{beta}(\alpha,\beta)$，求 π 的 MAP。

11. 设样本集是 $\boldsymbol{X}=\{\boldsymbol{x}_n\}_{n=1}^N$，每个样本满足高斯分布 $p(\boldsymbol{x}|\boldsymbol{\mu})=N(\boldsymbol{x}|\boldsymbol{\mu},\Sigma)$，$\boldsymbol{\mu}$ 未知，但已知其先验分布为 $p(\boldsymbol{\mu})=N(\boldsymbol{\mu}_0,\Sigma_0)$，可以验证，$\boldsymbol{\mu}$ 的后验概率为 $p(\boldsymbol{\mu}|\boldsymbol{X})=N(\boldsymbol{\mu}|\boldsymbol{\mu}_N,\Sigma_N)$，其中

$$\boldsymbol{\mu}_N=\Sigma_0\left(\Sigma_0+\frac{1}{N}\Sigma\right)^{-1}\frac{1}{N}\sum_{n=1}^N \boldsymbol{x}_n+\frac{1}{N}\Sigma\left(\Sigma_0+\frac{1}{N}\Sigma\right)^{-1}\boldsymbol{\mu}_0$$

$$\Sigma_N=\Sigma_0\left(\Sigma_0+\frac{1}{N}\Sigma\right)^{-1}\frac{1}{N}\Sigma$$

由于 $\boldsymbol{\mu}$ 的后验概率仍为高斯分布，故其 MAP 估计为 $\hat{\boldsymbol{\mu}}_{\text{MAP}}=\mu_N$。

12. 对于单变量高斯分布，$p(x)=\dfrac{1}{\sqrt{2\pi}\sigma}\mathrm{e}^{-\frac{(x-\mu)^2}{2\sigma^2}}$，请将其表示成指数族形式。

13. 对于特征向量 $\boldsymbol{x}$ 是一个一维标量 x 的情况，设样本集中只有两种类型，类条件概率分别为

$$p(x \mid C_1)=\frac{1}{2\times(2\pi)^{1/2}}\exp\left(-\frac{1}{8}(x+1)^2\right)$$

$$p(x \mid C_2)=\frac{1}{2\times(2\pi)^{1/2}}\exp\left(-\frac{1}{8}(x-2)^2\right)$$

且 $p(C_1)=p(C_2)=0.5$。求：

(1) 在误分类率最小意义下，给出将新的输入 x 判决为 C_1 或 C_2 的判决边界。

(2) 在(1)给出的判决边界的条件下，求总的误分类率。

14. 设样本向量 $\boldsymbol{x}$，希望将其变换为零均值且协方差是单位矩阵（白化和归一化）。设向量的均值为 $\boldsymbol{\mu}$，协方差矩阵为 $\boldsymbol{C}_x$，其特征值构成对角矩阵 $\boldsymbol{\Lambda}=\text{diag}\{\lambda_1,\cdots,\lambda_D\}$，特征向量矩阵记为 $\boldsymbol{Q}=[\boldsymbol{q}_1,\boldsymbol{q}_2,\cdots,\boldsymbol{q}_D]$，则取变换为

$$\boldsymbol{z}=\boldsymbol{T}\boldsymbol{x}=\boldsymbol{\Lambda}^{-1/2}\boldsymbol{Q}^{\mathrm{T}}(\boldsymbol{x}-\boldsymbol{\mu})$$

证明：$\boldsymbol{z}$ 是白化和归一化的，即

$$E[\boldsymbol{z}]=\boldsymbol{0},\quad E[\boldsymbol{z}\boldsymbol{z}^{\mathrm{T}}]=\boldsymbol{I}$$

15. 对于联合熵，以离散情况为例证明：$H(X,Y)=H(X)+H(Y|X)$。

第3章 基本回归算法

CHAPTER 3

本章讨论监督学习的一种类型——回归，首先介绍线性回归，然后推广到基函数回归。通过正则化可以有效地控制模型复杂度与泛化性的关系，本章将详细讨论回归中的正则化技术，介绍求解线性回归的批处理算法和常用的递推算法——随机梯度下降(stochastic gradient descent，SGD)算法。

视频讲解

3.1 线性回归

作为监督学习的一种，回归的数据集是带标注的，即形式为$\{(\boldsymbol{x}_n,y_n)\}_{n=1}^N$，这里$\boldsymbol{x}_n$是样本的特征向量，$y_n$是标注。为了处理方便，先假设$y_n$是标量，但可以很直接地推广到向量情况。在回归问题中，标注y_n是连续值，通过学习过程得到一个模型$\hat{y}=f(\boldsymbol{x};\boldsymbol{w})$，该模型的输出是连续量。这里$f(\cdot)$表示一个数学函数，是预先选定的一类函数；$\boldsymbol{w}$表示函数的参数向量，需通过学习来确定；$\boldsymbol{x}$是输入的特征向量，分号“;”表示只有$\boldsymbol{x}$是函数的变量，$\boldsymbol{w}$只是一个参数向量，这样的模型是一个参数化模型。用带标注的训练数据集通过学习过程确定参数向量$\boldsymbol{w}$，则得到回归模型。模型一旦确定，对于一个新输入$\boldsymbol{x}$，带入函数中可计算出回归输出$\hat{y}$。确定模型参数的过程称为学习过程或训练过程，带入新输入计算回归输出的过程称为预测或推断。

本章讨论最基本的一类回归模型，模型表达式$f(\boldsymbol{x};\boldsymbol{w})$是参数$\boldsymbol{w}$的线性函数，称为线性回归模型。在线性回归模型中，$f(\boldsymbol{x};\boldsymbol{w})$与$\boldsymbol{x}$的关系可以是线性的，也可以是非线性的。当$f(\boldsymbol{x};\boldsymbol{w})$与$\boldsymbol{x}$是线性关系时，这是一种最简单的情况，即基本线性回归模型。若通过一种变换函数$\boldsymbol{x}\mapsto\boldsymbol{\phi}(\boldsymbol{x})$将特征向量$\boldsymbol{x}$变换为基函数向量$\boldsymbol{\phi}(\boldsymbol{x})$，并用$\boldsymbol{\phi}(\boldsymbol{x})$替代基本线性回归模型中的$\boldsymbol{x}$，则回归输出为$\boldsymbol{w}$的线性函数、$\boldsymbol{x}$的非线性函数，称为线性基函数回归模型。本节讨论基本线性回归模型。

3.1.1 基本线性回归

设有满足独立同分布条件(I. I. D)的训练数据集

$$\boldsymbol{D}=\{(\boldsymbol{x}_1,y_1),(\boldsymbol{x}_2,y_2),\cdots,(\boldsymbol{x}_N,y_N)\}=\{(\boldsymbol{x}_n,y_n)\}_{n=1}^N \tag{3.1.1}$$

用通用符号$\boldsymbol{x}=[x_1,x_2,\cdots,x_K]^{\mathrm{T}}$表示$K$维特征向量(输入向量)，若取数据集中一个指定样本的特征向量，则表示为$\boldsymbol{x}_n=[x_{n1},x_{n2},\cdots,x_{nK}]^{\mathrm{T}}$。为分析方便，假设标注值$y$是标量，后续可以推广到标注为向量的情况。

回归学习的目标是利用这个数据集，训练一个线性回归函数。定义线性回归函数为

$$\hat{y}(\boldsymbol{x},\boldsymbol{w})=w_0+\sum_{k=1}^{K}w_kx_k=\sum_{k=0}^{K}w_kx_k=\boldsymbol{w}^{\mathrm{T}}\bar{\boldsymbol{x}} \tag{3.1.2}$$

其中

$$\boldsymbol{w}=[w_0,w_1,w_2,\cdots,w_K]^{\mathrm{T}} \tag{3.1.3}$$

为模型的权系数向量，而

$$\bar{\boldsymbol{x}}=[1,x_1,x_2,\cdots,x_K]^{\mathrm{T}} \tag{3.1.4}$$

是扩充特征向量，即在 $\boldsymbol{x}$ 向量的第一个元素之前，增加了哑元 $x_0=1$，对应系数 w_0 表示线性回归函数的偏置值。图 3.1.1 是线性回归学习的原理性示意图，这是一个最简单情况，即 $\boldsymbol{x}$ 只是一维的标量，图 3.1.1 中每一个点表示数据集中的一个样本，斜线是通过学习得到的回归模型，即相当于已确定了参数的式(3.1.2)。图 3.1.2 是线性回归的计算结构，图中的空心圆仅表示多元素的加法运算。

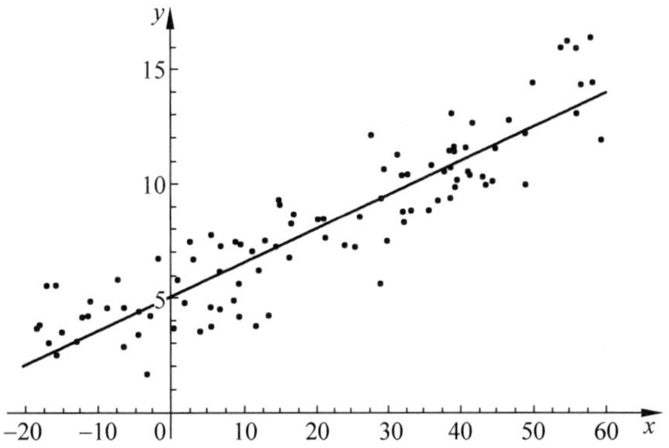

图 3.1.1　线性回归学习的原理性示意图

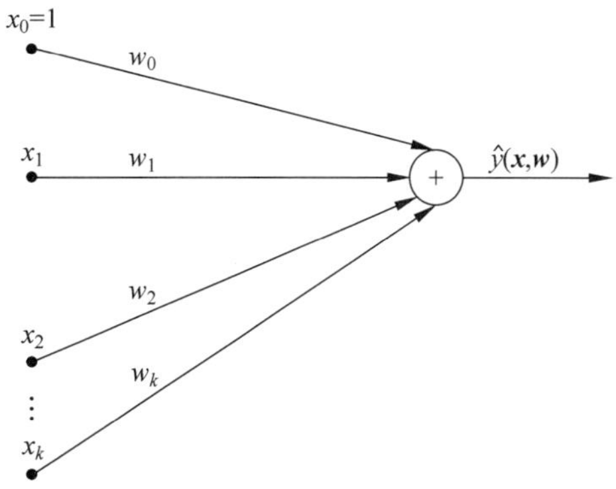

图 3.1.2　线性回归的计算结构

为了从数据集学习模型参数 $\boldsymbol{w}$，用式(3.1.2)逼近训练数据集。对于每个样本$(\boldsymbol{x}_i,y_i)$，将特征向量带入回归函数计算得到的输出 $\hat{y}(\boldsymbol{x}_i,\boldsymbol{w})$是对标注 y_i 的逼近，假设存在逼近误差 ε_i，则有

$$y_i=\hat{y}(\boldsymbol{x}_i,\boldsymbol{w})+\varepsilon_i=\boldsymbol{w}^{\mathrm{T}}\bar{\boldsymbol{x}}_i+\varepsilon_i \tag{3.1.5}$$

为了得到问题的有效解，通常对误差 ε_i 给出一种概率假设。这里假设 ε_i 服从高斯分布，且均值为 0，方差为 σ_ε^2，则 y_i 的概率密度函数表示为

$$p_y(y_i\mid\boldsymbol{w})=\frac{1}{(2\pi\sigma_\varepsilon^2)^{\frac{1}{2}}}\exp\left[-\frac{1}{2\sigma_\varepsilon^2}(y_i-\hat{y}(\boldsymbol{x}_i,\boldsymbol{w}))^2\right] \tag{3.1.6}$$

注意，这里把 y_i 看作随机变量，$\boldsymbol{x}_i$ 看作已知量。

如果将所有样本的标注值表示为向量

$$\boldsymbol{y}=[y_1,y_2,y_3,\cdots,y_N]^{\mathrm{T}} \tag{3.1.7}$$

则由样本集的 I.I.D 性，得到 $\boldsymbol{y}$ 的联合概率密度函数为

$$p_y(\boldsymbol{y}\mid\boldsymbol{w})=\prod_{i=1}^{N}p_y(y_i\mid\boldsymbol{w})=\prod_{i=1}^{N}\frac{1}{(2\pi\sigma_\varepsilon^2)^{\frac{1}{2}}}\exp\left[-\frac{1}{2\sigma_\varepsilon^2}(y_i-\hat{y}(\boldsymbol{x}_i,\boldsymbol{w}))^2\right]$$

$$=\frac{1}{(2\pi\sigma_{\varepsilon}^{2})^{\frac{N}{2}}}\exp\left[-\frac{1}{2\sigma_{\varepsilon}^{2}}\sum_{i=1}^{N}(y_{i}-\hat{y}(\boldsymbol{x}_{i},\boldsymbol{w}))^{2}\right] \tag{3.1.8}$$

由于标注集 $\boldsymbol{y}$ 是已知的,式(3.1.8)随 $\boldsymbol{w}$ 的变化是似然函数,令似然函数最大可求得 $\boldsymbol{w}$ 的解,这就是 $\boldsymbol{w}$ 的最大似然解,为了求解更方便,取对数似然函数为

$$\log p_{y}(\boldsymbol{y}\mid\boldsymbol{w})=-\frac{N}{2}\log(2\pi\sigma_{\varepsilon}^{2})-\frac{1}{2\sigma_{\varepsilon}^{2}}\sum_{i=1}^{N}(y_{i}-\hat{y}(\boldsymbol{x}_{i},\boldsymbol{w}))^{2} \tag{3.1.9}$$

若求 $\boldsymbol{w}$ 使得式(3.1.9)的对数似然函数最大,则等价于求如下和式最小:

$$J(\boldsymbol{w})=\frac{1}{2}\sum_{i=1}^{N}(y_{i}-\hat{y}(\boldsymbol{x}_{i},\boldsymbol{w}))^{2} \tag{3.1.10}$$

即最大似然等价于 $J(\boldsymbol{w})$最小,这里 $J(\boldsymbol{w})$是训练集上回归函数 $\hat{y}(\boldsymbol{x}_{i},\boldsymbol{w})$与标注 y_i 的误差平方之和,式(3.1.10)求和号前的系数 1/2 只是为了后续计算方便。

对于求解回归模型的参数 $\boldsymbol{w}$ 来讲,误差平方和准则(等价于样本的均方误差准则)和高斯假设下的最大似然准则是一致的,故在后续讨论回归问题时,根据方便可使用其中之一。由式(3.1.5),重写误差平方和式(3.1.10)如下:

$$\begin{aligned}J(\boldsymbol{w})&=\frac{1}{2}\sum_{n=1}^{N}\varepsilon_{i}^{2}=\frac{1}{2}\sum_{i-1}^{N}[y_{i}-\hat{y}(\boldsymbol{x}_{i},\boldsymbol{w})]^{2}\\&=\frac{1}{2}\sum_{i=1}^{N}(y_{i}-\boldsymbol{w}^{\mathrm{T}}\bar{\boldsymbol{x}}_{i})^{2}\\&=\frac{1}{2}(\boldsymbol{y}-\boldsymbol{X}\boldsymbol{w})^{\mathrm{T}}(\boldsymbol{y}-\boldsymbol{X}\boldsymbol{w})\\&=\frac{1}{2}\|\boldsymbol{y}-\boldsymbol{X}\boldsymbol{w}\|_{2}^{2}\end{aligned} \tag{3.1.11}$$

这里 $\boldsymbol{y}$ 如式(3.1.7)所示,为所有样本的标注向量,$\boldsymbol{X}$ 为数据矩阵,表示为

$$\boldsymbol{X}=\begin{bmatrix}\bar{\boldsymbol{x}}_{1}^{\mathrm{T}}\\\bar{\boldsymbol{x}}_{2}^{\mathrm{T}}\\\vdots\\\bar{\boldsymbol{x}}^{\mathrm{T}}{}_{N}\end{bmatrix}=\begin{bmatrix}1&x_{11}&\cdots&x_{1K}\\1&x_{21}&\cdots&x_{2K}\\\vdots&\vdots&\cdots&\vdots\\1&x_{N1}&\cdots&x_{NK}\end{bmatrix} \tag{3.1.12}$$

为求使式(3.1.11)最小的 $\boldsymbol{w}$,求 $J(\boldsymbol{w})$对 $\boldsymbol{w}$ 的导数,即梯度(标量函数对向量的梯度公式见附录 B),该导数是 $K+1$ 维向量,即

$$\frac{\partial J(\boldsymbol{w})}{\partial\boldsymbol{w}}=\frac{\partial\frac{1}{2}(\boldsymbol{y}-\boldsymbol{X}\boldsymbol{w})^{\mathrm{T}}(\boldsymbol{y}-\boldsymbol{X}\boldsymbol{w})}{\partial\boldsymbol{w}}=-\boldsymbol{X}^{\mathrm{T}}\boldsymbol{y}+\boldsymbol{X}^{\mathrm{T}}\boldsymbol{X}\boldsymbol{w}$$

令参数向量的解为 $\boldsymbol{w}_{\mathrm{ML}}$,即当取 $\boldsymbol{w}=\boldsymbol{w}_{\mathrm{ML}}$ 时上式为 $\mathbf{0}$,回归系数 $\boldsymbol{w}$ 满足方程

$$\boldsymbol{X}^{\mathrm{T}}\boldsymbol{X}\boldsymbol{w}_{\mathrm{ML}}=\boldsymbol{X}^{\mathrm{T}}\boldsymbol{y} \tag{3.1.13}$$

若 $\boldsymbol{X}^{\mathrm{T}}\boldsymbol{X}$ 可逆,有

$$\boldsymbol{w}_{\mathrm{ML}}=(\boldsymbol{X}^{\mathrm{T}}\boldsymbol{X})^{-1}\boldsymbol{X}^{\mathrm{T}}\boldsymbol{y} \tag{3.1.14}$$

如果 $\boldsymbol{X}$ 满秩,即 $\boldsymbol{X}$ 的各列线性无关,$(\boldsymbol{X}^{\mathrm{T}}\boldsymbol{X})^{-1}$ 存在,称

$$\boldsymbol{X}^{+}=(\boldsymbol{X}^{\mathrm{T}}\boldsymbol{X})^{-1}\boldsymbol{X}^{\mathrm{T}} \tag{3.1.15}$$

为 $\boldsymbol{X}$ 的伪逆矩阵。得到权系数向量后,线性回归函数确定为

$$\hat{y}(\boldsymbol{x},\boldsymbol{w})=\boldsymbol{w}_{\mathrm{ML}}^{\mathrm{T}}\bar{\boldsymbol{x}} \tag{3.1.16}$$

将 $\boldsymbol{w}_{\mathrm{ML}}$ 的解(3.1.14)代入式(3.1.10)并除以样本数 N(同时省略系数 1/2),得到数据集上的均方误差为

$$\begin{aligned}J_{\min}&=\frac{1}{N}J(\boldsymbol{w}_{\mathrm{ML}})=\frac{1}{N}\boldsymbol{\varepsilon}^{\mathrm{T}}\boldsymbol{\varepsilon}\\&=\frac{1}{N}[\boldsymbol{y}-\boldsymbol{X}(\boldsymbol{X}^{\mathrm{T}}\boldsymbol{X})^{-1}\boldsymbol{X}^{\mathrm{T}}\boldsymbol{y}]^{\mathrm{T}}[\boldsymbol{y}-\boldsymbol{X}(\boldsymbol{X}^{\mathrm{T}}\boldsymbol{X})^{-1}\boldsymbol{X}^{\mathrm{T}}\boldsymbol{y}]\\&=\frac{1}{N}\boldsymbol{y}^{\mathrm{T}}[\boldsymbol{I}-\boldsymbol{X}(\boldsymbol{X}^{\mathrm{T}}\boldsymbol{X})^{-1}\boldsymbol{X}^{\mathrm{T}}]^{\mathrm{T}}\boldsymbol{y}\\&=\frac{1}{N}\boldsymbol{y}^{\mathrm{T}}(\boldsymbol{y}-\boldsymbol{X}\boldsymbol{w}_{\mathrm{ML}})=\frac{1}{N}\boldsymbol{y}^{\mathrm{T}}(\boldsymbol{y}-\hat{\boldsymbol{y}})\end{aligned} \tag{3.1.17}$$

式(3.1.17)中,$\hat{\boldsymbol{y}}$ 向量表示由训练集各样本特征向量带入式(3.1.16)得到的对标注集向量 $\boldsymbol{y}$ 的逼近,即

$$\begin{aligned}\hat{\boldsymbol{y}}&=[\hat{y}_1,\hat{y}_2,\hat{y}_3,\cdots,\hat{y}_N]^{\mathrm{T}}\\&=[\boldsymbol{w}_{\mathrm{ML}}^{\mathrm{T}}\bar{\boldsymbol{x}}_1,\quad \boldsymbol{w}_{\mathrm{ML}}^{\mathrm{T}}\bar{\boldsymbol{x}}_2,\quad \cdots,\quad \boldsymbol{w}_{\mathrm{ML}}^{\mathrm{T}}\bar{\boldsymbol{x}}_N]^{\mathrm{T}}=\boldsymbol{X}\boldsymbol{w}_{\mathrm{ML}}\end{aligned} \tag{3.1.18}$$

用式(3.1.14)表示的线性回归权系数向量的解,称为最小二乘(LS)解。若存在一个独立的测试集,也可计算测试集上的均方误差,若测试集误差也满足预定要求,则可确定式(3.1.16)为通过训练过程求得的线性回归函数。当给出一个新的特征向量 $\boldsymbol{x}$,将其代入式(3.1.16)可计算出相应的预测值 $\hat{y}(\boldsymbol{x},\boldsymbol{w})$。

在训练集上可对线性回归的解给出一个几何解释,重写式(3.1.18)如下

$$\hat{\boldsymbol{y}}=\boldsymbol{X}\boldsymbol{w}_{\mathrm{ML}}=[\tilde{\boldsymbol{x}}_0\quad \tilde{\boldsymbol{x}}_1\quad \cdots\quad \tilde{\boldsymbol{x}}_K]\boldsymbol{w}_{\mathrm{ML}}=\sum_{i=0}^{K}w_{\mathrm{ML},i}\tilde{\boldsymbol{x}}_i \tag{3.1.19}$$

这里 $\tilde{\boldsymbol{x}}_i$ 表示 $\boldsymbol{X}$ 的第 i 列(序号以 0 起始),若由 $\boldsymbol{X}$ 的各列向量为基张成一个向量子空间(称为数据子空间),则可将 $\hat{\boldsymbol{y}}$ 看作在数据子空间上的投影,投影系数由 $\boldsymbol{w}_{\mathrm{ML}}$ 的各系数确定。

在训练集上,线性回归函数对每个标注值的逼近误差写成误差向量,即

$$\boldsymbol{\varepsilon}=\boldsymbol{y}-\hat{\boldsymbol{y}}=\boldsymbol{y}-\boldsymbol{P}\boldsymbol{y}=\boldsymbol{P}^{\perp}\boldsymbol{y} \tag{3.1.20}$$

这里 $\boldsymbol{P}$ 表示投影矩阵,$\boldsymbol{P}^{\perp}=\boldsymbol{I}-\boldsymbol{P}$ 表示误差投影矩阵。可以证明

$$\boldsymbol{\varepsilon}^{\mathrm{T}}\hat{\boldsymbol{y}}=0 \tag{3.1.21}$$

即两者正交。可见 $\hat{\boldsymbol{y}}$ 是 $\boldsymbol{y}$ 在数据子空间的正交投影,误差向量 $\boldsymbol{\varepsilon}$ 与投影 $\hat{\boldsymbol{y}}$ 正交,因此 $\boldsymbol{\varepsilon}$ 的平方范数最小。图 3.1.3 给出了正交投影的示意图。

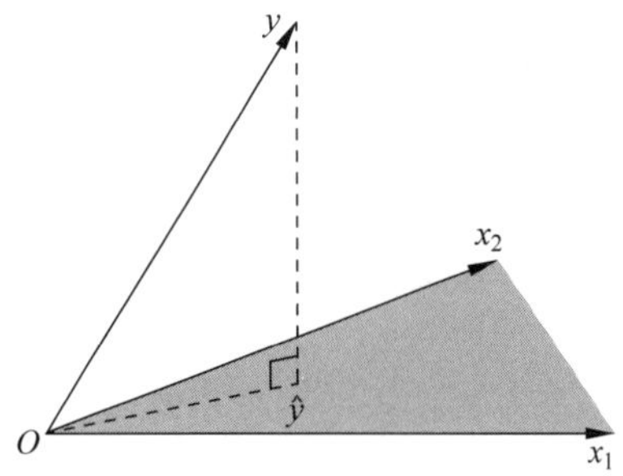

图 3.1.3 正交投影示意

3.1.2 线性回归的递推学习

线性回归函数的学习是现代机器学习中最简单的算法之一。若给出式(3.1.1)表示的数据集,按式(3.1.12)的方式构成数据矩阵 $\boldsymbol{X}$,按式(3.1.7)构成标注向量 $\boldsymbol{y}$,则可通过解析表达式(3.1.14)计算得到线性回归模型的权系数向量 $\boldsymbol{w}_{\mathrm{ML}}$,本质上该权向量是最大似然

解。这种将数据集中所有数据写到数据矩阵，然后通过一次计算得到权系数向量的方法称为批处理。批处理需要集中进行运算，当问题的规模较大时，批处理需要集中处理大量运算，实际中可以考虑更经济的增量计算方法。

为方便，将数据集重写如下：

$$\boldsymbol{D}=\{(\boldsymbol{x}_1,y_1),(\boldsymbol{x}_2,y_2),\cdots,(\boldsymbol{x}_N,y_N)\}=\{(\boldsymbol{x}_n,y_n)\}_{n=1}^{N} \tag{3.1.22}$$

当特征向量 $\boldsymbol{x}_n$ 的维数 K 较大(例如 $K>100$)且数据集的规模较大(例如 $N>10^4$)时，数据矩阵 $\boldsymbol{X}$ 相当大，直接计算式(3.1.14)需要集中处理大批量运算。一种替换方式是一次取出一个样本，构成递推计算，这种递推算法可在线实现。

将式(3.1.11)的误差和重新写为

$$\begin{aligned}J(\boldsymbol{w})&=\frac{1}{2}\sum_{n=0}^{N-1}\varepsilon_i^2=\frac{1}{2}\sum_{i=1}^{N}(y_i-\hat{y}(\boldsymbol{x}_i,\boldsymbol{w}))^2\\&=\frac{1}{2}\sum_{i=1}^{N}(y_i-\boldsymbol{w}^{\mathrm{T}}\bar{\boldsymbol{x}}_i)^2=\sum_{i=1}^{N}J_i(\boldsymbol{w})\end{aligned} \tag{3.1.23}$$

这里 $J_i(\boldsymbol{w})=(y_i-\boldsymbol{w}^{\mathrm{T}}\bar{\boldsymbol{x}}_i)^2$ 表示单个样本 i 的误差函数，即可以将总体误差函数分解为各样本误差函数之和。

为了导出一种递推算法，使用梯度下降算法，即假设从 $\boldsymbol{w}$ 的一个初始猜测值 $\boldsymbol{w}^{(0)}$ 开始，按照目标函数式(3.1.23)的负梯度方向不断递推，最终收敛到 $\boldsymbol{w}$ 的最优解。设已得到第 k 次递推的权系数向量为 $\boldsymbol{w}^{(k)}$，用该向量计算式(3.1.23)对 $\boldsymbol{w}$ 的梯度，即

$$\begin{aligned}\frac{1}{N}\frac{\partial J(\boldsymbol{w})}{\partial \boldsymbol{w}}\bigg|_{\boldsymbol{w}=\boldsymbol{w}^{(k)}}&=\frac{1}{N}\sum_{i=1}^{N}\frac{J_i(\boldsymbol{w})}{\partial \boldsymbol{w}}\bigg|_{\boldsymbol{w}=\boldsymbol{w}^{(k)}}\\&=-\frac{1}{N}\sum_{i=1}^{N}(y_i-\boldsymbol{w}^{(k)\mathrm{T}}\bar{\boldsymbol{x}}_i)\bar{\boldsymbol{x}}_i\end{aligned} \tag{3.1.24}$$

注意，为了避免当样本数 N 太大时，以上和式的梯度太大，式(3.1.24)除以 N 以得到各样本对梯度贡献的均值。根据梯度下降算法，系数向量更新为

$$\begin{aligned}\boldsymbol{w}^{(k+1)}&=\boldsymbol{w}^{(k)}-\eta\frac{1}{N}\frac{\partial J(\boldsymbol{w})}{\partial \boldsymbol{w}}\bigg|_{\boldsymbol{w}=\boldsymbol{w}^{(k)}}\\&=\boldsymbol{w}^{(k)}+\frac{\eta}{N}\sum_{i=1}^{N}(y_i-\boldsymbol{w}^{(k)\mathrm{T}}\bar{\boldsymbol{x}}_i)\bar{\boldsymbol{x}}_i\end{aligned} \tag{3.1.25}$$

式(3.1.25)是权系数向量的递推算法，称为梯度算法。由于式(3.1.25)使用了所有样本的平均梯度进行运算，并不是逐个样本更新的在线算法。实际上，由式(3.1.24)可知，总的梯度是所有样本点的梯度平均，在每次更新时，若只选择一个样本对梯度的贡献，即只取

$$\frac{J_i(\boldsymbol{w})}{\partial \boldsymbol{w}}\bigg|_{\boldsymbol{w}=\boldsymbol{w}^{(k)}}=-(y_i-\boldsymbol{w}^{(k)\mathrm{T}}\bar{\boldsymbol{x}}_i)\bar{\boldsymbol{x}}_i \tag{3.1.26}$$

作为梯度进行权系数向量的更新，则有

$$\begin{aligned}\boldsymbol{w}^{(k+1)}&=\boldsymbol{w}^{(k)}-\eta\frac{\partial J_i(\boldsymbol{w})}{\partial \boldsymbol{w}}\bigg|_{\boldsymbol{w}=\boldsymbol{w}^{(k)}}\\&=\boldsymbol{w}^{(k)}+\eta(y_i-\boldsymbol{w}^{(k)\mathrm{T}}\bar{\boldsymbol{x}}_i)\bar{\boldsymbol{x}}_i\end{aligned} \tag{3.1.27}$$

由于样本值 y_i、$\boldsymbol{x}_i$ 取自随机分布的采样且具有随机性，因此式(3.1.26)表示的梯度也具有

随机性，称为随机梯度。当样本量充分大时，式(3.1.24)中 N 项求平均的梯度逼近随机梯度的期望值，趋向一个确定性的梯度。因此，式(3.1.25)为梯度算法，式(3.1.27)的递推公式称为随机梯度下降(stochastic gradient descent，SGD)算法。针对线性回归问题的这种 SGD 算法也称为 LMS(least-mean-squares)算法，这是最早使用随机梯度解决机器学习中优化问题的算法。在相当长的时间内，LMS 算法在信号处理领域作为自适应滤波的经典算法，应用非常广泛。本质上回归学习和自适应滤波是等价的。

式(3.1.25)和式(3.1.27)中的参数 $\eta>0$ 是控制迭代步长的，称为学习率，用于控制学习过程中的收敛速度。η 过大，递推算法不收敛，η 过小，收敛速度太慢，选择合适的 η 很关键。对于式(3.1.25)的梯度算法和式(3.1.27)的 SGD 算法，可以证明 $\eta<1/\lambda_{\max}$ 可以保证收敛。这里 $\lambda_{\max}$ 是矩阵 $\boldsymbol{X}^{\mathrm{T}}\boldsymbol{X}/N$ 的最大特征值，但由于计算 $\boldsymbol{X}^{\mathrm{T}}\boldsymbol{X}/N$ 的特征值并不容易(若容易计算 $\boldsymbol{X}^{\mathrm{T}}\boldsymbol{X}/N$ 的特征值，就可以直接用式(3.1.14)的批处理，不必用在线算法)，实际上参数 η 的确定大多通过经验或实验来确定，或通过一些对特征值的近似估算确定一个参考值，再通过实验调整。实际学习率随迭代次数变化可记为 η_k，关于随机梯度中学习率 η_k 满足的收敛条件等更一般性的讨论，将在第 10 章给出。

现代机器学习领域经常使用小批量 SGD 算法，这种算法是式(3.1.25)和式(3.1.27)的一个折中，即从式(3.1.22)的数据集中随机抽取一小批量样本，重新记为

$$\boldsymbol{D}_{k+1}=\{(\boldsymbol{x}_m,y_m)\}_{m=1}^{N_1} \tag{3.1.28}$$

这里，小批量样本 $\boldsymbol{D}_{k+1}$ 中的下标表示将用于计算 $\boldsymbol{w}^{(k+1)}$，小批量样本的元素 y_m 的下标是在该集合中重新标号的，它随机抽取于大数据集。$N_1 \ll N$ 是小样本集的样本数。小批量 SGD 算法如下

$$\boldsymbol{w}^{(k+1)}=\boldsymbol{w}^{(k)}+\eta\frac{1}{N_1}\sum_{m=1}^{N_1}(y_m-\boldsymbol{w}^{(k)\mathrm{T}}\bar{\boldsymbol{x}}_m)\bar{\boldsymbol{x}}_m \tag{3.1.29}$$

这里为了使小批量 SGD 算法与式(3.1.27)的单样本 SGD 算法的学习率 η 保持同量级，对小批量各样本的梯度进行了平均，即除以 N_1。

注意，在式(3.1.27)的算法中，迭代序号 k 和所用的样本序号 i 并不一致。实际中，在第 k 次迭代时，可随机地从样本集抽取一个样本，即样本一般不是顺序使用的，一些样本可能被重用，小批量梯度算法也是如此。

3.1.3 多输出线性回归

前面介绍回归算法时为了表述简单和理解上的直观性，只给出了输出是标量的情况，即所关注的问题只有一个输出值，实际中很多回归问题可能有多个输出。例如，利用同一组经济数据预测几个同行业的股票指数，前面讨论的标量回归问题可很方便地推广到具有多个输出的情况。

由于具有多个输出，样本集 $\boldsymbol{D}=\{(\boldsymbol{x}_n,\boldsymbol{y}_n)\}_{n=1}^{N}$ 中的标注 $\boldsymbol{y}_n$ 是一个 L 维向量，这里 L 是回归的输出数目，即 $\boldsymbol{y}_n=[y_{n1},y_{n2},\cdots,y_{nL}]^{\mathrm{T}}$，简单地，可将每个输出写为

$$\hat{y}_i(\boldsymbol{x},\boldsymbol{w}_i)=\sum_{k=0}^{K}w_{ik}x_k=\boldsymbol{w}_i^{\mathrm{T}}\bar{\boldsymbol{x}} \tag{3.1.30}$$

将各输出的权向量作为权矩阵的一列，即

$$\boldsymbol{W}=[\boldsymbol{w}_1,\boldsymbol{w}_2,\cdots,\boldsymbol{w}_L] \tag{3.1.31}$$

则输出向量记为

$$\hat{\boldsymbol{y}}(\boldsymbol{x},\boldsymbol{W})=[\hat{y}_1(\boldsymbol{x},\boldsymbol{w}_1),\cdots,\hat{y}_L(\boldsymbol{x},\boldsymbol{w}_L)]^{\mathrm{T}}=\boldsymbol{W}^{\mathrm{T}}\bar{\boldsymbol{x}} \tag{3.1.32}$$

为了通过样本集训练得到权系数矩阵 $\boldsymbol{W}$,只需要推广式(3.1.11)针对标量输出的目标函数到向量输出情况,这里不再给出详细的推导过程,只给出相应结果。

对于向量输出情况,数据矩阵 $\boldsymbol{X}$ 仍由式(3.1.12)定义,相应的标注值由向量变为矩阵,故标注矩阵表示为

$$\boldsymbol{Y}=[\boldsymbol{y}_1,\boldsymbol{y}_2,\cdots,\boldsymbol{y}_N]^{\mathrm{T}} \tag{3.1.33}$$

假设 $\boldsymbol{X}^{\mathrm{T}}\boldsymbol{X}$ 可逆,得到权系数矩阵的解为

$$\boldsymbol{W}_{\mathrm{ML}}=(\boldsymbol{X}^{\mathrm{T}}\boldsymbol{X})^{-1}\boldsymbol{X}^{\mathrm{T}}\boldsymbol{Y} \tag{3.1.34}$$

这个解的形式与式(3.1.14)基本一致,只是用标注矩阵替代标注向量。若用 $\tilde{\boldsymbol{y}}_k$ 表示 $\boldsymbol{Y}$ 的第 k 列,则输出的第 k 个分量的权系数向量为

$$\boldsymbol{w}_{k,\mathrm{ML}}=(\boldsymbol{X}^{\mathrm{T}}\boldsymbol{X})^{-1}\boldsymbol{X}^{\mathrm{T}}\tilde{\boldsymbol{y}}_k \tag{3.1.35}$$

在多分量回归中,每个分量的权系数矩阵与标准单分量回归一致,仅由 $\boldsymbol{Y}$ 的一列可求得,这种互相无耦合的解是因为假设了各分量的误差满足独立高斯假设的相应结果。

由于已经得到了最优的权系数矩阵,若给出一个新的特征向量 $\boldsymbol{x}$,则多分量回归的输出为

$$\hat{\boldsymbol{y}}(\boldsymbol{x},\boldsymbol{W}_{\mathrm{ML}})=\boldsymbol{W}_{\mathrm{ML}}^{\mathrm{T}}\bar{\boldsymbol{x}} \tag{3.1.36}$$

3.2 正则化线性回归

在线性回归系数向量的解中,要求 $\boldsymbol{X}^{\mathrm{T}}\boldsymbol{X}$ 可逆,实际上当 $\boldsymbol{X}^{\mathrm{T}}\boldsymbol{X}$ 的条件数很大时,解的数值稳定性不好。一个矩阵的条件数为其最大特征值与最小特征值之比,设 $\boldsymbol{X}^{\mathrm{T}}\boldsymbol{X}$ 的所有特征值记为$\{\lambda_0,\lambda_1,\lambda_2,\cdots,\lambda_K\}$,若特征值是按从大到小排列的,则其条件数为 λ_0/λ_K。矩阵 $\boldsymbol{X}^{\mathrm{T}}\boldsymbol{X}$ 的行列式为 $|\boldsymbol{X}^{\mathrm{T}}\boldsymbol{X}|=\prod_{i=0}^{K}\lambda_i$,由于 $\boldsymbol{X}^{\mathrm{T}}\boldsymbol{X}$ 是对称矩阵,其特征值 $\lambda_i\geqslant 0$。若最小特征值 $\lambda_K=0$ 则矩阵不可逆,若有一个到几个特征值很小,相应条件数很大,矩阵行列式值可能很小,根据矩阵求逆的格莱姆法则,则 $\boldsymbol{X}^{\mathrm{T}}\boldsymbol{X}$ 的逆矩阵中有很多大的值,相应解向量可能范数很大且数值不稳定。

当 $\boldsymbol{X}$ 中的一些不同列互成比例时,$\boldsymbol{X}^{\mathrm{T}}\boldsymbol{X}$ 不满秩,这时 $\boldsymbol{X}^{\mathrm{T}}\boldsymbol{X}$ 不可逆。当 $\boldsymbol{X}$ 的一些列相互近似成比例时,对应大的条件数,尽管此时严格讲 $\boldsymbol{X}^{\mathrm{T}}\boldsymbol{X}$ 可逆,但当计算精度受限时数值稳定性不好。从以上的分析可见,$\boldsymbol{X}$ 的不同列分别对应权系数向量的一个分量,当 $\boldsymbol{X}$ 的一些列成比例时,相当于对应的权系数有冗余,可以减少权系数数目,即减少模型的复杂性。当 $\boldsymbol{X}$ 的条件数很大时,相当于模型参数数目超过了必需的数目,而过多的参数其实更多地被用于拟合训练数据集中的噪声,使得泛化性能变差。因此,$\boldsymbol{X}^{\mathrm{T}}\boldsymbol{X}$ 条件数很大,对应的是模型的过拟合。解决过拟合的基本方法,一是增加数据集规模,二是删除一些冗余变量及相应权系数,三是采用正则化。这里介绍正则化方法。

如第 1 章所引出的结论,所谓正则化是在用误差平方和表示的目标函数中增加一项约束参数向量自身的量,一种常用的约束量选择为参数向量的范数平方,即 $\|\boldsymbol{w}\|_2^2=\boldsymbol{w}^{\mathrm{T}}\boldsymbol{w}$,因此加了正则化约束的目标函数为

$$J(\boldsymbol{w})=\frac{1}{2}\sum_{n=1}^{N}\varepsilon_i^2+\frac{\lambda}{2}\sum_{i=1}^{K}w_i^2=\frac{1}{2}\sum_{i=1}^{N}(y_i-\hat{y}(\boldsymbol{x}_i,\boldsymbol{w}))^2+\frac{\lambda}{2}\sum_{i=1}^{K}w_i^2$$
$$=\frac{1}{2}\sum_{i=1}^{N}(y_i-\boldsymbol{w}^{\mathrm{T}}\bar{\boldsymbol{x}}_i)^2+\frac{\lambda}{2}\|\boldsymbol{w}\|_2^2$$
$$=\frac{1}{2}(\boldsymbol{y}-\boldsymbol{X}\boldsymbol{w})^{\mathrm{T}}(\boldsymbol{y}-\boldsymbol{X}\boldsymbol{w})+\frac{\lambda}{2}\boldsymbol{w}^{\mathrm{T}}\boldsymbol{w} \tag{3.2.1}$$

这里 λ 是一个可选择的参数，用于控制误差项与参数向量范数约束项的作用。为求使式(3.2.1)最小的 $\boldsymbol{w}$ 值，计算

$$\frac{\partial J(\boldsymbol{w})}{\partial \boldsymbol{w}}=\frac{1}{2}\frac{\partial(\boldsymbol{y}-\boldsymbol{X}\boldsymbol{w})^{\mathrm{T}}(\boldsymbol{y}-\boldsymbol{X}\boldsymbol{w})}{\partial \boldsymbol{w}}+\frac{\lambda}{2}\frac{\partial \boldsymbol{w}^{\mathrm{T}}\boldsymbol{w}}{\partial \boldsymbol{w}}$$
$$=-\boldsymbol{X}^{\mathrm{T}}\boldsymbol{y}+2\boldsymbol{X}^{\mathrm{T}}\boldsymbol{X}\boldsymbol{w}+\lambda\boldsymbol{w}$$

令 $\boldsymbol{w}=\boldsymbol{w}_R$ 时上式为 0，得

$$(\boldsymbol{X}^{\mathrm{T}}\boldsymbol{X}+\lambda\boldsymbol{I})\boldsymbol{w}_R=\boldsymbol{X}^{\mathrm{T}}\boldsymbol{y} \tag{3.2.2}$$

求得参数向量的正则化解为

$$\boldsymbol{w}_R=(\boldsymbol{X}^{\mathrm{T}}\boldsymbol{X}+\lambda\boldsymbol{I})^{-1}\boldsymbol{X}^{\mathrm{T}}\boldsymbol{y} \tag{3.2.3}$$

这里，解 $\boldsymbol{w}_R$ 中用下标 R 表示正则化解。线性回归的正则化是一般性正则理论的一个特例。Tikhonov 正则化理论的泛函由两部分组成：一项是经验代价函数，如式(3.1.11)中的误差平方和是一种经验代价函数，另一项是正则化项，它是约束系统结构的，在参数优化中用于约束参数向量的范数。每一种不同的正则化项代表设计的一种"偏爱"，例如权系数范数平方作为正则化项是一种对小范数的权系数的偏爱，这种正则化称为"权衰减"(weigh decay)。

例 3.2.1 若给定一个数据集，$\boldsymbol{X}^{\mathrm{T}}\boldsymbol{X}$ 的最大特征值为 $\lambda_{\max}=1.0$，最小特征值为 $\lambda_{\min}=0.01$，条件数 $T=\lambda_{\max}/\lambda_{\min}=100$。若正则化参数取 $\lambda=0.1$，则 $\boldsymbol{X}^{\mathrm{T}}\boldsymbol{X}+\lambda\boldsymbol{I}$ 的最大特征值和最小特征值分别为 $\lambda_{\max}+\lambda=1.1$ 和 $\lambda_{\min}+\lambda=0.11$，因此条件数变为 $T_R=1.1/0.11=10$，对于线性回归来讲，正则化相当于改善了数据矩阵的条件数。

正如式(3.1.10)的误差平方和目标函数与最大似然等价，式(3.2.1)的正则化目标函数与贝叶斯框架下的 MAP 参数估计是等价的。若采用贝叶斯 MAP 估计，需要给出参数向量 $\boldsymbol{w}$ 的先验分布，假设 $\boldsymbol{w}$ 的各分量为均值为 0、方差为 σ_w^2 且互相独立的高斯分布，则先验分布表示为

$$p_w(\boldsymbol{w})=\frac{1}{(2\pi\sigma_w^2)^{\frac{K+1}{2}}}\exp\left[-\frac{1}{2\sigma_w^2}\boldsymbol{w}^{\mathrm{T}}\boldsymbol{w}\right] \tag{3.2.4}$$

根据 MAP 估计，求 $\boldsymbol{w}$ 使得下式最大：

$$p(\boldsymbol{w}\mid\boldsymbol{y})\propto p(\boldsymbol{y}\mid\boldsymbol{w})p_w(\boldsymbol{w})=$$
$$\frac{1}{(2\pi\sigma_\varepsilon^2)^{\frac{N}{2}}}\exp\left[-\frac{1}{2\sigma_\varepsilon^2}(\boldsymbol{y}-\boldsymbol{X}\boldsymbol{w})^{\mathrm{T}}(\boldsymbol{y}-\boldsymbol{X}\boldsymbol{w})\right]\frac{1}{(2\pi\sigma_w^2)^{\frac{K+1}{2}}}\exp\left[-\frac{1}{2\sigma_w^2}\boldsymbol{w}^{\mathrm{T}}\boldsymbol{w}\right]$$

对上式取对数可知，求上式最大等价于求 $\boldsymbol{w}$ 使得下式最小：

$$J(\boldsymbol{w})=\frac{1}{2\sigma_\varepsilon^2}(\boldsymbol{y}-\boldsymbol{X}\boldsymbol{w})^{\mathrm{T}}(\boldsymbol{y}-\boldsymbol{X}\boldsymbol{w})+\frac{1}{2\sigma_w^2}\boldsymbol{w}^{\mathrm{T}}\boldsymbol{w}$$

$$=\frac{1}{2\sigma_{\varepsilon}^{2}}\left[(\boldsymbol{y}-\boldsymbol{X}\boldsymbol{w})^{\mathrm{T}}(\boldsymbol{y}-\boldsymbol{X}\boldsymbol{w})+\frac{\sigma_{\varepsilon}^{2}}{\sigma_{w}^{2}}\boldsymbol{w}^{\mathrm{T}}\boldsymbol{w}\right] \tag{3.2.5}$$

令 $\lambda=\frac{\sigma_e^2}{\sigma_\theta^2}$,则式(3.2.5)中方括号内的内容与式(3.2.1)相同,其参数向量 $\boldsymbol{w}$ 的解为式(3.2.3)。因此,可将正则化线性回归中权系数向量的先验分布看作高斯分布下的贝叶斯 MAP 估计。

用式(3.2.1)第 2 行对 $\boldsymbol{w}$ 求导,不难得到相应于式(3.2.3)解的梯度递推算法,这里只给出小批量 SGD 算法如下:

$$\boldsymbol{w}^{(k+1)}=(1-\lambda\eta)\boldsymbol{w}^{(k)}+\eta\frac{1}{N_1}\sum_{m=1}^{N_1}(y_m-\boldsymbol{w}^{(k)\mathrm{T}}\bar{\boldsymbol{x}}_m)\bar{\boldsymbol{x}}_m \tag{3.2.6}$$

当取 $N_1=1$ 时小批量退化成单样本 SGD。与式(3.1.29)比,在 $\boldsymbol{w}^{(k)}$ 前多了一个收缩因子 $(1-\lambda\eta)$,并增加了一个超参数 λ。

这里可以得到一个基本的结论,若一类机器学习算法的目标函数是通过最大似然得到的,则任何一种对权系数向量施加先验分布 $p_w(\boldsymbol{w})$,从而建立在 MAP 意义下的贝叶斯扩展,均可以等价为一类正则化方法。

通过不同的正则化,可得到不同的针对特定偏爱的结果。例如,用 ℓ_1 范数取代式(3.2.1)中的平方范数,则得到 $\boldsymbol{w}$ 具有稀疏特性(sparsity)的解。所谓稀疏特性是指 $\boldsymbol{w}$ 中的一些分量更偏向于取 0 值。这里 $\boldsymbol{w}$ 的 ℓ_1 范数定义为其各分量的绝对值之和,即 $\|\boldsymbol{w}\|_1=\sum_{k=1}^{K}|w_k|$,故具有稀疏解的回归目标函数为

$$J_s(\boldsymbol{w})=\frac{1}{2}(\boldsymbol{y}-\boldsymbol{X}\boldsymbol{w})^{\mathrm{T}}(\boldsymbol{y}-\boldsymbol{X}\boldsymbol{w})+\frac{\lambda}{2}\|\boldsymbol{w}\|_1 \tag{3.2.7}$$

在一些特定情况下,稀疏约束可得到更有意义的结果,关于回归的稀疏学习可进一步参考文献[20]。

本节注释 在正则化过程中,对系数向量作为约束(惩罚)条件时,一般不将偏置 w_0 作为约束分量。在训练前,首先对输入向量 $\boldsymbol{x}_n$ 的每个分量进行归一化和零均值化,w_0 由训练集标注的均值估计,即 $\hat{w}_0=\frac{1}{N}\sum_{n=1}^{N}y_n$,故 w_0 不参与式(3.2.1)的优化,对应式(3.2.3)的系数向量不包括偏置。本节对应式(3.1.12)中 $\boldsymbol{X}$ 的定义内第 1 列的全"1"列被删除。

3.3 线性基函数回归

到目前为止,所讨论的均是线性回归,输出是特征向量或其各分量的线性函数,即

$$\hat{y}(\boldsymbol{x},\boldsymbol{w})=\sum_{k=0}^{K}w_k x_k=\boldsymbol{w}^{\mathrm{T}}\bar{\boldsymbol{x}} \tag{3.3.1}$$

其中扩充特征向量 $\bar{\boldsymbol{x}}$ 和权向量 $\boldsymbol{w}$ 的定义如式(3.1.4)和式(3.1.3)所示。为了将回归的输出与特征向量之间的关系扩展到更一般的非线性关系,可以通过定义一组非线性映射函数来实现。非线性映射函数的一般表示如下:

$$\phi_i(\boldsymbol{x}),\quad i=0,1,2,\cdots,M \tag{3.3.2}$$

每个非线性映射函数 ϕ_i 将 K 维向量 $\boldsymbol{x}$ 映射为一个标量值,其按次序排列为一个 $M+1$ 维向量

$$\boldsymbol{\phi}(\boldsymbol{x})=[\phi_0(\boldsymbol{x}),\phi_1(\boldsymbol{x}),\cdots,\phi_M(\boldsymbol{x})]^{\mathrm{T}} \tag{3.3.3}$$

一般地,令 $\phi_0(\boldsymbol{x})=1$ 为哑元。这里 $\boldsymbol{x}\mapsto\boldsymbol{\phi}(\boldsymbol{x})$将 K 维向量映射为 M 维向量,称$\boldsymbol{\phi}(\boldsymbol{x})$为特征向量 $\boldsymbol{x}$ 的基函数向量。

定义权系数向量为

$$\boldsymbol{w}=[w_0,w_1,\cdots,w_M]^{\mathrm{T}}$$

可以通过基函数向量定义新的回归模型为

$$\hat{y}(\boldsymbol{\phi},\boldsymbol{w})=\sum_{k=0}^{M}w_k\phi_k(\boldsymbol{x})=\boldsymbol{w}^{\mathrm{T}}\boldsymbol{\phi}(\boldsymbol{x}) \tag{3.3.4}$$

在式(3.3.4)的模型中,输出与特征向量 $\boldsymbol{x}$ 的关系一般是非线性的,具体非线性形式由$\boldsymbol{\phi}(\boldsymbol{x})$的定义决定,但输出与权系数 $\boldsymbol{w}$ 的关系仍然是线性的,因此称这种模型为线性基函数回归模型。这里线性指的是回归输出与权系数是线性关系,与特征向量的非线性形式由基函数确定。

对于一个训练样本集 $\boldsymbol{D}=\{(\boldsymbol{x}_n,y_n)\}_{n=1}^{N}$,取任意样本,由特征向量 $\boldsymbol{x}_n$ 产生一个对应基函数向量$\boldsymbol{\phi}(\boldsymbol{x}_n)$,得到模型输出 $\hat{y}(\boldsymbol{\phi}_n,\boldsymbol{w})=\boldsymbol{w}^{\mathrm{T}}\boldsymbol{\phi}(\boldsymbol{x}_n)$,注意,这里用到了简写符号$\boldsymbol{\phi}_n=\boldsymbol{\phi}(\boldsymbol{x}_n)$。模型输出与标注的误差为

$$\varepsilon_n=y_n-\hat{y}(\boldsymbol{\phi}_n,\boldsymbol{w})=y_n-\boldsymbol{w}^{\mathrm{T}}\boldsymbol{\phi}(\boldsymbol{x}_n) \tag{3.3.5}$$

与基本线性回归相比,只要用$\boldsymbol{\phi}(\boldsymbol{x}_n)$代替 $\boldsymbol{x}_n$,其他是一致的,因此定义新的基函数数据矩阵为

$$\boldsymbol{\Phi}=\begin{bmatrix}\boldsymbol{\phi}^{\mathrm{T}}(\boldsymbol{x}_1)\\ \boldsymbol{\phi}^{\mathrm{T}}(\boldsymbol{x}_2)\\ \vdots\\ \boldsymbol{\phi}^{\mathrm{T}}(\boldsymbol{x}_N)\end{bmatrix}=\begin{bmatrix}\phi_0(\boldsymbol{x}_1) & \phi_1(\boldsymbol{x}_1) & \cdots & \phi_M(\boldsymbol{x}_1)\\ \phi_0(\boldsymbol{x}_2) & \phi_1(\boldsymbol{x}_2) & \cdots & \phi_M(\boldsymbol{x}_2)\\ \vdots & \vdots & \cdots & \vdots\\ \phi_0(\boldsymbol{x}_N) & \phi_1(\boldsymbol{x}_N) & \cdots & \phi_M(\boldsymbol{x}_N)\end{bmatrix} \tag{3.3.6}$$

注意到,与基本线性回归问题相比,这里除了数据矩阵$\boldsymbol{\Phi}$ 由式(3.3.6)通过基函数映射进行计算外,一旦数据矩阵$\boldsymbol{\Phi}$ 确定了,由于待求参数向量 $\boldsymbol{w}$ 仍保持线性关系,需求解的问题与基本线性回归是一致的,故线性基函数回归系数向量的解为

$$\boldsymbol{w}_{ML}=(\boldsymbol{\Phi}^{\mathrm{T}}\boldsymbol{\Phi})^{-1}\boldsymbol{\Phi}^{\mathrm{T}}\boldsymbol{y} \tag{3.3.7}$$

其中,$\boldsymbol{y}$ 是标注值向量。注意到,与线性回归的不同主要表现在数据矩阵$\boldsymbol{\Phi}$ 中。对于线性回归,若特征向量 $\boldsymbol{x}_n$ 是 K 维的,数据矩阵 $\boldsymbol{X}$ 是 $N\times(K+1)$维矩阵,且矩阵的每个元素直接来自训练集中一个特征向量的分量(包括了哑元);对于线性基函数回归,数据矩阵$\boldsymbol{\Phi}$ 是 $N\times(M+1)$维矩阵,即数据矩阵的列数为 $M+1$,M 由基函数数目确定。一般来讲,

$M \geqslant K$，基函数将特征向量 $\boldsymbol{x}$ 映射到更高维空间，并且数据矩阵$\boldsymbol{\Phi}$ 的每个元素需要通过相应映射函数计算得到，增加了计算量。一旦计算得到数据矩阵$\boldsymbol{\Phi}$，线性基函数回归的求解问题和线性回归是一致的。

基函数的类型有很多，常用的有多项式基函数、高斯函数、正余弦函数集等。下面看几个例子。

例 3.3.1 讨论一个线性基函数回归的问题。设样本集的特征向量是一个三维向量，即

$$\boldsymbol{x}_n = [x_{n,1}, x_{n,2}, x_{n,3}]^{\mathrm{T}}$$

设基函数向量为多项式形式，具体地，本例最高取二阶项，则

$$\begin{aligned}\boldsymbol{\phi}(\boldsymbol{x}_n) &= [\phi_0(\boldsymbol{x}_n), \phi_1(\boldsymbol{x}_n), \cdots, \phi_9(\boldsymbol{x}_n)]^{\mathrm{T}} \\ &= [1, x_{n,1}, x_{n,2}, x_{n,3}, x_{n,1}^2, x_{n,2}^2, x_{n,3}^2, x_{n,1}x_{n,2}, x_{n,2}x_{n,3}, x_{n,1}x_{n,3}]^{\mathrm{T}}\end{aligned}$$

这里 $M=9$，为了与线性回归区别，将线性基函数回归的权系数向量记为

$$\boldsymbol{w}_{\phi} = [\boldsymbol{w}_{\phi,0}, \boldsymbol{w}_{\phi,1}, \boldsymbol{w}_{\phi,2}, \cdots, \boldsymbol{w}_{\phi,9}]^{\mathrm{T}}$$

基函数回归的输出为

$$\begin{aligned}\hat{y}(\boldsymbol{\phi}_n, \boldsymbol{w}_{\phi}) &= \sum_{k=0}^{9} \boldsymbol{w}_{\phi,k}\phi_k(\boldsymbol{x}_n) \\ &= w_{\phi,0} + w_{\phi,1}x_{n,1} + w_{\phi,2}x_{n,2} + w_{\phi,3}x_{n,3} + w_{\phi,4}x_{n,1}^2 + w_{\phi,5}x_{n,2}^2 + \\ &\quad w_{\phi,6}x_{n,3}^2 + w_{\phi,7}x_{n,1}x_{n,2} + w_{\phi,8}x_{n,2}x_{n,3} + w_{\phi,9}x_{n,1}x_{n,3}\end{aligned}$$

假设数据集规模为 $N=50$，则标注向量为

$$\boldsymbol{y} = [y_1, y_2, \cdots, y_{50}]^{\mathrm{T}}$$

数据矩阵$\boldsymbol{\Phi}$ 为

$$\boldsymbol{\Phi} = \begin{bmatrix} 1, x_{1,1}, x_{1,2}, x_{1,3}, x_{1,1}^2, x_{1,2}^2, x_{1,3}^2, x_{1,1}x_{1,2}, x_{1,2}x_{1,3}, x_{1,1}x_{1,3} \\ 1, x_{2,1}, x_{2,2}, x_{2,3}, x_{2,1}^2, x_{2,2}^2, x_{2,3}^2, x_{2,1}x_{2,2}, x_{2,2}x_{2,3}, x_{2,1}x_{2,3} \\ \vdots \\ 1, x_{50,1}, x_{50,2}, x_{50,3}, x_{50,1}^2, x_{50,2}^2, x_{50,3}^2, x_{50,1}x_{50,2}, x_{50,2}x_{50,3}, x_{50,1}x_{50,3} \end{bmatrix}$$

$\boldsymbol{\Phi}$ 是一个 50×10 的数据矩阵，计算$(\boldsymbol{\Phi}^{\mathrm{T}}\boldsymbol{\Phi})^{-1}$ 需要求 10×10 方阵的逆矩阵。

注意到，对此问题若采用基本线性回归，则输出写为

$$\hat{y}(\boldsymbol{x}_n, \boldsymbol{w}) = w_0 + w_1x_{n,1} + w_2x_{n,2} + w_3x_{n,3}$$

数据矩阵 $\boldsymbol{X}$ 是 50×4 的矩阵，则$(\boldsymbol{X}^{\mathrm{T}}\boldsymbol{X})^{-1}$ 的计算只需求 4×4 方阵的逆矩阵。另外，也需注意，计算$\boldsymbol{\Phi}$ 需要一定的计算量，尤其当$\boldsymbol{\Phi}$ 中存在复杂非线性函数时，附加计算量可能是相当可观的，而写出 $\boldsymbol{X}$ 不需要附加计算量。

例 3.3.2 正余弦类的基函数和高斯基函数的例子。与例 3.3.1 一样，设特征向量是一个三维向量，即

$$\boldsymbol{x}_n = [x_{n,1}, x_{n,2}, x_{n,3}]^{\mathrm{T}}$$

定义正弦基函数向量的一个分量为

$$\phi_k(\boldsymbol{x}_n) = \sin(i_1\pi x_{n,1})\sin(i_2\pi x_{n,2})\sin(i_3\pi x_{n,3})$$

其中，$0\leqslant i_1, i_2, i_3 \leqslant L$ 取正整数；L 是预先确定的一个整数或作为超参数通过交叉验证确

定，本例中$\boldsymbol{\phi}(\boldsymbol{x}_n)$是$(L+1)^3$维向量。

也可以定义高斯基函数的一个分量为

$$\phi_k(\boldsymbol{x}_n)=\exp\left(-\frac{\|\boldsymbol{x}_n-\boldsymbol{\mu}_k\|^2}{2\sigma_k^2}\right)$$

作为基函数使用时，高斯函数不需要归一化，每个基函数分量由中心矩$\boldsymbol{\mu}_k$确定，$\boldsymbol{\mu}_k$是预先确定的一组向量，且与特征向量$\boldsymbol{x}$同维度。例如，本例是三维情况，$\boldsymbol{x}$的取值范围限定在三维正方体中，每维平均划分成L份，则三维正方体被划分成L^3个等体积的小正方体，$\boldsymbol{\mu}_k$表示每个小立方体的中心点位置。σ_k^2控制了每个基函数的有效作用范围，一个简单的选择是各个基函数分量的σ_k^2参数共用一个值。

与基本的线性回归算法一样，线性基函数回归也可以通过随机梯度算法实现，同样，只要用$\boldsymbol{\phi}(\boldsymbol{x}_n)$代替$\boldsymbol{x}_n$，可将SGD算法直接用于基函数情况，基本的SGD算法可写为

$$\boldsymbol{w}^{(n+1)}=\boldsymbol{w}^{(n)}+\eta[y_i-\boldsymbol{w}^{(n)\mathrm{T}}\boldsymbol{\phi}(\boldsymbol{x}_i)]\boldsymbol{\phi}(\boldsymbol{x}_i) \tag{3.3.8}$$

其中，i为在权系数的第$n+1$次更新时用到的样本序号。同样，可以将小批量SGD算法直接应用于基函数情况。

可直接将3.2节讨论的正则化技术推广到基函数情况，也可直接将3.1.3节讨论的多输出回归推广到基函数情况，由于这两个推广都是非常直接的，请读者自己完成(正则化公式推广见习题)，此处不再赘述。

例3.3.3　一个数值例子。本例在第1章用于说明概念，本章已经介绍了这个例子所使用的算法，故重新看一下这个例子。假设存在一个输入输出模型，其关系为

$$f(x)=\frac{1}{1+\exp(-5x)}$$

这里x是标量，在区间$x\in[-1,1]$均匀采样产生输入样本集$\{x_n\}_{n=1}^N$，并通过关系式$y_n=f(x_n)+\varepsilon_n$产生标注值y_n，其中$\varepsilon_n\sim N(0,0.15^2)$表示采样噪声。用带噪声的标注数据$\{x_n,y_n\}_{n=1}^N$为$f(x)$建模。作为说明，首先设训练集样本数为$N=10$，$f(x)$和训练样本值如图3.3.1(a)所示。用同样的方法产生100个样本作为测试集。

使用基函数回归，选择多项式基函数向量为

$$\begin{aligned}\boldsymbol{\phi}(x_n)&=[\phi_0(x_n),\phi_1(x_n),\cdots,\phi_M(x_n)]^{\mathrm{T}}\\&=[1,x_n,x_n^2,\cdots,x_n^M]^{\mathrm{T}}\end{aligned}$$

回归模型为

$$\hat{y}(\boldsymbol{\phi}_n,\boldsymbol{w})=\sum_{k=0}^{M}w_k\phi_k(x_n)=\sum_{k=0}^{M}w_kx_n^k$$

多项式阶数M是一个可选择的值。

首先选择$M=3$，利用式(3.3.7)计算权系数向量，得到的回归模型如图3.3.1(b)所示。注意，为了比较方便，将训练样本和$f(x)$也画于同一图中。然后，选择$M=9$，结果如图3.3.1(c)所示。比较图3.3.1(b)和图3.3.1(c)可见，$M=3$学习到的模型是合适的，尽管存在训练误差，但误差都在较小范围内；$M=9$的模型是过拟合的，尽管其训练误差为0，即学习的模型$\hat{y}(\boldsymbol{\phi},\boldsymbol{w})$通过所有训练样本点，因此在所有样本点处$y_n=\hat{y}(\boldsymbol{\phi}_n,\boldsymbol{w})$，但其泛化性能很差，测试误差很大。原理上讲，$M=9$的模型更复杂，表达能力更强，但在有限训练

集下，为使训练误差更小，将特别关注匹配标注值，而标注值中的噪声将起到很大的引导作用，尽管训练误差为零，但泛化性很差。

图 3.3.1(d)所示为 M 为 1～9 时，训练误差和测试误差的变化关系。误差度量采用的是均方根误差，可以看到，随着模型复杂度升高，训练误差持续下降，但测试误差先下降再升高，表现为 U 形特性，尽管该图是针对这一具体例子得到的，但这个规律具有一般性。对于一个具体问题，在有限的训练集下，当模型复杂度高到一定程度，将出现过拟合，这时模型对训练集的表现优异，但泛化性能变差。对于本例，M 取值为 3～7 比较合适，两个误差均较小。

如果选择了一个较复杂的模型，可以通过正则化降低过拟合。在本例中，取 $M=9$ 时，通过正则化降低过拟合。取正则化参数为 $\ln\lambda=-2$（实际通过交叉验证确定）得到图 3.3.1(e)的

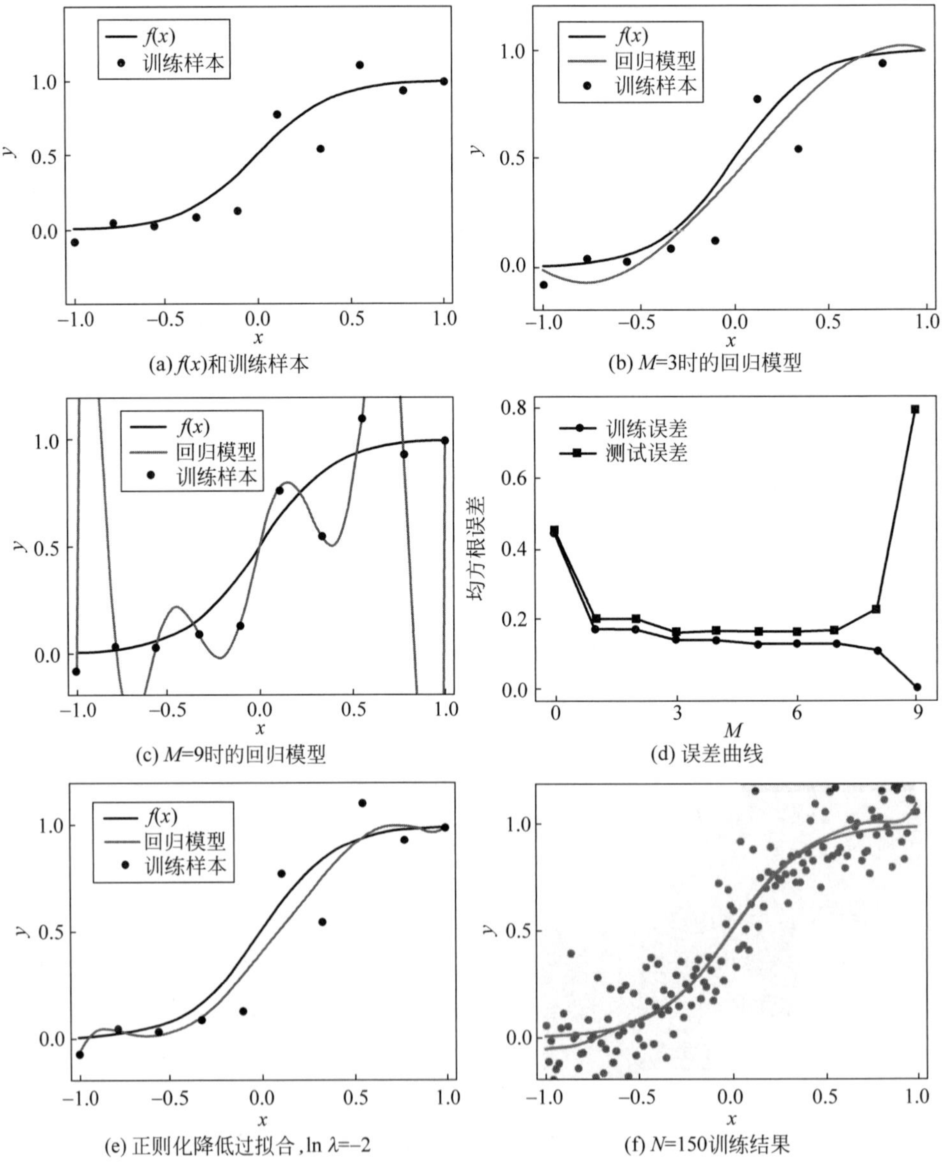

图 3.3.1　例 3.3.3 的数值实验结果

结果,与图 3.3.1(c)比较,消除了过拟合问题。

在一般的机器学习中,增加数据可改善性能是一个基本原则,即具有大的有效数据集,等价地,可用于训练的数据集增大。本例中若取训练集规模为 $N=150, M=9$,不使用正则化,则训练得到的模型如图 3.3.1(f)所示,由于训练数据规模明显增加,尽管选择 $M=9$ 的复杂模型,并且没有使用正则化,学习得到的模型优于 $N=10$ 情况下最好的结果。

对以上例子,选择不同的基函数集,误差性能会不同。例如,可选择傅里叶基函数做以上的实验,这个留作习题,有兴趣的读者可自行编程实验。对于许多实际应用,怎样选择合适的基函数集是一个重要、实际的问题。很多情况下,基函数的选择与所处理的问题密切相关,大多是启发式的选择。基函数方法与所谓核函数方法密切相关,其实任何一个基函数向量$\boldsymbol{\phi}(\boldsymbol{x})$都可以对应一个核函数。一个与基函数向量相对应的核函数定义为

$$\boldsymbol{\kappa}(\boldsymbol{x}, \boldsymbol{x}_n) = \boldsymbol{\phi}^{\mathrm{T}}(\boldsymbol{x})\boldsymbol{\phi}(\boldsymbol{x}_n) \tag{3.3.9}$$

因此,核函数是一个具有两个变元的标量函数,具有许多良好的特性。直接利用核函数构造回归模型并利用误差的高斯假设求解该模型的一类方法称为"高斯过程"(在机器学习中,"高斯过程"有这样的专指,不同于随机过程中一般的高斯过程的概念,高斯过程也用于分类)。利用核函数构造支持向量机(SVM)算法则是核函数最重要的应用之一,在 SVM 框架下,既可以得到回归算法,也可以得到分类算法。有关核函数与 SVM 的详细讨论见第 6 章。

3.4 本章小结

本章介绍了机器学习中一类基本的回归算法——线性回归。尽管线性回归比较简单,但仍可有效解决一些复杂度有限的问题。本章首先详细分析了基本线性回归算法,包括其最小二乘解、正则化方法、随机梯度求解和多输出问题。通过基函数映射,讨论了线性基函数回归,由不同的基函数,使得回归输出与输入特征向量之间得到各种非线性关系。

本章对求解线性回归问题给出了较为详细的介绍,实际上许多机器学习的著作都有对线性回归的较完整介绍,例如 Bishop 或 Murphy 的著作(见本书参考文献[6,33])。本章仅提及了稀疏回归学习的基本概念,限于篇幅未能展开讨论,有关稀疏回归学习可进一步参考 Hastie 等的著作(见本书参考文献[20])。

习题

1. 设 x 是一个标量,共有 3 个(x_i, y_i)样本,即$\{(1,0.8),(1.5,0.9),(2,1.2)\}$,用这些数据训练一个简单的回归模型 $\hat{y}=w_0+w_1x$,请计算模型参数。

2. 设 x 是个标量,共有 3 个(x_i, y_i)样本,即$\{(1,0.8),(1.5,0.9),(2,1.2)\}$,用这些数据训练一个线性回归模型 $\hat{y}=w_0+w_1x$,取 $\lambda=0.05$,使用正则化方法计算模型参数。

3. 设线性回归模型的权系数具有以下广义高斯先验分布,即

$$p(\boldsymbol{w};\alpha,\sigma^2) = \prod_{k=0}^{K} \frac{1}{2\beta\Gamma(1/\alpha)} \exp\left(-\frac{|w_k|^\alpha}{\beta^\alpha}\right)$$

其中，$\beta=\sigma\sqrt{\dfrac{\Gamma(1/\alpha)}{\Gamma(3/\alpha)}}$，$\Gamma(\cdot)$是 Gamma 函数，有 $\Gamma(\alpha)=\int_0^{\infty}t^{\alpha-1}\mathrm{e}^{-t}\mathrm{d}t,\alpha>0$。证明：利用贝叶斯 MAP 方法对参数向量 $\boldsymbol{w}$ 的估计等价于正则化目标函数

$$J(\boldsymbol{w})=\frac{1}{2}(\boldsymbol{y}-\boldsymbol{X}\boldsymbol{w})^{\mathrm{T}}(\boldsymbol{y}-\boldsymbol{X}\boldsymbol{w})+\lambda\sum_{i=0}^{K}|w_i|^{\alpha}$$

4. 在基函数回归情况下，正则化约束的目标函数为

$$J(\boldsymbol{w})=\frac{1}{2}\sum_{i=1}^{N}(y_i-\boldsymbol{w}^{\mathrm{T}}\boldsymbol{\phi}(\boldsymbol{x}_i))^2+\frac{\lambda}{2}\|\boldsymbol{w}\|_2^2$$

证明：线性基函数回归的正则化解为

$$\boldsymbol{w}_{\mathrm{ML}}=(\boldsymbol{\Phi}^{\mathrm{T}}\boldsymbol{\Phi}+\lambda\boldsymbol{I})^{-1}\boldsymbol{\Phi}^{\mathrm{T}}\boldsymbol{y}$$

5*. 设 $\boldsymbol{x}=[x_1,x_2]^{\mathrm{T}}$ 是二维向量，定义函数 $g(\boldsymbol{x})=\sin(2\pi x_1)\sin(2\pi x_2)$，产生一组训练样本，在 $\boldsymbol{x}\in[0,1]\times[0,1]$范围均匀采样 225 个点，组成输入集$\{\boldsymbol{x}_n\}_{n=1}^{225}$，对每个 $\boldsymbol{x}_n$，通过 $y_n=g(\boldsymbol{x}_n)+\nu_n$ 产生标注值，这里 $\nu_n\sim N(0,0.05)$是独立高斯噪声，产生的训练样本为$\{\boldsymbol{x}_n,y_n\}_{n=1}^{225}$，再独立但用同样模型产生 100 个样本$\{\boldsymbol{x}_n^*,y_n^*\}_{n=1}^{100}$ 作为测试集。要求训练一个多项式模型 $\hat{y}(\boldsymbol{\phi},\boldsymbol{w})=\sum_{k=0}^{M}w_k\phi_k(\boldsymbol{x})=\boldsymbol{w}^{\mathrm{T}}\boldsymbol{\phi}(\boldsymbol{x})$，用于逼近数据存在的规律 $g(\boldsymbol{x})$，基函数的每项取 $\phi_k(\boldsymbol{x})=x_1^{d_1}x_2^{d_2}$，$0\leqslant d_1+d_2\leqslant M$ 的形式，M 是指定的多项式阶数。

(1) 设 $M=3$，用训练样本学习模型参数，用测试样本计算所训练模型与标注值之间的均方误差。

(2) 取 $M=1$ 和 $M=5$，重复(1)的内容，并比较结果。

(3) (选做)自行实验，取更大的 M，使以上方法出现过拟合，计算过拟合时测试集均方误差。选择适当的 λ，通过正则化克服过拟合问题，并给出正则化情况下的均方测试误差。

6*. 重做例 3.3.3 的数值例子，将基函数向量替换为傅里叶基，即

$$\begin{aligned}\boldsymbol{\phi}(x)&=[\phi_0(x),\phi_1(x),\cdots,\phi_M(x)]^{\mathrm{T}}\\&=[1,\sin(\pi x),\cos(\pi x),\sin(2\pi x),\cos(2\pi x),\cdots,\sin(K\pi x),\cos(K\pi x)]^{\mathrm{T}}\end{aligned}$$

其中，$M=2K+1$，取不同的 M 值，重复例 3.3.3 的各项实验内容。

第4章 基本分类算法

CHAPTER 4

本章讨论分类问题，介绍几种基本分类算法。为了概念的清楚，将只有两种类型的二分类问题和有多于两种类型的多分类问题分开讨论。分类问题的表示方法比回归问题更丰富，本章通过几个比较简单的方法理解分类中遇到的多种表示方式和目标函数，这些内容在后续章节中得以继续应用和扩展。例如，本章介绍的逻辑回归所使用的目标函数和优化算法，加以推广可用于神经网络的学习。

4.1 基本分类问题

视频讲解

设有满足独立同分布条件(I. I. D)的训练数据集

$$\boldsymbol{D}=\{(\boldsymbol{x}_1,y_1),(\boldsymbol{x}_2,y_2),\cdots,(\boldsymbol{x}_N,y_N)\}=\{(\boldsymbol{x}_n,y_n)\}_{n=1}^{N} \tag{4.1.1}$$

对于分类问题，训练集的标注 y 仅取有限的离散值，即 y 表示其所代表的类型编号。可将标注值表示为 $y\in\{1,2,\cdots,C\}$，其中 C 表示一个学习任务中待分类类型的数目。当 $C=2$ 时表示二分类任务，这是一种基本的分类任务。由于二分类可以清楚地说明分类的学习方法且表示简单、概念清晰，故本章重点讨论二分类问题。当 $C>2$ 时称为多分类任务，可在二分类的概念和方法基础上进一步扩展至多分类。

首先讨论在分类中怎样表示类型，包括标注和分类器的输出，以标注为例进行讨论。在二分类中，由于标注 y 仅取两个值，常用二值单变量表示类型，即 $y\in\{0,1\}$或 $y\in\{1,-1\}$，本章多采用前者。用 $y=1$ 表示类型 1，也可用符号 C_1 表示类型 1；$y=0$ 表示类型 2，也可用符号 C_2 表示类型 2；即 $y=1$ 与 C_1 代表相同含义，类似地，$y=0$ 与 C_2 含义相同。

在表示多分类任务中，标注 y 可以选择两种不同的表示方式。一种是 y 直接取一个标量值，即 y 取集合$\{1,2,\cdots,C\}$中值。机器学习中较多采用另一种 C 维向量编码方式表示 y，即用以下形式的向量表示多类的标注：

$$\boldsymbol{y}=[0,\cdots,0,1,0,\cdots,0]^{\mathrm{T}} \tag{4.1.2}$$

$\boldsymbol{y}$ 中各分量 y_i 只取 0 或 1，且 $\sum_i y_i=1$，即只有一个分量 $y_k=1$ 表示 $\boldsymbol{y}$ 标注的是第 k 类，其他 $y_i=0, i\neq k$。后面将会看到，这种编码向量表示多类型有其方便性。

与回归问题一样，利用训练数据集训练一个分类模型，模型的一般表示为

$$\hat{\boldsymbol{y}}=f(\boldsymbol{x}) \tag{4.1.3}$$

其中，$\boldsymbol{x}$ 表示一个新的特征输入，$\hat{\boldsymbol{y}}$ 表示分类输出。式(4.1.3)是分类模型的一般性表示，在实际中，分类输出有确定性输出和概率输出两大类，然后还需要区分两种不同的概率表示方

式,故可以把式(4.1.3)表示的分类模型分成3种情况,下面分别介绍。

1. 判别函数模型

与第3章介绍的线性回归模型类似,分类输出可表示为确定性的函数,例如线性模型

$$\hat{y}(\boldsymbol{x})=\boldsymbol{w}^{\mathrm{T}}\boldsymbol{x}+w_0 \tag{4.1.4}$$

通过训练确定参数 $\boldsymbol{w}$ 和 w_0,对于新的 $\boldsymbol{x}$ 计算 $\hat{y}(\boldsymbol{x})$ 并与门限比较确定分为哪一类。也可以通过一个非线性函数(称为激活函数)得到以下广义线性模型:

$$\hat{y}(\boldsymbol{x})=f(\boldsymbol{w}^{\mathrm{T}}\boldsymbol{x}+w_0) \tag{4.1.5}$$

其中,$f(\cdot)$是激活函数,在二分类问题中,最简单的是 $f(\cdot)$的输出只取$\{0,1\}$或$\{1,-1\}$,例如取 $f(\cdot)$为符号函数 $\operatorname{sgn}(\cdot)$。

有几种分类器属于判别函数的分类模型,例如经典的感知机、Fisher 判别函数和支持向量基(SVM)。

2. 判别概率模型

判别概率模型是常用的一种分类模型,也简称为判别模型。式(4.1.3)不再是一个确定函数,而是一个后验概率。在二分类问题中,式(4.1.3)的函数 $f(\boldsymbol{x})$实际是通过特征输入 $\boldsymbol{x}$ 计算分类为第1类的后验概率,即

$$\hat{y}=f(\boldsymbol{x})=p(C_1 \mid \boldsymbol{x}) \tag{4.1.6}$$

则输入 $\boldsymbol{x}$ 分类为第2类的后验概率为 $1-\hat{y}=1-p(C_1|\boldsymbol{x})$,然后由第2章介绍的决策原理得到最终分类输出。

若推广到多类情况,则式(4.1.3)的$\hat{\boldsymbol{y}}$ 是一个向量,其分量表示分类为 C_k 的后验概率,即

$$\hat{y}_k=p(C_k \mid \boldsymbol{x}) \tag{4.1.7}$$

同样可根据决策原理得到分类输出。

应用后验概率进行分类具有灵活性,如第2章讨论的,若对每类分类错误的代价是相同的,则直接将输入特征向量分类为后验概率最大的一个,即分类为

$$C_k=\underset{C_i}{\operatorname{argmax}}\{p(C_i \mid \boldsymbol{x})\} \tag{4.1.8}$$

但当不同分类的分类错误代价不同时,如第2章所讨论的,可以通过对后验概率的加权得到分类决策,只要得到了后验概率,调整加权不需要重新计算后验概率。因此,求得后验概率后,可根据不同任务设置加权矩阵,获得不同要求下的分类输出。后验概率还有许多其他可用来扩展问题的特性,此处不再赘述。

3. 生成概率模型

一个构成更完整的概率描述的方法是生成概率模型,简称生成模型。通过训练样本集学习得到特征向量 $\boldsymbol{x}$ 和类型输出 $\boldsymbol{y}$ 的联合概率 $p(\boldsymbol{x},\boldsymbol{y})$。一般情况下得到联合概率比得到后验概率更困难,因此生成模型一直是机器学习中更有挑战性的工作。

从分类任务来讲,表示类型的 $\boldsymbol{y}$ 的取值是有限的,若按式(4.1.2)的编码模式表示 $\boldsymbol{y}$,则 $\boldsymbol{y}$ 只有C 种取值,即 $y_k=1,y_{i\neq k}=0,k=1,2,\cdots,C$,故联合概率可以表示成由 C 个固定 $\boldsymbol{y}$ 取值的概率集合,即$\{p(\boldsymbol{x},y_k=1),k=1,2,\cdots,C\}$。为了突出类型,可用 $p(\boldsymbol{x},C_k)$代表 $p(\boldsymbol{x},y_k=1)$,即用 C_k 代表 $y_k=1,y_{i\neq k}=0$ 的情况。在许多实际问题中,可能更容易得到类型作为条件下的特征向量 $\boldsymbol{x}$ 的概率函数 $p(\boldsymbol{x}|y_k=1)=p(\boldsymbol{x}|C_k)$和类型的先验概率

$p(y_k=1)=p(C_k)$，这里的 $p(\boldsymbol{x}|C_k)$ 称为类条件概率。由概率公式

$$p(\boldsymbol{x},C_k)=p(\boldsymbol{x}\mid C_k)p(C_k) \tag{4.1.9}$$

作为分类问题的生成模型，对于所有 k，$p(\boldsymbol{x},C_k)$ 与 $p(\boldsymbol{x}|C_k)$ 加 $p(C_k)$ 是等同的。由贝叶斯公式，有了生成模型，则后验概率为

$$p(C_k\mid\boldsymbol{x})=\frac{p(\boldsymbol{x},C_k)}{p(\boldsymbol{x})}=\frac{p(\boldsymbol{x}\mid C_k)p(C_k)}{p(\boldsymbol{x})}=\frac{p(\boldsymbol{x}\mid C_k)p(C_k)}{\sum_k p(\boldsymbol{x}\mid C_k)p(C_k)} \tag{4.1.10}$$

得到生成模型后，可直接得到类后验概率，利用决策原理进行分类。生成模型有更多的信息可用，按照样本是由对联合概率 $p(\boldsymbol{x},\boldsymbol{y})$ 采样获得的假设，既然已得到了较准确的联合概率，则可以通过一些采样技术获得新的增广样本，改善学习质量。

注意到，对于判别概率模型和生成概率模型，由于最终做分类决策的都是用类后验概率，容易混淆其区别。对于判别概率模型，通过样本直接训练得到类后验概率表达式，并通过后验概率进行分类决策；对于生成概率模型，直接学习得到的是联合概率，然后利用联合概率获得类后验概率进行分类决策，但是联合概率可以获得其他应用。判别模型学习过程中没有联合概率的出现，生成模型重要的是获得联合概率（或其等价物），用联合概率计算类后验概率用于分类只是其部分功能。

本章中，4.3 节介绍的逻辑回归是一种基本的判别概率模型分类算法，尽管原理简单，但其概念很容易扩展到神经网络的分类。目前神经网络包括深度神经网络的分类任务多数属于判别概率模型。4.4 节和 4.5 节介绍两种简单的生成模型分类器：朴素贝叶斯算法和高斯生成模型分类器。目前深度学习中一个热点课题：对抗生成网络（generative adversarial network，GAN），是一种更加复杂的生成模型。

4.2 线性判别函数模型

对于二分类问题，线性判别函数是指学习一个如式（4.1.4）的模型，为方便，将线性判别函数重写为

$$\hat{y}(\boldsymbol{x})=\boldsymbol{w}^{\mathrm{T}}\boldsymbol{x}+w_0 \tag{4.2.1}$$

对于一个给定的新输入 $\boldsymbol{x}$，若 $\hat{y}(\boldsymbol{x})>0$，判别为第 1 类 C_1；若 $\hat{y}(\boldsymbol{x})<0$，判别为第 2 类 C_2。式（4.2.1）中的 w_0 是偏置参数，$-w_0$ 可看作阈值，若 $\boldsymbol{w}^{\mathrm{T}}\boldsymbol{x}>-w_0$ 可判别为 C_1。$\hat{y}(\boldsymbol{x})=0$ 时，可随机选择判别为 C_1 或 C_2，或不做判决。

设 $\boldsymbol{x}$ 是 K 维向量，则 $\hat{y}(\boldsymbol{x})=\boldsymbol{w}^{\mathrm{T}}\boldsymbol{x}+w_0=0$ 是 K 维空间的一个平面，将 K 维空间划分为两个子空间 $\boldsymbol{R}_1$ 和 $\boldsymbol{R}_2$，$\boldsymbol{x}$ 落入 $\boldsymbol{R}_1$ 时可判别为 C_1，$\boldsymbol{x}$ 落入 $\boldsymbol{R}_2$ 时判别为 C_2。超平面 $\boldsymbol{w}^{\mathrm{T}}\boldsymbol{x}+w_0=0$ 称为判决面。若 $\boldsymbol{x}_1$ 和 $\boldsymbol{x}_2$ 均处于判决面上，则有

$$\boldsymbol{w}^{\mathrm{T}}\boldsymbol{x}_1+w_0=\boldsymbol{w}^{\mathrm{T}}\boldsymbol{x}_2+w_0$$

故

$$\boldsymbol{w}^{\mathrm{T}}(\boldsymbol{x}_1-\boldsymbol{x}_2)=0$$

即 $\boldsymbol{w}$ 与判决面上的任意向量正交，$\boldsymbol{w}$ 表示判决面的法线方向，由于 $\boldsymbol{x}\in\boldsymbol{R}_1$ 时 $\hat{y}(\boldsymbol{x})>0$，故 $\boldsymbol{w}$ 指向的方向为 $\boldsymbol{R}_1$。图 4.2.1 给出了三维空间判决面的示意图。

对于位于判决面之外的任意点 $\boldsymbol{x}$，它在判决面上的投影为 $\boldsymbol{x}_p$，则 $\boldsymbol{x}$ 可表示为

$$\boldsymbol{x}=\boldsymbol{x}_p \pm r \frac{\boldsymbol{w}}{\|\boldsymbol{w}\|} \tag{4.2.2}$$

其中,±分别表示 $\boldsymbol{x}$ 在 $\boldsymbol{R}_1$ 和 $\boldsymbol{R}_2$ 内,$r>0$ 表示 $\boldsymbol{x}$ 到判决面的距离。将式(4.2.2)表示的 $\boldsymbol{x}$ 代入式(4.2.1)得

$$\begin{aligned}\hat{y}(\boldsymbol{x})&=\boldsymbol{w}^{\mathrm{T}}\boldsymbol{x}+w_0=\boldsymbol{w}^{\mathrm{T}}\left(\boldsymbol{x}_p \pm r \frac{\boldsymbol{w}}{\|\boldsymbol{w}\|}\right)+w_0\\&=\boldsymbol{w}^{\mathrm{T}}\boldsymbol{x}_p+w_0 \pm r\|\boldsymbol{w}\|=\pm r\|\boldsymbol{w}\|\end{aligned}$$

即

$$r=\pm \frac{\hat{y}(\boldsymbol{x})}{\|\boldsymbol{w}\|}=\frac{|\hat{y}(\boldsymbol{x})|}{\|\boldsymbol{w}\|} \tag{4.2.3}$$

式(4.2.3)是空间任意点到判决面的距离。

对于给定的一组数据集,如果能够找到一个判决面将数据集的样本完全正确分类,则称数据集是线性可分的。对于一个数据集是二维的情况,如图 4.2.2 所示,则该数据集是线性可分的。对二维问题,判决面退化成简单的直线,图 4.2.2 中画出了 3 条判决线,均可以将所有样本正确分类。

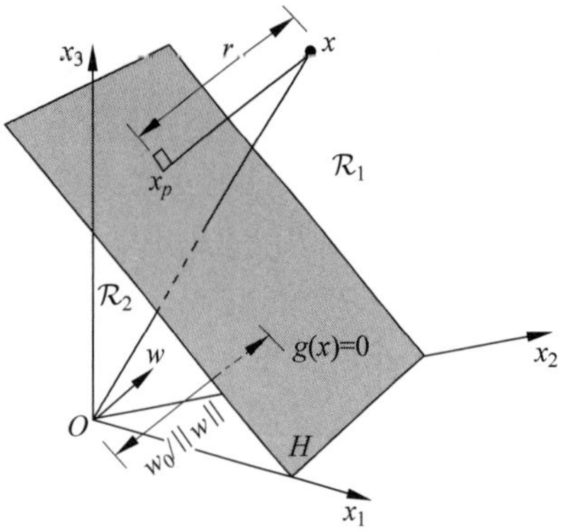

图 4.2.1 三维空间判决面的示意图

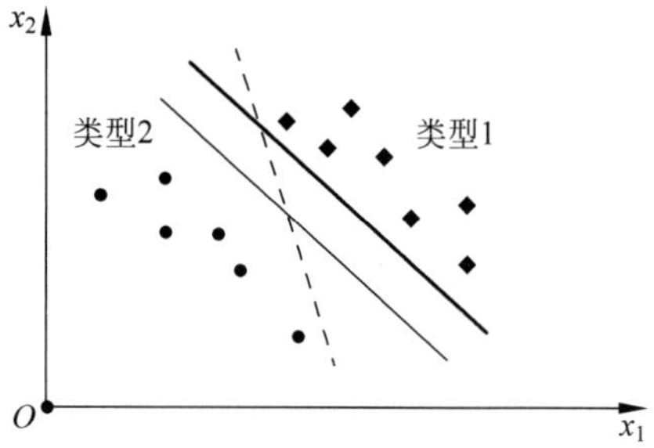

图 4.2.2 线性可分数据集的例子

对于二分类问题,可以通过最小二乘法得到权系数 $\boldsymbol{w}$ 的解。分类问题 LS 解的过程与线性回归类似,不同之处在于样本集合 $\boldsymbol{D}=\{(\boldsymbol{x}_n, y_n)\}_{n=1}^N$ 中的标注值 y_n 只取两个不同值。通过 $\hat{y}(\boldsymbol{x}_n)$与 y_n 之间误差平方和最小得到 w 的解,解的方程同第 3 章的回归问题一致。由于二分类问题的 LS 解存在性能上的诸多缺陷,实际中很少使用,因此本节也不再赘述。

实际中应用最多的一种判别函数方法是支持向量机(SVM),其详细分析需要较大篇幅,将在第 6 章专门讨论。本节后续将对历史上曾有重要影响的两类判别函数方法做概要介绍,分别是 Fisher 线性判别分析和感知机。

4.2.1 Fisher 线性判别分析

Fisher 线性判别分析(linear discriminant analysis,LDA)不是一种标准的线性判别函数模型,它实际上是一种通过降维对数据类型进行最大分离的方法,但当使用降维的结果结合阈值进行分类时,与分类的线性判别函数模型是一致的。本节主要讨论二分类问题,其结

果可推广到多类问题。

设有数据样本集 $\boldsymbol{D}=\{(\boldsymbol{x}_n,y_n)\}_{n=1}^N$，这里讨论二分类的情况，故 $y_n=1$ 表示类型 C_1，$y_n=0$ 表示类型 C_2。将属于 C_1 的子样本集记为 $\boldsymbol{D}_1$，共有 N_1 个样本；属于 C_2 的子样本集记为 $\boldsymbol{D}_2$，共有 N_2 个样本。目标是给出一个向量 $\boldsymbol{w}$，将每个样本投影到 $\boldsymbol{w}$ 之上得到一维投影值 $\hat{y}$，即

$$\hat{y}=\boldsymbol{w}^{\mathrm{T}}\boldsymbol{x} \tag{4.2.4}$$

设 $\boldsymbol{x}$ 是 K 维向量，$\boldsymbol{w}$ 代表 K 维空间的一条直线，若 $\|\boldsymbol{w}\|=1$，则 $\hat{y}$ 表示 $\boldsymbol{x}$ 在 $\boldsymbol{w}$ 上的投影值，实际上 $\boldsymbol{w}$ 的方向是重要的，其范数大小无关紧要。

对于数据集 D，根据标注分成两个子集 $\boldsymbol{D}_1$ 和 $\boldsymbol{D}_2$，两个子集的每个样本对应 K 维空间的一个点，将其投影到 $\boldsymbol{w}$ 表示的直线，即投影到直线上的一点。对每个 $\boldsymbol{x}_n$，得到相应的投影 $\hat{y}_n$，可得到数据集中所有样本在 $\boldsymbol{w}$ 直线表示的一维空间中的投影集合 $\{\hat{y}_n\}_{n=1}^N$，其中子集 $\boldsymbol{D}_1$ 和 $\boldsymbol{D}_2$ 的投影子集分别记为 $Y_1=\{\hat{y}_n\}_{\boldsymbol{x}_n\in\boldsymbol{D}_1}$ 和 $Y_2=\{\hat{y}_n\}_{\boldsymbol{x}_n\in\boldsymbol{D}_2}$。若希望从投影中将类型区分开，则希望 Y_1 和 Y_2 在直线 $\boldsymbol{w}$ 上是可分的。Y_1 和 Y_2 的可分性与 $\boldsymbol{w}$ 的方向是相关的，如图 4.2.3 所示。图 4.2.3 中显示了在二维空间中，有两种类型的样本，若投影到图 4.2.3(a)所示的 $\boldsymbol{w}$ 直线，则 Y_1 和 Y_2 是不可分的；若投影到图 4.2.3(b)所示的 $\boldsymbol{w}$ 直线，则 Y_1 和 Y_2 是可分的。

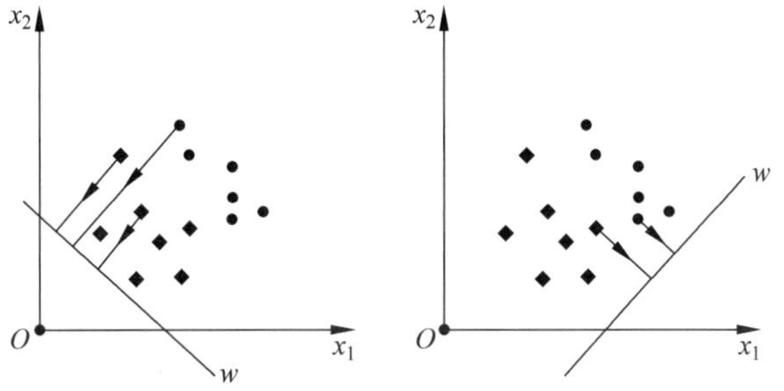

图 4.2.3 样本投影到不同直线的可分离情况

通过这个直观的分析，可将问题叙述为：求最优 $\boldsymbol{w}$ 使集合 Y_1 和 Y_2 具有最大的分离性。为此，用数学形式表示两个集合的分离度，原理上可用两个集合的均值差表示它们的分离程度。对于每个样本 $\boldsymbol{x}_n$，其投影值为 $\hat{y}_n=\boldsymbol{w}^{\mathrm{T}}\boldsymbol{x}_n$，故每类的投影均值为

$$\begin{aligned}\hat{m}_i&=\frac{1}{N_i}\sum_{\hat{y}_n\in Y_i}\hat{y}_n=\frac{1}{N_i}\sum_{\boldsymbol{x}_n\in\boldsymbol{D}_i}\boldsymbol{w}^{\mathrm{T}}\boldsymbol{x}_n\\&=\boldsymbol{w}^{\mathrm{T}}\frac{1}{N_i}\sum_{\boldsymbol{x}_n\in\boldsymbol{D}_i}\boldsymbol{x}_n=\boldsymbol{w}^{\mathrm{T}}\boldsymbol{m}_i,\quad i=1,2\end{aligned} \tag{4.2.5}$$

注意，这里 $i=1,2$ 分别表示 C_1 和 C_2 两类样本。式(4.2.5)用到了投影前样本的均值，即

$$\boldsymbol{m}_i=\frac{1}{N_i}\sum_{\boldsymbol{x}_n\in\boldsymbol{D}_i}\boldsymbol{x}_n,\quad i=1,2 \tag{4.2.6}$$

由此得到两类样本的投影均值之差为

$$|\hat{m}_1-\hat{m}_2|=|\boldsymbol{w}^{\mathrm{T}}(\boldsymbol{m}_1-\boldsymbol{m}_2)| \tag{4.2.7}$$

式(4.2.7)的均值差会随着 $\boldsymbol{w}$ 范数的增加而增加。为更规范表示两类投影的分离性，进一

步定义类内散布(scatter)量为

$$\hat{s}_i^2=\sum_{\hat{y}_n\in Y_i}(\hat{y}_n-\hat{m}_i)^2,\quad i=1,2 \tag{4.2.8}$$

式中,$\hat{s}_i^2$ 表示每类投影集的分散程度,与方差估计成正比。用 $\hat{s}_1^2+\hat{s}_2^2$ 表示投影样本的总类内散布,有了这个准备,可将式(4.2.7)的类投影均值之差的平方除以总类内散布定义为Fisher准则函数,即

$$J(\boldsymbol{w})=\frac{|\hat{m}_1-\hat{m}_2|^2}{\hat{s}_1^2+\hat{s}_2^2} \tag{4.2.9}$$

一个最优的 $\boldsymbol{w}$,既可以使式(4.2.9)的分子尽可能大,即两类的投影集尽可能分离,又可以使分母尽可能小,即每类在类内聚集得好。因此,使式(4.2.9)最大的 $\boldsymbol{w}$ 是本问题的最优解。为了得到式(4.2.9)与 $\boldsymbol{w}$ 的显式关系,进一步有

$$\begin{aligned}\hat{s}_1^2+\hat{s}_2^2&=\sum_{\hat{y}_n\in Y_1}(\hat{y}_n-\hat{m}_1)^2+\sum_{\hat{y}_n\in Y_2}(\hat{y}_n-\hat{m}_2)^2\\&=\sum_{\boldsymbol{x}_n\in \boldsymbol{D}_1}(\boldsymbol{w}^{\mathrm{T}}\boldsymbol{x}_n-\boldsymbol{w}^{\mathrm{T}}\boldsymbol{m}_1)^2+\sum_{\boldsymbol{x}_n\in \boldsymbol{D}_2}(\boldsymbol{w}^{\mathrm{T}}\boldsymbol{x}_n-\boldsymbol{w}^{\mathrm{T}}\boldsymbol{m}_2)^2\\&=\boldsymbol{w}^{\mathrm{T}}\sum_{\boldsymbol{x}_n\in \boldsymbol{D}_1}(\boldsymbol{x}_n-\boldsymbol{m}_1)(\boldsymbol{x}_n-\boldsymbol{m}_1)^{\mathrm{T}}\boldsymbol{w}+\boldsymbol{w}^{\mathrm{T}}\sum_{\boldsymbol{x}_n\in \boldsymbol{D}_2}(\boldsymbol{x}_n-\boldsymbol{m}_2)(\boldsymbol{x}_n-\boldsymbol{m}_2)^{\mathrm{T}}\boldsymbol{w}\\&=\boldsymbol{w}^{\mathrm{T}}\boldsymbol{S}_1\boldsymbol{w}+\boldsymbol{w}^{\mathrm{T}}\boldsymbol{S}_2\boldsymbol{w}=\boldsymbol{w}^{\mathrm{T}}\boldsymbol{S}_{\mathrm{W}}\boldsymbol{w}\end{aligned} \tag{4.2.10}$$

式(4.2.10)中,$\boldsymbol{S}_1$ 和 $\boldsymbol{S}_2$ 为类内散布矩阵,即

$$\boldsymbol{S}_i=\sum_{\boldsymbol{x}_n\in D_i}(\boldsymbol{x}_n-\boldsymbol{m}_i)(\boldsymbol{x}_n-\boldsymbol{m}_i)^{\mathrm{T}},\quad i=1,2 \tag{4.2.11}$$

$\boldsymbol{S}_{\mathrm{W}}$ 为总散布矩阵

$$\boldsymbol{S}_{\mathrm{W}}=\boldsymbol{S}_1+\boldsymbol{S}_2 \tag{4.2.12}$$

注意散布矩阵与自协方差矩阵的ML估计之间相差 N 倍的系数。散布矩阵反映了样本的分散度。

类似地,有

$$\begin{aligned}|\hat{m}_1-\hat{m}_2|^2&=(\boldsymbol{w}^{\mathrm{T}}\boldsymbol{m}_1-\boldsymbol{w}^{\mathrm{T}}\boldsymbol{m}_2)^2\\&=\boldsymbol{w}^{\mathrm{T}}(\boldsymbol{m}_1-\boldsymbol{m}_2)(\boldsymbol{m}_1-\boldsymbol{m}_2)^{\mathrm{T}}\boldsymbol{w}\\&=\boldsymbol{w}^{\mathrm{T}}\boldsymbol{S}_{\mathrm{B}}\boldsymbol{w}\end{aligned} \tag{4.2.13}$$

式中,$\boldsymbol{S}_{\mathrm{B}}$ 为类间散布矩阵,即

$$\boldsymbol{S}_{\mathrm{B}}=(\boldsymbol{m}_1-\boldsymbol{m}_2)(\boldsymbol{m}_1-\boldsymbol{m}_2)^{\mathrm{T}} \tag{4.2.14}$$

其秩为1。将式(4.2.13)和式(4.2.10)代入式(4.2.9)得

$$J(\boldsymbol{w})=\frac{\boldsymbol{w}^{\mathrm{T}}\boldsymbol{S}_{\mathrm{B}}\boldsymbol{w}}{\boldsymbol{w}^{\mathrm{T}}\boldsymbol{S}_{\mathrm{W}}\boldsymbol{w}} \tag{4.2.15}$$

令式(4.2.15)对 $\boldsymbol{w}$ 求导等于0,整理得

$$\frac{2\boldsymbol{w}^{\mathrm{T}}(\boldsymbol{m}_1-\boldsymbol{m}_2)}{\boldsymbol{w}^{\mathrm{T}}\boldsymbol{S}_{\mathrm{W}}\boldsymbol{w}}\left[(\boldsymbol{m}_1-\boldsymbol{m}_2)-\left(\frac{\boldsymbol{w}^{\mathrm{T}}(\boldsymbol{m}_1-\boldsymbol{m}_2)}{\boldsymbol{w}^{\mathrm{T}}\boldsymbol{S}_{\mathrm{W}}\boldsymbol{w}}\right)\boldsymbol{S}_{\mathrm{W}}\boldsymbol{w}\right]=\boldsymbol{0} \tag{4.2.16}$$

由于 $\dfrac{\boldsymbol{w}^{\mathrm{T}}(\boldsymbol{m}_1-\boldsymbol{m}_2)}{\boldsymbol{w}^{\mathrm{T}}\boldsymbol{S}_{\mathrm{W}}\boldsymbol{w}}=c$ 是一个标量,则式(4.2.16)的解为

$$\boldsymbol{w} \propto \boldsymbol{S}_{\mathrm{W}}^{-1}(\boldsymbol{m}_1 - \boldsymbol{m}_2)$$

由于 $\boldsymbol{w}$ 的范数大小无关紧要,故解可取为

$$\boldsymbol{w}_o = \boldsymbol{S}_{\mathrm{W}}^{-1}(\boldsymbol{m}_1 - \boldsymbol{m}_2) \tag{4.2.17}$$

由于 $\boldsymbol{S}_{\mathrm{W}}$ 和 $\boldsymbol{m}_1$、$\boldsymbol{m}_2$ 都是直接由样本集计算得到的,因此从样本集学习得到最优方向向量 $\boldsymbol{w}_o$,对于新的输入向量 $\boldsymbol{x}$,可将其投影到 $\boldsymbol{w}_o$ 表示的直线,即投影为 $\hat{y} = \boldsymbol{w}_o^{\mathrm{T}}\boldsymbol{x}$。若需进行分类,可以通过给出一个阈值 b,利用阈值,若 $\boldsymbol{x}$ 满足

$$\boldsymbol{w}_o^{\mathrm{T}}\boldsymbol{x} + b \geqslant 0 \tag{4.2.18}$$

则分类为 C_1,否则分类为 C_2。

Fisher 线性判别分析的本质是降维,对于二分类问题,将高维的特征向量 $\boldsymbol{x}_n$ 映射为标量 $\hat{y}_n$,对应数据集的映射为 $\{(\boldsymbol{x}_n, y_n)\}_{n=1}^{N} \rightarrow \{(\hat{y}_n, y_n)\}_{n=1}^{N}$。为进一步分类,实际上可使用带有同样标注的低维数据集 $\{(\hat{y}_n, y_n)\}_{n=1}^{N}$ 作为训练样本。若采用简单的门限判决,当给出 $\hat{y}_n$ 的概率密度估计后,由决策定理可得到最优门限 b,也可以采用本章后续的任何一个分类算法,对低维数据集 $\{(\hat{y}_n, y_n)\}_{n=1}^{N}$ 得到一个分类器。由于低维数据更易于处理,Fisher 线性判别分析有其应用价值。对于 $C>2$ 的多分类问题,Fisher 判别分析得到的投影向量 $\hat{y}_n$ 为 $C-1$ 维向量,当类型数目 C 远低于特征向量 $\boldsymbol{x}_n$ 的维数时,Fisher 判别分析仍得到有效的降维,使用降维的数据集简化后续分类器设计。

*4.2.2 感知机

感知机(perceptron)是一种广义线性判别函数,用于二分类问题。感知机的判别函数输出为

$$\hat{y}(\boldsymbol{x}; \boldsymbol{w}) = \operatorname{sgn}(\boldsymbol{w}^{\mathrm{T}}\boldsymbol{x} + w_0) \tag{4.2.19}$$

其中,sgn(·)是符号函数,即

$$\operatorname{sgn}(x) = \begin{cases} 1, & x \geqslant 0 \\ -1, & x < 0 \end{cases} \tag{4.2.20}$$

感知机的输出只有±1,+1 表示类 C_1,−1 表示类 C_2。在感知机学习中,相应的样本集 $\boldsymbol{D} = \{(\boldsymbol{x}_n, y_n)\}_{n=1}^{N}$ 的标注 y_n 也取±1 而非 0 和 1。图 4.2.4 是感知机的结构框图,图中空心圆表示两方面的计算:元素求和与符号函数 sgn(·)。

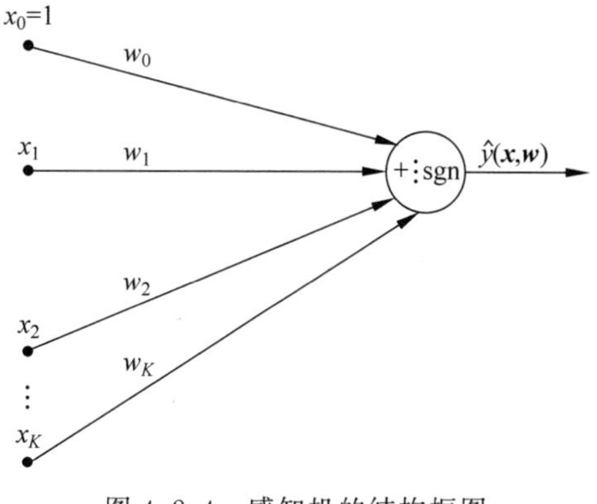

图 4.2.4 感知机的结构框图

感知机与线性判别函数一样，其判决面是 $\boldsymbol{w}^{\mathrm{T}}\boldsymbol{x}+w_0=0$ 的超平面。为了训练感知机，需要由样本集 $\boldsymbol{D}$ 学习参数 $\boldsymbol{w}$，为此，需要确定感知机的目标函数。

为了描述算法方便，类似于线性回归的表示，可将 $\boldsymbol{w}^{\mathrm{T}}\boldsymbol{x}+w_0$ 表示为 $\bar{\boldsymbol{w}}^{\mathrm{T}}\bar{\boldsymbol{x}}$，这里 $\bar{\boldsymbol{w}}=[w_0,\boldsymbol{w}^{\mathrm{T}}]^{\mathrm{T}}$，$\bar{\boldsymbol{x}}$ 包含哑元 $x_0=1$ 作为第一个元素。如果样本集 $\boldsymbol{D}$ 是可分的，总可以找到一个 $\bar{\boldsymbol{w}}$，使得所有样本都能被正确分类。即若 $\boldsymbol{x}_n$ 属于 C_1，则 $\bar{\boldsymbol{w}}^{\mathrm{T}}\bar{\boldsymbol{x}}_n>0$，且 $y_n=1$；若 $\boldsymbol{x}_n$ 属于 C_2，则 $\bar{\boldsymbol{w}}^{\mathrm{T}}\bar{\boldsymbol{x}}_n<0$，且 $y_n=-1$。可见，不管 $\boldsymbol{x}_n$ 属于哪一类，正确分类情况下都有 $\bar{\boldsymbol{w}}^{\mathrm{T}}\bar{\boldsymbol{x}}_n y_n>0$。在感知机训练的初始阶段，给出的 $\bar{\boldsymbol{w}}$ 将一部分样本正确分类，而将另一部分样本错误分类，将错误分类的样本记为集合 $\boldsymbol{D}_{\mathrm{E}}$，则对于一个样本 $\boldsymbol{x}_n\in\boldsymbol{D}_{\mathrm{E}}$，有 $\bar{\boldsymbol{w}}^{\mathrm{T}}\bar{\boldsymbol{x}}_n y_n<0$，因此将感知机目标函数定义为

$$J(\bar{\boldsymbol{w}})=-\sum_{\boldsymbol{x}_n\in\boldsymbol{D}_{\mathrm{E}}}\bar{\boldsymbol{w}}^{\mathrm{T}}\bar{\boldsymbol{x}}_n y_n \tag{4.2.21}$$

原理上，确定 $\bar{\boldsymbol{w}}$ 使感知机目标函数最小。使用梯度算法，可得梯度为

$$\nabla_{\bar{\boldsymbol{w}}}J(\bar{\boldsymbol{w}})=-\sum_{\boldsymbol{x}_n\in\boldsymbol{D}_{\mathrm{E}}}\bar{\boldsymbol{x}}_n y_n \tag{4.2.22}$$

为了迭代实现方便，实际中采用 SGD 算法，即对于一个被错误分类的样本$(\boldsymbol{x}_n,y_n)$，更新权系数为

$$\bar{\boldsymbol{w}}^{(k+1)}=\bar{\boldsymbol{w}}^{(k)}-\eta\nabla_{\bar{\boldsymbol{w}}}J_n(\bar{\boldsymbol{w}})=\bar{\boldsymbol{w}}^{(k)}+\eta\bar{\boldsymbol{x}}_n y_n \tag{4.2.23}$$

其中，上标(k)表示权系数更新的迭代序号，学习率 $0<\eta\leqslant 1$。

为了进行感知机的训练，首先给出权向量的初始值 $\bar{\boldsymbol{w}}^{(0)}$，从样本集中按照一定顺序取出一个样本$(\boldsymbol{x}_n,y_n)$，判断其是否为被错误分类的样本，即是否满足 $\bar{\boldsymbol{w}}^{(k)\mathrm{T}}\bar{\boldsymbol{x}}_n y_n<0$，若不满足则跳过该样本，否则进行式(4.2.23)的权更新，直到所有样本都被正确分类，感知机收敛。

可以证明，在样本集满足线性可分性的条件下，感知机是收敛的，在样本集不满足线性可分的条件下，感知机不收敛。本节介绍感知机的主要目的是对历史的回忆，感知机算法由 Frank Rosenblatt 于 1962 年提出，是最早的有影响力的机器学习算法之一，代表了神经网络的早期工作。目前人们很少再用感知机设计一个实际的分类器，本节也不再对其进行更详细的讨论，最后简要介绍一下感知机的"异或"问题。

异或是一种逻辑运算，输入特征向量 $\boldsymbol{x}$ 是二维的，仅有两个分量 x_1 和 x_2，每个分量只取 0 或 1，当 $x_1=x_2$ 时输出 $y=-1$(标准逻辑运算时 $y=0$，这里为了与感知机的输出一致，采用了-1)，当 $x_1\neq x_2$ 时输出 $y=1$，故异或问题只有 4 个样本，即样本集为

$$\boldsymbol{D}=\{((0,0)^{\mathrm{T}},-1),((0,1)^{\mathrm{T}},1),((1,0)^{\mathrm{T}},1),((1,1)^{\mathrm{T}},-1)\} \tag{4.2.24}$$

样本示于图 4.2.5(a)中，可以看到，找不到一条直线可将两类样本分开，故这是线性不可分的，感知机无法将两类样本正确分类。

式(4.2.19)和图 4.2.4 所示的感知机是早期神经网络的一个代表，实际上这只是一个神经元的结构，尚未构成"网络"。这种简单线性单元无法解决类似"异或"这样的线性不可分问题，限制了其应用。解决这类问题有两类直接办法，一是多个神经元并联和级联组成多层感知网络，二是引入非线性变换。第一类办法的多层感知机或神经网络将在第 9 章详细讨论。引入非线性变换的方法在第 3 章的回归模型中已经采用过，一种简单的方法是由 $\boldsymbol{x}$ 映射到一组基函数向量$\boldsymbol{\varphi}(\boldsymbol{x})=[\varphi_1(\boldsymbol{x}),\varphi_2(\boldsymbol{x}),\cdots,\varphi_{M-1}(\boldsymbol{x})]^{\mathrm{T}}$，将式(4.2.19)扩充为

$$\hat{y}(\boldsymbol{x};\boldsymbol{w})=\operatorname{sgn}(\boldsymbol{w}^{\mathrm{T}}\boldsymbol{\varphi}(\boldsymbol{x})+w_0) \tag{4.2.25}$$

将 $\boldsymbol{x}$ 映射到 $\boldsymbol{\varphi}(\boldsymbol{x})$ 空间，可将线性不可分样本集变换成 $\boldsymbol{\varphi}(\boldsymbol{x})$ 所表示空间中的线性可分集，从而用基函数感知机正确分类。

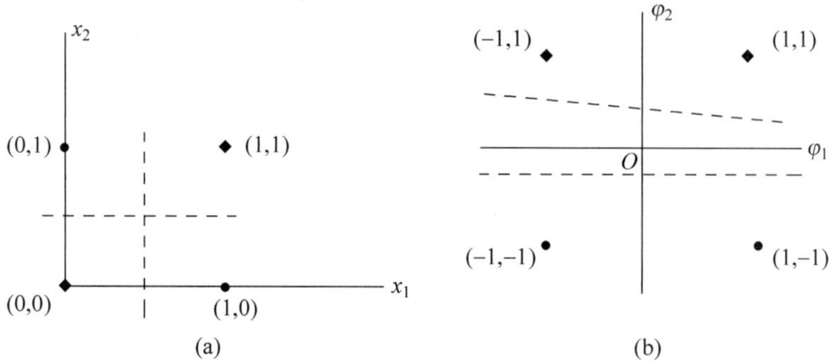

图 4.2.5 异或的示意图

对于异或问题，可定义一个多项式函数 $\boldsymbol{\varphi}(\boldsymbol{x})$，其中

$$\varphi_1(\boldsymbol{x}) = 2(x_1 - 0.5)$$

$$\varphi_2(\boldsymbol{x}) = 4(x_1 - 0.5)(x_2 - 0.5) \tag{4.2.26}$$

把样本 $\boldsymbol{D}=\{(\boldsymbol{x}_n, y_n)\}$ 映射成 $\boldsymbol{D}_\varphi=\{(\boldsymbol{\varphi}(\boldsymbol{x}_n), y_n)\}$，则式(4.2.24)的样本集映射为

$$\boldsymbol{D}_\varphi = \{((-1,1)^{\mathrm{T}}, -1), ((-1,-1)^{\mathrm{T}}, 1), ((1,-1)^{\mathrm{T}}, 1), ((1,1)^{\mathrm{T}}, -1)\}$$

注意，映射后的样本示于图 4.2.5(b)，坐标轴分别记为 φ_1 和 φ_2，在 $\boldsymbol{\varphi}(\boldsymbol{x})$ 各分量为坐标轴的空间内数据集是线性可分的，一条判决线是 $\varphi_2=0$，或 $-\varphi_2>0$ 可判别为正样。对应到 $\boldsymbol{x}$ 空间，对应的判决线是 $\varphi_2(\boldsymbol{x})=4(x_1-0.5)(x_2-0.5)=0$，即对应了图 4.2.5(a)中的十字交叉虚线，$(x_1-0.5)(x_2-0.5)<0$ 为正样的判决区间，是由十字交叉虚线分割的 4 个区域的左上和右下区域，可见，这是正确的分类。

通过映射 $\boldsymbol{\varphi}(\boldsymbol{x})$，将样本映射到新空间，这些样本在新空间可能是线性可分的，由 $\varphi_i(\boldsymbol{x})$ 的线性组合构成分类器的判别函数，判决面在新空间是超平面，判决面映射到 $\boldsymbol{x}$ 空间则是非线性曲面。选择合理的映射 $\boldsymbol{\varphi}(\boldsymbol{x})$，可容易地解决异或问题。

对于该问题，$\varphi_2=0$ 是最优的判决线，其他判决线(如图 4.2.5(b)的几条虚线)也可以做出正确分类，但分类性能都不如 $\varphi_2=0$ 判决线性能稳健(即泛化性能好)，即输入存在误差时可靠分类的能力。在将样本映射为 $\boldsymbol{D}_\varphi$ 后，训练式(4.2.25)的感知机，不能保证得到的判决线是 $\varphi_2=0$。由初始值和样本使用顺序，可能得到如图 4.2.5(b)虚线所示的判决线，这样的判决线映射到 $\boldsymbol{x}$ 空间，也不再是图 4.2.5(a)的十字虚线，而是有相应的变化，对标准输入样本仍可正确分类，但输入存在误差时则更容易出错。

对于异或的例子，感知机不能保证训练过程得到 $\varphi_2=0$ 的判决线，对该问题，第 6 章讨论的 SVM 则可保证得到 $\varphi_2=0$ 作为判决线。一般在线性可分情况下，SVM 可得到泛化性能更好的分类器；在不可分情况下，SVM 也可以良好地工作，由于 SVM 在机器学习中的重要性，专门在第 6 章中做详细讨论。

4.3 逻辑回归

逻辑回归(logistic regression)是一种典型的判别概率模型，本节讨论逻辑回归的目标函数和学习算法。对于中文名词“逻辑回归”稍做解释，尽管名称中有“回归”一词，逻辑回归却是一种基本的分类模型；另外，单词“logistic”并不是“逻辑”的意思，为此，也有作者使用音译名词“逻辑斯蒂回归”，考虑到“逻辑回归”一词在国内文献中使用已经很广泛，且用词简练，本书沿用“逻辑回归”的说法。作为判别概率模型，逻辑回归直接从样本中训练得到类型输出的后验概率。首先讨论二分类这一基本问题，然后推广到多分类问题。本节讨论的后验概率表示、模型的目标函数等内容，在第 9 章将直接推广到神经网络。

4.3.1 二分类问题的逻辑回归

首先考虑只有两类的情况，分别表示为 C_1 和 C_2，在数据集的样本($\boldsymbol{x}_n, y_n$)中，标注 $y_n=1$ 代表第 1 类，即 C_1，$y_n=0$ 代表第 2 类，即 C_2。通过一个数据集学习一个模型，当给出一个新的特征向量输入 $\boldsymbol{x}$ 时，由模型计算分类为 C_1 的后验概率 $p(C_1|\boldsymbol{x})$，则分类为 C_2 的后验概率为 $p(C_2|\boldsymbol{x})=1-p(C_1|\boldsymbol{x})$。由于 $0\leqslant p(C_1|\boldsymbol{x})\leqslant 1$，需要给出一种函数表示这种后验概率，这里定义一种 logistics sigmoid 函数(简称为 sigmoid 函数)表示后验概率。sigmoid 函数定义为

$$\sigma(a)=\frac{1}{1+\mathrm{e}^{-a}} \tag{4.3.1}$$

这里，用符号 $\sigma(\cdot)$表示 sigmoid 函数，自变量 a 称为该函数的激活值，后面讨论实际分类模型时，将 a 表示为特征向量 $\boldsymbol{x}$ 的函数。

之所以用 $\sigma(\cdot)$函数表示后验概率，一个重要原因是其满足概率的性质且连续可导，即 $0\leqslant\sigma(a)\leqslant 1$，$\sigma(a)$是 a 的单调函数，且 $\sigma(-\infty)=0$，$\sigma(\infty)=1$，$\sigma(0)=0.5$，$\sigma(x)$的图形如图 4.3.1 所示。

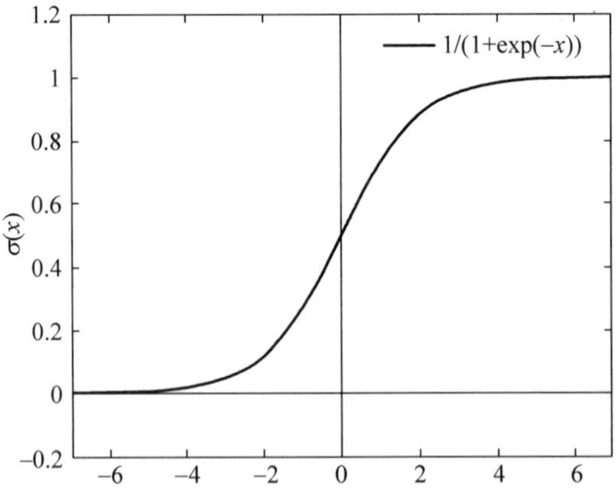

图 4.3.1 sigmoid 函数的图形

sigmoid 函数 $\sigma(a)$的另一个性质是处处光滑、处处可导，这便于数学处理。本节后续用到 $\sigma(a)$的两个基本性质，仅在下面列出，证明留作习题。

$$\sigma(-a)=1-\sigma(a) \tag{4.3.2}$$

$$\frac{\mathrm{d}\sigma(a)}{\mathrm{d}a}=\sigma(a)(1-\sigma(a)) \tag{4.3.3}$$

如前所述，可通过 $\sigma(a)$表示类后验概率，由于类后验概率是 $\boldsymbol{x}$ 的函数，可以定义激活 a 是 $\boldsymbol{x}$ 的函数。在逻辑回归中，一般可选择 a 是 $\boldsymbol{x}$ 的线性函数，如线性回归关系，即

$$a(\boldsymbol{x})=\sum_{k=0}^{K} w_k x_k=\boldsymbol{w}^{\mathrm{T}}\bar{\boldsymbol{x}} \tag{4.3.4}$$

其中，$x_0=1$ 为哑元，$\bar{\boldsymbol{x}}$ 为包含了哑元的特征向量，$\boldsymbol{w}$ 为待学习的参数向量。更一般地，可以与第 3 章一样，定义基函数向量

$$\boldsymbol{\varphi}(\boldsymbol{x})=[1,\varphi_1(\boldsymbol{x}),\varphi_2(\boldsymbol{x}),\cdots,\varphi_{M-1}(\boldsymbol{x})]^{\mathrm{T}} \tag{4.3.5}$$

则 a 表示为如下基函数线性回归

$$a(\boldsymbol{x})=\boldsymbol{w}^{\mathrm{T}}\boldsymbol{\varphi}(\boldsymbol{x}) \tag{4.3.6}$$

由于线性回归相当于$\boldsymbol{\varphi}(\boldsymbol{x})=\bar{\boldsymbol{x}}$ 的一个特例，本节后续讨论中，a 采用更一般的式(4.3.6)表示的基函数形式。

将式(4.3.6)带入 $\sigma(a)$的定义，用于表示 C_1 的后验概率 $p(C_1|\boldsymbol{x})$，即逻辑回归的输出为

$$\begin{aligned}\hat{y}(\boldsymbol{x},\boldsymbol{w})&=p(C_1\mid\boldsymbol{x})=\sigma(a)=\sigma(\boldsymbol{w}^{\mathrm{T}}\boldsymbol{\varphi}(\boldsymbol{x}))\\&=\frac{1}{1+\exp(-\boldsymbol{w}^{\mathrm{T}}\boldsymbol{\varphi}(\boldsymbol{x}))}\end{aligned} \tag{4.3.7}$$

由于式(4.3.7)也可以表示成 $f(\boldsymbol{w}^{\mathrm{T}}\boldsymbol{\varphi}(\boldsymbol{x}))$的形式，这里 f 是非线性函数，故式(4.3.7)表示的逻辑回归输出也是一个广义线性模型。图 4.3.2 给出了逻辑回归的结构图，这里画出的是$\boldsymbol{\varphi}(\boldsymbol{x})=\bar{\boldsymbol{x}}$ 的情况，带有符号＋和 σ 的圆圈表示其先通过求和得到激活值 a，a 再通过激活函数 $\sigma(\cdot)$得到输出的类型概率。这个圆表示了一种复合运算，后续可以看到，在一般神经网络的构成中，图 4.3.2 的结构表示神经网络中的一个神经元。

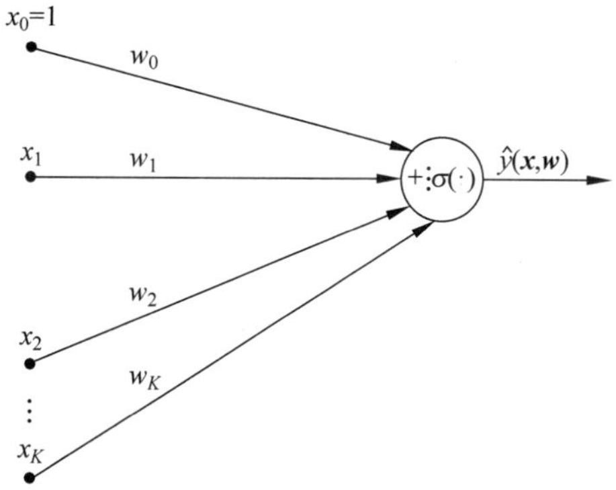

图 4.3.2 逻辑回归的结构图

显然，C_2 的后验概率 $p(C_2|\boldsymbol{x})$可表示为

$$p(C_2\mid\boldsymbol{x})=\frac{\exp(-\boldsymbol{w}^{\mathrm{T}}\boldsymbol{\varphi}(\boldsymbol{x}))}{1+\exp(-\boldsymbol{w}^{\mathrm{T}}\boldsymbol{\varphi}(\boldsymbol{x}))} \tag{4.3.8}$$

设已选定了$\boldsymbol{\varphi}(\boldsymbol{x})$，接下来通过给出的训练样本集 $\boldsymbol{D}=\{(\boldsymbol{x}_n,y_n)\}_{n=1}^N$ 学习参数向量 $\boldsymbol{w}$。由于已选定了基函数向量，故首先将样本集转换成以基函数向量表示的数据集，即通过转换得到数据集$\{(\boldsymbol{\varphi}(\boldsymbol{x}_n),y_n)\}_{n=1}^N=\{(\boldsymbol{\varphi}_n,y_n)\}_{n=1}^N$，这里用了简化符号$\boldsymbol{\varphi}_n=\boldsymbol{\varphi}(\boldsymbol{x}_n)$。为了叙述方便，避免多重括号和下标，也简化其他几个符号为

$$a_n=a(\boldsymbol{x}_n)=\boldsymbol{w}^{\mathrm{T}}\boldsymbol{\varphi}_n \tag{4.3.9}$$

$$\hat{y}_n=\hat{y}(\boldsymbol{x}_n,\boldsymbol{w})=p(C_1\mid\boldsymbol{x}_n)=\sigma(a_n) \tag{4.3.10}$$

对于一个给定的样本$(\boldsymbol{\varphi}_n, y_n)$，把$y_n$作为一个二元随机变量，即伯努利分布，$y_n=1$的概率即属于$C_1$类别的概率为$\hat{y}_n=\sigma(a_n)$，因此写出$y_n$的似然函数为

$$p(y_n \mid \boldsymbol{w})=(\hat{y}_n)^{y_n}(1-\hat{y}_n)^{1-y_n}=(\sigma(\boldsymbol{w}^{\mathrm{T}}\boldsymbol{\varphi}_n))^{y_n}(1-\sigma(\boldsymbol{w}^{\mathrm{T}}\boldsymbol{\varphi}_n))^{1-y_n} \tag{4.3.11}$$

由于样本集的I. I. D假设，则全体标注$\boldsymbol{y}=[y_1,y_2,y_3,\cdots,y_N]^{\mathrm{T}}$的似然函数为

$$p(\boldsymbol{y} \mid \boldsymbol{w})=\prod_{n=1}^{N} p(y_n \mid \boldsymbol{w})=\prod_{n=1}^{N}(\hat{y}_n)^{y_n}(1-\hat{y}_n)^{1-y_n} \tag{4.3.12}$$

以负对数似然函数作为损失函数，即

$$\begin{aligned} J(\boldsymbol{w}) &= -\ln p(\boldsymbol{y} \mid \boldsymbol{w}) \\ &= -\sum_{n=1}^{N} y_n \ln \hat{y}_n+(1-y_n)\ln(1-\hat{y}_n) \end{aligned} \tag{4.3.13}$$

式(4.3.13)称为交叉熵准则，尽管该准则是针对逻辑回归问题由最大似然原理导出的，后续可以看到对其他二分类的判别概率模型，交叉熵准则是一个通用准则，是建立在最大似然基础上的二分类问题的一般性准则。交叉熵的取名来自式(4.3.13)的形式，熵是用同一组概率进行计算的，而式(4.3.13)可理解为用了两组概率$\{y_n, 1-y_n\}$和其近似值$\{\hat{y}_n, 1-\hat{y}_n\}$，故称为交叉熵。最大似然原理对应着交叉熵的最小化，以此为目标得到权系数向量$\boldsymbol{w}$的解。

式(4.3.13)是通过$\hat{y}_n=\sigma(\boldsymbol{w}^{\mathrm{T}}\boldsymbol{\varphi}_n)$与$\boldsymbol{w}$联系的，$J(\boldsymbol{w})$是$\boldsymbol{w}$的非线性函数，没有闭式解。这里给出迭代求解方法：梯度法。

1. 随机梯度算法(SGD)

为了导出梯度算法。直接在式(4.3.13)两侧对$\boldsymbol{w}$求导，得到目标函数的梯度，计算和简化如下

$$\begin{aligned} \nabla_{\boldsymbol{w}} J(\boldsymbol{w}) &= \frac{\partial J(\boldsymbol{w})}{\partial \boldsymbol{w}} \\ &= -\sum_{n=1}^{N} y_n \frac{\partial \ln \hat{y}_n}{\partial \boldsymbol{w}}+(1-y_n)\frac{\partial \ln(1-\hat{y}_n)}{\partial \boldsymbol{w}} \\ &= -\sum_{n=1}^{N} \frac{y_n}{\hat{y}_n}\frac{\partial \sigma(\boldsymbol{w}^{\mathrm{T}}\boldsymbol{\varphi}_n)}{\partial \boldsymbol{w}}-\frac{(1-y_n)}{1-\hat{y}_n}\frac{\partial \sigma(\boldsymbol{w}^{\mathrm{T}}\boldsymbol{\varphi}_n)}{\partial \boldsymbol{w}} \\ &= -\sum_{n=1}^{N} \frac{y_n}{\hat{y}_n}\hat{y}_n(1-\hat{y}_n)\boldsymbol{\varphi}_n-\frac{(1-y_n)}{1-\hat{y}_n}\hat{y}_n(1-\hat{y}_n)\boldsymbol{\varphi}_n \\ &= \sum_{n=1}^{N}(\hat{y}_n-y_n)\boldsymbol{\varphi}_n \end{aligned} \tag{4.3.14}$$

注意，式(4.3.14)中从第3行到第4行用到了$\sigma(\cdot)$函数的导数性质，即式(4.3.3)。式(4.3.14)是所有样本对梯度的贡献，若采样SGD算法，则单一样本对梯度的贡献为

$$\nabla_{\boldsymbol{w}} J_n(\boldsymbol{w})=(\hat{y}_n-y_n)\boldsymbol{\varphi}_n=(\sigma(\boldsymbol{w}^{\mathrm{T}}\boldsymbol{\varphi}(\boldsymbol{x}_n))-y_n)\boldsymbol{\varphi}(\boldsymbol{x}_n) \tag{4.3.15}$$

注意到随机梯度由一个误差项乘以基函数向量组成(不采用基函数时为特征向量)，误差项为逻辑回归的输出与标注之间的误差，对于线性和广义线性模型，这是梯度表达式的一般形式。

有了梯度公式，给出权系数的初始值$\boldsymbol{w}^{(0)}$，每次从样本集抽取一个样本$(\boldsymbol{\varphi}_n, y_n)$，每次样本抽取可以是随机的，故样本的标号$n$和权系数的迭代序号$k$使用不同的符号。SGD算

法的权系数向量更新为

$$\begin{aligned}\boldsymbol{w}^{(k+1)}&=\boldsymbol{w}^{(k)}-\eta\nabla_{\boldsymbol{w}}J_n(\boldsymbol{w}^{(k)})\\&=\boldsymbol{w}^{(k)}-\eta(\hat{y}_n-y_n)\boldsymbol{\varphi}_n\\&=\boldsymbol{w}^{(k)}-\eta(\sigma(\boldsymbol{w}^{(k)\mathrm{T}}\boldsymbol{\varphi}(x_n))-y_n)\boldsymbol{\varphi}(x_n)\end{aligned}\tag{4.3.16}$$

其中，η 为学习率。可以一次抽取 m 个小批量样本，将 SGD 推广到小批量算法，这种推广是直接的，具体公式可参考 3.1 节，此处不再重复。

2. 正则化逻辑回归

正则化逻辑回归（regularized logistic regression）可用于解决过拟合等问题，通过正则化控制模型复杂性。一种基本的权衰减正则化目标函数为

$$\begin{aligned}J(\boldsymbol{w})&=-\ln p(\boldsymbol{y}\mid\boldsymbol{w})+\frac{1}{2}\lambda\|\boldsymbol{w}\|_2^2\\&=-\sum_{n=1}^{N}y_n\ln\hat{y}_n+(1-y_n)\ln(1-\hat{y}_n)+\frac{1}{2}\lambda\boldsymbol{w}^{\mathrm{T}}\boldsymbol{w}\end{aligned}\tag{4.3.17}$$

在正则化目标函数下，可得到梯度向量为

$$\nabla_{\boldsymbol{w}}J(\boldsymbol{w})=\sum_{n=1}^{N}(\hat{y}_n-y_n)\boldsymbol{\varphi}_n+\lambda\boldsymbol{w}\tag{4.3.18}$$

如果使用随机梯度算法，则梯度向量为

$$\nabla_{\boldsymbol{w}}J_n(\boldsymbol{w})=(\hat{y}_n-y_n)\boldsymbol{\varphi}_n+\lambda\boldsymbol{w}\tag{4.3.19}$$

注意，式(4.3.19)和式(4.3.18)中的 λ 取值不同，因为都是超参数，一般需通过交叉验证获得，故用了同一个符号。使用随机梯度式(4.3.19)得到正则化情况下的 SGD 权更新公式为

$$\boldsymbol{w}^{(k+1)}=(1-\eta\lambda)\boldsymbol{w}^{(k)}-\eta(\hat{y}_n-y_n)\boldsymbol{\varphi}_n$$

4.3.2 多分类问题的逻辑回归

在表示多分类任务中，设共有 C 类，如式(4.1.2)所示用 C 维向量编码表示类型标注 $\boldsymbol{y}$，为方便重写如下

$$\boldsymbol{y}=[0,\cdots,0,1,0,\cdots,0]^{\mathrm{T}}\tag{4.3.20}$$

$\boldsymbol{y}$ 中各分量 y_i 只取 0 或 1，且 $\sum_i y_i=1$，即只有一个分量 $y_k=1$ 表示第 k 类，其他 $y_i=0, i\neq k$，用符号 C_k 表示第 k 类。

在多分类问题的逻辑回归方法中，对于给出的特征向量 $\boldsymbol{x}$，输出它被分类为每类的后验概率，用 C 维向量 $\hat{\boldsymbol{y}}$ 表示输出，其分量表示分类为 C_k 的后验概率，即

$$\hat{y}_k(\boldsymbol{x})=p(C_k\mid\boldsymbol{x})\tag{4.3.21}$$

为了用一种数学形式表示这种后验概率，即

$$0\leqslant\hat{y}_k(\boldsymbol{x})\leqslant 1,\quad\sum_{k=1}^{C}\hat{y}_k(\boldsymbol{x})=1\tag{4.3.22}$$

推广 4.3.1 的 sigmoid 函数到 softmax 函数。首先，针对每个 $\hat{y}_k$，定义一个相应的激活值，即

$$a_k(\boldsymbol{x})=\boldsymbol{w}_k^{\mathrm{T}}\boldsymbol{\varphi}(\boldsymbol{x}),\quad k=1,2,\cdots,C\tag{4.3.23}$$

其中，$\boldsymbol{w}_k$ 为一组待学习的参数向量，则 softmax 函数定义为

$$\hat{y}_k(\boldsymbol{x})=p(C_k \mid \boldsymbol{x})=\frac{\exp(a_k(\boldsymbol{x}))}{\sum_{j=1}^{C}\exp(a_j(\boldsymbol{x}))},\quad k=1,2,\cdots,C \tag{4.3.24}$$

可见,式(4.3.24)定义的 softmax 函数满足式(4.3.22)的要求。先不考虑 x,只考虑 $\hat{y}_k$ 作为 a_j 的函数,可以证明一个基本性质如下(留作习题)

$$\frac{\partial \hat{y}_k}{\partial a_j}=\hat{y}_k(I_{kj}-\hat{y}_j) \tag{4.3.25}$$

其中

$$I_{kj}=\begin{cases}1, & k=j\\ 0, & k\neq j\end{cases} \tag{4.3.26}$$

给出训练集$\{\boldsymbol{x}_n,\boldsymbol{y}_n\}_{n=1}^{N}$,通过最大似然准则导出多分类逻辑回归的学习算法。首先通过确定的基函数向量,将数据集变换为$\{\boldsymbol{\varphi}(\boldsymbol{x}_n),\boldsymbol{y}_n\}_{n=1}^{N}=\{\boldsymbol{\varphi}_n,\boldsymbol{y}_n\}_{n=1}^{N}$。为了表示清楚,给出一些符号的表示或缩写。标注 $\boldsymbol{y}_n$ 可以进一步写为 $\boldsymbol{y}_n=[y_{n1},y_{n2},\cdots,y_{nC}]^{\mathrm{T}}$,将 $\boldsymbol{y}_n$ 转置作为第 n 行构成标注值矩阵 $\boldsymbol{Y}=[y_{nk}]_{N\times C}$,对于一个样本 $\boldsymbol{x}_n$,对应的基函数向量简写为 $\boldsymbol{\varphi}_n$,逻辑回归的 softmax 输出 $\hat{\boldsymbol{y}}_n$ 的一个分量记为 $\hat{y}_{nk}=\hat{y}_k(\boldsymbol{x}_n)=p(C_k|\boldsymbol{x}_n)$。对于一个样本$(\boldsymbol{\varphi}_n,\boldsymbol{y}_n)$,将 $\boldsymbol{y}_n$ 作为 C 维二元向量,其概率表示为

$$p(\boldsymbol{y}_n \mid \boldsymbol{w}_1,\boldsymbol{w}_2,\cdots,\boldsymbol{w}_C)=\prod_{k=1}^{C}(\hat{y}_{nk})^{y_{nk}} \tag{4.3.27}$$

由所有样本的 I. I. D 性质,所有样本的联合概率为

$$p(\boldsymbol{Y} \mid \boldsymbol{w}_1,\boldsymbol{w}_2,\cdots,\boldsymbol{w}_C)=\prod_{n=1}^{N}\prod_{k=1}^{C}(\hat{y}_{nk})^{y_{nk}} \tag{4.3.28}$$

式(4.3.28)中对 $\boldsymbol{w}_1,\boldsymbol{w}_2,\cdots,\boldsymbol{w}_C$ 的依赖是通过 $\hat{y}_{nk}$ 表现的。由于 $\boldsymbol{Y}$ 是已知的,式(4.3.28)是关于 $\boldsymbol{w}_1,\boldsymbol{w}_2,\cdots,\boldsymbol{w}_C$ 的似然函数。类似地,定义负对数似然函数作为损失函数,即

$$J(\boldsymbol{w}_1,\boldsymbol{w}_2,\cdots,\boldsymbol{w}_C)=-\ln p(\boldsymbol{Y} \mid \boldsymbol{w}_1,\boldsymbol{w}_2,\cdots,\boldsymbol{w}_C)=-\sum_{n=1}^{N}\sum_{k=1}^{C}y_{nk}\ln\hat{y}_{nk} \tag{4.3.29}$$

以上函数存在约束条件

$$\sum_{k=1}^{C}\hat{y}_{nk}=1 \tag{4.3.30}$$

式(4.3.29)是多分类情况下的交叉熵准则。为了采用梯度法求解各权系数向量 $\boldsymbol{w}_j$,需要求得式(4.3.29)对 $\boldsymbol{w}_j$ 的梯度,可以证明梯度为(证明留作习题)

$$\frac{\partial J}{\partial \boldsymbol{w}_j}=\sum_{n=1}^{N}(\hat{y}_{nj}-y_{nj})\boldsymbol{\varphi}_n,\quad j=1,2,\cdots,C \tag{4.3.31}$$

注意到,对于每个权向量 $\boldsymbol{w}_j$,梯度公式与二分类逻辑回归的梯度公式相同,如果采用 SGD 算法,每次随机抽取一个训练集样本,每个权向量用式(4.3.32)进行更新迭代

$$\boldsymbol{w}_j^{(k+1)}=\boldsymbol{w}_j^{(k)}-\eta_j(\hat{y}_{nj}-y_{nj})\boldsymbol{\varphi}_n\quad j=1,2,\cdots,C \tag{4.3.32}$$

对于多分类逻辑回归算法,每个权向量的更新公式与只有一个向量的二分类逻辑回归是相同的,只是需要标注向量和输出向量的相应不同分量。

4.4　朴素贝叶斯方法

视频讲解

朴素贝叶斯方法是生成模型的一种，由于做了条件独立性假设，使得其解得以简化。作为生成模型需要通过学习得到联合概率 $p(\boldsymbol{x},\boldsymbol{y})$，再通过贝叶斯公式得到分类的后验概率 $p(\boldsymbol{y}|\boldsymbol{x})$，因此朴素贝叶斯方法属于贝叶斯学习方法中的一类，由于其简单性，放在本章中作为分类的生成模型的例子。

为了叙述简单，本节只讨论二分类的例子，故 $\boldsymbol{y}$ 只取 0 和 1。朴素贝叶斯的出发点是假设 $\boldsymbol{y}$ 作为条件下，$\boldsymbol{x}$ 的各分量统计独立。这里设 $\boldsymbol{x}$ 为 D 维向量，即

$$\boldsymbol{x}=[x_1,x_2,\cdots,x_{\mathrm{D}}]^{\mathrm{T}} \tag{4.4.1}$$

则朴素贝叶斯的假设为

$$p(\boldsymbol{x}\mid y)=p(x_1,x_2,\cdots,x_{\mathrm{D}}\mid y)=\prod_{i=1}^{D}p(x_i\mid y) \tag{4.4.2}$$

即在类型确定的条件下，特征向量的各分量是统计独立的。

在朴素贝叶斯方法中，常见的一种情况是假设 $\boldsymbol{x}$ 的每个分量取值是离散的，即 $\boldsymbol{x}_i$ 只可能取 M 个有限值。在以下介绍中，假设一种最简单情况，$\boldsymbol{x}_i$ 只取两个值，即 $x_i\in\{0,1\}$，这种情况下，给出朴素贝叶斯算法的详细推导，这个推导过程对于理解概率原理在机器学习中的应用是一个很好的例子，结果可以推广到 x_i 取 $M>2$ 个离散值的一般情况。

在 $x_i\in\{0,1\}$ 的简单情况下，设 $D=10$，$\boldsymbol{x}$ 的一个例子为 $\boldsymbol{x}=[0,1,1,0,1,0,0,1,0,0]^{\mathrm{T}}$。由于各分量的独立性，对 $\boldsymbol{x}$ 的每个分量，分别定义两个参数为

$$\mu_{i|1}=\mu_{i|y=1}=p(x_i=1\mid y=1)=p(x_i=1\mid C_1) \tag{4.4.3}$$

$$\mu_{i|0}=\mu_{i|y=0}=p(x_i=1\mid y=0)=p(x_i=1\mid C_2) \tag{4.4.4}$$

由于 x_i 是一个伯努利随机变量，在条件 $y=k,k\in\{0,1\}$ 下 $\boldsymbol{x}$ 的各分量独立，故可得到如下的类条件概率为

$$p(\boldsymbol{x}\mid y=k)=\prod_{i=1}^{D}\mu_{i|k}^{x_i}(1-\mu_{i|k})^{1-x_i},\quad k\in\{0,1\} \tag{4.4.5}$$

为了得到联合概率，需要 $y=k,k\in\{0,1\}$ 的先验概率，定义如下符号表示该先验概率

$$\begin{aligned}p(y=1)&=\pi\\ p(y=0)&=1-\pi\end{aligned} \tag{4.4.6}$$

有了这些准备，可以得到 y 取不同值时，联合概率的表示分别为

$$\begin{aligned}p(\boldsymbol{x},y=1)&=p(y=1)p(\boldsymbol{x}\mid y=1)\\&=\pi\prod_{i=1}^{D}\mu_{i|1}^{x_i}(1-\mu_{i|1})^{1-x_i}\end{aligned} \tag{4.4.7}$$

和

$$\begin{aligned}p(\boldsymbol{x},y=0)&=p(y=0)p(\boldsymbol{x}\mid y=0)\\&=(1-\pi)\prod_{i=1}^{D}\mu_{i|0}^{x_i}(1-\mu_{i|0})^{1-x_i}\end{aligned} \tag{4.4.8}$$

由于 y 只有两个取值，把两个取值考虑进来（相当于 y 是一个伯努利变量），得到联合概率为

$$p(\boldsymbol{x},y\mid\pi,\mu_{i|1},\mu_{i|0})=\left(\pi\prod_{i=1}^{D}\mu_{i|1}^{x_i}(1-\mu_{i|1})^{1-x_i}\right)^{y}\times$$
$$\left((1-\pi)\prod_{i=1}^{D}\mu_{i|0}^{x_i}(1-\mu_{i|0})^{1-x_i}\right)^{1-y}\qquad(4.4.9)$$

在以上联合概率中,$\pi,\mu_{i|1},\mu_{i|0},i=1,2,\cdots,D$ 是联合概率的参数,共有 $2D+1$ 个参数待定。若给出训练样本集$\{\boldsymbol{x}_n,y_n\}_{n=1}^{N}$,通过训练样本学习得到所有参数 $\pi,\mu_{i|1},\mu_{i|0},i=1,2,\cdots,D$,则学习过程得到了联合概率。设训练样本是满足 I. I. D 的,且样本已知,故似然函数为

$$p(\boldsymbol{y},\boldsymbol{X}\mid\pi,\mu_{i|1},\mu_{i|0})=\prod_{n=1}^{N}\left(\pi\prod_{i=1}^{D}\mu_{i|1}^{x_{ni}}(1-\mu_{i|1})^{1-x_{ni}}\right)^{y_n}\times$$
$$\left((1-\pi)\prod_{i=1}^{D}\mu_{i|0}^{x_{ni}}(1-\mu_{i|0})^{1-x_{ni}}\right)^{1-y_n}\qquad(4.4.10)$$

将目标函数定义为负的对数似然,则

$$\begin{aligned}J(\pi,\mu_{i|1},\mu_{i|0})&=-\ln p(\boldsymbol{y},\boldsymbol{X}\mid\pi,\mu_{i|1},\mu_{i|0})\\&=-\sum_{n=1}^{N}y_n\ln\pi+(1-y_n)\ln(1-\pi)\\&\quad-\sum_{n=1}^{N}y_n\sum_{i=1}^{D}x_{ni}\ln\mu_{i|1}+(1-x_{ni})\ln(1-\mu_{i|1})\\&\quad-\sum_{n=1}^{N}(1-y_n)\sum_{i=1}^{D}x_{ni}\ln\mu_{i|0}+(1-x_{ni})\ln(1-\mu_{i|0})\end{aligned}\qquad(4.4.11)$$

式(4.4.11)分别对各参数求导并令导数为0,得到各参数的解。令

$$\frac{\partial\ln p(\boldsymbol{y},\boldsymbol{X}\mid\pi,\mu_{i|1},\mu_{i|0})}{\partial\pi}=0$$

解得

$$\pi=\frac{1}{N}\sum_{n=1}^{N}y_n\qquad(4.4.12)$$

令

$$\frac{\partial\ln p(y,\boldsymbol{X}\mid\pi,\mu_{i|1},\mu_{i|0})}{\partial\mu_{i|1}}=0$$

解得

$$\mu_{i|1}=\frac{\sum_{n=1}^{N}y_nx_{ni}}{\sum_{n=1}^{N}y_n},\quad i=1,2,\cdots,D\qquad(4.4.13)$$

令

$$\frac{\partial\ln p(\boldsymbol{y},\boldsymbol{X}\mid\pi,\mu_{i|1},\mu_{i|0})}{\partial\mu_{i|0}}=0$$

解得

$$\mu_{i|0}=\frac{\sum_{n=1}^{N}(1-y_n)x_{ni}}{\sum_{n=1}^{N}(1-y_n)},\quad i=1,2,\cdots,D \tag{4.4.14}$$

当得到了参数 $\pi,\mu_{i|1},\mu_{i|0},i=1,2,\cdots,D$ 后，则式(4.4.5)～式(4.4.9)的各种概率都已得到，包括类的先验概率、类条件概率和联合概率。除此之外，由这组参数还可以得到在给定一个新的特征输入 $\boldsymbol{x}$ 时分类的后验概率。利用贝叶斯公式，得到 $\boldsymbol{x}$ 被分为 C_1 类的后验概率为

$$\begin{aligned}p(C_1\mid\boldsymbol{x})=p(y=1\mid\boldsymbol{x})&=\frac{p(\boldsymbol{x}\mid y=1)p(y=1)}{p(\boldsymbol{x})}\\&=\frac{\left(\prod_{i=1}^{D}p(x_i\mid y=1)\right)p(y=1)}{\left(\prod_{i=1}^{D}p(x_i\mid y=1)\right)p(y=1)+\left(\prod_{i=1}^{D}p(x_i\mid y=0)\right)p(y=0)}\\&=\frac{\pi\prod_{i=1}^{D}\mu_{i|1}^{x_i}(1-\mu_{i|1})^{1-x_i}}{\pi\prod_{i=1}^{D}\mu_{i|1}^{x_i}(1-\mu_{i|1})^{1-x_i}+(1-\pi)\prod_{i=1}^{D}\mu_{i|0}^{x_i}(1-\mu_{i|0})^{1-x_i}}\end{aligned} \tag{4.4.15}$$

显然，$\boldsymbol{x}$ 被分为 C_2 类的后验概率为

$$p(C_2\mid\boldsymbol{x})=p(y=0\mid\boldsymbol{x})=1-p(y=1\mid\boldsymbol{x}) \tag{4.4.16}$$

本节针对相对简单的情况：二分类且 $\boldsymbol{x}$ 的每个分量只有两个取值，详细推导了朴素贝叶斯算法。下面针对参数估计出现的 0 概率问题，再做一些讨论。

在以上讨论中，已经得到当有一个新的输入时，分类为 C_1 的后验概率，看上去问题得以圆满解决。但在实际应用中，式(4.4.15)可能会遇到 0/0 困境。注意到，若在估计的参数中，有一个 $\mu_{i|1}=0$ 和一个 $\mu_{j|0}=0$ 存在，即 0 概率存在，则带入式(4.4.15)有

$$p(y=1\mid\boldsymbol{x})=\frac{0}{0} \tag{4.4.17}$$

这是一个无解的情况，无法做出判决。在 $\boldsymbol{x}$ 的维度 D 很大，训练样本集规模有限时，这是很可能发生的情况，这是由最大似然估计的局限性所致。

第 2 章曾提到，在离散事件的情况下，最大似然估计的概率就是样本集中一类事件出现的比例，最大似然的概率估计是符合对概率的“频率”解释的。在本节中也是如此，可以看到式(4.4.12)～式(4.4.14)都给出了所估计概率的按“比例”分配的解释。例如，式(4.4.12)中，分子统计了训练样本集中标注为 1 的样本数目 N_1，$\pi=p(C_1)=N_1/N$ 就是样本集中标注为 C_1 的样本所占比例；式(4.4.13)中 $\mu_{i|1}$ 的公式稍复杂一些，但也代表了同样的含义，它的分母是 N_1，即样本集中所有标注为 C_1 的样本总数，而分子的求和项 $y_n x_{ni}$ 的含义是：标注为 C_1 的同时 $x_{ni}=1$ 的样本贡献一个计数 1，因此分子的含义是在所有标注为 C_1 的样本中，$\boldsymbol{x}$ 的第 i 分量为 1 的样本数之和，$\mu_{i|1}$ 表示了在所有标注为 C_1 的样本中 $\boldsymbol{x}$ 的第 i 分量为 1 的样本所占的比例。无须重复，$\mu_{i|0}$ 的意义可作类似解释。

在本问题中 π 的估计没有问题，样本数足够估计 π，但是一些 $\mu_{i|1}$ 或 $\mu_{i|0}$ 可能估计为0。例如，若 $D=1000$，样本总数为10000，则很有可能在样本集中 $\boldsymbol{x}$ 的某个分量从来没有出现过 $x_{ni}=1$ 的情况，此时 $\mu_{i|1}$ 估计为0。

解决这一问题的系统化的方法是采用贝叶斯估计替代最大似然估计，这样做需要给出每个参数一个合理的先验概率，这并不总是容易做到的。一种改善最大似然零概率估计的简单方法是拉普拉斯平滑。

拉普拉斯平滑用于改善离散随机变量的概率估计。设一个离散随机变量 x，其仅取 k 个可能的值 $x\in\{1,2,\cdots,k\}$，给出一组I.I.D样本 $\{x_1,x_2,\cdots,x_m\}$ 需要估计概率

$$\mu_i=p(x=i),\quad i=1,2,\cdots,k$$

则标准最大似然估计为

$$\hat{\mu}_i=\frac{\sum_{n=1}^{m}I(x_n=i)}{m}\tag{4.4.18}$$

其中，$I(z)$ 为示性函数，z 为真时 $I(z)=1$，z 非真时 $I(z)=0$。最大似然估计 μ_i 统计的就是 $x_n=i$ 在样本集中的比例，而拉普拉斯平滑做了如下修改

$$\hat{\mu}_i=\frac{1+\sum_{n=1}^{m}I(x_n=i)}{m+k}\tag{4.4.19}$$

拉普拉斯平滑作为一种简单的修改，保证 $\hat{\mu}_i>0$ 的同时满足概率的基本约束 $\sum_{i=1}^{k}\hat{\mu}_i=1$。

我们可以这样理解拉普拉斯平滑：对待估计的随机变量取值施加等概率的先验分布，但是不显式地使用贝叶斯框架，而是虚拟地产生 k 个附加样本。由于假设等概率先验，假设可将集合 $x\in\{1,2,\cdots,k\}$ 中每个值各取一次作为一个虚拟样本，将这 k 个虚拟样本加到样本集中，构成一个增广样本集，则拉普拉斯变换相当于用这一增广样本集做的最大似然估计。可见，拉普拉斯平滑相当于一种"弱"贝叶斯方法，或相当于一种正则化的最大似然方法。在机器学习中，直接对样本集进行合理增广是一种常用的正则化技术。

将拉普拉斯平滑应用于 $\mu_{i|1}$ 和 $\mu_{i|0}$ 估计式(4.4.13)和式(4.4.14)，注意在这两个公式中，相当于 $k=2$。$\mu_{i|1}$ 和 $\mu_{i|0}$ 的估计公式修改为

$$\mu_{i|1}=\frac{1+\sum_{n=1}^{N}y_nx_{ni}}{2+\sum_{n=1}^{N}y_n},\quad i=1,2,\cdots,D\tag{4.4.20}$$

$$\mu_{i|0}=\frac{1+\sum_{n=1}^{N}(1-y_n)x_{ni}}{2+\sum_{n=1}^{N}(1-y_n)},\quad i=1,2,\cdots,D\tag{4.4.21}$$

这样就解决了式(4.4.17)所表示的问题。

最后通过实例说明朴素贝叶斯方法的应用。朴素贝叶斯方法用于很多实际分类问题中，一个典型的应用是用于垃圾邮件检测。收到一个电子邮件后，通过一个检测器判断其是

否为垃圾邮件。要完成垃圾邮件检测，需要收集大量实际邮件，并由人工标注其是否为垃圾邮件，设垃圾邮件为 C_1 类，正常邮件为 C_2 类。为了用一个向量 $\boldsymbol{x}$ 表示一封邮件，预先构造一个词汇表，按照表中顺序，$\boldsymbol{x}$ 的一个分量表示一个词。若 x_i 是 0/1 变量，则 $x_i=1$ 表示对应的词汇存在于该邮件中。在这种应用中，$\boldsymbol{x}$ 的维数 D 与词汇表中的词汇数相等，可能是一个很大的数，例如 $D=5000$。

朴素贝叶斯假设下，描述 $\boldsymbol{x}$ 的概率参数为 $2D$，若不使用朴素贝叶斯的假设，则参数为 2^{2D}，这是无法存储的参数量。对收集的邮件完成标注和特征向量抽取后，得到样本集 $\boldsymbol{D}=\{(\boldsymbol{x}_n, y_n)\}_{n=1}^{N}$，通过样本集得到朴素贝叶斯分类器的所有参数。当收到一个新邮件后，通过同样的方式检查邮件中的词汇，得到特征向量，则由式(4.4.15)计算该邮件是垃圾邮件的后验概率并做出判决。

当 x_i 可取多值时，可用 x_i 表示一封邮件中某词汇出现的次数(用 M_i 限定可表示的最大值)，这样可得到更丰富的信息。利用朴素贝叶斯方法可有效判别垃圾邮件，对于大多数邮箱服务器可满足要求。但这类算法仅通过词汇级知识，若通过深度学习进行文法分析和关联知识分析，则可以更准确地检测出垃圾邮件。

4.5　高斯生成模型分类器

由于对机器学习需求的广泛性，所面对的数据类型也是非常广泛的，既有物理传感器采集的物理信号，也有社会调查所获得的不同人群的各类数据，或是电商平台记录的用户购物数据。面对如此广泛的数据类型，没有一个学习模型是通用的，这也是“没有免费的午餐”定理所阐述的原则。因此，本书会介绍多种不同的学习模型，以适应不同的应用需求，不同的学习模型表现出不同的复杂性。但在数据的概率分布服从高斯分布时，问题往往变得相对简单且具有有效的闭式解。

本节以高斯分布为例，进一步理解决策理论在分类中的应用，并导出一种基本的分类学习模型。假设所要分类的数据集中包含 K 种类型 $\{C_i\}_{i=1}^{K}$，类 C_i 的出现概率为 $p(C_i)$。高斯分布是指在类型确定为 C_i 时，类条件概率 $p_x(\boldsymbol{x}\mid y=C_i)$(简写为 $p_x(\boldsymbol{x}\mid C_i)$)服从高斯分布，即

$$p(\boldsymbol{x} \mid C_i)=\frac{1}{(2\pi)^{M/2}\mid \boldsymbol{\Sigma}_i \mid^{1/2}}\exp\left(-\frac{1}{2}(\boldsymbol{x}-\boldsymbol{\mu}_i)^{\mathrm{T}}\boldsymbol{\Sigma}_i^{-1}(\boldsymbol{x}-\boldsymbol{\mu}_i)\right) \tag{4.5.1}$$

其中，$\{\boldsymbol{\mu}_i, \boldsymbol{\Sigma}_i\}_{i=1}^{K}$ 表示各类条件概率的参数。若假设式(4.5.1)中的各参数均已知，给出一个新的特征向量 $\boldsymbol{x}$，利用决策准则，给出 $\boldsymbol{x}$ 所对应的类型。

决策准则需要用后验概率进行判决，由于 $p(\boldsymbol{x})$ 不影响结果，由

$$p(C_i \mid \boldsymbol{x}) \propto p(\boldsymbol{x} \mid C_i)p(C_i) \tag{4.5.2}$$

对于该问题，为了导出更加直接的决策准则，首先定义对应于后验概率式(4.5.2)的判别函数 $g_i(\boldsymbol{x})$ 为

$$\begin{aligned} g_i(\boldsymbol{x}) &= \ln[p(\boldsymbol{x} \mid C_i)p(C_i)] \\ &= -\frac{1}{2}(\boldsymbol{x}-\boldsymbol{\mu}_i)^{\mathrm{T}}\boldsymbol{\Sigma}_i^{-1}(\boldsymbol{x}-\boldsymbol{\mu}_i)-\frac{1}{2}\ln\mid \boldsymbol{\Sigma}_i \mid-\frac{M}{2}\ln 2\pi+\ln(p(C_i)) \end{aligned} \tag{4.5.3}$$

由式(4.5.3)可导出更直接的分类判决准则。下面首先讨论二分类问题,分别讨论 $\boldsymbol{\Sigma}_1=\boldsymbol{\Sigma}_2=\boldsymbol{\Sigma}$ 和 $\boldsymbol{\Sigma}_1\neq\boldsymbol{\Sigma}_2$ 两种情况,然后推广到多分类情况。

4.5.1 相同协方差矩阵情况的二分类

在二分类问题中,只有 C_1 和 C_2 两种类型,假设 $\boldsymbol{\Sigma}_1=\boldsymbol{\Sigma}_2=\boldsymbol{\Sigma}$,由 $\boldsymbol{\mu}_1$ 和 $\boldsymbol{\mu}_2$ 区分两类。利用类后验概率进行判决时,当 $p(C_1|\boldsymbol{x})>p(C_2|\boldsymbol{x})$,则判决为类型 C_1,这等价于 $g_1(\boldsymbol{x})>g_2(\boldsymbol{x})$。由于只需比较 $g_i(\boldsymbol{x})$ 的大小,故将式(4.5.3)中各 $g_i(\boldsymbol{x})$ 的相同项丢弃,重写简化的 $g_i(\boldsymbol{x})$ 如下

$$g_i(\boldsymbol{x})=-\frac{1}{2}(\boldsymbol{x}-\boldsymbol{\mu}_i)^{\mathrm{T}}\boldsymbol{\Sigma}^{-1}(\boldsymbol{x}-\boldsymbol{\mu}_i)+\ln[p(C_i)],\quad i=1,2 \tag{4.5.4}$$

注意到,式(4.5.4)等号右侧第一项展开后,二次项 $\boldsymbol{x}^{\mathrm{T}}\boldsymbol{\Sigma}^{-1}\boldsymbol{x}$ 与类型无关,也可删去,这样 $g_i(\boldsymbol{x})$ 进一步简化为

$$g_i(\boldsymbol{x})=\boldsymbol{w}_i^{\mathrm{T}}\boldsymbol{x}+w_{i0} \tag{4.5.5}$$

其中,系数和偏置分别为

$$\begin{cases}\boldsymbol{w}_i=\boldsymbol{\Sigma}^{-1}\boldsymbol{\mu}_i\\ w_{i0}=-\dfrac{1}{2}\boldsymbol{\mu}_i^{\mathrm{T}}\boldsymbol{\Sigma}^{-1}\boldsymbol{\mu}_i+\ln[p(C_i)],\quad i=1,2\end{cases} \tag{4.5.6}$$

若分类输出判决为 C_1,则需要

$$g_1(\boldsymbol{x})>g_2(\boldsymbol{x}) \tag{4.5.7}$$

将式(4.5.5)代入式(4.5.7)加以整理,得判决为 C_1 的条件为

$$g(\boldsymbol{x})=\boldsymbol{w}^{\mathrm{T}}\boldsymbol{x}+w_0>0 \tag{4.5.8}$$

式(4.5.8)的系数为

$$\begin{cases}\boldsymbol{w}=\boldsymbol{w}_1-\boldsymbol{w}_2=\boldsymbol{\Sigma}^{-1}(\boldsymbol{\mu}_1-\boldsymbol{\mu}_2)\\ w_0=w_{10}-w_{20}=-\dfrac{1}{2}\boldsymbol{\mu}_1^{\mathrm{T}}\boldsymbol{\Sigma}^{-1}\boldsymbol{\mu}_1+\dfrac{1}{2}\boldsymbol{\mu}_2^{\mathrm{T}}\boldsymbol{\Sigma}^{-1}\boldsymbol{\mu}_2+\ln\left[\dfrac{p(C_1)}{p(C_2)}\right]\end{cases} \tag{4.5.9}$$

对于高斯分布,若已知 $\boldsymbol{\mu}_1$、$\boldsymbol{\mu}_2$ 和 $\boldsymbol{\Sigma}$,对于一个新的特征输入 $\boldsymbol{x}$,进行式(4.5.8)的判决,若成立,则输出类型 C_1,否则输出类型 C_2。

在机器学习的应用中,一般并不知道 $\boldsymbol{\mu}_1$、$\boldsymbol{\mu}_2$、$p(C_1)$、$p(C_2)$ 和 $\boldsymbol{\Sigma}$ 这些参数,而是存在一组训练样本

$$\boldsymbol{D}=\{(\boldsymbol{x}_n,y_n)\}_{n=1}^{N} \tag{4.5.10}$$

设训练样本是 I. I. D 的,下面通过训练样本估计这些参数,这是例 2.3.3 的一个推广,在例 2.3.3 中没有类型标注 y_n。为了估计以上所述参数,需要表示联合分布 $p(\boldsymbol{x}_n,y_n)$,然后通过 MLE 估计参数。这里,y_n 作为标注,$y_n=1$ 表示类型 C_1,$y_n=0$ 表示类型 C_2。为表示简洁,类型概率表示为

$$p(C_1)=p(y_n=1)=\pi,\quad p(C_2)=p(y_n=0)=1-\pi \tag{4.5.11}$$

则

$$p(\boldsymbol{x}_n,y_n=1)=p(\boldsymbol{x}_n,C_1)=p(\boldsymbol{x}_n\mid C_1)p(C_1)=\pi N(\boldsymbol{x}_n\mid\boldsymbol{\mu}_1,\boldsymbol{\Sigma}) \tag{4.5.12}$$

$$p(\boldsymbol{x}_n,y_n=0)=p(\boldsymbol{x}_n,C_2)=p(\boldsymbol{x}_n\mid C_2)p(C_2)=(1-\pi)N(\boldsymbol{x}_n\mid\boldsymbol{\mu}_2,\boldsymbol{\Sigma}) \tag{4.5.13}$$

y_n 只有两个取值,相当于伯努利分布,故联合分布 $p(\boldsymbol{x}_n,y_n)$ 为

$$p(\boldsymbol{x}_n, y_n \mid \pi, \boldsymbol{\mu}_1, \boldsymbol{\mu}_2, \boldsymbol{\Sigma}) = [\pi N(\boldsymbol{x}_n \mid \boldsymbol{\mu}_1, \boldsymbol{\Sigma})]^{y_n}[(1-\pi)N(\boldsymbol{x}_n \mid \boldsymbol{\mu}_2, \boldsymbol{\Sigma})]^{1-y_n} \tag{4.5.14}$$

考虑样本是 I.I.D 的，则样本集的对数似然函数为

$$\begin{aligned}
&\ln[p(\boldsymbol{X}, \boldsymbol{y} \mid \pi, \boldsymbol{\mu}_1, \boldsymbol{\mu}_2, \boldsymbol{\Sigma})] \\
&= \ln\prod_{n=1}^{N}[\pi N(\boldsymbol{x}_n \mid \boldsymbol{\mu}_1, \boldsymbol{\Sigma})]^{y_n}[(1-\pi)N(\boldsymbol{x}_n \mid \boldsymbol{\mu}_2, \boldsymbol{\Sigma})]^{1-y_n} \\
&= \sum_{n=1}^{N}\{y_n \ln[\pi N(\boldsymbol{x}_n \mid \boldsymbol{\mu}_1, \boldsymbol{\Sigma})] + (1-y_n)\ln[(1-\pi)N(\boldsymbol{x}_n \mid \boldsymbol{\mu}_2, \boldsymbol{\Sigma})]\}
\end{aligned} \tag{4.5.15}$$

式(4.5.15)对各参数求偏导数并令其为 0，分别得到各参数的估计值为

$$\hat{\pi} = \frac{1}{N}\sum_{n=1}^{N} y_n = \frac{N_1}{N} \tag{4.5.16}$$

$$\hat{\boldsymbol{\mu}}_1 = \frac{1}{N_1}\sum_{n=1}^{N} y_n \boldsymbol{x}_n, \quad \hat{\boldsymbol{\mu}}_2 = \frac{1}{N_2}\sum_{n=1}^{N}(1-y_n)\boldsymbol{x}_n \tag{4.5.17}$$

$$\hat{\boldsymbol{\Sigma}} = \frac{1}{N}\left[\sum_{n=1}^{N} y_n(\boldsymbol{x}_n - \hat{\boldsymbol{\mu}}_1)(\boldsymbol{x}_n - \hat{\boldsymbol{\mu}}_1)^{\mathrm{T}} + \sum_{n=1}^{N}(1-y_n)(\boldsymbol{x}_n - \hat{\boldsymbol{\mu}}_2)(\boldsymbol{x}_n - \hat{\boldsymbol{\mu}}_2)^{\mathrm{T}}\right] \tag{4.5.18}$$

其中，N_1 为样本集中属于 C_1 的样本数目，N_2 为样本集中属于 C_2 的样本数目。

将估计的参数代入式(4.5.9)计算 $\boldsymbol{w}$ 和 w_0，则式(4.5.8)的判决方程就确定了，给出新的特征输入，就可以做出分类决策。在等协方差矩阵的高斯情况下，判决方程是一个线性函数，令

$$g(\boldsymbol{x}) = \boldsymbol{w}^{\mathrm{T}}\boldsymbol{x} + w_0 = 0 \tag{4.5.19}$$

得到一个 $\boldsymbol{x}$ 空间的超平面，该平面将空间分划成两个区域，$g(\boldsymbol{x})>0$ 的区域属于类型 C_1，$g(\boldsymbol{x})<0$ 的区域属于 C_2，位于超平面上的点可任意判决为 C_1 或 C_2。在这类情况下，依据后验概率决策得到的判决方程式(4.5.8)已经退化成一个确定性的线性判决函数，由其可进行分类判决，判决函数使用起来更简单直接，但已失去后验概率所具有的丰富内涵。而后验概率自身有着丰富的内涵，可以进行拒绝判决，可以结合加权损失，也可以通过概率原理集成多个分类器。

在高斯情况下，由以上已得结果可以导出后验概率 $p(C_i|\boldsymbol{x})$。先看 $p(C_1|\boldsymbol{x})$，由贝叶斯公式

$$p(C_1 \mid \boldsymbol{x}) = \frac{p(\boldsymbol{x}, C_1)}{p(\boldsymbol{x})} = \frac{p(\boldsymbol{x} \mid C_1)p(C_1)}{p(\boldsymbol{x} \mid C_1)p(C_1) + p(\boldsymbol{x} \mid C_2)p(C_2)} \tag{4.5.20}$$

用一点数学技巧，得

$$p(C_1 \mid \boldsymbol{x}) = \frac{1}{1 + \dfrac{p(\boldsymbol{x} \mid C_2)p(C_2)}{p(\boldsymbol{x} \mid C_1)p(C_1)}} = \frac{1}{1 + \mathrm{e}^{-a(\boldsymbol{x})}} = \sigma(a(\boldsymbol{x})) \tag{4.5.21}$$

这里使用了

$$a(\boldsymbol{x}) = \ln\frac{p(\boldsymbol{x} \mid C_1)p(C_1)}{p(\boldsymbol{x} \mid C_2)p(C_2)} \tag{4.5.22}$$

并且使用了 sigmoid 函数定义，即

$$\sigma(a)=\frac{1}{1+\mathrm{e}^{-a}} \tag{4.5.23}$$

注意到，$\sigma(0)=0.5$，且 $a>0$ 时，$\sigma(a)>0.5$。$p(C_2|\boldsymbol{x})$可以表示为

$$p(C_2 \mid \boldsymbol{x})=1-p(C_1 \mid \boldsymbol{x}) \tag{4.5.24}$$

式(4.5.21)给出了后验概率的表达式，其中参数 $a(\boldsymbol{x})$由式(4.5.22)计算，不难验证，将 $p(\boldsymbol{x}|C_i)$，$p(C_i)$代入式(4.5.22)整理得(推导细节留作习题)

$$a(\boldsymbol{x})=g(\boldsymbol{x})=\boldsymbol{w}^{\mathrm{T}}\boldsymbol{x}+w_0 \tag{4.5.25}$$

式(4.5.25)的系数 $\boldsymbol{w}^{\mathrm{T}}$ 和 $\boldsymbol{w}_0$ 在式(4.5.9)已求得。注意到，由式(4.5.21)可见，当 $a(\boldsymbol{x})>0$ 时，$p(C_1|\boldsymbol{x})>0.5$，分类判决为 C_1，这与式(4.5.8)结果一致。在更多应用中，后验概率比式(4.5.8)的判别方程内涵更丰富。

4.5.2 不同协方差矩阵情况的二分类

在$\boldsymbol{\Sigma}_1 \neq \boldsymbol{\Sigma}_2$ 的条件下，除数学表达上略复杂一些，过程与相同协方差矩阵情况相似。略去与比较大小无关的项，$g_i(\boldsymbol{x})$表示为

$$g_i(\boldsymbol{x})=\boldsymbol{x}^{\mathrm{T}}\boldsymbol{W}_i\boldsymbol{x}+\boldsymbol{w}_i^{\mathrm{T}}\boldsymbol{x}+\boldsymbol{w}_{i0},\quad i=1,2 \tag{4.5.26}$$

其中，系数和偏置分别为

$$\begin{cases}\boldsymbol{W}_i=-\dfrac{1}{2}\boldsymbol{\Sigma}_i^{-1}\\ \boldsymbol{w}_i=\boldsymbol{\Sigma}_i^{-1}\boldsymbol{\mu}_i\\ w_{i0}=-\dfrac{1}{2}\boldsymbol{\mu}_i^{\mathrm{T}}\boldsymbol{\Sigma}_i^{-1}\boldsymbol{\mu}_i-\dfrac{1}{2}\ln|\boldsymbol{\Sigma}_i|+\ln[p(C_i)]\end{cases} \tag{4.5.27}$$

对于输入 $\boldsymbol{x}$，若分类输出判决为 C_1，则需要

$$g(\boldsymbol{x})=\boldsymbol{x}^{\mathrm{T}}\boldsymbol{W}\boldsymbol{x}+\boldsymbol{w}^{\mathrm{T}}\boldsymbol{x}+\boldsymbol{w}_0>0 \tag{4.5.28}$$

其中权系数为

$$\begin{cases}\boldsymbol{W}=-\dfrac{1}{2}(\boldsymbol{\Sigma}_1^{-1}-\boldsymbol{\Sigma}_2^{-1})\\ \boldsymbol{w}=\boldsymbol{\Sigma}_1^{-1}\boldsymbol{\mu}_1-\boldsymbol{\Sigma}_2^{-1}\boldsymbol{\mu}_2\\ w_0=-\dfrac{1}{2}\boldsymbol{\mu}_1^{\mathrm{T}}\boldsymbol{\Sigma}_1^{-1}\boldsymbol{\mu}_1+\dfrac{1}{2}\boldsymbol{\mu}_2^{\mathrm{T}}\boldsymbol{\Sigma}_2^{-1}\boldsymbol{\mu}_2-\dfrac{1}{2}\ln\dfrac{|\boldsymbol{\Sigma}_1|}{|\boldsymbol{\Sigma}_2|}+\ln\dfrac{p(C_1)}{p(C_2)}\end{cases} \tag{4.5.29}$$

在$\boldsymbol{\Sigma}_1 \neq \boldsymbol{\Sigma}_2$ 的条件下，对参数$\boldsymbol{\mu}_i$ 和 $\boldsymbol{\Sigma}_i$ 的估计更简单，按照 y_n 取 1 或 0 将样本集分为 D_1 和 D_2，直接利用例 2.3.3 的结果，用各子样本集 D_i 直接估计 $\boldsymbol{\mu}_i$ 和 $\boldsymbol{\Sigma}_i$，π 的估计仍用式(4.5.16)。容易验证，只需要用式(4.5.28)的 $g(\boldsymbol{x})$替代式(4.5.8)的 $g(\boldsymbol{x})$，则后验概率 $p(C_1|\boldsymbol{x})$的表达式不变，仍如式(4.5.21)和式(4.5.25)所示。

4.5.3 多分类情况

可将二分类的结果直接推广到有 K 个类型的多分类问题，对于判别函数 $g_i(\boldsymbol{x})$，只需将式(4.5.26)中的 $i=1,2$ 扩展为 $i=1,2,\cdots,K$，并取 $g_i(\boldsymbol{x})$最大的类为输出类型。对于后

验概率 $p(C_i|\boldsymbol{x})$，可得到结果(推导细节留作习题)

$$p(C_i \mid \boldsymbol{x})=\frac{\exp(g_i(\boldsymbol{x}))}{\sum_{k=1}^{K}\exp(g_k(\boldsymbol{x}))} \tag{4.5.30}$$

以上已对高斯情况的分类问题做了较详细的讨论，利用了决策理论的结果。可以看到，在满足(4.5.1)假设的情况下，对于给出如式(4.5.10)所示的样本集，可估计式(4.5.1)的所有参数，也可估计 $p(C_i)$的概率。如果以基本的最小错误分类率准则进行分类，在高斯情况下，可得到简单的判决函数 $g_i(\boldsymbol{x})$，若需要更丰富信息的后验概率 $p(C_i|\boldsymbol{x})$，则由判决函数 $g_i(\boldsymbol{x})$通过式(4.5.30)计算出输出类型后验概率的解析公式。

对于高斯情况，在给出式(4.5.10)的训练样本集后，可以估计出式(4.5.14)的联合概率密度函数 $p(\boldsymbol{x},y)$和各种情况下的类后验概率 $p(C_i|\boldsymbol{x})$，获得所谓的生成模型和判决模型都不困难。但对其他复杂概率分布，一般生成模型的学习是更困难的。

若高斯假设与实际数据相符合，则对于分类问题，本节给出的结果是性能良好的，对于复杂的实际情况，高斯假设只有一定的符合度或符合度较差，这种情况下，本节的方法受到很大限制。相比而言，本节介绍的逻辑回归，后续章节的支持向量机、神经网络、决策树及集成学习算法具有更广泛的适用性。

4.6 本章小结

本章介绍了基本的分类算法。对于确定性的判别函数方法，介绍了 Fisher 判别函数和感知机算法；对于概率判别方法，介绍了逻辑回归算法；对于简化的生成模型方法，介绍了朴素贝叶斯算法和高斯分布条件下的生成分类模型。这几类算法尽管简单，仍有其应用价值，尤其逻辑回归和朴素贝叶斯方法，在小样本集和低复杂度的问题上是一种有效且简单的学习算法。由逻辑回归算法所引出的交叉熵目标函数和随机梯度算法，可直接推广到神经网络包括深度神经网络的学习中。

本节介绍的几类模型(确定性判别函数模型、概率判别模型和生成模型)之间存在紧密的联系，由生成模型可得到概率判别模型，概率判别模型在一种确定的决策准则下(各类错误的加权是否相同)则可简化为确定性判别函数。

许多机器学习的著作都有对基本分类算法较完整的介绍，例如 Bishop 或 Murphy 的著作(参考文献[6,33])。

习题

1. 异或的样本集 $\boldsymbol{D}=\{((0,0)^{\mathrm{T}},-1),((0,1)^{\mathrm{T}},1),((1,0)^{\mathrm{T}},1),((1,1)^{\mathrm{T}},-1)\}$是线性不可分的，可定义 $\boldsymbol{x}$ 映射到基函数向量 $\boldsymbol{\varphi}(\boldsymbol{x})=[\varphi_1(\boldsymbol{x}),\varphi_2(\boldsymbol{x}),\cdots,\varphi_{M-1}(\boldsymbol{x})]^{\mathrm{T}}$，在 $\boldsymbol{\varphi}(\boldsymbol{x})$表示下设计感知机为 $\hat{y}(\boldsymbol{x};\boldsymbol{w})=\mathrm{sgn}(\boldsymbol{w}^{\mathrm{T}}\boldsymbol{\varphi}(\boldsymbol{x})+w_0)$，对于异或问题，可定义一个多项式函数 $\boldsymbol{\varphi}(\boldsymbol{x})$，其中

$$\varphi_1(\boldsymbol{x})=2(x_1-0.5)$$

$$\varphi_2(\boldsymbol{x})=4(x_1-0.5)(x_2-0.5)$$

把样本 $\boldsymbol{D}=\{(\boldsymbol{x}_n,y_n)\}$映射成 $\boldsymbol{D}_\varphi=\{(\boldsymbol{\varphi}(\boldsymbol{x}_n),y_n)\}$，样本集映射为

$$\boldsymbol{D}_\varphi=\{((-1,1)^{\mathrm{T}},-1),((-1,-1)^{\mathrm{T}},1),((1,-1)^{\mathrm{T}},1),((1,1)^{\mathrm{T}},-1)\}$$

在样本集 $\boldsymbol{D}_\varphi$ 上手动训练一个感知机(自行给出初始值和样本使用顺序)。

2. 在第 1 题中，通过映射函数

$$\varphi_1(\boldsymbol{x})=2(x_1-0.5)$$

$$\varphi_2(\boldsymbol{x})=4(x_1-0.5)(x_2-0.5)$$

将异或样本映射成线性可分的，请自行另设计一组映射函数，将异或样本映射为可分情况。

3. 对于 sigmoid 函数

$$\sigma(a)=\frac{1}{1+\mathrm{e}^{-a}}$$

证明：$\sigma(-a)=1-\sigma(a)$，$\dfrac{\mathrm{d}\sigma(a)}{\mathrm{d}a}=\sigma(a)(1-\sigma(a))$。

4. 逻辑回归的目标函数为 $J(\boldsymbol{w})=-\sum\limits_{n=1}^{N}y_n\ln\hat{y}_n+(1-y_n)\ln(1-\hat{y}_n)$，对 $\boldsymbol{w}$ 求二阶导数得到汉森矩阵，证明：汉森矩阵表示为

$$\boldsymbol{H}=\sum_{n=1}^{N}\hat{y}_n(1-\hat{y}_n)\boldsymbol{\varphi}_n\boldsymbol{\varphi}_n^{\mathrm{T}}=\boldsymbol{\Phi}^{\mathrm{T}}\boldsymbol{R}\boldsymbol{\Phi}$$

5. 由 softmax 的定义

$$\hat{y}_k=\frac{\exp(a_k)}{\sum\limits_{j=1}^{C}\exp(a_j)},\quad k=1,2,\cdots,C$$

证明：$\dfrac{\partial\hat{y}_k}{\partial a_j}=\hat{y}_k(I_{kj}-\hat{y}_j)$。

6. 证明对于多分类逻辑回归的目标函数，有梯度为

$$\frac{\partial J}{\partial \boldsymbol{w}_j}=\sum_{n=1}^{N}(\hat{y}_{nj}-y_{nj})\varphi_n,\quad j=1,2,\cdots,C$$

7. 对于高斯分布的多分类问题，证明其后验概率 $p(C_i|\boldsymbol{x})$可表示为

$$p(C_i\mid\boldsymbol{x})=\frac{p(\boldsymbol{x}\mid C_i)p(C_i)}{\sum\limits_{k=1}^{K}p(\boldsymbol{x}\mid C_k)p(C_k)}=\frac{\exp(a_i)}{\sum\limits_{k=1}^{K}\exp(a_k)}$$

其中，$a_k=\ln p(\boldsymbol{x}|C_k)p(C_k)$，并证明

$$a_i=g_i(\boldsymbol{x})=\boldsymbol{x}^{\mathrm{T}}\boldsymbol{W}_i\boldsymbol{x}+\boldsymbol{w}_i^{\mathrm{T}}\boldsymbol{x}+w_{i0},\quad \boldsymbol{i}=1,2,\cdots,K$$

其中，系数如式(4.5.27)所示。

8. 试推导由式(4.5.22)的定义可得到式(4.5.25)。

9. 一个二分类问题，特征向量 $\boldsymbol{x}$ 是二维的，有样本集

$$D=\{(\boldsymbol{x}_n,y_n)\}_{n=1}^{N}$$

$$=\left\{\begin{matrix}([0.5,1.5]^{\mathrm{T}},1),([1.5,1.5]^{\mathrm{T}},1),([0.5,0.5]^{\mathrm{T}},1),([1.5,0.5]^{\mathrm{T}},1),\\([1.5,0.5]^{\mathrm{T}},0),([2.5,0.5]^{\mathrm{T}},0),([1.5,-0.5]^{\mathrm{T}},0),([2.5,-0.5]^{\mathrm{T}},0)\end{matrix}\right\}$$

类条件概率服从高斯分布，且$\boldsymbol{\Sigma}_1=\boldsymbol{\Sigma}_2=\boldsymbol{\Sigma}$ 。

(1) 求通过样本得到的判别函数 $g(\boldsymbol{x})$，在 $\boldsymbol{x}$ 平面上画出分类为 C_1 和 C_2 的区间；

(2) 求后验概率 $p(C_1|\boldsymbol{x})$表达式。

(3) 对于新的特征输入 $\boldsymbol{x}=[2.0,-0.3]^{\mathrm{T}}$，可分为哪一类？计算后验概率 $p(C_1|\boldsymbol{x})$。

*10. 在网络上搜索并下载鸢尾 Iris 数据集，该数据集样本属于鸢尾属下的 3 个亚属，分别是山鸢尾(setosa)、变色鸢尾(versicolor)和弗吉尼亚鸢尾(virginica)。4 个特征被用作样本的定量描述，它们分别是花萼和花瓣的长度与宽度。该数据集包含 150 个数据，每类 50 个数据。

(1) 从数据集中取出变色鸢尾(versicolor)和维吉尼亚鸢尾(virginica)的 100 个样本，训练一个二分类的逻辑回归分类器，对其进行分类(建议：每类 40 个样本做训练，10 个样本做测试)。

(2) 设计一个用于三分类问题进行分类的逻辑回归分类器，对 3 种类型进行分类(建议：每类 40 个样本做训练，10 个样本做测试)。

第5章 机器学习的性能与评估

CHAPTER 5

正如第1章中"没有免费午餐定理"所述,没有一种机器学习模型是对所有问题普遍适用的,正因为如此,机器学习领域中出现众多的不同模型。第3章和第4章介绍了基本的回归和分类模型,在第6章之后仍将继续介绍多种常用的机器学习模型。在这样一个节点,本章偏离机器学习模型和学习算法的介绍,以一章的篇幅集中介绍机器学习中训练和性能评价的一些基本问题,这是一个很大的问题,本章的介绍仅仅是入门和概要性质的。

当用模型表示一类问题时,对模型性能的理想描述是期望风险,即从完整的统计意义上刻画模型相对于目标的偏差。但在机器学习领域,缺乏对目标完整的概率描述,因此无法获得期望风险,而是从有限数据中学习模型,评价准则也以经验风险代替期望风险。由于数据集的代表能力有限,以经验风险最优确定的模型对真实目标的总体表达能力如何,即泛化能力如何?这是一个非常关键的问题。

泛化性能好是一个机器学习模型可用的基本要求,因此必须对泛化性能进行评价。一种比较实际的评价泛化性能的方法是通过数据集进行测试,将数据集划分为训练集和测试集,用训练集学习模型,在测试集上近似估计其泛化性能;另一种评价方法是给出理论上的泛化界并研究泛化误差与数据集规模的关系,这是机器学习理论讨论的基本问题。遗憾的是,目前这两类方法之间仍存在鸿沟。利用机器学习理论,对于在要求的泛化误差下给出的样本规模并不能很精确地指导许多实际机器学习模型的训练,逾越这道鸿沟仍需努力。

本章由两部分组成,第1部分包括5.1节和5.2节,讨论如何利用实际数据集有效地训练和评价一个机器学习模型;第2部分由5.3节和5.4节组成,讨论机器学习理论中的一些基本概念和结论。

5.1 模型的训练、验证与测试

在1.3节介绍机器学习的基本元素时,为了讨论问题方便,将数据集分为训练集和测试集。本节结合实际机器学习系统的学习过程,对数据的划分和作用再做一些更深入的讨论。

在机器学习的许多模型中,存在一些称为超参数的量,超参数是不能直接通过训练过程确定得到的,例如多项式拟合的阶 M、KNN 的参数 K 或正则项的控制参数 λ。可以通过学习理论或贝叶斯框架下的学习确定这些超参数,但目前实际中更常用的是通过验证过程确定。

在最简单的情况下,不需要确定超参数,数据集仍划分为训练集和测试集,或两个集合独立地产生自同一个数据生成分布,训练集训练模型,通过测试误差近似评价泛化性能。

更复杂的情况下可将数据集划分为3个集合：训练集、验证集（validation set）和测试集。若数据集数据量充分，可以直接按一定比例划分3个集合，例如训练集占80%，验证集占10%，测试集占10%，各集合的比例可根据数据集的总量做适当调整，数据集划分如图5.1.1(a)所示。在一般的学习过程中，在超参数的取值空间内，按一定方式（等间隔均匀取值或随机取值）取一个（或一组，复杂模型可能有多个超参数）超参数值，用这组确定的超参数，通过训练集训练模型，将训练得到的模型用于验证集，计算验证（集）误差。取不同的超参数，重复这个过程，最后确定效果最好的超参数及对应的模型。然后用测试集测试性能，计算测试误差，估计泛化性能。若测试性能达不到要求，还可能回到原点，选择不同的模型，重复以上过程，直到达到要求或在可能选择的模型中取得最好结果。在整个过程中测试集是不参与学习过程的，这样才能够可信地评估模型的泛化能力。

一些情况下，数据集规模较小，若固定地分成3个集合，则每个集合数据量小使训练过程和验证过程都缺乏可靠性。这种情况下可采用交叉验证（cross validation）方法。数据集仍划分为测试集和训练集，测试集留作最后的测试用。将训练集分为K折（K folds），用于训练和验证，对于一组给出的超参数，做多轮训练，每次训练留出一折作为验证集，其余作为训练集，进行一次训练和验证，然后循环操作，过程如图5.1.1(b)所示。做完一个循环，将每次验证集的误差做平均，作为验证误差。选择一组新的超参数重复该过程，直到全部需要实验的超参数取值完成后，比较所有超参数取值下的验证误差，确定超参数的值，其后再用全部训练集样本训练出模型。将以上学习过程确定的模型用于测试集计算测试误差，评价是否达到目标。

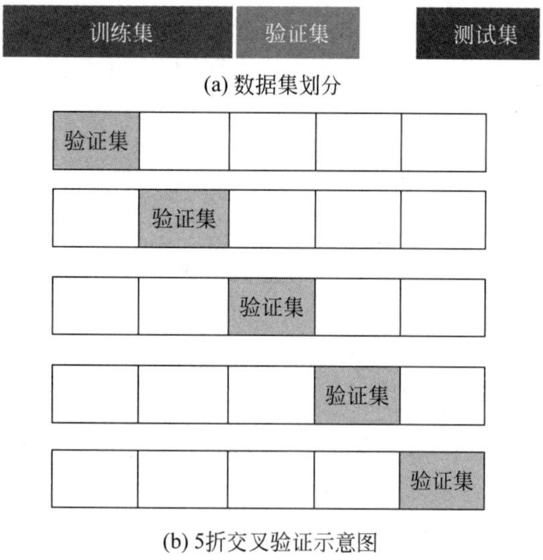

图5.1.1　用于训练和测试的数据集划分

在数据集样本相当匮乏的情况下，以上交叉验证可取其极限情况，每轮只留一个样本作为验证集，称为留一验证（leave-one out cross validation，LOOCV）。

以上介绍了用数据集获得一个机器学习模型的基本方法。实践中可能还有各种灵活的组合方式。后续章节介绍的各种算法在实际中应用时，一般用上述某种方式完成学习和测试过程。

5.2 机器学习模型的性能评估

一个机器学习模型确定后,性能是否符合任务的需求,需要对其进行评估。一般来讲,对于较复杂的实际任务,性能评估方法可能与任务是相关的,因此性能评估方式有很多,本书作为以机器学习算法为主的基本教材,不对各种与任务相关的评估方法做过多讨论,本节只对几个最基本的性能评价方法进行概要介绍,并只讨论监督学习中的回归和分类的性能评估。

对一个机器学习模型 $h(\boldsymbol{x})$ 做准确的性能评估是困难的,实际中一般是在样本集(例如测试集)上对其进行性能评估,当样本集中样本数充分多且可充分表示实际样本分布时,用在样本集上的评估作为近似的泛化性能评估。本节为了叙述简单,假设样本集中的标注 y 均是标量。样本集表示为

$$\boldsymbol{D}=\{(\boldsymbol{x}_i,y_i)\}_{i=1}^{N} \tag{5.2.1}$$

1. 回归的性能评估

对于回归问题,模型 $h(\boldsymbol{x})$ 的输出和样本标注均为实数,在样本集上评价其性能的常用方法是均方误差,即

$$E_{\text{mse}}(h)=\frac{1}{N}\sum_{i=1}^{N}[h(\boldsymbol{x}_i)-y_i]^2 \tag{5.2.2}$$

均方误差重点关注了大误差的影响,在一些应用中,也可能采用平均绝对误差或最大误差,分别表示为

$$E_{\text{abs}}(h)=\frac{1}{N}\sum_{i=1}^{N}|h(\boldsymbol{x}_i)-y_i| \tag{5.2.3}$$

$$E_{\infty}(h)=\max_{1\leqslant i\leqslant N}\{|h(\boldsymbol{x}_i)-y_i|\} \tag{5.2.4}$$

尽管存在一些其他评价函数,在回归问题中,均方误差评价使用最多。

2. 分类的性能评估

分类的性能评估比回归要复杂。这里讨论只有两类的情况,将我们更关心的一类称为正类,另一类称为负类。

评价分类的最基本准则是分类错误率和分类准确率,当对一个样本 $(\boldsymbol{x}_i,y_i)$ 做分类测试时,若分类器输出 $h(\boldsymbol{x}_i)$ 与样本标注相等,则分类正确,否则产生一个分类错误。对于式(5.2.1)的样本集中所有样本,统计对 $h(\boldsymbol{x})$ 能够进行正确分类和错误分类的比例,可得到在样本集上的分类错误率和分类准确率,分别表示为

$$E=\frac{1}{N}\sum_{i=1}^{N}I[h(\boldsymbol{x}_i)\neq y_i] \tag{5.2.5}$$

$$\text{Acc}=\frac{1}{N}\sum_{i=1}^{N}I[h(\boldsymbol{x}_i)=y_i]=1-E \tag{5.2.6}$$

其中,$I(x)$ 是示性函数,x 是逻辑变量。当 x 为真时,$I(x)=1$,否则 $I(x)=0$。当一个样本集中正类样本和负类样本分布均衡(大致数目相当),各种分类错误(将正类错分为负类或反之)代价相当时,分类准确率(或分类错误率)可较好地评价分类器的性能。但当式(5.2.1)所示的样本集中正类样本和负类样本分布很不均衡时,分类正确率不能客观反映分类器性

能,甚至引起误导。例如,在一个检测某癌症的数据集中有 10 000 个样本,正类样本(患癌症)的数目只有 300,其余的均为负类样本(非患者),对于这样的样本集,若一个分类器简单地将所有样本分类为负类,则分类准确率仍为 0.97,这个指标相当好,但对本任务该分类器毫无用处。

为了进一步讨论怎样构造更合理的评价方法,对于一个分类器 $h(\boldsymbol{x})$,将式(5.2.1)的样本集分为 4 类:①真正类,即样本为正样,分类器将其分为正类;②真负类,即样本是负样,分类器将其分类为负类;③假负类,即样本为正样,分类器将其分为负类;④假正类,即样本是负样,分类器将其分类为正类。样本集中各类的数目如表 5.2.1 所示。

表 5.2.1 样本的类型

标注的真实类型	分类器返回的类型	
	正类	负类
正类	N_{TP}	N_{FN}
负类	N_{FP}	N_{TN}

用表 5.2.1 的符号,样本总数 $N=N_{\mathrm{FP}}+N_{\mathrm{FN}}+N_{\mathrm{TP}}+N_{\mathrm{TN}}$,可重写分类错误率和分类准确率为

$$E=\frac{N_{\mathrm{FP}}+N_{\mathrm{FN}}}{N_{\mathrm{FP}}+N_{\mathrm{FN}}+N_{\mathrm{TP}}+N_{\mathrm{TN}}}$$

$$\mathrm{Acc}=\frac{N_{\mathrm{TP}}+N_{\mathrm{TN}}}{N_{\mathrm{FP}}+N_{\mathrm{FN}}+N_{\mathrm{TP}}+N_{\mathrm{TN}}}$$

对于前述癌症的例子,若将所有样本均分类为负类,则 $N_{\mathrm{FP}}=N_{\mathrm{TP}}=0, N_{\mathrm{FN}}=300$, $N_{\mathrm{TN}}=9700, E=0.03, \mathrm{Acc}=0.97$。在这种情况下,分类错误率和分类准确率几乎无法告诉我们分类器的实际效用。下面定义两个更有针对性的性能评价:精度(precision)和查全率(recall)。

精度定义为真正类 N_{TP} 与被分类器识别为正类的所有样本 $N_{\mathrm{TP}}+N_{\mathrm{FP}}$ 的比例,即

$$\mathrm{Pr}=\frac{N_{\mathrm{TP}}}{N_{\mathrm{TP}}+N_{\mathrm{FP}}} \tag{5.2.7}$$

查全率定义为正类样本被分类器正确识别为正类的概率,即真正类数目 N_{TP} 与正类样本总数 $N_{\mathrm{TP}}+N_{\mathrm{FN}}$ 之比

$$\mathrm{Re}=\frac{N_{\mathrm{TP}}}{N_{\mathrm{TP}}+N_{\mathrm{FN}}} \tag{5.2.8}$$

通过一个例子说明两个参数的意义。

例 5.2.1 针对癌症的例子,设一个分类器对样本集的分类情况如表 5.2.2 中"/"上侧所示。

表 5.2.2 样本的类型

标注的真实类型	分类器返回的类型	
	正类	负类
正类	210/260	90/40
负类	200/400	9500/9300

可计算出精度和查全率分别为 $\mathrm{Pr}\approx 0.51$，$\mathrm{Re}=0.7$，分类准确率 $\mathrm{Acc}=0.971$。

若改变分类器参数，使输出为正类的概率提高，则可能同时负类样本被判定为正类的数目也增加了，如表 1.3.2 中“/”下侧的数据，则精度和查全率为 $\mathrm{Pr}\approx 0.39$，$\mathrm{Re}\approx 0.87$，分类准确率 $\mathrm{Acc}=0.956$。

例 5.2.1 给出了两组数据，所代表的分类器均比将所有样本都分类为负类的“负分类器”有价值，但就分类准确率来讲，第 1 组数据没有改善，第 2 组数据反而下降了。对两组数据自身做比较可见，第 2 组(“/”之下)数据将更多的正类样本(癌症)做了正确分类，但同时也将更多的负类样本判别为正类，因此查全率提高但精度降低。对于该任务，可以认为第 2 组数据表示的分类器更有用，它将更多的患者检查出来，以免耽误治疗，对于将负类样本判别为正类的错误分类，一般可通过后续检查予以改正。在这个应用任务中查全率的提高是更有意义的，但也有的任务希望有更高的精度。在实际中精度和查全率往往是矛盾的，哪个指标更重要往往取决于具体任务的需求。

可以将精度和查全率综合在一个公式中，即如下的 F_β

$$F_\beta=\frac{(\beta^2+1)\times \mathrm{Pr}\times \mathrm{Re}}{\beta^2\times \mathrm{Pr}+\mathrm{Re}} \tag{5.2.9}$$

对于 F_β，当 $\beta>1$ 时，查全率将得到更大权重；当 $0\leqslant\beta<1$ 时，精度得到更大权重。当取 $\beta=1$ 时，查全率和精度有等重的比例，得到一个简单的综合性能指标

$$F_1=\frac{2\times \mathrm{Pr}\times \mathrm{Re}}{\mathrm{Pr}+\mathrm{Re}} \tag{5.2.10}$$

当调整一个分类器的参数使其性能变化时，常利用 P-R 曲线或 ROC 曲线评价分类器在不同参数下的表现。

P-R 曲线是以精度为纵轴、以查全率为横轴的曲线，一般随着查全率提高，精度下降，图 5.2.1 为一个典型 P-R 曲线的示意图。

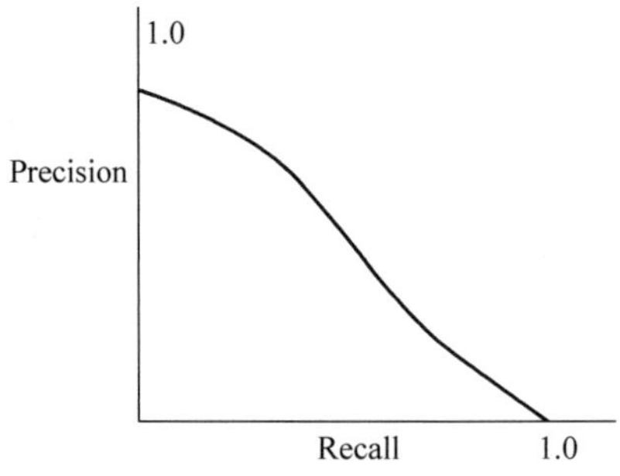

图 5.2.1　P-R 曲线示意

ROC 最初来自雷达检测技术，是接收机工作特性的缩写(receiver operating characteristic)。对于分类器，可定义正类样本分类准确率为

$$P_{\mathrm{Ac}}=\frac{N_{\mathrm{TP}}}{N_{\mathrm{TP}}+N_{\mathrm{FN}}} \tag{5.2.11}$$

和负类样本错误率为

$$N_{\mathrm{e}}=\frac{N_{\mathrm{FP}}}{N_{\mathrm{TN}}+N_{\mathrm{FP}}} \tag{5.2.12}$$

当改变分类器参数时，P_{Ac} 和 N_{e} 都变化，以 P_{Ac} 为纵轴，以 N_{e} 为横轴，可画出一条曲线，则称为 ROC 曲线。一个理想的分类器，可取到 $P_{\mathrm{Ac}}=1$ 和 $N_{\mathrm{e}}=0$ 点，但现实中难以实现这样的分类器。实际分类器曲线示例如图 5.2.2 所示。

对于一个实际分类器，若控制参数将所有样本分类为负类，则对应 $(N_{\mathrm{e}},P_{\mathrm{Ac}})=(0,0)$；若将所有样本分类为正类，则 $(N_{\mathrm{e}},P_{\mathrm{Ac}})=(1,1)$，则曲线可通过坐标原点和(1,1)点。设有两个分类器对应的 ROC 曲线 c_1 和 c_2 画在同一图中，若 c_1 总是位于 c_2 之上，则分类器 1

性能总是优于分类器 2；若两条曲线有交叉，则在不同参数下两个分类器表现各有优劣。对于 ROC 曲线有交叉的不同分类器，一种比较其总体优劣的方法是采用 AUG(area under ROC curve)参数，一个分类器的 AUG 参数表示为其 ROC 曲线之下到坐标横轴之间的面积。

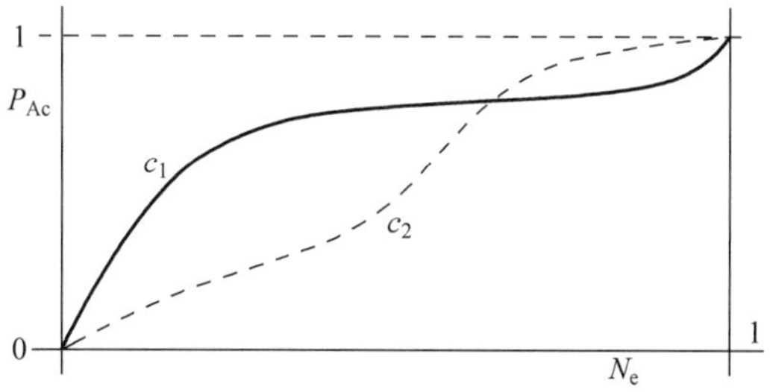

图 5.2.2 分类器 ROC 曲线示例

针对各类应用任务还有许多特别的参数，例如对于医学应用和金融应用，人们关注的性能可能非常不同，本书不再进一步讨论针对实际任务的性能评价。

5.3 机器学习模型的误差分解

本节以回归学习作为对象，讨论模型复杂度与误差的关系，即模型的偏和方差的折中问题。在 3.3 节的多项式基函数例子中(例 3.3.3)，已经看到对于固定规模的训练数据集，随着模型复杂度变化，训练误差和测试误差的变化关系。为了清楚起见，将该图重示于图 5.3.1(a)中。以多项式阶 M 表示模型的复杂度，可以看到，随着 M 增加，训练误差单调减少，但测试误差先减小后上升，也就是模型出现过拟合。用测试误差逼近所学模型的泛化误差，故模型的泛化误差不是随着模型的表达能力增强而减小，一般泛化误差与模型复杂度的关系是一个 U 形曲线。图 5.3.1(b)给出了训练误差与测试误差的一种更一般的示意图，横坐标表示模型的复杂性，类似地，训练误差单调减小，测试误差类似 U 形曲线。对于一个给定的学习任务，可选择对应测试误差 U 形曲线底端的模型复杂度。对于具体例子，图 5.3.1(a)中 M 取 3～7 这样一个较宽的范围，测试误差都处于 U 形的底端，都是可选的模型复杂度。

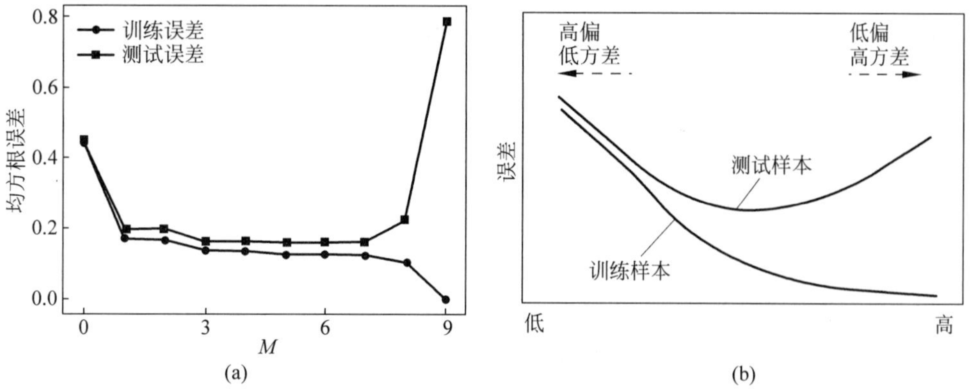

图 5.3.1 模型复杂度与误差的关系

接下来讨论更一般的泛化误差问题，以一般的回归模型作为讨论对象，不限于本书前面讨论的线性回归或基函数回归。假设一个数据集 $\boldsymbol{D}=\{(\boldsymbol{x}_n, y_n)\}_{n=1}^{N}$ 是对一个联合概率密度函数 $p(\boldsymbol{x}, y)$ 的采样，通过一个数据集学习得到的模型为 $\hat{y}(\boldsymbol{x})$，注意这里模型没有显式地依赖参数 $\boldsymbol{w}$，可表示更一般的模型。定义误差函数为

$$L[\hat{y}(\boldsymbol{x}), y]=[\hat{y}(\boldsymbol{x})-y]^2 \tag{5.3.1}$$

其中，y 表示回归模型要逼近的真实值。针对 $p(\boldsymbol{x}, y)$ 可得到模型的误差期望为

$$\begin{aligned} E(L) &= \iint L[\hat{y}(\boldsymbol{x}), y] p(\boldsymbol{x}, y) \mathrm{d}\boldsymbol{x} \mathrm{d}y \\ &= \iint [\hat{y}(\boldsymbol{x})-y]^2 p(\boldsymbol{x}, y) \mathrm{d}\boldsymbol{x} \mathrm{d}y \end{aligned} \tag{5.3.2}$$

其中，$E(L)$ 是针对模型 $\hat{y}(\boldsymbol{x})$ 的泛化误差。

对于回归问题，由第 2 章讨论的决策理论可知，若已知 $p(\boldsymbol{x}, y)$，则最优的回归模型为

$$h(\boldsymbol{x})=\int y p(y \mid \boldsymbol{x}) \mathrm{d}y=E(y \mid \boldsymbol{x}) \tag{5.3.3}$$

机器学习中，由于一般不知道准确的 $p(y|\boldsymbol{x})$，无法直接获得最优回归模型 $h(\boldsymbol{x})$，但是从原理上可以将 $h(\boldsymbol{x})$ 作为一个比较基准，得到如下误差分解

$$\begin{aligned} E(L) &= \iint [\hat{y}(\boldsymbol{x})-y]^2 p(\boldsymbol{x}, y) \mathrm{d}\boldsymbol{x} \mathrm{d}y \\ &= \iint [\hat{y}(\boldsymbol{x})-h(\boldsymbol{x})+h(\boldsymbol{x})-y]^2 p(\boldsymbol{x}, y) \mathrm{d}\boldsymbol{x} \mathrm{d}y \\ &= \iint [\hat{y}(\boldsymbol{x})-h(\boldsymbol{x})]^2 p(\boldsymbol{x}, y) \mathrm{d}\boldsymbol{x} \mathrm{d}y+\iint [h(\boldsymbol{x})-y]^2 p(\boldsymbol{x}, y) \mathrm{d}\boldsymbol{x} \mathrm{d}y+ \\ &\quad 2\iint [\hat{y}(\boldsymbol{x})-h(\boldsymbol{x})][h(\boldsymbol{x})-y] p(\boldsymbol{x}, y) \mathrm{d}\boldsymbol{x} \mathrm{d}y \\ &= \int [\hat{y}(\boldsymbol{x})-h(\boldsymbol{x})]^2 p(\boldsymbol{x}) \mathrm{d}\boldsymbol{x}+\iint [E(y \mid \boldsymbol{x})-y]^2 p(\boldsymbol{x}, y) \mathrm{d}\boldsymbol{x} \mathrm{d}y \end{aligned} \tag{5.3.4}$$

式中，$\hat{y}(\boldsymbol{x})-h(\boldsymbol{x})$ 与 y 无关，交叉项积分为 0，误差项由两项组成，其中第 2 项是随机变量的不可完全预测性的结果，这是一个固有量，与模型选择、学习过程均无关。式(5.3.4)最后一行的第 1 项是与模型和学习过程有关的，接下来仔细分析这一项。

假设只给出一个数据集 $\boldsymbol{D}=\{(\boldsymbol{x}_n, y_n)\}_{n=1}^{N}$，在这个数据集上学习回归模型，学习到的模型是与数据集相关的，为了清楚表示与数据集的相关性，将学习到的模型表示为 $\hat{y}(\boldsymbol{x};\boldsymbol{D})$，若可以获得若干数据集，将每个数据集学习的模型做平均，当数据集数目很大时，这个平均逼近一个期望，用符号 $E_D[\hat{y}(\boldsymbol{x};\boldsymbol{D})]$ 表示。使用这个符号，将针对一个指定数据集时的误差项 $[\hat{y}(\boldsymbol{x})-h(\boldsymbol{x})]^2$ 分解为

$$\begin{aligned} [\hat{y}(\boldsymbol{x};\boldsymbol{D})-h(\boldsymbol{x})]^2 &= \{\hat{y}(\boldsymbol{x};\boldsymbol{D})-E_D[\hat{y}(\boldsymbol{x};\boldsymbol{D})]+E_D[\hat{y}(\boldsymbol{x};\boldsymbol{D})]-h(\boldsymbol{x})\}^2 \\ &= \{\hat{y}(\boldsymbol{x};\boldsymbol{D})-E_D[\hat{y}(\boldsymbol{x};\boldsymbol{D})]\}^2+\{E_D[\hat{y}(\boldsymbol{x};\boldsymbol{D})]-h(\boldsymbol{x})\}^2+ \\ &\quad 2\{\hat{y}(\boldsymbol{x};\boldsymbol{D})-E_D[\hat{y}(\boldsymbol{x};\boldsymbol{D})]\}\{E_D[\hat{y}(\boldsymbol{x};\boldsymbol{D})]-h(\boldsymbol{x})\} \end{aligned} \tag{5.3.5}$$

将以上误差项对所有不同数据集进行平均，即取 $E_D(\cdot)$，则注意到交叉项为 0，故

$$E_D\{[\hat{y}(\boldsymbol{x};\boldsymbol{D})-h(\boldsymbol{x})]^2\}$$

$$=E_D\{[\hat{y}(\boldsymbol{x};\boldsymbol{D})-E_D(\hat{y}(\boldsymbol{x};\boldsymbol{D}))]^2\}+E_D\{[E_D(\hat{y}(\boldsymbol{x};\boldsymbol{D}))-h(\boldsymbol{x})]^2\}$$
$$=[E_D(\hat{y}(\boldsymbol{x};\boldsymbol{D}))-h(\boldsymbol{x})]^2+E_D\{[\hat{y}(\boldsymbol{x};\boldsymbol{D})-E_D(\hat{y}(\boldsymbol{x};\boldsymbol{D}))]^2\} \tag{5.3.6}$$

式(5.3.6)的第1项是偏差,从多个数据集分别学习得到模型的 $\hat{y}(\boldsymbol{x};\boldsymbol{D})$ 做平均的结果 $E_D(\hat{y}(\boldsymbol{x};\boldsymbol{D}))$ 仍与最优模型 $h(\boldsymbol{x})$ 之间存在偏差;第2项是学习得到的模型的方差,即每个数据集训练得到的模型与模型期望之间的偏离程度,这个方差越大,不同数据集训练出的模型的起伏程度越大。由于式(5.3.6)对所有数据集 $\boldsymbol{D}$ 取了期望,其与具体数据集无关,可以看作 $[\hat{y}(\boldsymbol{x})-h(\boldsymbol{x})]^2$,带入式(5.3.4)得

$$\begin{aligned}E(L)=&\int[E_D(\hat{y}(\boldsymbol{x};\boldsymbol{D}))-h(\boldsymbol{x})]^2p(\boldsymbol{x})\mathrm{d}\boldsymbol{x}+\\&\int E_D\{[\hat{y}(\boldsymbol{x};\boldsymbol{D})-E_D(\hat{y}(\boldsymbol{x};\boldsymbol{D}))]^2\}p(\boldsymbol{x})\mathrm{d}\boldsymbol{x}+\\&\iint[E(y\mid\boldsymbol{x})-y]^2p(\boldsymbol{x},\boldsymbol{y})\mathrm{d}\boldsymbol{x}\mathrm{d}y\\=&(\text{偏})^2+\text{方差}+\text{固有误差}\end{aligned} \tag{5.3.7}$$

式(5.3.7)说明,对于一个给出的模型,其泛化误差由3部分组成:偏(实际是偏的平方,为了叙述简单,这里称为偏)、方差和固有误差。固有误差与模型、数据集和学习过程均无关,不需要进一步讨论。偏和方差确实与模型选择有关,一般地,若选择比较简单的模型,则偏比较大,这是由于模型的表示能力有限,即使从多次训练获得的模型平均也仍偏离最优模型 $h(\boldsymbol{x})$。若选择比较复杂的模型,可以使偏比较小,但方差变大。设模型是参数模型,则复杂模型具有更多的参数,在给定数据集规模的条件下,每个参数的平均有效样本数较小。第2章讨论过,方差与有效样本数成反比,因此方差变大。即模型简单,方差小,偏大;模型复杂,方差大,偏小。当模型取得比较合适时,既不算复杂也不算简单,即相对折中的模型,可能偏和方差都比较小,总误差最小。图5.3.2给出了偏、方差和泛化误差随模型复杂度的变化曲线。

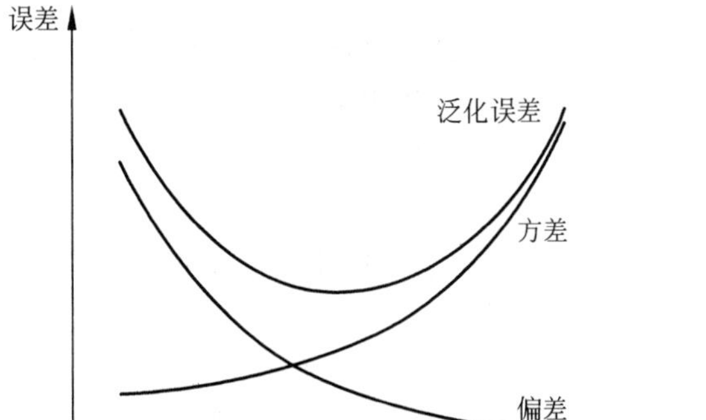

图 5.3.2 模型的误差分解

例 5.3.1 为了给出误差分解的直观解释,考虑一个简单的学习模型的例子。

设函数 $f(\boldsymbol{x})$ 无法直接观测,为了对该函数进行预测,通过采样获得数据集,采样过程为

$$y=f(\boldsymbol{x})+v \tag{5.3.8}$$

由于无法直接观测 $f(\boldsymbol{x})$,故采样样本存在误差 v,设 v 为零均值、方差为 σ_v^2 的高斯噪声。为了讨论问题简单,采样时各输入 $\boldsymbol{x}_i$ 是预先确定的。由采样数据构成 I.I.D 数据集

$\{\boldsymbol{x}_i, y_i\}_{i=1}^N$，由数据集训练一个模型，作为说明，这里采用 K 近邻回归算法，模型为

$$\hat{y}=\hat{f}(\boldsymbol{x})=\frac{1}{K}\sum_{l=1}^{K}y_{(l)} \tag{5.3.9}$$

这里用 $y_{(l)}$ 表示对于给定的 $\boldsymbol{x}$，最近邻的 K 个训练集样本的标注值，用(l)表示最近邻样本的下标。

为了讨论误差分解，首先注意到，通过式(5.3.8)的观测，可得到最优模型为

$$h(\boldsymbol{x})=E(y\mid \boldsymbol{x})=f(\boldsymbol{x})$$

因此，固有误差为 σ_v^2。由于本例较为简单，直接使用式(5.3.4)的最后一行，则有

$$\begin{aligned}E(L)&=E\{(\hat{y}-h(\boldsymbol{x}))^2\}+\sigma_v^2\\&=E\left\{\left[\frac{1}{K}\left(\sum_{l=1}^{K}f(\boldsymbol{x}_{(l)})+v_l\right)-f(\boldsymbol{x})\right]^2\right\}+\sigma_v^2\\&=E\left\{\left[\frac{1}{K}\sum_{l=1}^{K}f(\boldsymbol{x}_{(l)})-f(\boldsymbol{x})\right]^2\right\}+E\left\{\left(\frac{1}{K}\sum_{l=1}^{K}v_l\right)^2\right\}+\sigma_v^2\\&=\left[\frac{1}{K}\sum_{l=1}^{K}f(\boldsymbol{x}_{(l)})-f(\boldsymbol{x})\right]^2+\frac{\sigma_v^2}{K}+\sigma_v^2\end{aligned} \tag{5.3.10}$$

式(5.3.10)从倒数第二行到最后一行，是考虑做预测时，$\boldsymbol{x}$ 是一个给出的固定值。式(5.3.10)的最后一行分别是如式(5.3.7)所示的：偏差、方差和固有误差。对于 K 近邻方法，K 越大代表模型表达力越弱，$K=1$ 代表最强表达能力。显然，对于变化的内在函数 $f(\boldsymbol{x})$，K 越大 $\frac{1}{K}\sum_{l=1}^{K}f(\boldsymbol{x}_{(l)})$ 与 $f(\boldsymbol{x})$ 偏差越大(越多偏离 $\boldsymbol{x}$ 更远的函数值参与平均)，但方差 $\frac{\sigma_v^2}{K}$ 越小。$K=1$ 时则由最近邻的函数 $f(\boldsymbol{x}_{(l)})$ 逼近 $f(\boldsymbol{x})$，因此偏差最小，这时方差 $\frac{\sigma_v^2}{K}$ 最大。不管 K 取何值，最后一项的固有误差 σ_v^2 不变。

对于线性回归模型，也可导出闭式结果说明误差的分解，只是推导过程更加复杂一些。

对于机器学习的模型选择来讲，对于给定的问题和数据集，并不是选择越复杂的模型越好，要选择适中的模型。这是一个基本的原则，在实际中怎样使用这个原则，却不是一个简单的问题。从原理上讲，从最大似然准则过渡到完全的贝叶斯框架下，可以解决模型选择的问题，但对于一般非线性模型，贝叶斯框架下的求解要复杂得多。一个更实际的方法是通过正则化和交叉验证来合理地选择模型。

本节注释 图 5.3.1 的测试误差和图 5.3.2 的泛化误差曲线都呈现一种类似 U 形曲线。对于传统的单一机器学习模型，U 形曲线具有一般性。但在深度学习中，当深度网络复杂度达到一定规模后，测试误差的表现更加复杂，对于集成学习中一些方法，如随机森林和提升算法，测试误差一般也并没有呈现出 U 形曲线，换言之，集成学习更不易出现过拟合问题。机器学习仍在快速发展，一些传统结论可能会被不断补充和修改。

5.4 机器学习模型的泛化性能

5.3 节以回归问题为例，讨论了偏和方差的折中问题，本节将以分类问题为例，讨论机器学习的另一个理论问题——泛化界。偏和方差的折中与泛化界是机器学习理论中关注的

两个基本问题，都是关于泛化误差的，两者之间也有密切的联系。

在机器学习模型的训练过程中，一般只有一组训练集，通过训练误差的最小化学习到一个模型，但真正关心的是泛化误差，即对不存在于训练集中的新样本，模型的预测性能如何？所以我们要关心一个基本问题：训练误差和泛化误差之间有多大的差距？机器学习的概率近似正确(probably approximately correct，PAC)理论对这个问题进行了研究。下面对该理论给出一个极为简要的介绍。

本节以二分类问题为例，讨论 PAC 理论的一些最基本概念和结论。假设所面对的样本可表示为$(\boldsymbol{x},y)$，$\boldsymbol{x}$ 是输入特征向量，$\boldsymbol{x}\in\mathcal{X}$，$\mathcal{X}$表示输入空间，$y\in\{0,1\}$表示类型，$(\boldsymbol{x},y)$满足概率分布 $p_{\mathcal{D}}(\boldsymbol{x},y)$，简写为 $p_{\mathcal{D}}$，故可用$(\boldsymbol{x},y)\sim p_{\mathcal{D}}$ 表示样本服从的分布。从 $p_{\mathcal{D}}$ 中采样得到满足独立同分布的训练样本集

$$\boldsymbol{D}=\{(\boldsymbol{x}_i,y_i)\}_{i=1}^{N} \tag{5.4.1}$$

其中，每个样本$(\boldsymbol{x}_i,y_i)\sim p_{\mathcal{D}}$。

用机器学习理论常用的术语，将一个机器学习模型称为一个假设 h，$h(\boldsymbol{x})$输出$\{0,1\}$表示类型，即 h 完成映射 $h:\mathcal{X}\to\{0,1\}$。在一个机器学习过程中，所有可能选择的假设构成一个假设空间$\mathcal{H}$。对于任意假设 $h\in\mathcal{H}$，其在训练样本集上的分类错误率定义为训练误差或经验风险，经验风险表示为

$$\hat{R}(h)=\frac{1}{N}\sum_{i=1}^{N}I(h(\boldsymbol{x}_i)\neq y_i) \tag{5.4.2}$$

经验风险表示假设 h 在训练集上的误分类率，这里 $I(\cdot)$为示性函数。可定义一般的泛化误差为

$$R(h)=P_{(\boldsymbol{x},y)\sim p_{\mathcal{D}}}[h(\boldsymbol{x})\neq y] \tag{5.4.3}$$

对于任意样本$(\boldsymbol{x},y)\sim p_{\mathcal{D}}$，不管其是否存在于训练集中，泛化误差均表示其总体统计意义上的误分类率。注意，用 R 表示泛化误差，用“带帽”的符号 $\hat{R}$ 表示经验风险。

若不考虑可实现性，理论上，希望学习到的假设是从$\mathcal{H}$空间找到使泛化误差最小的假设，即

$$h^*=\underset{h\in\mathcal{H}}{\operatorname{argmin}}R(h) \tag{5.4.4}$$

实际上，由于无法准确获得 $p_{\mathcal{D}}(\boldsymbol{x},y)$，故无法通过泛化误差优化获得最优假设，实际上总是通过经验风险最小化(empirical risk minimization，ERM)得到一个假设，即

$$\hat{h}=\underset{h\in\mathcal{H}}{\operatorname{argmin}}\hat{R}(h) \tag{5.4.5}$$

我们关心的一个理论问题：通过 ERM 得到的假设 $\hat{h}$ 与真正的泛化误差最小的 h^* 之间的泛化误差差距有多大？即 $R(h^*)$与 $R(\hat{h})$差距有多大？

在继续讨论之前，首先通过一个例子进一步理解以上概念。

例 5.4.1 一个假设空间的例子。在 4.2 节的感知机的例子中，为了与本节分类输出用$\{0,1\}$表示相符，将分类假设修改为

$$h(\boldsymbol{x})=I(\overline{\boldsymbol{w}}^{\mathrm{T}}\overline{\boldsymbol{x}}\geqslant 0) \tag{5.4.6}$$

这里 $\overline{\boldsymbol{x}}$ 包含了哑元，$\overline{\boldsymbol{w}}$ 包含了偏置系数，是$(K+1)$维参数向量。式(5.4.6)是一个假设，则假设空间为

$$\mathcal{H}=\{h_{\bar{w}} \mid h_{\bar{w}}(\boldsymbol{x})=I(\bar{\boldsymbol{w}}^{\mathrm{T}}\bar{\boldsymbol{x}} \geqslant 0), \bar{\boldsymbol{w}} \in \mathbf{R}^{K+1}\} \tag{5.4.7}$$

$\mathcal{H}$表示 K 维向量空间中的所有线性分类器集合,其中 $\mathbf{R}^{K+1}$ 为 $K+1$ 维实数集合。由于不同 $\bar{\boldsymbol{w}}$ 构成$\mathcal{H}$的不同成员,故式(5.4.5)可具体化为

$$\hat{h}=\underset{\bar{\boldsymbol{w}} \in \mathbf{R}^{K+1}}{\operatorname{argmin}} \hat{R}(h_{\bar{w}}) \tag{5.4.8}$$

$\hat{h}$ 是 ERM 意义下的假设,一般不能通过学习得到 $h_{\bar{w}}^{*}$。

实际上,感知机的目标函数式(4.2.21)是式(5.4.2)的经验风险的一种逼近,故训练得到的感知机是对 $\hat{h}$ 的一种逼近。

逻辑回归也可做类似理解,其目标函数交叉熵也是式(5.4.2)经验风险函数的一种近似。

为了研究 $R(h^{*})$ 与 $R(\hat{h})$ 的关系,给出以下引理。

引理 5.4.1 设 $Z_1, Z_2, \cdots, Z_N$ 是 N 个独立同分布的随机变量,均服从伯努利分布,且 $P(Z_i=1)=\mu$,定义样本均值为 $\hat{\mu}=\frac{1}{N}\sum_{i=1}^{N} Z_i$,令 $\varepsilon>0$ 为一个固定值,则

$$P(|\mu-\hat{\mu}|>\varepsilon) \leqslant 2\exp(-2\varepsilon^2 N) \tag{5.4.9}$$

该引理说明,对于独立同分布样本,当 N 充分大时,对于给定的 $\varepsilon>0$,均值估计和实际概率值之差大于 ε 的概率是很小的。

接下来,对于$\mathcal{H}$有限的情况,利用引理 5.4.1 导出训练误差和泛化误差的误差界,然后将结论推广到$\mathcal{H}$无限的情况。

5.4.1 假设空间有限时的泛化误差界

首先假设空间$\mathcal{H}$是有限的,即$\mathcal{H}=\{h_1, h_2, \cdots, h_K\}$,假设空间成员数目 $K=|\mathcal{H}|$ 可能很大,但有限。例如 4.4 节介绍的朴素贝叶斯方法,当特征分量取离散值时,其假设空间是有限的。若每个特征变量取有限值,则第 7 章介绍的决策树假设空间也是有限的。对于例 5.4.1,若 $\bar{\boldsymbol{w}}$ 取值为实数,则假设空间是无限的,但若 $\bar{\boldsymbol{w}}$ 的每个分量是由有限位二进制表示的数值,则其假设空间是有限的(详细讨论见例 5.4.2)。首先讨论$\mathcal{H}$有限的情况。

可从$\mathcal{H}$空间选择一个固定的假设 h_k,利用引理 5.4.1 容易得到对于 h_k,其训练误差和泛化误差的关系。为此定义一个随机变量,对于$(\boldsymbol{x}, y) \sim p_{\mathcal{D}}$,定义

$$Z=I[h_k(\boldsymbol{x}) \neq y] \tag{5.4.10}$$

即当 h_k 对样本$(\boldsymbol{x}, y)$不能正确分类时 $Z=1$。对式(5.4.1)所示的每个样本有 $Z_i=I[h_k(\boldsymbol{x}_i) \neq y_i]$,显然,$h_k$ 的训练误差为

$$\hat{R}(h_k)=\frac{1}{N}\sum_{i=1}^{N} Z_j \tag{5.4.11}$$

对比引理 5.4.1,Z_i 是 I.I.D 的伯努利随机变量,$\hat{R}(h_k)$是对 $R(h_k)$的样本均值估计,则由式(5.4.9)直接得到

$$P[|R(h_k)-\hat{R}(h_k)|>\varepsilon] \leqslant 2\exp(-2\varepsilon^2 N) \tag{5.4.12}$$

以上是对于一个固定的 h_k,泛化误差和训练误差之差(绝对值)大于 ε 的概率。对于给定 ε,若样本数 N 足够大,则泛化误差与训练误差相差大于 ε 的概率很小。

利用式(5.4.12)可导出一个更一般的结果。因此,定义事件 A_k 为 $|R(h_k)-\hat{R}(h_k)|>\varepsilon$,则有 $P(A_k)\leqslant 2\exp(-2\varepsilon^2 N)$。利用概率性质,至少存在一个 h(表示为 $\exists h$),其 $|R(h)-\hat{R}(h)|>\varepsilon$ 的概率为

$$
\begin{aligned}
P[\exists h\in\mathcal{H}, |R(h)-\hat{R}(h)|>\varepsilon] &= P(A_1\cup A_2\cup\cdots\cup A_K)\\
&\leqslant \sum_{k=1}^{|\mathcal{H}|}P(A_k)\\
&\leqslant \sum_{k=1}^{|\mathcal{H}|}2\exp(-2\varepsilon^2 N)\\
&= 2|\mathcal{H}|\exp(-2\varepsilon^2 N)
\end{aligned}
\tag{5.4.13}
$$

由于是概率值,由互补性,式(5.4.13)等价表示为,对于所有 h,有

$$P[|R(h)-\hat{R}(h)|\leqslant\varepsilon, \forall h\in\mathcal{H}]\geqslant 1-2|\mathcal{H}|\exp(-2\varepsilon^2 N) \tag{5.4.14}$$

在式(5.4.14)中,令

$$\delta=2|\mathcal{H}|\exp(-2\varepsilon^2 N) \tag{5.4.15}$$

式(5.4.14)有丰富的内涵,其中有 3 个量:δ、ε、N,以下从几个方面讨论式(5.4.14)的含义,并讨论这 3 个量的关系。

(1) 将式(5.4.14)重写为

$$P[|R(h)-\hat{R}(h)|\leqslant\varepsilon]\geqslant 1-\delta, \quad \forall h\in\mathcal{H} \tag{5.4.16}$$

对于给定的 ε,所有假设 $\forall h\in\mathcal{H}$都以不小于 $1-\delta$ 的概率满足 $|R(h)-\hat{R}(h)|\leqslant\varepsilon$,即泛化误差和训练误差之差不大于界 ε。这里 $1-\delta$ 是一个置信概率,当 N 很大时,δ 很小,以很高的概率满足 $|R(h)-\hat{R}(h)|\leqslant\varepsilon$。

(2) 假设空间的元素数目 $|\mathcal{H}|$ 是确定的,若给出 ε 和 δ,则可得到满足以 $1-\delta$ 为概率达到 $|R(h)-\hat{R}(h)|\leqslant\varepsilon$ 所需的样本数目。固定 δ,ε 从式(5.4.15)反解 N 为

$$N=\frac{1}{2\varepsilon^2}\ln\frac{2|\mathcal{H}|}{\delta} \tag{5.4.17}$$

由式(5.4.15),N 增大,δ 减小,故可将式(5.4.17)看作满足 δ,ε 约束的最小样本数。故对于给定 δ、ε,样本数可取为

$$N\geqslant\frac{1}{2\varepsilon^2}\ln\frac{2|\mathcal{H}|}{\delta} \tag{5.4.18}$$

(3) 在式(5.1.15)中,固定 δ、N,解得

$$\varepsilon=\sqrt{\frac{1}{2N}\ln\frac{2|\mathcal{H}|}{\delta}} \tag{5.4.19}$$

这给出式(5.4.16)的另一种解释,对于给定的 δ、N,误差界满足

$$|R(h)-\hat{R}(h)|\leqslant\sqrt{\frac{1}{2N}\ln\frac{2|\mathcal{H}|}{\delta}} \tag{5.4.20}$$

将以上解释总结为定理 5.4.1。

定理 5.4.1 对于假设空间$\mathcal{H}$,固定 δ、N,则以概率不小于 $1-\delta$,泛化误差与训练误差

满足

$$|R(h)-\hat{R}(h)|\leqslant\sqrt{\frac{1}{2N}\ln\frac{2|\mathcal{H}|}{\delta}}$$

或固定 δ、ε，若样本数目取

$$N\geqslant\frac{1}{2\varepsilon^2}\ln\frac{2|\mathcal{H}|}{\delta}$$

则以概率不小于 $1-\delta$ 满足 $|R(h)-\hat{R}(h)|\leqslant\varepsilon$。

以上结论对于假设空间中的任意假设 $\forall h\in\mathcal{H}$ 均成立。我们更感兴趣的一个问题是，对于以经验风险最小化学习得到的假设 $\hat{h}$ 和理论上泛化误差最小对应的 h^* 之间的泛化误差的比较。由以上结果，若对 $\forall h\in\mathcal{H}$ 有 $|R(h)-\hat{R}(h)|\leqslant\varepsilon$，则

$$R(h)\leqslant\hat{R}(h)+\varepsilon \tag{5.4.21}$$

对于 $\hat{h}$，可得到如下不等式

$$R(\hat{h})\leqslant\hat{R}(\hat{h})+\varepsilon\leqslant\hat{R}(h^*)+\varepsilon\leqslant R(h^*)+2\varepsilon \tag{5.4.22}$$

式(5.4.22)中第 1 个不等式只是将 $\hat{h}$ 带入式(5.4.21)；第 2 个不等式用了 $\hat{R}(\hat{h})\leqslant\hat{R}(h^*)$，这是因为 $\hat{h}$ 是经验误差最小的假设；第 3 个不等式对 h^* 再次使用式(5.4.21)。式(5.4.22)的结论是：ERM 学习得到的假设 $\hat{h}$ 与泛化误差最优的 h^*，其泛化误差之差不大于 2ε。将该结论总结为重要的定理 5.4.2。

定理 5.4.2 对于假设空间 $\mathcal{H}$，固定 δ、N，则以概率不小于 $1-\delta$，泛化误差满足不等式

$$R(\hat{h})\leqslant\min_{h\in\mathcal{H}}R(h)+2\sqrt{\frac{1}{2N}\ln\frac{2|\mathcal{H}|}{\delta}} \tag{5.4.23}$$

或固定 δ、ε，若样本数目取

$$N\geqslant\frac{1}{2\varepsilon^2}\ln\frac{2|\mathcal{H}|}{\delta}$$

则以概率不小于 $1-\delta$ 满足 $R(\hat{h})\leqslant\min\limits_{h\in\mathcal{H}}R(h)+2\varepsilon$。

由两个定理可见，若固定 δ、N，式(5.4.19)计算了一个界 ε，对于任意 $h\in\mathcal{H}$，训练误差和泛化误差之差以概率 $1-\delta$ 不大于 ε，同时 EMR 最小化得到的假设 $\hat{h}$ 与最小泛化误差之间的差距不大于 2ε。

例 5.4.2 讨论例 5.4.1 的假设空间

$$\mathcal{H}=\{h_{\bar{\boldsymbol{w}}}\mid h_{\bar{\boldsymbol{w}}}(\boldsymbol{x})=I(\bar{\boldsymbol{w}}^{\mathrm{T}}\bar{\boldsymbol{x}}\geqslant 0),\bar{\boldsymbol{w}}\in\mathbf{R}^{K+1}\}$$

$\bar{\boldsymbol{w}}$ 有 $K+1$ 个系数，若 $\bar{\boldsymbol{w}}$ 的每个分量用字长 L 的二进制表示(计算机中常取 L 为 16、32 或 64，近期一些研究采用低比特实现神经网络时，甚至取 L 为 8、4)，则表示 $\bar{\boldsymbol{w}}$ 所需的二进制位数为 $L(K+1)$，故假设空间 $\mathcal{H}$ 共有 $|\mathcal{H}|=2^{L(K+1)}$ 个元素，由式(5.4.18)可得，对于固定 δ、ε 时，样本数需满足

$$N\geqslant\frac{1}{2\varepsilon^2}\ln\frac{2|\mathcal{H}|}{\delta}=\frac{1}{2\varepsilon^2}\ln\frac{2\times 2^{L(K+1)}}{\delta}=O\left(\frac{KL}{\varepsilon^2}\ln\frac{1}{\delta}\right)=O_{\varepsilon,\delta}(K) \tag{5.4.24}$$

或记为

$$N \sim O_{\varepsilon,\delta}(K) \tag{5.4.25}$$

式中，$O(\cdot)$表示量级；$O_{\varepsilon,\delta}(\cdot)$表示量级函数，其中$\delta$、$\varepsilon$是其参数。式(5.4.25)尽管有比例系数存在，但需要的样本数N与模型的参数数目K是呈线性关系的。

*5.4.2 假设空间无限时的泛化误差界

将定理5.4.2的结论推广到假设空间$\mathcal{H}$无限的情况。如前所述，例5.4.1所示的线性模型或后续章节介绍的支持向量机和神经网络等模型，当参数取实数时，假设空间是无限的，即$|\mathcal{H}|=\infty$，这种情况下式(5.4.23)变得无意义。需要对其进行推广。这里对假设空间无限的情况，只做一个非常扼要的介绍。

当$|\mathcal{H}|=\infty$时，为了表示假设空间的表示能力(或容量)，给出两个概念：打散(shatters)和VC维(Vapnik-Chervonenkis dimension)，这里只给出其简单、直观性的介绍。

首先给出打散的概念，对于一个包含d个点的集合$S=\{\boldsymbol{x}_1,\boldsymbol{x}_2,\cdots,\boldsymbol{x}_d\}$，其中$\boldsymbol{x}_i\in\mathcal{X}$，称$\mathcal{H}$可打散$S$是指：对点集$S$对应加上一个任意标注集$\{y_1,y_2,\cdots,y_d\}$，则必存在$h\in\mathcal{H}$，使$h(x_i)=y_i, i=1,2,\cdots,d$。

对于一个假设空间$\mathcal{H}$，其VC维的定义为：至少存在一个最大元素数为d的点集合S，$\mathcal{H}$可打散S，则$\mathcal{H}$的VC维为d，记为$VC(\mathcal{H})=d$。这里d是最大能被$\mathcal{H}$打散的点集的元素数，对于有$d+1$个元素的点集合，$\mathcal{H}$均不可能打散它。

例5.4.3 图5.4.1给出二维平面上的3个点组成的点集和其对应的各种标注，直线表示判决线，假设空间为二维线性分类器，即

$$\mathcal{H}=\{h(\boldsymbol{x})=\theta_1x_1+\theta_2x_2+\theta_0 \mid \theta_0,\theta_1,\theta_2\in R\}$$

图中每条判决线属于$\mathcal{H}$，对这个3个元素的点集，$\mathcal{H}$可将其打散。如果是4个点，则对于标注是异或运算，$\mathcal{H}$不能正确分类，故$\mathcal{H}$不能打散4个点的点集，因此，平面线性分类器的VC维为3，即$VC(\mathcal{H})=3$。

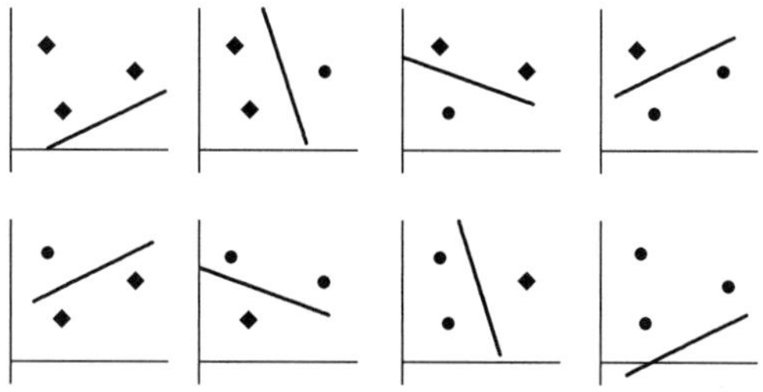

图5.4.1 可由线性分类器打散的点集

若用VC维d表示一个假设空间的容量，则可得到与定理5.4.2类似的结论，这里只给出对应的定理。

定理5.4.3 对于假设空间$\mathcal{H}$，若其VC维为$d=VC(\mathcal{H})$，则对于所有$h\in\mathcal{H}$，以概率不小于$1-\delta$，有不等式

$$|R(h)-\hat{R}(h)|\leqslant O\left(\sqrt{\frac{d}{N}\ln\frac{N}{d}+\frac{1}{N}\ln\frac{1}{\delta}}\right) \tag{5.4.26}$$

对于$\hat{h}$有不等式

$$R(\hat{h}) \leqslant \min_{h \in \mathcal{H}} R(h) + O\left(\sqrt{\frac{d}{N}\ln\frac{N}{d} + \frac{1}{N}\ln\frac{1}{\delta}}\right) \tag{5.4.27}$$

对于以概率不小于 $1-\delta$ 满足 $R(\hat{h}) \leqslant \min_{h \in \mathcal{H}} R(h) + 2\varepsilon$，样本数目需要求

$$N \sim O_{\varepsilon,\delta}(d) \tag{5.4.28}$$

注意，这里只用了量级函数 $O(\cdot)$而忽视了表达式中的一些具体常数系数，对于了解性能界，这就够了。从式(5.4.28)看，对于无限假设空间，所需样本数与假设空间的 VC 维呈线性关系。

机器学习理论给出对学习性能的整体性洞察，是非常有意义的，但目前对于一类实际模型的学习算法(如逻辑回归、神经网络、决策树等)，其给出的一些要求(如样本数等)与具体算法的实际需求还有较大距离，在指导一类具体算法的参数选择上的实际意义还有待改善，故实际中仍更常用交叉验证等技术确定机器学习模型的各类参数。

5.5 本章小结

本章介绍了基本的机器学习性能与评估，从两个方面进行讨论。首先从实用方面，介绍了利用数据集通过交叉验证和测试的实际技术训练一个机器学习模型的基本过程，并介绍了几个实际中常用的机器学习性能评估指标。然后从理论上讨论了机器学习的性质。为了讨论上的直观，结合回归介绍了偏和方差的折中问题，结合分类介绍了泛化界定理。

本书更侧重于机器学习算法的介绍，有关机器学习理论的讨论非常简略，对机器学习理论更感兴趣的读者，可参考 Mohri 等的教材(参考文献[32])和 Shai S-S 等的著作(参考文献[44])，这两本书对机器学习理论进行了较为深入的讨论，均由张文生等译成了中文。Vapnik 对于统计学习理论给出了一个简明版的读本(参考文献[50])，已由张学工译成中文。

习题

1. 什么是交叉验证？假设有 1000 个带标注的样本，设计一个参数模型 $\hat{\boldsymbol{y}} = h(\boldsymbol{x};\boldsymbol{w})$，讨论你可能选择的样本集划分方式和交叉验证过程。

2. 对于如下表示的线性分类器的假设空间

$$\mathcal{H} = \{h_{\bar{\boldsymbol{w}}} \mid h_{\bar{\boldsymbol{w}}}(\boldsymbol{x}) = I(\bar{\boldsymbol{w}}^{\mathrm{T}}\bar{\boldsymbol{x}} \geqslant 0), \bar{\boldsymbol{w}} \in \mathbf{R}^{K+1}\}$$

设 $\bar{\boldsymbol{w}}$ 有 11 个系数，若 $\bar{\boldsymbol{w}}$ 的每个分量用字长 8 比特的二进制表示，若得到模型的经验误差和泛化误差的差距以 0.95 的概率不大于 0.05，则样本数应至少取多少？

第二部分

PART2

经典算法

第 6 章 支持向量机与核函数方法

CHAPTER 6

支持向量机(support vector machine,SVM)既可以用于分类,也可以用于回归,本章首先以分类作为目标讨论 SVM 的原理和算法,然后再讨论用于回归问题的 SVM。首先针对线性情况的 SVM 进行介绍,然后介绍核函数方法,通过核函数将 SVM 推广到非线性情况。

SVM 是机器学习中应用最广泛的方法之一,也有着坚实的理论支撑,本章主要通过启发式的方法导出 SVM 的学习算法。

6.1 线性可分的支持向量机

视频讲解

本节以分类为目标讨论 SVM 的原理。作为分类器,SVM 的基本算法用于二分类问题,对于多分类问题可通过多个 SVM 进行推广,6.4 节专门讨论多分类问题。

线性 SVM 的数学模型与感知机类似,对于二分类问题,其线性判别函数为

$$\hat{y}(\boldsymbol{x})=\boldsymbol{w}^{\mathrm{T}}\boldsymbol{x}+b \tag{6.1.1}$$

其中,$\boldsymbol{x}=[x_1,x_2,\cdots,x_D]^{\mathrm{T}}$ 是输入特征向量。注意到,在 SVM 的表示中,偏置习惯用专门符号 b 表示。SVM 分类器输出为

$$y_c(\boldsymbol{x})=\operatorname{sgn}[\hat{y}(\boldsymbol{x})]=\operatorname{sgn}(\boldsymbol{w}^{\mathrm{T}}\boldsymbol{x}+b) \tag{6.1.2}$$

输出+1,表示 C_1 类;输出−1,表示 C_2 类。为了与输出对应,在 SVM 训练时,样本集中样本的标注也采用±1 表示两类,故训练集可表示为 $\boldsymbol{D}=\{\boldsymbol{x}_n,y_n\}_{n=1}^{N}$,$y_n\in\{-1,1\}$,$y_n=1$ 表示正样,$y_n=-1$ 表示负样。

与感知机类似,令

$$\boldsymbol{w}^{\mathrm{T}}\boldsymbol{x}+b=0 \tag{6.1.3}$$

作为判决超平面,将特征空间分割为两个子空间,分别属于 C_1 类和 C_2 类。线性分类器的任务就是找到 $\boldsymbol{w}$ 和 b 使对训练样本有低的错误分类率并能够对新的输入特征向量 $\boldsymbol{x}$ 给出较准确的预测,即有良好的泛化特性。

为了从原理上清晰地导出 SVM 的原理,首先讨论线性可分情况,然后推广到不可分的一般情况。

6.1.1 不等式约束的优化

继续 SVM 的推导之前,稍偏离一下主题,对带不等式约束的拉格朗日优化问题做一个概要介绍。后续 SVM 的核心原理就是依据这种不等式约束的,这是现代优化原理的重要

内容,以下介绍仅给出相关结果,以便后续使用,这里不做详细的说明和论证,有兴趣的读者可参考有关优化原理的著作,尤其推荐 Boyd 等的著作《凸优化》。

一种带约束条件的优化问题可描述为

$$\min_{\boldsymbol{x}} f(\boldsymbol{x})$$
$$\text{s.t. } h_k(\boldsymbol{x}) \geqslant 0 \quad k=1,2,\cdots,K \tag{6.1.4}$$

其中,s. t. 是 subject to 的缩写,即"服从于"的意思。与带等式约束的优化问题类似,该问题也可通过以下拉格朗日函数进行求解,即定义

$$L(\boldsymbol{x},\boldsymbol{\mu})=f(\boldsymbol{x})-\sum_{k=1}^{K}\mu_k h_k(\boldsymbol{x}) \tag{6.1.5}$$

解式(6.1.4)的问题,可通过式(6.1.5)求对 μ_k 的最大化和对 $\boldsymbol{x}$ 的最小化,问题的最优解满足

$$\frac{\partial L(\boldsymbol{x},\lambda,\boldsymbol{\mu})}{\partial \boldsymbol{x}}=0 \tag{6.1.6}$$

并同时满足以下 KKT(Karush-Kuhn-Tucker)条件,即

$$h_k(\boldsymbol{x}) \geqslant 0$$
$$\mu_k \geqslant 0$$
$$\mu_k h_k(\boldsymbol{x})=0 \tag{6.1.7}$$

至于求解过程,可以有如下原解和对偶解。问题的原解分解为两步,即

$$\min_{\boldsymbol{x}}\{\max_{\mu,\mu_k\geqslant 0}[L(\boldsymbol{x},\boldsymbol{\mu})]\} \tag{6.1.8}$$

对偶解分解为两步,即

$$\max_{\mu,\mu_k\geqslant 0}\{\min_{\boldsymbol{x}}[L(\boldsymbol{x},\boldsymbol{\mu})]\} \tag{6.1.9}$$

问题的原解是先求$\boldsymbol{\mu}$ 使$L(\boldsymbol{x},\boldsymbol{\mu})$最大化,然后固定$\boldsymbol{\mu}$,求 $\boldsymbol{x}$ 使$L(\boldsymbol{x},\boldsymbol{\mu})$最小化,对偶解是其反过程。可以证明,若 $f(\boldsymbol{x})$、$h_k(\boldsymbol{x})$是凸函数,同时 $h_k(\boldsymbol{x})$是仿射函数,且对于一些 $\boldsymbol{x}$,有 $h_k(\boldsymbol{x})>0$,则对偶解与原解同解,都是该优化问题的最优解。后面的推导将依赖 KKT 条件和对偶解。

6.1.2 线性可分情况 SVM 的原理

若待分类的二分类问题是线性可分的,则可以找到一组 $\boldsymbol{w}$,b,可对训练样本集 $\boldsymbol{D}$ 中的所有样本给出正确分类。一般情况下,给出一个线性可分的样本集,可以对其进行正确分类的 $\boldsymbol{w}$,b 有多种,尽管都可以正确分类该样本集,但其泛化性能却可能差距很大。图 6.1.1 给出一个例子,$\boldsymbol{x}$ 是二维向量,对于图中显示的样本集,所示的 3 条判决线(判决面在二维情况简化为直线)均可正确分类图中的样本,但当用于对新样本的分类时,泛化性能将有较大差距。

从直观的角度看,可以猜测在两条实线判决线中,靠下的一条会有好的泛化性能,其离两类样本都有较远的距离。对于线性可分情况,感知机收敛到可把所有样本正确分类的判决线上,但根据初始值的不同、迭代过程中样本的次序使用不同,感知机可收敛到不同的解。直观地讲,假设解是图 6.1.1 的 3 条判决线之一,感知机可能收敛到其中之一,不能保证收敛到泛化性能最好的一个解。

为了评价分类器的泛化性能，对于给定的一个如式(6.1.3)所表示的判决面，可以定义间隔(margin)的概念。间隔是在一个给定样本集中，样本到判决面的最小距离。对于给定的 $\boldsymbol{w}, b$ 和给定的样本集 $\boldsymbol{D}=\{\boldsymbol{x}_n, y_n\}_{n=1}^N$，4.2 节已讨论过样本到判决面的距离公式，利用式(4.2.3)可计算每个样本到判决面的距离为

$$\frac{|\boldsymbol{w}^{\mathrm{T}}\boldsymbol{x}_n+b|}{\|\boldsymbol{w}\|} \tag{6.1.10}$$

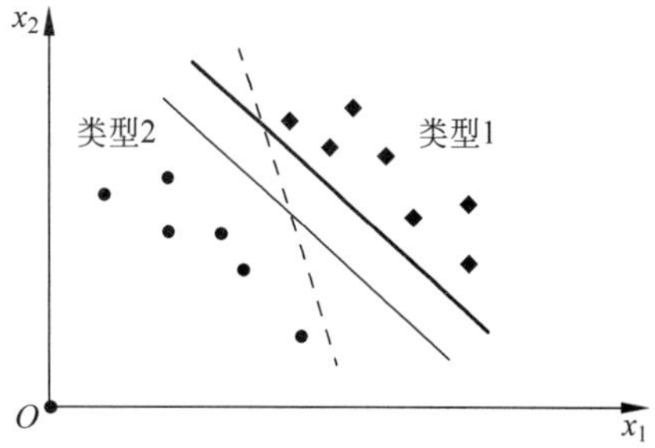

图 6.1.1 几个可正确分类样本的判决线

则对于给定的判决面，间隔 ρ 定义为最小距离，即

$$\rho(\boldsymbol{w}, b)=\min_{\boldsymbol{x}_n \in \boldsymbol{D}}\left\{\frac{|\boldsymbol{w}^{\mathrm{T}}\boldsymbol{x}_n+b|}{\|\boldsymbol{w}\|}\right\} \tag{6.1.11}$$

支持向量机的基本思想是：在所有能够正确分类样本集的判决面中，找到使间隔最大的判决面，并得到对应的 $\boldsymbol{w}, b$。用数学形式表示 SVM 的目标为

$$\max_{\boldsymbol{w}, b}\left\{\min_{\boldsymbol{x}_n \in \boldsymbol{D}} \frac{|\boldsymbol{w}^{\mathrm{T}}\boldsymbol{x}_n+b|}{\|\boldsymbol{w}\|}\right\}=\max_{\boldsymbol{w}, b}\left\{\frac{1}{\|\boldsymbol{w}\|} \min_{\boldsymbol{x}_n \in \boldsymbol{D}}|\boldsymbol{w}^{\mathrm{T}}\boldsymbol{x}_n+b|\right\} \tag{6.1.12}$$

式(6.1.12)就是 SVM 原理上的目标函数，但是直接解这个优化问题是非常困难的，接下来通过一些技巧将其变成一个容易求解的凸优化问题。

由线性可分性，设 $\boldsymbol{w}, b$ 可以对所有样本进行正确分类，因此对于一个正样，有 $\hat{y}(\boldsymbol{x}_n)>0$ 且 $y_n=1$；对于一个负样，有 $\hat{y}(\boldsymbol{x}_n)<0$ 且 $y_n=-1$。因此，对所有样本均满足

$$y_n \hat{y}(\boldsymbol{x}_n)=y_n(\boldsymbol{w}^{\mathrm{T}}\boldsymbol{x}_n+b) \geqslant 0 \tag{6.1.13}$$

因此，可将绝对值运算替换为

$$|y(\boldsymbol{x}_n)|=|\boldsymbol{w}^{\mathrm{T}}\boldsymbol{x}_n+b|=y_n(\boldsymbol{w}^{\mathrm{T}}\boldsymbol{x}_n+b) \tag{6.1.14}$$

由式(6.1.10)的距离公式可见，对于 $\boldsymbol{w}, b$ 同时乘一个比例因子 $\alpha>0$，则距离不变。同时，对于固定的 $\boldsymbol{w}, b$，$|y(\boldsymbol{x}_n)|$ 表示各样本点与判决面的相对距离，称 $|y(\boldsymbol{x}_n)|$ 为函数距离。通过控制比例因子 α，可限制 $|y(\boldsymbol{x}_n)|$ 满足 $|y(\boldsymbol{x}_n)| \geqslant 1, n=1,2,\cdots,N$，即离判决面最近的样本点的函数距离为 1，这相当于使

$$\min_{\boldsymbol{x}_n \in \boldsymbol{D}}|\boldsymbol{w}^{\mathrm{T}}\boldsymbol{x}_n+b|=1 \tag{6.1.15}$$

利用式(6.1.14)，则式(6.1.15)等价于

$$y_n(\boldsymbol{w}^{\mathrm{T}}\boldsymbol{x}_n+b) \geqslant 1, \quad n=1,2,\cdots,N \tag{6.1.16}$$

结合式(6.1.15)和式(6.1.16)，SVM 的目标函数式(6.1.12)可重写为

$$\begin{aligned}
&\max_{\boldsymbol{w}}\left\{\frac{1}{\|\boldsymbol{w}\|}\right\} \\
&\text{s.t.}\ y_n(\boldsymbol{w}^{\mathrm{T}}\boldsymbol{x}_n+b) \geqslant 1, \quad n=1,2,\cdots,N
\end{aligned} \tag{6.1.17}$$

显然，式(6.1.17)可重写为以下更易于优化的新形式

$$\begin{aligned}
&\min_{\boldsymbol{w}} \frac{1}{2}\|\boldsymbol{w}\|^2 \\
&\text{s.t.}\ y_n(\boldsymbol{w}^{\mathrm{T}}\boldsymbol{x}_n+b) \geqslant 1, \quad n=1,2,\cdots,N
\end{aligned} \tag{6.1.18}$$

经过这些变化，问题变成了求 $\boldsymbol{w}, b$ 使满足式(6.1.18)的约束优化问题，可见式(6.1.18)与

式(6.1.4)的标准优化问题是一致的。由于目标函数 $\|\boldsymbol{w}\|^2$ 是严格凸函数,约束方程是仿射函数,式(6.1.18)是一类典型的凸优化问题,这是二次规划(quadratic programming,QP)的一类特定形式,可用标准 QP 程序求解。

图 6.1.2 给出了 SVM 解的一种示意图,为了直观和简单,仍用二维情况作说明。图 6.1.2 中,实线是 SVM 的判决面,具有最大间隔性,两个平行的虚线(高维情况是超平面)称为间隔超平面,与判决面之间具有最小距离的样本点落在该平面上,即在该平面上的点满足

$$y_n\hat{y}(\boldsymbol{x}_n)=y_n(\boldsymbol{w}^{\mathrm{T}}\boldsymbol{x}_n+b)=1 \tag{6.1.19}$$

本节后续会说明,落在间隔超平面上的样本点称为"支持向量"。

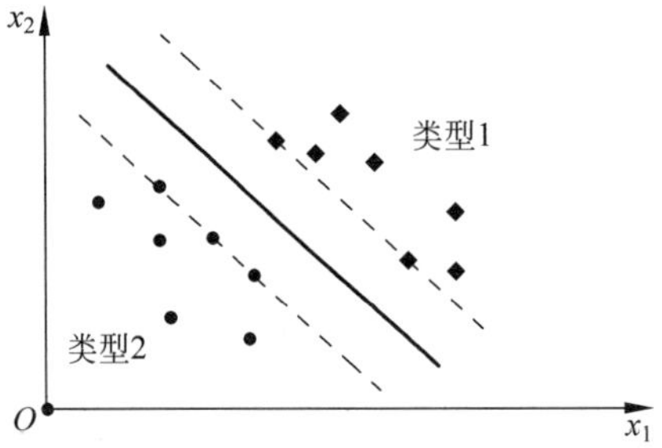

图 6.1.2 SVM 判决面和间隔面示意图

6.1.3 线性可分情况 SVM 的优化解

下面通过拉格朗日算子进一步研究 SVM 解的性质并给出其对偶解法,这将导出 SVM 非常有效的表示方法。对比式(6.1.18)和式(6.1.4),这是标准的约束优化问题,可构造拉格朗日算子为

$$L(\boldsymbol{w},b,\boldsymbol{a})=\frac{1}{2}\|\boldsymbol{w}\|^2-\sum_{n=1}^{N}a_n[y_n(\boldsymbol{w}^{\mathrm{T}}\boldsymbol{x}_n+b)-1] \tag{6.1.20}$$

其中,$a_n\geqslant 0$ 是拉格朗日乘子,每个样本点对应一个 a_n,可紧凑地写为 $\boldsymbol{a}=[a_1,a_2,\cdots,a_N]^{\mathrm{T}}$。式(6.1.20)的最终解满足对 $\boldsymbol{w},b$ 的梯度为 0,同时满足 KKT 条件,即

$$\begin{cases}\dfrac{\partial L(\boldsymbol{w},b,\boldsymbol{a})}{\partial \boldsymbol{w}}=0\Rightarrow \boldsymbol{w}=\displaystyle\sum_{n=1}^{N}a_ny_n\boldsymbol{x}_n\\[2ex]\dfrac{\partial L(\boldsymbol{w},b,\boldsymbol{a})}{\partial b}=0\Rightarrow \displaystyle\sum_{n=1}^{N}a_ny_n=0\end{cases} \tag{6.1.21}$$

KKT 条件为

$$\begin{cases}a_n\geqslant 0\\ y_n(\boldsymbol{w}^{\mathrm{T}}\boldsymbol{x}_n+b)-1\geqslant 0\\ a_n[y_n(\boldsymbol{w}^{\mathrm{T}}\boldsymbol{x}_n+b)-1]=0\end{cases} \tag{6.1.22}$$

KKT 条件的最后一项是实质性的,也称为互补条件。最后的解要满足该条件,则要求 $a_n=0$ 或 $y_n(\boldsymbol{w}^{\mathrm{T}}\boldsymbol{x}_n+b)-1=0$ 必然满足一项。这样,若一个 $a_n>0$,则必然有对应的 $y_n(\boldsymbol{w}^{\mathrm{T}}\boldsymbol{x}_n+b)=1$,即对应样本点 $\boldsymbol{x}_n$ 落在间隔超平面上,这样的样本点称为支持向量。对于一个样本集,支

持向量是比较少的,例如图 6.1.2 中,只有落在虚线表示的间隔线上的样本才是支持向量,对应的 a_n 系数中,$a_n>0$ 的项数是比较少的,向量 $\boldsymbol{a}$ 是一个稀疏向量。

可以利用式(6.1.9)得到问题的对偶解。首先利用式(6.1.21)得到 $\boldsymbol{w}$ 的解的形式 $\boldsymbol{w}=\sum_{n=1}^{N}a_n y_n \boldsymbol{x}_n$,以及为解 b 得到约束条件 $\sum_{n=1}^{N}a_n y_n=0$,将这些结果代入式(6.1.20),整理得

$$
\begin{aligned}
L(\boldsymbol{w},b,\boldsymbol{a}) &= \frac{1}{2}\|\boldsymbol{w}\|^2-\sum_{n=1}^{N}a_n[y_n(\boldsymbol{w}^{\mathrm{T}}\boldsymbol{x}_n+b)-1] \\
&= \frac{1}{2}\left\|\sum_{n=1}^{N}a_n y_n \boldsymbol{x}_n\right\|^2-\sum_{n=1}^{N}a_n\left\{y_n\left[\left(\sum_{m=1}^{N}a_m y_m \boldsymbol{x}_m\right)^{\mathrm{T}}\boldsymbol{x}_n+b\right]-1\right\} \\
&= \sum_{n=1}^{N}a_n-\frac{1}{2}\sum_{n=1}^{N}\sum_{m=1}^{N}a_n a_m y_n y_m \boldsymbol{x}_n^{\mathrm{T}}\boldsymbol{x}_m-\sum_{n=1}^{N}a_n y_n b \\
&= \sum_{n=1}^{N}a_n-\frac{1}{2}\sum_{n=1}^{N}\sum_{m=1}^{N}a_n a_m y_n y_m \langle \boldsymbol{x}_n,\boldsymbol{x}_m\rangle
\end{aligned}
$$

式中,从第 3 行到第 4 行用了约束条件 $\sum_{n=1}^{N}a_n y_n=0$,$\langle \boldsymbol{x}_n,\boldsymbol{x}_m\rangle=\boldsymbol{x}_n^{\mathrm{T}}\boldsymbol{x}_m$ 表示 $\boldsymbol{x}_n$ 和 $\boldsymbol{x}_m$ 的内积。后面将会看到,用向量的内积符号容易推广到非线性 SVM 的核函数形式。

加上约束条件,对偶解表示为以下优化问题

$$
\begin{aligned}
& L(\boldsymbol{a})=\sum_{n=1}^{N}a_n-\frac{1}{2}\sum_{n=1}^{N}\sum_{m=1}^{N}a_n a_m y_n y_m \langle \boldsymbol{x}_n,\boldsymbol{x}_m\rangle \\
& \text{s.t.}\ a_n \geqslant 0,\quad n=1,2,\cdots,N \\
& \sum_{n=1}^{N}a_n y_n=0
\end{aligned}
\tag{6.1.23}
$$

式(6.1.23)同样对应凸优化求解,同样也是一个二次规划问题,一方面,可以直接使用二次规划的求解程序;另一方面,针对其特点也可导出快速算法,例如针对式(6.1.23)的求解有更高效的序列最小优化算法。

解式(6.1.23)得到 $\boldsymbol{a}$,代入式(6.1.21)即可计算出 $\boldsymbol{w}$,实际上并不需要计算出 $\boldsymbol{w}$,而是将 $\boldsymbol{w}$ 的表达式直接代入 SVM 的线性判别函数式(6.1.1)得

$$
\hat{y}(\boldsymbol{x})=\boldsymbol{w}^{\mathrm{T}}\boldsymbol{x}+b=\sum_{n=1}^{N}a_n y_n\langle \boldsymbol{x},\boldsymbol{x}_n\rangle+b \tag{6.1.24}
$$

而分类器输出为

$$
y_c(\boldsymbol{x})=\operatorname{sgn}[\hat{y}(\boldsymbol{x})] \tag{6.1.25}
$$

如前所述,a_n 的解中分为 $a_n>0$ 和 $a_n=0$ 两种,对应 $a_n>0$ 的样本称为支持向量,一般只占总样本的少部分,将支持向量样本的序号集合表示为 $\boldsymbol{S}$,其成员数目表示为 N_S,可见,式(6.1.24)可简化为

$$
\hat{y}(\boldsymbol{x})=\sum_{n\in \boldsymbol{S}}a_n y_n\langle \boldsymbol{x},\boldsymbol{x}_n\rangle+b \tag{6.1.26}
$$

在训练集的样本数较大时,与样本数量相比,参与 SVM 运算的项数是相当少的。

在 SVM 算法推导的最后,要确定参数 b。每个支持向量满足式(6.1.19),将式(6.1.26)代入式(6.1.19)有

$$y_n\left(\sum_{m\in \boldsymbol{S}} a_m y_m \langle \boldsymbol{x}_n, \boldsymbol{x}_m \rangle + b\right) = 1$$

两边同乘 y_n，并利用 $y_n^2=1$ 得到利用一个支持向量计算 b 的公式，即

$$b = y_n - \sum_{m\in \boldsymbol{S}} a_m y_m \langle \boldsymbol{x}_n, \boldsymbol{x}_m \rangle \tag{6.1.27}$$

将每个支持向量所得 b 平均，得到 b 的更可靠估计为

$$b = \frac{1}{N_S}\sum_{n\in \boldsymbol{S}}\left[y_n - \sum_{m\in \boldsymbol{S}} a_m y_m \langle \boldsymbol{x}_n, \boldsymbol{x}_m \rangle\right] \tag{6.1.28}$$

至此，得到了在可分情况下线性 SVM 的计算过程。对于一个给定的样本集，首先解式(6.1.23)的优化问题，得到系数解 $\boldsymbol{a}$，然后通过式(6.1.28)计算出 b。对于给出新的输入特征向量 $\boldsymbol{x}$，先通过式(6.1.26)得到 SVM 的输出值 $\hat{y}(\boldsymbol{x})$，再通过式(6.1.25)得到其分类结果。图 6.1.2 所示为二维情况下的一个实例，图中 SVM 的判决面 $\hat{y}(\boldsymbol{x})=0$ 为所示的实线，图中也显示了几个支持向量。最后用于表示判别式(6.1.26)的只有支持向量，其他样本在优化过程中起作用，优化结束后对应 $a_n=0$ 的非支持向量样本将不再起作用。

由式(6.1.11)可见，当 SVM 分类器确定以后，间隔 $\rho=1/\|\boldsymbol{w}\|$ 可由权向量范数确定，若希望确定间隔 ρ，则需要计算 $\|\boldsymbol{w}\|$。因此，将式(6.1.27)两侧同乘 $a_n y_n$ 且对所有 n 求和得

$$\sum_{n=1}^{N} y_n a_n b = \sum_{n=1}^{N} y_n^2 a_n - \sum_{n=1}^{N}\sum_{m=1}^{N} y_n a_n a_m y_m \langle \boldsymbol{x}_n, \boldsymbol{x}_m \rangle$$

注意，等号右侧最后一项就是 $\|\boldsymbol{w}\|^2$，等号左侧为 0，故得到

$$\|\boldsymbol{w}\|^2 = \sum_{n=1}^{N} a_n = \|\boldsymbol{a}\|_1$$

其中，$\|\boldsymbol{a}\|_1$ 表示 $\boldsymbol{a}$ 的 l_1 范数。因此，SVM 的间隔值 $\rho=1/\|\boldsymbol{a}\|_1^{1/2}$。

由于最大间隔原则，SVM 有良好的泛化性能，由于 $\boldsymbol{a}$ 的稀疏性，SVM 最终进行分类时只有相应支持向量参与运算，运算复杂性较低。这些特性使 SVM 具有良好的应用价值。下面给出一个实际样本集的例子。

例 6.1.1 Iris 数据集包含了 150 个样本，属于鸢尾属下的 3 个亚属分别是山鸢尾(setosa)、变色鸢尾(versicolor)和维吉尼亚鸢尾(virginica)。4 个特征被用作样本的定量描述，它们分别是花萼和花瓣的长度与宽度。该数据集包含 150 个数据，每类 50 个数据。表 6.1.1是其中几个样本的数值例子。

表 6.1.1 Iris 数据集例子

花萼长度	花萼宽度	花瓣长度	花瓣宽度	类别
5.1	3.3	1.7	0.5	0(setosa)
5.0	2.3	3.3	1.0	1(versicolor)
6.4	2.8	5.6	2.2	2(virginica)

本例将鸢尾花分为山鸢尾花(setosa)和非山鸢尾花(non-setosa)两类。实验发现，为了把山鸢尾和其他两类分开，只要两个属性即可。故为了便于结果可视化，选取花朵的两个属性作为特征来训练。第一个实验取花萼长度、花萼宽度作为特征，第二个实验取花瓣长度、

花瓣宽度作为特征。

实验中,随机取 120 个样本作为训练集,余下 30 个样本作为测试。用两种特征训练的 SVM 分类器及对测试样本的效果分别如图 6.1.3 和图 6.1.4 所示。对于本题的分类任务,用全部 4 个特征自然也是可分的,可做到 100% 正确分类,只是用 4 个特征无法画出这种可视图形。实际中能可视化的例子是很少的。

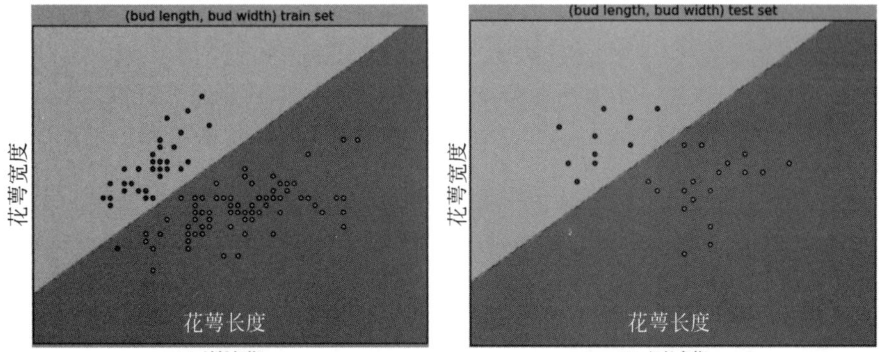

(a) 训练集　　(b) 测试集

图 6.1.3　花萼长度、花萼宽度作为特征训练集、测试集结果

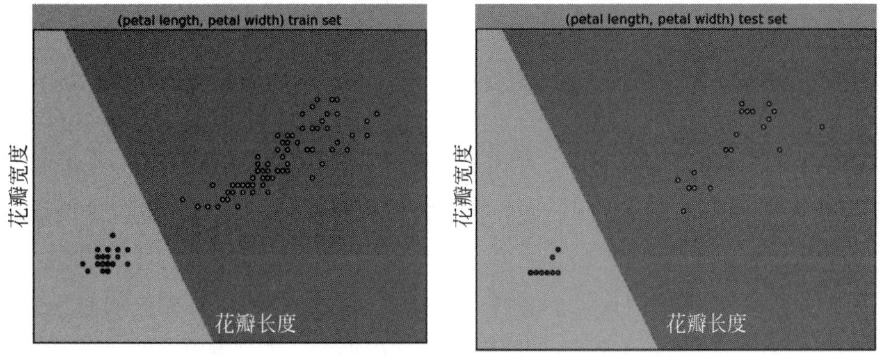

(a) 训练集　　(b) 测试集

图 6.1.4　花瓣长度、花瓣宽度作为特征训练集、测试集结果

6.2　线性不可分情况的 SVM

在实际中遇到的大多数情况是不可分的,对于给定的样本集,不存在一个判决面能将所有样本正确分类,在不可分情况下通过引入松弛变量(slack variables)扩展 SVM 方法。SVM 方法的发展途径也是如此,首先导出了可分情况的 SVM 算法,多年后才将其推广到不可分情况。

本节首先引入松弛变量推广 6.1 节的结果,然后从合页目标函数的视角进一步理解支持向量机方法。

6.2.1　线性不可分情况 SVM 的优化解

通过一个直观的理解引入松弛变量。对于可分情况,可找到一个判决面和一个间隔 ρ

(对应两侧的间隔超平面),所有样本都处于间隔面上或间隔面以外正确的一侧(如图 6.1.2 所示的例子),可以把不可分情况看作以上情况的推广。

可以直观地推广不可分问题如下:对于给定的间隔和判决面,一个不可分样本集可分为两组样本,一组样本仍满足可分性,称为正常样本,另一组称为奇异样本点,处于间隔面的另一侧。也就是说,对于第一组样本,仍满足 $y_n(\boldsymbol{w}^{\mathrm{T}}\boldsymbol{x}_n+b)\geqslant 1$ 的条件,对于奇异样本点,则不再满足这个条件,但对于每个奇异样本,可给出一个松弛变量 $\xi_n>0$,使该样本满足

$$y_n(\boldsymbol{w}^{\mathrm{T}}\boldsymbol{x}_n+b)\geqslant 1-\xi_n \tag{6.2.1}$$

为了将式(6.2.1)作为一个对所有样本成立的约束条件,对于正常样本点也给出一个松弛变量 $\xi_n=0$,则其同样满足式(6.2.1)的约束。这样就可将松弛变量和约束条件写为

$$\begin{cases}\xi_n\geqslant 0\\ y_n(\boldsymbol{w}^{\mathrm{T}}\boldsymbol{x}_n+b)\geqslant 1-\xi_n\end{cases},\quad n=1,2,\cdots,N \tag{6.2.2}$$

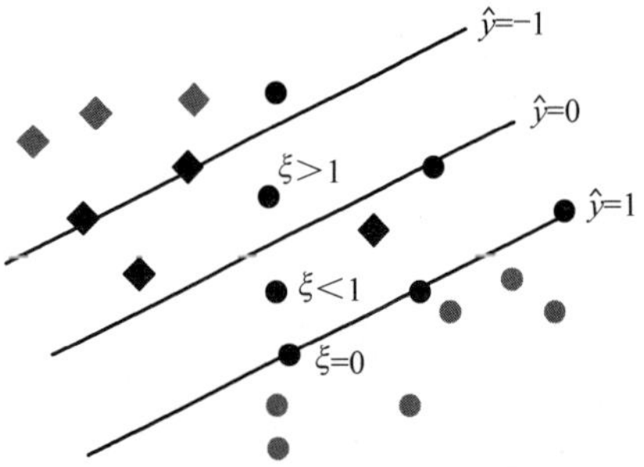

图 6.2.1 松弛变量示意图

通过图 6.2.1 可以进一步理解松弛变量。对于给定的间隔 ρ 和判决超平面,处于间隔超平面上和处于正确一侧的样本,对应 $\xi_n=0$。处于判决面两侧的间隔超平面上的点仍满足 $y_n(\boldsymbol{w}^{\mathrm{T}}\boldsymbol{x}_n+b)=1$,奇异点是位于间隔超平面的朝向判决错误一侧之外的点,对于这些点,可以令

$$\xi_n=|y_n-\hat{y}(\boldsymbol{x}_n)|$$

不难看到,若样本 $\boldsymbol{x}_n$ 处于间隔超平面和判决面之间仍能被正确分类的点,则 $0<\xi_n<1$;若 $\boldsymbol{x}_n$ 恰好位于判决面上,则 $\xi_n=1$;若 $\boldsymbol{x}_n$ 位于判决面另一侧,即位于被错误分类的一侧,则 $\xi_n>1$。按照这种方式确定松弛变量,对于奇异点,式(6.2.2)的约束是一个等式,即 $y_n(\boldsymbol{w}^{\mathrm{T}}\boldsymbol{x}_n+b)=1-\xi_n$,但对所有样本,式(6.2.2)的不等式是更一般性的约束条件。

以上为了理解松弛变量的含义,设间隔 ρ 和判决面都是预先确定的。对于不可分情况,实际上预先并不能确定最优间隔,间隔是在完成 SVM 优化后才能确定的。对于不可分情况,也没有一个确定的间隔值,实际上间隔 ρ 和松弛变量之和 $\sum\limits_{n=1}^{N}\xi_n$ 是一个需要相互平衡的量,大的间隔 ρ(小的 $\|\boldsymbol{w}\|$)可能会引起 $\sum\limits_{n=1}^{N}\xi_n$ 也变大。为了良好的平衡,可设置一个控制量 C,最后的优化是 $\|\boldsymbol{w}\|^2$ 和 $C\sum\limits_{n=1}^{N}\xi_n$ 之和的最小化。由于间隔是由参数可控的量,因此不可分情况的间隔称为软间隔(soft margin),对应可分情况的间隔称为硬间隔。

综合这些因素,得到不可分情况下 SVM 的目标函数为

$$\min_{\boldsymbol{w},\xi_n}\left\{\frac{1}{2}\|\boldsymbol{w}\|^2+C\sum_{n=1}^{N}\xi_n\right\}$$

$$\text{s.t.}\begin{cases}\xi_n\geqslant 0\\ y_n(\boldsymbol{w}^{\mathrm{T}}\boldsymbol{x}_n+b)\geqslant 1-\xi_n\end{cases},\quad n=1,2,\cdots,N \tag{6.2.3}$$

式中，$\sum_{n=1}^{N}\xi_n$ 可看作正则化项；C 是超参数，用于控制间隔和奇异点数目的平衡，从而控制 SVM 的训练集误差和泛化能力的折中，一般通过交叉验证的方式确定 C。为了优化该问题，构造拉格朗日算子为

$$L(\boldsymbol{w},b,\xi_n,\boldsymbol{a},\boldsymbol{\mu})=\frac{1}{2}\|\boldsymbol{w}\|^2+C\sum_{n=1}^{N}\xi_n-\sum_{n=1}^{N}a_n[y_n(\boldsymbol{w}^{\mathrm{T}}\boldsymbol{x}_n+b)-1+\xi_n]-\sum_{n=1}^{N}\mu_n\xi_n \tag{6.2.4}$$

式中，拉格朗日乘子 $a_n\geqslant 0,\mu_n\geqslant 0,n=1,2,\cdots,N$。

式(6.2.4)的 KKT 互补条件有两条，分别为

$$a_n[y_n(\boldsymbol{w}^{\mathrm{T}}\boldsymbol{x}_n+b)-1+\xi_n]=0 \tag{6.2.5}$$

$$\mu_n\xi_n=0,\quad n=1,2,\cdots,N \tag{6.2.6}$$

对于式(6.2.5)的条件，当 $a_n>0$ 时，$y_n(\boldsymbol{w}^{\mathrm{T}}\boldsymbol{x}_n+b)-1+\xi_n=0$ 这样的样本点称为支持向量，同样，支持向量的数目较少，$\boldsymbol{a}$ 是稀疏的。对于不可分情况的支持向量的作用与可分情况类似，后续再做更详细的讨论。

与可分情况一样，导出求解拉格朗日算子的对偶算法。首先求 $L(\boldsymbol{w},b,\xi_n,\boldsymbol{a},\boldsymbol{\mu})$ 针对 $\boldsymbol{w},b,\xi_n$ 的偏导数，得到以下各式

$$\frac{\partial L(\boldsymbol{w},b,\xi_n,\boldsymbol{a},\boldsymbol{\mu})}{\partial \boldsymbol{w}}=0\Rightarrow \boldsymbol{w}=\sum_{n=1}^{N}a_n y_n\boldsymbol{x}_n \tag{6.2.7}$$

$$\frac{\partial L(\boldsymbol{w},b,\xi_n,\boldsymbol{a},\boldsymbol{\mu})}{\partial b}=0\Rightarrow \sum_{n=1}^{N}a_n y_n=0 \tag{6.2.8}$$

$$\frac{\partial L(\boldsymbol{w},b,\xi_n,\boldsymbol{a},\boldsymbol{\mu})}{\partial \xi_n}=0\Rightarrow a_n=C-\mu_n \tag{6.2.9}$$

式(6.2.9)等价于

$$0\leqslant a_n\leqslant C \tag{6.2.10}$$

由 $\mu_n\geqslant 0$ 得到式(6.2.10)，这个不等式称为 a_n 的盒约束，即 a_n 取值限制在一个范围内。

将式(6.2.7)代入式(6.2.4)，并利用式(6.2.8)和式(6.2.10)约束，得到对偶拉格朗日的形式为

$$\begin{aligned}&L(\boldsymbol{a})=\sum_{n=1}^{N}a_n-\frac{1}{2}\sum_{n=1}^{N}\sum_{m=1}^{N}a_n a_m y_n y_m\langle\boldsymbol{x}_n,\boldsymbol{x}_m\rangle\\&\text{s.t.}\quad 0\leqslant a_n\leqslant C,\quad n=1,2,\cdots,N\\&\sum_{n=1}^{N}a_n y_n=0\end{aligned} \tag{6.2.11}$$

对比式(6.2.11)和式(6.1.23)发现，对于不可分情况，最终的对偶解形式与可分情况近乎一致，只是将 $a_n\geqslant 0$ 的约束变成 $0\leqslant a_n\leqslant C$ 的盒约束，显然式(6.2.11)对应了凸二次规划问题，可通过相应优化算法得到最优解。

与可分情况一样，得到 a_n 的解之后，利用式(6.2.7)直接得到 SVM 的线性判别输出

$$\hat{y}(\boldsymbol{x})=\boldsymbol{w}^{\mathrm{T}}\boldsymbol{x}+b=\sum_{n=1}^{N}a_n y_n\langle\boldsymbol{x},\boldsymbol{x}_n\rangle+b \tag{6.2.12}$$

而分类器输出为

$$y_c(\boldsymbol{x})=\operatorname{sgn}(\hat{y}[\boldsymbol{x}]) \tag{6.2.13}$$

不出意料,不可分情况下 SVM 的输出与可分情况形式相同。

1. 支持向量分析

由于松弛变量 ξ_n 的引入,不可分情况的支持向量比可分情况要复杂一些。如前所说,a_n 的解分为 $a_n>0$ 和 $a_n=0$ 两种。对应 $a_n>0$ 的样本称为支持向量,一般只占总样本的少部分,将支持向量样本的序号集合表示为 $\boldsymbol{S}$,其成员数目表示为 N_S。

对于支持向量 $n\in\boldsymbol{S}$,由 KKT 互补条件式(6.2.5),有

$$y_n(\boldsymbol{w}^{\mathrm{T}}\boldsymbol{x}_n+b)-1+\xi_n=0 \tag{6.2.14}$$

由于 a_n 满足盒条件,对于支持向量,a_n 可以分为两种类型：$0<a_n<C$ 和 $a_n=C$。

对于 $0<a_n<C$ 的支持向量,由式(6.2.9)得 $\mu_n>0$,由互补条件式(6.2.6)得 $\xi_n=0$,由式(6.2.14)得该支持向量满足 $y_n(\boldsymbol{w}^{\mathrm{T}}\boldsymbol{x}_n+b)=1$,即该样本位于间隔超平面上,这些支持向量与可分情况的支持向量一致,把这些支持向量的序号集合记为 $\boldsymbol{M}$。

对于 $a_n=C$ 的支持向量,对应 $\mu_n=0$,则 $\xi_n>0$ 对应奇异样本点,对于这些样本,若 $\xi_n<1$,则位于间隔超平面和判决面之间但仍可正确分类；$\xi_n>1$,则位于判决面错误的一侧,被错误分类；若 $\xi_n=1$,则位于判决面上,可分为任一类。图 6.2.1 中给出了支持向量的各种情况,在支持向量中,只有 $a_n=C$ 对应的样本,可能越过了间隔超平面并被错误分类。

2. 偏置计算

对于不可分情况,只有满足 $0<a_n<C$ 的部分支持向量位于间隔超平面,即 $\xi_n=0$,可用式(6.2.14)计算 b,对每个 $n\in\boldsymbol{M}$ 计算的 b 进行平均得到可靠的估计为

$$b=\frac{1}{N_{\boldsymbol{M}}}\sum_{n\in\boldsymbol{M}}\left[y_n-\sum_{m\in\boldsymbol{S}}a_m y_m\langle\boldsymbol{x}_n,\boldsymbol{x}_m\rangle\right] \tag{6.2.15}$$

式中,$N_{\boldsymbol{M}}$ 是集合 $\boldsymbol{M}$ 中元素数目。

6.2.2 合页损失函数

为了更全面地理解 SVM,可以从另一个角度观察一下 SVM 的目标函数。

在不可分情况下,SVM 的目标函数式(6.2.3)可以给出另外一种形式,称为合页损失函数(hinge loss function),其形式更符合标准的正则化目标函数。定义一个合页函数为

$$L_{\mathrm{h}}(z)=\max(0,1-z) \tag{6.2.16}$$

对于一个样本,若其满足 $y_n(\boldsymbol{w}^{\mathrm{T}}\boldsymbol{x}_n+b)\geqslant 1$,则 $\xi_n=L_{\mathrm{h}}[y_n(\boldsymbol{w}^{\mathrm{T}}\boldsymbol{x}_n+b)]=0$,若是一个奇异样本 $y_n(\boldsymbol{w}^{\mathrm{T}}\boldsymbol{x}_n+b)<1$,则 $\xi_n=1-y_n(\boldsymbol{w}^{\mathrm{T}}\boldsymbol{x}_n+b)=L_{\mathrm{h}}[y_n(\boldsymbol{w}^{\mathrm{T}}\boldsymbol{x}_n+b)]>0$,故

$$\sum_{n=1}^{N}\xi_n=\sum_{n=1}^{N}L_{\mathrm{h}}[y_n(\boldsymbol{w}^{\mathrm{T}}\boldsymbol{x}_n+b)] \tag{6.2.17}$$

因此,可定义一个新的目标函数如下

$$\begin{aligned}&\min_{\boldsymbol{w},b}\left\{\sum_{n=1}^{N}L_{\mathrm{h}}[y_n(\boldsymbol{w}^{\mathrm{T}}\boldsymbol{x}_n+b)]+\lambda\|\boldsymbol{w}\|^2\right\}\\=&\min_{\boldsymbol{w},b}\left\{\sum_{n=1}^{N}\max[0,1-y_n(\boldsymbol{w}^{\mathrm{T}}\boldsymbol{x}_n+b)]+\lambda\|\boldsymbol{w}\|^2\right\}\end{aligned} \tag{6.2.18}$$

显然，当 $\lambda=(2C)^{-1}$ 时，目标函数式(6.2.18)和式(6.2.3)同解。这里通过式(6.2.16)定义的合页函数，将式(6.2.3)的约束条件都集成在目标函数式(6.2.18)中。

令 $z=y(\boldsymbol{w}^{\mathrm{T}}\boldsymbol{x}+b)$，图 6.2.2 给出了合页损失函数的图形表示。为了比较，图 6.2.2 中同时给出了 0-1 损失函数，这里 0-1 损失函数为

$$L_{0/1}(z)=\begin{cases}1, & z<0\\ 0, & z>0\end{cases} \tag{6.2.19}$$

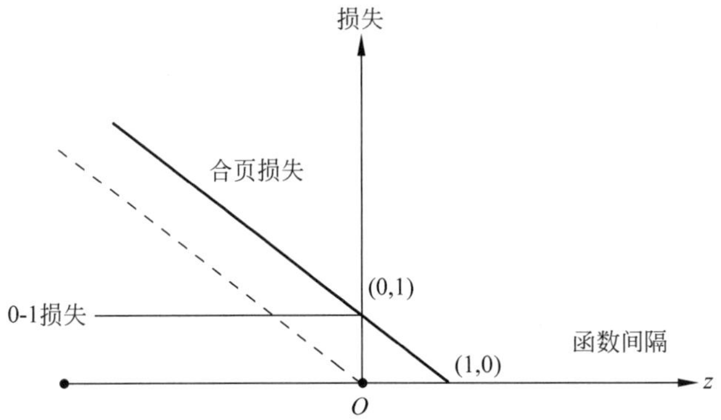

图 6.2.2　合页损失函数

显然，0-1 目标函数是对分类错误率的一种准确的表示(5.4 节讨论学习理论时用的是这种目标函数)，但不可导，用其作为目标函数难以进行数学处理，合页目标函数是其一种合理的“替代损失”函数，合页损失函数是 0-1 损失函数的一种上界。图 6.2.2 也用虚线给出了感知机的损失函数作为对比。

6.3 非线性支持向量机

6.2 节讨论的是线性 SVM，其判决面 $\boldsymbol{w}^{\mathrm{T}}\boldsymbol{x}+b=0$ 是特征空间 $\boldsymbol{x}$ 上的超平面。线性判决函数有其天然的限制，以二维情况进行说明，对于如图 6.3.1 所示的样本集，无论怎样设计线性函数都难以得到高正确率的分类。

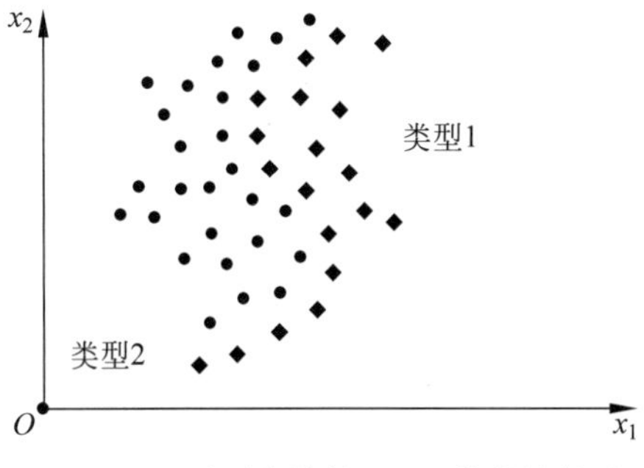

图 6.3.1　需要非线性 SVM 分类的例子

一个解决方法是采用第 3 章和第 4 章已讨论过的基函数方法，对于一个向量 $\boldsymbol{x}$，构造基函数向量为

$$\boldsymbol{\phi}(\boldsymbol{x})=[\phi_1(\boldsymbol{x}),\cdots,\phi_M(\boldsymbol{x})]^{\mathrm{T}} \tag{6.3.1}$$

注意,在 SVM 情况下,$\boldsymbol{\phi}(\boldsymbol{x})$中不包括哑元$\boldsymbol{\phi}_0(\boldsymbol{x})=1$,而是用 b 表示偏置。一般来讲,$\boldsymbol{\phi}(\boldsymbol{x})$的维数大于或等于 $\boldsymbol{x}$ 的维数,通过$\boldsymbol{\phi}(\boldsymbol{x})$把 $\boldsymbol{x}$ 映射到以 $\phi_i(\boldsymbol{x})$为坐标系的 M 维空间,这样当样本集 $\boldsymbol{D}=\{\boldsymbol{x}_n,y_n\}_{n=1}^N$ 在 $\boldsymbol{x}$ 空间高度线性不可分时,合理地选择$\boldsymbol{\phi}(\boldsymbol{x})$,其映射的样本集 $\boldsymbol{D}_\phi=\{\boldsymbol{\phi}(\boldsymbol{x}_n),y_n\}_{n=1}^N$ 在 M 维的$\boldsymbol{\phi}(\boldsymbol{x})$空间可能是可分的或接近可分的。在$\boldsymbol{\phi}(\boldsymbol{x})$空间通过线性 SVM 进行分类,即基于基函数的 SVM 判别函数为

$$\hat{y}(\boldsymbol{x})=\boldsymbol{w}^{\mathrm{T}}\boldsymbol{\phi}(\boldsymbol{x})+b \tag{6.3.2}$$

基于基函数的 SVM 的分类输出为

$$\hat{y}_c(\boldsymbol{x})=\operatorname{sgn}[\hat{y}(\boldsymbol{x})] \tag{6.3.3}$$

从$\boldsymbol{\phi}(\boldsymbol{x})$空间的角度来看,基函数 SVM 仍是线性 SVM,但从 $\boldsymbol{x}$ 空间的角度看,判决面映射到 $\boldsymbol{x}$ 空间是一超曲面。

$$\boldsymbol{w}^{\mathrm{T}}\boldsymbol{\phi}(\boldsymbol{x})+b=0 \tag{6.3.4}$$

图 6.3.1 给出了二维情况下,若$\boldsymbol{\phi}(\boldsymbol{x})$只有两个分量,且各分量是多项式函数,式(6.3.4)映射在 $\boldsymbol{x}$ 平面的判决线是一条曲线。从 $\boldsymbol{x}$ 空间的角度看,基于基函数的 SVM 是非线性的,故将基于基函数的 SVM 称为非线性 SVM。

对于非线性 SVM,尽管判决面的表达式(式(6.3.4))映射在 $\boldsymbol{x}$ 空间可表现出高度的非线性,但在以 $\phi_i(\boldsymbol{x})$为坐标的$\boldsymbol{\phi}(\boldsymbol{x})$空间是线性的,因此,若以$\boldsymbol{\phi}(\boldsymbol{x})$替代 $\boldsymbol{x}$,则 6.2 节的各种表示都是成立的。接下来直接讨论在$\boldsymbol{\phi}(\boldsymbol{x})$空间线性不可分的一般情况下,可把 6.2 节的结论平移到本节中。

在非线性 SVM 中,同样引入松弛变量 $\xi_n\geqslant 0$,其目标函数为

$$\begin{aligned}&\min_{\boldsymbol{w},\xi_n}\left\{\frac{1}{2}\|\boldsymbol{w}\|^2+C\sum_{n=1}^N\xi_n\right\}\\&\text{s.t.}\begin{cases}\xi_n\geqslant 0\\y_n(\boldsymbol{w}^{\mathrm{T}}\boldsymbol{\phi}(\boldsymbol{x}_n)+b)\geqslant 1-\xi_n,\quad n=1,2,\cdots,N\end{cases}\end{aligned} \tag{6.3.5}$$

可构造非线性 SVM 的拉格朗日算子,其表达式与式(6.2.4)一致,只是需要以$\boldsymbol{\phi}(\boldsymbol{x})$替代 $\boldsymbol{x}$,相应的 KKT 互补条件为

$$a_n\{y_n[\boldsymbol{w}^{\mathrm{T}}\boldsymbol{\phi}(\boldsymbol{x}_n)+b]-1+\xi_n\}=0 \tag{6.3.6}$$

$$\mu_n\xi_n=0,\quad n=1,2,\cdots,N \tag{6.3.7}$$

对于 $a_n>0$ 的样本,$y_n[\boldsymbol{w}^{\mathrm{T}}\boldsymbol{\phi}(\boldsymbol{x}_n)+b]=1-\xi_n$ 是支持向量。类似地,得到

$$\boldsymbol{w}=\sum_{n=1}^N a_n y_n\boldsymbol{\phi}(\boldsymbol{x}_n) \tag{6.3.8}$$

至于式(6.2.8)和式(6.2.9),对于非线性 SVM 完全一致,不再重复。同样地,式(6.2.11)的拉格朗日对偶解可推广为

$$\begin{aligned}&L(\boldsymbol{a})=\sum_{n=1}^N a_n-\frac{1}{2}\sum_{n=1}^N\sum_{m=1}^N a_n a_m y_n y_m\boldsymbol{\phi}^{\mathrm{T}}(\boldsymbol{x}_n)\boldsymbol{\phi}(\boldsymbol{x}_m)\\&\text{s.t.}\ 0\leqslant a_n\leqslant C,\quad n=1,2,\cdots,N\quad\sum_{n=1}^N a_n y_n=0\end{aligned} \tag{6.3.9}$$

定义基函数向量$\boldsymbol{\phi}(\boldsymbol{x}_n)$的内积为一个核函数，即

$$\kappa(\boldsymbol{x}_n,\boldsymbol{x}_m)=\boldsymbol{\phi}^{\mathrm{T}}(\boldsymbol{x}_n)\boldsymbol{\phi}(\boldsymbol{x}_m) \tag{6.3.10}$$

这里，用核函数$\kappa(\boldsymbol{x}_n,\boldsymbol{x}_m)$替代线性SVM的内积$\langle\boldsymbol{x}_n,\boldsymbol{x}_m\rangle$是一种更广义的形式，内积$\langle\boldsymbol{x}_n,\boldsymbol{x}_m\rangle$可看作一种特殊的核函数。将式(6.3.9)表示成核函数新形式为

$$\begin{aligned}&L(\boldsymbol{a})=\sum_{n=1}^{N}a_n-\frac{1}{2}\sum_{n=1}^{N}\sum_{m=1}^{N}a_na_my_ny_m\kappa(\boldsymbol{x}_n,\boldsymbol{x}_m)\\&\text{s.t.}\ 0\leqslant a_n\leqslant C,\quad n=1,2,\cdots,N\quad \sum_{n=1}^{N}a_ny_n=0\end{aligned} \tag{6.3.11}$$

解式(6.3.11)可得a_n，并将式(6.3.8)代入式(6.3.2)，得SVM的判别输出为

$$\hat{y}(\boldsymbol{x})=\sum_{n=1}^{N}a_ny_n\kappa(\boldsymbol{x},\boldsymbol{x}_n)+b \tag{6.3.12}$$

式(6.3.4)表示的判决面可写为

$$\sum_{n=1}^{N}a_ny_n\boldsymbol{\kappa}(\boldsymbol{x},\boldsymbol{x}_n)+b=0 \tag{6.3.13}$$

与线性SVM类似，对应$a_n>0$的支持向量样本，将其序号集合表示为$\boldsymbol{S}$，其成员数目表示为N_S。对于支持向量，a_n又分为两种类型$0<a_n<C$和$a_n=C$。对于$0<a_n<C$的支持向量，$\xi_n=0$，满足条件$y_n[\boldsymbol{w}^{\mathrm{T}}\boldsymbol{\phi}(\boldsymbol{x}_n)+b]=1$，即这些样本位于间隔超平面上，把这些支持向量的序号集合记为$\boldsymbol{M}$。类似于线性SVM，可利用这些支持向量计算b，对每个$n\in\boldsymbol{M}$计算的b进行平均得到可靠的估计为

$$b=\frac{1}{N_{\boldsymbol{M}}}\sum_{n\in\boldsymbol{M}}\left[y_n-\sum_{m\in\boldsymbol{S}}a_my_m\boldsymbol{\kappa}(\boldsymbol{x}_n,\boldsymbol{x}_m)\right] \tag{6.3.14}$$

式中，$N_{\boldsymbol{M}}$是集合$\boldsymbol{M}$中元素数目。

总结一下本节导出非线性SVM的过程，并观察式(6.3.11)～式(6.3.14)发现，通过定义基函数向量$\boldsymbol{\phi}(\boldsymbol{x})$，引出了式(6.3.10)定义的核函数$\kappa(\boldsymbol{x}_n,\boldsymbol{x}_m)$，得到的非线性SVM方法与线性SVM相比，只是用核函数$\kappa(\boldsymbol{x}_n,\boldsymbol{x}_m)$代替向量内积$\langle\boldsymbol{x}_n,\boldsymbol{x}_m\rangle$，其他没有变化，并且在实际学习SVM参数和使用SVM对新的输入$\boldsymbol{x}$做分类时，也只用核函数，$\boldsymbol{\phi}(\boldsymbol{x})$在导出式(6.3.11)的对偶优化目标函数之后，即不再起作用。

为了更好地理解非线性SVM，这里对核函数再做一些简单说明，关于核函数的更详细的讨论将放在本节最后。对于向量$\boldsymbol{x}$，可构造一个基函数向量$\boldsymbol{\phi}(\boldsymbol{x})$，式(6.3.10)给出的是核函数在给定两个变量时计算的具体值，核函数的更一般定义为

$$\kappa(\boldsymbol{x},\boldsymbol{z})=\boldsymbol{\phi}^{\mathrm{T}}(\boldsymbol{x})\boldsymbol{\phi}(\boldsymbol{z}) \tag{6.3.15}$$

核函数有两个变量(此处的变量是向量型，也可以是标量或符号型变量)进行运算，得到标量结果。下面给出一个例子说明核函数的构造。

例6.3.1　设$\boldsymbol{x}=[x_1,x_2]^{\mathrm{T}}$是二维向量，定义基函数向量为$\boldsymbol{x}$分量的二阶多项式向量，即

$$\boldsymbol{\phi}(\boldsymbol{x})=[x_1^2,\sqrt{2}x_1x_2,x_2^2]^{\mathrm{T}} \tag{6.3.16}$$

则核函数

$$\begin{aligned}\boldsymbol{\kappa}(\boldsymbol{x},\boldsymbol{z}) &= [x_1^2,\sqrt{2}x_1x_2,x_2^2][z_1^2,\sqrt{2}z_1z_2,z_2^2]^{\mathrm{T}} \\ &= x_1^2z_1^2+2x_1x_2z_1z_2+x_2^2z_2^2=(x_1z_1+x_2z_2)^2 \\ &= (\boldsymbol{x}^{\mathrm{T}}\boldsymbol{z})^2 \end{aligned} \tag{6.3.17}$$

注意,在式(6.3.16)中的系数$\sqrt{2}$主要是为了凑成式(6.3.17)核函数的一个简洁形式而加的,式(6.3.17)称为二阶多项式核函数,类似地,可给出 K 阶多项式核函数。

可以先构造$\boldsymbol{\phi}(\boldsymbol{x})$,然后通过式(6.3.15)得到核函数,非线性 SVM 的推导也是通过引入$\boldsymbol{\phi}(\boldsymbol{x})$从而导出了核函数形式的对偶优化目标函数。但由于最终非线性 SVM 的优化和推断都可不再使用$\boldsymbol{\phi}(\boldsymbol{x})$,因此可以越过$\boldsymbol{\phi}(\boldsymbol{x})$直接通过核函数解决问题。类似地,也可以不用$\boldsymbol{\phi}(\boldsymbol{x})$而直接构造核函数,核函数需要满足一定的约束条件,将在第 6.3.2 节详细讨论,表 6.3.1 给出几种常用核函数,可以采用其中一些核函数说明非线性 SVM 的效果。

表 6.3.1 常用核函数

名　称	表 达 式	说　明
线性核	$\kappa(\boldsymbol{x},\boldsymbol{z})=\boldsymbol{x}^{\mathrm{T}}\boldsymbol{z}$	对应线性 SVM
多项式核	$\kappa(\boldsymbol{x},\boldsymbol{z})=(\boldsymbol{x}^{\mathrm{T}}\boldsymbol{z})^k$	多项式阶
高斯核	$\kappa(\boldsymbol{x},\boldsymbol{z})=\exp\left(-\frac{1}{2\sigma^2}\lVert\boldsymbol{x}-\boldsymbol{z}\rVert^2\right)$	σ 为标准差
Sigmoid 核	$\kappa(\boldsymbol{x},\boldsymbol{z})=\tanh(\alpha\boldsymbol{x}^{\mathrm{T}}\boldsymbol{z}+\beta)$	$\alpha,\beta\geqslant 0$

对于选择的核函数,式(6.3.13)给出了投影到 $\boldsymbol{x}$ 空间的判决面,对于二维情况的 $\boldsymbol{x}$,可给出图示说明。图 6.3.2 给出了采用了高斯核函数的结果,图 6.3.2(a)用了较小的正则化参数 C,图 6.3.2(b)用了较大的参数 C,可以看到,较小的 C 可得到更光滑的判决面,而较大的 C 降低了对训练样本集的错误分类率。

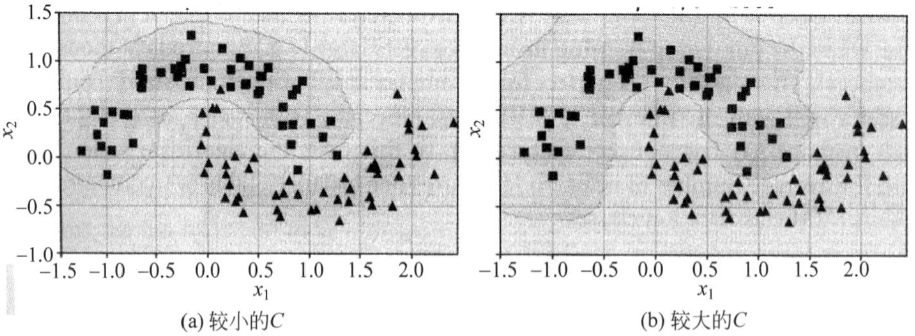

图 6.3.2 采用高斯核的 SVM 分类器

6.3.1 SVM 分类算法小结

为使用方便,把线性和非线性 SVM 算法总结在一起,如下所示。

SVM 算法

说明：当核函数取 $\kappa(\boldsymbol{x},\boldsymbol{z})=\boldsymbol{x}^{\mathrm{T}}\boldsymbol{z}$ 时为线性 SVM，取其他核函数对应非线性 SVM，正则化参数 C 可通过交叉验证确定。

(1) 拉格朗日对偶目标函数为

$$L(\boldsymbol{a})=\sum_{n=1}^{N}a_n-\frac{1}{2}\sum_{n=1}^{N}\sum_{m=1}^{N}a_n a_m y_n y_m \kappa(\boldsymbol{x}_n,\boldsymbol{x}_m)$$

$$\text{s.t. } 0\leqslant a_n\leqslant C,\quad n=1,2,\cdots,N\quad \sum_{n=1}^{N}a_n y_n=0 \tag{6.3.18}$$

求解对偶目标函数，得系数 a_n。其中，$a_n>0$ 对应的标号集合表示为 $\boldsymbol{S}$，其成员数目表示为 N_S；$0<a_n<C$ 标号集合记为 $\boldsymbol{M}$，其元素数目为 N_M。

(2) 偏置 b 为

$$b=\frac{1}{N_M}\sum_{n\in \boldsymbol{M}}\left[y_n-\sum_{m\in \boldsymbol{S}}a_m y_m \kappa(\boldsymbol{x}_n,\boldsymbol{x}_m)\right] \tag{6.3.19}$$

(3) SVM 判别函数为

$$\hat{y}(\boldsymbol{x})=\sum_{n\in \boldsymbol{S}}a_n y_n \kappa(\boldsymbol{x},\boldsymbol{x}_n)+b \tag{6.3.20}$$

SVM 分类输出

$$y_c(\boldsymbol{x})=\operatorname{sgn}(\hat{y}(\boldsymbol{x}))=\operatorname{sgn}\left[\sum_{n\in \boldsymbol{S}}a_n y_n \kappa(\boldsymbol{x},\boldsymbol{x}_n)+b\right] \tag{6.3.21}$$

SVM 有许多改进和变化的形式，其中 ν-SVM 是常见的一种替代，很多 SVM 的专业软件也支持 ν-SVM，简单地用超参数 ν 替代了 C，其对偶优化问题描述如下

$$L(\boldsymbol{a})=-\frac{1}{2}\sum_{n=1}^{N}\sum_{m=1}^{N}a_n a_m y_n y_m \kappa(\boldsymbol{x}_n,\boldsymbol{x}_m)$$

$$\text{s.t. } 0\leqslant a_n\leqslant 1/N,\ n=1,2,\cdots,N,\quad \sum_{n=1}^{N}a_n y_n=0,\quad \sum_{n=1}^{N}a_n\geqslant\nu \tag{6.3.22}$$

式(6.3.22)中，超参数 ν 有更直观的意义，更容易选取。

6.3.2 核函数方法

在以上讨论的非线性 SVM 中，引出了核函数的概念并进行了简要介绍，后续 6.5 节也用核函数表示了回归，核函数在机器学习领域还有许多其他应用，本节对核函数再进行一些详细的讨论。

如式(6.3.15)所表示的，引出核函数的一种方式就是通过基函数映射。对于向量 $\boldsymbol{x}$，可构造一个基函数向量 $\boldsymbol{\phi}(\boldsymbol{x})$，即 $\boldsymbol{x}\Rightarrow\boldsymbol{\phi}(\boldsymbol{x})=[\varphi_1(\boldsymbol{x}),\varphi_2(\boldsymbol{x}),\cdots,\varphi_M(\boldsymbol{x})]^{\mathrm{T}}$，核函数(或简称核)定义为

$$\kappa(\boldsymbol{x},\boldsymbol{z})=\boldsymbol{\phi}^{\mathrm{T}}(\boldsymbol{x})\boldsymbol{\phi}(\boldsymbol{z}) \tag{6.3.23}$$

核函数对两个变量进行运算得到标量结果。由式(6.3.23)定义的核函数显然满足对称性，即

$$\kappa(\boldsymbol{x},\boldsymbol{z})=\kappa(\boldsymbol{z},\boldsymbol{x}) \tag{6.3.24}$$

给出任一组样本$\{\boldsymbol{x}_n\}_{n=1}^N$，可计算核函数的取值 $K_{nm}=\kappa(\boldsymbol{x}_n,\boldsymbol{x}_m)=\boldsymbol{\phi}^{\mathrm{T}}(\boldsymbol{x}_n)\boldsymbol{\phi}(\boldsymbol{x}_m)$，则可定义矩阵

$$\boldsymbol{K}=[K_{nm}]_{N\times N}=[\kappa(\boldsymbol{x}_n,\boldsymbol{x}_m)]_{N\times N}=\boldsymbol{\Phi}\boldsymbol{\Phi}^{\mathrm{T}} \tag{6.3.25}$$

$\boldsymbol{K}$ 称为 Gram 矩阵或核矩阵，因其可写成式(6.3.25)的最后一项形式，它是对称的半正定矩阵。其中，基函数映射的数据矩阵为

$$\boldsymbol{\Phi}=[\boldsymbol{\phi}(\boldsymbol{x}_1),\boldsymbol{\phi}(\boldsymbol{x}_2),\cdots,\boldsymbol{\phi}(\boldsymbol{x}_N)]^{\mathrm{T}} \tag{6.3.26}$$

若一个核函数对任意数据集构成的 Gram 矩阵是半正定的，称其为正定核函数，若再满足对称性，则称为正定对称核，即 PDS(positive definite symmetric)核。由式(6.3.23)构成的核函数都是 PDS 核。

许多建立在核函数基础上的算法，并不直接使用映射函数$\boldsymbol{\phi}(\boldsymbol{x})$，而是直接用 $\kappa(\boldsymbol{x},\boldsymbol{z})$进行运算，例如 SVM。一般情况下，$\boldsymbol{\phi}(\boldsymbol{x})$是比 $\boldsymbol{x}$ 更高维向量，通过将 $\boldsymbol{x}$ 映射到$\boldsymbol{\phi}(\boldsymbol{x})$表示的高维空间可提高样本的可分性，但实际计算中却并不使用$\boldsymbol{\phi}(\boldsymbol{x})$，而是直接在 $\kappa(\boldsymbol{x},\boldsymbol{z})$上运算。一般情况下，若能很好地表示核 $\kappa(\boldsymbol{x},\boldsymbol{z})$，则直接计算 $\kappa(\boldsymbol{x},\boldsymbol{z})$比用式(6.3.23)通过$\boldsymbol{\phi}(\boldsymbol{x})$计算核函数更有效率。

这给出一个启发，可直接构造核，这样构造的核函数是否是 PDS 核？对一个直接构造的核 $\kappa(\boldsymbol{x},\boldsymbol{z})$，是否一定存在一个$\boldsymbol{\phi}(\boldsymbol{x})$，并将核分解为式(6.3.23)的形式？这里首先给出一个例子，然后讨论一般性的构造核函数的一些方法。

例 6.3.2 这里对例 6.3.1 进行推广，可以看到若 $\boldsymbol{x}=[x_1,x_2]^{\mathrm{T}}$ 是二维向量，$\boldsymbol{\phi}(\boldsymbol{x})=[x_1^2,\sqrt{2}x_1x_2,x_2^2]^{\mathrm{T}}$ 对应的核函数为 $\kappa(\boldsymbol{x},\boldsymbol{z})=(\boldsymbol{x}^{\mathrm{T}}z)^2$。

这里，给出一个扩充的核函数 $\kappa(\boldsymbol{x},\boldsymbol{z})=(\boldsymbol{x}^{\mathrm{T}}\boldsymbol{z}+c)^2$，$c>0$，可以看它是否为一个核，是否可找到对应的$\boldsymbol{\phi}(\boldsymbol{x})$。对此做如下分解

$$\begin{aligned}\kappa(\boldsymbol{x},\boldsymbol{z})&=(\boldsymbol{x}^{\mathrm{T}}\boldsymbol{z}+c)^2=(x_1z_1+x_2z_2+c)^2\\&=c^2+2cx_1z_1+2cx_2z_2+x_1^2z_1^2+2x_1z_1x_2z_2+x_2^2z_2^2\\&=(c,\sqrt{2c}x_1,\sqrt{2c}x_2,x_1^2,\sqrt{2}x_1x_2,x_2^2)(c,\sqrt{2c}z_1,\sqrt{2c}z_2,z_1^2,\sqrt{2}z_1z_2,z_2^2)^{\mathrm{T}}\\&=\boldsymbol{\phi}^{\mathrm{T}}(\boldsymbol{x})\boldsymbol{\phi}(\boldsymbol{z})\end{aligned}$$

相当于

$$\boldsymbol{\phi}(\boldsymbol{x})=(c,\sqrt{2c}x_1,\sqrt{2c}x_2,x_1^2,\sqrt{2}x_1x_2,x_2^2)^{\mathrm{T}}$$

可见，这个扩展的核仍然是一个 PDS 核，对应的是一个包含了最高阶为二阶的所有项的多项式基函数映射，比原来核的表示能力更强。

在实际中，可构造某些具有应用偏爱的核，傅里叶核是一种针对回归问题比较有效的核。

例 6.3.3 首先设 $x\in[0,1]$是一个标量，对于整数 K 则可定义 $M=2K+1$ 维基函数向量

$$\begin{aligned}\boldsymbol{\phi}(x)&=[\phi_0(x),\phi_1(x),\cdots,\phi_M(x)]^{\mathrm{T}}\\&=[1,\sqrt{2}\sin(2\pi x),\sqrt{2}\cos(\pi x),\cdots,\sqrt{2}\sin(2K\pi x),\sqrt{2}\cos(2K\pi x)]^{\mathrm{T}}\end{aligned}$$

则可以验证

$$\kappa(x,z)=\boldsymbol{\phi}^{\mathrm{T}}(x)\boldsymbol{\phi}(x)=\frac{\sin[(2K+1)\pi(x-z)]}{\sin[\pi(x-z)]}$$

注意，由极限定理知，该核函数在 $x-z$ 为整数时的取值为 $2K+1$。

若 $\boldsymbol{x}$ 是 D 维向量，则核函数可一般化为

$$\kappa(\boldsymbol{x},\boldsymbol{z})=\prod_{i=1}^{D}\frac{\sin[(2K+1)\pi(x_i-z_i)]}{\sin[\pi(x_i-z_i)]}$$

这个核函数对应的 $\boldsymbol{\phi}(\boldsymbol{x})$ 是多维可分的傅里叶基向量。

可以直接构造核函数 $\kappa(\boldsymbol{x},\boldsymbol{z})$，对于任意一组样本 $\{\boldsymbol{x}_n\}_{n=1}^N$，这里 N 是一任意整数，$\boldsymbol{x}_n\in\mathcal{X}$，$\mathcal{X}$是样本空间，只要 $\boldsymbol{K}=[K_{nm}]_{N\times N}=[\kappa(\boldsymbol{x}_n,\boldsymbol{x}_m)]_{N\times N}$ 是半正定的，则核 $\kappa(\boldsymbol{x},\boldsymbol{z})$ 是 PDS 核，将这个结论总结在如下的定理中。

定理 6.3.1 设 $\boldsymbol{\kappa}(\boldsymbol{x},\boldsymbol{z})$：$\mathcal{X}\times\mathcal{X}\mapsto\mathcal{R}$ 为 PDS 核，则其 Gram 矩阵是对称半正定的，存在映射 $\boldsymbol{\phi}(\boldsymbol{x})$，使

$$\forall\,\boldsymbol{x},\boldsymbol{z}\in\mathcal{X},\quad \kappa(\boldsymbol{x},\boldsymbol{z})=\langle\boldsymbol{\phi}(\boldsymbol{x}),\boldsymbol{\phi}(\boldsymbol{x})\rangle \tag{6.3.27}$$

式(6.3.27)用了一般的内积形式 $\kappa(\boldsymbol{x},\boldsymbol{z})=\langle\boldsymbol{\phi}(\boldsymbol{x}),\boldsymbol{\phi}(\boldsymbol{x})\rangle$ 表示核，当 $\boldsymbol{\phi}(\boldsymbol{x})$ 是有限维时，内积可表示为 $\boldsymbol{\phi}^{\mathrm{T}}(\boldsymbol{x})\boldsymbol{\phi}(\boldsymbol{x})$。有关定理 6.3.1 的证明需要一些泛函分析的内容，有兴趣的读者可参考 Mohri 等的《机器学习基础》。关于构造核 $\kappa(\boldsymbol{x},\boldsymbol{z})$ 最重要的结论是，对于任意一组样本 $\{\boldsymbol{x}_n\}_{n=1}^N$，$\boldsymbol{K}=[K_{nm}]_{N\times N}$ 的半正定性是 $\kappa(\boldsymbol{x},\boldsymbol{z})$ 为 PDS 核的充分必要条件，可以利用这个结论判断构造的新核函数是否为 PDS 核。

但是，对于构造的核 $\kappa(\boldsymbol{x},\boldsymbol{z})$，检验其对任意样本集 $\boldsymbol{K}$ 是半正定的，仍然相当复杂，基于定理 6.3.1，可给出有关 PDS 核封闭性的定理 6.3.2，该定理给出由简单的已知 PDS 核构造复杂 PDS 核的有效方法。

定理 6.3.2(PDS 核封闭性定理) 一个或多个 PDS 核在和、积、张量积、序列极限和幂级数组合运算下仍是 PDS 核。

定理中的多个 PDS 核的和、积运算是清楚的，对其他几种运算做一点解释。两个核的张量积定义为

$$(\kappa_1\otimes\kappa_2)(\boldsymbol{x}_1,\boldsymbol{z}_1,\boldsymbol{x}_2,\boldsymbol{z}_2)=\kappa_1(\boldsymbol{x}_1,\boldsymbol{z}_1)\kappa_2(\boldsymbol{x}_2,\boldsymbol{z}_2)$$

如果有 PDS 核序列 $\kappa_n(\boldsymbol{x},\boldsymbol{z})$，$n=1,2,\cdots$，存在极限

$$\kappa(\boldsymbol{x},\boldsymbol{z})=\lim_{n\to\infty}\kappa_n(\boldsymbol{x},\boldsymbol{z})$$

则 $\kappa(\boldsymbol{x},\boldsymbol{z})$ 也是 PDS 核。如果幂级数 $\sum_{n=0}^{\infty}a_n x^n$ 收敛，且 $a_n\geqslant 0$，$\kappa(\boldsymbol{x},\boldsymbol{z})$ 的取值范围限制在幂级数的收敛域范围，则 $\sum_{n=0}^{\infty}a_n\kappa^n(\boldsymbol{x},\boldsymbol{z})$ 定义的核是 PDS 核。

下面给出几个例子，利用定理 6.3.2 的封闭性，由简单 PDS 核构造出更复杂的 PDS 核。

例 6.3.4 对例 6.3.1 的情况给出更一般的推广，$\boldsymbol{x}^{\mathrm{T}}\boldsymbol{z}$ 是一个简单的 PDS 核，容易验证常数 $c>0$ 也是一个平凡的 PDS 核，由和封闭性 $\kappa_1(\boldsymbol{x},\boldsymbol{z})=\boldsymbol{x}^{\mathrm{T}}\boldsymbol{z}+c$，$c>0$ 是一个 PDS 核，由积封闭性 $\kappa_d(\boldsymbol{x},\boldsymbol{z})=(\boldsymbol{x}^{\mathrm{T}}\boldsymbol{z}+\boldsymbol{c})^d$，$c>0$ 是一个 PDS 核，其中 d 是任意正整数，这是一般的 d

阶多项式核。

例 6.3.5 可利用封闭性验证高斯核是 PDS 核，则

$$\begin{aligned}\kappa(\boldsymbol{x},\boldsymbol{z}) &= \exp\left(-\frac{1}{2\sigma^2}\|\boldsymbol{x}-\boldsymbol{z}\|^2\right) \\ &= \exp\left(-\frac{1}{2\sigma^2}(\boldsymbol{x}^{\mathrm{T}}\boldsymbol{x}-2\boldsymbol{x}^{\mathrm{T}}\boldsymbol{z}+\boldsymbol{z}^{\mathrm{T}}\boldsymbol{z})\right) \\ &= \exp\left(-\frac{1}{2\sigma^2}\boldsymbol{x}^{\mathrm{T}}\boldsymbol{x}\right)\exp\left(\frac{1}{\sigma^2}\boldsymbol{x}^{\mathrm{T}}\boldsymbol{z}\right)\exp\left(-\frac{1}{2\sigma^2}\boldsymbol{z}^{\mathrm{T}}\boldsymbol{z}\right) \\ &= f(\boldsymbol{x})\exp\left(\frac{1}{\sigma^2}\boldsymbol{x}^{\mathrm{T}}\boldsymbol{z}\right)f(\boldsymbol{z})\end{aligned}$$

式中，$f(\boldsymbol{x})=\exp\left(-\frac{1}{2\sigma^2}\boldsymbol{x}^{\mathrm{T}}\boldsymbol{x}\right)$，注意到 $f(\boldsymbol{x})$ 可看作一个特殊的基函数映射，将 $\boldsymbol{x}$ 映射到一维空间，故 $f(\boldsymbol{x})f(\boldsymbol{z})$ 是一个 PDS 核，由于指数函数 $\exp(\boldsymbol{x})$ 展开的级数满足定理 6.3.2 的条件，$\exp\left(\frac{1}{\sigma^2}\boldsymbol{x}^{\mathrm{T}}\boldsymbol{z}\right)$ 是一个 PDS 核，因此高斯核是 PDS 核。实际上本例给出一个更一般的结论：若 $\kappa_0(\boldsymbol{x},\boldsymbol{z})$ 是一个 PDS 核，则 $f(\boldsymbol{x})\exp[\kappa_0(\boldsymbol{x},\boldsymbol{z})]f(\boldsymbol{z})$ 构成一个 PDS 核。

直接构造核函数的一个优点是，可以构造 $\boldsymbol{\phi}(\boldsymbol{x})$ 是无限维的核。实际上，高斯核就对应了 $\boldsymbol{\phi}(\boldsymbol{x})$ 无限维，因此高斯核把 $\boldsymbol{x}$ 向量映射到无穷高维空间。

例 6.3.6 若向量分解为两个子向量(可以不同维数)$\boldsymbol{x}=[\boldsymbol{x}_1,\boldsymbol{x}_2]^{\mathrm{T}}$ 和 $\boldsymbol{z}=[\boldsymbol{z}_1,\boldsymbol{z}_2]^{\mathrm{T}}$，若 $\kappa_1(\boldsymbol{x}_1,\boldsymbol{z}_1)$ 和 $\kappa_2(\boldsymbol{x}_2,\boldsymbol{z}_2)$ 是 PDS 核，则 $\kappa_1(\boldsymbol{x}_1,\boldsymbol{z}_1)+\kappa_2(\boldsymbol{x}_2,\boldsymbol{z}_2)$ 和 $\kappa_1(\boldsymbol{x}_1,\boldsymbol{z}_1)\kappa_2(\boldsymbol{x}_2,\boldsymbol{z}_2)$ 均为 PDS 核，这里两个核的积是张量积，满足封闭性。

可以看到，灵活运用定理 6.3.2 的封闭性，可由已经验证的简单 PDS 核导出各种更复杂的 PDS 核。这种构造新核函数的技术是非常灵活的，即使对于一些非数值对象，例如字符串、DNA 序列等，也可以构造将其映射为数值结果的核函数，例如刻画两个字符串的相似性等，这类核函数将不易用数学模型描述的对象转换成易于处理的方式。

可以构造多种多样的核，对于一个实际问题，如何选一个最合适的核，没有一个系统的方法，一般通过启发式、经验或实验来确定。

6.4 SVM 用于多分类问题

SVM 分类器自身是一个二分类器，若要对多分类问题进行分类，需要以二分类器为基础组成多分类器。组合方式有多种，这里简单介绍两种方法：一对其他(one-versus-the-rest，OVR)和一对一(one-versus-one，OVO)方法。

设需分类的类型共有 K 类，OVR 方法是设计 K 个二分类 SVM 分类器，针对其中一个 $1\leqslant k\leqslant K$，将第 k 类样本作为正样，其他类型样本作为负样，训练一个分类器判别函数

$$\hat{y}_k(\boldsymbol{x})=\boldsymbol{w}_k^{\mathrm{T}}\boldsymbol{x}+b_k \tag{6.4.1}$$

当 $\hat{y}_k(\boldsymbol{x})>0$ 时将 $\boldsymbol{x}$ 分类为第 k 类，否则分类为其他类，共训练 K 个这样的分类器。当进行实际分类时，给出输入 $\boldsymbol{x}$，分别计算各分类器输出，最终分类器的类型输出 h 为

$$h=\arg\max_{1\leqslant k\leqslant K}\{\hat{y}_k(\boldsymbol{x})\} \tag{6.4.2}$$

OVO 方法则是针对任意两个不同类型 $1\leqslant k,j\leqslant K$ 设计一个分类器，将样本集中标注为 k,j 类型的样本构成一个单独样本集，类型 k 标注为 $+1$，类型 j 标注为 -1，训练一个 SVM 分类器，判别函数记为 $\hat{y}_{kj}(\boldsymbol{x})$，每两类组合得到这样的二分类器共有 $K(K-1)/2$ 个，当训练结束，给出一个新的输入向量 $\boldsymbol{x}$，可以通过投票方式确定类型输出，用 $v(k)$ 表示第 k 类的得分，则

$$v(k)=\sum_{\substack{1\leqslant j\leqslant K\\ j\neq k}} I\{\operatorname{sgn}[\hat{y}_{kj}(\boldsymbol{x})]=1\},\quad k=1,2,\cdots,K \tag{6.4.3}$$

其中，$I\{z\}$ 是示性函数，z 为真时，其输出为 1；否则为 0。$v(k)$ 为第 k 类的得票，最终分类器的类型输出 h 为

$$h=\arg\max_{1\leqslant k\leqslant K}\{v(k)\} \tag{6.4.4}$$

OVR 和 OVO 两类方法各有一些缺点。OVR 方法存在的主要问题是样本不平衡，尤其当 K 比较大，确定每个分类器 $\hat{y}_k(\boldsymbol{x})$ 时，只有第 k 类样本是正样，其他 $K-1$ 类样本均是负样，正负样本数量可能相差很大，有一些研究人员专门对样本平衡问题给出一些解决方法。OVO 方法也存在一些问题。首先，K 比较大时，需要训练的二分类器数量大，增加了训练时间，也同样地增加了测试时间和推断复杂度；其次，OVO 方法还可能存在分类模糊区域，即得票同样多的类型，无法确定该分给哪一类。比如，$K=3$ 的情况，需设计 3 个分类器，分类比较类型为 1v2、1v3 和 2v3，若 3 个分类器分别输出 2、3、1，则每个类型得 1 票，无法确定分类结果，在特征向量为二维的情况下，3 个判决面(线)如图 6.4.1 所示，可见中间的阴影区无法确定类型，是一个模糊区域，这种情况下需要一些改进技术消除模糊区域。

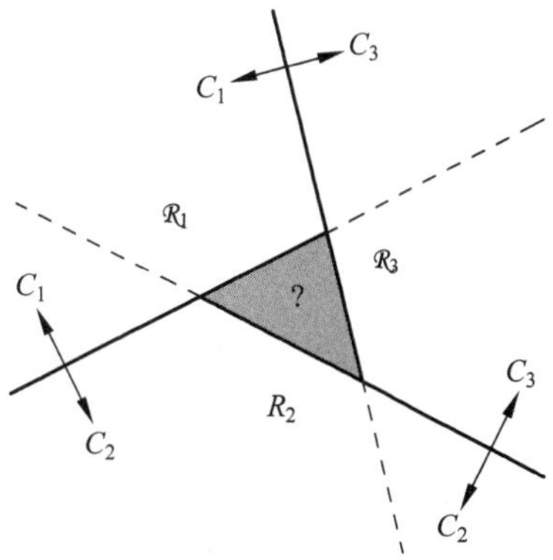

图 6.4.1　3 类情况下的 OVO 判决模糊

*6.5　支持向量回归

本节讨论将支持向量机的思想用于回归问题，导出支持向量回归(support vector regression，SVR)算法。

在回归问题中，样本集 $\boldsymbol{D}=\{\boldsymbol{x}_n,y_n\}_{n=1}^{N}$ 中的标注 y_n 是实数。第 3 章已经详细讨论了线性回归和线性基函数回归，本章前面也分别讨论了用于分类的线性 SVM 和非线性 SVM，本节直接通过基函数 $\boldsymbol{\phi}(\boldsymbol{x})$ 导出一般的非线性 SVR，线性 SVR 相当于 $\boldsymbol{\phi}(\boldsymbol{x})=\boldsymbol{x}$ 的特例。在 SVR 中，回归的输出为

$$\hat{y}(\boldsymbol{x})=\boldsymbol{w}^{\mathrm{T}}\boldsymbol{\phi}(\boldsymbol{x})+b \tag{6.5.1}$$

对于每个 $\boldsymbol{x}_n$，通过回归函数 $\hat{y}(\boldsymbol{x}_n)$ 对 y_n 进行逼近。在第 3 章的回归问题中，使用了误差平方作为评价函数，在 SVR 中给出一种新的误差函数，称为 ε-不敏误差函数。当回归模型输出 $\hat{y}(\boldsymbol{x})$ 与标注 y 的误差绝对值在 ε 范围内时，忽略这个误差；当误差绝对值超过 ε 时，将误差绝对值与 ε 之差作为误差度量，即 ε-不敏误差函数定义为

$$E_{\varepsilon}[\hat{y}(\boldsymbol{x})-y]=\max\{0,|\hat{y}(\boldsymbol{x})-y|-\varepsilon\} \tag{6.5.2}$$

图 6.5.1 给出了 ε-不敏误差函数的图形,作为对比,同时画出了误差平方函数,可以看出 ε-不敏误差函数可带来回归解的稀疏性。

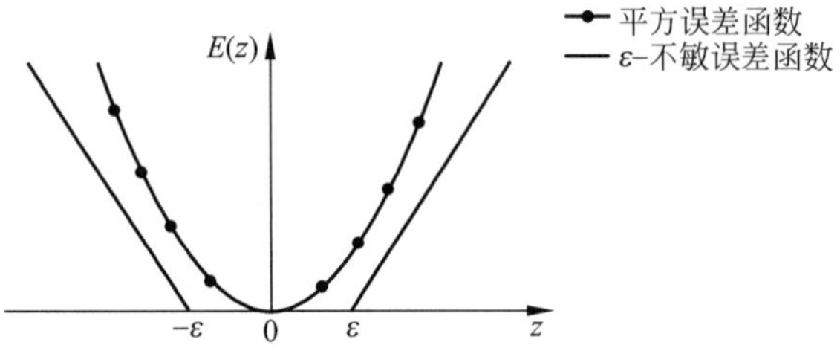

图 6.5.1　ε-不敏误差函数与平方误差的比较

考虑间隔约束和误差约束,给出正则化参数 C,则 SVR 的目标函数定义为

$$\begin{aligned}&\min_{\boldsymbol{w},b}\frac{1}{2}\|\boldsymbol{w}\|^{2}+C\sum_{n=1}^{N}E_{\varepsilon}(\hat{y}(\boldsymbol{x}_n)-y_n)\\&=\min_{\boldsymbol{w},b}\frac{1}{2}\|\boldsymbol{w}\|^{2}+C\sum_{n=1}^{N}\max\{0,|\boldsymbol{w}^{\mathrm{T}}\boldsymbol{\phi}(\boldsymbol{x}_n)+b-y_n|-\varepsilon\}\end{aligned} \tag{6.5.3}$$

式(6.5.3)的目标函数难以直接处理,类似 SVM 的回归情况,通过松弛变量将式(6.5.3)变成带约束的凸优化问题。

针对每个样本,给出两个松弛变量 $\xi_n\geqslant 0$ 和 $\hat{\xi}_n\geqslant 0$,注意到,ε-不敏误差函数的定义相当于以模型 $\hat{y}(\boldsymbol{x})$ 为中心,定义了一个 ε-带(ε-tube)。ε-带的范围可写为

$$\hat{y}(\boldsymbol{x}_n)-\varepsilon\leqslant y_n\leqslant\hat{y}(\boldsymbol{x}_n)+\varepsilon \tag{6.5.4}$$

满足式(6.5.4)的样本处于 ε-带之内,如图 6.5.2 所示。在这个带内的样本,对误差没有贡献,即 $E_{\varepsilon}[\hat{y}(\boldsymbol{x}_n)-y_n]=0$,对于 ε-带内的样本,令松弛变量 $\xi_n=0$ 和 $\hat{\xi}_n=0$。若一个样本不在 ε-带内,则要么位于 ε-带之上,要么位于 ε-带之下,这时 y_n 与 $\hat{y}(\boldsymbol{x}_n)$ 的误差大于 ε,ε-不敏误差大于 0。若 $y_n>\hat{y}(\boldsymbol{x}_n)+\varepsilon$,样本点位于 ε-带之上,有

$$\xi_n=y_n-\hat{y}(\boldsymbol{x}_n)-\varepsilon>0,\quad \hat{\xi}_n=0 \tag{6.5.5}$$

若 $y_n<\hat{y}(\boldsymbol{x}_n)+\varepsilon$,样本点位于 ε-带之下,有

$$\hat{\xi}_n=\hat{y}(\boldsymbol{x}_n)-\varepsilon-y_n>0,\quad \xi_n=0 \tag{6.5.6}$$

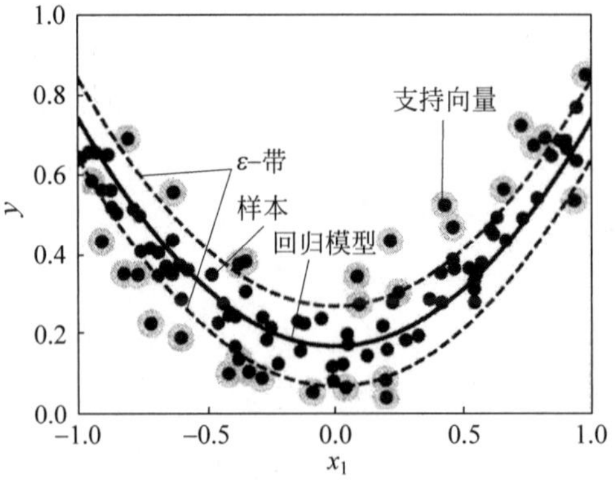

图 6.5.2　SVR 的 ε-带示意图

考虑到所有样本，得到两个约束条件为

$$y_n \leqslant \hat{y}(\boldsymbol{x}_n) + \varepsilon + \xi_n, \quad n=1,2,\cdots,N \tag{6.5.7}$$

$$y_n \geqslant \hat{y}(\boldsymbol{x}_n) - \varepsilon - \hat{\xi}_n, \quad n=1,2,\cdots,N \tag{6.5.8}$$

且误差之和 $\sum_{n=1}^{N} E_\varepsilon(\hat{y}(\boldsymbol{x}_n) - y_n) = \sum_{n=1}^{N}(\xi_n + \hat{\xi}_n)$，由这些准备，可将 SVR 的目标函数重写为以下带不等式约束的优化问题

$$\begin{aligned}&\min_{\boldsymbol{w},b}\left\{\frac{1}{2}\|\boldsymbol{w}\|^2\right\} + C\sum_{n=1}^{N}(\xi_n + \hat{\xi}_n)\\ &\text{s.t. } \boldsymbol{w}^{\mathrm{T}}\boldsymbol{\phi}(\boldsymbol{x}_n) + b + \varepsilon + \xi_n - y_n \geqslant 0, \quad y_n - (\boldsymbol{w}^{\mathrm{T}}\boldsymbol{\phi}(\boldsymbol{x}_n) + b) + \varepsilon + \hat{\xi}_n \geqslant 0\\ &\xi_n \geqslant 0, \quad \hat{\xi}_n \geqslant 0, \quad n=1,2,\cdots,N\end{aligned} \tag{6.5.9}$$

将式(6.5.9)的优化问题写成拉格朗日算子，即

$$\begin{aligned}L(\boldsymbol{w},b,\xi_n,\hat{\xi}_n,\mu_n,\hat{\mu}_n,\boldsymbol{a},\hat{\boldsymbol{a}}) = &\frac{1}{2}\|\boldsymbol{w}\|^2 + C\sum_{n=1}^{N}(\xi_n + \hat{\xi}_n) - \sum_{n=1}^{N}(\mu_n\xi_n + \hat{\mu}_n\hat{\xi}_n) - \\ &\sum_{n=1}^{N} a_n[\boldsymbol{w}^{\mathrm{T}}\boldsymbol{\phi}(\boldsymbol{x}_n) + b + \varepsilon + \xi_n - y_n] - \\ &\sum_{n=1}^{N}\hat{a}_n[\varepsilon + \hat{\xi}_n - \boldsymbol{w}^{\mathrm{T}}\boldsymbol{\phi}(\boldsymbol{x}_n) - b + y_n]\end{aligned} \tag{6.5.10}$$

式中，拉格朗日参数满足：$a_n \geqslant 0, \hat{a}_n \geqslant 0, \mu_n \geqslant 0, \hat{\mu}_n \geqslant 0$。以上拉格朗日算子分别对 $\boldsymbol{w}, b, \xi_n, \hat{\xi}_n$ 求导并令导数为 0，得

$$\frac{\partial L}{\partial \boldsymbol{w}} = 0 \quad \Rightarrow \quad \boldsymbol{w} = \sum_{n=1}^{N}(a_n - \hat{a}_n)\boldsymbol{\phi}(\boldsymbol{x}_n) \tag{6.5.11}$$

$$\frac{\partial L}{\partial b} = 0 \quad \Rightarrow \quad \sum_{n=1}^{N}(a_n - \hat{a}_n) = 0 \tag{6.5.12}$$

$$\frac{\partial L}{\partial \xi_n} = 0 \quad \Rightarrow \quad a_n + \mu_n = C \tag{6.5.13}$$

$$\frac{\partial L}{\partial \hat{\xi}_n} = 0 \quad \Rightarrow \quad \hat{a}_n + \hat{\mu}_n = C \tag{6.5.14}$$

将式(6.5.11)代入式(6.5.10)，并利用式(6.5.12)～式(6.5.14)得到拉格朗日对偶优化问题为

$$\begin{aligned}&L(\boldsymbol{a},\hat{\boldsymbol{a}}) = \frac{1}{2}\sum_{n=1}^{N}\sum_{m=1}^{N}(a_n - \hat{a}_n)(a_m - \hat{a}_m)\kappa(\boldsymbol{x}_n,\boldsymbol{x}_m) - \varepsilon\sum_{n=1}^{N}(a_n + \hat{a}_n) + \sum_{n=1}^{N}(a_n - \hat{a}_n)y_n\\ &\text{s.t. } 0 \leqslant a_n \leqslant C, \quad 0 \leqslant \hat{a}_n \leqslant C, \quad n=1,2,\cdots,N, \quad \sum_{n=1}^{N}(a_n - \hat{a}_n) = 0\end{aligned} \tag{6.5.15}$$

式(6.5.15)的优化问题再次成为一个二次凸规划问题，并且样本和回归函数再次仅以核函数计算形式出现在优化目标函数中。可用二次凸规划程序计算出系数 a_n 和 $\hat{a}_n$，将式(6.5.11)表示的 $\boldsymbol{w}$ 代入式(6.5.1)得到 SVR 的核函数形式为

$$\hat{y}(\boldsymbol{x}) = \sum_{n=1}^{N}(a_n - \hat{a}_n)\kappa(\boldsymbol{x},\boldsymbol{x}_n) + b \tag{6.5.16}$$

在 SVR 中,对应 $a_n>0$ 或 $\hat{a}_n>0$ 的样本称为支持向量。注意,可证明 $a_n>0$ 和 $\hat{a}_n>0$ 不可能同时满足(留作习题)。

对 SVR 中支持向量的情况做一些讨论,注意,KKT 的互补条件可写为

$$\begin{cases}a_n[\boldsymbol{w}^{\mathrm{T}}\boldsymbol{\phi}(\boldsymbol{x}_n)+b+\varepsilon+\xi_n-y_n]=0\\ \hat{a}_n[\varepsilon+\hat{\xi}_n-\boldsymbol{w}^{\mathrm{T}}\boldsymbol{\phi}(\boldsymbol{x}_n)-b+y_n]=0\end{cases}\tag{6.5.17}$$

$$\begin{cases}(C-a_n)\xi_n=0\\ (C-\hat{a}_n)\hat{\xi}_n=0\end{cases}\tag{6.5.18}$$

得到式(6.5.18)时用了式(6.5.13)和式(6.5.14)。

对于 $a_n>0$ 的样本点,若 $0<a_n<C$,则 $\xi_n=0$(见式(6.5.18)),则

$$\boldsymbol{w}^{\mathrm{T}}\boldsymbol{\phi}(\boldsymbol{x}_n)+b+\varepsilon=y_n\tag{6.5.19}$$

该支持向量位于 ε-带的上边界上。若 $\xi_n>0$,则 $a_n=C$,该支持向量位于 ε-带的上边界之外。

对于 $\hat{a}_n>0$ 的支持向量可做类似讨论,其或位于 ε-带的下边界上,或位于下边界之外。

对于 $0<a_n<C$ 的一个支持向量,由式(6.5.19)可得

$$b=y_n-\varepsilon-\boldsymbol{w}^{\mathrm{T}}\boldsymbol{\phi}(\boldsymbol{x}_n)=y_n-\varepsilon-\sum_{m=1}^{N}(a_m-\hat{a}_m)\kappa(\boldsymbol{x}_n,\boldsymbol{x}_m)\tag{6.5.20}$$

同样,对于 $0<\hat{a}_n<C$ 的支持向量,也可求得 b,将多个支持向量求得的 b 进行平均可得更可靠的估计。

图 6.5.2 显示的是采用二阶多项式核得到的 SVR 结果,图中用带晕开的圆点显示出了支持向量,有些支持向量位于 ε-带的边界线上,有些位于 ε-带之外。增大或减小 ε 会相应减少或增加支持向量数目,但 ε 是一个折中的量,其太小则支持向量太多,式(6.5.16)的回归表达式缺乏稀疏性,ε 太大,则稀疏性增加,但可能降低 SVR 的表示精度。另外,参数 C 一般可通过交叉验证获得。ε 和 C 的取值会影响到 SVR 的最终性能。

6.6 本章小结

本章讨论了小样本下机器学习的一类重要算法——支持向量机。首先给出了在线性可分情况下的支持向量机算法,在这种简单情况下,用间隔的概念说明了支持向量机具有良好的泛化性能。紧接着,通过引入松弛变量,研究了在线性不可分情况下的支持向量机算法,然后通过引入核函数,研究了更具一般性意义的非线性支持向量机。支持向量机既可以用于分类问题,也可以用于回归问题,本章也给出了支持向量回归算法。此外,本章对核函数做了介绍,讨论了直接构造核函数的方法。

本章对支持向量机的介绍主要是启发式的方法。实际中,机器学习理论对支持向量机的研究是非常充分的,有兴趣的读者可进一步阅读 Vapnik 的 *Statistical Learning Theory*,或 Mohri 等的 *Foundations of Machine Learning* 中给出的更简捷的介绍。中文著作中,邓乃杨等的《支持向量机:理论、算法与拓展》,给出了对支持向量机更多细节和应用的介绍。

习题

1. 在不可分线性 SVM 中,若一个样本是奇异点,即不满足 $y_n(\boldsymbol{w}^{\mathrm{T}}\boldsymbol{x}_n+b)\geqslant 1$,则定义其松弛变量为 $\xi_n=|y_n-\hat{y}(\boldsymbol{x}_n)|$,证明:该松弛变量可表示为 $\xi_n=1-y_n(\boldsymbol{w}^{\mathrm{T}}\boldsymbol{x}_n+\boldsymbol{b})$。

2. 一个样本集为

$$\boldsymbol{D}=\{((0,0)^{\mathrm{T}},-1),((1,0)^{\mathrm{T}},-1),((0,1)^{\mathrm{T}},-1),((1,1)^{\mathrm{T}},1),\\((1,2)^{\mathrm{T}},1),((2,1)^{\mathrm{T}},1),((2,2)^{\mathrm{T}},1)\}$$

训练一个 SVM 对其进行分类,写出判决方程,指出那些样本是支持向量。

3. 异或的样本集 $\boldsymbol{D}=\{((0,0)^{\mathrm{T}},-1),((0,1)^{\mathrm{T}},1),((1,0)^{\mathrm{T}},1),((1,1)^{\mathrm{T}},-1)\}$是线性不可分的,可定义一个多项式函数$\boldsymbol{\varphi}(\boldsymbol{x})$,其中

$$\boldsymbol{\varphi}_1(\boldsymbol{x})=2(x_1-0.5)$$

$$\boldsymbol{\varphi}_2(\boldsymbol{x})=4(x_1-0.5)(x_2-0.5)$$

把样本 $\boldsymbol{D}=\{(\boldsymbol{x}_n,y_n)\}$映射成 $\boldsymbol{D}_{\varphi}=\{(\boldsymbol{\varphi}(\boldsymbol{x}_n),y_n)\}$,样本集映射为

$$\boldsymbol{D}_{\varphi}=\{((-1,1)^{\mathrm{T}},-1),((-1,-1)^{\mathrm{T}},1),((1,-1)^{\mathrm{T}},1),((1,1)^{\mathrm{T}},-1)\}$$

分别用 $\boldsymbol{D}$ 样本集和样本集 $\boldsymbol{D}_{\varphi}$ 训练一个线性 SVM 分类器,并分析其分类性能(注:由于样本数少且取值简单,可手动练习,也可自行编写一段小程序实现,但不要使用机器学习的专用软件包)。

4. 在引入松弛变量的 SVM 目标函数中,一种更一般的形式为

$$\min_{\boldsymbol{w},\xi_n}\left\{\frac{1}{2}\|\boldsymbol{w}\|^2\right\}+C\sum_{n=1}^{N}\xi_n^p$$

$$\text{s.t.}\begin{cases}\xi_n\geqslant 0\\ y_n(\boldsymbol{w}^{\mathrm{T}}\boldsymbol{x}_n+b)\geqslant 1-\xi_n\end{cases},\quad n=1,2,\cdots,N$$

只要 $p\geqslant 1$,则问题都是凸优化问题。本题取 $p=2$,这对应"平方合页损失",在该情况下,推导其对偶优化表达式。

5. 在 6.5 节的 SVR 中,对应 $a_n>0$ 或 $\hat{a}_n>0$ 的样本称为支持向量,证明:$a_n>0$ 和 $\hat{a}_n>0$ 不可能同时满足。

6. 证明:$\kappa(x,z)=\cos(x-z)$是 PDS 核函数。

7. 证明:$\kappa(\boldsymbol{x},\boldsymbol{z})=\exp\left(-\frac{1}{\sigma}\|\boldsymbol{x}-\boldsymbol{z}\|\right)$在 $\sigma>0$ 时是 PDS 核,这个核函数称为拉普拉斯核。

8. 证明:一个 PDS 核在幂级数组合运算下仍是 PDS 核。

9. 对异或样本集 $\boldsymbol{D}=\{((0,0)^{\mathrm{T}},-1),((0,1)^{\mathrm{T}},1),((1,0)^{\mathrm{T}},1),((1,1)^{\mathrm{T}},-1)\}$,试用一个高斯核函数设计一个 SVM 分类器。讨论核函数参数选择和分类器性质。

*10. 在网络上下载 Iris 数据集,样本分类都属于鸢尾属下的 3 个亚属,分别为山鸢尾(setosa)、变色鸢尾(versicolor)和维吉尼亚鸢尾(virginica)。4 个特征被用作样本的定量描述,它们分别是花萼和花瓣的长度与宽度。该数据集包含 150 个数据,每类 50 个数据。

(1) 从数据集中取出变色鸢尾(versicolor)和维吉尼亚鸢尾(virginica)的 100 个样本,

训练一个二分类的 SVM 分类器,对其进行分类(建议:每类 40 个样本做训练,10 个样本做测试)。

(2) 用一对其他方式设计 SVM 分类器,对 3 种类型进行分类(建议:每类 40 个样本做训练,10 个样本做测试)。

以上两个问题中,首先使用线性 SVM 进行实验,若不能正确分类,则尝试用非线性 SVM 做进一步实验。

第7章 决策树算法

CHAPTER 7

决策树(decision tree)是一种分层的决策结构,可用于分类和回归。决策树是一种非参数学习方法,属于归纳推理类算法。决策树模型具有树状结构,学习过程中由样本集形成一棵可做分层判决的树。推断(预测)时,对于一个新的特征向量,从树的根节点起分层判决,达到可给出最后结果的叶节点,完成一次推断。

决策树推断速度快,可解释性强,是一种应用非常广泛的算法。在决策树方法的发展中,Quinlan 分别于 1979 年和 1993 年发表的 ID3 和 C4.5 算法,Breiman 等于 1984 年发表的 CART 算法是影响最大的算法,本章主要以这几种算法为例,介绍决策树的主要思想和技术。

7.1 基本决策树算法

视频讲解

本节以实现分类为目标,且假设每个特征的取值都是离散值的情况,介绍决策树的基本思想和算法,这些算法是基本的,一些变化情况和扩展将在后续章节说明。为了方便读者掌握不同的方法,本节结合 ID3 和 C4.5 算法进行介绍。

设一个数据集包含 N 个样本,$\boldsymbol{x}_n$ 是特征向量,在分类问题中 y_n 是类型标注,即

$$\boldsymbol{D}=\{(\boldsymbol{x}_n,y_n)\}_{n=1}^{N} \tag{7.1.1}$$

$\boldsymbol{x}_n$ 的每维分量 x_{ni} 是一个特征(或称为属性),在基本决策树算法介绍中,限制 x_{ni} 只取有限的离散值。例如,要对人们的某种选择做决策,若 $\boldsymbol{x}_n$ 是表示个人信息的特征向量,其中一个分量 x_{ni} 代表性别,则只有两个取值,可分别用 0 和 1 表示男和女。在决策树的原理介绍中,更倾向于用带语义的词"男"和"女"作为 x_{ni} 的取值,这样形成的决策树实例可更直观地对推断过程给出解释。

7.1.1 决策树的基本结构

为了说明决策树的概念,给出一个例子。这是一个通过天气情况决定是否去打网球的例子。特征向量是三维的,代表天气、湿度、风力 3 个特征,每个特征都仅有离散取值。其中,天气有晴朗、阴天、有雨 3 个值;湿度有高和正常两个值;风力有强和弱两个值。这里使用语义词表示每个特征的取值。

假设有一组样本,给出在各种天气特征下是否打网球的记录,通过这组样本训练一棵决策树,当给出一个新的特征向量时,通过这棵决策树做出决策。

7.1.2 节将给出利用样本集训练一棵决策树的算法，这里先假设决策树已经确定，来分析一下决策树由哪些元素构成。图 7.1.1 所示是打网球的决策树。

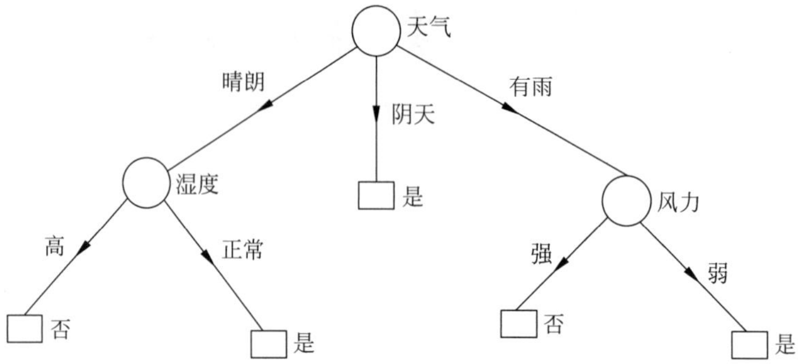

图 7.1.1 决策树示例

由图 7.1.1 可见，一棵决策树由若干节点和边组成，最顶端的节点称为根节点，所有节点从根节点开始。由根节点通过几条边分别连接到下一层的各节点。如果从一个节点出发，至少有一条边连接到下一层的节点，则出发节点称为父节点，其下通过边到达的节点称为子节点。树是一种有广泛应用的结构，决策树是树结构的一种，其每个节点对应一个特征。图 7.1.1 中，根节点对应了特征“天气”，由该特征的取值对应了边，该特征有几个取值，就从这个节点向下引出几条边(有的决策树只采用二叉树结构，即每个节点只引出两条边，本节不局限于二叉树结构)。图 7.1.1 中根节点向下引出 3 条边，分别对应特征的取值“晴朗”“阴天”和“有雨”，每条边的尾部端点是下一层的节点。

由于特征向量可能包含若干特征，选择哪一个特征作为根节点需要一种判别准则，7.1.2 节将介绍准则和算法。现在假设已经确定了根节点和各边，当有一个新的特征向量需要做推断时，取出特征向量中对应根节点的特征，根据该特征的取值，通过相应的边进入下一层节点。在图 7.1.1 的决策树中，第 2 层的节点有两种不同类型。若天气取值“阴天”，通过中间的支路，进到下一层的节点，这个节点不再有子节点，这样的节点称为叶节点，叶节点是已经可以做出分类结果的节点，对应一个类型输出，本例中，该节点输出“是”，即可以打网球。

第 2 层左侧和右侧的节点仍有子节点，这样的节点是内部节点，需要找到一个特征与其对应。在图 7.1.1 中，左侧对应的特征是“湿度”，右侧对应的特征是“风力”。这些内部节点根据其特征的取值，引出向下一层的边，连接下一层的节点。决策树的结构就是这样分层的结构，由节点和边组成，可以得出结果的节点作为叶节点，不再引出边，其他节点对应一个特征，通过边向下引出新的节点，直到叶节点终止。至于如何决定一个节点已是叶节点还是继续向下引出新的节点，这是决策树构造算法的核心，后续几节介绍多种算法。

当一棵决策树训练确定了，给出新的特征向量输入，就可以在决策树上做出分类。例如，给出一个新的特征向量，其特征天气、湿度、风力分别取晴朗、高、弱。通过决策树，首先根节点天气特征为“晴朗”，故通过最左侧边，进入“湿度”节点，由于湿度取值为“高”，通过其左侧支路到达叶节点“否”，即不能打网球。在这个输入实例中风力特征没有起作用。

7.1.2 信息增益和 ID3 算法

通过以上的例子说明，可以想到的一种构造决策树的方法是：通过一个准则找到一个最合适的特征，以这个特征作为根节点，根节点对应了样本集的所有样本，待确定了一个特征作为根节点后，由该特征的各取值形成相应的几条边，引出下一层的节点，每条边对应了根节点特征的一个取值，根据该特征的不同取值把样本集分成几组，每组形成一子样本集，子样本集的特征向量中，将根节点已用到的特征删去，每个子样本集对应一条边下端的节点。检查形成的各节点对应的子样本集的标注，若一个节点对应子样本集的所有标注都相同，该节点确定为叶节点，其标注即为该叶节点的分类输出；若一个节点对应的子样本集标注不同且特征向量非空，则把该节点看作新的根节点，以子样本集为样本集递归执行以上所述过程，直到所有端节点都为叶节点为止。这是一种贪婪的分层搜索算法。

为了选择一个特征，给出样本集的一种不纯性度量(impurity measure)。样本的不纯性也是一种不确定性，若一个样本集的所有标注都是一致的，如前述打网球的例子，若样本集的所有样本标注都是“是”，则其不纯性为 0，对于这样的样本集，直接分类为“是”即可，不需要再做更多的判断。当然，实际情况不是这样，若标注只有两类，样本集中两类标注的数目近似一致，则不纯性最高，需要更多的判断才能做出正确的分类。越高的不纯性，越难以直接进行分类，这启发我们可以选择一个这样的特征，利用了这个特征以后，不纯性可以得到最大下降，或分类的不确定性下降最大。既然不纯性可以作为选择特征的一个度量，需要给出不纯性的定量计算公式。

在决策树文献中，先后有多种不纯性度量方法被提出并用于特征的选择，Quinlan 在提出 ID3 算法时用熵表示不纯性，并用信息增量表示选用特征后不纯性的变化，即用最大信息增益表示最大不纯性下降。

设样本集为 $\boldsymbol{D}$，需分类的类型共有 K 类，每个类型的标注用类型标号 k 表示，在样本集中，设标注是第 k 类的概率是 p_k，如第 2 章所介绍的，表示样本集类型的熵为

$$H(\boldsymbol{D})=-\sum_{k=1}^{K}p_k\log_2 p_k \tag{7.1.2}$$

这里对数的底取 2 是为了方便，此时熵的单位是比特；若对数底取 e，则熵的单位是奈特，两者的换算关系为 $\log_2 p_k=\ln p_k/\ln 2$。对数采用哪一种底在这里无关紧要，这里按习惯用以 2 为底的对数。在熵的定义中，令 $0\log_2 0=0$。若一个样本集中，所有样本的标注都是第 k 类，即 $p_k=1, p_j=0, j\neq k$，则 $H(\boldsymbol{D})=0$；若所有类型的标注数目相同，即 $p_k=1/K$，则此时熵最大(第 2 章已说明)，最大值为 $H(\boldsymbol{D})=\log_2 K$。可见，用熵表示不纯性是合理的选择。

在给出一个样本集时，精确的 p_k 是未知的，但若样本数目 N 充分大，标注为第 k 类的样本数目为 c_k，则 p_k 估计为 $p_k\approx\dfrac{c_k}{N}$，计算熵的公式近似为

$$H(\boldsymbol{D})=-\sum_{k=1}^{K}\frac{c_k}{N}\log_2\frac{c_k}{N} \tag{7.1.3}$$

用式(7.1.3)计算的熵称为经验熵。

为了考虑一个特征对不纯性的降低，依次比较特征向量中的每个特征。假设一个特征表

示为A,为了表示简单,设其离散取值分别为$i=1,2,\cdots,I$,按照该特征的不同取值将样本集$\boldsymbol{D}$划分为子集$\boldsymbol{D}_i,i=1,2,\cdots,I$,各子集的样本数分别为$N_i,i=1,2,\cdots,I$。若每个子集的标注只有一类,则每个子集的不纯性为0,平均不纯性为0,按该特征划分后,不纯性下降了可能的最大值,即通过该特征引出的几条边对应的节点均是叶节点,可以完成分类。实际中,通过选择一个特征往往做不到将不纯性降为0,需要选择对不纯性降低最大的特征构成根节点。

考虑了特征A后的不纯性可用条件熵表示,即$H(\boldsymbol{D}|A)$,由A的各值将样本集划分为$\boldsymbol{D}_i$,则$\boldsymbol{D}_i$的熵相当于$A=i$时$\boldsymbol{D}$的条件熵,即$H(\boldsymbol{D}_i)=H(\boldsymbol{D}|A=i)$,由第2章介绍的条件熵的公式,则

$$H(\boldsymbol{D} \mid A)=\sum_{i\in[1,I]} p_i^{(A)} H(\boldsymbol{D} \mid A=i) \tag{7.1.4}$$

式中,$p_i^{(A)}$表示特征取值为$A=i$的概率,这些概率的值是未知的,可由样本计数估计。代入概率的估计值,则经验条件熵为

$$H(\boldsymbol{D} \mid A)=-\sum_{i\in[1,I]} \frac{N_i}{N} \sum_{k=1}^{K} \frac{c_{ik}}{N_i} \log_2 \frac{c_{ik}}{N_i} \tag{7.1.5}$$

其中,c_{ik}是子样本集$\boldsymbol{D}_i$中标注为第k类的样本数。

定义选择了特征A的熵增益为

$$G(\boldsymbol{D},A)=H(\boldsymbol{D})-H(\boldsymbol{D} \mid A) \tag{7.1.6}$$

可见,熵增益描述了选择特征A后,不纯性的下降值。对每个特征A计算熵增益,选择熵增益最大的特征作为根节点对应的特征,由该特征的各个取值形成边,边的下端为下一层的节点,各自对应了子样本集$\boldsymbol{D}_i$。若$H(\boldsymbol{D}_i)=0$,则该节点为叶节点,输出为其对应的标注类型,否则以该节点为等价的根节点,以$\boldsymbol{D}_i$为样本集,递归执行树的生成过程。这里叙述的是ID3算法的基本思想,ID3的算法的描述如下。

ID3 算法

ID3($\boldsymbol{D}$,分类类型,特征)

---

(1) 创建树的根节点:
  若$\boldsymbol{D}$中的所有标注都相同,返回一个单一根节点树,输出为该标注类型;
  若特征向量为空,返回一个单一根节点树,输出为标注最多的类
(2) 计算各特征的信息增益,将信息增益最大的特征记为A。
  A作为根节点特征,对于A的每个取值i
  在根节点下加一条新的边,其对应测试条件为$A=i$;
  令$\boldsymbol{D}_i$为$\boldsymbol{D}$中满足$A=i$的样本子集;
  如果$\boldsymbol{D}_i$为空,
    该边下端设为叶节点,叶节点的输出为$\boldsymbol{D}$中标注最多的类;
  否则
    在这个边下端加一个新的子树:调用ID3($\boldsymbol{D}_i$,分类类型,特征$-\{A\}$)
(3) 返回根。

如下通过一个实例说明 ID3 的决策树生成算法。

例 7.1.1 通过学生是否看电影的分类(决策)问题说明用 $ID3$ 算法构造决策树的过程。学校礼堂今晚放映电影,一个学生使用决策树训练的决策过程进行决策,有 4 个特征,分别为女朋友、作业、预习、电影类型,分别用 $A_1 \sim A_4$ 表示。每个特征只有有限取值,女朋友有 3 种取值:去、不去、无女友;其他属性只有两种取值,作业:完成和未完成;预习:需要和不需要;电影类型:喜欢和不喜欢。表 7.1.1 是以前决策的样本记录,由这组样本用 ID3 算法训练一棵决策树。

表 7.1.1 看电影样本集

序号	女朋友 A_1	作业 A_2	预习 A_3	电影类型 A_4	决定
1	去	完成	需要	喜欢	看电影
2	去	未完成	需要	不喜欢	不去
3	去	未完成	不需要	不喜欢	看电影
4	去	完成	需要	不喜欢	看电影
5	不去	完成	不需要	喜欢	看电影
6	不去	未完成	不需要	喜欢	不去
7	不去	完成	需要	喜欢	看电影
8	不去	完成	不需要	不喜欢	不去
9	不去	未完成	需要	不喜欢	不去
10	无女友	完成	不需要	喜欢	看电影
11	无女友	未完成	不需要	喜欢	不去
12	无女友	未完成	需要	喜欢	不去
13	无女友	完成	不需要	不喜欢	不去
14	无女友	未完成	不需要	喜欢	不去
15	无女友	完成	需要	喜欢	看电影

总样本集用 $\boldsymbol{D}$ 表示,标注有两类,决定为"看"7 项,"不看"有 8 项,数据集的经验熵为

$$H(\boldsymbol{D}) = -\frac{7}{15}\log_2\frac{7}{15} - \frac{8}{15}\log_2\frac{8}{15} = 0.9966$$

每个特征的增益分别计算为

$$\begin{aligned}G(\boldsymbol{D},A_1) &= H(\boldsymbol{D}) - H(\boldsymbol{D} \mid A_1)\\ &= 0.9966 - \frac{4}{15}\left(-\frac{3}{4}\log_2\frac{3}{4} - \frac{1}{4}\log_2\frac{1}{4}\right) - \frac{5}{15}\left(-\frac{2}{5}\log_2\frac{2}{5} - \frac{3}{5}\log_2\frac{3}{5}\right) - \\ &\quad \frac{6}{15}\left(-\frac{2}{6}\log_2\frac{2}{6} - \frac{4}{6}\log_2\frac{4}{6}\right) = 0.0866\end{aligned}$$

$$\begin{aligned}G(\boldsymbol{D},A_2) &= H(\boldsymbol{D}) - H(\boldsymbol{D} \mid A_2)\\ &= 0.9966 - \frac{8}{15}\left(-\frac{6}{8}\log_2\frac{6}{8} - \frac{2}{8}\log_2\frac{2}{8}\right) - \frac{7}{15}\left(-\frac{1}{7}\log_2\frac{1}{7} - \frac{6}{7}\log_2\frac{6}{7}\right) = 0.2876\end{aligned}$$

$$G(\boldsymbol{D},A_3)=H(\boldsymbol{D})-H(\boldsymbol{D}\mid A_3)$$
$$=0.9966-\frac{7}{15}\left(-\frac{4}{7}\log_2\frac{4}{7}-\frac{3}{7}\log_2\frac{3}{7}\right)-\frac{8}{15}\left(-\frac{5}{8}\log_2\frac{5}{8}-\frac{3}{8}\log_2\frac{3}{8}\right)=0.027$$
$$G(\boldsymbol{D},A_4)=H(\boldsymbol{D})-H(\boldsymbol{D}\mid A_4)$$
$$=0.9966-\frac{9}{15}\left(-\frac{5}{9}\log_2\frac{5}{9}-\frac{4}{9}\log_2\frac{4}{9}\right)-\frac{6}{15}\left(-\frac{2}{6}\log_2\frac{2}{6}-\frac{4}{6}\log_2\frac{4}{6}\right)=0.0366$$

可见 $G(\boldsymbol{D},A_2)$ 最大，即选择“作业”作为根节点的特征，根据作业完成或未完成形成两个分支，将样本集分为两组，分别记为 $\boldsymbol{D}_1$ 和 $\boldsymbol{D}_2$，再分别以这样两组样本集为根节点，递归地重复以上过程。注意，在 $\boldsymbol{D}_1$ 和 $\boldsymbol{D}_2$ 样本集中，作业这一特征已经被删去了。为了看得更清晰，这里再给出 $\boldsymbol{D}_2$ 子样本集和在其上的进一步过程，$\boldsymbol{D}_2$ 子样本集如表 7.1.2 所示。

表 7.1.2　看电影的子样本集 $\boldsymbol{D}_2$

序号	女朋友 A_1	预习 A_3	电影类型 A_4	决定
2	去	需要	不喜欢	不看
3	去	不需要	不喜欢	看
6	不去	不需要	喜欢	不看
9	不去	需要	不喜欢	不看
11	无女友	不需要	喜欢	不看
12	无女友	需要	喜欢	不看
14	无女友	不需要	喜欢	不看

$\boldsymbol{D}_2$ 样本集只有 1 项决定为“看”，其他 6 项决定为“不看”，因此 $\boldsymbol{D}_2$ 的经验熵为

$$H(\boldsymbol{D}_2)=-\frac{1}{7}\log_2\frac{1}{7}-\frac{6}{7}\log_2\frac{6}{7}=0.592$$

每个特征的增益分别计算为

$$G(\boldsymbol{D}_2,A_1)=H(\boldsymbol{D}_2)-H(\boldsymbol{D}_2\mid A_1)$$
$$=0.592-\frac{2}{7}\left(-\frac{1}{2}\log_2\frac{1}{2}-\frac{1}{2}\log_2\frac{1}{2}\right)-\frac{2}{7}(0)-\frac{3}{7}(0)=0.31$$
$$G(\boldsymbol{D}_2,A_3)=H(\boldsymbol{D}_2)-H(\boldsymbol{D}_2\mid A_3)$$
$$=0.592-\frac{3}{7}(0)-\frac{4}{7}\left(-\frac{1}{4}\log_2\frac{1}{4}-\frac{3}{4}\log_2\frac{3}{4}\right)=0.128$$
$$G(\boldsymbol{D}_2,A_4)=H(\boldsymbol{D}_2)-H(\boldsymbol{D}_2\mid A_4)$$
$$=0.592-\frac{4}{7}(0)-\frac{3}{7}\left(-\frac{1}{3}\log_2\frac{1}{3}-\frac{2}{3}\log_2\frac{2}{3}\right)=0.2$$

故在第 2 层树的右侧节点选择“女朋友”作为特征。类似过程递归进行，最终的决策树如图 7.1.2 所示。

最后给出一个新的输入，其特征的取值分别是女朋友去、作业未完成、不需要预习、喜欢，从根节点选择进入第 1 层的右侧分支，在第 2 层“女朋友”节点进入“去”分支，在第 3 层“预习”节点，选择“不需要”分支，最后的决策是“看”。在这一实例的决策中，“电影类型”特征未起作用。

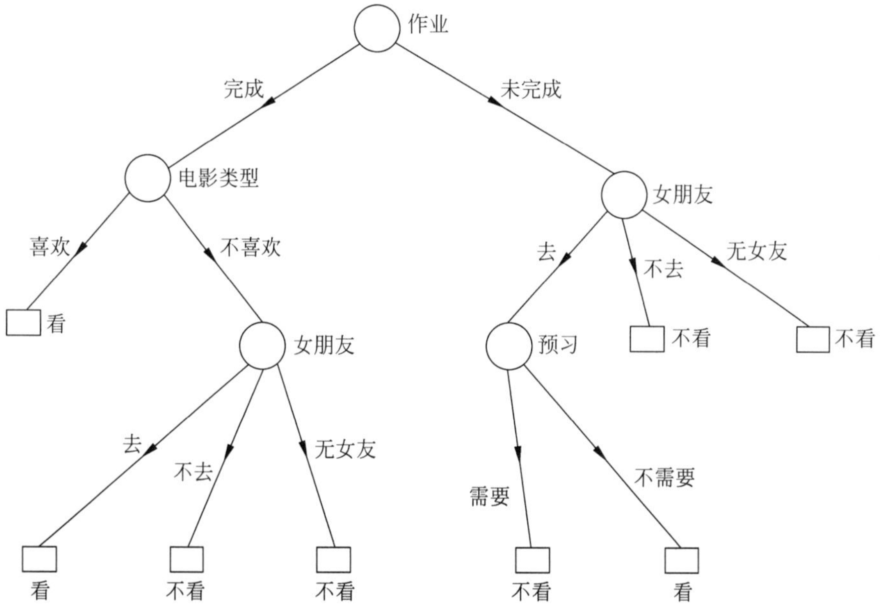

图 7.1.2 看电影的决策树

7.1.3 信息增益率和 C4.5 算法

C4.5 算法是 Quinlan 于 1993 年发表的，是 ID3 的改进算法，继承了 ID3 算法的优点，并在以下几方面对 ID3 算法进行了改进。

(1) 由于 ID3 中用信息增益选择特征时偏向选择取值数多的特征，C4.5 用信息增益率来选择特征，适用于特征之间取值数目比较分散的情况。

(2) 针对 ID3 易于过拟合的问题，在树构造过程中引入剪枝技术。

(3) ID3 的特征只能取离散值，若一个特征是连续数值量，则需要预先离散化，C4.5 既可以处理离散特征，也可处理连续特征。

(4) 能够处理样本特征缺失的情况。

首先给出信息增益率的计算方法。对于一个特征 A，其离散取值为 $i=1,2,\cdots,I$，按照该特征的不同取值将样本集 $\boldsymbol{D}$ 划分为子集 $\boldsymbol{D}_i$，$i=1,2,\cdots,I$，各子集的样本数分别为 N_i，$i=1,2,\cdots,I$。定义分裂信息用于刻画特征 A 对样本集的分裂情况，分裂信息为

$$H_A(\boldsymbol{D})=-\sum_{i\in[1,I]}\frac{N_i}{N}\log_2\frac{N_i}{N} \tag{7.1.7}$$

信息增益率定义为

$$G_R(\boldsymbol{D},\boldsymbol{A})=\frac{G(\boldsymbol{D},\boldsymbol{A})}{H_A(\boldsymbol{D})}=\frac{H(\boldsymbol{D})-H(\boldsymbol{D}\mid\boldsymbol{A})}{H_A(\boldsymbol{D})} \tag{7.1.8}$$

一般来讲，若一个特征的取值数目很大，例如人的年龄特征，其分裂信息也相应较大，若一个特征有 $I\gg 2$ 个取值，则其最大分裂信息为 $\log_2 I$，对比而言，若一个特征只有两个取值，其分裂信息的最大值为 1，除以分裂信息可以抑制取值多的特征的信息增益值。

直接使用式(7.1.8)也存在一个问题，若在一个样本集中，一个特征几乎只取某个值，这样的情况是存在的。例如，在一个社区信息的数据集中，设每个人的信息中有一个特征表示

是否有残疾，这个特征只有两个取值：是或否。对于某个社区，可能所有人的这一特征都是"否"，在这种情况下，$H_A(\boldsymbol{D})=0$，或只有极个别人这个特征为"是"，则 $H_A(\boldsymbol{D})\approx 0$。这种情况下，由式(7.1.8)计算的该特征的 $G_R(\boldsymbol{D},A)$ 可能不存在或非常大，为了避免这种情况，一个办法是：先计算信息增益 $G(\boldsymbol{D},A)$，并计算增益平均值，对于信息增益高过平均值的特征再计算信息增益率，并利用计算出的信息增益率选择特征。

基本的C4.5算法，除了以信息增益率替代信息增益作为选择特征的准则外，算法流程与ID3算法的叙述是一致的。但完整的C4.5算法给出了几个扩展，分别用于裁剪树、处理连续数值型变量和处理缺失属性值的训练样本。这几个扩展技术，尤其树剪裁技术，尽管是对C4.5提出的，也可用于ID3算法，7.2节的CART算法也包括类似的扩展，故本章前两节专注于基本的决策树生成算法，这些扩展技术留待7.3节一并介绍。

7.2 CART 算法

分类与回归树(classification and regression tree，CART)，既可以用于解决分类问题，也可以用于解决回归问题。CART一般是二叉树结构，每个内部节点有两条分支。本节先讨论用于分类，称为分类树，然后再讨论用于回归，称为回归树。

7.2.1 分类树

CART算法的特征可取连续数值，但为了与前面分类算法的叙述一致，这里仍假设每个特征只取离散值，特征取连续值的处理方法在后面专门讨论。但CART与ID3等算法不同，在ID3中，如果一个特征被选为当前节点的特征，若该特征可取 $I>2$ 个值，则该节点对应引出 I 个分支。CARD算法对于 $I=2$，即只取两个值的特征的处理与ID3等算法类似；对于 $I>2$，则对特征的每个取值做测试。为了叙述简单，假设特征 A 的取值可为 $1,2,\cdots,I$，需分别判断 $A=i$ 时，对分类不纯性的改善。若在所有特征和特征的所有取值中，当 $A=j$ 时对不纯性的改善最佳，则取 $A=j$ 作为该节点的判据，将分为 $A=j$ 和 $A\neq j$ 的两个分支，相应地按这两个条件把样本集分为两个子集，分配给两个分支引出的下层节点。

CART算法也给出了自己使用的不纯性度量，称为基尼指数。设样本集表示为 $\boldsymbol{D}$，需分类的类型共有 K 类，每类的标注用 k 表示，在样本集中标注为第 k 类的概率是 p_k，则样本类型的基尼指数定义为

$$
\begin{aligned}
\operatorname{Gini}(\boldsymbol{D}) &= \sum_{k=1}^{K}\sum_{j\neq k} p_k p_j \\
&= \sum_{k=1}^{K} p_k(1-p_k) = 1-\sum_{k=1}^{K} p_k^2
\end{aligned}
\tag{7.2.1}
$$

如果只有两类，第1类的概率为 p，则基尼指数简化为

$$
\operatorname{Gini}(\boldsymbol{D}) = 2p(1-p) \tag{7.2.2}
$$

如果样本数目 N 充分大，标注为第 k 类的样本数目为 c_k，则 p_k 估计为 $p_k\approx\dfrac{c_k}{N}$，则基尼指数为

$$\text{Gini}(\boldsymbol{D})=1-\sum_{k=1}^{K}\left(\frac{c_k}{N}\right)^2 \tag{7.2.3}$$

基尼指数以一种与熵不同的方式刻画样本集的不纯性，但两者很相似。在二类情况下，可画出熵取值的一半与基尼指数的关系图，如图 7.2.1 所示，可见两者的变化规律和取值都很接近，图中也同时画出了分类误差率曲线。

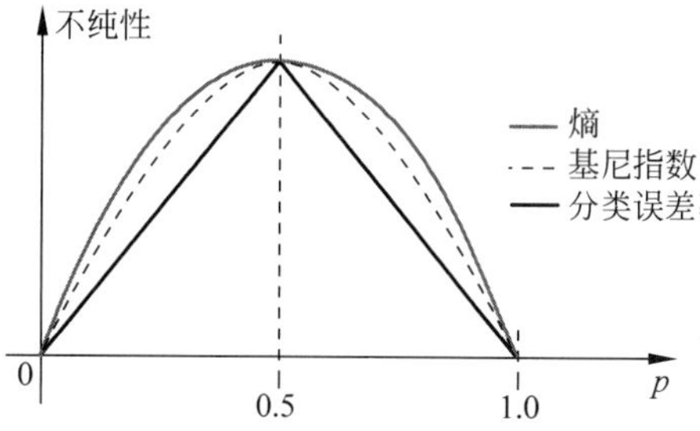

图 7.2.1　基尼指数与熵比较

当测试特征 $A=i$ 时，按照样本的特征 A 是否满足 $A=i$ 将样本集分成两类，即

$$\boldsymbol{D}_1=\{(\boldsymbol{x}_n,y_n)\mid A(\boldsymbol{x}_n)=i\},\quad \boldsymbol{D}_2=\{(\boldsymbol{x}_n,y_n)\mid A(\boldsymbol{x}_n)\neq i\}$$

其中，$A(\boldsymbol{x}_n)$表示 $\boldsymbol{x}_n$ 的特征 A，即 $\boldsymbol{x}_n$ 的一个用 A 表示的分量。在特征 $A=i$ 的条件下，基尼指数为

$$\text{Gini}(\boldsymbol{D},A=i)=\frac{N_1}{N}\text{Gini}(\boldsymbol{D}_1)+\frac{N_2}{N}\text{Gini}(\boldsymbol{D}_2) \tag{7.2.4}$$

在根节点，测试所有特征和特征所有取值（若一个特征只取两个值，则只测试其中之一）的基尼指数，设 $\text{Gini}(\boldsymbol{D},A=j)$最小，则选择特征 A，以 $A=j$ 是否为分支，形成两个分支和下层节点及其对应的子样本集 $\boldsymbol{D}_1$ 和 $\boldsymbol{D}_2$，再以下层节点和对应子样本集作为子树的根，递归执行和根节点相同的过程，直到整棵树被构造。

注意，在从一个节点到下一层节点的分支构造中，若特征 A 只有两个取值，则两个分支分别表示这两个取值，故下一层节点中将特征 A 删除；若特征 A 有多个取值，则通过测试 $A=j$ 形成的两个分支中，"是"分支对应的下一层节点中，把 A 特征删除，在"否"分支中，只将 A 特征的取值 j 删除，其他取值仍需继续测试。

一个节点终结为叶节点的条件是该节点对应的子样本集为空（在较大规模的问题中，更一般规则是该节点样本数小于预定的阈值）；或该节点所有样本都是同一标注（或更一般的基尼指数小于预定的阈值）；或已没有更多特征可用。为了参考方便，将 CART 分类树的基本算法描述如下。

CART 分类算法

CART-C($\boldsymbol{D}$，分类类型，特征)

---

(1) 创建树的根节点：

若 $\boldsymbol{D}$ 中的所有标注都相同，返回一个单一根节点树，输出为该标注类；

若特征向量为空，返回一个单一根节点树，输出为标注最多的类；

若一个特征 A 只有一个取值，删除该特征。

(2) 计算各特征和特征的各取值的基尼指数(若特征 A 只有两个取值，只计算第一个值的基尼指数)，具有最小基尼指数的特征和取值为 $A=j$，以 $A=j$ 是或否将样本集分为 $\boldsymbol{D}_1$ 和 $\boldsymbol{D}_2$，分为两条支路：

$A=j$“是”支路，调用 CART-C($\boldsymbol{D}_1$，分类类型，特征$-\{A\}$)；

$A=j$“否”支路，调用 CART-C($\boldsymbol{D}_2$，分类类型，特征 A 取值集合$-\{j\}$)。

(3) 若 $\boldsymbol{D}_i$ 为空，节点设为叶节点，叶节点的输出为 $\boldsymbol{D}$ 中标注最多的类；

若 $\boldsymbol{D}_i$ 只有一种标注，节点设为叶节点，输出为该标注；

若特征为空，节点设为叶节点，$\boldsymbol{D}_i$ 中最多类型的标注为输出。

例 7.2.1 用例 7.1.1 的看电影问题和表 7.1.1 的样本集，构造一棵 CART 决策树。这里有 4 个特征，分别是女朋友、作业、预习、电影类型，其中女朋友特征可取 3 个值：1=去、2=不去、3=无女友，其他特征均取两个值，分别用 1 和 2 表示。各个特征及其取值的基尼指数计算如下：

$$\text{Gini}(\boldsymbol{D},A_1=1)=\frac{4}{15}\times2\times\frac{3}{4}\times\left(1-\frac{3}{4}\right)+\frac{11}{15}\times2\times\frac{4}{11}\times\left(1-\frac{4}{11}\right)=0.44$$

类似地，有

$$\text{Gini}(\boldsymbol{D},A_1=2)=0.49$$

$$\text{Gini}(\boldsymbol{D},A_1=3)=0.47$$

其他 3 个特征仅有两个取值，只计算一个取值的基尼指数即可。

$$\text{Gini}(\boldsymbol{D},A_2=1)=\frac{8}{15}\times2\times\frac{6}{8}\times\left(1-\frac{6}{8}\right)+\frac{7}{15}\times2\times\frac{1}{7}\times\left(1-\frac{1}{7}\right)=0.31$$

类似地，有

$$\text{Gini}(\boldsymbol{D},A_3=1)=0.48$$

$$\text{Gini}(\boldsymbol{D},A_4=1)=0.48$$

$A_2=1$ 的基尼指数最小，故以“作业”作为判断，将根节点分为两支，这与 ID3 得到的结果相同。

同样，右侧分支的子样本集 $\boldsymbol{D}_2$ 如表 7.1.2 所示，可计算该样本相应特征的基尼指数，“作业”特征被删去，结果如下：

$$\text{Gini}(\boldsymbol{D}_2,A_1=1)=0.14,\quad \text{Gini}(\boldsymbol{D}_2,A_1=2)=0.23,\quad \text{Gini}(\boldsymbol{D}_2,A_1=3)=0.21$$

$$\text{Gini}(\boldsymbol{D}_2,A_3=1)=0.21,\quad \text{Gini}(\boldsymbol{D}_2,A_4=1)=0.19$$

选择 $A_1=1$ 即“去”作为第 2 层右侧节点的判断。这个过程递归进行，得到的 CART 分类树，如图 7.2.2 所示。

对于本例，对比图 7.1.2 和 7.2.2 的决策树，CART 分类树更简洁。每次划分只有两个分支，对于“女朋友”这个有 3 个取值的特征，按“去”作为是或否的判断形成两个分支，而不是 ID3 算法的 3 个分支，而“去”为否的分支(即女朋友特征取“不去”或“无女友”两个值放在一条分支)形成了叶节点，比 ID3 的树更简洁。

对于 CART 分类树的剪枝和特征连续取值问题，7.3 节再做讨论。

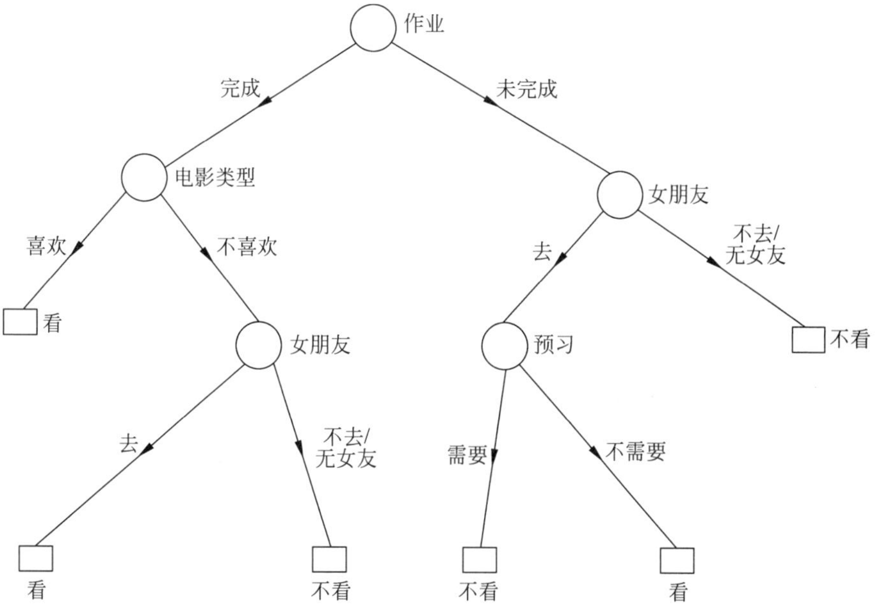

图 7.2.2 看电影的 CART 分类树

7.2.2 回归树

CART 可以构成回归树，用于解决回归问题。在回归问题中，样本集 $\boldsymbol{D}=\{(\boldsymbol{x}_n, y_n)\}_{n=1}^N$ 中的标注 y 是连续变量，构造一棵树，当给出新的特征向量 $\boldsymbol{x}$ 时，用于预测 y 的取值。

构造回归树的方式与分类树相似，主要的不同是度量不纯性的函数，由于回归中标注的是连续值，衡量回归树的不纯性函数使用平方误差。

特征向量 $\boldsymbol{x}$ 的每维分量 x_i 表示一个特征，若一个特征取“语义性”的离散值，则处理方式与分类树一样。在回归问题中，大多数情况下 x_i 也是连续取值的，在一个样本集 $\boldsymbol{D}$ 中 x_i 出现的所有取值的集合记为 A_i。与分类树相同，为了构造二叉树，在根节点对所有样本做二分支划分，为此，对每个特征 A_i 的每一个取值 $a \in A_i$，将特征空间划分为两个区域，即

$$\boldsymbol{R}_1(A_i, a)=\{\boldsymbol{x} \mid x_i \leqslant a\}, \quad \boldsymbol{R}_2(A_i, a)=\{\boldsymbol{x} \mid x_i > a\} \tag{7.2.5}$$

其中，$a \in A_i$ 称为切分点。对应的样本集分为两个子样本集，即

$$\boldsymbol{D}_1=\{(\boldsymbol{x}_n, y_n) \mid x_{ni} \leqslant a, n \in [1, N]\}, \quad \boldsymbol{D}_2=\{(\boldsymbol{x}_n, y_n) \mid x_{ni} > a, n \in [1, N]\} \tag{7.2.6}$$

对每个子样本集的样本，其标注 y_n 用一个常数 $\hat{g}_m$，$m=1,2$ 逼近，则逼近误差为

$$\sum_{m=1}^{2} \sum_{(\boldsymbol{x}_n, y_n) \in \boldsymbol{D}_m} (y_n - \hat{g}_m)^2 \tag{7.2.7}$$

对于已经划分好的 $\boldsymbol{D}_1$ 和 $\boldsymbol{D}_2$，求 $\hat{g}_m$，$m=1,2$ 使式(7.2.7)的误差平方和最小，可以证明(留作习题)，最优值为

$$\hat{g}_m=\frac{1}{N_m} \sum_{(\boldsymbol{x}_n, y_n) \in \boldsymbol{D}_m} y_n, \quad m=1,2 \tag{7.2.8}$$

其中，N_m 是集合 $\boldsymbol{D}_m$，$m=1,2$ 中元素数目。

以上对每个特征 A_i 和它的每个切分点 $a\in A_i$，可以做二切分并计算最优逼近值 $\hat{g}_m$，$m=1,2$。在根节点 T，需要选出一个特征和一个切分点，对特征空间和样本集进行切分，选择的准则是在所有特征和切分点中，使式(7.2.7)最小，即

$$(A_j,a_O)=\underset{A_i,a\in A_i}{\operatorname{argmin}}\left\{\sum_{m=1}^{2}\sum_{(\boldsymbol{x}_n,y_n)\in\boldsymbol{D}_m}(y_n-\hat{g}_m)^2\right\} \tag{7.2.9}$$

按式(7.2.9)选择第 j 个特征和其取值 a_O 作为切分点。

在根节点，按照 $x_j\leqslant a_O$ 和 $x_j>a_O$ 分成左右两个分支，将样本集分成 $\boldsymbol{D}_1$ 和 $\boldsymbol{D}_2$，并按式(7.2.8)计算 $\hat{g}_1$ 和 $\hat{g}_2$。从根节点 T 向下形成两个子节点 T_1 和 T_2，分别拥有子样本集 $\boldsymbol{D}_1$、$\boldsymbol{D}_2$ 和逼近值 $\hat{g}_1$、$\hat{g}_2$。计算均方根误差

$$\varepsilon_m=\sqrt{\frac{1}{N_m}\sum_{(\boldsymbol{x}_n,y_n)\in\boldsymbol{D}_m}(y_n-\hat{g}_m)^2},\quad m=1,2 \tag{7.2.10}$$

对于预定门限 ε_0，若在子节点 T_1 满足 $\varepsilon_1<\varepsilon_0$，则 T_1 设为叶节点，该节点的输出为 $\hat{g}_1$，否则以 T_1 为子树的根节点，$\boldsymbol{D}_1$ 为样本集，递归进行操作，对 T_2 也是同样过程。

以上过程递归进行，直到所有节点都终止在叶节点，一个节点终止在叶节点的准则除了以上所述的门限，当一个节点已无可划分的切分点时，自动设为叶节点。因为每次切分都是将特征空间或其中的一个区域划分为两个区域。因此，当回归树完成后，设共形成 M 个叶节点，则对应将特征空间划分为 M 个区域，每个区域重新编号为 $\boldsymbol{R}_i$，$i\in[1,M]$，每个叶节点的逼近值重新编号为 $\hat{g}_i$，$i\in[1,M]$，则回归树学习的回归模型为

$$\hat{y}(\boldsymbol{x})=\sum_{i=1}^{M}\hat{g}_i I(\boldsymbol{x}\in\boldsymbol{R}_i) \tag{7.2.11}$$

其中，$I(\cdot)$为示性函数。

为了使用方便，将 CART 回归树算法描述如下。

CART 回归算法

CART-R($\boldsymbol{D}$)

---

(1) $\boldsymbol{D}$ 中 x_i 出现的所有取值的集合记为 A_i，若所有 A_i 均无切分点，则所有标注值取平均输出，并退出；否则，对 A_i 的每个取值 $a\in\boldsymbol{A}_i$ 做切分，按式(7.2.5)切分区域，按式(7.2.6)切分样本集，按式(7.2.8)计算逼近值。

(2) 以式(7.2.9)遍历所有特征 A_i 和 $a\in A_i$ 所对应误差平方和，找到误差和最小的特征 A_j 和切分点 a_o，将样本集分为 $\boldsymbol{D}_1$ 和 $\boldsymbol{D}_2$，分为两条支路：

对 $m=1,2$，若 $\varepsilon_m<\varepsilon_0$ 则 T_m 为叶节点，输出 $\hat{g}_m$；

否则调用 CART-R($\boldsymbol{D}_m$)。

(3) 空间划分为 M 个区域 $\boldsymbol{R}_i$，$i\in[1,M]$，回归模型为 $\hat{y}(\boldsymbol{x})=\sum_{i=1}^{M}\hat{g}_i I(\boldsymbol{x}\in\boldsymbol{R}_i)$。

图 7.2.3 所示为标量输入情况下回归树形成的回归模型，可见回归树模型是分段的台阶

函数。图 7.2.3 中只给出树的层数为 3 的情况。不难理解，当 ε_0 非常小时，回归树可能收敛到每个样本点控制一个台阶的函数，这样的函数是非常起伏的。因此，适当选择 ε_0 的大小可控制树的复杂度，从而控制过拟合。也有其他的可行方法，如对于较大的样本集，控制每个叶节点的最少样本数，如给出样本数阈值 N_0，当一个节点的样本数不大于 N_0 时，则将强制为叶节点。也可先生成一棵复杂的过拟合的树，再进行后剪枝。

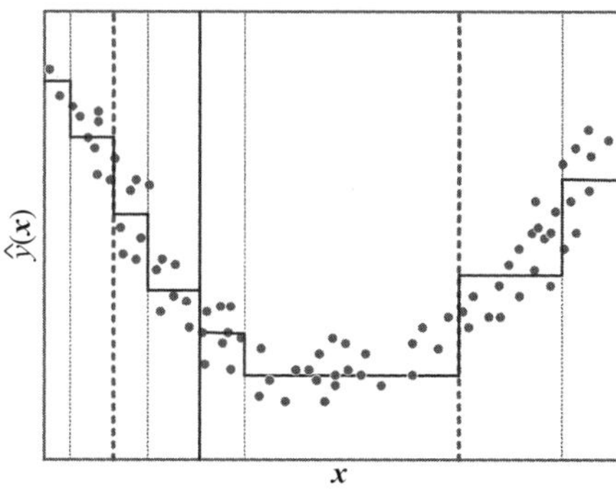

图 7.2.3 回归树构成的回归函数

注：框内垂直实线是第 1 次划分，粗虚线表示第 2 次划分，细虚线表示第 3 次划分，实台阶表示输出。

7.3 决策树的一些实际问题

前面介绍了决策树的几个代表性算法，如 ID3、C4.5 和 CART。为了易于理解决策树的基本原理，以上介绍中突出了树的基本生成算法。从这几种算法的介绍可见，决策树算法从假设空间搜索一个拟合训练样本的假设。由决策树算法搜索的假设空间就是可能的决策树的集合，ID3 算法的假设空间是所有可能的树集合，CART 算法的假设空间是所有可能二叉树的集合，它们是关于现有特征的有限离散值函数的一个完整空间。搜索算法从简单到复杂进行贪婪搜索，由于每次选择一个特征进行测试，总是首先选择对不纯性改善最大的特征，因此对不纯性改善大的特征更靠近根节点，算法对较短的树比较长的树更优先，符合奥卡姆剃刀原则。

在实际中，决策树有一些扩展技术以得到更好的性能和适应更多的情况，这些技术最初与一个具体算法结合提出，但大多均可以应用于各种决策树算法，在本节一并做概要介绍。

7.3.1 连续数值变量

在前面的分类树介绍中，假设各特征均取离散值，在 CART 回归树中，尽管特征可取连续值，但也只介绍了一种简单处理方法，下面对连续取值的特征进行专门讨论。

在分类应用中，经常遇到既有连续特征也有离散特征的情况。ID3 没有给出处理连续变量的方法，若有连续变量，则需首先简单离散化。后续的 C4.5 和 CART 算法都可以自适应地处理连续取值变量。

处理连续变量的方法是直接的启发式，若一个特征 A 是连续取值的，将其在样本集中出现过的取值按从小到大排列为 $\{a_1, a_2, \cdots, a_L\}$，对分类和回归可以用稍有不同的方式处理。

对于分类问题，检查这些取值对应的分类标注，若两个取值 a_i 和 a_{i+1} 对应的标注不同，则取 $\tilde{a}_j=(a_i+a_{i+1})/2$，以 $\tilde{a}_j$ 作为切分点，根据条件 $A\leqslant\tilde{a}_j$ 或 $A>\tilde{a}_j$ 分成两个分支，并将样本集 $\boldsymbol{D}$ 分割为 $\boldsymbol{D}_1$ 和 $\boldsymbol{D}_2$，判断由 $\tilde{a}_j$ 切分后对不纯性的降低，选择不纯性降低最大的特征和切分点作为当前节点的决策特征。

例 7.3.1 有一个分类问题，其中一个特征是体重，分类结果为是否有某类疾病，将样本集中出现的体重特征按从小到大排列，并同时列出对应类别标注，如表 7.3.1 所示。

表 7.3.1 体重与标注

序号	体重	标注	序号	体重	标注
1	44.5	否	6	57.2	是
2	47.6	否	7	64	是
3	50.2	是	8	66.5	是
4	55	是	9	70	否
5	56	否	10	75.6	否

检查表格发现，从第 2 个样本到第 3 个样本，标注发生了变化，第 4 到第 5、第 5 到第 6 和第 8 到第 9 样本标注也发生了变化，标注发生变化的两个样本特征值取均值，产生一个切分点，故切分点如表 7.3.2 所示。

表 7.3.2 切分点与切分值

切分点	$\tilde{a}_1$	$\tilde{a}_2$	$\tilde{a}_3$	$\tilde{a}_4$
切分值	48.9	55.5	56.6	68.25

这样，对于体重这个特征，需要比较 4 个切分点。

对一个分类问题，有若干特征，对每个连续取值的特征按以上方式计算不纯性，对于离散特征按 7.1 节和 7.2 节所述处理，选择使不纯性降低最大的特征和对应的切分点作为当前节点的决策特征。至于选择哪一种不纯性准则，是熵增益还是基尼指数，由所选择算法确定。

对于回归问题则更加简单，对于取值排列 $\{a_1,a_2,\cdots,a_L\}$，按照公式 $\tilde{a}_j=(a_i+a_{i+1})/2$，得到切分点为 $\{\tilde{a}_1,\tilde{a}_2,\cdots,\tilde{a}_{L-1}\}$，对每个切分点做比较。注意，与 6.2.2 节回归树中叙述的切分点的不同只有用均值代替样本中的取值作为切分点，这对回归函数精度略有改进。

7.3.2 正则化和剪枝技术

为了给出关于区域划分的直观解释，设一个问题对应的特征为连续量，如 7.3.1 节所述。这种情况下，每次的分支实际是针对一个特征的切分点将当前区域划分成两个区域，一棵树的生成过程就是不断对区域的划分过程。假设一个问题的特征向量是二维的，则图 7.3.1 是二维特征平面的一种划分示例。图 7.3.1 中最外侧矩形表示该问题特征向量的取值范围，在根节点对应的区域是这个矩形，第 1 次决策由是否 $x_i\leqslant a$ 将区域分为两个更小的矩形区域，在各子区域内进一步划分，最终形成图 7.3.1 所示的一种区

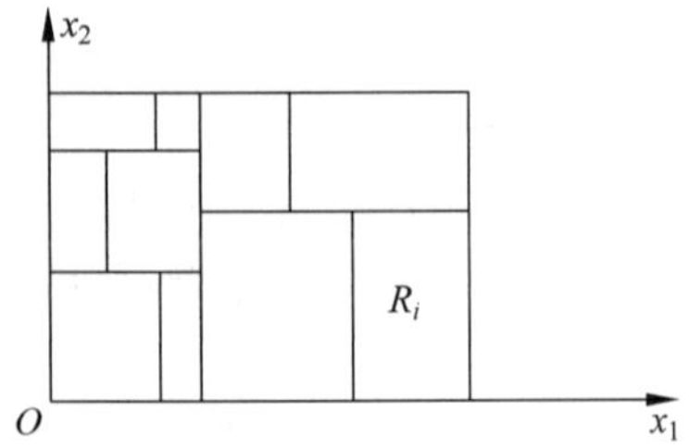

图 7.3.1 决策树对特征空间的划分

域分割。在分类问题中，对于每个子区域有一个确定的类型输出；在回归问题中，对于每个子区域有一个连续量的输出值。

如果在决策树生成过程中，不加限定条件，只要目标函数(不纯性)还可改进就继续分划下去，这样可能会生成一棵很深的树。对于分类问题，最终的叶节点要么是都为相同标注的样本，要么是空集，要么是已无特征可用；对于回归问题，极端情况生成的每个叶节点只对应一个样本。这样的树对训练样本中的噪声敏感，泛化性能差，存在过拟合问题。

为了解决过拟合，一种方法是正则化。对于决策树的正则化，可以通过对一些节点提前终止分解从而提前确定为叶节点。可以对不纯性给出一个阈值，若一个节点的不纯性小于该阈值，则终止分解将其置为叶节点；或对节点的样本数设置阈值，当一个节点的样本数小于该阈值时，置为叶节点。这种通过阈值提前终止部分节点进一步分解的方法，相当于部分节点对应的子树被提前剪枝了，所以也称为一种预剪枝技术。

预剪枝容易停留在浅层的树，可能会造成表达能力的不足。在决策树中，更有效和常用的是后剪枝。首先生成一棵充分生长的树，在这棵树基础上进行剪枝，这样可以通过对树的全局损失函数的优化和验证相结合得到性能优良的决策树。

设一棵树的叶节点个数为$|T|$，用$t\in[1,|T|]$表示一个叶节点，属于叶节点t的样本数为N_t，表示一个叶节点t的不纯性的指标是$G_t(T)$，根据算法不同，可采用熵、基尼指数或均方误差(回归)作为$G_t(T)$。树T的损失函数定义为

$$C_\alpha(T)=\sum_{t=1}^{|T|}N_tG_t(T)+\alpha\mid T\mid=C(T)+\alpha\mid T\mid \tag{7.3.1}$$

其中，$C(T)$是树的不纯性度量，即

$$C(T)=\sum_{t=1}^{|T|}N_tG_t(T) \tag{7.3.2}$$

树的损失函数由不纯性度量和对树的复杂度的惩罚项$\alpha|T|$组成，式(7.3.1)的损失函数是一种正则化目标函数，超参数α控制不纯性最小化和模型最小化之间的平衡。α很小甚至为0时，由不纯性度量确定树的复杂度，随着α增加，对树的复杂度的控制加大，对于适当的α值，最优树在最小化不纯性和树的复杂度之间达到一个良好平衡，既可对训练样本集得到较小的不纯性，又可具有良好的泛化性。

一种启发式的剪枝方法是：从树的底层叶节点开始搜索，对一个叶节点，上升到其父节点j，将节点j设为新的叶节点，删除节点j原有的子节点，得到新树并表示为T_1，计算T_1的损失函数$C_\alpha(T_1)$，若$C_\alpha(T_1)<C_\alpha(T)$，则确定新树$T_1\rightarrow T$，继续这个过程，否则恢复原来叶节点，继续检查其他叶节点，直到没有新的叶节点需要被剪枝为止。

这种剪枝方法，对于给定的α值，可以找到一个使$C_\alpha(T)$最优的树。实际中需要确定超参数α，一般通过交叉验证进行，将样本集分出独立的一组样本作为验证集，用于确定超参数α。可以用各种启发式的方式设计确定α的程序，其中CART算法给出一种启发式方法，可程序化地确定超参数和最优剪枝的决策树。

这里简要介绍CART的剪枝算法。设充分生长的一棵决策树为T_0，通过不断剪枝生成一系列参数α，$0=\alpha_0<\alpha_1<\cdots<\alpha_n$和相应的系列树$\{T_0,T_1,\cdots,T_n\}$，每棵子树$T_i$对应参数$\alpha_i$，且$T_i\supset T_{i+1}$(这里符号$\supset$表示前者包含后者)。首先介绍由$T_0$剪枝得到$T_1$和$\alpha_1$的过程。

起始时,$\alpha=\alpha_0=0, T=T_0$,对于 T 内的任意内部节点 t,有以 t 为单节点的树(单节点树也用 t 表示)和以 t 为根节点的子树 T_t。由式(7.3.1)得单节点树 t 的损失函数为

$$C_\alpha(t)=C(t)+\alpha \tag{7.3.3}$$

而以 t 为根节点的子树 T_t 的损失函数为

$$C_\alpha(T_t)=C(T_t)+\alpha\,|T_t| \tag{7.3.4}$$

显然,在 $\alpha=\alpha_0=0$ 时,$C_\alpha(T_t)<C_\alpha(t)$,随着 α 增加,$C_\alpha(T_t)$ 增加,当 α 增加到 $\tilde{\alpha}$ 时,$C_{\tilde{\alpha}}(T_t)=C_{\tilde{\alpha}}(t)$,得

$$\tilde{\alpha}(t)=\frac{C(t)-C(T_t)}{|T_t|-1} \tag{7.3.5}$$

由于 $\tilde{\alpha}$ 的取值与节点 t 有关,式(7.3.5)中将其写为随 t 变化。

$\tilde{\alpha}(t)$表示了在节点 t 进行剪枝,即将 t 的子树删除,将节点 t 设为叶节点后整体损失函数的减少程度。由于需要从小到大搜索 α,对所有内部节点 t 计算 $\tilde{\alpha}(t)$,找到

$$t_0=\underset{t}{\operatorname{argmin}}\{\tilde{\alpha}(t)\}$$

令 $\alpha_1=\tilde{\alpha}(t_0)$,并删去子树 T_{t_0},将 t_0 设为叶节点,从而得到剪枝树 T_1。

以上过程递归执行,从 T_1 出发得到 α_2 和 T_2,依此类推,直到得到 α_n 和 T_n,这里 T_n 已是只有根节点和下一层的叶节点组成的树。

将系列树$\{T_0,T_1,\cdots,T_n\}$在一个独立的验证集中进行验证,以基尼指数或均方误差为目标函数,使得目标函数最小的树 T_i 和对应参数 α_i 作为最优的剪枝决策树和相应超参数。

将 CART 剪枝算法描述如下。

CART 剪枝算法

输入:CART 算法生成的决策树 T_0;
输出:剪枝的最优树。

---

(1) 设 $k=0, T_0\rightarrow T$。

(2) $\alpha\leftarrow$很大的正数。

(3) 自下而上对各内部节点 t 计算 $\tilde{\alpha}(t)$和 $\alpha=\min(\alpha,\tilde{\alpha}(t))$。

(4) 对 $\tilde{\alpha}(t)=\alpha$ 的内部节点进行剪枝,删除 t 的所有子孙节点并设 t 为叶节点,对分类问题 t 的输出用多数表决法决定其类;对于回归问题,用各样本标注值的平均作为节点输出,剪枝后的树记为 T。

(5) 设 $k\leftarrow k+1, \alpha_k\leftarrow\alpha, T_k\leftarrow T$。

(6) 如果 T_k 不是由根节点及两个叶节点构成的树,则返回步骤(2);否则令 $n\leftarrow k$。

(7) 采用交叉验证方式在子树集$\{T_0,T_1,\cdots,T_n\}$中选取最优子树 T_α 和参数 α。

7.3.3 缺失属性的训练样本问题

实际中,样本集中有些样本缺失一些特征。例如,通过问卷调查获取的数据集,答卷人认为个人隐私的内容就空缺了;再如,一个医疗决策系统所支持的特征可能是很多的,但样

本都来自一线医生，医生在实际诊断时并没有完成系统所要求的全部检查项目。这类样本集中，可能大多数样本都缺失一些特征，怎样利用这种样本集构造决策树，下面简要做一些介绍。

对于一些样本集，若将有缺失特征的样本丢弃，只用有完整特征的样本构造决策树，可能会丢失大量有用信息，且因样本数量小造成方差大，模型泛化能力差。一种最直接的方法是对丢失特征进行填补。例如，一个样本的特征 A 缺失，可对所有与该样本标注相同的样本子集的该特征取均值，用均值对该缺失特征赋值，对样本集中所有缺失样本赋值后，用标准方法生成决策树。

另一种处理特征缺失的方法是按概率把有缺失特征的样本分到各分支。为了叙述方便，以 ID3 算法和信息增益度量为例进行讨论，该方法可直接推广到其他算法和度量中。

设样本集为 $\boldsymbol{D}=\{(\boldsymbol{x}_n,y_n)\}_{n=1}^{N}$，其中特征向量 $\boldsymbol{x}_n$ 的一些分量可能有缺失。为了叙述方便，以根节点为例进行讨论，其他节点是类似的过程。在起始时，对每个样本设一个权值并赋初值 $w_n=1$。特征向量 $\boldsymbol{x}$ 的某分量特征记为 A，为选择一个特征 A 作为判决节点，对每个特征测试其信息增益。在计算信息增益时，用每个特征 A 对应的无缺失样本。注意到，可能一个样本集有大量缺失样本，但对于一个特征，缺失样本一般只占很小比例。在总样本集中，将特征 A 取值缺失的样本删除，得到子样本集 $\widetilde{\boldsymbol{D}}_A$。注意，每个不同特征 A 的 $\widetilde{\boldsymbol{D}}_A$ 不同。

假设类型标注有 K 类，按标注值不同将 $\widetilde{\boldsymbol{D}}_A$ 分为子集 $\{\widetilde{\boldsymbol{C}}_{A,k},k=1,\cdots,K\}$，设 $A\in[1,I]$，根据 A 的不同取值，将 $\widetilde{\boldsymbol{D}}_A$ 分为 $\{\widetilde{\boldsymbol{D}}_{A,i},i\in[1,I]\}$，可求出以下比值和概率估计

$$\begin{cases}\rho=\dfrac{\sum\limits_{\boldsymbol{x}_n\in\widetilde{\boldsymbol{D}}_A}\boldsymbol{w}_n}{\sum\limits_{\boldsymbol{x}_n\in\boldsymbol{D}}\boldsymbol{w}_n}\\ p_k=\dfrac{\sum\limits_{\boldsymbol{x}_n\in\widetilde{\boldsymbol{C}}_{A,k}}\boldsymbol{w}_n}{\sum\limits_{\boldsymbol{x}_n\in\widetilde{\boldsymbol{D}}_A}\boldsymbol{w}_n},\quad k=1,2,\cdots,K\\ p_i^{(A)}=\dfrac{\sum\limits_{\boldsymbol{x}_n\in\widetilde{\boldsymbol{D}}_{A,i}}\boldsymbol{w}_n}{\sum\limits_{\boldsymbol{x}_n\in\widetilde{\boldsymbol{D}}_A}\boldsymbol{w}_n},\quad i=1,2,\cdots,I\end{cases}\tag{7.3.6}$$

利用特征 A 的无缺失样本集 $\widetilde{\boldsymbol{D}}_A$ 得到的信息增益为

$$\begin{aligned}G(\widetilde{\boldsymbol{D}}_A,A)&=\rho[H(\widetilde{\boldsymbol{D}}_A)-H(\widetilde{\boldsymbol{D}}_A\mid A)]\\&=\rho\left[-\sum_{k=1}^{K}p_k\log p_k-\sum_{i=1}^{I}p_i^{(A)}H(\widetilde{\boldsymbol{D}}_{A,i})\right]\end{aligned}$$

对于所有特征 A 比较信息增益，找到信息增益最大的特征 A_O，按照 A_O 的取值 $\{1,2,\cdots,I\}$，将样本 $\boldsymbol{D}$ 分为 $\boldsymbol{D}_i$，$i\in[1,I]$。注意，这时是将全样本集 $\boldsymbol{D}$ 进行划分。对一个样本 $(\boldsymbol{x}_n,y_n)$，若其特征 A_O 有值，则按其取值分到 $\boldsymbol{D}_i$ 中，加权系数 $\boldsymbol{w}_n$ 不变，若该样本的

特征 A_O 缺失，则将其分配到所有子样本集 $\boldsymbol{D}_i$，$i\in[1,I]$中，并令其在 $\boldsymbol{D}_i$ 中的加权系数为 $w_n \leftarrow w_n p_i^{(A_O)}$。

注意到，若一个样本只有 A_O 特征有缺失，则分配到各子样本集 $\boldsymbol{D}_i$ 后，由于 A_O 特征已被删除，后续进一步处理中则是特征齐全的样本，但有特征缺失的样本在各子样本集中起作用的比例与概率 $p_i^{(A_O)}$ 相等，但若一个样本有多个特征缺失，则在后续处理中会不断加权，进一步削弱其在一个子样本集中的作用。注意到，由式(7.3.6)，这些加权系数的作用在后续计算比例和概率时起作用。

这种加权处理方式，不仅可以用于特征有缺失的样本集，还可形成一种支持样本可加权的学习算法，即对不同样本按不同权重进行处理。

7.4 本章小结

本章介绍了几种常用的决策树算法。不同算法的学习过程比较接近，故有的教材和著作将不同的决策树算法合并在一起讨论，只是针对不同类算法罗列出不同的不纯性度量，使对决策树算法的介绍更紧凑。本书为了让读者更好地理解各类实际中使用的不同决策树算法，按照更传统的方式将 ID3/C4.5 和 CART 两类算法分别进行了介绍。对于决策树的一些需要进一步研究的问题，如连续特征量、树的剪裁和特征缺失等问题，在 7.3 节一并做了介绍。

决策树有很多优点：可解释性好、可采用混合型输入向量、可处理特征缺失等，但一般来讲决策树的性能不够突出，尤其相较 SVM 和深度神经网络。在第 8 章将看到将决策树结合集成学习方法，可得到在性能上很有竞争力的机器学习算法。

决策树的主要发明人针对不同类型的决策树出版了相应的著作，给出了更多的实例和实现方法。可进一步参考 Quinlan 的著作 *C4.5 Programs for Machine Learning* 和 Breiman 等的著作 *Classification and Regression Trees*。

习题

1. 样本集 $\boldsymbol{D}$ 共有 20 个样本，类型只有正样和负样两类，其中正样 9 个，负样 11 个。有一个特征 $\boldsymbol{A}$，其取值分别为 $i=1,2,3$，按照该特征的不同取值将样本集 $\boldsymbol{D}$ 划分为子集 $\boldsymbol{D}_i$，$i=1,2,3$，各子集的样本数分别为 $N_1=8$，$N_2=7$，$N_3=5$，并且 $\boldsymbol{D}_1$ 有正样两个，$\boldsymbol{D}_2$ 有正样 3 个。

(1) 求通过特征 A 得到的信息增益和信息增益率。

(2) 求 $A=2$ 的基尼指数。

2. 打网球的样本集如下。

标号	天气	气温	湿度	风力	是否打球
1	晴朗	热	高	弱	否
2	晴朗	热	高	强	否
3	阴天	热	高	弱	是

续表

标号	天气	气温	湿度	风力	是否打球
4	有雨	适中	高	弱	是
5	有雨	冷	正常	弱	是
6	有雨	冷	正常	强	否
7	阴天	冷	正常	强	是
8	晴朗	适中	高	弱	否
9	晴朗	冷	正常	弱	是
10	有雨	适中	正常	弱	是
11	晴朗	适中	正常	强	是
12	阴天	适中	高	强	是
13	阴天	热	正常	弱	是
14	有雨	适中	高	强	否

(1) 用ID3算法构造一棵决策树，对是否打网球进行决策。给出一个输入特征：天气晴朗，气温适中，湿度正常，风力弱，通过决策树做出决定是否打球。

(2) 用CART算法构造一棵分类树，比较该问题中CART构造的分类树和ID3构造的分类树，同样给出一个输入：天气晴朗，气温适中，湿度正常，风力弱。用CART分类树做决策。

3. 对第2题CART算法构成的决策树，采用CART剪枝算法进行剪枝，得到剪枝后的决策树。

4. 以下是贷款样本集，分别使用ID3算法和CART分类树算法给出判断是否贷款的决策树。

序号	年龄	工作状态	持有房子情况	信用	结果
1	青年	无	无	一般	不贷
2	青年	无	无	好	不贷
3	青年	有	无	好	贷
4	青年	有	有	一般	贷
5	青年	无	无	一般	不贷
6	中年	无	无	一般	不贷
7	中年	无	无	好	不贷
8	中年	有	有	好	贷
9	中年	无	有	极好	贷
10	中年	无	有	极好	贷
11	老年	无	有	极好	贷
12	老年	无	有	好	贷
13	老年	有	无	好	贷
14	老年	有	无	极好	贷
15	老年	无	无	一般	不贷

5. 第2题中，若样本集中6号样本的天气特征缺失，9号样本的湿度特征缺失，用6.3.3节介绍的概率处理方法，形成一棵ID3决策树。

6. 给出如下数据集。

x_n	0	0.1	0.2	0.3	0.4	0.45	0.5	0.6	0.7	0.8	0.9	0.95	1.0
y_n	4	2.4	1.5	1.0	1.2	1.5	1.8	2.6	3.0	4.0	4.5	5.0	6.0

用误差平方准则下的CART回归树算法生成一棵回归树；画出回归树的输入和输出关系曲线；并计算当$x=0.76$时，回归函数的输出（取阈值为$\varepsilon_0=0.1$）。

第8章 集成学习算法

CHAPTER 8

从直观的角度理解,将多个个体学习器结合起来构成一个更强大的学习器的过程称为集成学习。在大多数集成学习算法中,个体学习器是同类学习器,如决策树或逻辑回归等,将这类个体学习器称为基学习器,通过样本集训练基学习器的算法称为基学习算法。集成学习是通过多个简单学习器构成一个强大的学习器。

本章将讨论两类集成学习方法。一类是基于样本集重采样技术的,代表方法是随机森林,这是一种由多个决策树组合而成的模型;另一类是提升方法,其代表是 AdaBoost 和梯度提升树。在提升方法中,基学习器也称为弱学习器,这里弱学习器的概念是比随机猜测好一些的学习器。例如,对于二分类问题,一个随机猜测的分类错误率是 0.5,一个分类错误率小于 0.5 的分类器就可以构成一个弱分类器,提升学习的目标是通过组合多个弱分类器,得到性能良好的强分类器。从结构上看,第 1 类方法是一种并行结构的集成,各基学习器并行构成一个集成学习器;第 2 类方法是一种串行的集成结构,通过串行连接多个基学习器而不断提升集成学习器的性能。

8.1 Bagging 和随机森林

视频讲解

对训练样本集进行重采样,得到不同的重采样样本集,重采样技术使得这些样本集互相具有随机性和一定的独立性,在重采样的样本集上训练基学习器,典型的是采用决策树(包括分类树和回归树,依据问题是分类问题还是回归问题)作为基学习器,可构成 Bagging 和随机森林算法。随机森林是 Bagging 的一种改进方法,性能更好。本节首先讨论重采样和 Bagging,然后重点讨论随机森林算法。

Bagging 和随机森林算法的结构是相似的,都是并行结构的集成学习器。从训练样本集出发,用重采样方法得到各自的重采样样本集,用每个新样本集训练一个基学习器,最后将这些基学习器组合为一个集成学习器,基本结构如图 8.1.1 所示。

8.1.1 自助采样和 Bagging 算法

自助采样(bootstrap)是统计学中的一种重采样技术,用于改善统计参数的估计,在集成学习中,可借助自助采样形成多个随机样本集,在每个重采样的样本集上训练一个基学习器,然后组合成为一个集成学习器。

设原始训练样本集为

$$\boldsymbol{D}=\{(\boldsymbol{x}_n,y_n)\}_{n=1}^N \tag{8.1.1}$$

从 $\boldsymbol{D}$ 中重新采样得到一个重采样样本集 $\boldsymbol{D}^*$，$\boldsymbol{D}^*$ 也由 N 个样本组成，若采用自助采样从 $\boldsymbol{D}$ 中重采样获得 $\boldsymbol{D}^*$，则称 $\boldsymbol{D}^*$ 为一个自助样本集(bootstrap samples)。自助采样是指，随机从 $\boldsymbol{D}$ 中抽取一个样本放入 $\boldsymbol{D}^*$ 中，同时将该样本放回 $\boldsymbol{D}$ 中，按照这个方式采样 N 次，组成自助样本集 $\boldsymbol{D}^*$。

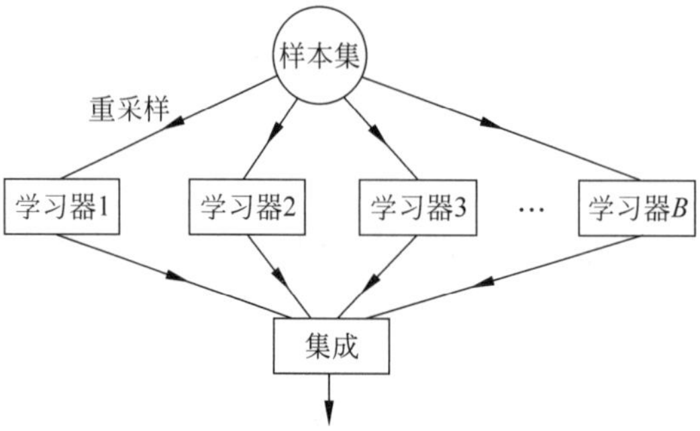

图 8.1.1 Bagging 和随机森林算法的结构示意图

由于是对 $\boldsymbol{D}$ 做放回采样，采样过程是随机的，故可对 $\boldsymbol{D}$ 重采样 B 轮，每轮得到 N 个样本的自助样本集，故可获得 B 个自助样本集，记为 $\boldsymbol{D}^{*(b)}$，$b=1,2,\cdots,B$。由于随机放回采样，各自助样本集 $\boldsymbol{D}^{*(b)}$ 不同。

为了理解各自助样本集的不同，我们可以分析 $\boldsymbol{D}$ 中的任意样本$(\boldsymbol{x}_k,y_k)$被包含在一个自助样本集 $\boldsymbol{D}^{*(j)}$ 中的概率。从 $\boldsymbol{D}$ 中随机放回采样得到 $\boldsymbol{D}^{*(j)}$ 的过程中，每次采样没有采到$(\boldsymbol{x}_k,y_k)$的概率为 $1-\frac{1}{N}$，独立采样 N 次均没有采到$(\boldsymbol{x}_k,y_k)$的概率为 $\left(1-\frac{1}{N}\right)^N$，故样本$(\boldsymbol{x}_k,y_k)$被包含在样本集 $\boldsymbol{D}^{*(j)}$ 中的概率为

$$1-\left(1-\frac{1}{N}\right)^N\approx 1-\mathrm{e}^{-1}\approx 0.632 \tag{8.1.2}$$

以上假设 N 充分大，使用了极限 $\lim\limits_{N\to\infty}\left(1-\frac{1}{N}\right)^N=\mathrm{e}^{-1}$。式(8.1.2)说明，在构成自助样本集 $\boldsymbol{D}^{*(j)}$ 时，大约可从 $\boldsymbol{D}$ 中采集到约 63.2%的样本，即 $\boldsymbol{D}$ 中约 36.8%的样本没有被采集到 $\boldsymbol{D}^{*(j)}$ 中。从概率上讲，若抛弃重复样本，$\boldsymbol{D}^{*(j)}$ 中只有大约 $0.632N$ 个有效样本。两个自助样本集 $\boldsymbol{D}^{*(i)}$ 和 $\boldsymbol{D}^{*(j)}$ 内部所包含的有效样本是随机的，故 $\boldsymbol{D}^{*(i)}$ 和 $\boldsymbol{D}^{*(j)}$ 相互具有随机性，且具有一定的不相关性。

Bagging 是 Bootstrap Aggregation 的缩写。Bagging 的思想是，首先由训练样本集 $\boldsymbol{D}$，重采样得到 B 个自助样本集 $\boldsymbol{D}^{*(b)}$，$b=1,2,\cdots,B$，对于每个 $\boldsymbol{D}^{*(b)}$，通过基学习算法训练一个基学习器 $\hat{f}^{*(b)}(\boldsymbol{x})$，则 Bagging 集成学习器为

$$\hat{f}_{\text{bag}}(\boldsymbol{x})=\frac{1}{B}\sum_{b=1}^{B}\hat{f}^{*(b)}(\boldsymbol{x}) \tag{8.1.3}$$

用式(8.1.3)的简单求和平均表示 Bagging 的组合方式。实际中 Bagging 算法既可用于回归问题，也可用于分类问题。当用于回归问题时，每个基学习器 $\hat{f}^{*(b)}(\boldsymbol{x})$ 是一个回归输出，故最终的输出是各基回归模型输出的平均；当用于分类问题时，式(8.1.3)可做适当

修改，以表示一种投票原则。例如，对于二分类问题，每个基分类器以±1表示两类，则输出可对所有基分类器的输出求和后施加符号运算 sgn(·)。

理论和实验都验证了在每个基学习器 $\hat{f}^{*(b)}(\boldsymbol{x})$ 是一种"不稳定"学习器时，Bagging 可显著降低集成学习器的方差。这里不稳定学习器是指，训练数据的较小变化，能够导致学习器的结果发生较大变化。例如，对于分类器，可导致分类结果或分类准确率发生较大变化，则称这种学习器或学习算法是不稳定的。若基学习器是不稳定学习器，则 Bagging 算法显著提高集成学习器的性能。第 7 章介绍的决策树，在贪婪训练算法时(没有做剪枝)是一种不稳定学习器，一个样本的变化可能改变树的结构，正是因为这个原因，Bagging 算法的基学习器最常采用决策树。

在 Bagging 基础上可发展出随机森林(random forests)，由于随机森林具有更好的集成性能，这里不再进一步讨论 Bagging 的性质，以下重点讨论随机森林算法。

8.1.2 随机森林算法

有树才能构成森林，随机森林的基学习器选择决策树。与 Bagging 类似，随机森林可用于回归学习和分类学习，若是回归问题，则基学习器采用回归树，对分类问题则采用分类树。每棵决策树可以尽可能生长成一棵深而茂密的树，使每个叶节点对应特征空间小的区域(较少的几个训练样本)，叶节点的输出有较低的偏和较高的方差，通过多棵树的平均，可有效降低方差。一个随机森林的例子如图 8.1.2 所示，分别训练 B 棵决策树，若是分类问题，多棵树通过投票方式决定输出类型；若是回归问题，各决策树输出的平均形成回归输出。

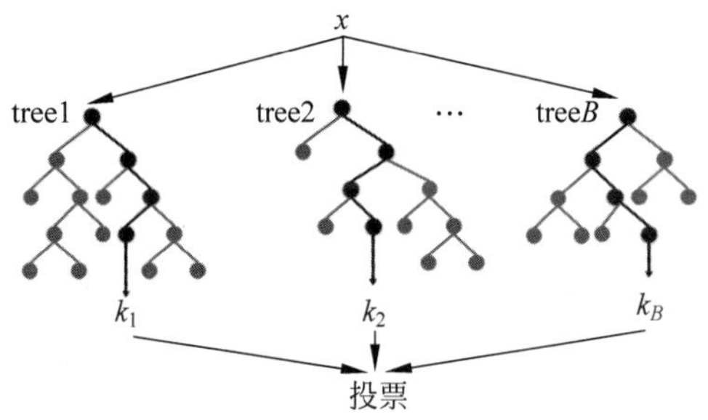

图 8.1.2 随机森林的结构示意图

为了使多棵决策树的组合有效降低输出方差，各决策树需具有随机性和较强的不相关性。这也是随机森林的名称中"随机"一词的来源。在随机森林构成中，各决策树的随机性源于两方面的因素：一是由训练样本集 $\boldsymbol{D}$，通过自助随机重采样得到 B 个自助样本集 $\boldsymbol{D}^{*(b)}, b=1,2,\cdots,B$，这一点与 Bagging 相同；二是在生成每个基学习器(一棵决策树)时随机选择特征变量做节点切分，这一点是对 Bagging 的改进。

自助样本集的随机性结合决策树不稳定性使各基学习器是不同的，具有较大的不相关性，而随机选择特征变量进一步增加了各基学习器的不相关性，使多棵树构成的森林能够以更大的可能性降低集成学习器的方差。

构成自助样本集的过程与 Bagging 算法采用的方法一致。随机森林第 2 种随机性来自特征变量的选择。在训练一棵决策树时，在每次确定分支时需要比较各特征变量的不纯性度量，选择一个特征变量的切分点形成分支。标准的决策树算法从当前所有的特征变量中选择一个最好的,但在随机森林中形成一棵决策树时,在每次做分支判断时,不使用所有特征变量,而是随机选择特征变量的一个子集,从这个子集中找到一个特征变量和切分点进行分支。设特征向量包含 D 个特征变量,每次随机从中取 $m \leqslant D$ 个特征向量构成子集,确定本次分支的特征向量只从这个子集选择。m 是一个可选择参数,在一些软件中,给出了 m 的选择建议,如在回归问题中,选择 $m=D/3$,在分类问题中选择 $m=\sqrt{D}$。

加入特征变量的随机选择后,随机森林中各决策树的随机性和不相关性高于 Bagging 算法,随机森林往往也有更好的性能。随机森林的算法描述如下。

随机森林算法

---

(1) 对于 $b=1,2,\cdots,B$

通过自助法,从训练集 $\boldsymbol{D}$ 采样获得自助样本集 $\boldsymbol{D}^{*(b)}$。

利用自助样本集 $\boldsymbol{D}^{*(b)}$ 生成一棵随机森林树 $T^{*(b)}$,在树的每个节点通过递归重复如下步骤,直到达到最小节点规模 $n_{\min}$。

① 从 M 个特征变量中随机选取 m 个变量;

② 在 m 个变量中选择最好的变量和切分点;

③ 分裂节点到两个子节点。

(2) 输出树的集合 $\{T^{*(b)}\}_{b=1}^{B}$。

(3) 对于输入特征向量 $\boldsymbol{x}$ 做预测,分别有

① 回归输出:$\hat{y}_{RF}(\boldsymbol{x})=\dfrac{1}{B}\sum_{b=1}^{B}\hat{y}^{*(b)}(\boldsymbol{x})$,其中 $\hat{y}^{*(b)}(\boldsymbol{x})$ 表示回归树 $T^{*(b)}$ 的输出;

② 分类输出:$\hat{y}_{RF}(\boldsymbol{x})=\operatorname{vote}\{\hat{y}^{*(b)}(\boldsymbol{x})\}_{b=1}^{B}$,其中 $\hat{y}^{*(b)}(\boldsymbol{x})$ 表示分类树 $T^{*(b)}$ 的类型输出。

对于随机森林(对 Bagging 同样有效),可以在训练的同时有效地近似计算测试误差。如前所述,在自助采样时,原训练集中的一个样本 $(\boldsymbol{x}_i, y_i)$ 可能会包含在 $\boldsymbol{D}^{*(b)}$ 中,也可能不被采样到 $\boldsymbol{D}^{*(b)}$ 中,如果 $(\boldsymbol{x}_i, y_i)\notin \boldsymbol{D}^{*(b)}$,则其不参与树 $T^{*(b)}$ 的训练,因此可以作为评价 $T^{*(b)}$ 的测试样本。对于所有自助样本集 $\boldsymbol{D}^{*(b)}$,$b=1,2,\cdots,B$,从平均角度讲,一个指定样本 $(\boldsymbol{x}_i, y_i)$ 不包含在约 $0.368B$ 的自助样本集中,设不包含 $(\boldsymbol{x}_i, y_i)$ 的自助样本集 $\boldsymbol{D}^{*(b)}$ 的数目为 B_i,则可计算样本 $(\boldsymbol{x}_i, y_i)$ 的测试输出为

$$\hat{y}_{\mathrm{RF}}^{(i)}(\boldsymbol{x}_i)=\begin{cases}\dfrac{1}{B_i}\sum\limits_{\boldsymbol{x}_i\notin \boldsymbol{D}^{*(b)}}\hat{y}^{*(b)}(\boldsymbol{x}_i), & \text{回归}\\ \operatorname{vote}\{\hat{y}^{*(b)}(\boldsymbol{x}_i)\}_{\boldsymbol{x}_i\notin \boldsymbol{D}^{*(b)}}, & \text{分类}\end{cases} \tag{8.1.4}$$

当样本 $(\boldsymbol{x}_i, y_i)\notin \boldsymbol{D}^{*(b)}$ 时,用 $T^{*(b)}$ 对其做测试,测试误差称为袋外(out-of-bag, OOB)误差,简称 OOB 误差,对 $\boldsymbol{D}$ 中所有样本平均得到总的 OOB 误差为

$$e_{\mathrm{OOB}}=\frac{1}{N}\sum_{i=1}^{N}L\left[y_i, \hat{y}_{\mathrm{RF}}^{(i)}(\boldsymbol{x}_i)\right] \tag{8.1.5}$$

其中,$L[\cdot]$ 表示误差函数,对于回归问题,可取平方函数;对于分类问题,可取误分类率。

当 B 足够大时，OOB 误差很接近测试误差，故可用 OOB 误差替代测试误差。

从图 8.1.2 和随机森林算法描述都可以看到，随机森林算法是一种并行算法，可以通过并行处理提高训练的效率和预测的效率，而且随机森林算法中需要选择的参数少，是一种易于实现的算法。从性能上讲，随机森林算法一般优于 Bagging 算法，是一种有竞争力的集成算法。图 8.1.3 给出 Bagging 算法、随机森林算法和提升树算法(见 8.3 节)针对 spam 数据集的分类效果，这里的 spam 是垃圾邮件检测的数据集，共有 4601 个样本，57 个特征变量。由图 8.1.3 可见随机森林分类错误率低于 Bagging 算法，略高于提升树算法，但随机森林控制的参数少，更易于训练。

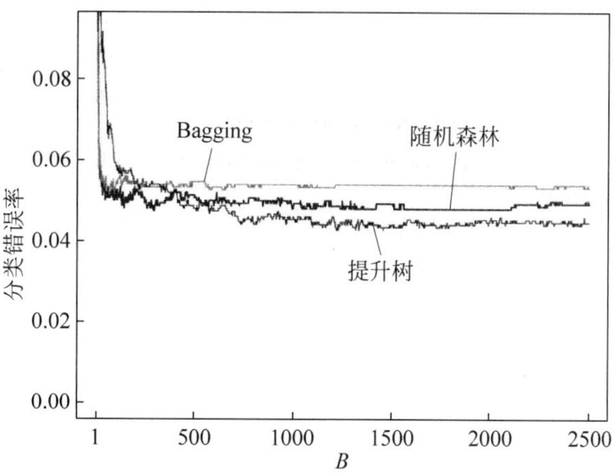

图 8.1.3　对 spam 数据集，Bagging、随机森林和提升树性能比较

8.2 提升和 AdaBoost 算法

另一类集成学习算法是提升(boosting)算法，其基本思想是组合若干个弱学习器构成一个强学习器。提升算法的主流是串行的训练弱学习器(基学习器)，后一个弱学习器更正前一个学习器的错误，最终所有基学习器集成达到强学习器。图 8.2.1 所示为提升算法的串行结构。

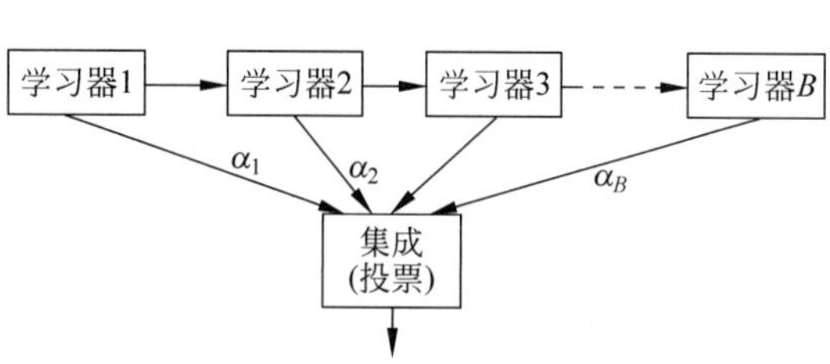

图 8.2.1　提升的串行结构

在提升学习的语境下，基学习器和弱学习器两词可互用。弱学习器是指一个比随机猜测好一些的学习器。例如，对于二分类问题，一个弱学习器是指分类错误率低于 0.5，这仅比随机猜测好。强调基学习器是一个弱学习器是因为弱学习器更容易设计，并且从弱学习器出发，经过多轮提升可得到强学习器，这并不意味着基学习器只能使用弱学习器，一般来讲，基学习器使用性能更好的学习器，在较少的提升轮数后，就可获得更好的结果。

例如，基学习器可采用决策树。在决策树结构中，一种简单的树结构称为决策树桩(decision stump)，它是只有一个分支节点的简单决策树，可以作为一个基学习器，显然这是一个弱学习器。同样，一棵充分生长的 C4.5 决策树也可作为一个基学习器，这种的基学习器并不弱，对于这种不弱的基学习器，提升过程一般仍能够提高性能。强调基学习器是弱学习器是为了突出提升学习的一个重要特点，通过提升弱学习器可获得性能相当好的强学习器，并不意味着基学习器自身不能选择性能良好的学习器。

尽管更早就有提升的思想被提出，但最早实用和被广泛关注的提升集成学习算法是 AdaBoost，是由 Freund 和 Schapiro 于 1995 年首先提出的。

基本的 AdaBoost 算法用于二分类问题，以$\{-1,+1\}$分别表示两类。AdaBoost 算法的基本思想是：对基学习器进行多轮调用，在每轮调用时，都对样本集中每个样本在损失函数中的权重进行调整，初始时所有样本具有相等的权重，但经过每轮调用，被正确分类的样本给予较小权重，没有被正确分类的样本权重增加，这样，比较难以正确分类的样本会持续获得高权重，使后续基学习器重点关注和解决较难分类的样本。这样经过多轮得到多个基学习器$\{h_t\}_{t=1}^{B}$，在对新输入的特征向量预测时，由各基学习器的输出加权投票产生分类输出。

接下来对 AdaBoost 的学习过程进行介绍，完整的学习过程见 AdaBoost 算法描述。本节通过启发式的方式介绍 AdaBoost 算法。

对于训练样本集$\boldsymbol{D}=\{(\boldsymbol{x}_n,y_n)\}_{n=1}^{N}$，开始时令提升轮数$t=1$，每个样本给出等权重分布$D_t(n)=1/N$。在第$t$轮提升时，调用一个基学习算法(基学习算法不作为 AdaBoost 的一部分，可选择任何一种可结合样本加权的学习算法，如决策树)，训练一个基学习器h_t，要求基学习器对样本的加权误分类率$\varepsilon_t<0.5$。可将ε_t表示为$\varepsilon_t\leqslant 0.5-\gamma$，其中$\gamma$是一个比较小的正常数(不必给出$\gamma$的具体值)，表示$h_t$是一个比随机猜测好的弱分类器。$\varepsilon_t$作为加权误差定义为

$$\varepsilon_t \doteq P_{n\sim D_t}[h_t(\boldsymbol{x}_n)\neq y_n]=\sum_{n=1}^{N}D_t(n)I[h_t(\boldsymbol{x}_n)\neq y_n] \tag{8.2.1}$$

其中，$I(\cdot)$为示性函数。

ε_t的取值大小评价了h_t分类性能的好坏，由此决定了h_t在最终的集成学习投票中的权重。直观上，ε_t越小，权重应越大，对应基分类器更重要，对应ε_t的权重α_t计算为

$$\alpha_t=\frac{1}{2}\ln\left(\frac{1-\varepsilon_t}{\varepsilon_t}\right) \tag{8.2.2}$$

为了继续下一轮提升过程，在本轮已被正确分类的样本，减小权系数，没有正确分类的样本，增大权系数，故对权系数做如下按指数增大或减小的调整

$$\begin{aligned}D_{t+1}(n)&=\frac{D_t(n)}{Z_t}\times\begin{cases}\mathrm{e}^{-\alpha_t}, & h_t(\boldsymbol{x}_n)=y_n\\ \mathrm{e}^{\alpha_t}, & h_t(\boldsymbol{x}_n)\neq y_n\end{cases}\\ &=\frac{D_t(n)}{Z_t}\exp[-\alpha_t y_n h_t(\boldsymbol{x}_n)]\end{aligned} \tag{8.2.3}$$

下一轮权系数分布的比例由e^{α_t}确定。作为分类器，h_t的输出只有$\{-1,+1\}$，故对正确分类的样本$y_nh_t(\boldsymbol{x}_n)=1$，否则为$-1$，故式(8.2.3)可写成第 2 行的紧凑形式。$Z_t$为归一化因子，保证$D_{t+1}(n)$仍满足一个概率分布。$Z_t$计算式为

$$Z_t = \sum_{n=1}^{N} D_t(n)\exp[-\alpha_t y_n h_t(\boldsymbol{x}_n)] \tag{8.2.4}$$

在下一轮训练新的基学习器 h_{t+1} 时，权系数 $D_{t+1}(n)$ 表示一个样本的重要性（注意，基学习算法要能够结合这个加权分布）。

B 轮提升学习完成后，得到的集成分类器为各基分类器的加权投票输出。

$$H(\boldsymbol{x}) = \mathrm{sgn}\left[\sum_{t=1}^{B} \alpha_t h_t(\boldsymbol{x})\right] \tag{8.2.5}$$

完整 AdaBoost 算法描述如下。

AdaBoost 算法

给定训练样本集 $\boldsymbol{D}=\{(\boldsymbol{x}_n, y_n)\}_{n=1}^{N}, \boldsymbol{x}_n \in \boldsymbol{X}, y_n \in \{-1, +1\}$。

输入：

初始化分布：$D_1(n)=\dfrac{1}{N}, n=1,2,\cdots,N$。

对于 $t=1,2,\cdots,B$

根据分布 D_t 训练弱分类器，得到弱分类器 $h_t: \boldsymbol{X} \to \{-1, +1\}$。

目标：选择 h_t 使加权后的误差 ε_t 最小，ε_t 为

$$\varepsilon_t \doteq P_{n \sim D_t}(h_t(\boldsymbol{x}_n) \neq y_n)$$

取 $\alpha_t = \dfrac{1}{2}\ln\left(\dfrac{1-\varepsilon_t}{\varepsilon_t}\right)$。

对 $n=1,2,\cdots,N$，进行如下更新。其中，Z_t 为归一化因子，保证 D_{t+1} 是一个分布。

$$D_{t+1}(n) = \frac{D_t(n)}{Z_t}\exp[-\alpha_t y_n h_t(\boldsymbol{x}_n)]$$

输出最终的学习器

$$H(\boldsymbol{x}) = \mathrm{sgn}\left[\sum_{t=1}^{B} \alpha_t h_t(\boldsymbol{x})\right]$$

为了更清楚地理解 AdaBoost 算法的执行过程，讨论以下例子。这个例子来自 AdaBoost 的发明者 Schapiro 和 Freund 的著作，是一个经常被引用的说明性例子。

例 8.2.1　图 8.2.2(a)给出 10 个样本组成的训练集，通过 AdaBoost 算法给出一个集成分类器。分别用“+”和“−”表示样本的类型，每个样本的特征向量 $\boldsymbol{x}=[x_1, x_2]^{\mathrm{T}}$ 是二维的，选择基分类器（弱分类器）为以特征向量的一个分量的切分点进行分类，如以 $x_i > a$ 作为分类判决，这里 i 取 1 或 2，a 是一个切分点，这样的弱分类器是一个树桩。

图 8.2.2(b)表示第 1 个基分类器 h_1，分界线左侧为正样，显然 h_1 的误差率 $\varepsilon_1=0.3$，各参数的计算如表 8.2.1 所示，第 1 行的计算过程给出了 h_1 对应的 $D_1(n)$ 和 $\alpha_1=0.42$，同时给出了计算第 2 个分类器需要的分布的准备。

表 8.2.1 第 2 行计算了 $D_2(n)$，图 8.2.2(c)显示出每个样本对应的分布权值大小 $D_2(n)$，图 8.2.2(d)给出了第 2 个弱分类器 h_2，分界线左侧是正样，将上次错分类的 3 个样本做了正确分类，但同时又分错了 3 个样本（表 8.2.1 中对应加了下画线），但加权误差为 $\varepsilon_2=0.21, \alpha_2=0.65$。

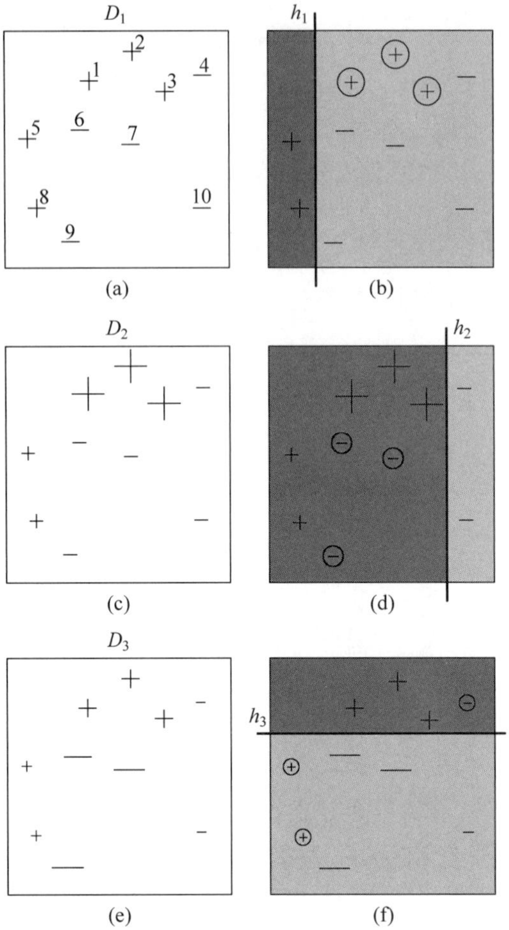

图 8.2.2 一个说明 AdaBoost 算法的实例

表 8.2.1 例 8.2.1 的计算过程

样本	1	2	3	4	5	6	7	8	9	10	
$D_1(n)$	0.1	0.1	0.1	0.1	0.1	0.1	0.1	0.1	0.1	0.1	$\varepsilon_1=0.3$
											$\alpha_1=0.42$
$D_1(n)e^{-\alpha_1 y_n h_1(\boldsymbol{x}_n)}$	.15	.15	.15	.07	.07	.07	.07	.07	.07	.07	$Z_1=0.92$
$D_2(n)$	.17	.17	.17	.07	.07	.07	.07	.07	.07	.07	$\varepsilon_2=0.21$
											$\alpha_2=0.65$
$D_2(n)e^{-\alpha_2 y_n h_2(\boldsymbol{x}_n)}$	.09	.09	.09	.04	.04	.14	.14	.04	.14	.04	$Z_2=0.82$
$D_3(n)$	.11	.11	.11	.05	.05	.17	.17	.05	.17	.05	$\varepsilon_3=0.14$
											$\alpha_3=0.92$
$D_3(n)e^{-\alpha_3 y_n h_3(\boldsymbol{x}_n)}$	.04	.04	.04	.11	.11	.07	.07	.11	.07	.02	$Z_3=0.69$

(注：表中数值仅表示到小数点后 2 位)

表 8.2.1 的第 3 行计算了新的权值分布 $D_3(n)$，图 8.2.2(e)给出了显示权值大小的样本，图 8.2.2(f)给出弱分类器 h_3，分界线之上为正样，h_3 将上一轮错分的样本正确分类了，

但仍分错了 3 个样本,但加权误分类率为 $\varepsilon_3=0.14$,$\alpha_3=0.92$。

本例只进行 3 轮,得到的集成分类器为

$$H(\boldsymbol{x})=\mathrm{sgn}[0.42h_1(\boldsymbol{x})+0.65h_2(\boldsymbol{x})+0.92h_3(\boldsymbol{x})]$$

可以验证,该集成分类器可将所有训练样本正确分类。我们以样本 2(最靠近顶端样本)为例,其输出为

$$H(\boldsymbol{x}_2)=\mathrm{sgn}[0.42\times(-1)+0.65\times(+1)+0.92\times(+1)]=+1$$

读者可自行验证其他样本。

图 8.2.3 给出了集成分类器的分类区间,深色为正样区,浅色为负样区,可见分类区间对所有训练样本集可完全正确分类。

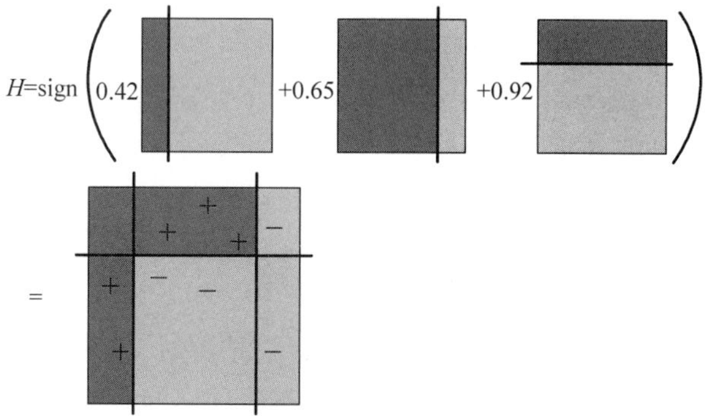

图 8.2.3 例子中的分类集成分类区间

以上例子说明,用简单的弱分类器只需要 3 轮的提升,就可得到对所有训练样本都可正确分类的集成分类器。这种训练误差快速下降是针对一个特定例子还是 AdaBoost 的一般性质?可以证明,若每个弱分类器的分类误差满足 $\varepsilon_t\leqslant0.5-\gamma$,$\gamma$ 是一个小的正常数,则集成分类器的训练集误差以指数下降。这说明在训练集上的误差随提升过程快速下降是 AdaBoost 一个特性。

对于 AdaBoost 的泛化性能评价,可通过测试误差进行说明。图 8.2.4 给出了对于手写英文字母(OCR)数据集(16000 训练样本,4000 测试样本),使用 C4.5 决策树作为基分类器,利用 AdaBoost 集成方法,随提升数增加时训练误差和测试误差的变化曲线。

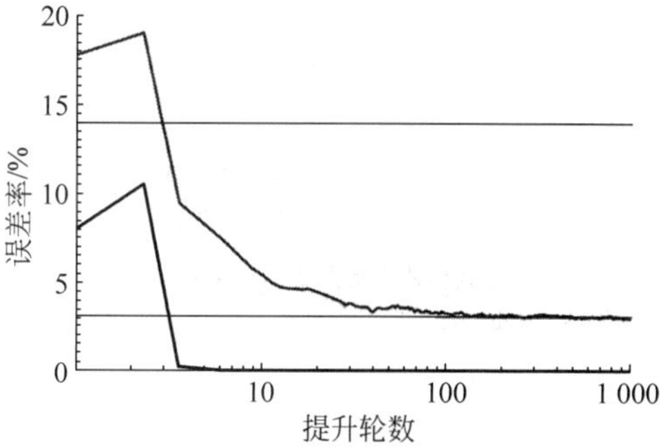

图 8.2.4 对 OCR 数据集,AdaBoost 算法的训练误差和测试误差随提升轮数的变化

对该样本集,C4.5 可得到 13.8%的误分类率,以 C4.5 为基分类器做 AdaBoost 提升,经过 5 轮提升过程,则训练误差降为 0,测试误差为 8.4%,做更多轮数的提升,提升轮数达

到1000轮，集成分类器的测试误差为3.1%。由图8.2.3可知，随模型复杂度提高，测试误差并未出现单分类器常见的U形图，而是单调下降或保持低误差分类率，这说明AdaBoost没有出现过拟合，或具有“抵抗”过拟合的能力。

不仅AdaBoost，其他集成算法也都具有一定抵抗过拟合的能力，图8.1.3显示的几种算法也同样未出现过拟合，集成算法不是没有过拟合，但过拟合的情况不像单一算法那样严重。为什么集成学习有较好的抗过拟合能力？一种解释是集成算法具有更高的置信度，可用“间隔”理论解释该问题，对于这个问题更深入的讨论可参考Schapiro等的《机器学习提升法：理论与算法》。

AdaBoost的训练集误差性能是相当理想的，由第5章介绍的泛化误差界的结论知，其泛化误差与训练误差之差不超过一个界。对AdaBoost的更深入的理论研究，包括泛化误差界和抵抗过拟合的能力可用间隔理论来解释，这些理论工作使得AdaBoost是机器学习中理论刻画比较完善的算法，本书不再继续展开这方面的讨论，有兴趣的读者可参考Schapiro等的《机器学习提升法：理论与算法》。

8.3 提升树算法

8.2节讨论了一种重要的提升算法AdaBoost，它是针对二分类问题的。本节进一步讨论更一般的提升算法，以加法模型为基础，讨论在各种目标函数情况下的提升算法，并将基学习器限制为决策树，这样得到提升树算法。在选择决策树作为基分类器情况下，AdaBoost是一种针对分类问题的提升树算法。

对于一般的目标函数，提升树的优化存在一定困难，通过梯度提升树可解决这些困难，并得到一类性能优良的集成学习算法。

8.3.1 加法模型和提升树

所谓加法模型，是指学习模型可表示为

$$F(\boldsymbol{x})=\sum_{t=1}^{B}\beta_t b(\boldsymbol{x};\theta_t) \tag{8.3.1}$$

其中，$b(\boldsymbol{x};\theta_t)$为基函数，$\theta_t$为其参数，$\beta_t$为展开系数。式(8.3.1)是一种基函数展开表达式。机器学习和许多其他领域的很多方法都可以归结为针对不同基函数选择的加法模型，提升学习可由加法模型很好地解释。

为了学习加法模型，可以定义目标函数$L[y,F(\boldsymbol{x})]$，通过经验目标函数最小化可得到加法模型的参数，优化问题描述为

$$\min_{\{\beta_t,\theta_t\}_{t=1}^{B}}\left\{\sum_{n=1}^{N}L\left[y_n,\sum_{t=1}^{B}\beta_t b(\boldsymbol{x}_n;\theta_t)\right]\right\} \tag{8.3.2}$$

对于一些目标函数$L[y,F(\boldsymbol{x})]$和基函数$b_t(\boldsymbol{x};\theta_t)$，式(8.3.2)的全局优化问题往往比较复杂。可采用前向分步加法模型进行分步优化。设第t步时，已得到模型为$F_{t-1}(\boldsymbol{x})$，在第t步增加一个基函数，即模型更新为

$$F_t(\boldsymbol{x})=F_{t-1}(\boldsymbol{x})+\beta_t b(\boldsymbol{x};\theta_t) \tag{8.3.3}$$

设模型中$F_{t-1}(\boldsymbol{x})$已确定，这一步只需要优化参数(β_t,θ_t)，因此前向一步优化问题简化为

$$(\beta_t, \theta_t) = \underset{\beta, \theta}{\operatorname{argmin}} \left\{ \sum_{n=1}^{N} L[y_n, F_{t-1}(\boldsymbol{x}_n) + \beta b(\boldsymbol{x}_n; \theta)] \right\} \tag{8.3.4}$$

起始时，设 $F_0(\boldsymbol{x})=0$，依次设 $t=1,2,\cdots,B$，按式(8.3.3)和式(8.3.4)进行加法模型的训练。

在集成学习框架下，以上加法模型中的 $b(\boldsymbol{x};\theta_t)$ 可看作一个基学习器。本节基于决策树的优点，选择决策树作为基学习器，由于决策树既可以做分类，又可以做回归，故可以以分类树或回归树作为基学习器。使用决策树构造的提升算法称为提升树算法，提升树可解决分类和回归问题。

第 7 章详细介绍了决策树算法，在决策树中，对于特征向量 $\boldsymbol{x}$ 所表示的空间，通过选择特征变量和切分点，形成一棵决策树。决策树的每个叶节点表示一个输出，每个叶节点对应特征空间的一个区域 $R_j, j=1,2,\cdots,J$，这里 J 表示叶节点数目，代表一棵决策树的深度。对于一棵决策树，在每个叶节点，只有一个输出，即

$$\boldsymbol{x} \in R_j \Rightarrow T(\boldsymbol{x}) = c_j \tag{8.3.5}$$

其中，$T(\boldsymbol{x})$ 表示决策树的输出，c_j 为对应叶节点区域的常数输出。对于回归树，c_j 为叶节点对应样本标注的均值；对于分类树，c_j 对应叶节点样本中占最多类型的类型输出。图 8.3.1 所示为特征向量是二维情况下区间划分的一个例子。这样，对于一棵决策树，其模型表示为

$$T(\boldsymbol{x};\Theta) = \sum_{j=1}^{J} c_j I(\boldsymbol{x} \in R_j) \tag{8.3.6}$$

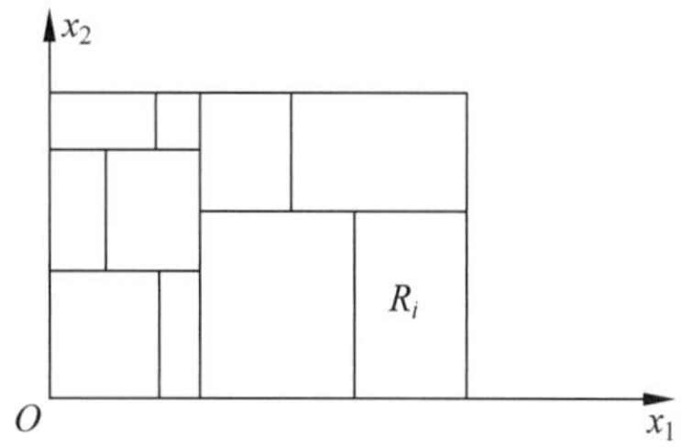

图 8.3.1 树的空间划分例子

其中，$\Theta=\{R_j, c_j\}_{j=1}^{J}$ 为一棵决策树的参数，J 为给定的决策树深度参数。决策树的确定过程不是一个全局优化方法，而是自顶向下分步的贪婪搜索方法，从根节点开始按一种准则(熵增益、基尼系数等)找到最优特征变量和切分点，将样本分为两个分支(以 CART 为例)，相当于对特征空间切分为两个区间，直到达到叶节点数目 J，并确定了参数 R_j，而参数 c_j 的确定则比较简单。

利用决策树作为基学习算法进行提升则构成提升树，树的提升模型表示为

$$F_B(\boldsymbol{x}) = \sum_{t=1}^{B} T(\boldsymbol{x};\Theta_t) \tag{8.3.7}$$

其中，Θ_t 表示第 t 轮提升过程决策树的参数，可表示为 $\Theta_t=\{R_{tj}, c_{tj}\}_{j=1}^{J_t}$。

如果给出目标函数 $L[y, F_B(\boldsymbol{x})]$，按照前向分步加法模型的方法，求第 t 个决策树参数可表示为以下优化问题

$$\hat{\Theta}_t = \underset{\Theta_t}{\operatorname{argmin}} \left\{ \sum_{n=1}^{N} L[y_n, F_{t-1}(\boldsymbol{x}_n) + T(\boldsymbol{x}_n;\Theta_t)] \right\} \tag{8.3.8}$$

在参数 Θ_t 中，R_{tj} 的确定是更为困难的，一旦 R_{tj} 确定了，区域 R_{tj} 内的值 c_{tj} 可估计为

$$\hat{c}_{tj} = \underset{c_{tj}}{\operatorname{argmin}} \left\{ \sum_{\boldsymbol{x}_n \in R_{tj}} L[y_n, F_{t-1}(\boldsymbol{x}_n) + c_{tj}] \right\} \tag{8.3.9}$$

式(8.3.7)～式(8.3.9)给出了提升树的一般描述，从原理上，给出一种目标函数 $L[y, F(\boldsymbol{x})]$，就可以构成一棵基于该目标函数的提升树。

对于不同的目标函数 L，在选择决策树作为基学习器时，式(8.3.8)的优化过程并不总是易于实现，实际上，有些目标函数是不易实现的。但有两类目标函数是容易实现的。

1. 指数函数：AdaBoost

针对分类问题，若取指数损失函数，带入式(8.3.7)和式(8.3.8)，则可验证得到的集成算法就是已熟悉的 AdaBoost。与8.2节的介绍有所不同的只有一点，即8.2节没有指定基分类器的具体模型，而这里指定采用决策树作为基分类器。

若选择每棵决策树的叶节点数 $J=4$，将提升树用于 spam 数据集，得到的测试误差如图8.1.3所示(图中同时显示了随机森林和 Bagging 算法的曲线)。在该数据集中提升树分类正确率略高于随机森林。实际中这个结果是比较普遍的，即就性能来讲，提升树略优于随机森林，但随机森林并行性好，训练也更简单，两者是可竞争的算法。

2. 平方误差函数：回归提升树

对于回归问题，最常用的目标函数是平方误差函数，即

$$L[y,F(\boldsymbol{x})]=\frac{1}{2}[y-F(\boldsymbol{x})]^2 \tag{8.3.10}$$

将该目标函数带入式(8.3.8)，则有

$$\begin{aligned}\hat{\Theta}_t&=\underset{\Theta_t}{\operatorname{argmin}}\left\{\sum_{n=1}^{N}L(y_n,F_{t-1}(\boldsymbol{x}_n)+T(\boldsymbol{x}_n;\Theta_t))\right\}\\&=\underset{\Theta_t}{\operatorname{argmin}}\left\{\sum_{n=1}^{N}\frac{1}{2}[y_n-F_{t-1}(\boldsymbol{x}_n)-T(\boldsymbol{x}_n;\Theta_t)]^2\right\}\\&=\underset{\Theta_t}{\operatorname{argmin}}\left\{\sum_{n=1}^{N}\frac{1}{2}[r_{tn}-T(\boldsymbol{x}_n;\Theta_t)]^2\right\}\end{aligned} \tag{8.3.11}$$

以上定义了残差

$$r_{tn}=y_n-F_{t-1}(\boldsymbol{x}_n) \tag{8.3.12}$$

从式(8.3.11)可见，为了学习第 t 轮的决策树，目标函数变成以残差 r_{tn} 替代标注 y_n 后，单独训练一棵回归树 $T(\boldsymbol{x}_n;\Theta_t)$的问题，这在第7章已有详细介绍。因此，为了训练一棵提升树，在每轮变成了以残差 r_{tn} 为标注的单一回归树学习问题，这是非常易于实现的，其算法描述如下。

回归提升树算法

输入：训练数据集 $\boldsymbol{D}=\{(\boldsymbol{x}_n,y_n)\}_{n=1}^{N}$；给出收缩因子 $0<\varepsilon\leqslant 1$

初始化：$F_0(\boldsymbol{x})=0, r_n=y_n, n=1,2,\cdots,N$

对于 $t=1,2,\cdots,B$

  以 r_n 为标注，学习一棵回归树 $T(\boldsymbol{x};\Theta_t)$(树节点数 J_t)；

  得到收缩决策树 $\hat{T}(\boldsymbol{x};\Theta_t)=\varepsilon T(\boldsymbol{x};\Theta_t)$；

  集成决策树 $F_t(\boldsymbol{x})=F_{t-1}(\boldsymbol{x})+\hat{T}(\boldsymbol{x};\Theta_t)$；

  更新残差 $r_n \leftarrow r_n-\hat{T}(\boldsymbol{x}_n;\Theta_t), n=1,2,\cdots,N$；

输出提升树 $F_B(\boldsymbol{x})$。

回归提升树算法描述中增加了收缩参数 ε，在前面的原理介绍中，采用了无收缩的情况，即 $\varepsilon=1$。实际中选取 $\varepsilon<1$ 的收缩参数，提升过程更加稳定，误差性能往往也更好。

8.3.2 梯度提升树

在前面介绍的提升树方法中，当面向分类且目标函数为指数函数时，提升树即为基分类器采用决策树的 AdaBoost 算法，在面向回归且目标函数为平方误差函数时，得到了简单的以残差为等价标注的回归提升树算法。这是两种基本的提升树，但当目标函数取其他类型函数时，解提升树的式(8.3.8)比较困难，一种替代算法称为梯度提升(gradient boosting)。我们在这里以启发式的方法导出梯度提升算法。

首先以回归情况为例讨论梯度提升问题。在前面导出回归提升树时，在第 t 轮，以式(8.3.12)的残差作为替代标注训练回归树 $T(\boldsymbol{x};\Theta_t)$。残差 r_{tn} 是第 n 个样本的标注 y_n 与目前得到的模型 $F_{t-1}(\boldsymbol{x}_n)$ 之间的误差。回顾前面章节所学的许多模型，如线性回归、逻辑回归等，发现其目标函数对当前模型的负梯度 $-\nabla_{\hat{F}(\boldsymbol{x})} L=y-\hat{F}(\boldsymbol{x})$，其中 $\hat{F}(\boldsymbol{x})$ 是训练到前一步已得到的模型，这与式(8.3.12)是一致的，由这个现象，可以启发得到对一大类不同的目标函数，以负梯度代替式(8.3.12)中的残差，然后训练每轮的回归树。对于给定的一种可微的目标函数 L，求梯度是简单且可预先确定的。因此，定义新的等价残差 r_{tn} 为

$$r_{tn}=-g_{tn}=-\left\{\frac{\partial L[y_n,F(\boldsymbol{x}_n)]}{\partial F(\boldsymbol{x}_n)}\right\}_{F(\boldsymbol{x}_n)=F_{t-1}(\boldsymbol{x}_n)} \tag{8.3.13}$$

有了式(8.3.13)的梯度替代残差，第 t 轮的回归树变成了去拟合负梯度值。以回归为例，将梯度提升决策树算法(gradient boosting decision tree，GBDT)描述如下。

梯度提升决策树算法

输入：训练数据集 $\boldsymbol{D}=\{(\boldsymbol{x}_n,y_n)\}_{n=1}^N$；目标函数 $L(\cdot,\cdot)$；

给出收缩因子 $0<\varepsilon\leqslant 1$。

初始化：$F_0(\boldsymbol{x})=\underset{c}{\operatorname{argmin}}\sum_{n=1}^N L(y_n,c)$。

对于 $t=1,2,\cdots,B$

(1) 对于 $n=1,2,\cdots,N$，计算

$$r_{tn}=-\left[\frac{\partial L(y_n,F(\boldsymbol{x}_n))}{\partial F(\boldsymbol{x}_n)}\right]_{F(\boldsymbol{x}_n)=F_{t-1}(\boldsymbol{x}_n)}$$

(2) 训练一个回归树去拟合标注 r_{tn}，得到叶节点和对应的区域 R_{tj}，$j=1,2,\cdots,J_t$。

(3) 对于 $j=1,2,\cdots,J_t$，计算

$$c_{tj}=\underset{c}{\operatorname{argmin}}\left\{\sum_{\boldsymbol{x}_n\in R_{tj}} L[y_n,F_{t-1}(\boldsymbol{x}_n)+c]\right\}$$

(4) 更新集成决策树 $F_t(\boldsymbol{x})=F_{t-1}(\boldsymbol{x})+\varepsilon\sum_{j=1}^{J_t}c_{tj}I(\boldsymbol{x}\in R_{tj})$。

输出提升树 $F_B(\boldsymbol{x})$。

类似于梯度提升决策树算法的描述，这里加了收缩因子 $0<\varepsilon\leqslant 1$。对提升树和梯度提升决策树算法，均有3个参数需要确定：提升轮数 B、每轮树的节点数 J_t(可以只确定一个共同的树深度 J)和收缩因子 ε。一般较小的 ε 需要较大的 B，一些实验发现，取较小的 ε(如 $\varepsilon<0.1$)能够取得好的性能，尤其在回归问题中，B 可以取较大的值，如 $B=1000$，然后通过早停止技术确定实际选择的 B，同样可以取几个不同的 J 进行实验。

下面针对回归和分类，讨论几种不同目标函数的情况下式(8.3.13)的梯度计算问题，一般来讲，这一步是比较简单的，且可提前准备好。

1. 回归的目标函数例

最简单的例子是取

$$L[y,F(\boldsymbol{x})]=\frac{1}{2}[y-F(\boldsymbol{x})]^2 \tag{8.3.14}$$

则代入式(8.3.13)得

$$r_{tn}=-g_{tn}=-\left[\frac{\partial L(y_n,F(\boldsymbol{x}_n))}{\partial F(\boldsymbol{x}_n)}\right]_{F(\boldsymbol{x}_n)=F_{t-1}(\boldsymbol{x}_n)}=y_n-F_{t-1}(\boldsymbol{x}_n) \tag{8.3.15}$$

这就是式(8.3.12)，即回归提升树的残差值。

如果取目标函数为绝对误差，这种目标函数可降低训练样本集中异常值的影响，可得到稳健性较好的模型。对于绝对误差函数

$$L[y,F(\boldsymbol{x})]=|y-F(\boldsymbol{x})| \tag{8.3.16}$$

可计算得

$$r_{tn}=-g_{tn}=-\left[\frac{\partial L(y_n,F(\boldsymbol{x}_n))}{\partial F(\boldsymbol{x}_n)}\right]_{F(\boldsymbol{x}_n)=F_{t-1}(\boldsymbol{x}_n)}=\operatorname{sgn}[y_n-F_{t-1}(\boldsymbol{x}_n)] \tag{8.3.17}$$

还可以举例其他目标函数，过程是类似的，不再赘述。

2. 分类的目标函数例

尽管前面主要以回归为例讨论梯度提升决策树，它同样可以应用于分类问题。若目标函数选择为指数函数，则提升树对应AdaBoost，不必使用梯度方法。这里给出另外一个例子进行说明，仍以二分类问题为例，采用交叉熵目标函数。设在提升的第 t 轮，提升树已确定了 $F_{t-1}(\boldsymbol{x}_n)$，分类输出采用

$$\hat{y}_n=\sigma[F_{t-1}(\boldsymbol{x}_n)]=\frac{1}{1+\mathrm{e}^{-F_{t-1}(\boldsymbol{x}_n)}} \tag{8.3.18}$$

目标函数采用交叉熵，这是由最大似然原则导出的最常用目标函数，可表示为

$$L(y_n,\hat{y}_n)=y_n\log\hat{y}_n+(1-y_n)\log(1-\hat{y}_n) \tag{8.3.19}$$

注意，这时标注采用 $y_n\in\{1,0\}$。利用第4章已得到的一些结果，可以容易得到

$$r_{tn}=-g_{tn}=-\left\{\frac{\partial L[y_n,F(\boldsymbol{x}_n)]}{\partial F(\boldsymbol{x}_n)}\right\}_{F(\boldsymbol{x}_n)=F_{t-1}(\boldsymbol{x}_n)}=y_n-\hat{y}_n \tag{8.3.20}$$

在交叉熵目标函数下，r_{tn} 仍然是一个差值，但不是回归中由 y_n 直接减去 $F_{t-1}(\boldsymbol{x}_n)$，而是由 y_n 减去一个 $\hat{y}_n=\sigma\{F_{t-1}(\boldsymbol{x}_n)\}$ 值。

这种方法是一种提升逻辑回归算法，在提升中计算出 $F_B(\boldsymbol{x}_n)$，但 $F_B(\boldsymbol{x}_n)$ 不直接做分类输出，要通过一个 $\sigma(\cdot)$ 函数产生分类输出。训练过程中每轮去拟合 $r_{tn}=y_n-\hat{y}_n$ 的回归树，最后的集成回归树通过 $\sigma(\cdot)$ 函数产生分类输出。算法流程只需要在8.3.2节梯度

提升决策树的基础上，增加用 $\sigma(\cdot)$ 计算分类输出即可。

同样可将问题推广到 K 分类问题，输出用 softmax 函数，目标函数仍使用交叉熵，这个推广留作习题。

8.4 本章小结

本章讨论了集成学习算法，旨在通过多个简单学习器构成一个强大的学习器。主要讨论了两类集成学习方法：基于自助重采样的 Bagging 和随机森林算法、基于提升思想的 AdaBoost 和提升树算法，前者是并行集成，后者是串行集成。

第 7 章曾提到，决策树方法有很多优点：可解释性好、可采用混合型输入向量、可处理缺失值等，但一般来讲，决策树的性能不够突出，尤其相较于 SVM 和深度神经网络。梯度提升树用提升思想加强了决策树的预测性能，使得提升树算法成为机器学习中最有竞争力的算法之一。

Hastie 等的 *The Elements of Statistical Learning* (2nd *Edition*) 对集成学习给出了较为深入的讨论。对于 AdaBoost 算法，其提出者 Schapiro 等的著作 *Boosting Foundations and Algorithms* 给出了从算法到理论分析的非常深入的探讨。

习题

1. 对异或样本集 $\boldsymbol{D}=\{((0,0)^{\mathrm{T}},-1),((0,1)^{\mathrm{T}},1),((1,0)^{\mathrm{T}},1),((1,1)^{\mathrm{T}},-1)\}$，使用 AdaBoost 算法并选择弱分类器，给出一种集成学习器，可正确分类异或样本。

2. 有如下数据集

x_n	0	0.1	0.2	0.3	0.4	0.45	0.5	0.6	0.7	0.8	0.9	0.95	1.0
y_n	4	2.4	1.5	1.0	1.2	1.5	1.8	2.6	3.0	4.0	4.5	5.0	6.0

用回归提升树构成一个集成模型。每个基回归函数采用只有两个节点的简单回归树模型，通过 $B=5$ 轮提升构成一个集成模型；并计算当 $x=0.76$ 时回归函数的输出（注：既可以手动实现，也可以编程实现）。

3. 在梯度提升决策树中，若针对回归问题的一种 Huber 目标函数

$$L[y,F(\boldsymbol{x})]=\begin{cases}[y-F(\boldsymbol{x})]^2, & |y-F(\boldsymbol{x})|\leqslant\delta\\ 2\delta\,|y-F(\boldsymbol{x})|-\delta^2, & \text{其他}\end{cases}$$

其中，δ 为给定常数。利用式(8.3.13)计算 $r_{tn}=-g_{tn}$。

4. 讨论多分类情况的梯度。设有 K 种类型，任意样本 n 的类型标注是 K-to-1 编码 y_{ni}。同时实现 K 个提升回归函数 $F_i(\boldsymbol{x}),i=1,2,\cdots,K$，在第 t 轮各类型的输出概率为 softmax 函数，即

$$\hat{y}_{ni}=\frac{e^{F_{t-1,i}(\boldsymbol{x}_n)}}{\sum_{k=1}^{K}e^{F_{t-1,k}(\boldsymbol{x}_n)}}$$

证明：对于每个提升函数 $F_i(\boldsymbol{x}), i=1,2,\cdots,K$，在第 t 轮的梯度残差值为

$$r_{tni}=-g_{tni}=-\left[\frac{\partial L(y_n,F_i(\boldsymbol{x}_n))}{\partial F_i(\boldsymbol{x}_n)}\right]_{F_i(\boldsymbol{x}_n)=F_{t-1,i}(\boldsymbol{x}_n)}=y_{ni}-\hat{y}_{ni}$$

第三部分

PART3

进阶方法

第9章 神经网络与深度学习之一：基础

CHAPTER 9

神经网络是机器学习中传统的组成部分。20世纪50年代，由于感知机算法和系统的进展，人们对神经网络抱有很高的期望。人工智能的重要学者马文·明斯基(Marvin Minsky)的著作《感知机》指出：感知机不能对异或问题进行正确表示，使得以感知机为代表的第一代神经网络的研究进入低潮。到了20世纪70年代，学者们进一步研究了多层感知机并发展了反向传播(back propagation，BP)算法，使得神经网络研究再次活跃。到了20世纪的最后10年，以支持向量机(SVM)和集成学习为代表的统计学习方法的兴起及这类方法取得的良好效果，使神经网络研究再次进入低潮。近期，作为深度学习主要模型的神经网络再次被广泛关注，成为研究和应用的热点。至本书写作时期，深度学习仍是极为活跃的研究和应用领域。

在机器学习领域内，没有什么方法像神经网络这样经历了多次起落并持续了如此长久的研究周期。这些也说明了神经网络既有高价值，又存在极为困难的问题，至今仍是这样。本书分两章讨论与神经网络和深度学习相关的内容。本章讨论神经网络的基础，主要讨论多层感知机和前馈神经网络的基本结构和表示，研究神经网络的目标函数和基本优化算法，重点研究反向传播算法；第10章讨论在深度学习领域常用的神经网络结构，重点是卷积神经网络(CNN)和循环神经网络(RNN)，并讨论深度学习中的一些技术问题，包括用于深度学习的改进优化算法、深度学习中的正则化和批归一化等技术。

9.1 神经网络的基本结构

视频讲解

本节介绍神经网络的基本结构和常用术语，给出神经网络的基本表示方法，并讨论神经网络的可表达能力。

9.1.1 神经元结构

神经网络的组成单元是神经元。神经元的模型借鉴了人们对动物神经元的认识，由 D 个激励信号通过加权得到的线性组合称为神经元的激活值，用符号 a 表示。在网络中，为了表示一个具体的神经元，假设一个神经元的标号为 k，则该神经元激活表示为 a_k，与该神经元相关的一组权系数记为 $w_{ki}, i=1,2,\cdots,D$，其中 D 表示特征向量维度，w_{ki} 表示由激励信号 x_i 对激活 a_k 贡献的加权(在动物神经元中称为突触)，w_{k0} 表示偏置，或理解为一个哑元 $x_0=1$ 对激活的贡献。一个神经元的激活 a_k 表示为

$$a_k=\sum_{i=1}^{D}w_{ki}x_i+w_{k0}=\boldsymbol{w}_k^{\mathrm{T}}\bar{\boldsymbol{x}} \tag{9.1.1}$$

其中，$\boldsymbol{w}_k=[w_{k0},\ w_{k1},\ \cdots,\ w_{kD}]^{\mathrm{T}}$ 为权向量；$\bar{\boldsymbol{x}}=[x_o=1,\ x_1,\ \cdots,\ x_D]^{\mathrm{T}}=[1,\boldsymbol{x}^{\mathrm{T}}]^{\mathrm{T}}$，为增广了哑元的输入特征向量，其中 $\boldsymbol{x}$ 为输入特征向量。

一个神经元是一个非线性运算关系，式(9.1.1)表示的是一个神经元的激活值 a_k，由 a_k 经过一个非线性函数 $\varphi(\cdot)$产生神经元的输出 z_k，这里函数 $\varphi(\cdot)$称为神经元的激活函数。故一个神经元的输出为

$$z_k=\varphi(a_k) \tag{9.1.2}$$

图 9.1.1 所示为一个神经元的计算结构，第 1 部分是线性加权求和(包括一个偏置)产生激活值，第 2 部分是通过非线性激活函数产生神经元输出。由于神经元是构成神经网络的基本组成单元，为了符号表示简单，把求和运算和激活函数运算合并用一个“圆圈”表示，构成神经元的简化符号，如图 9.1.2 所示。

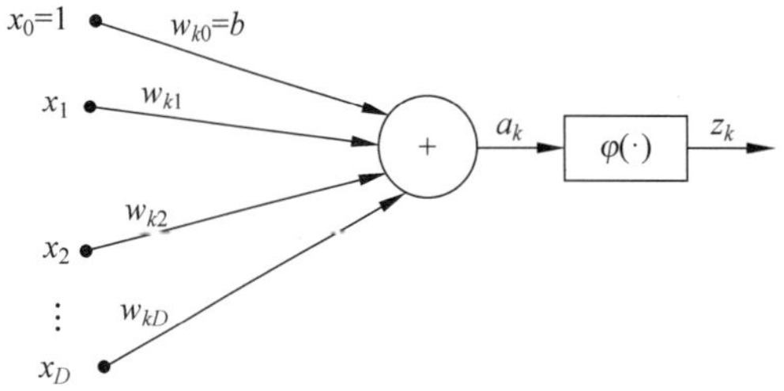

图 9.1.1 神经元的计算结构

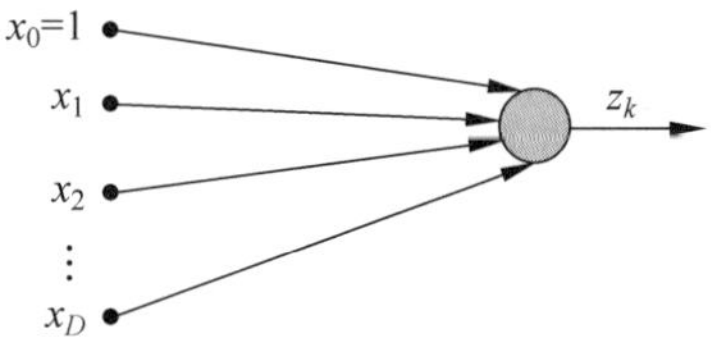

图 9.1.2 神经元的简化表示

早期神经元模型的激活函数选用了不连续函数，如符号函数或门限函数。符号函数作为激活函数，其定义为

$$\varphi(a)=\mathrm{sgn}(a)=\begin{cases}1, & a\geqslant 0\\ -1, & a<0\end{cases} \tag{9.1.3}$$

门限激活函数为

$$\varphi(a)=\begin{cases}1, & a>0\\ 0 & a\leqslant 0\end{cases} \tag{9.1.4}$$

一个神经元若取符号函数作为激活函数，则构成第 4 章介绍的感知机。感知机只是一个特殊的神经元，尚未构成神经网络。若激活函数取式(9.1.4)的激活函数，则为 McCulloch-Pitts 神经元。

一个神经网络是由若干神经元按照一定方式连接组成的网络，其表示和训练更加复杂，为了能够使用类似于梯度算法这类的优化算法对神经网络进行优化，在近代神经网络中，一般不再使用不连续的激活函数，选择激活函数的基本原则是连续性和可导性。

人们在研究神经网络的不同阶段，提出了多种满足不同需求的激活函数。较早使用的一种连续可导激活函数是 logistic sigmoid 函数(简称 sigmoid 函数)，可看作对门限函数的一种连续近似。这个函数前几章已多次出现，其定义为

$$\varphi(a)=\sigma(a)=\frac{1}{1+\mathrm{e}^{-a}} \tag{9.1.5}$$

该函数取值范围为[0,1]，且处处可导，其导数在第4章已求得，重写如下。

$$\frac{\mathrm{d}\sigma(a)}{\mathrm{d}a}=\sigma(a)[1-\sigma(a)] \tag{9.1.6}$$

另一种更常见的激活函数是双曲正切函数 tanh，可看作对符号函数的一种连续近似，其定义为

$$\varphi(a)=\tanh(a)=\frac{\mathrm{e}^{a}-\mathrm{e}^{-a}}{\mathrm{e}^{a}+\mathrm{e}^{-a}} \tag{9.1.7}$$

tanh 函数处处连续、处处可导，且是奇对称的，取值范围为(−1,1)。直接求导可得导函数为

$$\frac{\mathrm{d}}{\mathrm{d}a}\tanh(a)=1-\tanh^{2}(a)$$

图 9.1.3(a)所示为 sigmoid 函数，图 9.1.3(b)所示为 tanh 函数，其中 tanh 函数是奇对称的。

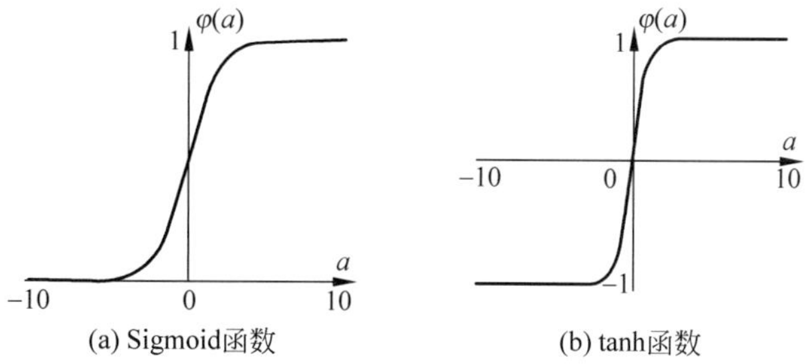

图 9.1.3　sigmoid 和 tanh 函数

直到 20 世纪后期，神经网络使用最多的激活函数是 sigmoid 和 tanh，至今许多网络仍使用这些激活函数。这两种激活函数的一个明显缺点是，当激活值 a 较大时，函数进入饱和区域，相应导数接近 0，在通过梯度的学习算法中，收敛变得很慢甚至停滞。在近年深度神经网络兴起后，一种整流线性单元(rectified linear unit，ReLU)激活函数得到广泛应用，尤其是在卷积神经网络中。ReLU 的定义为

$$\varphi(a)=\max\{0,a\} \tag{9.1.8}$$

ReLU 是 a 的连续函数，但其导数不连续，在 $a=0$ 处左导数为 0，右导数为 1。在实际应用中，在 $a=0$ 处可预先约定取其左导数或右导数，以避免导数不存在的问题。在深度 CNN 网络的实践证明，ReLU 比 tanh 激活函数收敛效率更高。Krizhevsky 等在其构造的 CNN 网络中通过实验表明，在针对同一个问题的神经网络训练中，采用 ReLU 比 tanh 收敛速度快 6 倍。ReLU 的图形如图 9.1.4(a)所示。

一些对 ReLU 单元的扩展函数也被采用。渗漏 ReLU 在 $a<0$ 区间也给出了非零但较小的导数，渗漏 ReLU 的定义为

$$\varphi(a)=\max\{0.1a,a\} \tag{9.1.9}$$

渗漏 ReLU 的图形如图 9.1.4(b)所示。

还有一些激活函数被构造和使用，如 ELU、maxout 等，本节不再一一介绍。在本章后续介绍的原理和算法中，若没有特别指出，可采用任意一种连续可导的激活函数。

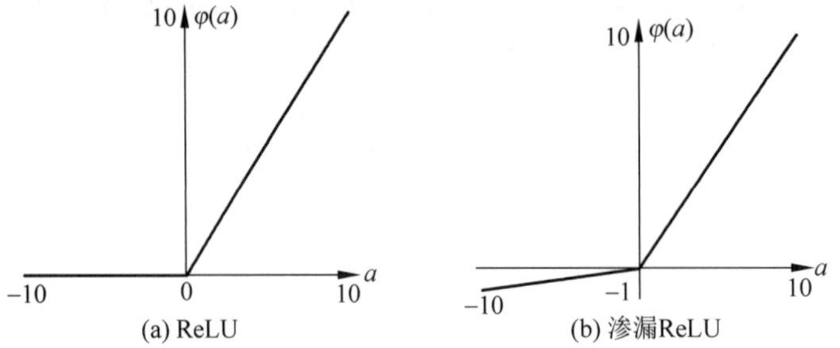

图 9.1.4　ReLU 和渗漏 ReLU 单元

9.1.2　多层神经网络解决异或问题

9.1.1 节讨论了构成神经网络的基本元素——神经元。当取式(9.1.1)的线性组合加式(9.1.3)的符号激活函数时，这个神经元就是第 4 章介绍的感知机。如第 4 章所述，感知机在线性不可分样本情况下不收敛。一个简单的线性不可分样本集是“异或”运算，感知机无法对其进行正确分类，即使将感知机的激活函数替换为其他的激活函数，结果也是一样的。解决异或的正确分类问题有两种简单办法，一种方式是采用非线性函数映射，即用非线性基函数向量$\boldsymbol{\varphi}(\boldsymbol{x})=[\varphi_1(\boldsymbol{x}),\varphi_2(\boldsymbol{x}),\cdots,\varphi_{M-1}(\boldsymbol{x})]^{\mathrm{T}}$取代 $\boldsymbol{x}$，得到非线性函数组合，第 4 章已经列举了这样的例子；另一种方法就是采用多个神经元构成多层神经网络。

将神经元作为一个基本构造块，通过并联和级联结构联结成一个多层网络，称为多层感知机。在第一层多个神经元接收同一个输入特征向量 $\boldsymbol{x}$，分别产生多个输出，这是神经元的并联方式。并联的多个神经元各自产生输出，这些输出传给下一层的神经元作为输入，这是级联方式。

本节通过一个特殊的神经网络结构完成对“异或”问题的正确分类。以下是异或问题的样本集，用 0 和 1 分别表示异或的输出，故样本集表示为

$$\boldsymbol{D}=\{((0,0)^{\mathrm{T}},0),((0,1)^{\mathrm{T}},1),((1,0)^{\mathrm{T}},1),((1,1)^{\mathrm{T}},0)\} \tag{9.1.10}$$

如图 9.1.5(a)所示，构成一个具有 3 个神经元的神经网络。神经元 1 和神经元 2 并行，输入均为输入特征向量 $\boldsymbol{x}=[x_1,x_2]^{\mathrm{T}}$，神经元 1 和神经元 2 的输出作为神经元 3 的输入，以神经元 3 的输出作为异或的输出。各神经元的激活函数采用式(9.1.4)的门限函数。图 9.1.5(b)用更简单的信号流图的方式表示了神经网络中各权系数和偏置值。

由于只有 4 个样本，用矩阵形式表示针对各样本的输出。4 个样本的输入向量用矩阵表示为

$$\boldsymbol{X}=\begin{bmatrix}\boldsymbol{x}_1^{\mathrm{T}}\\ \boldsymbol{x}_2^{\mathrm{T}}\\ \boldsymbol{x}_3^{\mathrm{T}}\\ \boldsymbol{x}_4^{\mathrm{T}}\end{bmatrix}=\begin{bmatrix}0&0\\0&1\\1&0\\1&1\end{bmatrix}$$

第 1 层两个神经元的权系数写入一个权矩阵中，即

$$\boldsymbol{W}^{(1)}=[\boldsymbol{w}_1\quad \boldsymbol{w}_2]=\begin{bmatrix}1&1\\1&1\end{bmatrix}$$

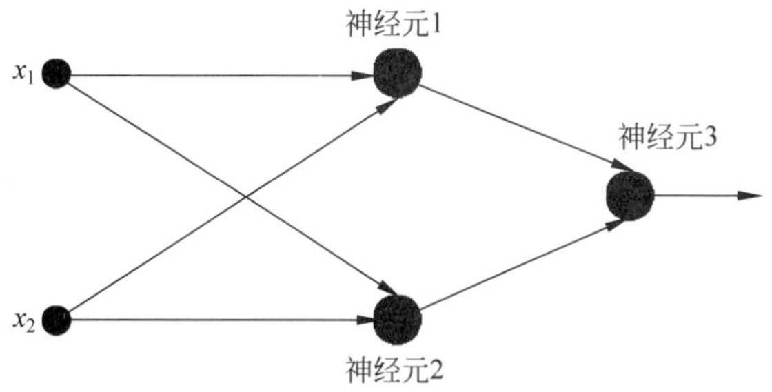

(a) 网络结构

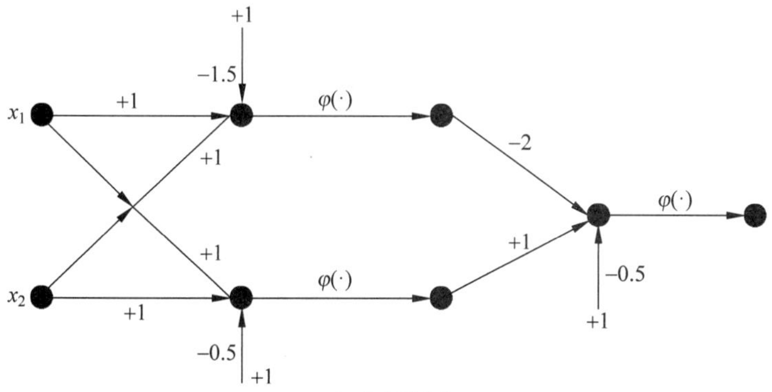

(b) 信号流图

图 9.1.5　正确进行异或运算的神经网络

两个神经元的偏置记为

$$\boldsymbol{w}_0=[-1.5\quad -0.5]^{\mathrm{T}}$$

可以看到，第 1 层各神经元对应各输入向量的激活可表示为

$$\boldsymbol{A}^{(1)}=\begin{bmatrix}\boldsymbol{a}_1^{\mathrm{T}}\\ \boldsymbol{a}_2^{\mathrm{T}}\\ \boldsymbol{a}_3^{\mathrm{T}}\\ \boldsymbol{a}_4^{\mathrm{T}}\end{bmatrix}=\boldsymbol{XW}^{(1)}+\begin{bmatrix}\boldsymbol{w}_0^{\mathrm{T}}\\ \boldsymbol{w}_0^{\mathrm{T}}\\ \boldsymbol{w}_0^{\mathrm{T}}\\ \boldsymbol{w}_0^{\mathrm{T}}\end{bmatrix}=\begin{bmatrix}0&0\\0&1\\1&0\\1&1\end{bmatrix}\begin{bmatrix}1&1\\1&1\end{bmatrix}+\begin{bmatrix}-1.5&-0.5\\-1.5&-0.5\\-1.5&-0.5\\-1.5&-0.5\end{bmatrix}=\begin{bmatrix}-1.5&-0.5\\-0.5&0.5\\-0.5&0.5\\0.5&1.5\end{bmatrix}$$

经过激活函数，第 1 层神经元输出为

$$\boldsymbol{Z}^{(1)}=\varphi(\boldsymbol{A}^{(1)})=\varphi\left(\begin{bmatrix}-1.5&-0.5\\-0.5&0.5\\-0.5&0.5\\0.5&1.5\end{bmatrix}\right)=\begin{bmatrix}0&0\\0&1\\0&1\\1&1\end{bmatrix}$$

注意，这里符号 $\varphi(\boldsymbol{A}^{(1)})$表示将激活函数用于矩阵 $\boldsymbol{A}^{(1)}$ 的每个元素。第 2 层神经元只有一个权系数 $\boldsymbol{w}^{(2)}$ 和偏置 $w_0^{(2)}$，即

$$\boldsymbol{w}^{(2)}=\begin{bmatrix}-2\\1\end{bmatrix}\quad w_0^{(2)}=-0.5$$

第 2 层神经元的激活输出为

$$A^{(2)}=Z^{(1)}w^{(2)}+\begin{bmatrix}w_0^{(2)}\\w_0^{(2)}\\w_0^{(2)}\\w_0^{(2)}\end{bmatrix}=\begin{bmatrix}0&0\\0&1\\0&1\\1&1\end{bmatrix}\begin{bmatrix}-2\\1\end{bmatrix}+\begin{bmatrix}-0.5\\-0.5\\-0.5\\-0.5\end{bmatrix}=\begin{bmatrix}-0.5\\0.5\\0.5\\-1.5\end{bmatrix}$$

经过激活函数,得到神经网络输出为

$$Z^{(2)}=\varphi(A^{(2)})=\begin{bmatrix}0\\1\\1\\0\end{bmatrix}$$

可见,这个神经网络可对异或运算进行正确输出(分类)。

这是一个手动构造的特殊神经网络,可完成异或的正确分类。这个网络采用的是早期的不连续激活函数,类似的网络通过采用连续的整流激活函数可同样完成异或运算。另一个这样的例子见本章习题1,读者可作为练习自行验证。

历史上,Minsky在1969年出版的《感知机》一书中指出,感知机不能正确地分类异或问题,这是将神经网络拉入第1次低潮的因素之一。故人们在讨论一种分类方法时,习惯地把能够解决异或问题作为一个特例进行考查。我们在进入多层神经网络的一般性研究之前,也通过例子说明了一个只有3个神经元的简单多层神经网络即可完成异或的表示。

9.1.3 多层感知机

前面已经介绍了一个神经元的组成,本节讨论如何由神经元组成一般神经网络。如9.1.2节所述,对于神经元无法完成的异或运算,用一个只有3个神经元组成的神经网络即可完成。接下来讨论由神经元组成的更一般的神经网络,这些网络具有更强的表达能力,9.1.4节将会说明,这样组成的神经网络可在有限区间内逼近任意函数。

一个被称为多层感知机(MLP)的前馈神经网络(feedforward neural network)是由神经元通过并行和级联构成的。这里多层结构的含义是,神经网络是由神经元按照层次连接构成的系统。一个典型神经网络如图9.1.6所示。除最左侧的输入和最右侧的输出外,中间两层的计算不为外部所见,称为隐藏层。注意对神经网络分层数的定义,不同作者有所不同。若以信号的层数定义网络层,则图9.1.6的网络可称为4层网络,包括输入层、两个隐藏层和输出层;若以神经元级联层数(或系统进行计算的层数)定义网络层,则图9.1.6的网络是3层的,两个隐藏层和输出层均需要神经元的计算。本书以计算层数作为神经网络的层数,故称图9.1.6的网络为3层网络。也有作者用隐藏层数目指定神经网络层数,此时要注明是隐藏层数目,如图9.1.6的网络有两个隐藏层。

为了表示神经网络各层信号,下面给出其表示符号。为了表述方便,统一用D维向量表示输入特征向量,即

$$\boldsymbol{x}=[x_1\quad x_2\quad \cdots\quad x_D]^{\mathrm{T}}$$

因为神经元表示中需要一个偏置量,为了表示方便,可定义一个哑元$x_0=1$,并构成一个增广输入向量

$$\bar{\boldsymbol{x}}=[x_o=1,\quad x_1,\quad \cdots,\quad x_D]^{\mathrm{T}}=[1,\boldsymbol{x}^{\mathrm{T}}]^{\mathrm{T}}$$

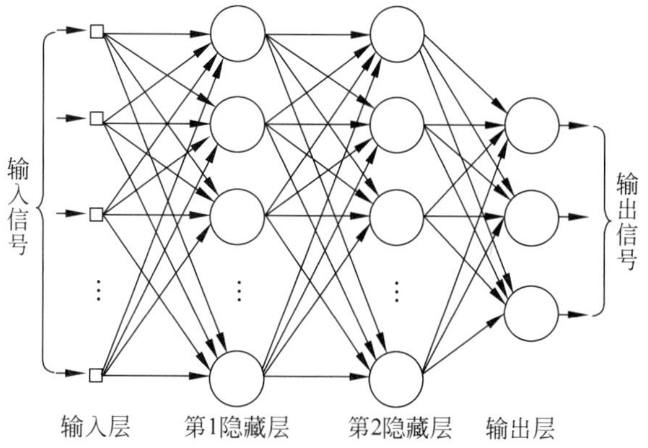

图 9.1.6 一个 3 层神经网络结构

设第 1 层由 K_1 个神经元并行组成，各神经元输入为相同的 $\bar{\boldsymbol{x}}$（把哑元等价为一个特定输入），每个神经元的权系数不同，其中第 k 个神经元的激活为 $a_k^{(1)}, k=1,2,\cdots,K_1$，由输入 x_i 通过加权 $w_{ki}^{(1)}, i=0,1,\cdots,D$ 线性组合得到 $a_k^{(1)}$，这里用上标(1)表示第 1 层。各神经元的激活表示为

$$a_k^{(1)} = w_{k0}^{(1)} + \sum_{i=1}^{D} w_{ki}^{(1)} x_i = \sum_{i=0}^{D} w_{ki}^{(1)} x_i = \boldsymbol{w}_k^{(1)\mathrm{T}} \bar{\boldsymbol{x}}, \quad k=1,2,\cdots,K_1 \tag{9.1.11}$$

其中，$\boldsymbol{w}_k^{(1)} = [w_{k0}^{(1)} \quad w_{k1}^{(1)} \quad \cdots \quad w_{kD}^{(1)}]^{\mathrm{T}}$ 是第 1 层第 k 个神经元的权系数向量，包括偏置。激活 $a_k^{(1)}$ 经过非线性激活函数得到第 k 个神经元的输出 $z_k^{(1)}$，即

$$z_k^{(1)} = \varphi_1(a_k^{(1)}) \tag{9.1.12}$$

这里 φ_1 的下标表示第 1 层的激活函数，尽管原理上每个神经元可选择自己的激活函数，实际中一般同层神经元选择同一个激活函数。若不加特别说明，一般默认各隐藏层选择同一个激活函数。根据应用不同，激活函数 $\varphi(\cdot)$ 可选 7.1.1 节介绍的任意连续可导的激活函数或选择其他激活函数。

第 1 层的神经元通过并行计算，得到输出 $z_1^{(1)}, z_2^{(1)}, \cdots, z_{K_1}^{(1)}$，将第 1 层神经元的输出直接作为第 2 层神经元的输入，同时加入一个哑元 $z_0^{(1)}$。设第 2 层有 K_2 个神经元，其各神经元的激活 $a_j^{(2)}$ 和输出 $z_j^{(2)}$ 分别为

$$a_j^{(2)} = w_{j0}^{(2)} + \sum_{k=1}^{K_1} w_{jk}^{(2)} z_k^{(1)} = \sum_{k=0}^{K_1} w_{jk}^{(2)} z_k^{(1)} = \boldsymbol{w}_j^{(2)\mathrm{T}} \bar{\boldsymbol{z}}^{(1)} \tag{9.1.13}$$

$$z_j^{(2)} = \varphi_2(a_j^{(2)}), \quad j=1,2,\cdots,K_2 \tag{9.1.14}$$

其中，$\bar{\boldsymbol{z}}^{(1)} = [z_0^{(1)}=1, z_1^{(1)}, \cdots, z_{K_1}^{(1)}]^{\mathrm{T}}$ 为第 1 层（第 1 隐藏层）的增广输出向量。

在图 9.1.6 的示例网络中，第 3 层是输出层，输出层的激活 $a_l^{(3)}$ 与前面两层没有区别，可计算为

$$a_l^{(3)} = w_{l0}^{(3)} + \sum_{j=1}^{K_2} w_{lj}^{(3)} z_j^{(2)} = \sum_{j=0}^{K_2} w_{lj}^{(3)} z_j^{(2)} = \boldsymbol{w}_l^{(3)\mathrm{T}} \bar{\boldsymbol{z}}^{(2)} \tag{9.1.15}$$

在神经网络的输出层，根据任务的要求，可能每个输出端有自己不同的非线性激活函数，故输出端的一个输出可记为

$$\hat{y}_l = z_l^{(3)} = \varphi_{3l}(a_l^{(3)}), \quad l = 1,2,\cdots,K_3 \tag{9.1.16}$$

这里用 φ_{3l} 表示第 3 层(本例的输出层)每个输出端可能有不同的非线性函数。稍后专门解释神经网络的输出函数。

下面对神经网络的表示给出更一般性的说明。

1. 多层感知机的运算关系

这里总结任意 L 层感知机的计算关系。

对于图 9.1.6 所示的这类规范的分层结构网络,即多层感知机,其运算结构是非常规范的,假设网络有 L 层,对于第 m 层,其运算结构是式(9.1.13)和式(9.1.14)的一般化,即

$$a_j^{(m)} = w_{j0}^{(m)} + \sum_{k=1}^{K_{m-1}} w_{jk}^{(m)} z_k^{(m-1)} = \sum_{k=0}^{K_{m-1}} w_{jk}^{(m)} z_k^{(m-1)} = \boldsymbol{w}_j^{(m)\mathrm{T}} \bar{\boldsymbol{z}}^{(m-1)},$$

$$m = 1,2,\cdots,L; \quad j = 1,2,\cdots,K_m; \quad K_0 = D \tag{9.1.17}$$

$$z_j^{(m)} = \varphi_m(a_j^{(m)}), \quad m = 1,2,\cdots,L-1; \quad j = 1,2,\cdots,K_m$$

$$\hat{y}_j = z_j^{(L)} = \varphi_{Lj}(a_j^{(L)}), \quad j = 1,2,\cdots,K_L \tag{9.1.18}$$

只要把输入定义为 $z_i^{(0)}$,即

$$z_0^{(0)} = 1, z_i^{(0)} = x_i, \quad i = 1,2,\cdots,D \tag{9.1.19}$$

则式(9.1.17)~式(9.1.19)表示多层感知机的一般运算关系。

2. 神经网络的输出表示

神经网络的表达能力很强,既可用于分类问题,也可用于回归问题,还可用于一些特定的任务。对于不同的任务,其输出激活函数的形式不同,这里对其典型功能的输出激活函数进行说明。设神经网络的输出层是第 L 层。

如果神经网络的输出是回归函数,最常见的情况下,输出激活函数是直通函数,即

$$\hat{y}_k = z_k^{(L)} = a_k^{(L)} \tag{9.1.20}$$

也就是说,要用神经网络实现回归功能,非线性运算由隐藏层完成,输出层是一个线性组合输出,即回归函数的输出等于输出层的激活。神经网络可以同时输出多个回归函数,每个回归函数对应输出层的一个神经元的激活。式(9.1.20)的下标表示可同时产生多个回归函数。

如果是用神经网络进行二分类,则输出是类型 C_1 的后验概率,类似于第 4 章的逻辑回归,输出用 sigmoid 函数表示类型的后验概率,即二分类任务的神经网络输出为

$$\hat{y}_k = p(C_1 \mid \boldsymbol{x}) = z_k^{(L)} = \sigma(a_k^{(L)}) = \frac{1}{1+\exp(-a_k^{(L)})} \tag{9.1.21}$$

一个神经网络同时可完成多个独立的二分类任务(输入特征向量相同),故式(9.1.21)每个不同下标的输出代表一个二分类器。

如果用神经网络完成多分类,若有 K 个类型,则一般用 K-to-1 编码方式,即有 K 个输出,分别表示类型 C_k 的后验概率,K 个激活 $a_k^{(L)}, k = 1,2,\cdots,K$ 分别对应 K 个输出,则神经网络的 K 个输出用 softmax 函数表示,即

$$\hat{y}_k = p(C_k \mid \boldsymbol{x}) = z_k^{(L)} = \frac{\exp(a_k^{(L)})}{\sum_{j=1}^{K} \exp(a_j^{(L)})}, \quad k = 1,2,\cdots,K \tag{9.1.22}$$

以上是监督学习中3种最基本的输出方式。由于神经网络的表达能力很强，可以设计各种特定形式的输出以更有效地解决一些特定问题。例如，若通过神经网络进行回归建模，但所面对的问题中，输出取值一定是正值，可以将输出表示为激活的指数函数，即

$$\hat{y}_k = \exp(a_k^{(L)}) \tag{9.1.23}$$

3. 神经网络的非线性映射

由于激活函数是非线性的，神经网络的输入到输出的映射是一个非线性函数。为了更清晰地表示这种关系，可写出输入到输出的关系式，为了简单，首先假设神经网络是两层的，只有一个输出单元。首先看回归情况，回归的输出记为 $\hat{y}$，通过两层网络可表示为

$$\hat{y}(\boldsymbol{x},\boldsymbol{W}) = w_0^{(2)} + \sum_{k=1}^{K_1} w_k^{(2)} z_k^{(1)} = w_0^{(2)} + \sum_{k=1}^{K_1} w_k^{(2)} \varphi(w_{k0}^{(1)} + \sum_{i=1}^{D} w_{ki}^{(1)} x_i) \tag{9.1.24}$$

其中，$\boldsymbol{W}$ 表示所有权系数，φ 是非线性函数，$\hat{y}$ 是 $\boldsymbol{x}$ 的非线性函数。若定义

$$\varphi_0(\boldsymbol{x}) = 1, \quad \varphi_k(\boldsymbol{x}) = \varphi\left(w_{k0}^{(1)} + \sum_{i=1}^{D} w_{ki}^{(1)} x_i\right) \tag{9.1.25}$$

则式(9.1.24)可写为

$$\hat{y}(\boldsymbol{x},\boldsymbol{W}) = w_0^{(2)} + \sum_{k=1}^{K_1} w_k^{(2)} \varphi_k(\boldsymbol{x}) \tag{9.1.26}$$

从形式上看，式(9.1.26)与第4章的基函数回归似乎是一致的，但实际上存在很大的不同。基函数回归中，基函数集是预先确定的，而神经网络中基函数分量 $\varphi_k(\boldsymbol{x})$ 是由一组参数 $w_{ki}^{(1)}$ 所确定的，是自适应于数据集的，不是预先确定的。第2个很大的不同是，式(9.1.25)中 $\varphi_k(\boldsymbol{x})$ 的参数 $w_{ki}^{(1)}$ 是系统整体参数中的一部分，需要通过学习过程确定，且参数 $w_{ki}^{(1)}$ 与神经网络的输出 $\hat{y}$ 也是非线性关系，即神经网络的输入向量与权系数整体上均与输出呈非线性关系，这与基函数回归中权系数与输出是线性关系不同。

若两层神经网络表示的是二分类问题，则输出可表示为

$$\hat{y}(\boldsymbol{x},\boldsymbol{W}) = \sigma\left[w_0^{(2)} + \sum_{k=1}^{K_1} w_k^{(2)} \varphi\left(w_{k0}^{(1)} + \sum_{i=1}^{D} w_{ki}^{(1)} x_i\right)\right] \tag{9.1.27}$$

对于分类的输出来讲，所有权系数与输出都是非线性关系。

若神经网络有更多层，则有更多层的非线性嵌套运算，越靠近输入端的权系数与输出的关系将由更多层非线性函数嵌套，是一种更复杂的非线性关系。例如，只有一个二分类输出的3层网络的函数关系为

$$\hat{y}(\boldsymbol{x},\boldsymbol{W}) = \sigma\left\{w_0^{(3)} + \sum_{j=1}^{K_2} w_j^{(3)} \varphi_2\left[w_{j0}^{(2)} + \sum_{k=1}^{K_1} w_{jk}^{(2)} \varphi_1\left(w_{k0}^{(1)} + \sum_{i=1}^{D} w_{ki}^{(1)} x_i\right)\right]\right\} \tag{9.1.28}$$

本节只介绍了前馈神经网络，信号流只有从输入流向输出的通道，没有从输出反馈回输入端的通道。带反馈通道的网络，可以形成输入与输出关系在时间上的循环，可构成循环神经网络(recurrent neural network，RNN)。本章集中讨论前馈网络，直到10.2节再专门讨论RNN。

本章讨论的前馈神经网络是一种基本的结构，即神经元一层紧接下一层的连接，没有跨过中间隐藏层的连接。可以构造跨层连接的结构，如在图9.1.6的网络中，一些输入可以从输入层跨过第1隐藏层，直接连接到第2隐藏层，这种跨层连接可引入一些附加的性质。本

章不讨论这种“非标准”的连接，第 10 章的 CNN 结构设计中会介绍这样的跨层连接带来的效果(如残差网络)。

9.1.4 神经网络的逼近定理

神经网络的输入输出关系，可看作输入空间到输出空间的一个映射。设输入特征向量 $\boldsymbol{x}$ 是 D 维向量，输出 $\hat{\boldsymbol{y}}$ 是 K 维的，从一般意义上看，一个神经网络可看作从 D 维欧几里得空间到 K 维欧几里得空间的映射。可能要问：神经网络的表达能力如何？换言之，给出任何一个从 D 维映射到 K 维的函数，一个神经网络能否有效逼近它？神经网络的通用逼近定理回答了这个问题。

定理 9.1.1(通用逼近定理) 令 $\varphi(\cdot)$ 是一个有界和单调增的连续函数，且不恒为常数。$\boldsymbol{I}_D$ 是 D 维单位超立方体 $[0,1]^D$，$C(\boldsymbol{I}_D)$ 表示定义在 $\boldsymbol{I}_D$ 上的连续函数空间。对于任意函数 $f(x_1,x_2,\cdots,x_D)\in C(\boldsymbol{I}_D)$ 和任意 $\varepsilon>0$，存在一个整数 K 及实系数 a_i 和 w_{ij}，$i=1,2,\cdots,K$；$j=0,1,\cdots,D$，使所定义的函数

$$\hat{f}(x_1,x_2,\cdots,x_D)=\sum_{i=1}^{K}a_i\varphi\left(w_{i0}+\sum_{j=1}^{D}w_{ij}x_i\right) \tag{9.1.29}$$

作为 $f(x_1,x_2,\cdots,x_D)$ 的逼近。对于所有 $\{x_1,x_2,\cdots,x_D\}\in\boldsymbol{I}_D$，均满足

$$|f(x_1,x_2,\cdots,x_D)-\hat{f}(x_1,x_2,\cdots,x_D)|<\varepsilon \tag{9.1.30}$$

比较式(9.1.24)和通用逼近定理的式(9.1.29)可见，通用逼近定理给出的 $\hat{f}(x_1,x_2,\cdots,x_D)$ 可由一个两层 MLP 表示，即只有一个隐藏层的 MLP。若隐藏单元数目 K 充分大，则可表示任何一个定义在单位超立方体上的连续函数，通过简单的尺度运算，单位超立方体可扩展到任意有限超立方体。

逼近定理的结论是只需要有一层隐藏单元的 MLP，可以以任意准确度逼近定义在有限空间的连续函数。逼近定理给出了一个理论基础，保证了神经网络的表达能力。但逼近定理没有关于隐藏单元数目的描述，没有如何获取网络参数的算法指导，也不能回答使用更多隐藏层能否获得益处。

通用逼近定理初始的证明受到数学家 Weierstrass 关于闭区间上连续函数逼近定理的启发，定理的证明和完善主要集中在 20 世纪 80 年代末到 90 年代初，初始证明仅对一些特定的激活函数，后来逐渐扩大到一般的连续激活函数，如目前常用的 ReLU 等激活函数也符合定理的条件。在 20 世纪 70 年代到 90 年代神经网络的第二次活跃期间，人们所使用的还主要是只有一层或二层隐藏单元的神经网络。一方面是受当时计算能力的限制，另一方面是传统的网络结构、激活函数和优化算法难以有效地训练隐藏层数很大的网络。直到 21 世纪初(Hinton 发表于 2006 年的工作是一个里程碑)随着计算技术、海量数据和训练算法的改进，多层神经网络(深度学习/深层网络)才得以广泛应用，由深层神经网络对所处理对象给出的分层表示在许多应用中取得显著效果。

9.2 神经网络的目标函数和优化

本章以监督学习为目标讨论神经网络。在监督学习中，通过数据集训练确定神经网络结构中的所有参数。设有满足独立同分布条件的训练数据集为

$$\boldsymbol{D}=\{(\boldsymbol{x}_1,\boldsymbol{y}_1),(\boldsymbol{x}_2,\boldsymbol{y}_2),\cdots,(\boldsymbol{x}_N,\boldsymbol{y}_N)\}=\{(\boldsymbol{x}_n,\boldsymbol{y}_n)\}_{n=1}^{N} \tag{9.2.1}$$

为了通过训练集训练网络，需要构建神经网络的目标函数。

9.2.1 神经网络的目标函数

为了利用式(9.2.1)所示的训练集通过学习过程得到神经网络的权系数集，需要定义目标函数。如式(1.3.5)所示，定义经验损失，并优化经验损失函数，通过经验风险最小化得到神经网络权系数。针对神经网络和式(9.2.1)的训练集，重写式(1.3.5)的经验风险为

$$J(\boldsymbol{w})=\frac{1}{N}\sum_{n=1}^{N}L[\hat{\boldsymbol{y}}(\boldsymbol{x}_n;\boldsymbol{w}),\boldsymbol{y}_n] \tag{9.2.2}$$

其中，$\boldsymbol{w}$ 表示一个 MLP 的所有权系数，可想象按层将每个神经元对应的权系数依次放入 $\boldsymbol{w}$ 中，在本节的目标函数讨论中，$\boldsymbol{w}$ 的结构不是关键，只是用它作为符号表示所有权系数，后续需要时再给出权系数更细化的表示。$\hat{\boldsymbol{y}}(\boldsymbol{x}_n;\boldsymbol{w})$表示神经网络对应特征向量 $\boldsymbol{x}_n$ 的输出，$\boldsymbol{y}_n$ 是样本集中对应 $\boldsymbol{x}_n$ 的标注。用神经网络的输出近似 $\boldsymbol{y}_n$，用 $L(\hat{\boldsymbol{y}}(\boldsymbol{x}_n;\boldsymbol{w}),\boldsymbol{y}_n)$表示针对一个给定样本 $\boldsymbol{x}_n$ 时神经网络输出对标注 $\boldsymbol{y}_n$ 的损失函数。式(9.2.2)表示的样本集的平均损失函数即为经验损失函数。接下来讨论针对输出的不同类型，样本损失函数 $L(\hat{\boldsymbol{y}}(\boldsymbol{x}_n;\boldsymbol{w}),\boldsymbol{y}_n)$的具体表达形式。

为了后续表示方便，这里给出一些简化的符号。简写$\hat{\boldsymbol{y}}_n=\hat{\boldsymbol{y}}(\boldsymbol{x}_n;\boldsymbol{w})$，以 $\hat{y}_{nk}$ 表示输出 $\hat{\boldsymbol{y}}_n$ 的第 k 分量，y_{nk} 表示标注 $\boldsymbol{y}_n$ 的第 k 分量。样本损失函数简写为 $L_n=L(\hat{\boldsymbol{y}}_n,\boldsymbol{y}_n)$。

早期的神经网络文献，直接将样本损失函数写为$\hat{\boldsymbol{y}}_n$ 和 $\boldsymbol{y}_n$ 的误差平方函数。目前更倾向于根据输出类型通过最大似然准则导出相应的损失函数。通过将第 3 章的回归问题和第 4 章的逻辑回归的目标函数直接推广到神经网络情况，可容易导出神经网络的目标函数。为了加深对神经网络损失函数的理解，这里采用类似于第 3 章和第 4 章的推导过程，导出神经网络的损失函数。

1. 多个回归输出的情况

首先讨论神经网络的输出是 K 个独立的回归输出的情况，单个输出可作为其特例。设神经网络共有 L 层。网络的输出为

$$\hat{\boldsymbol{y}}_n=\hat{\boldsymbol{y}}(\boldsymbol{x}_n;\boldsymbol{w})=\boldsymbol{a}_n^{(L)} \tag{9.2.3}$$

其中，$\boldsymbol{a}_n^{(L)}$ 是输出层各神经元的激活向量。

设$\hat{\boldsymbol{y}}_n$ 对标注 $\boldsymbol{y}_n$ 的逼近误差为

$$\boldsymbol{e}_n=\boldsymbol{y}_n-\hat{\boldsymbol{y}}_n \tag{9.2.4}$$

由于假设各回归输出是独立的，可合理地假设误差各分量是独立的，故假设误差分量满足 $\boldsymbol{e}_n\sim N(\boldsymbol{e}\mid\boldsymbol{0},\sigma_e^2\boldsymbol{I})$，则 $\boldsymbol{y}_n$ 的概率密度函数可写为 $\boldsymbol{y}_n\sim N(\boldsymbol{y}_n\mid\hat{\boldsymbol{y}}_n,\sigma_e^2\boldsymbol{I})$，即

$$\begin{aligned}p(\boldsymbol{y}_n\mid\boldsymbol{w})&=\frac{1}{(2\pi\sigma_e^2)^{K/2}}\exp\left[-\frac{1}{2\sigma_e^2}(\boldsymbol{y}_n-\hat{\boldsymbol{y}}_n)^{\mathrm{T}}(\boldsymbol{y}_n-\hat{\boldsymbol{y}}_n)\right]\\&=\frac{1}{(2\pi\sigma_e^2)^{K/2}}\exp\left(-\frac{1}{2\sigma_e^2}\|\boldsymbol{y}_n-\hat{\boldsymbol{y}}_n\|_2^2\right)\end{aligned} \tag{9.2.5}$$

由于样本集是 I. I. D. 的，故所有样本集标注的联合分布为

$$p(\boldsymbol{Y}\mid\boldsymbol{w})=\prod_{n=1}^{N}p(\boldsymbol{y}_n\mid\boldsymbol{w})=\prod_{n=1}^{N}\frac{1}{(2\pi\sigma_e^2)^{K/2}}\exp\left(-\frac{1}{2\sigma_e^2}\|\boldsymbol{y}_n-\hat{\boldsymbol{y}}_n\|_2^2\right) \tag{9.2.6}$$

式(9.2.6)是训练样本集已确定情况下，神经网络权系数集 $\boldsymbol{w}$ 的似然函数，实际中，令负对数似然函数为损失函数，并删掉无关的常数项得

$$J(\boldsymbol{w})=\frac{1}{2}\sum_{n=1}^{N}\|\boldsymbol{y}_n-\hat{\boldsymbol{y}}_n\|_2^2=\frac{1}{2}\sum_{n=1}^{N}\sum_{k=1}^{K}(y_{nk}-\hat{y}_{nk})^2 \tag{9.2.7}$$

注意式(9.2.7)的系数 1/2 主要是为了处理方便。最大似然的对应结果是式(9.2.7)的损失函数最小化。对比式(9.2.2)显然一个样本的损失函数为

$$L_n=L(\hat{\boldsymbol{y}}_n,\boldsymbol{y}_n)=\frac{1}{2}\|\boldsymbol{y}_n-\hat{\boldsymbol{y}}_n\|_2^2=\frac{1}{2}\sum_{k=1}^{K}(y_{nk}-\hat{y}_{nk})^2 \tag{9.2.8}$$

损失函数可以显式地分解为各样本损失函数之和，即

$$J(\boldsymbol{w})=\sum_{n=1}^{N}L_n=\sum_{n=1}^{N}L(\hat{\boldsymbol{y}}_n,\boldsymbol{y}_n) \tag{9.2.9}$$

对于回归输出，损失函数是熟悉的误差平方和。注意式(9.2.9)的求和公式前可加系数 $1/N$ 表示均值，并与式(9.2.2)一致，也可以不加平均项，并不影响 $\boldsymbol{w}$ 的最优解。

2. 多个二分类输出的情况

若神经网络是 K 个独立的二分类器，则每个分类器的输出为

$$\hat{y}_{nk}=\hat{y}_k(\boldsymbol{x}_n;\boldsymbol{w})=\sigma(a_{nk}^{(L)})=p(C_{k1}\mid \boldsymbol{x}_n) \tag{9.2.10}$$

其中，C_{k1} 表示第 k 个二分类器输出为类型 1。由于 $\hat{y}_{nk}$ 表示其概率，而 $\boldsymbol{y}_n$ 的每个分量是一个伯努利随机变量，则标注 $\boldsymbol{y}_n$ 的第 k 个分量的概率函数为

$$p(y_{nk}\mid \boldsymbol{w})=(\hat{y}_{nk})^{y_{nk}}(1-\hat{y}_{nk})^{1-y_{nk}} \tag{9.2.11}$$

由于 K 个二分类器是独立的，故 $\boldsymbol{y}_n$ 的联合概率为

$$p(\boldsymbol{y}_n\mid \boldsymbol{w})=\prod_{k=1}^{K}(\hat{y}_{nk})^{y_{nk}}(1-\hat{y}_{nk})^{1-y_{nk}} \tag{9.2.12}$$

再由样本集的 I.I.D 性，得样本集标注的联合概率函数为

$$p(\boldsymbol{Y}\mid \boldsymbol{w})=\prod_{n=1}^{N}p(\boldsymbol{y}_n\mid \boldsymbol{w})=\prod_{n=1}^{N}\prod_{k=1}^{K}(\hat{y}_{nk})^{y_{nk}}(1-\hat{y}_{nk})^{1-y_{nk}} \tag{9.2.13}$$

将以上似然函数取负对数，得损失函数为

$$J(\boldsymbol{w})=-\sum_{n=1}^{N}\sum_{k=1}^{K}[y_{nk}\ln\hat{y}_{nk}+(1-y_{nk})\ln(1-\hat{y}_{nk})] \tag{9.2.14}$$

式(9.2.14)的损失函数称为交叉熵。其中，样本损失函数为如下所示的样本交叉熵。

$$L_n=L(\hat{\boldsymbol{y}}_n,\boldsymbol{y}_n)=-\sum_{k=1}^{K}[y_{nk}\ln\hat{y}_{nk}+(1-y_{nk})\ln(1-\hat{y}_{nk})] \tag{9.2.15}$$

同样，损失函数分解为样本损失函数之和，如同式(9.2.9)。

3. 单个 K 分类输出的情况

若神经网络的 K 个输出表示一个 K 分类器，采用的是 K-to-1 编码输出，网络输出层的激活分别是 $a_{nk}^{(L)}, k=1,2,\cdots,K$，则用 softmax 表示的输出为

$$\hat{y}_{nk}=p(C_k\mid \boldsymbol{x}_n)=\frac{\exp(a_{nk}^{(L)})}{\sum_{j=1}^{K}\exp(a_{nj}^{(L)})},\quad k=1,2,\cdots,K \tag{9.2.16}$$

则标注 $\boldsymbol{y}_n$ 的概率函数为

$$p(\boldsymbol{y}_n \mid \boldsymbol{w}) = \prod_{k=1}^{K} (\hat{y}_{nk})^{y_{nk}} \tag{9.2.17}$$

样本集的联合概率函数为

$$p(\boldsymbol{Y} \mid \boldsymbol{w}) = \prod_{n=1}^{N} p(\boldsymbol{y}_n \mid \boldsymbol{w}) = \prod_{n=1}^{N}\prod_{k=1}^{K} (\hat{y}_{nk})^{y_{nk}} \tag{9.2.18}$$

取负自然对数，得损失函数为

$$J(\boldsymbol{w}) = -\sum_{n=1}^{N}\sum_{k=1}^{K}[y_{nk}\ln\hat{y}_{nk}] \tag{9.2.19}$$

样本损失函数为

$$L_n = L(\hat{\boldsymbol{y}}_n, \boldsymbol{y}_n) = -\sum_{k=1}^{K}[y_{nk}\ln\hat{y}_{nk}] \tag{9.2.20}$$

样本集损失误差等于各样本的损失误差之和，如式(9.2.9)所示。K 分类输出的样本损失函数式(9.2.20)也是一种交叉熵。

4. 样本损失函数对输出激活的导数

对于以上介绍的 3 种基本输出类型，即回归输出、二分类输出和多分类输出，可证明一个很有用的结果，即样本损失函数式(9.2.8)、式(9.2.15)和式(9.2.20)对输出层激活向量 $\boldsymbol{a}^{(L)}$ 的导数具有相同形式，即

$$\frac{\partial L_n}{\partial \boldsymbol{a}_n^{(L)}} = \frac{\partial L(\hat{\boldsymbol{y}}_n, \boldsymbol{y}_n)}{\partial \boldsymbol{a}_n^{(L)}} = \hat{\boldsymbol{y}}_n - \boldsymbol{y}_n \tag{9.2.21}$$

或对一个输出单元的激活 $a_{nk}^{(L)}$ 的导数为

$$\frac{\partial L_n}{\partial a_{nk}^{(L)}} = \frac{\partial L(\hat{\boldsymbol{y}}_n, \boldsymbol{y}_n)}{\partial a_{nk}^{(L)}} = \hat{y}_{nk} - y_{nk} \tag{9.2.22}$$

下面证明式(9.2.22)(式(9.2.21)是相应的向量形式)。对于式(9.2.8)表示的回归情况，结果是明显的，针对二分类情况，式(9.2.15)的导数可计算如下

$$\begin{aligned}
\frac{\partial L_n}{\partial a_{nk}^{(L)}} &= \frac{\partial L(\hat{\boldsymbol{y}}_n, \boldsymbol{y}_n)}{\partial a_{nk}^{(L)}} = -\frac{\partial}{\partial a_{nk}^{(L)}}\sum_{j=1}^{K}[y_{nj}\ln\hat{y}_{nj} + (1-y_{nj})\ln(1-\hat{y}_{nj})] \\
&= -\left[y_{nk}\frac{1}{\hat{y}_{nk}}\frac{\partial \hat{y}_{nk}}{\partial a_{nk}^{(L)}} + (1-y_{nk})\frac{1}{(1-\hat{y}_{nk})}\frac{\partial(1-\hat{y}_{nk})}{\partial a_{nk}^{(L)}}\right] \\
&= \left[y_{nk}\frac{1}{\hat{y}_{nk}}\hat{y}_{nk}(1-\hat{y}_{nk}) - (1-y_{nk})\frac{1}{(1-\hat{y}_{nk})}\hat{y}_{nk}(1-\hat{y}_{nk})\right] \\
&= \hat{y}_{nk} - y_{nk}
\end{aligned} \tag{9.2.23}$$

式(9.2.23)的推导过程使用了 $\hat{y}_{nk} = \sigma(a_{nk}^{(L)})$ 和 $\sigma(\cdot)$ 的微分性质

$$\frac{\partial \hat{y}_{nk}}{\partial a_{nk}^{(L)}} = \hat{y}_{nk}(1-\hat{y}_{nk})$$

对于 K 分类情况(见式(9.2.20))，对 $a_{nk}^{(L)}$ 导数的推导过程留作习题。

注意，样本损失函数式(9.2.8)、式(9.2.15)和式(9.2.20)，以及其对输出层激活的导数式(9.2.21)和式(9.2.22)，都是针对一个指定样本$(\boldsymbol{x}_n, \boldsymbol{y}_n)$的结果。在这些公式中，用符号$(\boldsymbol{x}, \boldsymbol{y})$替代$(\boldsymbol{x}_n, \boldsymbol{y}_n)$则得到相应结果的通式。例如，对于一般通式，式(9.2.21)和式(9.2.22)可

表示为

$$\frac{\partial L}{\partial \boldsymbol{a}^{(L)}}=\frac{\partial L(\hat{\boldsymbol{y}},\boldsymbol{y})}{\partial \boldsymbol{a}^{(L)}}=\hat{\boldsymbol{y}}-\boldsymbol{y} \tag{9.2.24}$$

$$\frac{\partial L}{\partial a_k^{(L)}}=\frac{\partial L(\hat{\boldsymbol{y}},\boldsymbol{y})}{\partial a_k^{(L)}}=\hat{y}_k-y_k \tag{9.2.25}$$

本节针对神经网络的 3 种典型输出(回归、二分类、多分类)导出了损失函数。若实际中遇到一些更特殊的非典型应用,可类似地通过最大似然原理导出其目标函数。

9.2.2 神经网络的优化

若已经确定了神经网络的结构(层数、每层单元数等),并给出了目标函数 $J(\boldsymbol{w})$ 的表示,这里用 $\boldsymbol{w}$ 表示神经网络中的所有权系数组成的向量或矩阵(甚至张量)。尽管对于典型的回归和分类任务,9.2.1 节给出的损失函数在形式上与第 3 章和第 4 章分别在线性回归或逻辑回归任务中看到的目标函数很相似,但是,神经网络要复杂得多,一般情况下,其损失函数是高度非线性的非凸函数。

式(9.1.28)是一个 3 层神经网络的例子,可以看到,靠近输入层的权系数经过多重非线性函数运算,与网络输出的关系(通过网络输出进而与目标函数的关系)是多层非线性复合函数,具有高度非线性。如果通过对损失函数最小化得到神经网络权系数的解,则解满足

$$\nabla_{\boldsymbol{w}} J(\boldsymbol{w})=\frac{\partial}{\partial \boldsymbol{w}} J(\boldsymbol{w})=\boldsymbol{0} \tag{9.2.26}$$

一般来讲,式(9.2.26)对应的解不是唯一的,有许多点满足该条件。满足式(9.2.26)的点称为驻点,在一个复杂非线性函数中,驻点往往包括若干极小点、极大点和鞍点。

理论上,如果 $J(\boldsymbol{w})$ 的汉森矩阵 $\boldsymbol{H}=\nabla_{\boldsymbol{w}}^2 J(\boldsymbol{w})$ 满足正定性,则式(9.2.26)的解对应一个极小点,即使是极小点,它也可能是局部最小点而非全局最小点。

一般情况下 $J(\boldsymbol{w})$ 是由 $\boldsymbol{w}$ 表示的高维空间的函数,无法用直观图形表示(尽管可以画出只有两个权系数情况下的可视化图形,但无法表示高维情况的复杂性)。对于一个具有 L 层的 MLP,若第 l 层有 K_l 个神经元,输入特征向量 $\boldsymbol{x}$ 是 $K_0=D$ 维,且有 K_L 个输出,并包括偏置系数,则神经网络权系数 $\boldsymbol{w}$ 的维数是 $\sum_{l=1}^{L}(K_{l-1}+1)K_l$。即使对于一个小规模网络,$\boldsymbol{w}$ 的维数也很高,如维数很容易超过 100,对于大规模网络则维数可能是巨大的,在深度学习中,神经网路参数过亿已是现实。

若在高维 $\boldsymbol{w}$ 空间找到了一个点使 $J(\boldsymbol{w})$ 达到全局最小,这个解是否唯一?答案是否定的。神经网络的权系数存在很多的对称性,使在 $\boldsymbol{w}$ 空间 $J(\boldsymbol{w})$ 取值相等的点数众多,即使最小点也不例外。我们可以通过只有一层隐藏层的网络分析权系数空间的对称性。若隐藏层的两个神经元 i 和 j 交换位置,同时与其相连接的输入权系数和输出权系数也做相应交换,则网络的输入输出关系不变,交换前的权系数 $\boldsymbol{w}_1$ 和交换后的权系数 $\boldsymbol{w}_2$ 是 $\boldsymbol{w}$ 空间的两个不同点,但对应等价的网络。若 $\boldsymbol{w}_1$ 对应的网络是 $J(\boldsymbol{w})$ 最小的,则 $\boldsymbol{w}_2$ 也是。不难分析,若隐藏层共有 M 个单元,则这种等价网络(或称为对称)共有 $M!$ 个,若有多个隐藏层,则等价网络数目更多。

以上分析了神经网络目标函数的复杂性,因此神经网络的优化有更大的难度,主要优化

技术仍建立在梯度法的基础上。本节对神经网络的梯度优化做一基本介绍，一些改进的优化算法放在第 10 章。

通过梯度算法优化权系数，需要设置一个初始值 $\boldsymbol{w}^{(0)}$，神经网络的初始权值不能取为恒 0 向量，一般通过一个随机分布产生，稍后专门对权系数初始选择做更详细说明。从初始值开始，利用当前权值计算损失函数对 $\boldsymbol{w}$ 的梯度。设当前的迭代序号为 τ，则权系数更新的梯度算法表示为

$$\boldsymbol{w}^{(\tau+1)}=\boldsymbol{w}^{(\tau)}-\eta_{\tau}\nabla J(\boldsymbol{w}^{(\tau)}) \tag{9.2.27}$$

其中，η_{τ} 为学习率。由式(9.2.9)，损失函数 $J(\boldsymbol{w})$等于各样本损失函数之和，故梯度也满足同样的求和性，即

$$\nabla J(\boldsymbol{w})=\sum_{n=1}^{N}\frac{\partial L_n}{\partial \boldsymbol{w}}=\sum_{n=1}^{N}\nabla L_n \tag{9.2.28}$$

用样本梯度∇L_n 代替梯度$\nabla J(\boldsymbol{w}^{(\tau)})$，可用随机梯度算法(SGD)替代梯度算法，SGD 算法表示为

$$\boldsymbol{w}^{(\tau+1)}=\boldsymbol{w}^{(\tau)}-\eta_{\tau}\nabla L_n\big|_{\boldsymbol{w}=\boldsymbol{w}^{(\tau)}} \tag{9.2.29}$$

式(9.2.29)中∇L_n 的下标 n 表示所用样本的序号，由于一次迭代可随机抽取样本，样本标号 n 和迭代序号 τ 可能并不一致。在式(9.2.27)和式(9.2.29)中，每次迭代都更新所有权系数，实际上，梯度算法可每次只更新一个权系数或一组权系数。设 l 层的一个权系数 $\boldsymbol{w}_{ij}^{(l)}$，样本损失函数 L_n 对 $\boldsymbol{w}_{ij}^{(l)}$ 的梯度分量为$\dfrac{\partial L_n}{\boldsymbol{w}_{ij}^{(l)}}$，则权系数 $\boldsymbol{w}_{ij}^{(l)}$ 的更新为

$$w_{ij}^{(l)(\tau+1)}=w_{ij}^{(l)(\tau)}-\eta_{\tau}\frac{\partial L_n}{\boldsymbol{w}_{ij}^{(l)}}\bigg|_{\boldsymbol{w}=\boldsymbol{w}^{(\tau)}} \tag{9.2.30}$$

其中，$w_{ij}^{(l)(\tau)}$ 的第 1 个上标表示层标号，第 2 个上标表示迭代次数序号。

在神经网络的优化过程中，实际上更多用的是小批量随机梯度算法(MB-SGD)，从样本集中随机取出小批量的 N_0 个样本，重标记为$\{(\boldsymbol{x}_m,\boldsymbol{y}_m)\}_{m=1}^{N_0}$，则式(9.2.29)的 SGD 算法修改为

$$\boldsymbol{w}^{(\tau+1)}=\boldsymbol{w}^{(\tau)}-\eta_{\tau}\frac{1}{N_0}\sum_{m=1}^{N_0}\nabla L_m\bigg|_{\boldsymbol{w}=\boldsymbol{w}^{(\tau)}} \tag{9.2.31}$$

在神经网络的优化中，每次权系数更新迭代需要计算$\dfrac{\partial L_n}{\partial \boldsymbol{w}}$或针对每个权系数的$\dfrac{\partial L_n}{w_{ij}^{(l)}}$，由于权系数与目标函数的关系是复合的多层非线性运算，直接计算较为困难，计算梯度或导数的最常用方法是利用导数的链式法则导出的反向传播算法(BP)。

9.3 误差反向传播算法

9.2.2 节已经说明，为了优化神经网络，需要计算样本损失函数对权系数的梯度 $\nabla L_n\big|_{\boldsymbol{w}=\boldsymbol{w}^{(\tau)}}$，本节讨论梯度的一类具体计算算法，称为误差反向传播算法。为了推导中表述简单，省略样本序号 n 和权系数迭代序号(τ)，即导出的是对任意样本在当前权系数下的梯度。

为了启发在神经网络的多层非线性情况下的梯度求解，观察第 3 章的线性回归和第 4

章的逻辑回归算法的梯度是有益的。回忆并重写线性回归的梯度(式(3.1.26))如下

$$\frac{\partial J(\boldsymbol{w})}{\partial \boldsymbol{w}}=-(y-\boldsymbol{w}^{\mathrm{T}}\overline{\boldsymbol{x}})\overline{\boldsymbol{x}} \tag{9.3.1}$$

这里,把线性回归看作回归输出的单层神经网络(且只有一个输出),故网络输出等于激活,即 $\hat{y}=a=\boldsymbol{w}^{\mathrm{T}}\overline{\boldsymbol{x}}$,则式(9.3.1)可写为

$$\frac{\partial J(\boldsymbol{w})}{\partial \boldsymbol{w}}=\frac{\partial J(\boldsymbol{w})}{\partial a}\frac{\partial a}{\partial \boldsymbol{w}}=-(y-\boldsymbol{w}^{\mathrm{T}}\overline{\boldsymbol{x}})\overline{\boldsymbol{x}} \tag{9.3.2}$$

由 $\frac{\partial a}{\partial \boldsymbol{w}}=\overline{\boldsymbol{x}}$,可见

$$\frac{\partial J(\boldsymbol{w})}{\partial a}=-(y-\boldsymbol{w}^{\mathrm{T}}\overline{\boldsymbol{x}})=\hat{y}-y \tag{9.3.3}$$

即损失函数对激活的导数为回归输出对标注的误差。

对于第 4 章的逻辑回归,回顾并重写损失函数的梯度(式(4.3.15))如下

$$\nabla_{\boldsymbol{w}}J(\boldsymbol{w})=[\sigma(\boldsymbol{w}^{\mathrm{T}}\overline{\boldsymbol{x}})-y]\overline{\boldsymbol{x}} \tag{9.3.4}$$

逻辑回归相当于单层神经网络输出是二分类的情况,激活和输出分别为 $a=\boldsymbol{w}^{\mathrm{T}}\overline{\boldsymbol{x}}$,$\hat{y}=\sigma(a)$,不难看出,对应于式(9.3.4),也类似可得

$$\frac{\partial J(\boldsymbol{w})}{\partial a}=\sigma(\boldsymbol{w}^{\mathrm{T}}\overline{\boldsymbol{x}})-y=\hat{y}-y \tag{9.3.5}$$

即线性回归和逻辑回归可看作单层单输出神经网络,其损失函数对输出激活的导数都为网络输出对标注的误差。对于多层神经网络,损失函数对输出层的激活也有同样的结果,如式(9.2.24)和式(9.2.25)所示。

损失函数对输出层激活的导数是输出与标注之间的误差,利用导数的链式法则,可得到损失函数对输出层权系数的导数,但对神经网络的隐藏层,缺乏这个"误差"项,需要一种技术将误差的影响从输出层向输入方向传播,这个传播过程称为反向传播。

9.3.1 反向传播算法的推导

"反向传播"的名称有一定的误导性,实际完整的反向传播算法包含前向传播和反向传播两个过程。

1. 前向传播

利用前一次迭代得到的全部权系数(第 1 次迭代时则用初始值),对于一个样本输入 $\boldsymbol{x}$,利用前向传播计算神经网络中所有层的激活和输出值,为了便于叙述前向传播,带哑元的输入表示为

$$z_0^{(0)}=1,\quad z_i^{(0)}=x_i,\quad i=1,2,\cdots,D$$

按层计算神经元的激活和输出。

对于层 $l=1,2,\cdots,L-1$

$$a_j^{(l)}=\sum_{i=0}^{K_{l-1}}w_{ji}^{(l)}z_i^{(l-1)} \tag{9.3.6}$$

$$z_j^{(l)}=\varphi_l(a_j^{(l)}),\quad j=1,2,\cdots,K_l \tag{9.3.7}$$

其中,L 表示神经元的层数,K_l 表示第 l 层神经元数目。以上是隐藏层的计算,输出层每个

输出可能用不同的激活函数，故单独写为

$$a_k^{(L)}=\sum_{j=0}^{K_{L-1}} w_{kj}^{(L)} z_j^{(L-1)} \tag{9.3.8}$$

$$\hat{y}_k=z_k^{(L)}=\varphi_{Lk}(a_k^{(L)}),\quad k=1,2,\cdots,K_L \tag{9.3.9}$$

2. 输出层梯度

在输出层，对于回归和分类这种标准任务，已经得到损失函数对输出激活的导数，既然该导数是误差量，将其定义为输出层误差 $\delta_k^{(L)}$，由式(9.2.25)有

$$\delta_k^{(L)}=\frac{\partial L}{\partial a_k^{(L)}}=\hat{y}_k-y_k,\quad k=1,2,\cdots,K_L \tag{9.3.10}$$

对于输出层的任意权系数 $w_{kj}^{(L)}$，可得其梯度分量为

$$\frac{\partial L}{\partial w_{kj}^{(L)}}=\frac{\partial L}{\partial a_k^{(L)}}\frac{\partial a_k^{(L)}}{\partial w_{kj}^{(L)}}=\delta_k^{(L)} z_j^{(L-1)} \tag{9.3.11}$$

这里由式(9.3.8)可得

$$\frac{\partial a_k^{(L)}}{\partial w_{kj}^{(L)}}=z_j^{(L-1)} \tag{9.3.12}$$

可见，对于神经网络的输出层，由输出层误差 $\delta_k^{(L)}$ 直接得到对输出层权系数的导数为式(9.3.11)。

3. 隐藏层反向传播

对于隐藏层，没有式(9.3.10)这样的误差可直接使用，需要将误差的影响反向传播回当前隐藏层，这个过程称为信用分配问题。对于隐藏层 l，对应的权系数为 $w_{ji}^{(l)}$，利用导数的链式法则可得样本损失函数对该权系数的梯度分量为

$$\frac{\partial L}{\partial w_{ji}^{(l)}}=\frac{\partial L}{\partial a_j^{(l)}}\frac{\partial a_j^{(l)}}{\partial w_{ji}^{(l)}}=\frac{\partial L}{\partial z_j^{(l)}}\frac{\partial z_j^{(l)}}{\partial a_j^{(l)}}\frac{\partial a_j^{(l)}}{\partial w_{ji}^{(l)}} \tag{9.3.13}$$

由式(9.3.6)可得

$$\frac{\partial a_j^{(l)}}{\partial w_{ji}^{(l)}}=z_i^{(l-1)} \tag{9.3.14}$$

定义 l 层的反向传播误差 $\delta_j^{(l)}$ 为

$$\delta_j^{(l)}=\frac{\partial L}{\partial a_j^{(l)}}=\frac{\partial L}{\partial z_j^{(l)}}\frac{\partial z_j^{(l)}}{\partial a_j^{(l)}} \tag{9.3.15}$$

为了计算 $\delta_j^{(l)}$，首先推导 $\frac{\partial L}{\partial z_j^{(l)}}$，为此，使用反向传播机制，如图 9.3.1 所示。在前向传播中，l 层的一个神经元输出 $z_j^{(l)}$，通过权系数传播给 $l+1$ 层各神经元的激活 $a_k^{(l+1)}$，即

$$a_k^{(l+1)}=\sum_{m=1}^{K_l} w_{km}^{(l+1)} z_m^{(l)},\quad k=1,2,\cdots,K_{l+1} \tag{9.3.16}$$

现在要做反向传播，假设 $\delta_k^{(l+1)}=\frac{\partial L}{\partial a_k^{(l+1)}}$ 已经求得，由于各 $a_k^{(l+1)}$ 均为 $z_j^{(l)}$ 的函数，则由导数的链式法则得

$$\frac{\partial L}{\partial z_j^{(l)}}=\sum_{k=1}^{K_{l+1}}\frac{\partial L}{\partial a_k^{(l+1)}}\frac{\partial a_k^{(l+1)}}{\partial z_j^{(l)}}=\sum_{k=1}^{K_{l+1}}\delta_k^{(l+1)}w_{kj}^{(l+1)} \tag{9.3.17}$$

其中，$\frac{\partial a_k^{(l+1)}}{\partial z_j^{(l)}}=w_{kj}^{(l+1)}$ 是式(9.3.16)的直接结果。又由式(9.3.7)得

$$\frac{\partial z_j^{(l)}}{\partial a_j^{(l)}}=\varphi_l'(a_j^{(l)}) \tag{9.3.18}$$

将式(9.3.17)和式(9.3.18)代入式(9.3.15)，得

$$\delta_j^{(l)}=\frac{\partial L}{\partial a_j^{(l)}}=\varphi_l'(a_j^{(l)})\sum_{k=1}^{K_{l+1}}w_{kj}^{(l+1)}\delta_k^{(l+1)} \tag{9.3.19}$$

式(9.3.19)是误差反向传播的关键公式，由图 9.3.1 可见，由 $\delta_k^{(l+1)}$ 反向传播给 l 层的 $\delta_j^{(l)}$。有了反向传播误差 $\delta_j^{(l)}$，则式(9.3.13)的梯度分量表示为

$$\frac{\partial L}{\partial w_{kj}^{(l)}}=\delta_k^{(l)}z_j^{(l-1)} \tag{9.3.20}$$

图 9.3.1 中每条实际连接边用两条紧邻的直线表示，实线和箭头表示前向传播，由前一层的神经元输出 $z_j^{(l)}$ 加权求和得到下一层的神经元激活 $a_k^{(l+1)}$。虚线和箭头表示反向传播。由后一层的传播误差(靠近输出的层)$\delta_k^{(l+1)}$ 反向传播给前一层，得到前一层的传播误差 $\delta_j^{(l)}$ 这个传播过程从输出层开始，反向传播到第 1 个隐藏层(最靠近输入的隐藏层)。

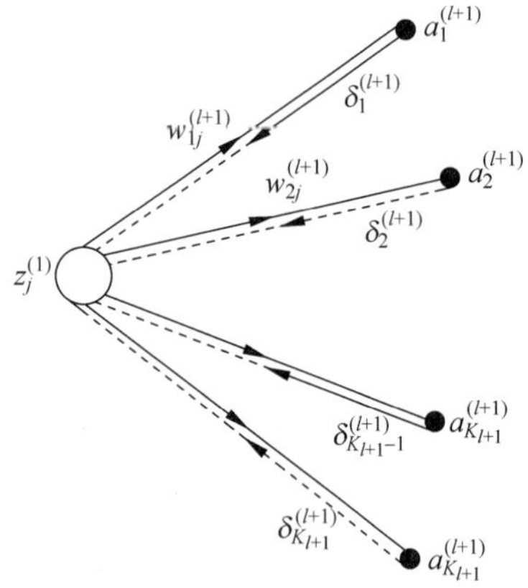

图 9.3.1 误差反向传播示意

当前向传播结束后，由式(9.3.10)可得输出层的传播误差 $\delta_k^{(L)}$，下一步可令 $l=L-1$，利用式(9.3.19)反向传播计算 $\delta_k^{(L-1)}$，这个过程按 l 的取值次序 $L-1,L-2,\cdots,2,1$ 依次完成。当计算得到所有传播误差 $\delta_k^{(l)}$，$l=L,L-1,\cdots,2,1$；$k=1,2,\cdots,K_l$，利用式(9.3.20)得到样本损失函数对权系数梯度的所有分量。

例 9.3.1 可帮助进一步理解反向传播算法。

例 9.3.1 为了直观理解 BP 算法，分析一个具体的神经网络，设其为一个两层网络，只有一层隐藏层。输入是二维的，即 $\boldsymbol{x}=[x_1,x_2]^{\mathrm{T}}$；隐藏层有 3 个单元，其激活分别为 $a_1^{(1)}$，$a_2^{(1)}$，$a_3^{(1)}$，隐藏层神经元输出分别为 $z_1^{(1)}$，$z_2^{(1)}$，$z_3^{(1)}$，隐藏层激活函数为 tanh；输出层有两个输出，一个是回归输出 $\hat{y}_1$，一个是二分类输出 $\hat{y}_2$。两层网络结构如图 9.3.2 所示。

首先执行前向传播，从输入到隐藏层权系数记为 $w_{ji}^{(1)}$，$j=1,2,3$；$i=0,1,2$，故隐藏层激活和输出计算为

$$\begin{aligned}
a_1^{(1)}&=w_{10}^{(1)}+w_{11}^{(1)}x_1+w_{12}^{(1)}x_2\\
a_2^{(1)}&=w_{20}^{(1)}+w_{21}^{(1)}x_1+w_{22}^{(1)}x_2\\
a_3^{(1)}&=w_{30}^{(1)}+w_{21}^{(1)}x_1+w_{32}^{(1)}x_2\\
z_1^{(1)}&=\tanh(a_1^{(1)})
\end{aligned}$$

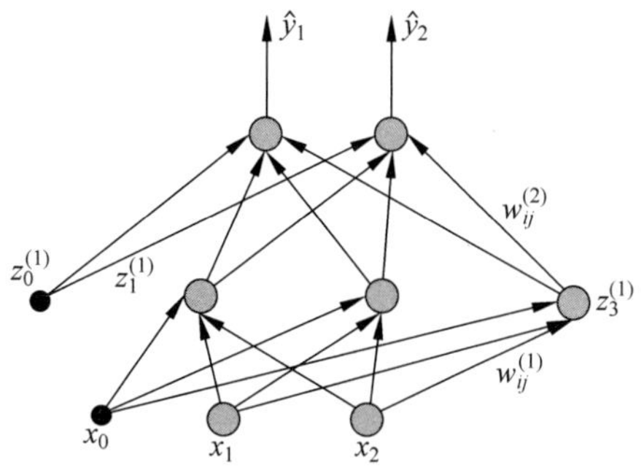

图 9.3.2　两层网络结构

$$z_2^{(1)}=\tanh(a_2^{(1)})$$

$$z_3^{(1)}=\tanh(a_3^{(1)})$$

输出层的权系数记为 $w_{kj}^{(2)}$，$k=1,2$；$j=0,1,2,3$，输出层激活和输出值计算为

$$a_1^{(2)}=w_{10}^{(2)}+w_{11}^{(2)}z_1^{(1)}+w_{12}^{(2)}z_2^{(1)}+w_{13}^{(2)}z_3^{(1)}$$

$$a_2^{(2)}=w_{20}^{(2)}+w_{21}^{(2)}z_1^{(1)}+w_{22}^{(2)}z_2^{(1)}+w_{23}^{(2)}z_3^{(1)}$$

$$\hat{y}_1=z_1^{(2)}=a_1^{(2)}$$

$$\hat{y}_2=z_2^{(2)}=\sigma(a_1^{(2)})$$

以上是前向传播，完成前向传播后，进行反向传播，输出层的传播误差为

$$\delta_1^{(2)}=\hat{y}_1-y_1$$

$$\delta_2^{(2)}=\hat{y}_2-y_2$$

在隐藏层，反向传播误差分别计算为

$$\delta_1^{(1)}=[1-\tanh^2(a_1^{(1)})](w_{11}^{(2)}\delta_1^{(2)}+w_{21}^{(2)}\delta_2^{(2)})=[1-(z_1^{(1)})^2](w_{11}^{(2)}\delta_1^{(2)}+w_{21}^{(2)}\delta_2^{(2)})$$

$$\delta_2^{(1)}=[1-\tanh^2(a_2^{(1)})](w_{12}^{(2)}\delta_1^{(2)}+w_{22}^{(2)}\delta_2^{(2)})=[1-(z_2^{(1)})^2](w_{12}^{(2)}\delta_1^{(2)}+w_{22}^{(2)}\delta_2^{(2)})$$

$$\delta_3^{(1)}=[1-\tanh^2(a_2^{(1)})](w_{13}^{(2)}\delta_1^{(2)}+w_{23}^{(2)}\delta_2^{(2)})=[1-(z_3^{(1)})^2](w_{13}^{(2)}\delta_1^{(2)}+w_{23}^{(2)}\delta_2^{(2)})$$

这里用了 $\tanh'(x)=1-\tanh^2(x)$。

最后一步，计算样本损失函数对各权系数的梯度分量，分别写为

$$\frac{\partial L}{\partial w_{1j}^{(2)}}=\delta_1^{(2)}z_j^{(1)}$$

$$\frac{\partial L}{\partial w_{2j}^{(2)}}=\delta_2^{(2)}z_j^{(1)},\quad j=0,1,2,3$$

$$\frac{\partial L}{\partial w_{1i}^{(1)}}=\delta_1^{(1)}x_i$$

$$\frac{\partial L}{\partial w_{2i}^{(1)}}=\delta_2^{(1)}x_i$$

$$\frac{\partial L}{\partial w_{3i}^{(1)}}=\delta_3^{(1)}x_i,\quad i=0,1,2$$

注意，以上运算中需用到的哑元 $z_0^{(1)}=1$，$x_0=1$。通过正向和反向传播得到计算梯度分量

所需的各层信号值和反向传播误差，然后利用式(9.3.20)计算所有梯度分量。

为了参考方便，BP 算法总结如下。

BP 算法

算法：Bprop($\boldsymbol{x}$,$\boldsymbol{w}$)

令：$z_0^{(0)}=1, z_i^{(0)}=x_i, i=1,2,\cdots,D$

前向传播

对于 $l=1,2,\cdots,L-1$

对于 $j=1,2,\cdots,K_l$

$$a_j^{(l)}=\sum_{i=0}^{K_{l-1}} w_{ji}^{(l)} z_i^{(l-1)}$$

$$z_j^{(l)}=\varphi_l(a_j^{(l)})$$

$$z_0^{(l)}=1$$

对于输出层，$k=1,2,\cdots,K_L$

$$a_k^{(L)}=\sum_{j=0}^{K_{L-1}} w_{kj}^{(L)} z_j^{(L-1)}$$

$$\hat{y}_k=z_k^{(L)}=\varphi_{Lk}(a_k^{(L)})$$

反向传播

对于输出层，$k=1,2,\cdots,K_L$

$$\delta_k^{(L)}=\hat{y}_k-y_k$$

对于 $l=L-1,L-2,\cdots,2,1$

$$\delta_j^{(l)}=\varphi_l'(a_j^{(l)})\sum_{k=1}^{K_{l+1}} w_{kj}^{(l+1)}\delta_k^{(l+1)}$$

梯度分量

对于 $l=1,2,\cdots,L-1,L$；$k=1,2,\cdots,K_l$；$j=0,1,2,\cdots,K_{l-1}$

$$\frac{\partial L}{\partial w_{kj}^{(l)}}=\delta_k^{(l)} z_j^{(l-1)}$$

返回所有 $\frac{\partial L}{\partial w_{kj}^{(l)}}$

在以上反向传播算法 Bprop($\boldsymbol{x}$,$\boldsymbol{w}$)的基础上，给出以反向传播为核心，优化神经网络权系数的一步迭代的基本算法流程。

利用 BP 梯度的小批量一步梯度算法

从训练样本集随机抽取小批量样本$\{(\boldsymbol{x}_m,\boldsymbol{y}_m)\}_{m=1}^{N_0}$，当前权系数为 $w_{kj}^{(l)(\tau)}$，集合记为 $\boldsymbol{w}^{(\tau)}$

对于 $m=1,2,\cdots,N_0$

调用 Bprop$(\boldsymbol{x}_m,\boldsymbol{w}^{(\tau)})$，返回记为 $\dfrac{\partial L_m}{\partial \boldsymbol{w}}$

对于 $l=1,2,\cdots,L-1,L$；$k=1,2,\cdots,K_l$；$j=0,1,2,\cdots,K_{l-1}$，各权系数更新为

$$w_{kj}^{(l)(\tau+1)}=w_{kj}^{(l)(\tau)}-\eta_\tau \frac{1}{N_0}\sum_{m=1}^{N_0}\frac{\partial L_m}{\partial w_{kj}^{(l)}}$$

9.3.2 反向传播算法的向量形式

9.3.1 节用分量方式导出了 BP 算法，这样做易于理解其原理。实际中，目前可能用到规模较大的神经网络，用向量形式无论从表示还是从计算角度更方便，本节将 9.3.1 节算法表示成向量形式。

为了写成向量形式，给出一些表示符号，设输入特征向量为 $\boldsymbol{x}$，其增广向量为 $\bar{\boldsymbol{x}}=[1,\boldsymbol{x}^{\mathrm{T}}]^{\mathrm{T}}$，第 l 层有 K_l 个神经元输出，表示为 $\boldsymbol{z}^{(l)}$，增加一个哑元得到增广向量 $\bar{\boldsymbol{z}}^{(l)}=[1,\boldsymbol{z}^{(l)\mathrm{T}}]^{\mathrm{T}}$，第 l 层的激活向量表示为 $\boldsymbol{a}^{(l)}$。为了表示统一，设 $\boldsymbol{z}^{(0)}=\boldsymbol{x}$。从第 $l-1$ 层的神经元输出到第 l 层的第 j 个激活的权系数记为向量 $\boldsymbol{w}_j^{(l)}=[w_{j1}^{(l)},w_{j2}^{(l)},\cdots,w_{jK_{l-1}}^{(l)}]^{\mathrm{T}}$，注意这里没有包括偏置系数 $w_{j0}^{(l)}$，包括偏置系数的增广系数向量写为 $\bar{\boldsymbol{w}}_j^{(l)}=[w_{j0}^{(l)},w_{j1}^{(l)},\cdots,w_{jK_{l-1}}^{(l)}]^{\mathrm{T}}$。将各权向量 $\boldsymbol{w}_j^{(l)}$ 转置作为一行构成第 l 层的权系数矩阵，即

$$\boldsymbol{W}^{(l)}=\begin{bmatrix}\boldsymbol{w}_1^{(l)\mathrm{T}}\\ \boldsymbol{w}_2^{(l)\mathrm{T}}\\ \vdots\\ \boldsymbol{w}_{K_l}^{(l)\mathrm{T}}\end{bmatrix}=\begin{bmatrix}w_{11}^{(l)} & w_{12}^{(l)} & \cdots & \cdots & w_{1K_{l-1}}^{(l)}\\ w_{21}^{(l)} & w_{22}^{(l)} & \cdots & \cdots & w_{2K_{l-1}}^{(l)}\\ \vdots & \vdots & \vdots & \vdots & \vdots\\ w_{K_l1}^{(l)} & w_{K_l2}^{(l)} & \cdots & \cdots & w_{K_lK_{l-1}}^{(l)}\end{bmatrix} \tag{9.3.21}$$

每层的偏置系数构成向量并写为

$$\boldsymbol{w}_0^{(l)}=[w_{10}^{(l)},w_{20}^{(l)},\cdots,w_{K_l0}^{(l)}]^{\mathrm{T}}$$

有了这些符号准备，对于 $l=1,2,\cdots,L-1,L$，前向传播表示为

$$\boldsymbol{a}^{(l)}=\boldsymbol{W}^{(l)}\boldsymbol{z}^{(l-1)}+\boldsymbol{w}_0^{(l)} \tag{9.3.22}$$

$$\boldsymbol{z}^{(l)}=\boldsymbol{\varphi}_l(\boldsymbol{a}^{(l)}) \tag{9.3.23}$$

其中，输出层为

$$\boldsymbol{y}=\boldsymbol{z}^{(L)}=\boldsymbol{\varphi}_L(\boldsymbol{a}^{(L)}) \tag{9.3.24}$$

激活函数 $\boldsymbol{\varphi}_L$ 的每个分量函数可以不同。

输出层传播误差向量 $\boldsymbol{\delta}^{(L)}$ 表示为

$$\boldsymbol{\delta}^{(L)}=\hat{\boldsymbol{y}}-\boldsymbol{y} \tag{9.3.25}$$

反向传播过程按次序 $l=L-1,L-2,\cdots,2,1$ 计算为

$$\boldsymbol{\delta}^{(l)}=\boldsymbol{H}'^{(l)}\boldsymbol{W}^{(l+1)\mathrm{T}}\boldsymbol{\delta}^{(l+1)} \tag{9.3.26}$$

其中，对角矩阵

$$\boldsymbol{H}'^{(l)}=\mathrm{diag}\{\varphi_l'(a_1^{(l)}),\varphi_l'(a_2^{(l)}),\cdots,\varphi_l'(a_{K_l}^{(l)})\} \tag{9.3.27}$$

对第 l 层权向量矩阵的梯度为

$$\frac{\partial L}{\partial \boldsymbol{W}^{(l)}}=\boldsymbol{\delta}^{(l)}\boldsymbol{z}^{(l-1)\mathrm{T}} \tag{9.3.28}$$

相应地,该层偏置向量的梯度为

$$\frac{\partial L}{\partial \boldsymbol{w}_0^{(l)}}=\boldsymbol{\delta}^{(l)}$$

若只计算对一个神经元的权系数向量的梯度(包括偏置系数),则为

$$\frac{\partial L}{\partial \overline{\boldsymbol{w}}_j^{(l)}}=\delta_j^{(l)}\overline{\boldsymbol{z}}^{(l-1)} \tag{9.3.29}$$

例 9.3.2 用向量表示方式重新写出例 9.3.1 的结果。

设输入向量 $\boldsymbol{x}=[x_1,x_2]^{\mathrm{T}}$,隐藏层激活向量 $\boldsymbol{a}^{(1)}=[a_1^{(1)},a_2^{(1)},a_3^{(1)}]^{\mathrm{T}}$,隐藏层神经元输出向量 $\boldsymbol{z}^{(1)}=[z_1^{(1)},z_2^{(1)},z_3^{(1)}]^{\mathrm{T}}$,输入层到隐藏层的权系数矩阵和偏置向量分别为

$$\boldsymbol{W}^{(1)}=\begin{bmatrix} w_{11}^{(1)} & w_{12}^{(1)} \\ w_{21}^{(1)} & w_{22}^{(1)} \\ w_{31}^{(1)} & w_{32}^{(1)} \end{bmatrix} \quad \boldsymbol{w}_0^{(1)}=\begin{bmatrix} w_{10}^{(1)} \\ w_{20}^{(1)} \\ w_{30}^{(1)} \end{bmatrix}$$

隐藏层到输出层的权向量和偏置向量分别为

$$\boldsymbol{W}^{(2)}=\begin{bmatrix} w_{11}^{(2)} & w_{12}^{(2)} & w_{13}^{(2)} \\ w_{21}^{(2)} & w_{22}^{(12)} & w_{23}^{(2)} \end{bmatrix} \quad \boldsymbol{w}_0^{(2)}=\begin{bmatrix} w_{10}^{(2)} \\ w_{20}^{(2)} \end{bmatrix}$$

前向传播第 1 层的向量形式为

$$\boldsymbol{a}^{(1)}=\boldsymbol{W}^{(1)}\boldsymbol{x}+\boldsymbol{w}_0^{(1)}$$

$$\boldsymbol{z}^{(1)}=\tanh(\boldsymbol{a}^{(1)})$$

以上对向量 $\boldsymbol{a}^{(1)}$ 的每个分量取相同的 tanh 函数运算。输出层的运算为

$$\boldsymbol{a}^{(2)}=\boldsymbol{W}^{(2)}\boldsymbol{z}^{(1)}+\boldsymbol{w}_0^{(2)}$$

$$\hat{\boldsymbol{y}}=\begin{bmatrix} a_1^{(2)} \\ \sigma(a_2^{(2)}) \end{bmatrix}$$

输出层的传播误差为

$$\boldsymbol{\delta}^{(2)}=\hat{\boldsymbol{y}}-\boldsymbol{y}$$

隐藏层的反向传播误差为

$$\boldsymbol{\delta}^{(1)}=\begin{bmatrix} \tanh'(a_1^{(1)}) & 0 & 0 \\ 0 & \tanh'(a_2^{(1)}) & 0 \\ 0 & 0 & \tanh'(a_{13}^{(1)}) \end{bmatrix}\begin{bmatrix} w_{11}^{(2)} & w_{21}^{(2)} \\ w_{12}^{(2)} & w_{22}^{(2)} \\ w_{13}^{(2)} & w_{23}^{(2)} \end{bmatrix}\begin{bmatrix} \delta_1^{(2)} \\ \delta_2^{(2)} \end{bmatrix}$$

$$=\begin{bmatrix} 1-(z_1^{(1)})^2 & 0 & 0 \\ 0 & 1-(z_2^{(1)})^2 & 0 \\ 0 & 0 & 1-(z_3^{(1)})^2 \end{bmatrix}\begin{bmatrix} w_{11}^{(2)} & w_{21}^{(2)} \\ w_{12}^{(2)} & w_{22}^{(2)} \\ w_{13}^{(2)} & w_{23}^{(2)} \end{bmatrix}\begin{bmatrix} \delta_1^{(2)} \\ \delta_2^{(2)} \end{bmatrix}$$

样本损失函数的梯度分别为

$$\frac{\partial L}{\partial \boldsymbol{W}^{(2)}}=\boldsymbol{\delta}^{(2)}\boldsymbol{z}^{(1)\mathrm{T}}, \quad \frac{\partial L}{\partial \boldsymbol{w}_0^{(2)}}=\boldsymbol{\delta}^{(2)}$$

$$\frac{\partial L}{\partial \boldsymbol{W}^{(1)}}=\boldsymbol{\delta}^{(1)}\boldsymbol{x}^{\mathrm{T}}, \quad \frac{\partial L}{\partial \boldsymbol{w}_0^{(1)}}=\boldsymbol{\delta}^{(1)}$$

BP 算法是一种求梯度的基本思想，本节仅给出了针对标准结构 MLP 的 BP 算法求梯度算法。BP 算法思想容易推广到更一般的网络，例如 CNN、RNN 等，也可以进一步推广到求其他梯度，例如雅可比矩阵、汉森矩阵等。更多细节可参考张旭东《机器学习导论》。

9.4 神经网络学习中的一些问题

9.2 节和 9.3 节系统讨论了神经网络训练的基本问题：目标函数和梯度计算。在实际中为了成功训练一个性能良好的神经网络，还需要一些辅助技术，甚至一些辅助技术是不可或缺的，而且这些技术中的一部分是经验性的，本节讨论几个相关技术。

9.4.1 初始化

神经网络优化主要是采用迭代算法，需要给出初始化参数。由于神经网络损失函数的复杂性，存在许多的极小点，因此初始化对最终训练结果有很大影响，除了影响训练结果的训练误差性能，也影响其泛化性能。

由于神经网络的高度非线性，缺乏从理论上指导选择最优初始化的方法，人们提出了许多启发性的方法。

与一些线性系统迭代时简单选取零初始权向量的做法不同，神经网络的权系数不能全部选择零值，这从计算梯度的 BP 算法公式中可以观察到。不管是前向传播还是反向传播，都需要乘以各层权系数进行传播计算，若采用全零初始值，不管是前向计算的神经元激活还是后向计算的传播误差均为零，系统的迭代过程无法启动。

经常需要对初始化参数施加一些限制。例如，如果具有相同激活函数的两个隐藏单元具有相同输入，则必须具有不同的初始化参数。有一些启发性的初始化选择方法，最常用的方法是随机产生初始权系数。一种方法是，对于网络中的一层神经元，若其输入和输出数目分别为 m 和 n，则每个权系数独立地从如下概率分布中产生

$$w_{ij} \sim U\left(-\sqrt{\frac{1}{m}}, \sqrt{\frac{1}{m}}\right) \tag{9.4.1}$$

其中，U 表示均匀分布，括号内的值表示均匀分布的取值范围。这个初始权系数的取值范围是易于理解的，若输入是归一化的，则由此权系数计算获得的激活值统计意义下仍是归一化的。另一种常用的概率分布为

$$w_{ij} \sim U\left(-\sqrt{\frac{6}{m+n}}, \sqrt{\frac{6}{m+n}}\right) \tag{9.4.2}$$

上式称为 Xavier 初始化。在激活函数选择 ReLU 函数时，一种推荐的权系数初始化分布为

$$w_{ij} \sim N\left(0, \frac{2}{m}\right)$$

其中，N 表示高斯分布。

以上的随机权参数初始化针对的是有效输入的权系数,不包括偏置参数 w_{i0}。对于偏置参数,在 MLP 中常用的初始值为 0,但在有些特殊网络中,如第 10 章介绍的门控循环神经网络中,若一个神经元用作门控单元,则其偏置初始值优先设为 1,保证门控单元所控制的门在初始时是打开的。

还有许多不同选择的权系数初始化方案,如随机正交化矩阵作为系数矩阵、稀疏初始化等。一些先验性很强的初始化,可能在合适的应用场景能带来好的收益,但在另一些情景则可能有负作用。例如,稀疏初始化(在连接到一个神经元的 K 个系数中,只令 $k<K$ 初始化为非零,其他的初始化为 0)具有很强的先验引导性,其使用需要谨慎。

一般来讲,选择了一组随机初始值,后续的迭代过程将收敛于一个靠近初始值的极小点(或附近),其性能是否可达到需要可通过训练集和验证集检验,泛化性能是否好可通过测试集检验。若计算资源充足,可选择多组随机初始值进行比较,选择综合性能更好的一个。

输入向量标准化也是神经网络开始训练前要确定的事情,故也放在初始化这一节一并讨论。输入向量标准化是大多数机器学习算法都要做的事情,对神经网络训练则更为关键,这是因为神经网络尤其深度网络面对的数据维度和复杂性、多样性更高,在将训练样本用于训练神经网络前,需要对输入向量进行标准化。

输入标准化的一个意义是将输入数据统一到一个更紧致的表示空间中。例如,输入 $\boldsymbol{x}$ 的每个分量是图像的一个像素,若图像源不同,其有效位数不同,有些图像用 8 位二进制表示,有些用 12 位表示,可统一将所有像素标准化到[0,1]区间。

在一些应用中,特征向量 $\boldsymbol{x}$ 的各维来自不同物理量的测量传感器,数据范围相差很大。例如,两个分量 x_i 和 x_j,其取值范围分别为$[-10^{-4},10^{-4}]$和$[-10^5,10^5]$。对于这样相差太多数量级的数据,对神经网络目标函数的选取带来很大挑战,一般预先将它们均标准化到一个统一的范围,如[-1,1]区间。

输入向量标准化对神经网络的有效训练是重要的步骤。在更复杂的深度网络中,不仅对输入层输入特征向量做标准化,还需要对神经网络中间的一些隐藏层做附加的标准化,一种典型技术称为批归一化(batch normalization,BN),将在第 10 章作为深度学习的技术专题再做进一步介绍。

9.4.2 正则化

神经网络同样存在过拟合问题。当数据集规模确定,神经网络的复杂性过高,其表示能力超出其数据集所隐含的模型规律性时,可能发生过拟合现象,即对训练集可得到极小的损失函数,但测试误差大,即泛化性能差。与前几章的方法类似,解决过拟合的基本工具之一是正则化,首先给出最基本的正则化方法——权衰减正则化(weight decay regularization)。

在式(9.2.9)的损失函数基础上,增加对权系数向量范数平方的约束,即得到权衰减的正则化损失函数为

$$J_R(\boldsymbol{w})=J(\boldsymbol{w})+\frac{\lambda}{2}\boldsymbol{w}^{\mathrm{T}}\boldsymbol{w}=J(\boldsymbol{w})+\frac{\lambda}{2}\sum_{l=1}^{L}\sum_{j=1}^{K_l}\sum_{i=1}^{K_{l-1}}(w_{ji}^{(l)})^2 \tag{9.4.3}$$

其中,$\boldsymbol{w}$ 表示将全部权系数(不包括偏置)按一定次序放入一个向量的一般表示,而 $w_{ji}^{(l)}$ 表示第 l 层的一个权系数。利用第 9.3 节的 BP 算法,对于一个给定样本,针对任意权系数的梯度分量为

$$\frac{\partial J_R(\boldsymbol{w})}{\partial w_{ji}^{(l)}}=\frac{\partial L}{\partial w_{ji}^{(l)}}+\lambda w_{ji}^{(l)} \tag{9.4.4}$$

针对一个给定样本，对每个权系数 $w_{ji}^{(l)}$ 的迭代更新修改为

$$w_{ji}^{(l)(\tau+1)}=(1-\eta_\tau\lambda)w_{ji}^{(l)(\tau)}-\eta_\tau\frac{\partial L}{\partial w_{ji}^{(l)}} \tag{9.4.5}$$

加了权衰减正则项的迭代公式等价为一个加了收缩项 $1-\eta_\tau\lambda$ 的梯度算法。式(9.4.5)可直接推广到对所有权系数的向量形式和抽取一个小批量样本的批量 SGD 形式。

针对不同应用目的可对正则化做各种扩充。例如，可在不同层使用不同的正则参数 λ_l，相当于式(9.4.3)修改为

$$J_R(\boldsymbol{w})=J(\boldsymbol{w})+\frac{1}{2}\sum_{l=1}^{L}\lambda_l\sum_{j=1}^{K_l}\sum_{i=1}^{K_{l-1}}(w_{ji}^{(l)})^2 \tag{9.4.6}$$

或更一般地，将权系数分为几组分别给予不同的正则化系数，但这样做的代价是增加了超参数的数目。还可以施加其他类型的权范数正则化项，例如 l_1 范数引导了权系数的稀疏趋向。从原理上讲，这种直接对权系数向量 $\boldsymbol{w}$ 施加限制的超参数，一般可对应一类对 $\boldsymbol{w}$ 先验知识的概率密度假设，等价于一种贝叶斯 MAP 准则下的目标函数。

9.4.3 几类等价正则化技术

一些表示了复杂的、偏爱的正则化技术，其严格的数学处理较为困难，但有一些易于实现的方法可近似表示为一种正则化方法。尽管从理论上缺乏严格的论述，但这些方法中的一些相当有效，本节简要介绍一些这样的方法。

1. 增广样本集

第 4 章介绍的拉普拉斯平滑，可认为是一种样本集增广的方法。在许多实际问题中，所遇到的样本集具有天然的“不变性”，即对样本的输入特征向量做一些变换，结果(即标注)是不变的，利用这种不变性可增广样本集，尤其是训练集。

图 9.4.1 所示为手写数字样本集 MNIST 的几个例子，对于这类样本，显然进行简单平移、纵向或横向的少量伸缩、小角度的旋转等变换都不会改变输出的标注，因此可对样本集中的一个样本进行几个不同小角度的旋转和平移，构成新的样本，且标注不变，这样就可以获得多倍的增广了的样本集，这种技术可看作一种正则化技术，经常是有效的。

图 9.4.1 MNIST 数据集示例

2. 输入向量注入噪声

神经网络对于输入噪声并不总是稳健的，即使精心训练的深度神经网络，在输入施加特殊设计的噪声时，也可能产生无法预料的结果。实际上，在神经网络训练过程中，在输入样本上加入小功率的噪声是有益的，即

$$\hat{\boldsymbol{x}}=\boldsymbol{x}+\boldsymbol{v}$$

其中，$\boldsymbol{v}$ 是与输入独立的随机噪声。以 $\hat{\boldsymbol{x}}$ 作为新的输入向量，标注值不变。实践证明，在训练过程中，在使用一个样本的不同轮回中，加入不同的小功率噪声可增加系统的稳健性。

这里讨论的注入噪声问题，仍是一种样本集的增广方式，实现时注入的是预先设定的白

噪声,目的是提高系统的稳健性和泛化能力。实际上噪声注入问题在近年得到更多的关注,人们发现,对于训练好的神经网络,通过注入特别设计的噪声,可能破坏其功能;若在训练中加入特别设计的噪声,可训练具有更强稳健性和更强抗攻击能力强的网络,这就构成了对抗训练的内容。

这里重点讨论了输入注入噪声的情况,作为增广样本的一种方式,输入注入噪声是很直接的一种方式。进一步地,也可以在中间层注入噪声,甚至在输出层注入噪声。在一定条件下,这些技巧都可以看作一种特殊的正则化技术。

3. 早停止技术

在神经网络训练中,尤其是较复杂、较深度网络的训练中,对于给定的训练样本集,网络可能存在潜在的过拟合,如果在训练过程中,仅检查训练集误差,以训练集误差最小化为唯一目标进行迭代,则可能进入过拟合状态。一种方法是同时检查训练集误差和验证集误差(一般可在训练一定阶段以后再开始检查验证集误差,减少迭代初期不必要的运算量)。一般地,随着迭代进行,训练误差持续减少,直到收敛(可通过随机初始化寻找全局最小)。但随着迭代,对于验证集,验证误差首先持续减少,然后开始增加,在转折点附近开始进入过拟合。图 9.4.2 所示为一个示例网络的训练误差和验证误差随迭代次数的变化情况。

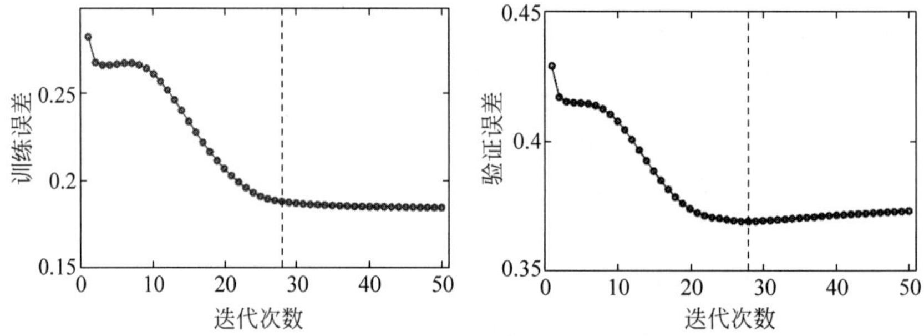

(a) 训练误差 (b) 验证误差

图 9.4.2 训练误差和验证误差随迭代次数的变化曲线

早停止技术的思想是,在检测到验证误差的转折点,即验证误差开始增加(至少是不再减少)时,可停止迭代,尽管这时尚未达到训练误差最小化,早停止相当于限制网络复杂性。早停止是一种启发式的技术手段,可以证明,在一些简化的网络条件下,早停止与权衰减正则化等价,由此也可将早停止技术看作一种等价的正则化手段。

9.5 本章小结

本章着重介绍了基本的神经网络结构——多层感知机和前馈网络,以这种网络结构为基础讨论了各类不同应用下神经网络的目标函数和基本优化技术,重点讨论了用反向传播算法计算目标函数针对网络参数的梯度,然后给出了神经网络优化的几个辅助技术:参数初始化、正则化和一些等价的简单正则化技术。在这些基础上,第 10 章将专门讨论 CNN 和 RNN 网络,以及一些针对深度学习的优化算法。

尽管目前利用 TensorFlow 或 PyTorch 等工具编写神经网络的训练算法时并不需要自行编写求梯度的 BP 算法例程,这些工具集均提供了可直接调用的函数来计算梯度,但了解

BP 算法的计算过程仍是有意义的。一方面，可加深理解神经网络训练的原理；另一方面，当构造了一种工具集中不支持的新结构时，了解这些算法可以编写自己的附加模块。显然，构造了像残差网络这样的新结构的研究者们，是深刻理解 BP 算法原理的。

希望更多了解神经网络的应用和各种不同的结构的读者，可参考 Bishop 关于神经网络的专门著作 *Neural Networks for Pattern Recognition* 或 Haykin 的著作 *Neural Networks and Learning Machines*。

习题

1. 在 9.1.2 节的异或神经网络中，神经网络如图 9.1.5 所示，对应的第 1 层神经网络权系数矩阵和偏置分别为

$$\boldsymbol{W}^{(1)}=[\boldsymbol{w}_1\quad \boldsymbol{w}_2]=\begin{bmatrix}1 & 1\\ 1 & 1\end{bmatrix},\quad \boldsymbol{w}_0=[0\quad -1]^{\mathrm{T}}$$

第 2 层的权向量和偏置为

$$\boldsymbol{w}^{(2)}=\begin{bmatrix}1\\ -2\end{bmatrix},\quad w_0^{(2)}=0$$

每个神经元的激活函数是 ReLU 函数，$\varphi(a)=\max\{0,a\}$。通过计算验证该网络可正确计算异或输出。

2. 参看图 9.1.6 的 MLP，假设只有一个回归输出，写出该 MLP 从输入到输出的复合函数表达式。

3. 对于神经网络做 K 分类的输出，其样本损失函数为

$$L_n=L(\hat{\boldsymbol{y}}_n,\boldsymbol{y}_n)=-\sum_{k=1}^{K}[y_{nk}\ln\hat{y}_{nk}]$$

证明：其对输出激活 $a_{nk}^{(L)}$ 的导数为

$$\frac{\partial L_n}{\partial a_{nk}^{(L)}}=\frac{\partial L(\hat{\boldsymbol{y}}_n,\boldsymbol{y}_n)}{\partial a_{nk}^{(L)}}=\hat{y}_{nk}-y_{nk}$$

4. 对于习题 1 给出的网络结构和异或数据集，设网络的权系数未确定，通过随机初始化给出网络的权系数，手动使用 BP 算法计算各梯度值，并试执行几步 SGD 算法，观察权系数的收敛情况。

*5. 在网络上搜索并下载 Iris 数据集，该数据集样本属于鸢尾属下的 3 个亚属，分别是山鸢尾(setosa)、变色鸢尾(versicolor)和维吉尼亚鸢尾(virginica)。4 个特征被用作样本的定量描述，它们分别是花萼和花瓣的长度和宽度。该数据集包含 150 个数据，每类 50 个数据。设计一个用于对三类问题进行分类的 MLP 分类器，选择只有一层隐藏层，隐藏层神经元数目 K 可自行选择(可通过实验选择一个较好的值)，对 3 种类型进行分类(合理地将样本集分划成训练集、验证集和测试集)。试对该神经网络进行训练，并进行性能评测，写出训练和测试报告。

第10章 神经网络与深度学习之二：结构与优化

CHAPTER 10

第9章以多层感知机和前馈神经网络为例，讨论了神经网络的基本原理，包括非线性表示、目标函数、优化原则，更重要的是详细介绍了反向传播(BP)算法，以及一些基本的正则化或预处理技术。第9章的介绍中，隐含地假设了网络是前向按层全连接的，即可称为全连接网络(fully connected，FC)。

本章讨论在深度学习领域中常用的神经网络结构，重点是卷积神经网络(convolutional neural network，CNN)和循环神经网络(RNN)及深度学习中常用的改进优化算法和正则化技术。

视频讲解

10.1 卷积神经网络

卷积神经网络是目前深度学习中最常用的网络结构之一，尤其在图像处理和计算机视觉领域。我们将会看到，与基本的全连接网络相比，CNN网络有3个基本性质：稀疏连接、参数共享和近似平移不变性。

所谓稀疏连接，是相对于全连接网络的。在全连接网络中，前一层一个神经元的输出通过权系数加权后送入下一层所有神经元的输入，同理，下一层神经元接收来自上一层神经元的所有输出作为输入。如果当前层有K_l个神经元，前一层有K_{l-1}个神经元，则从$l-1$层到l层的权系数数目为$K_l(K_{l-1}+1)$(包括偏置系数)，但在CNN中，前一层神经元的输出只连接到下一层相邻若干神经元的输入，同样，下一层的一个神经元的输入也只接收前一层相邻的若干神经元的输出，即从前一层到下一层不再是全连接，而是局部连接，与FC相比，CNN的连接是稀疏的。

再解释一下CNN参数共享的含义。当前层的一个神经元的输入是前一层附近若干神经元的输出，感受到的是前层近邻神经元的输出，这个输入区域称为当前神经元的感受野。感受野内的信号加权形成当前神经元的激活，相邻神经元有不同但区域相等(不考虑边界)的感受野，各神经元的激活是各自感受野的信号用相同的一组权系数加权求和产生的，即各神经元使用了相同的权系数向量，这组共享的权系数称为卷积核。

输入信号的平移对应输出信号相同的平移，这是卷积运算自身的性质，但完整的卷积网络中还有其他操作，包括池化和非线性激活函数，这些因素使CNN不能保持严格的平移不变，但通过合理设计池化单元和选择激活函数，CNN可近似保持平移不变性。平移不变是很多图像处理任务所要求的，如要识别图像中的一条狗，做了平移后仍然是一条狗。

以上这些性质使 CNN 更容易优化和训练，同时在很多应用情景中又可以得到很好的效果。本节首先介绍机器学习中 CNN 的结构特点，然后给出几个已成功应用的网络实例。

10.1.1 基本 CNN 的结构

所谓 CNN，是指一个神经网络中，主要的神经元运算采用卷积运算。与 CNN 相比，第 9 章介绍的 MLP 网络，由于隐含的从前一层的每个输出连接到下一层所有神经元的输入，故称为全连接网络。全连接网络可以作为一个完整 CNN 的组成部分，但一个 CNN 至少要有一层的神经元是通过卷积构成的。

本节给出 CNN 的基本结构，为此，给出卷积运算的定义，为了易于理解，首先讨论一维卷积运算，然后推广到二维和多维卷积运算。

1. 一维卷积

所谓 CNN 是指其神经元的运算由卷积指定，这里给出卷积的定义。所谓卷积是由卷积核对输入施加的一种运算。一个卷积由卷积核 h_n 指定，对于传统的卷积运算，卷积核是预先指定的，卷积核 h_n 代表了该卷积要完成的目标是什么。但在神经网络中，卷积核需要通过训练过程确定。

首先假设给定卷积核 h_n，由 x_n 表示输入向量 $\boldsymbol{x}$ 的各分量，则卷积运算定义为

$$a_n = h_n \otimes x_n = \sum_k h_k x_{n+k} \tag{10.1.1}$$

式(10.1.1)是 CNN 中使用的卷积的一般形式，k 放在求和号下面没有指定具体范围，意指卷积计算的求和范围由卷积核 h_k 的非 0 系数数目确定。在 CNN 中采用的卷积核 h_n 仅有有限数目的非零系数。式(10.1.1)定义的卷积与系统理论中的卷积定义有所不同，可更直接地解释为计算 h_n 和 x_n 的互相关，但互相关也等价于一种卷积，故式(10.1.1)的运算称为卷积是恰当的。由于 CNN 中，通过学习获得卷积核，这更符合系统运算而非互相关运算的思想，因此对式(10.1.1)的计算单元还是作为一种卷积进行理解。这里，用符号$\otimes$表示 CNN 中的卷积运算，以便与系统理论中的标准卷积符号 $*$ 相区别。

之所以用 a_n 表示式(10.1.1)的计算结果，是因为把一次卷积输出作为一个神经元的激活值。如果输入 $\boldsymbol{x}$ 有 D 个元素，卷积核 h_n 有 K 个非 0 系数，则通过有效卷积(卷积有多种具体处理方式，本节介绍的卷积运算均采用有效卷积，即每个卷积输出均由完整的卷积核和输入的一组相邻分量进行运算，可见后续的例子)，产生的卷积输出数目为 $M=D-K+1$，每个卷积输出作为一个神经元的激活值，可构造 M 个神经元。注意，卷积输出还不能构成一个独立神经元，每个神经元的激活 a_n 通过激活函数 $\varphi(\cdot)$才构成一个神经元的输出，即

$$z_n = \varphi(a_n), \quad n=1,2,\cdots,M \tag{10.1.2}$$

在 CNN 中，用得最多的激活函数是整流线性激活函数(ReLU)$z=\max\{0,a\}$，根据需要也可以使用其他激活函数。

如图 10.1.1 给出了通过一个卷积核进行有效卷积得到的一层 CNN 的结构。这个例子中，h_n 只有 3 个系数：$\{h_0,h_1,h_2\}$，输入长度为 5，即$\{x_1,x_2,x_3,x_4,x_5\}$，有效卷积的输出只有 3 个，可表示为

$$a_1 = h_0 x_1 + h_1 x_2 + h_2 x_3$$

$$a_2 = h_0 x_2 + h_1 x_3 + h_2 x_4$$

$$a_3 = h_0 x_3 + h_1 x_4 + h_2 x_5 \tag{10.1.3}$$

若使用 ReLU 激活函数,则输出为

$$z_n = \max\{0, a_n\}, \quad n = 1,2,3 \tag{10.1.4}$$

若将图 10.1.1 的网络与一个具有同样数目神经元的单层 FC 神经网络比较,FC 网络有 3×6 个系数(包括偏置系数),但图 10.1.1 的 CNN 只有 3 个系数(所有输出可加入一个公共的偏置系数,共有 4 个系数),计算各神经元激活时是共享卷积核的,即具有系数共享的特性。另外,FC 网络中,每个神经元的激活是由全部 5 个输入元素计算得到的(还附加一个偏置),而 CNN 中只需要相应的 K 个输入元素,本例中 $K=3$,实际上,面对高维 $\boldsymbol{x}$ 时,往往 $K \ll D$,针对一个卷积核的共享参数数目 K 比 FC 网络的参数数目少得多。

由以上分析,对于一个卷积核,其构成的 CNN 的表达能力一般远不及全连接网络,但是,CNN 中,在神经网络的一层中可以同时构造多个卷积核,每个卷积核抽取输入的不同特征,多个卷积核并行地构成了多个卷积通道,每个卷积通道可表示输入的不同特征,CNN 有对输入的不同性质特征分而治之的能力,这是 CNN 的一个特点。

图 10.1.2 所示为由 4 个卷积核产生的 4 个卷积通道输出,每个卷积通道的计算过程与图 10.1.1 类似,由于连接的复杂,对于多通道卷积结构省略连接线,只显示了每个卷积通道的输出示意。这里每个卷积通道包括了式(10.1.1)的卷积运算和式(10.1.2)的激活函数运算。

由于多卷积通道产生的输出数目巨大,存在表示冗余,可以通过一些技术降低冗余,这一步在 CNN 中称为池化(Pooling),早期的池化是简单的抽取或平均,目前有多种不同的池化方式,本节稍后专门介绍,现在将卷积结构推广到二维图像平面。

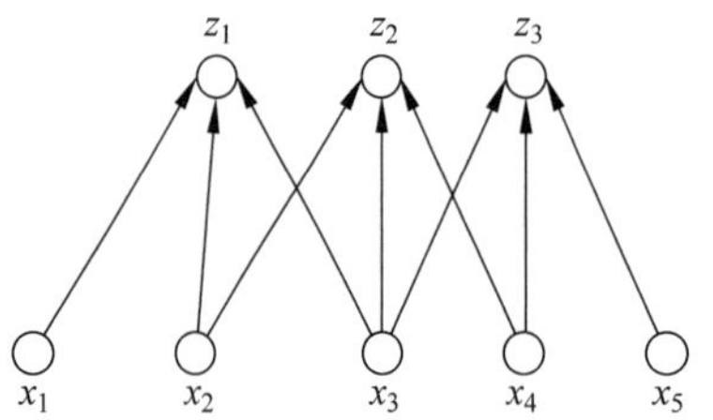

图 10.1.1 卷积层结构

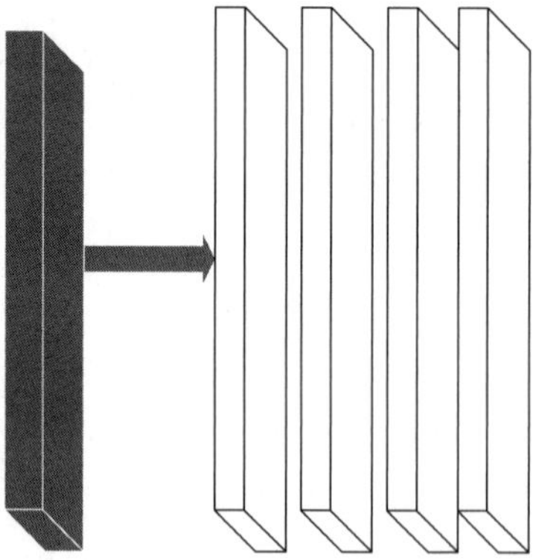

图 10.1.2 多通道卷积

2. 二维卷积

若输入 $\boldsymbol{X}$ 为矩阵形式,其元素表示为 $X_{m,n}$,$m=1,2,\cdots,D_1$,$n=1,2,\cdots,D_2$,卷积核也为矩阵,元素为 $h_{m,n}$,设卷积核的非零值范围为 $m=0,1,\cdots,K_1-1$,$n=0,1,\cdots,K_2-1$。则二维卷积定义为

$$a_{m,n} = \boldsymbol{X} \otimes h = \sum_i \sum_j X_{m+i,n+j} h_{i,j} \tag{10.1.5}$$

二维卷积运算相当于 $h_{i,j}$ 在 $X_{i,j}$ 数据阵列中滑动,当需要计算 $a_{m,n}$ 时,$h_{0,0}$ 滑动到对

齐 $X_{m,n}$，然后计算乘积项 $X_{m+i,n+j}h_{i,j}$ 并相加。

例 10.1.1 为了进一步理解二维卷积，观察如下的例子：$\boldsymbol{X}$ 是 4×5 的矩阵，卷积核 $h_{m,n}$ 为 2×2，采用有效卷积，卷积输出为 3×4。图 10.1.3 为卷积结果的示意图。

为了产生 $a_{1,1}$，$h_{0,0}$ 与 $X_{1,1}$ 对齐，卷积核与 $\boldsymbol{X}$ 矩阵相乘求和，故

$$a_{1,1}=h_{0,0}X_{1,1}+h_{0,1}X_{1,2}+h_{1,0}X_{2,1}+h_{1,1}X_{2,2}$$

卷积核向右侧移动一步，相乘求和产生 $a_{1,2}$ 为

$$a_{1,2}=h_{0,0}X_{1,2}+h_{0,1}X_{1,3}+h_{1,0}X_{2,2}+h_{1,1}X_{2,3}$$

卷积核在一行中移动，直到卷积核的右侧与输入矩阵右侧对齐，然后移到下一行，继续每次向右移动一格，依次计算各输出，直到最后一个卷积输出为

$$a_{3,4}=h_{0,0}X_{3,4}+h_{0,1}X_{3,5}+h_{1,0}X_{4,4}+h_{1,1}X_{4,5}$$

对于一般情况下，有效卷积输出大小为 $(D_1-K_1+1)\times(D_2-K_2+1)$。

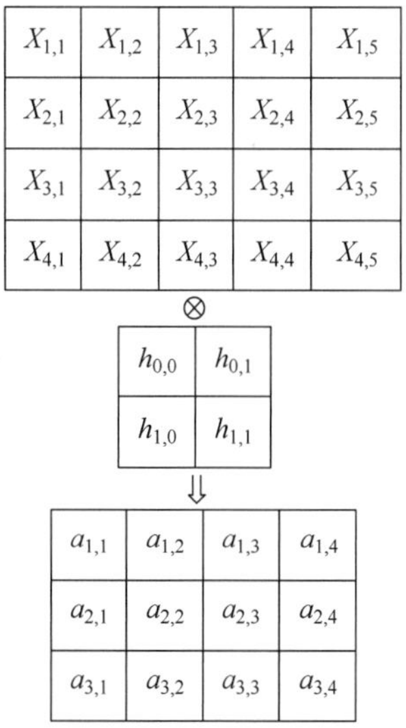

图 10.1.3 一个二维卷积示意图

以上只讨论了纯粹的卷积运算，实际中为了考虑数据中的偏置，对于一个卷积核对应的所有卷积输出加入一个共用的偏置系数，这里用 b 表示偏置系数，带偏置的卷积运算修改为

$$a_{m,n}=\sum_{i}\sum_{j}X_{m+i,n+j}h_{i,j}+b \tag{10.1.6}$$

若加入了偏置，偏置与卷积核均通过训练过程确定，后续讨论中为了叙述方便常忽略偏置。

3. 探测级

每个卷积输出作为一个神经元的激活，通过非线性激活函数，得到各神经元的输出为

$$z_{m,m}=\varphi(a_{m,n}) \tag{10.1.7}$$

对于二维卷积，用得最多的依然是 ReLU 激活函数。在 CNN 中，计算激活函数这一级运算称为探测级(detector stage)。

4. 多通道卷积

为了抽取输入矩阵(图像)中的不同特征，可同时设计多个卷积核并行处理，每个卷积核通过卷积运算产生的矩阵称为一个卷积通道(或一个卷积平面)。图 10.1.4 所示一个多卷积通道的例子，输入是 32×32 的图像，但有 3 个通道，分别表示 RGB 三原色，有 6 个 5×5 卷积核，每两个用于一个输入通道，共产生 6 个卷积通道，通过有效卷积，每个输出卷积通道

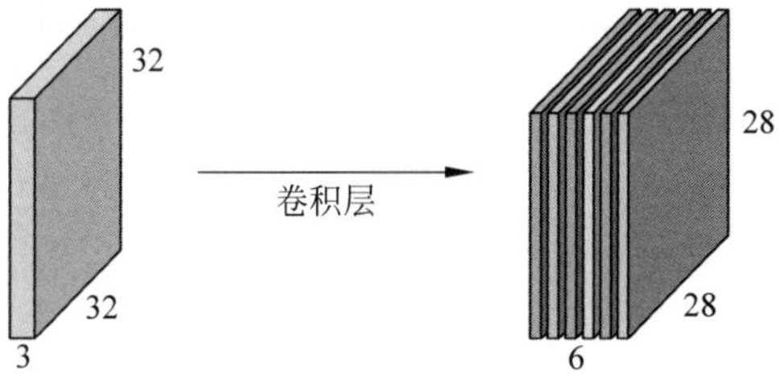

图 10.1.4 多通道卷积示意

是 28×28 的图像。对于图像的多通道卷积,由于连接过于复杂,不再画出网络的连接线,只用一种比较清楚的方式画出各卷积通道(或卷积平面)

5. 池化

通过多通道卷积,可产生大量数据输出,存在很高的冗余,故可通过一级操作降低数据量,一种最简单的方法是按 M 抽取降低数据率,即周期性地在每 M 个卷积输出中仅保留第 1 个值,舍弃其他输出。M 抽取可能会破坏卷积的平移不变性,目前用更一般的池化技术代替一般的 M 抽取,其中 M 抽取也是池化的一种。

通过一个简单例子,分析简单抽取的平移不变性敏感于输入的平移操作(即敏感于对象的位置变化)。以一维卷积为例说明,设一个输入为 $\boldsymbol{x}=\{10,10,2,2,2\}$,卷积核为 $\boldsymbol{h}=\{1,-1\}$,这是一个抽取相邻位置变化特征的卷积核,有效卷积输出为$\{0,8,0,0\}$,若采用 ReLU 激活函数,则激活函数计算后输出不变,结果中的 8 表示一个突变,是重要的量,若按 $M=2$ 做抽取,则抽取后的结果为$\{0,0\}$,则丢失了这个重要量。若输入为 $x=\{10,10,10,2,2\}$,则卷积核激活函数运算后的结果为$\{0,0,8,0\}$,按 $M=2$ 抽取后的结果为$\{0,8\}$,检测到的变化在抽取后被保留下来了。这个例子说明,M 抽取对输入的平移是敏感的。

目前更常用的方法是取窗口最大值的池化,即在一个小窗口内选取最大值作为池化结果。例如,以 $M=2$ 的窗口,移动步长为 2(即步幅为 2)进行最大池化,则以上例子的第 1 个输入池化结果为$\{8,0\}$,第 2 个输入的池化结果为$\{0,8\}$,两种输入下,需要检测的变化 8 都被保留下来且指示了变化所处的位置。

对于二维卷积,在完成卷积和激活函数运算后形成的输出矩阵上进行池化。池化运算是一个窗口运算,设置一个 $M_1 \times M_2$ 的小窗口,起始时窗口与卷积输出矩阵的左上角对齐,在窗口内进行池化运算。以最大化池化为例,池化的结果是检测对应窗口内数据的最大值并作为输出,然后以 S 为步长向右移动窗口,若窗口与右侧边界对齐,则下移 S 格并从最左侧开始操作,该过程直到结束。这里 S 称为池化的步幅。

以下是一个最大池化的例子,对以下数据矩阵做池化,设池化窗口为 2×2,步幅 $S=1$,则最大池化结果为其下方的矩阵。

4	2	18	5
8	15	2	9
2	7	13	15
9	1	9	2

15	18	18
15	15	15
9	13	15

在该例中,步幅为 1,池化后的很多数据是重复的,可增大步幅,以下是步幅 $S=2$ 的最大池化结果。

15	18
9	15

除最大池化外，也可以选择其他池化方法。例如，窗口内平均值作为池化结果或进行 $M_1 \times M_2$ 抽取，即在 $M_1 \times M_2$ 窗口内抽取一个固定点的值，在以上例子中，若抽取 2×2 窗口左上角的值，步幅为 2，则抽取池化的结果为

4	18
2	13

可见，抽取池化丢失了一些取值大的特征。

图 10.1.5 是一个池化的例子，大小为 224×224 的 64 个卷积通道(平面)，每个通道采用步幅为 2 的 2×2 最大池化，池化结果是大小为 112×112 的 64 个通道，图中下部画出了其中一个平面池化的结果显式。

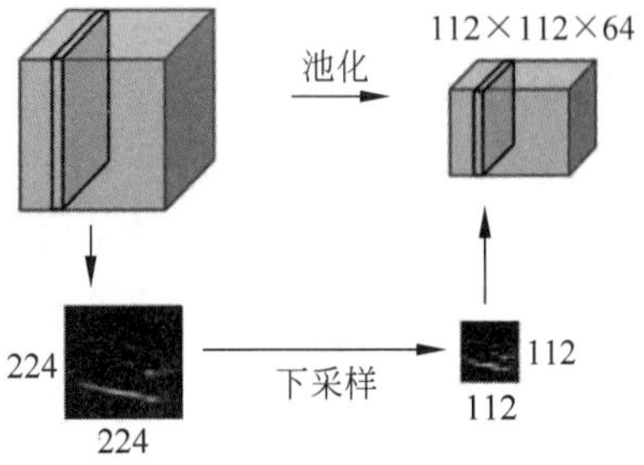

图 10.1.5　池化的一个图像实例

6. 等长零填充卷积

在前面讨论的卷积运算中，不希望在卷积计算时出现过渡过程，让卷积运算具有一致性，则每次卷积运算要使用所有卷积核系数，这样得到的卷积称为有效卷积，前面讨论的均是有效卷积，有效卷积输出长度为 $N-K+1$，比输入少了 $K-1$ 个值。若希望使用有效卷积的计算结构得到与输入同长度的卷积输出，若 K 为奇数，则需要对输入两端各填充$(K-1)/2$ 个 0 再做有效卷积；若 K 为偶数，则数据一端填充 $K/2$ 个 0，另一端填充 $K/2-1$ 个 0。

对于两维卷积，若输入为 $D_1 \times D_2$ 维矩阵，卷积核为 $K_1 \times K_2$，若用有效卷积计算结构产生与输入等维度的输出矩阵，设 K_1 和 K_2 均为奇数，则在输入矩阵上下分别填充$(K_1-1)/2$ 行 0，在输入矩阵左右分别填充$(K_2-1)/2$ 列 0。

对于例 10.1.1，$\boldsymbol{X}$ 是 4×5 的矩阵，若卷积核是 3×3，则可在上下各填充一行 0，左右各填充 1 列 0，然后再通过有效卷积的计算结构，产生 4×5 卷积输出矩阵，0 填充如下所示。

0	0	0	0	0	0	0
0	$X_{1,1}$	$X_{1,2}$	$X_{1,3}$	$X_{1,4}$	$X_{1,5}$	0
0	$X_{2,1}$	$X_{2,2}$	$X_{2,3}$	$X_{2,4}$	$X_{2,5}$	0
0	$X_{3,1}$	$X_{3,2}$	$X_{3,3}$	$X_{3,4}$	$X_{3,5}$	0
0	$X_{4,1}$	$X_{4,2}$	$X_{4,3}$	$X_{4,4}$	$X_{4,5}$	0
0	0	0	0	0	0	0

以上说明了为产生与卷积输入同维度的输出矩阵，采用有效卷积结构，需要做零填充的原理，在输入矩阵做填充后用统一的卷积流程进行卷积，产生输出与原输入等长宽的矩阵。在实际应用的 CNN 结构中，既有用基本有效卷积的结构，也有用通过零填充得到等长宽卷积的结构。

7. 构成 CNN

前面讨论了卷积网络的各种实现单元，这些单元组合并且结合全连接网络(FC)可构成一个完整的 CNN。一般的 CNN 至少具有一个卷积层，这里一个卷积层指由卷积运算为核心组成的神经网络的一层。一个完整的卷积层可由两级或三级运算组成：卷积运算级和探

测级(激活函数运算,以 ReLU 为最常用),池化是可选择的。一个卷积层可以包含池化运算也可以不包含池化运算,一般情况下,可以几个卷积层后做一次池化,即有的卷积层包含池化,有些卷积层不包含池化。

实际 CNN 中,一个卷积层的卷积运算级一般包含多个卷积通道,即每个卷积级有多个卷积核产生并行的卷积输出通道(对于图像每个卷积通道是一个平面)。

完成多个卷积层运算后,得到了输入的多层多特征表示,网络的最后几层可能利用 FC 网络产生输出。若是多分类问题,最后的输出层可能用 softmax 函数产生分类的输出后验概率。近期也有一些网络完全由卷积层构成,不使用 FC 网络。图 10.1.6 所示为一个典型 CNN 的结构图,图中以"卷积+ReLU"作为一层,这样的层级联 N 级后可能做一次池化(图中用符号"?"表示可选择),这样构成的大模块再重复 M 级,最后连接一个 FC 网络产生输出,这里 N 和 M 取值有很多自由度。这只是 CNN 的一个典型结构,可按照这种结构构造实际的 CNN,需要根据实际问题做反复调试和修改才能得到一个达到要求的网络,实际中也有许多典型网络突破了这个结构。

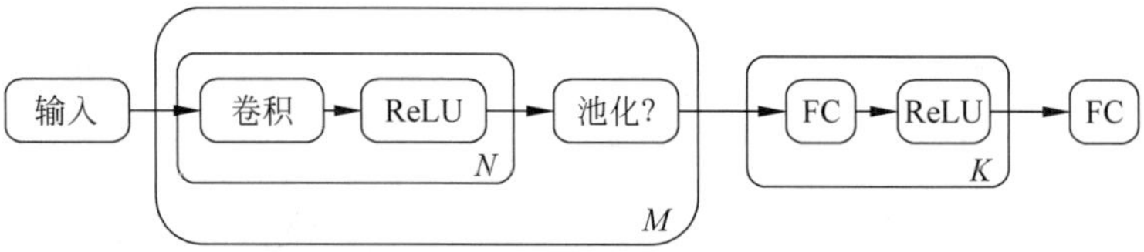

图 10.1.6 典型 CNN 网络结构示意图

CNN 的构成灵活多变,很多典型网络是研究者或机构通过启发式或反复实验确定的。本节给出了 CNN 构成的核心单元的原理,稍后介绍 CNN 的参数学习,后续给出卷积结构的一些扩展和几个有代表性的典型 CNN,以便了解现代 CNN 的组成结构。

8. CNN 的参数学习

对于 CNN 的参数学习,可直接使用 9.2 节介绍的随机梯度下降(SGD)算法或小批量 SGD 算法,同样可直接使用 9.3 节的反向传播(BP)算法计算损失函数对权系数的梯度。在使用 BP 算法计算损失函数对各权系数的梯度分量时,可首先使用 9.3 的标准算法计算各梯度分量,然后考虑到卷积网络一个卷积通道的权系数是共享的,故标准 BP 算法可计算出损失函数对同一个权系数导数的多个值,将这些值求和用于 SGD,可见 CNN 中,由于权系数的共享,可通过求和降低梯度分量的随机性,提高 SGD 的有效性。

对 BP 算法稍加分析,可导出对 CNN 的专门 BP 算法的形式,并且可发现对 CNN 的 BP 算法也仍保持有效的卷积计算形式。对于图 10.1.6 所示的结构,一个完整的 BP 算法过程仍包括:前向传播和后向(误差)传播。前向传播按照各不同层的计算方式前向计算,若是卷积层按卷积计算,若是 FC 层则按全连接计算各神经元的激活和输出,对于池化级,按照选择的池化方式进行池化。完成前向传播以后,从输出层开始进行反向传播,对于 FC 层,反向传播计算按 9.3 节介绍的标准 BP 算法的反向误差传播过程进行计算。

对于卷积层,可考虑权系数共享带来的求和效应。对于池化层,按照反向传播原理,采用不同池化,则有不同的反向传播。例如,若采用最大池化,则一个池化窗口内的几个卷积输出中最大的一个传播到后一级,故在反向传播中,反向误差也只传回到该最大值单元,其他单元反向误差为 0。若是平均池化,则反向误差均分给窗口内的各单元。CNN 的 BP 算法的推广比较直接，本节不再详细讨论。

当一个 CNN 的一层存在多个卷积通道时，每个通道可采用反向传播算法计算梯度。得到各梯度分量后，用 SGD 算法或小批量 SGD 算法进行迭代，基本迭代算法如第 9 章所述，不再重复，一些针对深度神经网络的改进优化算法在 10.3 节专门介绍。

*10.1.2 卷积的一些扩展结构

构成 CNN 的基本运算模块是一维或二维卷积，在这个基础上还可以做进一步扩展，例如在三维数据体上做张量卷积。如前所述，对于输入二维图像，若进行多通道二维卷积，则每个通道形成一个卷积平面输出，这些卷积平面可构成三维数据体，后续卷积可以在第 3 维即通道维进行加权计算。

设输入三维数据体表示为 $X_{i,j,k}$，其中 k 表示通道维序号，i、j 分别为行、列序号，张量卷积核为 $h_{i,j,k}$，则 $h_{i,j,k}$ 对 $X_{i,j,k}$ 的张量卷积产生一个卷积平面，输出为

$$a_{i,j}=\sum_{n,m,k}h_{n,m,k}X_{i+n,j+m,k} \tag{10.1.8}$$

注意，为了符号简单这里只用一个求和号表示三重求和，三重求和的各序号放在求和号下侧。式(10.1.8)定义的这种张量卷积，对三维数据卷积产生二维输出，即在通道维选择卷积核长度与通道数目相等，则通道维方向不需要移动卷积核且只输出一个点，用这种方式处理通道维，保证一个卷积核只输出一个卷积平面。

实际中，常用多个卷积核 $h_{n,m,k}^{(p)}$ 产生多个卷积平面输出，这里上标(p)表示不同卷积核的序号。若设每个卷积核在通道维等于输入的通道数，则每个卷积核只产生一个卷积平面，把各卷积平面表示为一个三维数据体，则有

$$a_{i,j,p}=\sum_{n,m,k}h_{n,m,k}^{(p)}X_{i+n,j+m,k} \tag{10.1.9}$$

图 10.1.7 所示为一个张量卷积的例子，输入是彩色图像，故输入有 RGB 3 个通道，使用 6 个 5×5×3 的卷积核(通道方向卷积核长度等于通道数)，每个卷积核产生一个卷积平面，共得到 6 个卷积通道，这里使用有效卷积，在行列方向均减少 4 个点。接下来继续选择 10 个 5×5×6 卷积核，产生 10 个卷积平面输出。为了说明多卷积核的张量卷积结果，没有插入池化运算，但每个卷积层都做了 ReLU 激活函数运算。由于一个张量卷积只产生一个卷积平面输出，因此描述张量卷积核时，可忽略其通道维数目，如 5×5×6 卷积核也可简单叙述为 5×5 卷积核，其通道维数目可由上下文确定。

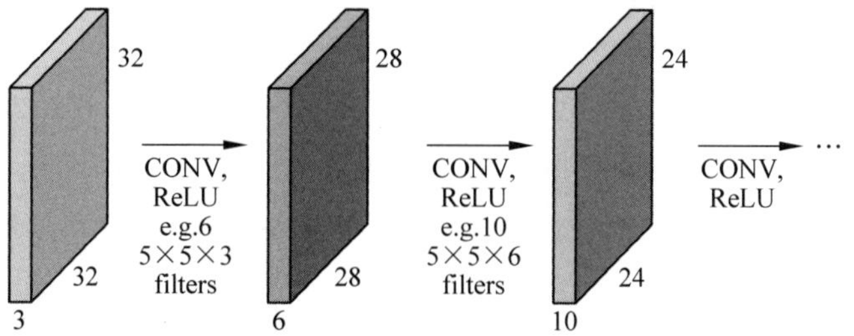

图 10.1.7 张量卷积示例

由于卷积核在通道维的计算可以抽取通道维的不同特征，故可采用所谓 1×1 卷积，即卷积核在行、列方向长度为 1，实际运算主要在通道维进行，可设计多个 1×1 卷积核 $h_k^{(p)}$，

多个卷积平面表示为

$$a_{i,j,p}=\sum_{k} h_{k}^{(p)} X_{i,j,k} \tag{10.1.10}$$

若对卷积结果做池化，如果选择最大池化或平均池化，则需要将所有卷积结果计算出来后，再通过池化降低数据，若采用简单抽取作为池化，即在每个 $S\times S$ 小窗口内只保留固定位置的一个值，其他值丢弃，则在卷积时可通过步幅为 S 的卷积直接省略这些要丢弃的数据，对于一般的张量卷积，式(10.1.9)的 S 步幅卷积可修改为

$$a_{i,j,p}=\sum_{n,m,k} h_{n,m,k}^{(p)} X_{i\times S+n,j\times S+m,k} \tag{10.1.11}$$

卷积有各种灵活的扩展或变化，这里仅介绍一些常用扩展，只要符合卷积的基本性质，对卷积各种变化的尝试可能会得到某一方面的改善。

*10.1.3 CNN 示例介绍

前面介绍了组成 CNN 的各构造块的原理。由于 CNN 构造的灵活性，人们已经构造了大量用于不同问题的 CNN，其中的一些产生了很大的影响，成为其他人构造网络的起点或参考网络。尽管有一些原则，但实际 CNN 的构造大多是启发式的，了解一些实际网络对于构造自己的网络会有启发，因此本节介绍几个典型网络的结构。对于这些网络的详细介绍超出一本教科书的范围，这里只给出一些最基本的叙述，细节参考相应论文。

1. LeNet-5 网络

如图 10.1.8 所示，LeNet-5 网络是 LeCun 等提出的一种早期的 CNN，应用于手写数字的识别，故有 10 个输出。其输入是裁剪到 32×32 的灰度像素表示的手写数字(如 MNIST 数据集，实际输入是 28×28 像素，用零填充到 32×32 像素)，由 3 个卷积层、2 个池化层、1 个全连接层和 1 个输出层组成。

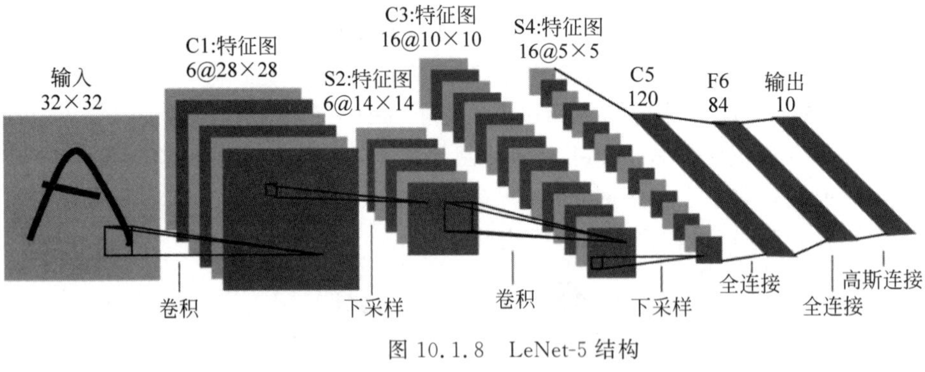

图 10.1.8 LeNet-5 结构

作为一个早期的 CNN，除输出层外，其他层的激活函数均使用 tanh 函数。由输入层通过 6 个 5×5 卷积核得到 6 通道的 C1 卷积层；S2 层是池化层，采用 2×2 平均池化，步幅为 2，故将行、列数据规模减半。其后有两个卷积层和一个池化层，最后两级由一个 FC 层和输出层组成，其中通过高斯核函数构成了输出层，目标函数采用了交叉熵。

2. AlexNet 网络和 VGGNet 网络

AlexNet 网络由 Krizhevsky 等于 2012 年发表，其结构如图 10.1.9 所示。由于其取得了在大规模图像数据库 ImageNet 的视觉挑战赛 ILSVRC(ImageNet large scale visual recognition challenge)的优胜，并将前 5 识别错误率从之前的 25.8%降低到 16.4%，引起广泛关注，也引起了人们对 CNN 的兴趣。其后数年各种 CNN 不断刷新识别的低错误率，各种网络的识别前 5 错误率如图 10.1.10 所示。

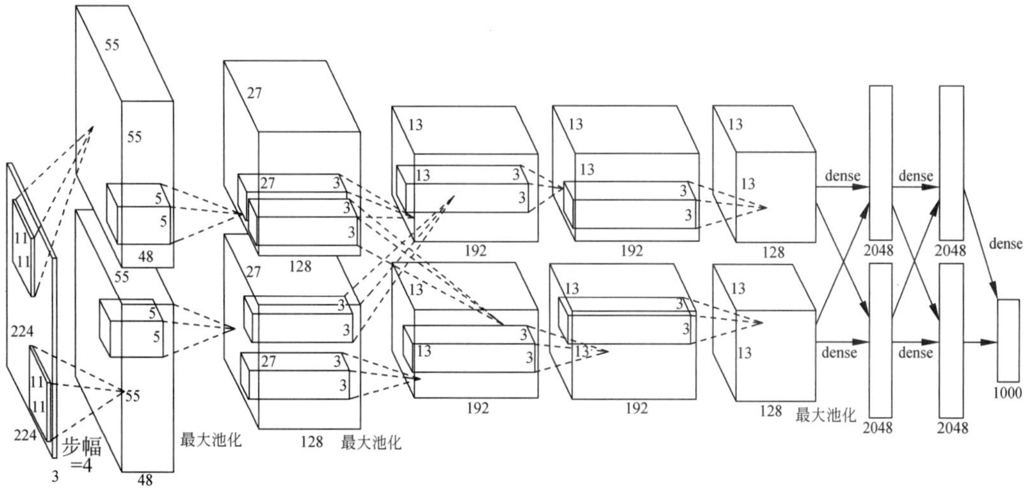

图 10.1.9 AlexNet 网络结构

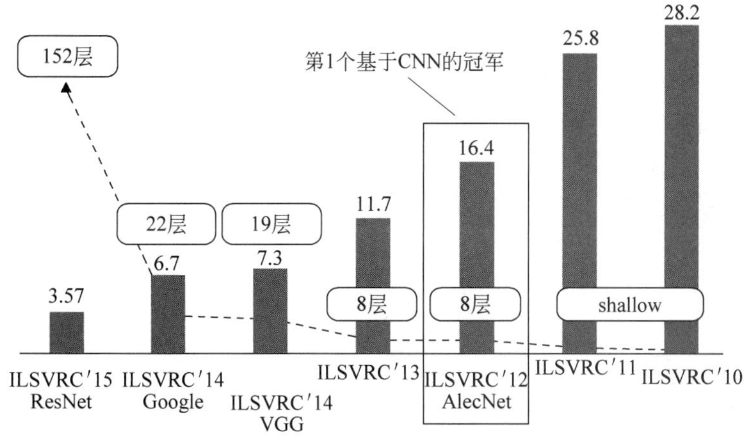

图 10.1.10 ILSVRC 的优胜算法和相应前 5 错误识别率

AlexNet 可被认为是现代 CNN 的起点。其卷积网络和 FC 网络都采用了 ReLU 激活函数，Krizhevsky 等在论文中指出，对于同类问题，采用 ReLU 激活函数比较 tanh 激活函数训练速度快了 6 倍，图 10.1.11 所示为对比两种激活函数训练误差下降的速度，池化采用的是最大池化。

AlexNet 网络分成相同的上下两路，最后输出层合在一起。其中有 5 个卷积层、2 个 FC 层，最后是 FC 结构的输出层，输出采用 softmax 函数。输入是 224×224 的 3 通道 RGB 彩色图像，第 1 级卷积层上下各有 48 个 11×11 卷积核，使用了行列步幅均为 4 的卷积运算，得到了 55×55 的卷积输出，卷积后做 ReLU 激活运算，紧接着做一级池化，池化窗口 3×3，步幅为 2。第 2 级卷积上下各用了 128 个 5×5 卷积核，紧跟相同的池化。接下来的 3 级卷积运算，尽管卷积核数目不同，但都采用 3×3 卷积核，在连续 3 级卷积层(包括 ReLU)

后，再做一级池化，然后连续两级 FC 网络，上下各有 2048 个神经元，仍采用 ReLU 激活函数，最后是用 softmax 表示的 1000 个输出，代表 1000 类图像。

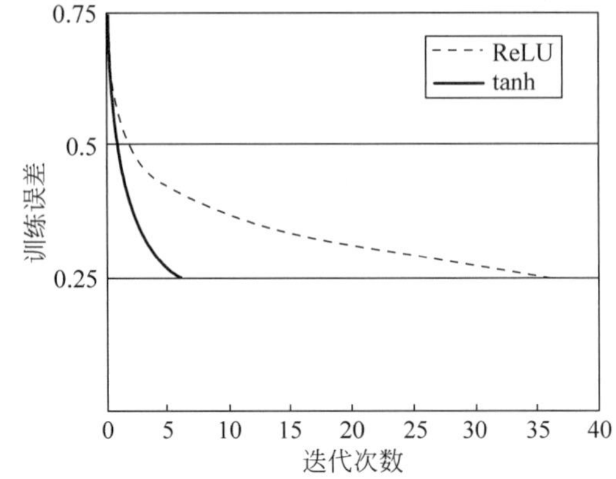

图 10.1.11　ReLU 和 tanh 激活函数的收敛速度对比

AlexNet 网络是对 10.1.1 节和 10.1.2 节原理和算法的一个非常全面的代表性示例。

发表于 2014 年的 VGGNet 在同样的任务上取得了比 AlexNet 更好的效果，相比于 AlexNet，VGGNet 层数更深，有 16 层和 19 层两种配置，各层均使用了 3×3 卷积核和 2×2 步幅为 2 的最大池化，最后是 FC 层和 softmax 表示的 1000 个输出。图 10.1.12 给出了 VGGNet 的结构示意图，由于用不同灰度的框表示了卷积层、池化层和 FC 层，结构图易于理解。用更深的层、更小的卷积核、多个卷积层对应一个池化层，这是 CNN 当时发展的一个趋势。

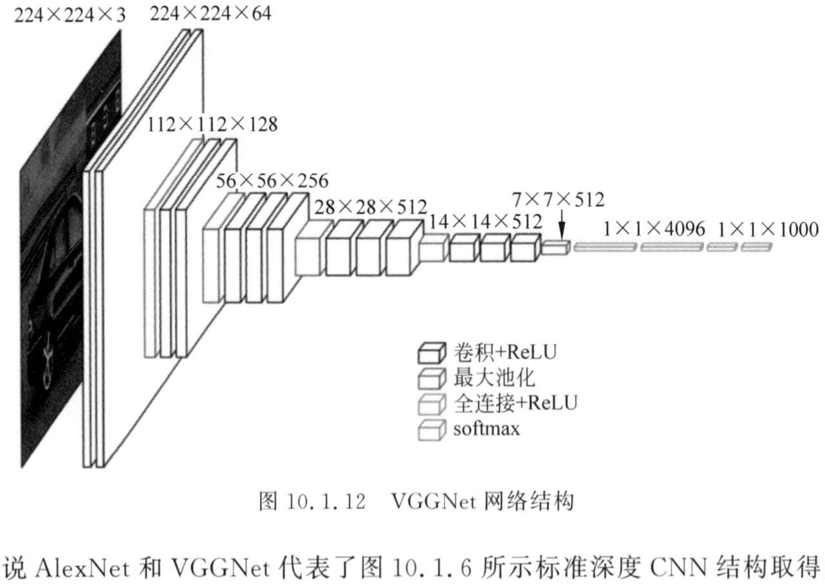

图 10.1.12　VGGNet 网络结构

如果说 AlexNet 和 VGGNet 代表了图 10.1.6 所示标准深度 CNN 结构取得的成就，则后续发展的网络则增加了更多的变化以取得更好的效果，以下介绍两类有代表性的结果。

3. 残差网络和密集网络

一般通过增加网络的宽度和深度可提高网络的性能，通常深的网络比浅的网络效果更好，但简单地增加深度会导致梯度消失和网络退化问题，网络退化表现在训练集上的准确率饱和甚至下降。2015 年提出的残差网络(ResNet)较好地解决了这个问题。残差网络的特点是容易优化，并可通过增加相当的深度来提高准确率。残差网络内部的残差块使用了跳跃连接，缓解了在深度神经网络中增加深度带来的梯度消失问题。

图 10.1.13 给出了残差构造块的基本结构，即每 2～3 个卷积层设置一个跳跃连接。若该构造块的目的是完成从 $\boldsymbol{x}$ 到 $\boldsymbol{y}$ 的映射 $\boldsymbol{y}=h(\boldsymbol{x})$，则图 10.1.13 的映射关系可写为

$$\boldsymbol{y}=F(\boldsymbol{x})+\boldsymbol{x} \tag{10.1.12}$$

故残差块内部的函数映射等价为

$$\boldsymbol{F}(\boldsymbol{x})=h(\boldsymbol{x})-\boldsymbol{x} \tag{10.1.13}$$

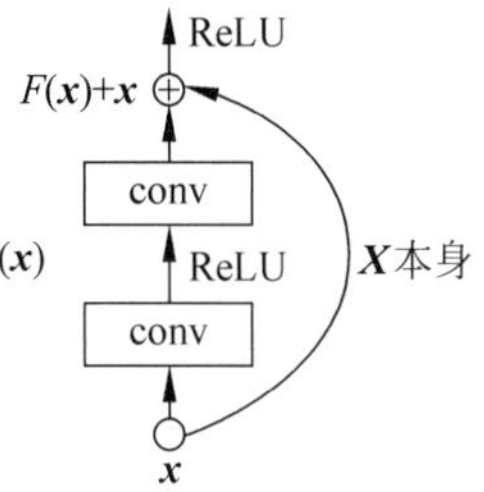

图 10.1.13　残差构造块

$F(\boldsymbol{x})$需要完成一个残差功能并更容易训练。在式(10.1.12)中，$F(\boldsymbol{x})$和 $\boldsymbol{x}$ 逐元素相加，若它们维数不同，则通过同等映射(shortcut)将 $\boldsymbol{x}$ 映射为与 $F(\boldsymbol{x})$同维度，即

$$\boldsymbol{y}=F(\boldsymbol{x})+\boldsymbol{W}_s\boldsymbol{x}$$

其中，$\boldsymbol{W}_s$ 为同等变换矩阵。

由残差构造块组成的实际 ResNet 如图 10.1.14 所示，该技术可训练 152 层的网络并在 ILSVRC 竞赛中取得当时最好的结果，其错误率如图 10.1.10 所示。

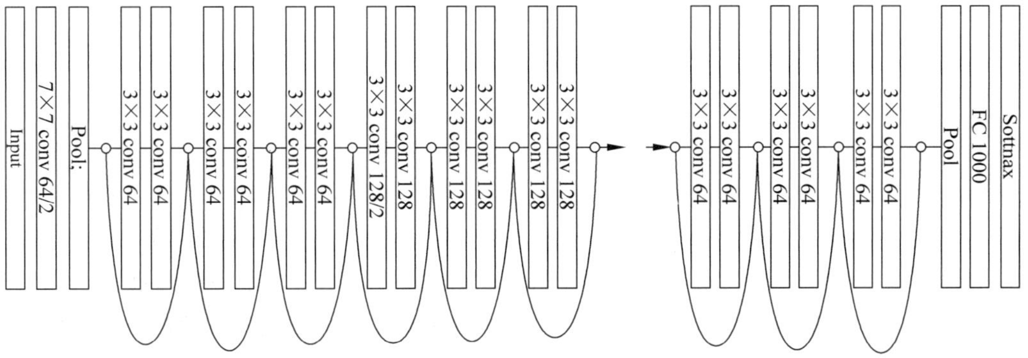

图 10.1.14　残差网络的例子

残差网络的跨层连接，缩短了从输入到输出的路径长度，前向和后向传播方式都缓解了对输入影响的消耗和反向传播误差的消耗，可得到更深的网络。对于理解了 BP 算法原理的读者，不难理解跨层连接可缓解反向传播误差消耗的道理，跨层连接在前向传播时，可将输入直接连接到跨层输出，避免了传输过程中输入的消耗，同样是这个跨层连接，也使得反向误差有一条通道从输出层直接反向传播到前面的跨层中，缓解了反向传播误差在极深的传播过程中的损耗。

一种更加密集的级联方式是密集网络(DenseNet)，其一方面保持前馈网络的结构，从输入层或从当前层输出连接到后续每层的输入，故对于 L 层网络，可有 $L(L-1)/2$ 种连接，故称为密集连接网络。密集网络的连接结构如图 10.1.15 所示。

近年来，人们针对不同应用构造了很多 CNN 结构，发表的文献众多。大多数的结构都是作者结合自己面对的问题和对 CNN 组成模块的灵活运用的启发式探索和实验。本节介绍了几个曾产生广泛影响的结构，供读者参考，对这些网络的技术细节的描述超出本书的范围，有兴趣的读者可参考原始论文。

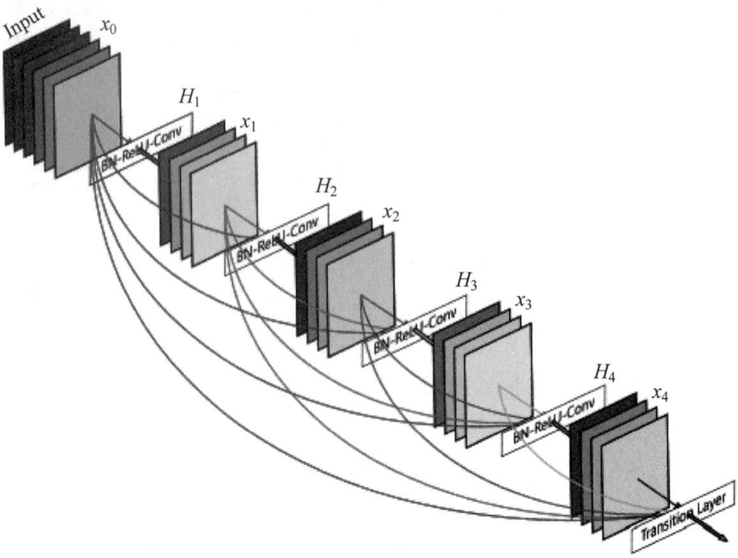

图 10.1.15 DenseNet 网络结构

10.2 循环神经网络

视频讲解

在许多应用中,输入特征向量 $\boldsymbol{x}$ 具有明确的序列特性,即 $\boldsymbol{x}$ 是严格按照次序 $\boldsymbol{x}^{(t)}$, $\boldsymbol{x}^{(t-1)}, \cdots, \boldsymbol{x}^{(2)}, \boldsymbol{x}^{(1)}$ 出现的,这里上标表示次序序号,小的序号先出现。在电子信息系统中的电信号,如通信、雷达、语音等信号都有这种次序性,是按照时间顺序排列的,消费电子中的电视信号或计算机视觉的视频信号也是按时间顺序的,每个 $\boldsymbol{x}^{(i)}$ 是一幅画面。在自然语言处理中,当用向量表示一个词时,一个句子对应一个向量序列。这种按照顺序排列的数据称为时间序列,序列中相邻成员往往具有相关性,这种相关性也可理解为记忆性。CNN 可以处理这种序列数据的学习,但不够灵活,带反馈回路的循环神经网络更适合处理这类序列数据。尽管时间序列中的序号可以是时间也可以是任何表示顺序的指标,为了叙述简单,用时间序列说明。

10.2.1 基本 RNN

首先以图 10.2.1 的系统框图介绍 RNN 的基本结构。图中标为隐藏层的单元是前馈神经网络,可以是一个单层全连接网络(可扩充为多层感知机或一个 CNN,这里首先以单层全连接网络为例说明 RNN 的基本结构和算法),包括非线性激活函数运算。隐藏层的输出通过一个单位延迟单元延迟后,连接回到输入端,这条通道是反馈回路,反馈回路引入系统的记忆性。注意,所谓单位延迟是指:若当前隐藏层输出为 $\boldsymbol{h}^{(t)}$,则通过延迟单元接入输入端的是 $\boldsymbol{h}^{(t-1)}$。反馈运算是在隐藏层完成的,最后由隐藏层再次通过一个前馈神经网络层产生输出,输出层也可看作一个单层的全连接层。

图 10.2.1 的结构与系统理论中的动力系统类似。描述一个动力系统的核心变量是状态变量,即状态变量表示系统的变化和记忆能力,若用 $\boldsymbol{h}^{(t)}$ 表示 t 时刻的状态变量,则 $\boldsymbol{h}^{(t)}$

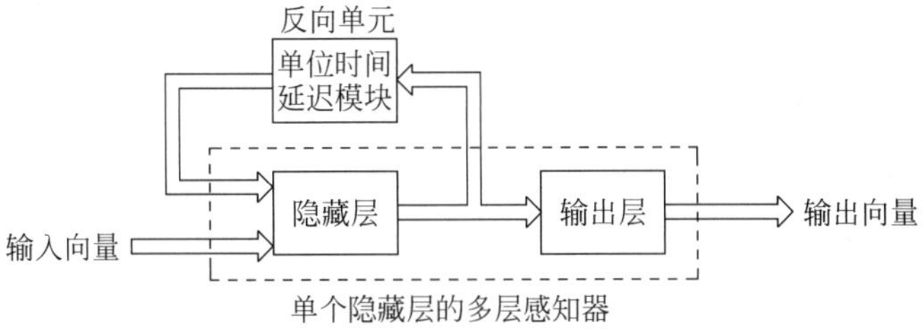

图 10.2.1 RNN 原理示意图

能够表达输入从起始时刻到 t 时刻对系统的贡献，则系统后续的变化则由 $\boldsymbol{h}^{(t)}$ 和后续输入确定。对于一个线性动力系统，在时刻 t，若输入为 $\boldsymbol{x}^{(t)}$，则描述状态变化的关系式称为状态方程，即

$$\boldsymbol{h}^{(t)}=\boldsymbol{A}\boldsymbol{h}^{(t-1)}+\boldsymbol{B}\boldsymbol{x}^{(t)} \tag{10.2.1}$$

系统的输出为

$$\hat{\boldsymbol{y}}^{(t)}=\boldsymbol{C}\boldsymbol{h}^{(t)}+\boldsymbol{v}^{(t)} \tag{10.2.2}$$

其中，$\boldsymbol{A}$、$\boldsymbol{B}$、$\boldsymbol{C}$ 为描述系统的参数矩阵，$\boldsymbol{v}^{(t)}$ 为输出的偏置或噪声。

图 10.2.1 扩展了线性动力系统的能力，加入了非线性激活函数，用 $\varphi(\cdot)$ 表示激活函数，仍用符号 $\boldsymbol{h}^{(t)}$ 表示状态同时也是隐藏层输出，则相应的非线性状态方程为

$$\boldsymbol{h}^{(t)}=\varphi(\boldsymbol{A}\boldsymbol{h}^{(t-1)}+\boldsymbol{B}\boldsymbol{x}^{(t)}) \tag{10.2.3}$$

尽管通过单位延迟反馈构成的动力系统表示式(10.2.3)中，时刻 t 的输出只显式地与上个时刻的状态 $\boldsymbol{h}^{(t-1)}$ 和当前输入 $\boldsymbol{x}^{(t)}$ 有关，但经由状态 $\boldsymbol{h}^{(t-1)}$ 的记忆，实际上 $\boldsymbol{h}^{(t)}$ 记忆了从起始时刻输入序列 $\boldsymbol{x}^{(t)},\boldsymbol{x}^{(t-1)},\cdots,\boldsymbol{x}^{(2)},\boldsymbol{x}^{(1)}$ 的贡献。为了理解这一点，先将式(10.2.3)表示为更简单的形式

$$\boldsymbol{h}^{(t)}=f(\boldsymbol{h}^{(t-1)},\boldsymbol{x}^{(t)};\theta) \tag{10.2.4}$$

其中，θ 为式(10.2.3)的参数矩阵，f 表示 φ 和矩阵运算的复合函数形式。设开始输入之前状态有初始值 $\boldsymbol{h}^{(0)}$，输入从 $t=1$ 开始，则可逐次使用式(10.2.4)，计算得到如下序列

$$\begin{cases}\boldsymbol{h}^{(1)}=f(\boldsymbol{h}^{(0)},\boldsymbol{x}^{(1)};\theta)\\ \boldsymbol{h}^{(2)}=f(\boldsymbol{h}^{(1)},\boldsymbol{x}^{(2)};\theta)=f[f(\boldsymbol{h}^{(0)},\boldsymbol{x}^{(1)};\theta),\boldsymbol{x}^{(2)};\theta]=\boldsymbol{g}^{(1)}(\boldsymbol{x}^{(2)},\boldsymbol{x}^{(1)})\\ \qquad\vdots\\ \boldsymbol{h}^{(t)}=f(\boldsymbol{h}^{(t-1)},\boldsymbol{x}^{(t)};\theta)=f[\boldsymbol{g}^{(t-1)}(\boldsymbol{x}^{(t-1)},\cdots,\boldsymbol{x}^{(2)},\boldsymbol{x}^{(1)}),\boldsymbol{x}^{(t)};\theta]\\ \quad\;=\boldsymbol{g}^{(t)}(\boldsymbol{x}^{(t)},\boldsymbol{x}^{(t-1)},\cdots,\boldsymbol{x}^{(2)},\boldsymbol{x}^{(1)})\end{cases} \tag{10.2.5}$$

其中，$\boldsymbol{g}^{(t)}$ 为缩写的复合函数。可见，状态方程的这种表示，状态$\boldsymbol{h}^{(t-1)}$ 概括了 $t-1$ 时刻之前输入的贡献，这是状态一词的含义。以上分析说明 RNN 中，通过反馈回路，用一种紧凑的结构表示了系统对序列数据的记忆性。

RNN 有多种结构，图 10.2.1 所示的结构称为 Elman 结构的循环网络，是最常用的一种基本 RNN 结构，本节主要讨论 Elman 结构的 RNN。

10.2.2 RNN 的计算流程

为了更加清楚地讨论 RNN 的计算和训练问题，给出 RNN 更加简洁的表示，图 10.2.2

左侧给出了用信号流图形式表示的一个基本 RNN 结构。信号流自下而上，输入 $\boldsymbol{x}^{(t)}$ 和反馈 $\boldsymbol{h}^{(t-1)}$ 作为隐藏层的输入，通过权系数进行计算后，产生线性输出 $\boldsymbol{a}^{(t)}$，$\boldsymbol{a}^{(t)}$ 经过激活函数产生状态输出 $\boldsymbol{h}^{(t)}$，$\boldsymbol{h}^{(t)}$ 经过输出层产生线性输出表示 $\boldsymbol{o}^{(t)}$。为了表达式更具体又不失一般性，这里隐藏层激活函数选择为 tanh，而输出选择为多分类，故通过 softmax 产生输出 $\hat{\boldsymbol{y}}^{(t)}$。图 10.2.2 中的 L 单元表示计算损失函数，即计算 $\hat{\boldsymbol{y}}^{(t)}$ 与标注 $\boldsymbol{y}^{(t)}$ 之间的损失。

RNN 的各单元计算为

$$\begin{cases} \boldsymbol{a}^{(t)} = \boldsymbol{b} + \boldsymbol{W}\boldsymbol{h}^{(t-1)} + \boldsymbol{U}\boldsymbol{x}^{(t)} \\ \boldsymbol{h}^{(t)} = \tanh(\boldsymbol{a}^{(t)}) \\ \boldsymbol{o}^{(t)} = \boldsymbol{c} + \boldsymbol{V}\boldsymbol{h}^{(t)} \\ \hat{\boldsymbol{y}}^{(t)} = \operatorname{softmax}(\boldsymbol{o}^{(t)}) \end{cases} \tag{10.2.6}$$

其中，$\boldsymbol{W}$、$\boldsymbol{U}$、$\boldsymbol{V}$ 为权系数矩阵，$\boldsymbol{b}$、$\boldsymbol{c}$ 为偏置向量，状态向量 $\boldsymbol{h}^{(t)}$ 的维度由问题的复杂性确定，它同时也限定了隐藏单元的数目。若问题是回归输出，则省略 $\hat{\boldsymbol{y}}^{(t)}$ 表达式中的 softmax，若是二类分类问题，用 σ 函数替代 softmax。

在 RNN 执行和训练时，一个独立的样本往往由一个片段的输入和标注序列组成，即一个样本的输入序列和标注序列分别为

$$\begin{aligned} \boldsymbol{X}_n &= \{\boldsymbol{x}^{(1)}, \boldsymbol{x}^{(2)}, \cdots, \boldsymbol{x}^{(\tau-1)}, \boldsymbol{x}^{(\tau)}\} \\ \boldsymbol{Y}_n &= \{\boldsymbol{y}^{(1)}, \boldsymbol{y}^{(2)}, \cdots, \boldsymbol{y}^{(\tau-1)}, \boldsymbol{y}^{(\tau)}\} \end{aligned} \tag{10.2.7}$$

其中，n 表示一个独立样本的序号，一个独立样本是一个序列，共有 τ 个序列元素。注意，这里我们用 τ 或 t 表示序列的序号，这些序号可表示时间(如电信号)，也可以仅表示一种次序，如一个句子中各词的次序等。当给出一个样本序列 $\boldsymbol{X}_n$，$\boldsymbol{Y}_n$，按照序号从小到大取出 $\boldsymbol{x}^{(t)}$ 代入式(10.2.6)计算各序号下的输出，为了更清楚表述这种序列计算，可将图 10.2.2 的左侧结构展开为“展开计算图”，如图 10.2.2 右侧结构所示。每列对应计算中的一个时刻，在 t 时刻，$\boldsymbol{h}^{(t-1)}$ 和 $\boldsymbol{x}^{(t)}$ 通过系数矩阵计算 $\boldsymbol{h}^{(t)}$，故有从 $\boldsymbol{h}^{(t-1)}$ 到 $\boldsymbol{h}^{(t)}$ 的箭头连线和从 $\boldsymbol{x}^{(t)}$ 到 $\boldsymbol{h}^{(t)}$ 的箭头连线。

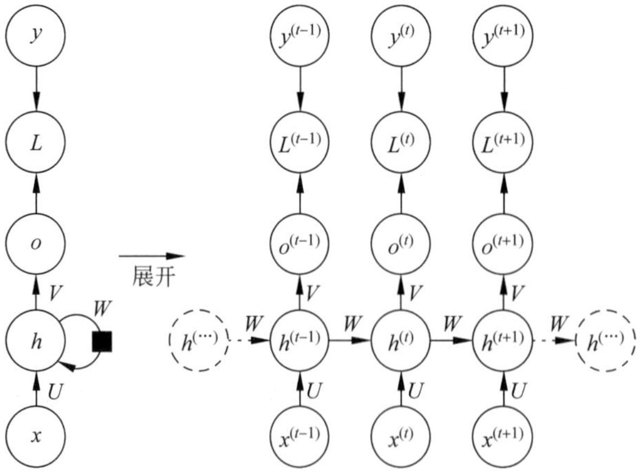

图 10.2.2 RNN 和展开计算图

*10.2.3 RNN的扩展BP算法

为了训练RNN，需要给出损失函数和针对RNN的BP算法扩展，以便计算损失函数针对各参数的梯度。针对一个如式(10.2.7)所示的序列样本，可定义每个时刻的损失函数为$L^{(t)}$，则序列样本的损失函数定义为各时刻损失函数之和，仍取负对数似然函数作为损失函数，则对一个序列样本的损失函数可表示为

$$\begin{aligned}L(\boldsymbol{Y}_n,\boldsymbol{X}_n)&=\sum_{t=1}^{\tau}L^{(t)}\\&=-\sum_{t=1}^{\tau}\log[p(y^{(t)}\mid\{\boldsymbol{x}^{(1)},\boldsymbol{x}^{(2)},\cdots,\boldsymbol{x}^{(t-1)},\boldsymbol{x}^{(t)}\};\theta)]\end{aligned}\tag{10.2.8}$$

似然函数中，指出了$\boldsymbol{y}^{(t)}$由$\{\boldsymbol{x}^{(1)},\boldsymbol{x}^{(2)},\cdots,\boldsymbol{x}^{(t-1)},\boldsymbol{x}^{(t)}\}$确定，$\theta$为所有待求系数矩阵的代表符号。

对于(10.2.8)式所示的损失函数，其对参数的梯度可写为

$$\nabla_{\theta}L(\boldsymbol{Y}_n,\boldsymbol{X}_n)=\frac{\partial L(\boldsymbol{Y}_n,\boldsymbol{X}_n)}{\partial\boldsymbol{\theta}}=\sum_{t=1}^{\tau}\frac{\partial L^{(t)}}{\partial\boldsymbol{\theta}}=\sum_{t=1}^{\tau}\nabla_{\theta}L^{(t)}\tag{10.2.9}$$

其中，$\boldsymbol{\theta}$表示所有权系数，可分别求出对各权系数矩阵或向量的梯度分量。

将通用BP算法推广到RNN，这里只介绍一种推广方式并将其称为通过时间的反向传播算法(backpropagation through time，BPTT)。与标准BP算法一样，首先完成前向传播，用现有权系数矩阵，取初始状态$\boldsymbol{h}^{(0)}$，从$t=1$开始至$t=\tau$，依次取$\boldsymbol{x}^{(t)}$作为输入，代入式(10.2.6)通过前向传播计算出各时间点和各层激活值和输出$\{\boldsymbol{a}^{(t)},\boldsymbol{h}^{(t)},\boldsymbol{o}^{(t)},\hat{\boldsymbol{y}}^{(t)},t=1,2,\cdots,\tau\}$，计算次序如图10.2.2右侧所示。

前向传播结束后，进入反向传播阶段。反向传播是通过图10.2.2的反过程(以反向箭头顺序)。从时间上，首先从$t=\tau$开始，依次反向计算，分别取$t=\tau-1,\tau-2,\cdots,2,1$，在同一个时间$t$传播过程从上而下(从输出到输入)。参考9.3节的推导过程，可得到BPTT算法的各项导数，这里按照计算流程以向量形式给出各导数的结果。

与标准BP算法类似，首先求出各$L^{(t)}$对输出激活$\boldsymbol{o}^{(t)}$的梯度和对$\boldsymbol{h}^{(t)}$的梯度，注意，标准BP算法是导出$L^{(t)}$对$\boldsymbol{a}^{(t)}$的梯度，但在RNN中，从时间上和网络层上传播的都是状态$\boldsymbol{h}^{(t)}$，求$L^{(t)}$对$\boldsymbol{h}^{(t)}$的梯度更有意义。

由于已假设该RNN是进行K分类的，则由9.3节的结果知，$L^{(t)}$对输出激活的梯度为(对回归或二分类结果相同)

$$\frac{\partial L^{(t)}}{\partial\boldsymbol{o}^{(t)}}=\nabla_{\boldsymbol{o}^{(t)}}L^{(t)}=\hat{\boldsymbol{y}}_t-\boldsymbol{y}_t,\quad t=\tau,\tau-1,\cdots,2,1\tag{10.2.10}$$

为求$L^{(t)}$对$\boldsymbol{h}^{(t)}$的梯度，需区分$t=\tau$和$t<\tau$两种情况。在$t=\tau$时，由于处于时间片的最后时刻，反向传播只需要将$\boldsymbol{o}^{(\tau)}$向下层传播给$\boldsymbol{h}^{(\tau)}$，故由链式法则，求出梯度向量形式为

$$\nabla_{\boldsymbol{h}^{(\tau)}}L^{(\tau)}=\left(\frac{\partial\boldsymbol{o}^{(\tau)}}{\partial\boldsymbol{h}^{(\tau)}}\right)^{\mathrm{T}}\frac{\partial L^{(\tau)}}{\partial\boldsymbol{o}^{(\tau)}}=V^{\mathrm{T}}\nabla_{\boldsymbol{o}^{(\tau)}}L^{(\tau)}\tag{10.2.11}$$

对于$t=\tau-1,\tau-2,\cdots,2,1$，按照反向传播，有两条反向传播支路，见图10.2.2右侧(按箭头的反向观察)，从时间方向，由$\boldsymbol{h}^{(t+1)}$反向传播给$\boldsymbol{h}^{(t)}$，在网络层方向(图10.2.2纵向)由$\boldsymbol{o}^{(t)}$反向传播给$\boldsymbol{h}^{(t)}$，考虑这两方向的反向传播，有

$$\nabla_{\boldsymbol{h}^{(t)}} L^{(t)} = \left(\frac{\partial \boldsymbol{h}^{(t+1)}}{\partial \boldsymbol{h}^{(t)}}\right)^{\mathrm{T}} \nabla_{\boldsymbol{h}^{(t+1)}} L^{(t+1)} + \left(\frac{\partial \boldsymbol{o}^{(t)}}{\partial \boldsymbol{h}^{(t)}}\right)^{\mathrm{T}} \nabla_{\boldsymbol{o}^{(t)}} L^{(t)}$$
$$= \boldsymbol{W}^{\mathrm{T}} \mathrm{diag}\{1-(\boldsymbol{h}^{(t+1)})^2\}(\nabla_{\boldsymbol{h}^{(t+1)}} L^{(t+1)}) + \boldsymbol{V}^{\mathrm{T}}(\nabla_{\boldsymbol{o}^{(t)}} L^{(t)}) \tag{10.2.12}$$

由于隐藏层使用了 tanh 激活函数，故出现对角线矩阵 $\mathrm{diag}\{1-(\boldsymbol{h}^{(t+1)})^2\}$，式(10.2.12)第 2 行第 1 项与标准 BP 算法的反向误差传播原理上是一致的。

可见，若完成了正向传播，由式(10.2.10)首先计算出各时间输出传播误差，对于 $t=\tau$，由式(10.1.11)计算出样本序列尾部的状态反向传播误差项，然后依次反向应用式(10.2.12)则分别计算出 $t=\tau-1,\tau-2,\cdots,2,1$ 的状态反向传播误差。至此，完成了反向传播，由反向传播误差，结合式(10.2.6)可计算对于所有权系数的梯度分量。

首先考虑对输出层偏置向量 $\boldsymbol{c}$ 和权系数矩阵 $\boldsymbol{V}$ 的梯度分量，可分别计算为

$$\nabla_{c} L = \sum_t \left(\frac{\partial \boldsymbol{o}^{(t)}}{\partial \boldsymbol{c}}\right)^{\mathrm{T}} \nabla_{\boldsymbol{o}^{(t)}} L^{(t)} = \sum_t \nabla_{\boldsymbol{o}^{(t)}} L^{(t)} \tag{10.2.13}$$

$$\nabla_V L = \sum_t \sum_i \frac{\partial L^{(t)}}{\partial \boldsymbol{o}_i^{(t)}} \nabla_V \boldsymbol{o}_i^{(t)} = \sum_t (\nabla_{\boldsymbol{o}^{(t)}} L^{(t)}) \boldsymbol{h}^{(t)\mathrm{T}} \tag{10.2.14}$$

注意到，如式(10.2.9)所示，对各权系数的梯度要在序列样本的序号范围内对 t 求和。

对于网络隐藏层偏置 $\boldsymbol{b}$ 和权系数矩阵 $\boldsymbol{W}$、$\boldsymbol{U}$ 的梯度分量为

$$\nabla_{\boldsymbol{b}} L = \sum_t \left(\frac{\partial \boldsymbol{h}^{(t)}}{\partial \boldsymbol{b}^{(t)}}\right)^{\mathrm{T}} \nabla_{\boldsymbol{h}^{(t)}} L^{(t)} = \sum_t \mathrm{diag}\{1-(\boldsymbol{h}^{(t)})^2\} \nabla_{\boldsymbol{h}^{(t)}} L^{(t)} \tag{10.2.15}$$

$$\nabla_{\mathrm{W}} L = \sum_t \sum_i \frac{\partial L^{(t)}}{\partial \boldsymbol{h}_i^{(t)}} \nabla_{\mathrm{W}} \boldsymbol{h}_i^{(t)} = \sum_t \mathrm{diag}\{1-(\boldsymbol{h}^{(t)})^2\}(\nabla_{\boldsymbol{h}^{(t)}} L^{(t)}) \boldsymbol{h}^{(t-1)\mathrm{T}} \tag{10.2.16}$$

$$\nabla_U L = \sum_t \sum_i \frac{\partial L^{(t)}}{\partial \boldsymbol{h}_i^{(t)}} \nabla_U \boldsymbol{h}_i^{(t)} = \sum_t \mathrm{diag}\{1-(\boldsymbol{h}^{(t)})^2\}(\nabla_{\boldsymbol{h}^{(t)}} L^{(t)}) \boldsymbol{x}^{(t)\mathrm{T}} \tag{10.2.17}$$

以上为 BPTT 算法的主要计算过程。对于一个序列样本，可通过 BPTT 算法计算出对所有参数的梯度，可利用 SGD 算法依次进行权系数更新。通过训练集训练 RNN。

10.2.4 深度 RNN

由基本 RNN 可组合成深度 RNN。一种方式是由图 10.2.2 的单隐藏层反馈结构的级联，即由多个带反馈结构的隐藏层级联构成一个更深度的 RNN，一般更深层的网络具有更强的分层表达能力，这种结构的示例如图 10.2.3 所示，其中左侧结构示出 3 个带反馈的隐藏层级联，右侧表示其在时间上的展开计算图。也可以通过其他方式构成深度 RNN，如在反馈环路之间的隐藏层可由多层网络构成，或反馈支路自身通过一个多层网络，这些方式都可构成表示能力更强的 RNN。另外，也可构造在时间方向上的双向循环网络，或构造所谓的递归结构网络，本节不再赘述。有一些非 Elman 结构的 RNN，本节不再介绍，可参考其他文献。

RNN 训练中存在对长时间序列的挑战，称为长期依赖现象，即经过多时刻传播后，梯度倾向于消失或爆炸的情况，使得 RNN 难以用较长序列样本进行训练，从而难以表示长期依赖性。可通过反向传播公式(式(10.2.12))理解这一点，在反向传播中，关键的反向传播误差是通过乘积 $\boldsymbol{W}^{\mathrm{T}}(\nabla_{\boldsymbol{h}^{(t+1)}} L^{(t+1)})$ 在时间上反向传播的，当通过序列时刻步数 N 后，出现矩

阵的指数项$(\boldsymbol{W}^{\mathrm{T}})^N$，由于$\boldsymbol{W}$是方阵，可分解为$\boldsymbol{W}=\boldsymbol{U}^{\mathrm{T}}\boldsymbol{\Lambda}\boldsymbol{U}$，其中，$\boldsymbol{U}$是正交矩阵，$\boldsymbol{\Lambda}$是对角矩阵，其元素为$\boldsymbol{W}$的各特征值，则$(\boldsymbol{W}^{\mathrm{T}})^N=\boldsymbol{U}\boldsymbol{\Lambda}^N\boldsymbol{U}^{\mathrm{T}}$，故当$\boldsymbol{W}$有大于1的特征值时，因为指数增长，使一些梯度增加过大，称为梯度爆炸，对$\boldsymbol{W}$小于1的特征值，指数级快速衰减，则出现梯度消失。梯度爆炸和梯度消失现象在RNN训练中被很多学者观察到，对于梯度爆炸现象，可用所谓梯度截断方法减轻其影响，即设一个阈值，当梯度大于该阈值时被限制为该阈值。梯度消失现象则更困难也更常见。前馈深度神经网络出现梯度消失和爆炸的原因类似于RNN。

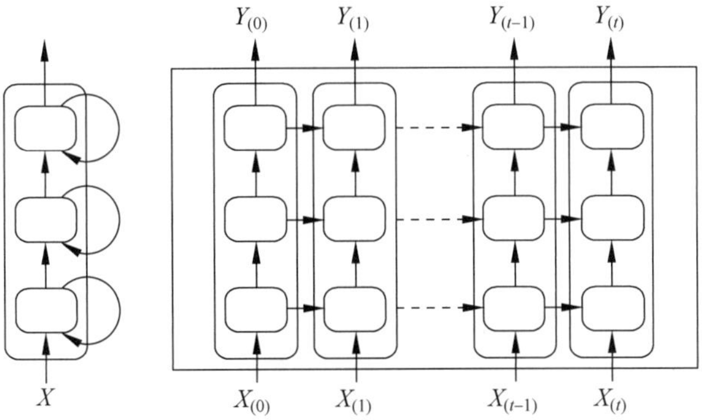

图 10.2.3 深度 RNN 的结构示意

为了降低长期依赖现象的影响，提出了降低学习的长期依赖问题的多种方法。例如，回声状态网络，采用固定循环权重，只学习输出权重的模式，另外还有泄露单元方法等。更常用和更成功的改进是所谓门控RNN，包括长短期记忆(long short-term memory，LSTM)模型和门控循环单元(gated recurrent unit，GRU)，下面对这些改进结构做概要介绍。

*10.2.5 长短期记忆模型

LSTM是一种有效的门控RNN结构，门控RNN在每个时间步通过门控路径，使梯度既不消失也不爆炸。门控的关键扩展在于使用了两个状态向量，一个是记忆细胞向量$\boldsymbol{c}^{(t)}$，一个是隐藏向量$\boldsymbol{h}^{(t)}$。门控的自循环控制记忆细胞形成门控内循环，控制记忆的长度。可将记忆细胞向量$\boldsymbol{c}^{(t)}$理解为长期记忆向量，将隐藏向量$\boldsymbol{h}^{(t)}$理解为短期记忆向量。

为了实现门控记忆过程，设置3个门控网络(由单层全连接网络组成)，分别称为遗忘门$\boldsymbol{f}^{(t)}$，用于控制自循环，即用于控制向量$\boldsymbol{c}^{(t)}$；外部输入门$\boldsymbol{i}^{(t)}$，用于控制输入通路；输出门$\boldsymbol{o}^{(t)}$用于控制输出通道。门控网络均使用sigmoid函数，即将门控输出的控制信号限制在0～1。门控网络输出的控制信号分别为

$$\begin{cases}\boldsymbol{f}^{(t)}=\sigma(\boldsymbol{W}_{xf}\boldsymbol{x}^{(t)}+\boldsymbol{W}_{hf}\boldsymbol{h}^{(t-1)}+\boldsymbol{b}_f)\\ \boldsymbol{i}^{(t)}=\sigma(\boldsymbol{W}_{xi}\boldsymbol{x}^{(t)}+\boldsymbol{W}_{hi}\boldsymbol{h}^{(t-1)}+\boldsymbol{b}_i)\\ \boldsymbol{o}^{(t)}=\sigma(\boldsymbol{W}_{xo}\boldsymbol{x}^{(t)}+\boldsymbol{W}_{ho}\boldsymbol{h}^{(t-1)}+\boldsymbol{b}_o)\end{cases} \tag{10.2.18}$$

注意，$\boldsymbol{W}_{xf}$是由$\boldsymbol{x}^{(t)}$产生遗忘门网络激活的权系数矩阵，其他矩阵的定义类似；$\boldsymbol{b}_f$是遗忘门的偏置向量，遗忘门输出$\boldsymbol{f}^{(t)}$的维度与$\boldsymbol{c}^{(t)}$相同，其他门控网络也类似。门控网络的输入由序列当前输入$\boldsymbol{x}^{(t)}$和前一刻的隐藏状态$\boldsymbol{h}^{(t-1)}$组成，即隐藏状态$\boldsymbol{h}^{(t)}$经过循环延迟(外循环)输入至门控网络的输入。

LSTM 网络的信息前馈主通道也是一个 FC 网络，以 tanh 作为激活函数，产生对输入和反馈信息的表示，用于对记忆细胞做输入，通过输入门控制其对记忆细胞的影响，该通道的输出为

$$\tilde{\boldsymbol{c}}^{(t)}=\tanh(\boldsymbol{W}_{x\tilde{c}}\boldsymbol{x}^{(t)}+\boldsymbol{W}_{h\tilde{c}}\boldsymbol{h}^{(t-1)}+\boldsymbol{b}_{\tilde{c}}) \tag{10.2.19}$$

LSTM 中最重要的是对内循环的记忆细胞向量 $\boldsymbol{c}^{(t)}$ 的控制。首先记忆细胞前一刻的值 $\boldsymbol{c}^{(t-1)}$ 被遗忘门控制是否继续被记忆，若遗忘门的一个输出分量 $f_i^{(t)}\approx 1$，则对应的 $c_i^{(t-1)}$ 被记忆；若对应 $f_i^{(t)}\approx 0$，则对应的 $c_i^{(t-1)}$ 被忘记，也就是对 $c_i^{(t-1)}$ 所表示状态的依赖性终止；若 $0<f_i^{(t)}<1$，则 $c_i^{(t-1)}$ 部分被记忆。对于记忆的依赖性由门控自动控制(门控权系数矩阵也是通过学习过程确定)，这部分构成内循环。除了内循环，由输入门控确定是否记忆当前输入产生的贡献，即是否记忆 $\tilde{\boldsymbol{c}}^{(t)}$。故 $\boldsymbol{c}^{(t)}$ 是网络的长记忆向量，表示为

$$\boldsymbol{c}^{(t)}=\boldsymbol{f}^{(t)}\odot\boldsymbol{c}^{(t-1)}+\boldsymbol{i}^{(t)}\odot\tilde{\boldsymbol{c}}^{(t)} \tag{10.2.20}$$

其中，$\odot$ 表示向量按元素相乘。

最后，由输出门 $\boldsymbol{o}^{(t)}$ 控制将记忆细胞向量通过 tanh 后，作为本时间步的隐藏状态 $\boldsymbol{h}^{(t)}$ 和输出 $\hat{\boldsymbol{y}}^{(t)}$，隐藏状态将通过外循环延迟输入到各分支的输入端，由于输出门控制是否需要记忆，故 $\boldsymbol{h}^{(t)}$ 比 $\boldsymbol{c}^{(t)}$ 有更短的记忆。输出和隐藏状态为

$$\hat{\boldsymbol{y}}^{(t)}=\boldsymbol{h}^{(t)}=\boldsymbol{o}^{(t)}\odot\tanh(\boldsymbol{c}^{(t)}) \tag{10.2.21}$$

图 10.2.4 给出了一个在 t 时刻的运算结构，这实际是 LSTM 网络的按时间计算展开图在一个时刻的表示，而不是实际的网络连接。

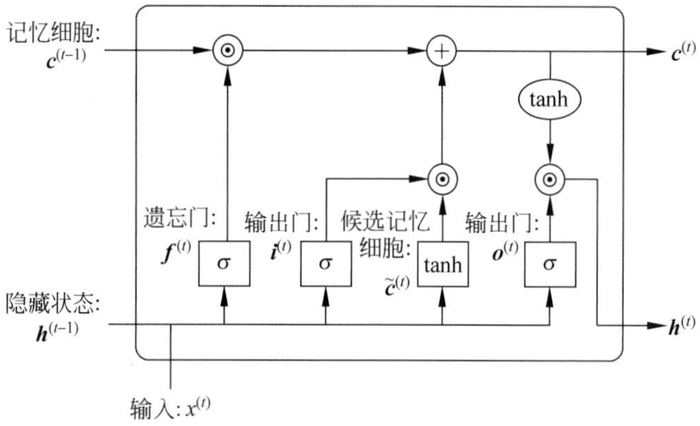

图 10.2.4 LSTM 网络的计算结构

*10.2.6 门控循环单元

门控循环单元(GRU)可看作 LSTM 的一种简化版，也是近期提出的一种结构，性能上与 LSTM 等价。

GRU 相当于把 LSTM 的两个状态合二为一，用 $\boldsymbol{h}^{(t)}$ 表示。用一个单一的控制门 $\boldsymbol{z}^{(t)}$ 取代遗忘门和输入门，另一个门 $\boldsymbol{r}^{(t)}$ 用于控制前一时刻状态对主前馈通道的贡献，两个门分别为

$$\begin{cases}\boldsymbol{z}^{(t)}=\sigma(\boldsymbol{W}_{xz}\boldsymbol{x}^{(t)}+\boldsymbol{W}_{hz}\boldsymbol{h}^{(t-1)}+\boldsymbol{b}_z)\\ \boldsymbol{r}^{(t)}=\sigma(\boldsymbol{W}_{xr}\boldsymbol{x}^{(t)}+\boldsymbol{W}_{hr}\boldsymbol{h}^{(t-1)}+\boldsymbol{b}_r)\end{cases} \tag{10.2.22}$$

主前馈通道表示为

$$\tilde{\boldsymbol{h}}^{(t)}=\tanh(\boldsymbol{W}_{x\tilde{h}}\boldsymbol{x}^{(t)}+\boldsymbol{W}_{h\tilde{h}}(\boldsymbol{r}^{(t)}\odot\boldsymbol{h}^{(t-1)})+\boldsymbol{b}_{\tilde{h}})\tag{10.2.23}$$

注意到，由 $\boldsymbol{r}^{(t)}\odot\boldsymbol{h}^{(t-1)}$ 表示门控控制 $\boldsymbol{h}^{(t-1)}$ 各分量对新的需记忆元素的贡献。GRU 的状态和输出表示为

$$\boldsymbol{h}^{(t)}=\boldsymbol{z}^{(t)}\odot\boldsymbol{h}^{(t-1)}+(\boldsymbol{1}-\boldsymbol{z}^{(t)})\odot\tilde{\boldsymbol{h}}^{(t)}\tag{10.2.24}$$

其中，$\boldsymbol{1}$ 为每分量均取 1 的向量。当 $z_i^{(t)}\approx 1$ 时，对应 $\boldsymbol{h}^{(t-1)}$ 分量被继续记忆，$\tilde{\boldsymbol{h}}^{(t)}$ 的分量被丢弃；反之，$z_i^{(t)}\approx 0$ 则记忆 $\tilde{\boldsymbol{h}}^{(t)}$ 的分量，忘记 $\boldsymbol{h}^{(t-1)}$ 的对应分量，由门控 $\boldsymbol{z}^{(t)}$ 自动控制了对历史和新输入的记忆和忘记。GRU 的计算结构如图 10.2.5 所示。

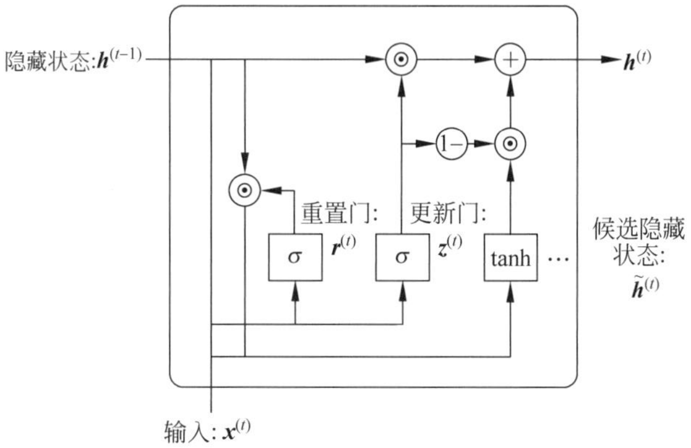

图 10.2.5　GRU 的计算结构

我们针对序列样本的一般情况，即输入序列和标注序列为等长序列的标准形式 $\boldsymbol{X}_n=\{\boldsymbol{x}^{(1)},\boldsymbol{x}^{(2)},\cdots,\boldsymbol{x}^{(\tau-1)},\boldsymbol{x}^{(\tau)}\}$ 和 $\boldsymbol{Y}_n=\{\boldsymbol{y}^{(1)},\boldsymbol{y}^{(2)},\cdots,\boldsymbol{y}^{(\tau-1)},\boldsymbol{y}^{(\tau)}\}$，讨论了 RNN 和其扩展结构的学习过程，实际中，针对不同应用环境，RNN 存在各种灵活的工作模式。例如，标注只有在序列的最后时刻才存在，即 $\boldsymbol{Y}_n=\{\boldsymbol{y}^{(\tau)}\}$，或反之，$\boldsymbol{X}_n=\{\boldsymbol{x}\}$ 只是一个常向量，$\boldsymbol{Y}_n$ 是一个序列。对于这些特殊模式，本节讨论的算法只需稍作调整，关于 RNN 的其他工作模式，大多结合了具体的应用领域，本节不再做进一步讨论。

10.3　深度学习中的优化算法

视频讲解

如第 9 章已介绍的，深度神经网络优化存在着许多困难。首先，深度神经网络的损失函数存在大量高原、鞍点和平坦区域都满足梯度为 0 的备选解条件，实际中鞍点数量超出局部极小点数目，图 10.3.1 所示为鞍点的一个例子。即使得到极小点，大多数也是局部极小点，当然，神经网络的全局最小点也不是唯一的，权系数空间的对称性使得全局最小点数目众多（这可能是优点，结合随机初始化使优化逼近其中一个全局最小值的可能增大）。

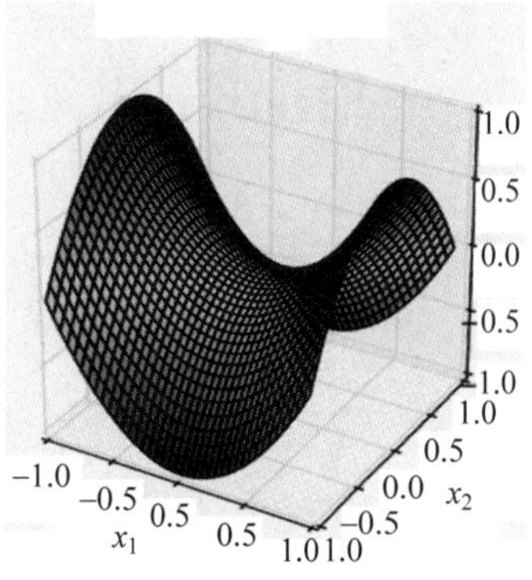

图 10.3.1　神经网络损失函数中的鞍点示意图

对于深度网络，由于权系数数目众多，高阶优化技术难以应用，主流的优化是传统梯度算法的改进，以小批量随机梯度算法（mini-batch SGD）应用最为广泛。对于神经

网络，有效计算梯度的主流算法是反向传播算法；对于深层网络，存在梯度消失或梯度爆炸现象及求解的梯度精确度不理想等问题。一方面，通过网络结构改善梯度，如 CNN 通过参数共享可降低梯度估计的方差，残差网络、密集连接网络等网络结构可以有效改善梯度消失问题，RNN 也通过门控技术(LSTM、GRU 等结构)改善梯度消失和梯度爆炸等问题；另一方面，改善优化算法，得到收敛性能更好的优化算法。

针对深度网络的训练，有多种改善的优化算法被提出，如基于动量的方法和针对自适应学习率的算法等，具体的算法有 Nesterov 动量算法、AdaGrad、RMSProp、Adam 等算法，尽管这些算法也可应用于其他需要梯度算法的优化问题中，但因其对深度学习优化的有效性，且其中多个算法也是针对深度网络优化而设计的，故集中在本节进行概要介绍。

10.3.1 小批量 SGD 算法

在第 3 章、第 4 章和第 9 章都简要地介绍过小批量 SGD 算法，本节作为讨论深度学习优化算法的起点，再次对小批量 SGD 做一个更正式的叙述。一般训练一个深度网络，基础算法是采用小批量 SGD 算法，一个小批量 SGD 的计算单元有以下 4 个步骤。

(1) 从训练集采样一个小批量样本；

(2) 通过前向传播计算网络各节点的值(激活和神经元输出)；

(3) 反向传播计算梯度；

(4) 利用小批量梯度均值更新权系数。

首先，假设训练样本集为

$$\boldsymbol{D}=\{(\boldsymbol{x}_1,\boldsymbol{y}_1),(\boldsymbol{x}_2,\boldsymbol{y}_2),\cdots,(\boldsymbol{x}_N,\boldsymbol{y}_N)\}=\{(\boldsymbol{x}_n,\boldsymbol{y}_n)\}_{n=1}^{N} \tag{10.3.1}$$

从训练样本集采样小批量样本的方法有两种：①首先将训练集样本 $\boldsymbol{D}$ 打乱，即随机重排列训练集，这样的目的是消除相近样本可能残存的相关性，然后每次顺序取出 m 个样本作为小批量样本；②训练样本集不变，每次随机地从训练样本集抽取出 m 个样本组成小批量样本。为了表示简单，把每次取得的小批量样本重新记为

$$\boldsymbol{D}_k=\{(\boldsymbol{x}_i,\boldsymbol{y}_i)\}_{i=1}^{m} \tag{10.3.2}$$

一个小批量样本由 m 个样本组成，m 的取值与训练集样本总量和网络的规模有关，在实际中可能取数十、数百或上千，在较大规模网络训练时，m 取数百比较合适。

获得小批量样本后，对于这一组样本，网络权系数不变，用 BP 算法计算对各样本的梯度，并得到梯度的均值为

$$\boldsymbol{g}=\nabla_w\left\{\frac{1}{m}\sum_{i=1}^{m}L[f(\boldsymbol{x}_i;\boldsymbol{w}),\boldsymbol{y}_i]\right\} \tag{10.3.3}$$

其中，$L[f(\boldsymbol{x}_i;\boldsymbol{w}),\boldsymbol{y}_i]$表示神经网络的损失函数，$\boldsymbol{w}$ 表示所有权系数排成的向量，则小批量 SGD 算法更新权系数为

$$\boldsymbol{w}\leftarrow\boldsymbol{w}-\eta_k\boldsymbol{g} \tag{10.3.4}$$

其中，η_k 为学习率，原理上学习率是可变的参数。以上过程循环进行，每次取一个小批量，计算梯度，更新一次权系数，直到满足收敛条件。小批量 SGD 算法描述如下。

小批量 SGD 算法

输入：学习率 η_k，初始权系数 $\boldsymbol{w}$

算法描述：

while 停止条件不满足 do

　　从训练集采样一组小批量样本 $\boldsymbol{D}_k=\{(\boldsymbol{x}_i,\boldsymbol{y}_i)\}_{i=1}^{m}$；

　　BP 算法计算梯度：$\boldsymbol{g}\leftarrow\nabla_w\left\{\frac{1}{m}\sum_{i=1}^{m}L[f(\boldsymbol{x}_i;\boldsymbol{w}),\boldsymbol{y}_i]\right\}$；

　　更新权系数：$\boldsymbol{w}\leftarrow\boldsymbol{w}-\eta_k\boldsymbol{g}$；

end while

SGD 算法中，学习率的选取是一个重要因素，可随迭代过程变化。理论上，若满足以下两个条件，则算法收敛

$$\begin{cases}\sum_{k=1}^{\infty}\eta_k=\infty\\ \sum_{k=1}^{\infty}\eta_k^2<\infty\end{cases}\tag{10.3.5}$$

在小批量 SGD 算法实现时，可给出一个初始学习率 η_0，然后每隔若干批次将学习率按一定比例缩小，按照这种方式选择的 η_k 可满足式(10.3.5)的收敛条件。另一种选择学习率的方法是按照下式变化

$$\eta_k=\frac{\eta_0}{1+\alpha k}$$

其中，α 是一个可选择的参数。还有多种启发式变化学习率 η_k 的方法，不再赘述。

10.3.2　动量 SGD 算法

随机梯度在相邻两步之间可能差距很大(包括方向和幅度)，故 SGD 存在学习过程慢的问题，一种动量方法可加速学习。所谓动量，是对历史的学习率加权负梯度(相当于速度)的一种累积量，用 $\boldsymbol{v}$ 表示动量，并引入超参数 $\alpha\in[0,1)$，超参数控制在动量中历史累计和当前加权梯度的比例。在起始时给动量赋予初值(如 0)，每次计算新的小批量梯度后，得到动量的更新为

$$\boldsymbol{v}\leftarrow\alpha\boldsymbol{v}-\eta\nabla_w\left\{\frac{1}{m}\sum_{i=1}^{m}L[f(\boldsymbol{x}_i;\boldsymbol{w}),\boldsymbol{y}_i]\right\}\tag{10.3.6}$$

则权系数由动量进行更新为

$$\boldsymbol{w}\leftarrow\boldsymbol{w}+\boldsymbol{v}\tag{10.3.7}$$

可以看到，若连续多步的梯度相等，则相当于等价步长为

$$\eta\frac{\|\boldsymbol{g}\|}{1-\alpha}\tag{10.3.8}$$

这相当于一种加速，当步长方向和幅度变化较大时，动量的积累效应使得动量一定程度抑制了梯度的高随机性，使迭代过程中权参数的收敛更加平缓。

一种改进的动量方法是 Nesterov 动量，这种动量是在计算梯度之前，首先利用动量的历史值形成一个校正的权系数，记为

$$\tilde{\boldsymbol{w}} \leftarrow \boldsymbol{w} + \alpha \boldsymbol{v} \tag{10.3.9}$$

以 $\tilde{\boldsymbol{w}}$ 作为权系数计算梯度，即

$$\begin{aligned}\boldsymbol{g} &= \nabla_{\tilde{\boldsymbol{w}}}\left\{\frac{1}{m}\sum_{i=1}^{m} L\left[f(\boldsymbol{x}_i;\tilde{\boldsymbol{w}}),\boldsymbol{y}_i\right]\right\} \\ &= \nabla_{\boldsymbol{w}}\left\{\frac{1}{m}\sum_{i=1}^{m} L\left[f(\boldsymbol{x}_i;\boldsymbol{w}+\alpha\boldsymbol{v}),\boldsymbol{y}_i\right]\right\}\end{aligned} \tag{10.3.10}$$

计算完梯度后，对动量更新为

$$\boldsymbol{v} \leftarrow \alpha \boldsymbol{v} - \eta \boldsymbol{g} \tag{10.3.11}$$

权系数更新仍为

$$\boldsymbol{w} \leftarrow \boldsymbol{w} + \boldsymbol{v} \tag{10.3.12}$$

带 Nesterov 动量的 SGD 算法总结如下，一般动量算法只需要省略计算 $\tilde{\boldsymbol{w}}$ 这一步即可（这一步置为 $\tilde{\boldsymbol{w}} \leftarrow \boldsymbol{w}$）。

带 Nesterov 动量的小批量 SGD 算法

输入：学习率 η，动量参数 α，初始权系数 $\boldsymbol{w}$，初始动量 $\boldsymbol{v}=0$

算法描述：

while 停止条件不满足 do

　　从训练集采样一组小批量样本 $\boldsymbol{D}_k=\{(\boldsymbol{x}_i,\boldsymbol{y}_i)\}_{i=1}^{m}$；

　　调整权系数：$\tilde{\boldsymbol{w}} \leftarrow \boldsymbol{w}+\alpha\boldsymbol{v}$；

　　BP 算法计算梯度：$\boldsymbol{g} \leftarrow \nabla_{\tilde{\boldsymbol{w}}}\left\{\frac{1}{m}\sum_{i=1}^{m} L\left[f(\boldsymbol{x}_i;\tilde{\boldsymbol{w}}),\boldsymbol{y}_i\right]\right\}$；

　　更新动量：$v \leftarrow \alpha\boldsymbol{v}-\eta\boldsymbol{g}$；

　　更新权系数：$\boldsymbol{w} \leftarrow \boldsymbol{w}+\boldsymbol{v}$；

end while

图 10.3.2 给出了动量和负梯度（由学习率加权）的关系图，若不考虑动量，则每次权系数更新单独由梯度控制，考虑动量后，实际更新由以前的积累动量和当前梯度合成的向量控

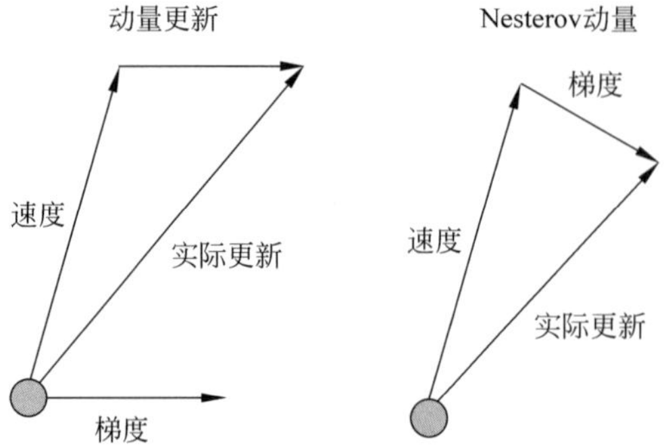

图 10.3.2　两种动量的示意图

制。当每次的梯度随机性变化较大时，加入动量的方式可使权系数的每次更新更平缓。

10.3.3 自适应学习率算法

可以考虑自适应地改变学习率，开始时较快地更新，然后将控制自适应地改变学习率，缓慢地收敛到极小点。可对所有模型参数的学习率自适应改变，使之反比于所有梯度历史的平方根。AdaGrad 算法是一个较早的自适应学习率算法，设置一个累积向量并设初值为 $\boldsymbol{r}=\mathbf{0}$，在每次迭代计算出小批量平均梯度 $\boldsymbol{g}$ 后，$\boldsymbol{r}$ 进行累积，即

$$\boldsymbol{g} \leftarrow \nabla_w \left\{\frac{1}{m}\sum_{i=1}^{m} L\left[f(\boldsymbol{x}_i;\boldsymbol{w}),\boldsymbol{y}_i\right]\right\} \tag{10.3.13}$$

$$\boldsymbol{r} \leftarrow \boldsymbol{r} + \boldsymbol{g} \odot \boldsymbol{g} \tag{10.3.14}$$

其中，$\odot$ 为两向量按元素相乘。然后权系数向量更新时，通过 $\boldsymbol{r}$ 按元素运算控制各系数的更新学习率，即

$$\boldsymbol{w} \leftarrow \boldsymbol{w} - \frac{\eta}{\sqrt{\delta + \boldsymbol{r}}} \odot \boldsymbol{g} \tag{10.3.15}$$

注意，式(10.3.15)是按元素相除的，即权系数的每个分量按式(10.3.16)更新

$$w_i \leftarrow w_i - \frac{\eta}{\sqrt{\delta + r_i}} g_i \tag{10.3.16}$$

其中，δ 为一个平滑控制参数，取很小的实数，如 $\delta=10^{-10}$。

AdaGrad 算法用于神经网络训练时，经常过早地停止或进入更新很慢的情况，一种改进的方法称为 RMSProp 算法，RMSProp 设置了一个衰减率因子 ρ，则 $\boldsymbol{r}$ 的累积方式为

$$\boldsymbol{r} \leftarrow \rho\boldsymbol{r} + (1-\rho)\boldsymbol{g} \odot \boldsymbol{g} \tag{10.3.17}$$

其中，ρ 为一个增加的超参数，但 RMSProp 算法中推荐使用 $\rho=0.9$，这个推荐值一般可以得到良好的效果。基本 RMSProp 算法的其他步骤与 AdaGrad 一致，但 RMSProp 算法可以与 Nesterov 动量结合，得到更加有效一些的实现。

一个较新的、一般情况下性能良好的优化算法是 Adam(ADAptive Moment estimation)算法，该算法集成了以上所述的诸多因素，是目前被广泛采用的一种优化算法。

Adam 算法分别计算梯度 $\boldsymbol{g}$ 的一阶矩 $\boldsymbol{s}$ 和二阶矩 $\boldsymbol{r}$，其中一阶矩是动量的一种等价形式，二阶矩用于自适应控制学习率，Adam 算法对有偏估计的一阶矩和二阶矩进行校正。在通过式(10.3.13)计算得到小批量梯度 $\boldsymbol{g}$ 后，Adam 算法分别进行以下各步运算。

$$\boldsymbol{s} \leftarrow \rho_1\boldsymbol{s} + (1-\rho_1)\boldsymbol{g} \tag{10.3.18}$$

$$\boldsymbol{r} \leftarrow \rho_2\boldsymbol{r} + (1-\rho_2)\boldsymbol{g} \odot \boldsymbol{g} \tag{10.3.19}$$

$$\hat{\boldsymbol{s}} \leftarrow \frac{\boldsymbol{s}}{1-\rho_1^t} \tag{10.3.20}$$

$$\hat{\boldsymbol{r}} \leftarrow \frac{\boldsymbol{r}}{1-\rho_2^t} \tag{10.3.21}$$

$$\boldsymbol{w} \leftarrow \boldsymbol{w} - \frac{\eta}{\sqrt{\hat{\boldsymbol{r}}} + \delta} \odot \hat{\boldsymbol{s}} \tag{10.3.22}$$

其中，ρ_1 和 ρ_2 为两个衰减率，算法推荐 $\rho_1=0.9$ 和 $\rho_2=0.999$，$\delta=10^{-8}$。式(10.3.20)和

式(10.3.21)中的指数 t 表示当前迭代的次数,初始时 $t=0$,每步小批量迭代 t 加 1。式(10.3.18)和式(10.3.19)的一阶矩和二阶矩增量计算带来矩估计的偏,式(10.3.20)和式(10.3.21)是对偏的校正。Adam 算法描述如下。

Adam 算法

输出:学习率 η(推荐 0.001),衰减率 ρ_1 和 ρ_2(推荐 $\rho_1=0.9$ 和 $\rho_2=0.999$),平滑因子 δ(推荐 $\delta=10^{-8}$),初始权系数 $\boldsymbol{w}$,初始一阶矩 $\boldsymbol{s}=\boldsymbol{0}$,二阶矩 $\boldsymbol{r}=\boldsymbol{0}$,迭代步计数 $t=0$

算法描述:

while 停止条件不满足 do

从训练集采样一组小批量样本 $\boldsymbol{D}_k=\{(\boldsymbol{x}_i,\boldsymbol{y}_i)\}_{i=1}^m$;

BP 算法计算梯度:$\boldsymbol{g}\leftarrow\nabla_w\left\{\frac{1}{m}\sum_{i=1}^m L[f(\boldsymbol{x}_i;\boldsymbol{w}),\boldsymbol{y}_i]\right\}$;

$t\leftarrow t+1$;

更新一阶累积量:$\boldsymbol{s}\leftarrow\rho_1\boldsymbol{s}+(1-\rho_1)\boldsymbol{g}$;

更新二阶累积量:$\boldsymbol{r}\leftarrow\rho_2\boldsymbol{r}+(1-\rho_2)\boldsymbol{g}\odot\boldsymbol{g}$;

校正一阶累积量的偏:$\hat{\boldsymbol{s}}\leftarrow\frac{\boldsymbol{s}}{1-\rho_1^t}$;

校正二阶累积量的偏:$\hat{\boldsymbol{r}}\leftarrow\frac{\boldsymbol{r}}{1-\rho_2^t}$;

权系数更新量:$\Delta\boldsymbol{w}\leftarrow-\frac{\eta}{\sqrt{\hat{\boldsymbol{r}}+\delta}}\odot\hat{\boldsymbol{s}}$;

更新权系数:$\boldsymbol{w}\leftarrow\boldsymbol{w}+\Delta\boldsymbol{w}$;

end while

也有人提出了结合 Nesterov 动量和 Adam 算法得到 Nadam 算法,这种扩展是自然的,不再赘述。

一般来讲,从大量数据集的验证结果看,Adam、RMSProp 和 Nadam 算法的收敛速度和收敛性能良好;对于一些数据集,反而更简单的 Nesterov 动量算法表现更好。

10.4 深度学习训练的正则化技术

如前几章已经遇到的,对于机器学习模型训练过程中的过拟合问题,有效的抑制方法是正则化技术。针对深度神经网络的训练,更容易遇到过拟合问题,正则化是训练深度神经网络的重要技术。第 9 章已经讨论过一些对神经网络训练的基本正则化方法,如权衰减正则化、早停止等,这些方法对深度神经网络的训练仍然有效,仍可采用,但针对深度神经网络有一些专门的正则化技术被提出,本节讨论两类针对深度学习的正则化方法。

一种专门针对深度学习的正则化技术是 Dropout,另一种方法是批归一化(batch normalization,BN)技术,前者是一种标准的正则化技术,后者的作用可等价为一种正则化技术，故均放在本节集中讨论。

10.4.1 Dropout 技术

Dropout 是一种正则化方法。在深度神经网络的训练中，为了抑制过拟合问题，可采用所谓 Dropout 训练方法。在 Dropout 训练中，在每个训练步，从基础网络中随机除去一些单元(输出单元总是保留)后形成子网络，对子网络进行前后向传播和权系数更新。

在每个小批量权更新时，对每个样本，用一个二进制掩码向量决定各单元是否去除，掩码向量按预先设定的方式随机取样，可预先针对不同单元确定去除概率 p(这个概率可作为超参数，例如设输入单元被去除的概率为 0.2，隐藏单元的概率为 0.5，卷积层去除概率为 0.4～0.5，输出单元总被保持)。每个迭代步训练一部分子网络参数，但其他参数继承基本网络的原参数。

Dropout 作为正则化技术，其可减少模型的有效容量，为了抵消这种影响，需增大模型规模。实践表明，Dropout 只在大样本训练时有效。

图 10.4.1 给出一个 3 层神经网络按神经元节点进行去除的例子。在每个前向层，随机设置一些神经元为 0，设为 0 的比例是个超参数，本例在输入层和隐藏层的去除比例均取 50%。左侧是基础网络，在一个迭代步，对每个节点按 0.5 的概率随机取一个掩码，若掩码为 1，则该节点保留，否则该节点去除，如此随机地取各单元为保留单元或去除单元。节点一旦去除，则与其相连接的边均被去除，右侧表示了一种随机保留的节点与相应边，在本次迭代时只对相应保留的权系数和神经元进行计算，通过 BP 算法计算损失函数针对保留系数的梯度，用选择的优化算法进行权系数更新，其他系数保留其原始值。

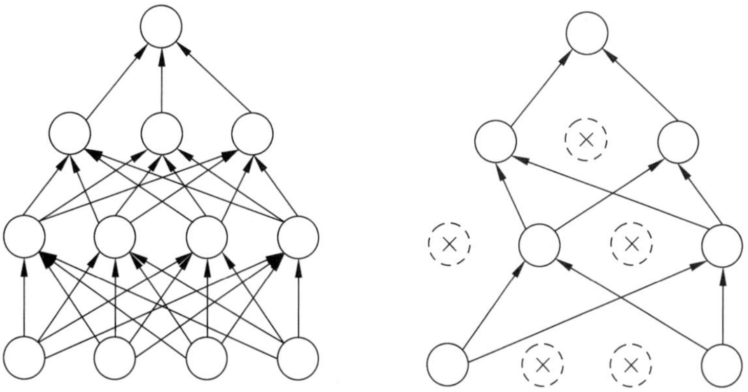

图 10.4.1 一个 Dropout 示意

一种理解 Dropout 的想法是：每次随机删除掉一些神经元和对应权系数，相当于随机构造了一个新网络，但只用一步训练，起始权系数用上次基础网络的保留值。这样训练 K(很大的值)次，可以把最终训练的网络看作每次随机删除的多种网络的集成网络。Dropout 使训练收敛更慢，训练时间更长，但 Dropout 训练的最后网络一般性能更好，使得加长的训练时间是值得的。

利用 Dropout 技术训练一个网络，当网络训练结束后，用于测试或预测时，所有神经元和权系数不再去除，因此训练时和测试时接入各神经元的加权数目不一样。例如，若去除率 50%，则测试时平均接入各神经元的权数目是每次训练时的 2 倍，故为了产生等分布的神经元输出，在测试时将接入各神经元的权系数先乘以 0.5。对于一般的去除概率 p，则测试时相应各权值首先乘以保留概率 $1-p$。

10.4.2 批归一化

批归一化可用于加速深度神经网络的训练。对于一个机器学习模型，若对输入层数据进行预处理，将输入特征向量预处理为白化向量，即各分量均值为 0，协方差矩阵为单位矩阵，则可加速学习的收敛过程。但对于深度神经网络，在训练过程中，经过前级权系数加权运算和非线性激活函数运算，各层的输入信号分布变化很大，具有非常不一致的分布，称这种现象为内部协变量偏移(internal covariate shift)，其可显著降低深度网络的训练效率。

对于饱和型的激活函数，如 tanh 或 sigmoid 等函数，若神经元的激活值幅度较大，进入其激活函数的饱和区，因此反向传播的梯度分量趋于 0，对应权系数将驻留不变，拉低学习过程的收敛速度。

对于神经网络的一层，若输入向量为 $\boldsymbol{u}$，激活向量为 $\boldsymbol{x}=\boldsymbol{W}\boldsymbol{u}+\boldsymbol{b}$，该隐藏层输出为 $\boldsymbol{z}=\varphi(\boldsymbol{x})=\varphi(\boldsymbol{W}\boldsymbol{u}+\boldsymbol{b})$，为了避免 $\boldsymbol{x}$ 的分布与输入层过于不一致，可在每层的激活 $\boldsymbol{x}$ 后插入一级归一化(normalization)运算层，将 $\boldsymbol{x}$ 白化。对 $\boldsymbol{x}$ 的白化需耗费很大的运算量，需要大量样本参与计算 $\boldsymbol{x}$ 的协方差矩阵。因此，这一级的归一化做两个简化：①对 $\boldsymbol{x}$ 的每个分量元素分别归一化，使其均值为 0，方差为 1，这只需要标量运算，简单得多；②由于深度神经网络的训练总是使用小批量随机梯度(及其改进算法)，因此归一化只对一个小批量样本集进行。因为有了这两个简化，所以称为批归一化。

设对于网络的任意层，其小批量样本集计算所得的激活值集为 $\{(\boldsymbol{x}_i)\}_{i=1}^m$，这里下标 i 表示小批量中样本的序号，$\boldsymbol{x}_i$ 是本层的一个激活向量，由于需要对 $\boldsymbol{x}_i$ 的每个分量单独归一化，故任取其中一个分量组成标量样本集 $\{(x_i)\}_{i=1}^m$，为了简单，这里省略了分量的标号，使算法对每个分量是一致的。对一个分量的批归一化算法描述如下。

批归一化算法(BN)

输入：小批量样本(其中一个分量组成的标量样本集) $\{(x_i)\}_{i=1}^m$；需学习的参数：γ,β

输出：$\{y_i=BN_{\gamma,\beta}(x_i)\}_{i=1}^m$

$$\mu_B=\frac{1}{m}\sum_{i=1}^m x_i \tag{10.4.1}$$

$$\sigma_B^2=\frac{1}{m}\sum_{i=1}^m (x_i-\mu_B)^2 \tag{10.4.2}$$

$$\hat{x}_i=\frac{x_i-\mu_B}{\sqrt{\sigma_B^2+\varepsilon}} \tag{10.4.3}$$

$$y_i=\gamma\hat{x}_i+\beta\triangleq BN_{\gamma,\beta}(x_i) \tag{10.4.4}$$

式(10.4.1)和式(10.4.2)分别计算小批量样本的均值和方差；式(10.4.3)用于对每个样本去均值和归一化，该式中的 ε 是一个预设的常数，作为平滑因子以防分母为 0；式(10.4.4)

通过两个参数 γ、β 将 BN 的输出重新做合适的尺度和平移，以满足插入 BN 后网络的表达能力。参数 γ、β 通过学习过程与网络的权系数一样被训练。特别地，若某层不需要 BN，可能学得 $\gamma=\sqrt{\sigma_B^2+\varepsilon}$，$\beta=\mu_B$，则 y_i 又恢复为 x_i。用 $y_i=BN_{\gamma,\beta}(x_i)$ 表示 BN 变换，注意，这里 y_i 只是表示 BN 变换输出，不是以前常表示的标注值。

每层 $\boldsymbol{x}_i$ 的每个分量，均可按上述算法进行 BN 变换，每个分量的参数 γ、β 单独训练。将 BN 变换看作网络中的一层，因此在 BP 算法中，需要给出 BN 变换层参数的梯度分量，由链式法则，不难导出 BN 层的梯度计算并插入 BP 算法的相应层。BN 层的 BP 算法细节可参考张旭东的《机器学习导论》一书。

前面讨论 BN 变换的过程是以全连接网络为例进行的，对于全连接网络，在同一层的各神经元有不同的权系数，各神经元，有不同的分布，故对各神经元的激活(即 $\boldsymbol{x}_i$ 的一个分量)分别独立地进行 BN 变换。对于 CNN，情况有所不同，在 CNN 中，对于一个卷积核及其产生的一个卷积通道(卷积平面)，由于其卷积核的共享性，各卷积输出值具有相同的分布，故对于一个卷积通道，共用一个 BN 变换。设一个卷积通道的输出是一个二维卷积平面，有 $p\times q$ 个卷积值，若小批量样本数目是 m，则该 $p\times q\times m$ 个值通过一个 $\mathrm{BN}_{\gamma,\beta}(x_{i,j,k})$ 进行批归一化，这里 i 为小批量样本的序号，j、k 为卷积值在平面内的序号。若一个卷积层有多个卷积核，则各卷积核的输出平面使用独立的 BN 变换。

当一个网络训练结束，用于预测或推断时，对于一个新的输入向量，若神经网络训练时某层和某单元插入了 BN 变换，则在推断时该单元也需要做归一化，但是推断时是按单输入推断的，并没有小批量输入。因此，为了推断，需要一个统计的均值和方差，可用全部训练集计算相应层和单元的统计均值和方差。为了做到这一点，在训练时，当计算了一个小批量的 μ_B 和 σ_B^2 时，可以将该结果进行累积平均。为了做到累积平均，假设一个迭代步对应一个小批量样本集，一个 BN 单元相应的均值和方差记为 $\mu_{B,t}$ 和 $\sigma_{B,t}^2$，其中 t 为迭代步计数，初始时 $t=1$。t 步结束后 $\mu_{B,t}$ 和 $\sigma_{B,t}^2$ 的累积平均为

$$E_t(\mu_B)=\frac{1}{t}\sum_{i=1}^{t}\mu_{B,i}=E_{t-1}(\mu_B)+\frac{1}{t}[\mu_{B,t}-E_{t-1}(\mu_B)] \tag{10.4.5}$$

$$E_t(\sigma_{B,t}^2)=\frac{1}{t}\sum_{i=1}^{t}\sigma_{B,i}^2=E_{t-1}(\sigma_{B,t}^2)+\frac{1}{t}[\sigma_{B,t}^2-E_{t-1}(\sigma_{B,t}^2)] \tag{10.4.6}$$

从 $t=2$ 起可以用式(10.4.5)和(10.4.6)累积，当所有训练步结束，最后某单元的总样本平均表示为

$$E(x)=E_t(\mu_B) \tag{10.4.7}$$

$$\mathrm{Var}(x)=\frac{m}{m-1}E_t(\sigma_{B,t}^2) \tag{10.4.8}$$

由于方差估计是有偏估计，式(10.4.8)的比例系数是对方差估计的校正。对于该单元在推断时相应的 BN 变换为

$$y=\gamma\frac{x-E(x)}{\sqrt{\mathrm{Var}(x)+\varepsilon}}+\beta \tag{10.4.9}$$

BN 算法的提出者声明，对于典型的网络和数据集，BN 可提升训练速度高达 14 倍，结合 BN 的训练可使用更大的学习率。图 10.4.2 给出了一个 3 层 FC 网络，针对 MNIST 数

据集，对比是否采用 BN 变换时随训练次数的测试精度变化。在 ImageNet 数据集上，使用 BN 训练 Inception 网络，达到当时最好的效果。在残差网络的训练中也使用了 BN 变换。一般情况下，使用 BN 变换可不必再使用 Dropout 正则化，并克服过拟合现象，从这个意义上，BN 变换是一种正则化技术。

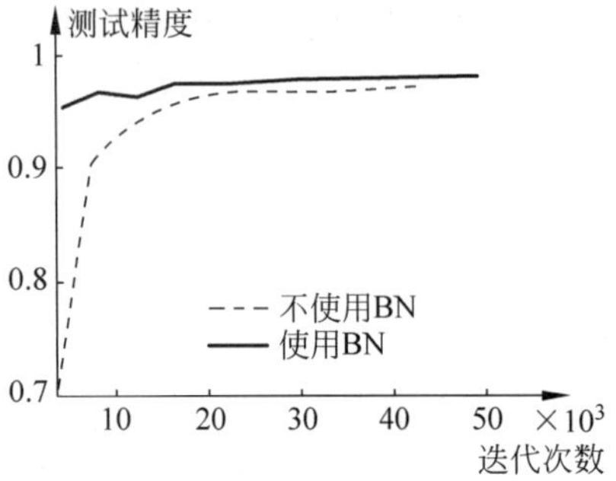

图 10.4.2 一个 3 层 FC 网络是否使用 BN 的对比

本节注释 BN 的提出者以内部协变量偏移来解释其有效性，但后来有论文质疑这一观点。实际上与深度神经网络的许多问题一样，BN 的有效性得到实践的验证，但其有效的原因尚存争议。

10.5 本章小结

本章介绍了在深度学习中广泛使用的两种神经网络结构：CNN 和 RNN。在 20 世纪八九十年代，人们就对 CNN 和 RNN 做了研究，但其广泛应用却是在深度学习活跃之后，尤其是在 2012 年左右用 CNN 取得对图像识别水平的突破，用 RNN 取得对语音识别水平的突破，使 CNN 和 RNN 分别成为图像、计算机视觉领域和处理序列(如语音识别、机器翻译或信号处理)领域最有效的工具。

由于 CNN 和 RNN 应用的广泛性，本章对其进行了较为详细的讨论。神经网络中还有一些其他结构，在不同时期都发挥过作用，如 Boltzmann 机和受限 Boltzmann 机、径向基函数网络(Radial Basis Function，RBF)、自组织网络(SOM 网络)等，本书限于篇幅没有对这些网络做介绍，有兴趣的读者可参考神经网络的两本经典教科书：Haykin 的 *Neural Networks and Learning Machines* 和 Bishop 的 *Neural Networks for Pattern Recognition*。深度学习的代表性著作，Goodfellow 等 *Deep Learning* 对 CNN 和 RNN 都给出了较详尽的介绍；Graves 的 Supervised Sequence Labelling with Recurrent Neural Network 对 RNN 及扩展(包括 LSTM)做了专门论述。针对 Python 编程实践，Geron 的书详细讨论了 CNN 和 RNN 在 Scikit 和 TensorFlow 框架下的程序实现；阿斯顿. 张等的《动手学深度网络》给出了 CNN 和 RNN 的原理介绍和在 MXNet 开源框架下的编程实践。

尽管 CNN 和 RNN 是一种流行的结构，但基础的“信号与系统”中关于卷积和状态方程的详尽论述，包括物理意义的说明，对于更深入理解 CNN 和 RNN 是有帮助的，有兴趣的读者可参考“信号与系统”的基础教材。

限于篇幅和本教材的基础性，对于深度学习中更新的一些网络结构，如 GAN 网络和

Transformer 等没有做进一步介绍，有兴趣的读者可参考近期相关论文或邱锡鹏的《神经网络与深度学习》和张旭东的《机器学习导论》。

习题

1. 对于如下的二维数据和卷积核

24	76	78	45	32
44	45	89	56	30
15	32	98	98	35
17	44	110	89	40
22	54	128	98	34

1	1
−1	−1

(1) 求有效卷积的卷积输出；

(2) 对卷积输出通过 ReLU 激活函数后，按照步幅 2 进行 2×2 窗口的最大池化，写出池化输出。

2. 设一个简单的 RNN 的计算表示为

$$\boldsymbol{a}^{(t)}=\boldsymbol{b}+\boldsymbol{W}\boldsymbol{h}^{(t-1)}+\boldsymbol{U}\boldsymbol{x}^{(t)}$$
$$\boldsymbol{h}^{(t)}=\tanh(\boldsymbol{a}^{(t)})$$
$$o^{(t)}=c+\boldsymbol{V}\boldsymbol{h}^{(t)}$$
$$\hat{y}^{(t)}=o^{(t)}$$

(1) 若 $\boldsymbol{h}$ 和 $\boldsymbol{x}$ 均为二维向量，网络参数分别为

$$\boldsymbol{b}=[0.2,-0.1]^{\mathrm{T}},\quad c=0.25,\quad \boldsymbol{V}=[0.5,1]$$
$$\boldsymbol{W}=\begin{bmatrix}0.8 & -0.1\\ -0.12 & 0.8\end{bmatrix},\quad \boldsymbol{U}=\begin{bmatrix}2 & -1\\ 1 & 1\end{bmatrix}$$

若输入 $\boldsymbol{x}^{(t)}=[\sin 0.2\pi t \quad \cos 0.5\pi t]^{\mathrm{T}}$，请借助计算机，计算在 $1\leqslant t\leqslant 10$ 的输出 $\hat{y}^{(t)}$ 序列。

(2) 对于该网络，若采用误差平方作为目标函数，以问题(1)中给出的系数为初始值，设状态初始值为 $\boldsymbol{h}^{(0)}=\boldsymbol{0}$，若一个包含 3 个时刻的序列样本为

$$\{(\boldsymbol{x}^{(t)},\hat{\boldsymbol{y}}^{(t)})\}_{t=1}^{3}=\{((1,2)^{\mathrm{T}},-1),((-1,0)^{\mathrm{T}},1),((1,-1)^{\mathrm{T}},2)\}$$

请利用通过时间的反向传播算法，对网络参数进行更新。

3. 对于图 10.2.2 所示的 RNN 的展开计算图，若只有最后一个时刻 τ 给出了输出标注 $y^{(\tau)}$，其他时刻没有相应标注 $y^{(t)}, t=1,2,\cdots,\tau-1$。在这种只有序列最后时刻的标注起作用的情况下，修改通过时间的反向传播算法的对应公式，即式(10.2.10)～式(10.2.17)。

第 11 章 无监督学习算法

CHAPTER 11

本书至此主要讨论的是监督学习，训练样本集中的每个样本都带有标注，对于每个输入特征向量，对应标注值指出其代表的是什么，这些标注就像教师一样引导机器学习模型去学习表达知识，当有充分的样本集时，模型学习到一定的规律，并对新的输入特征向量所产生的结果进行预测。但也有很多样本，实际上有更多、更广泛的样本集，其只有一组收集到的数据，即每个样本仅对应于一个输入特征向量，并没有对应的标注可用。从这种无标注数据集进行学习是无监督学习的内容。

从机器学习发展状况看，监督学习更成熟，无监督学习的发展相对初级，或刚刚跨入门槛。但在实际中，人们采样得到的数据集绝大多数是无标注的，人工标注非常费力耗时，故从无标注数据中学习在机器学习中有更多待挖掘的空间，位于无监督学习和监督学习之间的半监督学习也是重要的研究领域。

目前已有一些无监督学习的方法，主要有聚类、概率密度估计、异常值检测、数据降维、独立分量分析等。本章介绍几个基本的无监督学习算法，主要讨论聚类算法、混合概率模型的 PDF 估计和软聚类及用于通用降维的主分量分析。

11.1 聚类算法

视频讲解

将未标注的数据集 $\boldsymbol{X}=\{\boldsymbol{x}_i \mid 1 \leqslant i \leqslant N\}$ 聚类(或称为分簇)，每个聚类具有相似的特性，或聚类具有一定的聚集特性，认为是数据中自动聚集的子类，可为这样一个子集中每个样本赋予一个相同的类别标号。注意，聚集的类和监督学习标注的类是不同的，标注的类一般具有明确的含义，聚集的类或簇表示了一个数据子集具有相似的特征，给予一个标号是为了区分各子集或聚类，至于一个聚类是否有明确的意义，根据数据的来源和特征向量各分量的含义，可做进一步分析。

把未标注的数据集划分为子集类的过程，称为聚类算法。聚类是无监督学习的一种基本算法，可以成为很多应用的基础。本节首先讨论一种基本的聚类算法：K 均值聚类算法，然后简要介绍一些扩展的方法。

11.1.1 K 均值聚类算法

设无标注的数据样本集为 $\boldsymbol{X}=\{\boldsymbol{x}_i \mid 1 \leqslant i \leqslant N\}$，$\boldsymbol{x}_i$ 为 D 维向量，目标是将 N 个样本聚类成 K 类。为了便于集中讨论聚类算法，首先假设 K 是已指定的参数，目标是由样本集形

成 K 聚类,并将每个样本分配给其中一个聚类。既然假设每个聚类由相似的样本子集组成,就要有关于相似性的度量。相似性度量有很多,这里首先以距离表示相似性(距离越小越相似),即将距离相近的一组样本子集形成一个聚类。距离的定义也同样有多种,首先选择最基本的一种距离——欧几里得距离,即对于两个样本 $\boldsymbol{x}_i$ 和 $\boldsymbol{x}_j$,其距离为向量差的 l_2 范数,即

$$d(\boldsymbol{x}_i,\boldsymbol{x}_j)=\|\boldsymbol{x}_i-\boldsymbol{x}_j\|=\left[\sum_{k=1}^{D}(x_{ik}-x_{jk})^2\right]^{\frac{1}{2}} \tag{11.1.1}$$

既然以 D 维空间内的空间聚集性作为聚类的标准,则每个聚类存在一个质心位置,记为$\boldsymbol{\mu}_k$,$k=1,2,\cdots,K$,这里$\boldsymbol{\mu}_k$ 是第 k 聚类的标志向量。对于每个样本向量 $\boldsymbol{x}_i$,定义一个 K 维标识向量 $\boldsymbol{r}_i$ 用于标识 $\boldsymbol{x}_i$ 属于哪个聚类,类似于多分类标注中的 K-to-1 编码,其只有一个分量为 1,其他分量为 0,若 $\boldsymbol{x}_i$ 属于第 k 聚类,则 $r_{ik}=1,r_{ij}=0,j\neq k$。

对于给定样本集 $\boldsymbol{X}=\{\boldsymbol{x}_i\,|\,1\leqslant i\leqslant N\}$,$K$ 均值聚类算法需确定参数 $\boldsymbol{\mu}_k$,$k=1,2,\cdots,K$ 和 $\boldsymbol{r}_i$,$i=1,2,\cdots,N$,即确定所有 K 聚类的质心向量并将每个样本分配给一个聚类。既然已经将距离作为度量标准,可定义聚类的目标函数为

$$J=\sum_{i=1}^{N}\sum_{k=1}^{K}r_{ik}\|\boldsymbol{x}_i-\boldsymbol{\mu}_k\|^2 \tag{11.1.2}$$

K 均值聚类算法是求得$\boldsymbol{\mu}_k$,$k=1,2,\cdots,K$ 和 $\boldsymbol{r}_i$,$i=1,2,\cdots,N$ 使得式(11.1.2)最小。

目标函数式(11.1.2)有两组参数,难以直接求解,可以分为两步:第一步设各聚类的质心向量$\boldsymbol{\mu}_k$,$k=1,2,\cdots,K$ 是已知的,可求各 r_{ik} 使式(11.1.2)最小;第二步设各样本向量 $\boldsymbol{x}_i$ 的属类 $\boldsymbol{r}_i$ 是确定的,求各质心向量$\boldsymbol{\mu}_k$ 使式(11.1.2)最小。这两步中,每步的运算都可能改变已假设的另一组参数,故两步循环迭代直到收敛。

可分别导出每步算法的解。首先假设$\boldsymbol{\mu}_k$,$k=1,2,\cdots,K$ 是确定的,如果是第 1 次迭代,可随机设置$\boldsymbol{\mu}_k$ 的初始值以确定 r_{ik} 的值。显然,根据式(11.1.2),当各聚类的质心确定,若使目标函数最小,则样本向量 $\boldsymbol{x}_i$ 被分到距离最近的质心所表示的聚类,即

$$r_{ik}=\begin{cases}1, & k=\underset{j}{\operatorname{argmin}}\{\|\boldsymbol{x}_i-\boldsymbol{\mu}_j\|^2\}\\ 0, & \text{其他}\end{cases} \tag{11.1.3}$$

当由式(11.1.3)确定了各 $\boldsymbol{r}_i$ 后,以新的 $\boldsymbol{r}_i$ 作为已确定值,求各$\boldsymbol{\mu}_k$ 使式(11.1.2)最小,则可求得

$$\frac{\partial J}{\partial\boldsymbol{\mu}_k}=\frac{\partial}{\partial\boldsymbol{\mu}_k}\sum_{i=1}^{N}\sum_{k=1}^{K}r_{ik}\|\boldsymbol{x}_i-\boldsymbol{\mu}_k\|^2=-2\sum_{i=1}^{N}r_{ik}(\boldsymbol{x}_i-\boldsymbol{\mu}_k)=0$$

故得

$$\boldsymbol{\mu}_k=\frac{\sum_{i=1}^{N}r_{ik}\boldsymbol{x}_i}{\sum_{i=1}^{N}r_{ik}} \tag{11.1.4}$$

可见,K 均值聚类算法可描述为:当固定$\boldsymbol{\mu}_k$,$k=1,2,\cdots,K$,由式(11.1.3)求得 r_{ik},再固定 r_{ik},利用式(11.1.4)重新计算$\boldsymbol{\mu}_k$,$\boldsymbol{\mu}_k$ 的变化又会引起 r_{ik} 的变化,该过程反复迭代直到两组参数都不再发生变化,则算法收敛。K 均值聚类算法描述如下。

K 均值聚类算法

输入：样本集 $\boldsymbol{X}=\{\boldsymbol{x}_i \mid 1\leqslant i\leqslant N\}$，初始$\boldsymbol{\mu}_k$，$k=1,2,\cdots,K$(从样本集中随机选取)。

(1) 对样本 $i=1,2,\cdots,N$，确定 r_{ik}

$$r_{ik}=\begin{cases}1, & k=\underset{j}{\operatorname{argmin}}\{\|\boldsymbol{x}_i-\boldsymbol{\mu}_j\|^2\}\\ 0, & \text{其他}\end{cases}$$

(2) 对 $k=1,2,\cdots,K$，计算

$$\boldsymbol{\mu}_k=\frac{\sum_{i=1}^{N} r_{ik}\boldsymbol{x}_i}{\sum_{i=1}^{N} r_{ik}}$$

(3) 若对 $k=1,2,\cdots,K$，各$\boldsymbol{\mu}_k$ 没有变化，则算法收敛，否则回到步骤(1)。

K 均值聚类算法是保证收敛的，可以看到这种迭代算法的结果是使得每一循环总能使 J 减小(除非已经收敛)，故算法总是收敛的，但不能保证收敛到全局最优，可能会收敛到局部最优。K 均值算法的初始$\boldsymbol{\mu}_k$，$k=1,2,\cdots,K$ 会影响算法最终收敛的结果，由于初始值一般是随机给出的，故可随机给出多组不同的初始值，分别迭代至收敛，对比收敛的结果，选择一个最好的。

针对 K 均值算法对初始的敏感性，Arthur 等学者在 2007 年提出一种“K 均值++”算法，其最主要的改进就是给出一种有效的选择质心向量初始值的方法，首先将 K 均值++算法描述如下，然后对算法细节给出一些解释。

K 均值++算法

输入：样本集 $\boldsymbol{X}=\{\boldsymbol{x}_i \mid 1\leqslant i\leqslant N\}$

(1) 在样本集 $\boldsymbol{X}$ 中均匀地随机选取一个样本作为$\boldsymbol{\mu}_1$。

(2) 为计算第 k 个初始质心$\boldsymbol{\mu}_k$，对已有的质心集合，计算每个样本 $\boldsymbol{x}_i\in\boldsymbol{X}$ 的概率

$$p(\boldsymbol{x}_i)=\frac{D^2(\boldsymbol{x}_i)}{\sum_{j=1}^{N} D^2(\boldsymbol{x}_j)} \tag{11.1.5}$$

其中，$D(\boldsymbol{x}_i)$为 $\boldsymbol{x}_i$ 到已得到的初始质心中最近的距离。以轮盘法按 $p(\boldsymbol{x}_i)$大小随机选取一个 $\boldsymbol{x}_i$ 赋予$\boldsymbol{\mu}_k$。

对 $k=1,2,\cdots,K$，按以上方法得到各初始$\boldsymbol{\mu}_k$。

(3) 用上述所得初始质心为起点，使用标准 K 均值算法完成聚类。

K 均值++算法很清楚，主要变化是首先给出一种确定初始质心的方法，然后再运行标准 K 均值算法。初始质心的选择算法中，除了随机地从样本集抽出第 1 个初始质心外，后

续的质心需要计算一个概率。设目前需要计算第 k 个初始质心，对每个样本 $\boldsymbol{x}_i \in \boldsymbol{X}$，用式(11.1.5)计算一个概率，可见这个概率表示了一个样本 $\boldsymbol{x}_i$ 离已确定的初始质心的距离，若 $\boldsymbol{x}_i$ 离每个已确定的初始质心都很远，则 $p(\boldsymbol{x}_i)$ 较大，且 $\boldsymbol{x}_i$ 将被以 $p(\boldsymbol{x}_i)$ 的概率选择为新的初始质心 $\boldsymbol{\mu}_k$（这是轮盘法选择的含义），因此这里的选择原则就是以高概率选择互相分散更远的样本作为初始质心。

下面简述轮盘法选择一个 $\boldsymbol{x}_i$ 作为新初始质心 $\boldsymbol{\mu}_k$ 的算法。由于按式(11.1.5)计算的概率满足概率和条件：$\sum_{i=1}^{N} p(\boldsymbol{x}_i)=1$，可以将区间[0,1]按概率 $p(\boldsymbol{x}_i)$ 划分成 N 个小区间，将每个样本与一个小区间对应，按次序，$\boldsymbol{x}_1$ 对应 $[0, p(\boldsymbol{x}_1)]$ 区间，$\boldsymbol{x}_i$ 对应 $\left[\sum_{j=1}^{i-1} p(\boldsymbol{x}_j), \sum_{j=1}^{i} p(\boldsymbol{x}_j)\right]$ 区间，随机产生一个在[0,1]之间均匀分布的随机数 s，若 s 落在 $\boldsymbol{x}_i$ 对应的区间，则选择 $\boldsymbol{x}_i$ 作为新初始质心 $\boldsymbol{\mu}_k$。轮盘法的名称来源于把[0,1]区间弯成一个轮盘，随机数 s 的产生相当于轮盘转动的停止位置，停在区间大的轮盘格子上的概率也更大。

K 均值++算法的初始质心选择是一种随机化的选择，在随机选择的同时，保持了各质心尽可能地分散在样本集所存在的空间中。

图 11.1.1 所示为 K 均值聚类的一个例子，实际是通过 K 均值++算法实现的。这个例子的每个样本是二维向量，故可以很好地可视化说明。图 11.1.1 显示了 K 均值聚类的结果，菱形代表各聚类的质心点，同时显示了各类的边界线。

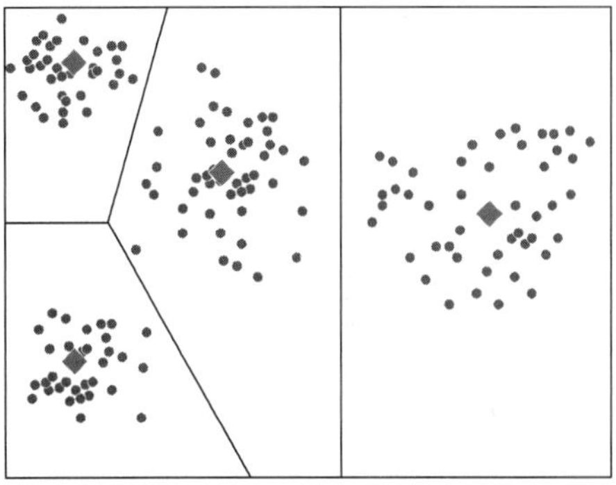
图 11.1.1　K 均值聚类的例子

K 均值聚类收敛快，在一些规范的环境下性能优良。这里所谓的规范环境是指，每个聚类在 D 维空间大致是凸结构的，各聚类的规模（尤其临近的聚类）不要相差过大，且不要在一个方向上过于狭长等。一些大小过于悬殊、凹形结构的集合难以用 K 均值聚类有效处理，当样本向量是二维数据时，如图 11.1.2 所示的一些簇难以用 K 均值算法有效聚类，对于图中所示的情况，可以采用 DBSCAN 聚类算法。

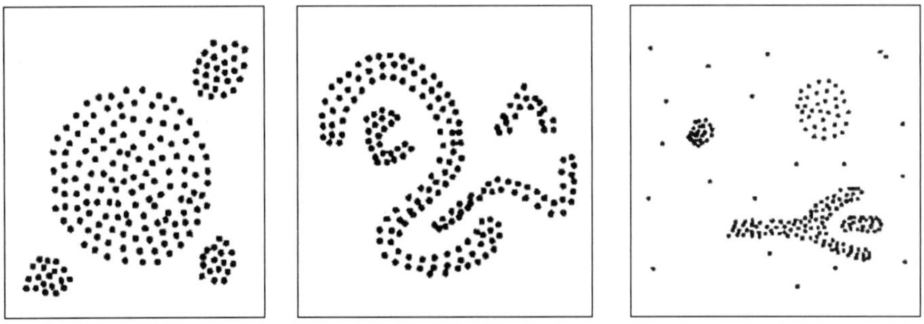
图 11.1.2　一些难以用 K 均值算法聚类的可视化示例

11.1.2 其他度量和聚类算法

在本章一开始,我们说聚类算法是将相似的样本聚为一类,但相似性是很宽泛的概念。实际上,聚类是一种非常宽泛的算法,甚至很难给聚类一个严格且广泛接受的定义,因此聚类算法的研究也非常多样性。本节前面以欧几里得距离为相似性的度量,实际上构成的是一种空间聚集效应的聚类。

聚类可以有很多推广,距离实际是一种不相似性度量,距离越小越相似。可以使用更多不同的关于距离的定义,一种更广义的距离定义是闵可夫斯基(Minkowski)距离,其定义为

$$d(\boldsymbol{x},\boldsymbol{y})=\left[\sum_{i=1}^{D}(\boldsymbol{x}_i-\boldsymbol{y}_i)^p\right]^{1/p},\quad p\geqslant 1 \tag{11.1.6}$$

$p=2$ 时为欧几里得距离,也常用 $p=1$ 计算距离,除此之外,还可以通过正定的加权矩阵定义更广义的距离。

实际中,可以直接定义相似性度量 $\nu(\boldsymbol{x},\boldsymbol{y})$来进行聚类,相似性度量越大越相似。例如,内积是一种最基本的相似性度量,其定义为

$$\nu_{\text{inner}}(\boldsymbol{x},\boldsymbol{y})=\langle\boldsymbol{x},\boldsymbol{y}\rangle=\boldsymbol{x}^{\mathrm{T}}\boldsymbol{y} \tag{11.1.7}$$

一种归一化的内积,也称为余弦相似度量,计算式为

$$\nu_{\cos}(\boldsymbol{x},\boldsymbol{y})=\frac{\langle\boldsymbol{x},\boldsymbol{y}\rangle}{\|\boldsymbol{x}\|\cdot\|\boldsymbol{y}\|}=\frac{\boldsymbol{x}^{\mathrm{T}}\boldsymbol{y}}{\|\boldsymbol{x}\|\cdot\|\boldsymbol{y}\|} \tag{11.1.8}$$

可以在聚类算法中使用这些度量。当然,存在的距离和相似性度量远不止这些,这里不一一列举。

聚类中还有大量不同的算法,列举一些如下:

(1) 分层聚类算法;

(2) 谱聚类;

(3) DBSCAN;

(4) 模糊 K 均值聚类;

(5) 混合模型聚类。

以上除混合模型聚类在 11.3 节再做介绍外,其他算法不再详述,有兴趣的读者可参考有关文献。

11.2 EM 算法

本书至此讨论的机器学习算法中,以似然函数作为目标函数,通过最大似然原理(MLE)优化机器学习模型的方法占了很大比例,可以说最大似然原理是当代机器学习中最常依赖的基础之一。对于用似然函数建立的目标函数,通过最大似然求解其模型参数,是一种基本的方法。在通过最大似然原理求解模型参数的各种情形下,若模型参数存在闭式解(如线性回归或线性基函数回归),则问题的求解是非常简单的。当基于最大似然原理导出的求解模型参数的方程是非线性的,没有闭式解时,可以采用迭代优化算法,常用的有梯度算法和牛顿法等,例如针对逻辑回归和神经网络的参数求解已用了这些方法。

梯度法是一种通用的迭代算法,没有考虑 MLE 的特殊性,本节介绍一种专门针对

MLE 的迭代算法，称为期望最大(expectation maximization，EM)算法。EM 算法由统计学家 Dempster 于 1977 年正式发表并命名。尽管 EM 算法仍需要迭代，但对于一些看上去属于复杂非线性函数的参数求解问题，利用 EM 算法可将其分解为在每个迭代步具有简单的闭式求解公式。本节给出 EM 算法的概述性介绍，11.3 节将 EM 算法用于高斯混合模型的参数求解，由高斯混合模型则可引出一种软聚类算法。

设一个样本向量表示为 $\boldsymbol{x}$，在 EM 算法中引入一个新的向量，称为"完整样本向量"并表示为 $\tilde{\boldsymbol{x}}$。EM 算法中并没有规定完整样本向量的定义和产生方法，实际上针对一个问题可以构造不同的完整样本向量。直观地讲，使用完整样本向量 $\tilde{\boldsymbol{x}}$ 比使用样本向量 $\boldsymbol{x}$ 更易于对参数$\boldsymbol{\theta}$ 求最大似然解，即完整样本向量更清楚或更直接地与参数$\boldsymbol{\theta}$ 建立起关系。完整样本向量的选择在不同应用领域中，具有不同的形式，使得 EM 算法成为一种应用面极为广泛的技术。但在机器学习领域中，最常用的一种完整样本向量是在样本向量基础上增加了一种隐变量的特殊形式，本节也只以这种特殊形式介绍 EM 算法。为了理解隐变量的概念，以如下例子说明隐变量。

例 11.2.1 讨论数据缺失情况。设样本向量是 K 维向量，$\boldsymbol{x}=[x_1,x_2,\cdots,x_K]^{\mathrm{T}}$，有另一向量 $\tilde{\boldsymbol{x}}=[x_1,x_2,\cdots,x_M]^{\mathrm{T}}$，$M>K$，即 $\boldsymbol{x}$ 中缺失了 $\tilde{\boldsymbol{x}}$ 中的后几个值，对于待估计参数$\boldsymbol{\theta}$，若 $\tilde{\boldsymbol{x}}$ 是更完整的向量，更易于用其估计参数，但由于只能采样到 $\boldsymbol{x}$，称这种情况为数据缺失。

在机器学习中，数据缺失情况的一种重要情形是隐变量问题。例如，在第 2 章定义的混合高斯模型中，样本向量 $\boldsymbol{x}$ 满足

$$p(\boldsymbol{x})=\sum_{k=1}^{K} w_k N(\boldsymbol{x} \mid \boldsymbol{\mu}_k,\boldsymbol{C}_k) \tag{11.2.1}$$

在该模型中，一个已采样的样本 $\boldsymbol{x}$ 以概率 $\boldsymbol{w}_k$ 取自分量高斯分布

$$N(\boldsymbol{x} \mid \boldsymbol{\mu}_k,\boldsymbol{C}_{\mathrm{k}}) \tag{11.2.2}$$

但我们由样本自身不知道其取自哪个分量。

如果定义另一个随机变量 $\boldsymbol{z}$，该变量指出当前样本向量 $\boldsymbol{x}$ 取自混合概率密度函数中的哪个高斯分量。例如，若 $z=k$，则实际样本向量 x 取自第 k 个高斯分量 $N(\boldsymbol{x}|\boldsymbol{\mu}_k,\boldsymbol{C}_{\mathrm{k}})$。如果我们在得到 $\boldsymbol{x}$ 的同时也得到 z，则利用样本集估计混合高斯模型参数的问题将变得简单。但问题是不知道 z，故称 z 为隐变量，即隐藏的变量，外部不可观测。

可以定义 $\tilde{\boldsymbol{x}}=\{\boldsymbol{x},z\}$ 为完整样本向量，$\boldsymbol{x}$ 为样本向量，$\boldsymbol{x}$ 针对 $\tilde{\boldsymbol{x}}$ 缺失了 z。在 MLE 中，可定义带隐变量 z 的完整样本向量 $\tilde{\boldsymbol{x}}$，使用 EM 算法估计混合高斯模型的参数，我们将在 11.3 节专门讨论该问题。

以上例子可帮助理解完整样本向量和隐变量的含义，由完整样本向量 $\tilde{\boldsymbol{x}}$ 替代样本向量 $\boldsymbol{x}$ 计算最大似然，则引出 EM 算法。在机器学习中，EM 算法大多用于存在隐变量的情况，故重点讨论隐变量和独立同分布样本集的情况。由样本向量 $\boldsymbol{x}$ 定义的对数似然函数表示为

$$l(\boldsymbol{\theta} \mid \boldsymbol{x})=\log p_x(\boldsymbol{x} \mid \boldsymbol{\theta}) \tag{11.2.3}$$

由完整样本向量 $\tilde{\boldsymbol{x}}=\{\boldsymbol{x},\boldsymbol{z}\}$定义的对数似然函数表示为

$$\tilde{l}(\boldsymbol{\theta} \mid \tilde{\boldsymbol{x}})=\log p_{\tilde{x}}(\tilde{\boldsymbol{x}} \mid \boldsymbol{\theta})=\log p_{\tilde{x}}(\boldsymbol{x},\boldsymbol{z} \mid \boldsymbol{\theta}) \tag{11.2.4}$$

其中，$\boldsymbol{z}$ 表示隐变量，用完整样本向量替代样本向量求 MLE，即将求解

$$\hat{\boldsymbol{\theta}}=\underset{\theta\in\Omega}{\operatorname{argmax}}\{l(\boldsymbol{\theta} \mid \boldsymbol{x})\} \tag{11.2.5}$$

替换为求解

$$\hat{\boldsymbol{\theta}}=\underset{\theta\in\Omega}{\operatorname{argmax}}\{\tilde{l}(\boldsymbol{\theta}\mid\tilde{\boldsymbol{x}})\}\tag{11.2.6}$$

但由于完整样本向量 $\tilde{\boldsymbol{x}}$ 中的隐变量 $\boldsymbol{z}$ 并没有实际得到,故用以下对隐变量的条件数学期望代替对数似然函数,即计算

$$\begin{aligned}&E_{z\mid x,\theta}[\log p_{\tilde{x}}(\boldsymbol{x},\boldsymbol{z}\mid\boldsymbol{\theta})]\\&=\int\log p_{\tilde{x}}(\boldsymbol{x},\boldsymbol{z}\mid\boldsymbol{\theta})p(\boldsymbol{z}\mid\boldsymbol{x},\boldsymbol{\theta})\mathrm{d}z\end{aligned}\tag{11.2.7}$$

由于 $\boldsymbol{x}$ 和 $\boldsymbol{z}$ 的函数关系,当 $\boldsymbol{x}$ 已知时,可得到条件概率 $p(\boldsymbol{z}\mid\boldsymbol{x},\boldsymbol{\theta})$(见 11.3 节混合高斯模型下的例子)。在式(11.2.7)积分中,条件概率 $p(\boldsymbol{z}\mid\boldsymbol{x},\boldsymbol{\theta})$中的 $\boldsymbol{x}$ 是已知的观测数据,希望$\boldsymbol{\theta}$ 也是已知的,但实际$\boldsymbol{\theta}$ 是待求参数,并不存在。EM 算法利用递推解决该问题,先使用待估计参数$\boldsymbol{\theta}$ 的猜测值替代 $p(\boldsymbol{z}\mid\boldsymbol{x},\boldsymbol{\theta})$中的$\boldsymbol{\theta}$。在第 m 轮递推时,使用$\boldsymbol{\theta}$ 的猜测值$\boldsymbol{\theta}^{(m)}$,这里上标($m$)表示第 m 次猜测值(初始时,使用$\boldsymbol{\theta}^{(0)}$表示初始猜测值),计算式(11.2.7)的积分,积分结果是$\boldsymbol{\theta}$ 和$\boldsymbol{\theta}^{(m)}$的函数,记为 $\boldsymbol{Q}(\boldsymbol{\theta}\mid\boldsymbol{\theta}^{(m)})$,求$\boldsymbol{\theta}$ 的值使 $\boldsymbol{Q}(\boldsymbol{\theta}\mid\boldsymbol{\theta}^{(m)})$最大,并将该值记为$\boldsymbol{\theta}^{(m+1)}$,如此反复迭代,得到$\boldsymbol{\theta}$ 的一系列解为

$$\boldsymbol{\theta}^{(0)}\rightarrow\boldsymbol{\theta}^{(1)}\rightarrow\cdots\rightarrow\boldsymbol{\theta}^{(m)}\rightarrow\boldsymbol{\theta}^{(m+1)}$$

直到$\boldsymbol{\theta}^{(m)}$不再变化(实际是变化小于预定的阈值),算法结束。故 EM 算法由如下两步组成。

E 步(期望计算)

$$\begin{aligned}\boldsymbol{Q}(\boldsymbol{\theta}\mid\boldsymbol{\theta}^{(m)})&=E_{z\mid x,\theta^{(m)}}[\log p_{\tilde{x}}(\boldsymbol{x},\boldsymbol{z}\mid\boldsymbol{\theta})]\\&=\int_{\mathfrak{Z}}log\,\mathrm{p}_{\tilde{\mathrm{x}}}(\boldsymbol{x},\boldsymbol{z}\mid\boldsymbol{\theta})p(\boldsymbol{z}\mid\boldsymbol{x},\boldsymbol{\theta}^{(m)})\mathrm{d}z\end{aligned}\tag{11.2.8}$$

这里 $\mathfrak{Z}$ 表示 $\boldsymbol{z}$ 的取值区间。

M 步(最大值求解)

$$\boldsymbol{\theta}^{(m+1)}=\underset{\theta\in\Omega}{\operatorname{argmax}}\{\boldsymbol{Q}(\boldsymbol{\theta}\mid\boldsymbol{\theta}^{(m)})\}\tag{11.2.9}$$

EM 算法总结为 E 步和 M 步的迭代过程,直到收敛。为了算法描述更加清晰,将 EM 算法描述如下。

EM 算法

---

(1) 初始化,选择$\boldsymbol{\theta}$ 的初始猜测值,令 $m=0$,给出$\boldsymbol{\theta}^{(m)}$。

(2) 由观测数据 $\boldsymbol{x}$ 和$\boldsymbol{\theta}$ 的猜测值$\boldsymbol{\theta}^{(m)}$,得到隐变量 $\boldsymbol{z}$ 的条件概率 $p(\boldsymbol{z}\mid\boldsymbol{x},\boldsymbol{\theta}^{(m)})$。

(3) 计算完整数据集下对数似然函数 $\tilde{l}(\theta\mid\tilde{\boldsymbol{x}})=\log p_{\tilde{x}}(\tilde{\boldsymbol{x}}\mid\theta)$的条件期望,即

$$\boldsymbol{Q}(\boldsymbol{\theta}\mid\boldsymbol{\theta}^{(m)})=E_{z\mid x,\theta^{(m)}}[\log p_{\tilde{x}}(\boldsymbol{x},\boldsymbol{z}\mid\boldsymbol{\theta})]=\int_{\mathfrak{Z}}log\,\mathrm{p}_{\tilde{\mathrm{x}}}(\boldsymbol{x},\boldsymbol{z}\mid\boldsymbol{\theta})p(\boldsymbol{z}\mid\boldsymbol{x},\boldsymbol{\theta}^{(m)})\mathrm{d}z$$

(4) 求$\boldsymbol{\theta}=\boldsymbol{\theta}^{(m+1)}$使 $\boldsymbol{Q}(\boldsymbol{\theta}\mid\boldsymbol{\theta}^{(m)})$最大,即

$$\boldsymbol{\theta}^{(m+1)}=\underset{\theta\in\Omega}{\operatorname{argmax}}\{\boldsymbol{Q}(\boldsymbol{\theta}\mid\boldsymbol{\theta}^{(m)})\}$$

(5) 若满足停止条件,则$\hat{\boldsymbol{\theta}}=\boldsymbol{\theta}^{(m+1)}$为所得 MLE,若不满足停止条件,则令 $m\leftarrow m+1$ 返回第(2)步。

以上讨论假设隐变量 z 是连续取值的，很多情况下隐变量是离散的，在离散情况下，$Q(\boldsymbol{\theta}|\boldsymbol{\theta}^{(m)})$ 函数定义中的积分由求和取代，即

$$Q(\boldsymbol{\theta}\mid\boldsymbol{\theta}^{(m)})=\sum_{z}\log p_{\tilde{x}}(\boldsymbol{x},z\mid\boldsymbol{\theta})p(z\mid\boldsymbol{x},\boldsymbol{\theta}^{(m)}) \tag{11.2.10}$$

注意到，EM 算法没有规定停止条件，可由算法应用者自行规定停止条件，最常用的简单停止条件是规定一个阈值 δ，若满足 $|\boldsymbol{\theta}^{(m+1)}-\boldsymbol{\theta}^{(m)}|<\delta$，则算法停止。另一种是检查对数似然函数的增量并规定一个阈值 ε，若满足 $|l(\boldsymbol{\theta}^{(m+1)}|\boldsymbol{x})-l(\boldsymbol{\theta}^{(m)}|\boldsymbol{x})|<\varepsilon$，则停止。

对于 EM 算法的收敛性，稍后通过 KL 散度给出一个解释。稍后的解释将会证实，在 EM 算法迭代过程中，必然有 $Q(\boldsymbol{\theta}^{(m+1)}|\boldsymbol{\theta}^{(m)})\geqslant Q(\boldsymbol{\theta}^{(m)}|\boldsymbol{\theta}^{(m)})$，因此 EM 估计不会使似然函数随每次迭代变得更差，或者说一般情况下会使似然函数变得更好，即目标函数 $l(\boldsymbol{\theta}^{(m)}|\boldsymbol{x})$ 单调增。

以上对单个样本给出了 EM 算法的一般性介绍，在机器学习领域常用到的是一个独立同分布样本集情况，以下讨论在 IID 样本集情况的推广。

11.2.1 独立同分布情况

前述的 EM 算法主要针对一个样本向量和隐变量假设下展开讨论，机器学习中主要的是通过一个样本集估计模型的参数，故需讨论在独立同分布样本集的情况下，EM 算法如何扩展。

如果样本集 $\boldsymbol{X}=\{\boldsymbol{x}_i|1\leqslant i\leqslant N\}$ 中各样本 $\boldsymbol{x}_i$ 是 IID 的，则可合理假设对各样本定义的隐变量 $\boldsymbol{z}_i$ 也是 IID 的，完整样本向量 $\tilde{\boldsymbol{x}}_i=\{\boldsymbol{x}_i,\boldsymbol{z}_i\}$ 构成的完整样本集 $\widetilde{\boldsymbol{X}}=\{\tilde{\boldsymbol{x}}_i|1\leqslant i\leqslant N\}$ 也是 IID 的，则对整个样本集 $Q(\boldsymbol{\theta}|\boldsymbol{\theta}^{(m)})$ 的计算可以简化为各样本单独计算的 Q 函数之和。以下定理给出 IID 情况下的结果。

定理 11.2.1 设 $\boldsymbol{x}_i$ 与 $\tilde{\boldsymbol{x}}_i$ 均为 IID 的，则整个样本集的 Q 函数可写为各样本集 Q 函数之和，即

$$Q(\boldsymbol{\theta}\mid\boldsymbol{\theta}^{(m)})=E_{Z|X,\theta^{(m)}}[\log p_{\widetilde{\boldsymbol{X}}}(\boldsymbol{X},\boldsymbol{Z})\mid\boldsymbol{\theta}]=\sum_{i=1}^{N}Q_i(\boldsymbol{\theta}\mid\boldsymbol{\theta}^{(m)}) \tag{11.2.11}$$

其中

$$\begin{aligned}Q_i(\boldsymbol{\theta}\mid\boldsymbol{\theta}^{(m)})&=E_{z_i|\boldsymbol{x}_i,\theta^{(m)}}[\log p_{\tilde{x}}(\boldsymbol{x}_i,\boldsymbol{z}_i)\mid\boldsymbol{\theta}]\\&=\int\log p_{\tilde{x}}(\boldsymbol{x}_i,\boldsymbol{z}_i)\mid\boldsymbol{\theta}p(z_i\mid\boldsymbol{x}_i,\boldsymbol{\theta}^{(m)})\mathrm{d}z_i\end{aligned} \tag{11.2.12}$$

定理 11.2.1 说明，在 IID 条件下，对整个样本集 $Q(\boldsymbol{\theta}|\boldsymbol{\theta}^{(m)})$ 的计算可分解为对各样本单独计算的 Q 函数之和，这个结论使得 Q 函数计算大为简化。

11.3 节是 EM 算法应用的一个完整实例。在进入 11.3 节之前，对 EM 算法可收敛性做一个直观的说明。

*11.2.2 通过 KL 散度对 EM 算法的解释

为了对 EM 算法给出一些更洞察性的理解，在隐变量情况下，对似然函数进行分解，将其表示为 KL 散度与下界函数之和。针对样本集的情况，将样本集表示为 $\boldsymbol{X}$，对应样本集的隐变量集表示为 $\boldsymbol{Z}$，假设隐变量是离散的，故完整数据集表示为 $\widetilde{\boldsymbol{X}}=\{\boldsymbol{X},\boldsymbol{Z}\}$。可将对数似然

函数分解为

$$\log p(\boldsymbol{X} \mid \boldsymbol{\theta}) = L(q, \boldsymbol{\theta}) + KL(q \parallel p) \tag{11.2.13}$$

其中

$$L(q, \boldsymbol{\theta}) = \sum_{Z} q(\boldsymbol{Z}) \log \frac{p(\boldsymbol{X}, \boldsymbol{Z} \mid \boldsymbol{\theta})}{q(\boldsymbol{Z})} \tag{11.2.14}$$

$$\mathrm{KL}(q \mid p) = -\sum_{Z} q(\boldsymbol{Z}) \log \frac{p(\boldsymbol{Z} \mid \boldsymbol{X}, \boldsymbol{\theta})}{q(\boldsymbol{Z})} \tag{11.2.15}$$

其中,$q(\boldsymbol{Z})$是一个任意的概率函数,$\mathrm{KL}(q|p)$是两个概率函数的 KL 散度(KL 散度的定义见 2.5 节)。首先给出式(11.2.13)的推导。由

$$p(\boldsymbol{X}, \boldsymbol{Z} \mid \boldsymbol{\theta}) = p(\boldsymbol{Z} \mid \boldsymbol{X}, \boldsymbol{\theta}) p(\boldsymbol{X} \mid \boldsymbol{\theta})$$

两边取对数,得

$$\log p(\boldsymbol{X}, \boldsymbol{Z} \mid \boldsymbol{\theta}) = \log p(\boldsymbol{Z} \mid \boldsymbol{X}, \boldsymbol{\theta}) + \log p(\boldsymbol{X} \mid \boldsymbol{\theta})$$

故

$$\log p(\boldsymbol{X} \mid \boldsymbol{\theta}) = \log p(\boldsymbol{X}, \boldsymbol{Z} \mid \boldsymbol{\theta}) - \log p(\boldsymbol{Z} \mid \boldsymbol{X}, \boldsymbol{\theta})$$

对于任意概率函数 $q(\boldsymbol{Z})$,上式两侧对 $q(\boldsymbol{Z})$求期望得

$$\sum_{\boldsymbol{Z}} q(\boldsymbol{Z}) \log p(\boldsymbol{X} \mid \boldsymbol{\theta}) = \sum_{\boldsymbol{Z}} q(\boldsymbol{Z}) \log p(\boldsymbol{X}, \boldsymbol{Z} \mid \boldsymbol{\theta}) - \sum_{\boldsymbol{Z}} q(\boldsymbol{Z}) \log p(\boldsymbol{Z} \mid \boldsymbol{X}, \boldsymbol{\theta})$$

上式左侧求和变量与 $\log p(\boldsymbol{X}|\boldsymbol{\theta})$无关,右侧两项分别加和减一项 $-\sum_{\boldsymbol{Z}} q(\boldsymbol{Z}) \log q(\boldsymbol{Z})$ 得

$$\log p(\boldsymbol{X} \mid \boldsymbol{\theta}) = \sum_{\boldsymbol{Z}} q(\boldsymbol{Z}) \log \frac{p(\boldsymbol{X}, \boldsymbol{Z} \mid \boldsymbol{\theta})}{q(\boldsymbol{Z})} - \sum_{\boldsymbol{Z}} q(\boldsymbol{Z}) \log \frac{p(\boldsymbol{Z} \mid \boldsymbol{X}, \boldsymbol{\theta})}{q(\boldsymbol{Z})} \tag{11.2.16}$$

对式(11.2.16)右侧两项分别用式(11.2.14)和式(11.2.15)的符号表示,即为式(11.2.13)。

在式(11.2.13)中,$\mathrm{KL}(q|p) \geqslant 0$,故 $\log p(\boldsymbol{X}|\boldsymbol{\theta}) \geqslant L(q, \boldsymbol{\theta})$,可将 $L(q, \boldsymbol{\theta})$看作对数似然函数 $\log p(\boldsymbol{X}|\boldsymbol{\theta})$的下界。对于任意$\boldsymbol{\theta}$,$\log p(\boldsymbol{X}|\boldsymbol{\theta})$分别为两项的和,如图 11.2.1(a)所示。最大似然的目的是求使 $\log p(\boldsymbol{X}|\boldsymbol{\theta})$达最大的参数$\hat{\boldsymbol{\theta}}$,以下通过该分解式(11.2.13)说明 EM 算法的原理和其收敛性。

在 EM 算法的一轮迭代开始时,假设目前参数为$\boldsymbol{\theta} = \boldsymbol{\theta}^{\text{old}}$,若取 $q(\boldsymbol{Z}) = p(\boldsymbol{Z}|\boldsymbol{X}, \boldsymbol{\theta}^{\text{old}})$,则 $\mathrm{KL}(q|p)|_{\theta=\theta^{\text{old}}} = 0$,这时 $\log p(\boldsymbol{X}|\boldsymbol{\theta}^{\text{old}}) = L(q, \boldsymbol{\theta}^{\text{old}})$,如图 11.2.1(b)所示。这时,将 $q(\boldsymbol{Z}) = p(\boldsymbol{Z}|X, \boldsymbol{\theta}^{\text{old}})$带入 $L(q, \boldsymbol{\theta})$的表达式,则有

$$\begin{aligned} L(q, \boldsymbol{\theta}) &= \sum_{\boldsymbol{Z}} p(\boldsymbol{Z} \mid \boldsymbol{X}, \boldsymbol{\theta}^{\text{old}}) \log \frac{p(\boldsymbol{X}, \boldsymbol{Z} \mid \boldsymbol{\theta})}{p(\boldsymbol{Z} \mid \boldsymbol{X}, \boldsymbol{\theta}^{\text{old}})} \\ &= \sum_{\boldsymbol{Z}} \log p(\boldsymbol{X}, \boldsymbol{Z} \mid \boldsymbol{\theta}) p(\boldsymbol{Z} \mid \boldsymbol{X}, \boldsymbol{\theta}^{\text{old}}) - \sum_{\boldsymbol{Z}} p(\boldsymbol{Z} \mid \boldsymbol{X}, \boldsymbol{\theta}^{\text{old}}) \log p(\boldsymbol{Z} \mid \boldsymbol{X}, \boldsymbol{\theta}^{\text{old}}) \\ &= Q(\boldsymbol{\theta}, \boldsymbol{\theta}^{\text{old}}) + C \end{aligned} \tag{11.2.17}$$

其中,第 2 行的第 2 项是 $\boldsymbol{Z}$ 的条件熵,是与参数$\boldsymbol{\theta}$ 无关的常数,第 1 项是 EM 算法中的 $Q(\boldsymbol{\theta}, \boldsymbol{\theta}^{\text{old}})$,故可以求$\boldsymbol{\theta}^{\text{new}}$使其最大,即

$$\boldsymbol{\theta}^{\text{new}} = \underset{\boldsymbol{\theta}}{\operatorname{argmax}} Q(\boldsymbol{\theta}, \boldsymbol{\theta}^{\text{old}}) \tag{11.2.18}$$

显然,$L(q, \boldsymbol{\theta}^{\text{new}}) \geqslant L(q, \boldsymbol{\theta}^{\text{old}})$,当取$\boldsymbol{\theta} = \boldsymbol{\theta}^{\text{new}}$ 时,$\mathrm{KL}(q|p)$也不再为 0,即 $\mathrm{KL}(q|p)$也有增量,故$\boldsymbol{\theta} = \boldsymbol{\theta}^{\text{new}}$ 时,对数似然函数 $\log p(\boldsymbol{X}|\boldsymbol{\theta}^{\text{new}}) \geqslant \log p(\boldsymbol{X}|\boldsymbol{\theta}^{\text{old}})$,各项增量的示意图如图 11.2.1(c)所示。

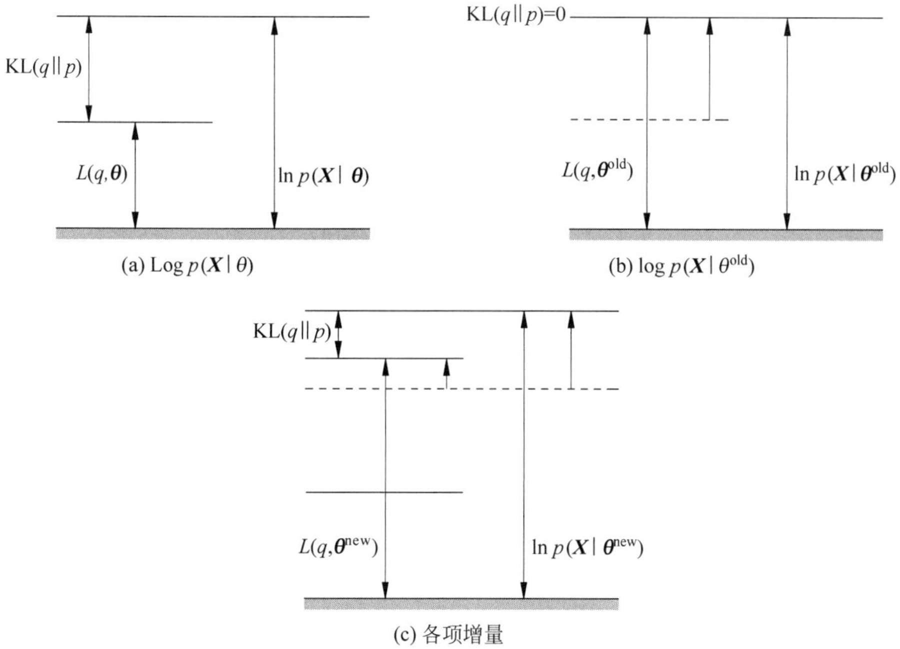

图 11.2.1 EM 算法的 KL 和下界解释

以上分析可见，对式(11.2.13)分解的这种操作过程正是 EM 算法的一轮迭代，故 EM 算法的一轮迭代可使对数似然函数单调增，故 EM 算法可收敛到局部极大值。式(11.2.13)的分解不但通过 KL 散度和下界函数给出了 EM 算法有效的一种解释，这种分解在一些学习算法中也得到更多的应用，例如在变分贝叶斯学习中得到应用。

11.3 EM 算法求解高斯混合模型参数

EM 算法有效地解决了一些实际问题，在机器学习和信号模型参数估计中，用 EM 算法导出了估计高斯混合模型(GMM)和隐马尔可夫模型(HMM)参数的有效算法，EM 算法也在其他若干问题上发挥了作用。本节介绍用 EM 算法估计 GMM 模型的参数。对 GMM 模型参数的估计具有两方面的意义。其一，GMM 作为一种通用的概率密度函数模型，可拟合相当多的数据类型所对应的概率密度函数。有研究表明，若 GMM 的分量值 K 充分大，则 GMM 可以以任意精度逼近任意概率密度函数，故有效估计 GMM 参数是无监督学习的任务之一，是概率密度函数估计的一个重要实例；其二，稍后可以看到，通过 GMM 模型可以导出一种软聚类算法。

11.3.1 GMM 参数估计

设一个样本集为 $\boldsymbol{X}=\{\boldsymbol{x}_i \mid 1 \leqslant i \leqslant N\}$，各样本 $\boldsymbol{x}_i$ 是 IID 的。用 GMM 模型表示样本向量 $\boldsymbol{x}_i$，GMM 的概率密度函数写为

$$p(\boldsymbol{x}_i)=\sum_{k=1}^{K} w_k N(\boldsymbol{x}_i \mid \boldsymbol{\mu}_k, \boldsymbol{C}_k) \tag{11.3.1}$$

约束条件为

$$\sum_{k=1}^{K} w_k = 1 \tag{11.3.2}$$

$$0 \leqslant w_k \leqslant 1 \tag{11.3.3}$$

这里的目的是由 IID 样本集 $\boldsymbol{X}=\{\boldsymbol{x}_i \mid 1\leqslant i\leqslant N\}$估计参数集$\boldsymbol{\theta}=\{w_k,\boldsymbol{\mu}_k,\boldsymbol{C}_k \mid k=1,2,\cdots,K\}$。

为了应用 EM 算法，对每个样本向量 $\boldsymbol{x}_i$ 定义一个隐变量 $z_i\in\{1,2,\cdots,K\}$，$z_i=k$ 表示 $\boldsymbol{x}_i$ 产生于混合模型中的第 k 个子模型 $N(\boldsymbol{x}_i \mid \boldsymbol{\mu}_k,\boldsymbol{C}_k)$，由 GMM 模型可知 $p(z_i=k)=w_k$。定义向量 $\boldsymbol{z}=[z_0,z_1,\cdots,z_{N-1}]^{\mathrm{T}}$，则 $\widetilde{\boldsymbol{X}}=\{\boldsymbol{X},\boldsymbol{z}\}$表示完整样本集。显然有

$$\begin{aligned} & p_{\tilde{x}}(\boldsymbol{x}_i,z_i=k \mid \boldsymbol{\theta}) \\ = & p_x(\boldsymbol{x}_i \mid z_i=k,\boldsymbol{\theta})p(z_i=k)=w_kN(\boldsymbol{x}_i \mid \boldsymbol{\mu}_k,\boldsymbol{C}_k) \end{aligned} \tag{11.3.4}$$

设参数向量的猜测值为$\boldsymbol{\theta}^{(m)}$，则 $\boldsymbol{x}_i$ 条件下，$z_i=k$ 后验概率为

$$\begin{aligned} & p(z_i=k \mid \boldsymbol{x}_i,\boldsymbol{\theta}^{(m)}) \\ = & \frac{p_{\tilde{x}}(\boldsymbol{x}_i,z_i=k \mid \boldsymbol{\theta}^{(m)})}{p(\boldsymbol{x}_i \mid \boldsymbol{\theta}^{(m)})}=\frac{w_k^{(m)}N(\boldsymbol{x}_i \mid \boldsymbol{\mu}_k^{(m)},\boldsymbol{C}_k^{(m)})}{\sum_{l=1}^{K}w_l^{(m)}N(\boldsymbol{x}_i \mid \boldsymbol{\mu}_l^{(m)},\boldsymbol{C}_l^{(m)})} \end{aligned} \tag{11.3.5}$$

为了表示简单，定义

$$\gamma_{ik}^{(m)}=p(z_i=k \mid \boldsymbol{x}_i,\boldsymbol{\theta}^{(m)}) \tag{11.3.6}$$

其中，$\sum_{k=1}^{K}\gamma_{ik}^{(m)}=1$。

注意到，$\gamma_{ik}^{(m)}$ 就是在 EM 算法中，针对隐变量情况下求 $Q(\boldsymbol{\theta} \mid \boldsymbol{\theta}^{(m)})$所需要的条件概率 $p(\boldsymbol{z} \mid \boldsymbol{x},\boldsymbol{\theta}^{(m)})$，这里 z 是离散的，故利用式(11.2.10)的求和公式求 $Q(\boldsymbol{\theta} \mid \boldsymbol{\theta}^{(m)})$，又因样本集满足 IID 条件，则可首先分别写出每个样本的 Q 函数为

$$\begin{aligned} Q_i(\boldsymbol{\theta} \mid \boldsymbol{\theta}^{(m)}) &= E_{z_i \mid x_i,\boldsymbol{\theta}^{(m)}}[\log p_x(\boldsymbol{x}_i,z_i \mid \boldsymbol{\theta})] \\ &= \sum_{k=1}^{K}\log p_x(\boldsymbol{x}_i,z_i=k \mid \boldsymbol{\theta})p(z_i=k \mid \boldsymbol{x}_i,\boldsymbol{\theta}^{(m)}) \\ &= \sum_{k=1}^{K}\gamma_{ik}^{(m)}\log[w_kN(\boldsymbol{x}_i \mid \boldsymbol{\mu}_k,\boldsymbol{C}_k)] \\ &= \sum_{k=1}^{K}\gamma_{ik}^{(m)}\left[\log w_k-\frac{1}{2}\log \mid \boldsymbol{C}_k \mid -\frac{1}{2}(\boldsymbol{x}_i-\boldsymbol{\mu}_k)^{\mathrm{T}}\boldsymbol{C}_k^{-1}(\boldsymbol{x}_i-\boldsymbol{\mu}_k)\right]+C \end{aligned}$$

其中，C 为与求解无关的常数项，可舍弃，由于样本集的 Q 函数为各样本 Q 函数之和，故

$$\begin{aligned} Q(\boldsymbol{\theta} \mid \boldsymbol{\theta}^{(m)}) &= \sum_{i=1}^{N}\boldsymbol{Q}_i(\boldsymbol{\theta} \mid \boldsymbol{\theta}^{(m)}) \\ &= \sum_{i=1}^{N}\sum_{k=1}^{K}\gamma_{ik}^{(m)}\left[\log w_k-\frac{1}{2}\log \mid \boldsymbol{C}_k \mid -\frac{1}{2}(\boldsymbol{x}_i-\boldsymbol{\mu}_k)^{\mathrm{T}}\boldsymbol{C}_k^{-1}(\boldsymbol{x}_i-\boldsymbol{\mu}_k)\right] \end{aligned} \tag{11.3.7}$$

E 步已完成，接下来进行 M 步，令 $Q(\boldsymbol{\theta} \mid \boldsymbol{\theta}^{(m)})$最大化，并注意要满足约束条件式(11.3.2)。为符号简单，令

$$n_k^{(m)}=\sum_{i=1}^{N}\gamma_{ik}^{(m)} \tag{11.3.8}$$

式(11.3.7)可整理为

$$\begin{aligned}Q(\boldsymbol{\theta}\mid\boldsymbol{\theta}^{(m)})=&\sum_{k=1}^{K}n_k^{(m)}\log w_k-\frac{1}{2}\sum_{k=1}^{K}n_k^{(m)}\log\mid\boldsymbol{C}_k\mid-\\&\frac{1}{2}\sum_{i=1}^{N}\sum_{k=1}^{K}\gamma_{ik}^{(m)}[(\boldsymbol{x}_i-\boldsymbol{\mu}_k)^{\mathrm{T}}\boldsymbol{C}_k^{-1}(\boldsymbol{x}_i-\boldsymbol{\mu}_k)]\end{aligned} \tag{11.3.9}$$

注意到,式(11.3.9)中 w_k 仅与第1项有关,因此求 w_k 使得 $J_1(\boldsymbol{w})=\sum_{k=1}^{K}n_k^{(m)}\log w_k$ 最大即可,简单求解得到 $J_1(\boldsymbol{w})$最大的条件是 $w_k^{(m+1)}=n_k^{(m)}$,将这个解代入式(11.3.2)的归一化条件,得到加权系数的解为

$$w_k^{(m+1)}=\frac{n_k^{(m)}}{\sum_{l=1}^{K}n_l^{(m)}}=\frac{n_k^{(m)}}{N} \tag{11.3.10}$$

为求 μ_k,做如下求导运算

$$\frac{\partial Q(\boldsymbol{\theta}\mid\boldsymbol{\theta}^{(m)})}{\partial\boldsymbol{\mu}_k}=\boldsymbol{C}_k^{-1}\left(\sum_{i=1}^{N}\gamma_{ik}^{(m)}\boldsymbol{x}_i-n_k^{(m)}\boldsymbol{\mu}_k\right)$$

当$\boldsymbol{\mu}_k=\boldsymbol{\mu}_k^{(m+1)}$ 时等于0,故得

$$\boldsymbol{\mu}_k^{(m+1)}=\frac{1}{n_k^{(m)}}\sum_{i=1}^{N}\gamma_{ik}^{(m)}\boldsymbol{x}_i \tag{11.3.11}$$

为求 $\boldsymbol{C}_k$,做如下求导运算

$$\frac{\partial Q(\boldsymbol{\theta}\mid\boldsymbol{\theta}^{(m)})}{\partial\boldsymbol{C}_k}=-\frac{1}{2}n_k^{(m)}\boldsymbol{C}_k^{-1}+\frac{1}{2}\sum_{i=1}^{N}\gamma_{ik}^{(m)}\boldsymbol{C}_k^{-1}(\boldsymbol{x}_i-\boldsymbol{\mu}_k)(\boldsymbol{x}_i-\boldsymbol{\mu}_k)^{\mathrm{T}}\boldsymbol{C}_k^{-1}$$

当 $\boldsymbol{C}_k=\boldsymbol{C}_k^{(m+1)}$ 时导数为0,故得

$$\boldsymbol{C}_k^{(m+1)}=\frac{1}{n_k^{(m)}}\sum_{i=1}^{N}\gamma_{ik}^{(m)}(\boldsymbol{x}_i-\boldsymbol{\mu}_k)(\boldsymbol{x}_i-\boldsymbol{\mu}_k)^{\mathrm{T}} \tag{11.3.12}$$

至此,用EM算法求解GMM参数的所有公式均已导出,注意到,在迭代的每步,每个参数的求解都有闭式解。

为了便于查看,把EM算法求解GMM参数过程总结为以下算法描述。

GMM参数的EM算法描述

---

(1) 初始化 $m=0$,设置停止门限 ε,给出初值 $w_k^{(0)}$,$\boldsymbol{\mu}_k^{(0)}$,$\boldsymbol{C}_k^{(0)}$,$k=1,2,\cdots,K$,并计算初始对数似然函数值

$$l(\boldsymbol{\theta}^{(m)}\mid\boldsymbol{X})=\frac{1}{N}\sum_{i=1}^{N}\log\left[\sum_{k=1}^{K}w_k^{(m)}N(\boldsymbol{x}_i\mid\boldsymbol{\mu}_k^{(m)},\boldsymbol{C}_k^{(m)})\right] \tag{11.3.13}$$

(2) E步:对 $k=1,2,\cdots,K$,计算

$$\gamma_{ik}^{(m)}=\frac{w_k^{(m)}N(\boldsymbol{x}_i\mid\boldsymbol{\mu}_k^{(m)},\boldsymbol{C}_k^{(m)})}{\sum_{l=1}^{K}w_l^{(m)}N(\boldsymbol{x}_i\mid\boldsymbol{\mu}_l^{(m)},\boldsymbol{C}_l^{(m)})},\quad i=1,2,\cdots,N$$

$$n_k^{(m)} = \sum_{i=1}^{N} \gamma_{ik}^{(m)}$$

(3) M 步：对 $k=1,2,\cdots,K$，计算

$$w_k^{(m+1)} = \frac{n_k^{(m)}}{\sum_{l=1}^{K} n_l^{(m)}} = \frac{n_k^{(m)}}{N}$$

$$\boldsymbol{\mu}_k^{(m+1)} = \frac{1}{n_k^{(m)}} \sum_{i=1}^{N} \gamma_{ik}^{(m)} \boldsymbol{x}_i$$

$$\boldsymbol{C}_k^{(m+1)} = \frac{1}{n_k^{(m)}} \sum_{i=1}^{N} \gamma_{ik}^{(m)} (\boldsymbol{x}_i - \boldsymbol{\mu}_k)(\boldsymbol{x}_i - \boldsymbol{\mu}_k)^{\mathrm{T}}$$

(4) 收敛性验证，用式(11.3.13)计算 $l(\boldsymbol{\theta}^{(m+1)} \mid \boldsymbol{X})$并检查

$$\mid l(\boldsymbol{\theta}^{(m+1)} \mid \boldsymbol{X}) - l(\boldsymbol{\theta}^{(m)} \mid \boldsymbol{X}) \mid < \varepsilon$$

若成立则停止，否则 $m=m+1$ 转至步骤(2)。

11.3.2 GMM 的软聚类

高斯混合模型(GMM)可用于软聚类。设样本集为 $\boldsymbol{X}=\{\boldsymbol{x}_i \mid 1 \leqslant i \leqslant N\}$，通过 11.3.1 节介绍的算法可估计出 GMM 模型的参数。当估计得到的模型参数$\hat{\boldsymbol{\theta}}=\{\hat{w}_k, \hat{\boldsymbol{\mu}}_k, \hat{\boldsymbol{C}}_k \mid k=1,2,\cdots,K\}$已确定，通过每个样本的隐变量的后验概率估计，可以将样本集 $\boldsymbol{X}$ 看作用 GMM 模型划分为 K 个类，每类对应 GMM 模型中的一个高斯分量。对于样本集 $\boldsymbol{X}$ 中的每个样本 $\boldsymbol{x}_i$，可以再次使用式(11.3.5)计算其属于各高斯分量的后验概率。不同的是，在 11.3.1 节的讨论中，式(11.3.5)是尚在更新中的参数，现在可以使用已估计出的最终参数。对于样本集中的一个样本 $\boldsymbol{x}_i$，其属于第 k 个高斯分量(属于第 k 类)的后验概率为

$$\hat{\gamma}_{ik} = p(z_i = k \mid \boldsymbol{x}_i, \hat{\boldsymbol{\theta}}) = \frac{\hat{w}_k N(\boldsymbol{x}_i \mid \hat{\boldsymbol{\mu}}_k, \hat{\boldsymbol{C}}_k)}{\sum_{l=1}^{K} \hat{w}_l N(\boldsymbol{x}_i \mid \hat{\boldsymbol{\mu}}_l, \hat{\boldsymbol{C}}_l)} \tag{11.3.14}$$

举例说明，假设样本集对应的高斯分量数为 $K=3$，一个样本 $\boldsymbol{x}_i$ 的后验概率分别为 $\hat{\gamma}_{i1}=0.1$，$\hat{\gamma}_{i2}=0.75$，$\hat{\gamma}_{i3}=0.15$，这说明该样本以 0.1 的概率属于第 1 类，以 0.75 的概率属于第 2 类，以 0.15 的概率属于第 3 类。与 K 均值聚类相比，K 均值聚类中，一个样本只能属于一类，故 K 均值聚类是一种硬聚类，而 GMM 模型给出一个样本属于各类的后验概率，是一种软聚类。

当 GMM 确定后，除了可将样本集中的样本按软聚类进行分类外，对于新给出的样本 $\boldsymbol{x}$，用 $\boldsymbol{x}$ 替代式(11.3.14)中的 $\boldsymbol{x}_i$，计算新样本属于各类的后验概率 $\gamma_k = p(z=k \mid \boldsymbol{x}, \hat{\boldsymbol{\theta}})$，可对其进行软聚类的分类。

图 11.3.1 给出一个仿真实验的例子。用一个已知的 3 分量混合高斯分布产生样本集，如图 11.3.1(a)所示，由于 GMM 是已知的，故产生样本的过程是知道的，每个不同分量产生的样本用不同颜色表示。然后，去掉各样本所属分量的信息，即假设参数未知，只用各样本的坐标值 $\boldsymbol{x}_i$ 估计 GMM 参数。当估计得到 GMM 参数后，利用式(11.3.14)计算各样本

的后验概率 $\hat{\gamma}_{ik}$，选择后验概率 $\hat{\gamma}_{ik}$ 最大的 k 作为该样本的类，用一种颜色表示一种类，对所有样本用这种方式分类的结果如图 11.3.1(b)所示，注意到 GMM 聚类是一种软聚类，给出每个样本属于一个聚类的概率，但图 11.3.1(b)显示的只是一个样本所属的概率最大的类的颜色，相当于只显示了一种等价于硬聚类的结果。

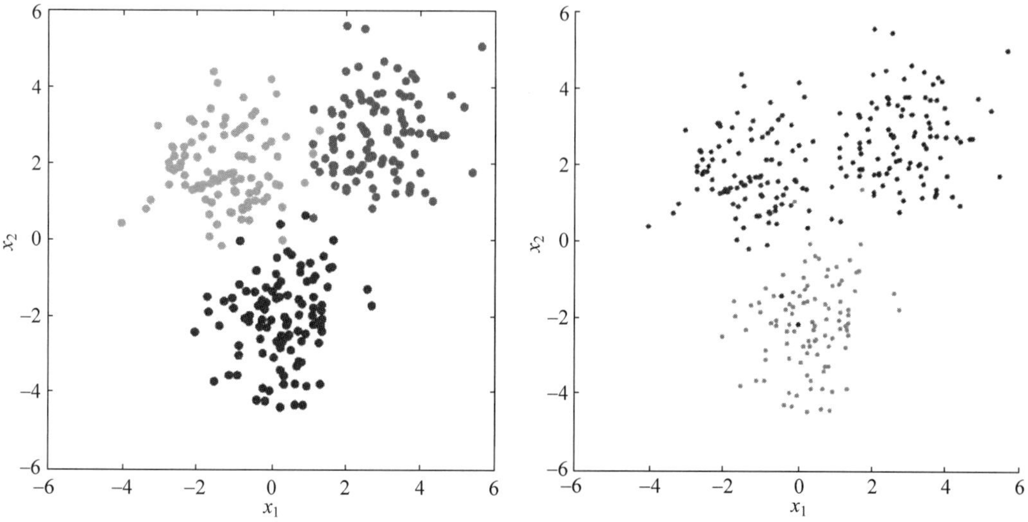

(a) 样本集　　(b) 聚类结果

彩色原图

图 11.3.1　GMM 聚类的例子

GMM 除软聚类的特点外，对于一些 K 均值聚类不能有效处理的情况，可提供有效的处理。例如，图 11.3.2 所示的数据分布，显然这可以聚集为两类，但是这种扁平和拉长的数据分布，K 均值聚类可能产生困难，图 11.3.2(a)显示出在竖直的这一类中，可能顶端的许多样本离扁平类的均值更近而错误地聚集到扁平类中。图 11.3.2(b)的 GMM 中，由样本训练了具有两个分量的 GMM，每个高斯分量很好地拟合了一类数据，显然 GMM 软聚类更好地聚类这种较极端分布的数据集。

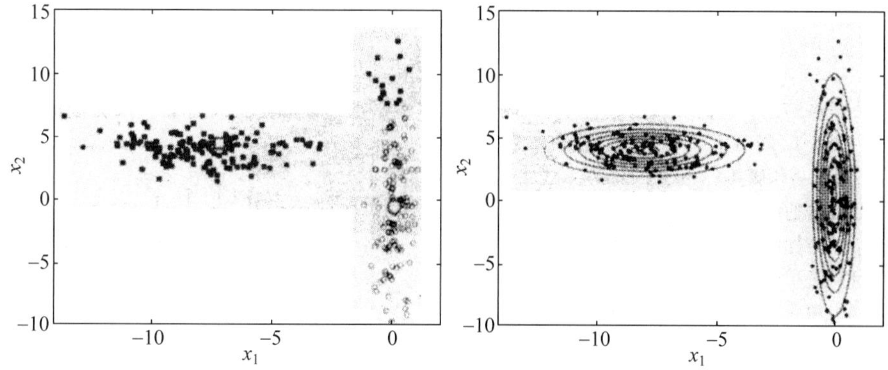

(a)　　(b)

图 11.3.2　K 均值聚类与 GMM 软聚类的比较

视频讲解

11.4 主分量分析

主分量分析(principal component analysis,PCA 或称为主成分分析)是机器学习中一种重要的降维方法。第 4 章介绍的 Fisher 线性判别分析的本质也是一种降维,但 Fisher 线性判别分析是一种有监督学习,是在标注的引导下的一种降维。PCA 是一种无监督学习方法,是对高维的特征向量自然的一种降维方法。PCA 的基本思路是,对于满足一定条件的高维数据向量,可以对其进行降维处理,用低维数据向量逼近高维向量。

11.4.1 主分量分析原理

首先从原理上给出 PCA 的基本概念和意义,然后讨论在机器学习中,通过数据集计算样本向量的自相关矩阵,得到 PCA 表示的批处理算法。但在许多应用场合,批处理算法运算结构复杂,也不适用于数据集不断积累或更新的环境,因此进一步给出对样本集通过递推计算快速得到其 PCA 的在线算法。

PCA 原理与 KL(Karhunen-Loeve)变换紧密关联,首先简要介绍 KL 变换,由 KL 变换可直接得到 PCA 表示。

设一个样本向量 $\boldsymbol{x}=[x_1,x_2,\cdots,x_D]^{\mathrm{T}}$,为了简化处理,假设样本向量 $\boldsymbol{x}$ 是零均值的 D 维向量,即 $E(\boldsymbol{x})=\boldsymbol{0}$,其协方差矩阵等于自相关矩阵 $\boldsymbol{R}_x=\boldsymbol{C}_x=E[\boldsymbol{x}\boldsymbol{x}^{\mathrm{T}}]$。对 $\boldsymbol{R}_x$ 做特征分解,设 λ_k 为 $\boldsymbol{R}_x$ 的第 k 个特征值,定义特征值组成的对角线矩阵为

$$\boldsymbol{\Lambda}=\mathrm{diag}\{\lambda_1,\lambda_2,\cdots,\lambda_D\} \tag{11.4.1}$$

$\boldsymbol{q}_k$ 为 $\boldsymbol{R}_x$ 的第 k 个特征向量,特征向量 $\boldsymbol{q}_k$ 是归一化的,且由矩阵性质知各特征向量相互正交。以 $\boldsymbol{q}_k$ 为列构成特征向量矩阵 $\boldsymbol{Q}=[\boldsymbol{q}_1,\boldsymbol{q}_2,\cdots,\boldsymbol{q}_D]$,显然 $\boldsymbol{Q}$ 是正交矩阵,即 $\boldsymbol{Q}\boldsymbol{Q}^{\mathrm{T}}=\boldsymbol{Q}^{\mathrm{T}}\boldsymbol{Q}=\boldsymbol{I}$,回忆第 2 章曾给出 $\boldsymbol{R}_x$ 的分解式为

$$\boldsymbol{R}_x=\boldsymbol{Q}\boldsymbol{\Lambda}\boldsymbol{Q}^{\mathrm{T}} \tag{11.4.2}$$

由特征矩阵 $\boldsymbol{Q}$,对样本向量 $\boldsymbol{x}$ 定义其变换向量为

$$\boldsymbol{y}=\boldsymbol{Q}^{\mathrm{T}}\boldsymbol{x} \tag{11.4.3}$$

由 $\boldsymbol{Q}$ 的正交性,显然由 $\boldsymbol{y}$ 可以完全无损地恢复 $\boldsymbol{x}$,即

$$\boldsymbol{Q}\boldsymbol{y}=\boldsymbol{Q}\boldsymbol{Q}^{\mathrm{T}}\boldsymbol{x}=\boldsymbol{x} \tag{11.4.4}$$

或重写为

$$\boldsymbol{x}=\boldsymbol{Q}\boldsymbol{y} \tag{11.4.5}$$

式(11.4.3)和式(11.4.5)分别称为 KL 变换和 KL 反变换,变换式(11.4.3)求得变换系数向量 $\boldsymbol{y}$,反变换式(11.4.5)由变换系数 $\boldsymbol{y}$ 恢复样本向量 $\boldsymbol{x}$。对于 KL 变换,变换系数是互不相关的,且满足

$$\begin{aligned}E[\boldsymbol{y}\boldsymbol{y}^{\mathrm{T}}]&=E[\boldsymbol{Q}^{\mathrm{T}}\boldsymbol{x}\boldsymbol{x}^{\mathrm{T}}\boldsymbol{Q}]=\boldsymbol{Q}^{\mathrm{T}}E[\boldsymbol{x}\boldsymbol{x}^{\mathrm{T}}]\boldsymbol{Q}=\boldsymbol{Q}^{\mathrm{T}}\boldsymbol{R}_x\boldsymbol{Q}\\&=\boldsymbol{Q}^{\mathrm{T}}\boldsymbol{Q}\boldsymbol{\Lambda}\boldsymbol{Q}^{\mathrm{T}}\boldsymbol{Q}=\boldsymbol{\Lambda}=\mathrm{diag}\{\lambda_0,\lambda_1,\cdots,\lambda_D\}\end{aligned} \tag{11.4.6}$$

式(11.4.6)同时说明 $E[|y_i|^2]=\lambda_i$。由于

$$E[\|y\|_2^2]=E\left[\sum_{k=1}^{D}|y_i|^2\right]=E[\boldsymbol{y}^{\mathrm{T}}\boldsymbol{y}]=\sum_{k=1}^{D}\lambda_i \tag{11.4.7}$$

另外

$$E[\|\boldsymbol{x}\|_2^2]=E\left[\sum_{i=1}^{D}|x_i|^2\right]=E[\boldsymbol{x}^{\mathrm{T}}\boldsymbol{x}]$$

$$=E[\boldsymbol{y}^{\mathrm{T}}\boldsymbol{Q}^{\mathrm{T}}\boldsymbol{Q}\boldsymbol{y}]=E[\boldsymbol{y}^{\mathrm{T}}\boldsymbol{y}]=\sum_{k=1}^{D}\lambda_i$$

即

$$E[\|\boldsymbol{y}\|_2^2]=E[\|\boldsymbol{x}\|_2^2]=\sum_{k=1}^{D}\lambda_i \tag{11.4.8}$$

式(11.4.8)称为KL变换的能量不变性(帕塞瓦尔定理)。

可由KL变换直接得到PCA表示。在式(11.4.3)中,若仅保留系数向量的前$K<D$个系数,定义

$$\hat{\boldsymbol{y}}=[y_1,y_2,\cdots,y_K]^{\mathrm{T}} \tag{11.4.9}$$

由此得到样本向量$\boldsymbol{x}$的近似表示$\hat{\boldsymbol{x}}$,即

$$\hat{\boldsymbol{x}}=[\boldsymbol{q}_1,\boldsymbol{q}_2,\cdots,\boldsymbol{q}_K]\hat{\boldsymbol{y}}=\boldsymbol{Q}_K\hat{\boldsymbol{y}} \tag{11.4.10}$$

注意,$\hat{\boldsymbol{x}}$是$\boldsymbol{x}$的近似表示,仍是D维向量,$\boldsymbol{Q}_K$为一个$D\times K$矩阵,不难验证$\boldsymbol{Q}_K^{\mathrm{T}}\boldsymbol{Q}_K=\boldsymbol{I}$,$\boldsymbol{I}$为$K\times K$单位矩阵,则

$$E[\|\hat{\boldsymbol{x}}\|_2^2]=E\left[\sum_{i=1}^{D}|\hat{x}_i|^2\right]=E[\hat{\boldsymbol{x}}^{\mathrm{T}}\hat{\boldsymbol{x}}]$$

$$=E[\hat{\boldsymbol{y}}^{\mathrm{T}}\boldsymbol{Q}_K^{\mathrm{T}}\boldsymbol{Q}_K\hat{\boldsymbol{y}}]=E[\hat{\boldsymbol{y}}^{\mathrm{T}}\hat{\boldsymbol{y}}]=\sum_{k=1}^{K}\lambda_i \tag{11.4.11}$$

若定义误差向量为

$$\boldsymbol{e}=\boldsymbol{x}-\hat{\boldsymbol{x}} \tag{11.4.12}$$

则不难验证

$$E[\|\boldsymbol{e}\|_2^2]=\sum_{k=K+1}^{D}\lambda_i \tag{11.4.13}$$

注意到,若只用前K个KL变换系数表示一个样本向量,则近似误差等于没有用到的变换系数对应的自相关矩阵特征值之和。若把自相关矩阵的特征值依序号按从大到小排列,即

$$\lambda_1\geqslant\lambda_2\geqslant\cdots\geqslant\lambda_D \tag{11.4.14}$$

相应的特征向量序号与其特征值对应,则仅用K个变换系数表示信号向量时,误差向量的能量为$(D-K)$个最小特征值之和。因此,选择K个最大特征值所对应的K个系数,可以得到原向量的最准确逼近。

原样本向量$\boldsymbol{x}$是D维的,若样本向量的自相关矩阵有$(D-K)$个小的特征值,则选择K个大特征值对应的系数表示样本向量时,可得到原样本向量的非常准确的逼近,由于

$$\hat{\boldsymbol{x}}=[\boldsymbol{q}_1,\boldsymbol{q}_1,\cdots,\boldsymbol{q}_K]\hat{\boldsymbol{y}}=\sum_{i=1}^{K}y_i\boldsymbol{q}_i \tag{11.4.15}$$

即近似向量$\hat{\boldsymbol{x}}$仅由K个向量的线性组合得到,它实际只有K个自由度,即$\hat{\boldsymbol{x}}$可等价为K维向量,与其系数向量$\hat{\boldsymbol{y}}$等价。也就是说,在满足前述的特征值条件下,可用K个分量非常近似地逼近$\boldsymbol{x}$,称式(11.4.15)的表示为样本向量$\boldsymbol{x}$的主分量分析。主分量分析的要点是用

K 维向量$\hat{\boldsymbol{y}}=[y_1,y_2,\cdots,y_K]^{\mathrm{T}}$ 表示 D 维向量 $\boldsymbol{x}$。

前述在已知样本向量 $\boldsymbol{x}$ 的自相关矩阵情况下，直接对自相关矩阵 $\boldsymbol{R}_x$ 做特征分解，可以得到一个样本向量的主分量表示$\hat{\boldsymbol{y}}$。在机器学习中，给出的是一个样本集，即

$$\{\boldsymbol{x}^{(n)},n=1,2,\cdots,N\} \tag{11.4.16}$$

注意，在本章我们将样本标号 n 放在上标中，主要是后续用下标表示各个分量的序号，以避免符号混乱。在样本集情况下，批处理方法是直接用全部样本首先估计自相关矩阵。可将数据表示为数据矩阵，即

$$\boldsymbol{X}=\begin{bmatrix}\boldsymbol{x}^{(1)\mathrm{T}}\\\boldsymbol{x}^{(2)\mathrm{T}}\\\vdots\\\boldsymbol{x}^{(N)\mathrm{T}}\end{bmatrix} \tag{11.4.17}$$

则自相关矩阵可估计为

$$\hat{\boldsymbol{R}}_x=\frac{1}{N}\boldsymbol{X}^{\mathrm{T}}\boldsymbol{X}=\frac{1}{N}\sum_{i=1}^{N}\boldsymbol{x}^{(i)}\boldsymbol{x}^{(i)\mathrm{T}} \tag{11.4.18}$$

利用以上估计的自相关矩阵进行特征分解，按特征值从大到小排列，得到对应前 K 个特征向量 $\hat{\boldsymbol{q}}_1,\hat{\boldsymbol{q}}_1,\cdots,\hat{\boldsymbol{q}}_K$，主分量特征矩阵为

$$\hat{\boldsymbol{Q}}_K=[\hat{\boldsymbol{q}}_1,\hat{\boldsymbol{q}}_1,\cdots,\hat{\boldsymbol{q}}_K] \tag{11.4.19}$$

对于每个样本 $\boldsymbol{x}^{(i)}$ 其主分量表示为

$$\hat{\boldsymbol{y}}^{(i)}=[y_1^{(i)},y_2^{(i)},\cdots,y_K^{(i)}]^{\mathrm{T}}=\hat{\boldsymbol{Q}}_K^{\mathrm{T}}\boldsymbol{x}^{(i)} \tag{11.4.20}$$

主分量表示的每个分量系数为

$$y_k^{(i)}=\hat{\boldsymbol{q}}_k^{\mathrm{T}}\boldsymbol{x}^{(i)},\quad k=1,2,\cdots,K \tag{11.4.21}$$

由主分量表示重构的样本向量近似表示为 $\hat{\boldsymbol{x}}^{(i)}$，即

$$\hat{\boldsymbol{x}}^{(i)}=[\hat{\boldsymbol{q}}_1,\hat{\boldsymbol{q}}_2,\cdots,\hat{\boldsymbol{q}}_K]\hat{\boldsymbol{y}}^{(i)}=\hat{\boldsymbol{Q}}_K\hat{\boldsymbol{y}}^{(i)}=\sum_{i=1}^{K}y_k^{(i)}\hat{\boldsymbol{q}}_i \tag{11.4.22}$$

注意 $\hat{\boldsymbol{x}}^{(i)}$ 是 $\boldsymbol{x}^{(i)}$ 的近似表示，仍是 D 维向量，则

$$E[\|\hat{\boldsymbol{x}}^{(i)}\|_2^2]=E\left[\sum_{k=1}^{D}|\hat{x}_k^{(i)}|^2\right]=E[\|\hat{\boldsymbol{y}}^{(i)}\|_2^2]=\sum_{k=1}^{K}\lambda_k \tag{11.4.23}$$

若定义误差向量为

$$\boldsymbol{e}^{(i)}=\boldsymbol{x}^{(i)}-\hat{\boldsymbol{x}}^{(i)} \tag{11.4.24}$$

不难验证

$$E[\|\boldsymbol{e}^{(i)}\|_2^2]=\sum_{k=K+1}^{D}\lambda_k \tag{11.4.25}$$

注意到，若只用 K 个特征向量逼近一个样本向量，则误差等于没有用到的对应的小特征值之和。

仅用 K 维主分量表示一个 D 维样本向量 $\boldsymbol{x}$，能量损失比为

$$\left(\sum_{k=K+1}^{D}\lambda_k\right)\bigg/\left(\sum_{k=1}^{D}\lambda_k\right)$$

以上讨论了 PCA 的原理和批处理算法，下面介绍一种在线 PCA 算法。

11.4.2 广义 Hebb 算法

给出样本集$\{\boldsymbol{x}^{(n)}, n=1,2,\cdots,N\}$，可以按照式(11.4.18)一次计算自相关矩阵，进行特征分解可得到式(11.4.19)的主分量特征矩阵，对于每个新的向量$\boldsymbol{x}$，直接用式(11.4.20)计算其主分量表示。我们也可以给出增量算法，即一次只使用一个样本进行逐渐的逼近，这种方法可分散计算资源或可用于实时收集数据的情况，即每次收集到一个新的样本，更新一次主分量的结果，即在线学习。

为了给出K个主分量的有效在线估计，先研究如何估计第1个主分量，在式(11.4.21)中取$k=1$，对于样本n，得其第1个主分量系数为

$$y_1^{(n)}=\hat{\boldsymbol{q}}_1^{\mathrm{T}}\boldsymbol{x}^{(n)} \tag{11.4.26}$$

其中，$\hat{\boldsymbol{q}}_1$为最大特征值对应的特征向量，是第1个主向量；$y_1^{(n)}$为样本向量$\boldsymbol{x}^{(n)}$的第1个主分量系数。如果使用在线算法递推求出$\hat{\boldsymbol{q}}_1$，第1步递推只使用样本$\boldsymbol{x}^{(1)}$，第2步递推使用样本$\boldsymbol{x}^{(2)}$，以此类推，为了表示与递推序号有关，可用以下向量$\boldsymbol{w}_1^{(n)}$表示递推中的$\hat{\boldsymbol{q}}_1$，即

$$\boldsymbol{w}_1^{(n)}=[w_{11}^{(n)},w_{12}^{(n)},\cdots,w_{1k}^{(n)},\cdots,w_{1D}^{(n)}]^{\mathrm{T}} \tag{11.4.27}$$

则递推中的第1个主分量系数为

$$y_1^{(n)}=\boldsymbol{w}_1^{(n)\mathrm{T}}\boldsymbol{x}^{(n)}=\boldsymbol{x}^{(n)\mathrm{T}}\boldsymbol{w}_1^{(n)} \tag{11.4.28}$$

需要导出$\boldsymbol{w}_1^{(n)}$的递推公式，使$n\rightarrow\infty$时，$\boldsymbol{w}_1^{(n)}\rightarrow\boldsymbol{q}_1$。

显然，这里的问题是，求$\boldsymbol{w}_1^{(n)}$使式(11.4.29)最大。

$$E[(y_1^{(n)})^2]=E[|\boldsymbol{w}_1^{(n)\mathrm{T}}\boldsymbol{x}^{(n)}|^2] \tag{11.4.29}$$

按照PCA原理最大值是$E[|y_1^{(n)}|^2]=\lambda_1$。显然直接求解式(11.4.29)需要自相关矩阵$\boldsymbol{R}_x$，为了利用数据样本得到$\boldsymbol{w}_1^{(n)}$的迭代更新算法，这里使用随机梯度算法(SGD)，直接将目标函数简化为

$$J(n)=(y_1^{(n)})^2=|\boldsymbol{w}_1^{(n)\mathrm{T}}\boldsymbol{x}^{(n)}|^2=\boldsymbol{w}_1^{(n)\mathrm{T}}\boldsymbol{x}^{(n)}\boldsymbol{x}^{(n)\mathrm{T}}\boldsymbol{w}_1^{(n)} \tag{11.4.30}$$

为使$J(n)$最大，相当于使$-J(n)$最小，利用梯度下降算法(相当于$J(n)$的随机梯度上升算法)得到$\boldsymbol{w}_1^{(n)}$的更新算法为

$$\begin{aligned}\boldsymbol{w}_1^{(n+1)}&=\boldsymbol{w}_1^{(n)}+\frac{1}{2}\eta\frac{\partial J(n)}{\partial\boldsymbol{w}_1^{(n)}}=\boldsymbol{w}_1^{(n)}+\eta\boldsymbol{x}^{(n)}\boldsymbol{x}^{(n)\mathrm{T}}\boldsymbol{w}_1^{(n)}\\&=\boldsymbol{w}_1^{(n)}+\eta\boldsymbol{x}^{(n)}y_1^{(n)}\end{aligned} \tag{11.4.31}$$

式(11.4.31)的权系数更新部分为$\Delta\boldsymbol{w}_1^{(n)}=\mu\boldsymbol{x}^{(n)}y_1^{(n)}$，在神经网络的文献中，这类将权系数的更新表示为输入向量与输出乘积的形式，称为Hebb学习规则，这类算法称为Hebb学习算法。

在PCA原理中，$\boldsymbol{q}_1$是归一化的，即$\|\boldsymbol{q}_1\|_2=1$，为了使最终收敛的$\boldsymbol{w}_1^{(n)}$也是归一化的，希望式(11.4.31)的每步迭代也满足$\|\boldsymbol{w}_1^{(n)}\|_2=1$，因此将式(11.4.31)修正为

$$\boldsymbol{w}_1^{(n+1)}=\frac{\boldsymbol{w}_1^{(n)}+\eta\boldsymbol{x}^{(n)}y_1^{(n)}}{\|\boldsymbol{w}_1^{(n)}+\eta\boldsymbol{x}^{(n)}y_1^{(n)}\|} \tag{11.4.32}$$

为了对式(11.4.32)进行化简，写出其任意一个标量形式为

$$w_{1i}^{(n+1)}=\frac{w_{1i}^{(n)}+\eta y_1^{(n)}x_i^{(n)}}{\left[\sum_{k=1}^{D}(w_{1k}^{(n)}+\eta y_1^{(n)}x_k^{(n)})^2\right]^{1/2}} \tag{11.4.33}$$

为了简化式(11.4.33),假设 η 很小,将分母部分简化如下

$$\begin{aligned}\frac{1}{\left[\sum_{k=1}^{D}(w_{1k}^{(n)}+\eta y_1^{(n)}x_k^{(n)})^2\right]^{1/2}}&=\frac{1}{\left[\sum_{k=1}^{D}(w_{1k}^{(n)})^2+2\eta y_1^{(n)}\sum_{k=1}^{D}w_{1k}^{(n)}x_k^{(n)}+O(\eta^2)\right]^{1/2}}\\&=\frac{1}{(1+2\eta(y_1^{(n)})^2+O(\eta^2))^{1/2}}\approx\frac{1}{1+\eta(y_1^{(n)})^2}\\&\approx 1-\eta(y_1^{(n)})^2\end{aligned} \tag{11.4.34}$$

注意到,在式(11.4.34)的简化中,用到 $\|\boldsymbol{w}_1^{(n)}\|_2=1$ 的条件,并使用了两个近似式,即 x 很小时,$\sqrt{1+x}\approx 1+x/2$ 和 $(1+x)^{-1}\approx 1-x$。将式(11.4.34)代入式(11.4.33)并忽略 η^2 项,得到

$$\begin{aligned}w_{1i}^{(n+1)}&\approx(w_{1i}^{(n)}+\eta y_1^{(n)}x_i^{(n)})[1-\eta(y_1^{(n)})^2]\\&\approx w_{1i}^{(n)}+\eta y_1^{(n)}x_i^{(n)}-\eta(y_1^{(n)})^2w_{1i}^{(n)}\end{aligned} \tag{11.4.35}$$

写成向量形式为

$$\boldsymbol{w}_1^{(n+1)}=\boldsymbol{w}_1^{(n)}+\eta y_1^{(n)}(\boldsymbol{x}^{(n)}-y_1^{(n)}\boldsymbol{w}_1^{(n)})=\boldsymbol{w}_1^{(n)}-\Delta\boldsymbol{w}_1^{(n)} \tag{11.4.36}$$

或

$$\Delta\boldsymbol{w}_1^{(n)}=\mu y_1^{(n)}\boldsymbol{x}^{(n)}-\mu(y_1^{(n)})^2\boldsymbol{w}_1^{(n)} \tag{11.4.37}$$

式(11.4.36)收敛的关键是学习率 η 取小值。起始时可取 $\boldsymbol{w}_1^{(0)}=\boldsymbol{0}$ 或一个小的随机数向量,令 $n=1$ 开始迭代执行式(11.4.36),每次执行完令 $n\leftarrow n+1$,直到全部数据集被使用或在线采集过程结束。只要能得到充分多的样本,$\boldsymbol{w}_1^{(n)}$ 将收敛于 $\boldsymbol{q}_1$。式(11.4.36)称为 Oja 学习法则。

至此,得到了求第 1 个主分量的算法。Sanger 等把问题推广到一般情况,导出了一种同时递推求取 K 个主分量的递推算法。类似于第 1 个主分量,用 $\boldsymbol{w}_j^{(n)}$,$j=1,2,\cdots,K$ 表示递推中的第 j 个主向量,对应主分量系数记为 $y_j^{(n)}$,其推导过程不再赘述,稍后给出一个直观性的解释,算法描述如下,该算法称为广义 Hebb 算法(generalized Hebbian algorithm,GHA)。

GHA 算法

初始化:$\boldsymbol{w}_j^{(0)}$,$j=1,2,\cdots,K$;取小的随机数,构成 K 个随机数向量,分别赋予 $\boldsymbol{w}_j^{(0)}$;令 $n=1$。

循环起始:对 $j=1,2,\cdots,K$,计算

$$y_j^{(n)}=\boldsymbol{w}_j^{(n)\mathrm{T}}\boldsymbol{x}^{(n)}$$

$$\Delta\boldsymbol{w}_j^{(n)}=\eta y_j^{(n)}\left(\boldsymbol{x}^{(n)}-\sum_{k=1}^{j}y_k^{(n)}\boldsymbol{w}_k^{(n)}\right) \tag{11.4.38}$$

$$\boldsymbol{w}_j^{(n+1)}=\boldsymbol{w}_j^{(n)}+\Delta\boldsymbol{w}_j^{(n)} \tag{11.4.39}$$

$n=n+1$,取 $\boldsymbol{x}^{(n)}$ 回到循环起始,直到停止。

算法收敛后，$\boldsymbol{w}_j^{(n)}$ 将收敛到 $\boldsymbol{q}_j, j=1,2,\cdots,K$。为了直观地理解 GHA 算法，观察式(11.4.38)，重写为

$$\begin{aligned}\Delta \boldsymbol{w}_j^{(n)} &= \eta y_j^{(n)}\left(\boldsymbol{x}^{(n)} - \sum_{k=1}^{j} y_k^{(n)} \boldsymbol{w}_k^{(n)}\right) \\ &= \eta y_j^{(n)} \boldsymbol{x}_{(j)}^{(n)} - \mu y_j^2(n) \boldsymbol{w}_j^{(n)}\end{aligned} \tag{11.4.40}$$

其中，$x_{(j)}^{(n)}$ 中的下标是一个指示因子，注意到

$$\boldsymbol{x}_{(j)}^{(n)} = \boldsymbol{x}^{(n)} - \sum_{k=1}^{j-1} y_k^{(n)} \boldsymbol{w}_k^{(n)} \tag{11.4.41}$$

式(11.4.40)与只求一个主分量的式(11.4.37)相比，用 $\boldsymbol{x}_{(j)}^{(n)}$ 替代 $\boldsymbol{x}^{(n)}$，为了直观，写出前 3 个 $\boldsymbol{x}_{(j)}^{(n)}$ 为

$$\begin{aligned}\boldsymbol{x}_{(1)}^{(n)} &= \boldsymbol{x}^{(n)} \\ \boldsymbol{x}_{(2)}^{(n)} &= \boldsymbol{x}^{(n)} - y_1^{(n)} \boldsymbol{w}_1^{(n)} \\ \boldsymbol{x}_{(3)}^{(n)} &= \boldsymbol{x}^{(n)} - y_1^{(n)} \boldsymbol{w}_1^{(n)} - y_2^{(n)} \boldsymbol{w}_2^{(n)}\end{aligned}$$

为了递推求第 2 个主分量，以 $\boldsymbol{x}^{(n)} - y_1^{(n)} \boldsymbol{w}_1^{(n)}$ 替代 $\boldsymbol{x}^{(n)}$，当 $\boldsymbol{w}_1^{(n)}$ 收敛于 $\boldsymbol{q}_1$ 时，$y_1^{(n)}$ 是 $\boldsymbol{x}^{(n)}$ 中包含分量 $\boldsymbol{q}_1$ 的系数，故 $y_1^{(n)} \boldsymbol{w}_1^{(n)}$ 表示迭代过程中 $\boldsymbol{x}^{(n)}$ 包含的第 1 个主分量成分，故 $\boldsymbol{x}_{(2)}^{(n)}$ 是减去了第 1 个主分量成分的差信号向量，可以用于求第 2 个主分量。类似地，$\boldsymbol{x}_{(3)}^{(n)}$ 是减去了第 1 个和第 2 个主分量成分的差信号向量，可以用于求第 3 个主分量，以此类推。因此，GHA 算法可看作仅求一个主分量的式(11.4.36)或式(11.4.37)的直观推广。

例 11.4.1 对 PCA 有效性的数值实验。对一类雷达信号进行短时傅里叶变换(short-time fourier transform，STFT)，此处并不涉及 STFT 的细节，只是用于说明 PCA 降维。对每个信号得到 10000 维的变换系数向量，得到 1000 个不同信号的样本进行迭代，在保持 95%的原向量能量的基础上，仅需要保留 49 个主分量，即主分量表示的维数为 49，仅为原向量维数的 0.49%。由于采用的 STFT 表示存在大量冗余，这个降维的例子比较极端。另一个例子是对于手写字符图像进行 PCA 降维处理，保留 5%～10%的主分量即可取得良好降维逼近效果。

11.5 本章小结

聚类算法是无监督学习中应用最广泛的一种基本算法，得到了广泛的研究，发展了众多算法，本章仅介绍了一种基本算法：K 均值聚类。Everitt 的 *Cluster Analysis* 是关于聚类的一本入门教材。

EM 算法是统计学中一种求解最大似然的有效方法，其在机器学习中得到多方面应用，本章给出了 EM 算法在机器学习应用的一种形式——隐变量情况下的 EM 算法。作为 EM 算法的应用，介绍了用 EM 估计高斯混合模型参数的算法，并利用已得到参数的 GMM 模型引出一种软聚类方法。EM 算法在隐马尔可夫模型参数估计、贝叶斯变分推断等问题上都得到应用，限于篇幅限制，本书不再展开讨论这些问题，有兴趣的读者可从 Bishop 的 *Pattern Recognition and Machine Learning* 或 Murphy 的 *Machine Learning* 中找到这方

面的内容。

PCA 是机器学习中应用较多的一种通用降维算法，有一些扩展，例如基于核函数的 PCA 或概率 PCA 等，这些扩展算法的介绍可参考 Bishop 的 *Pattern Recognition and Machine Learning*。

习题

1. 有一组数据集，样本均是平面上的二维数据，设数据集的样本可由两个均匀分布的概率函数按等概率生成，两个均匀分布的概率函数分别为：第 1 个分布是中心位于(0.5,0.5)，长宽均为 1 的正方形；第 2 个分布是中心位于(1.0,1.0)处，长宽均为 1 的正方形。若数据充分多，试估计按 $K=2$ 聚类的质心位置。

上述问题中，第 1 个分布不变，第 2 个分布是中心位于(2,2)处，长宽均为 1 的正方形。若数据充分多，仍按 $K=2$ 聚类，讨论可能的聚类结果。

2. 考虑一个伯努利分布向量 $\boldsymbol{x}=[x_1,x_2,\cdots,x_D]^{\mathrm{T}}$，其每个分量 x_i 独立且服从伯努利分布，$\boldsymbol{x}$ 的参数为$\boldsymbol{\mu}=[\mu_1,\mu_2,\cdots,\mu_D]^{\mathrm{T}}$，故其概率函数为 $B(\boldsymbol{x}\mid\boldsymbol{\mu})=\prod_{i=1}^{D}\mu_i^{x_i}(1-\mu_i)^{1-x_i}$。在此基础上考虑一个混合伯努利分布函数为

$$p(\boldsymbol{x}\mid\boldsymbol{\mu},\pi)=\sum_{k=1}^{K}\pi_k B(\boldsymbol{x}\mid\boldsymbol{\mu}_k)$$

其中，$B(\boldsymbol{x}\mid\boldsymbol{\mu}_k)=\prod_{i=1}^{D}\mu_{ki}^{x_i}(1-\mu_{ki})^{1-x_i}$。假设得到服从混合伯努利分布的样本集$\{\boldsymbol{x}_1,\boldsymbol{x}_2,\cdots,\boldsymbol{x}_N\}$，用 EM 算法导出估计参数$\boldsymbol{\mu}_k$ 和 π_k，$k=1,2,\cdots,K$ 的算法。

3. 设时间信号 $x(n)=4.0\cos(0.5\pi n)+1.5\sin(3\pi n/4)+v(n)$，这里 $v(n)$为白噪声，均值为 0，方差为 $\sigma^2=0.25$，以 $\boldsymbol{x}^{(n)}=[x(n),x(n-1),x(n-2),x(n-3)]$构成四维样本向量，求其自相关矩阵特征值，若用最大的两个特征值对应的特征向量为主向量进行 PCA 表示，PCA 表示与原信号向量表示的能量比为多少？

4. 用约束最优的思想导出主分量分析。设 $\boldsymbol{x}$ 表示 D 维零均值数据向量，$\boldsymbol{w}$ 表示一个 M 维向量，令 σ^2 表示 $\boldsymbol{x}$ 在 $\boldsymbol{w}$ 上投影的方差值。

(1) 证明，在 $\|\boldsymbol{w}\|^2=1$ 的约束下，求 $\boldsymbol{w}$ 使得σ^2 最大化，用拉格朗日乘数法构造的目标函数为

$$J(\boldsymbol{w})=\boldsymbol{w}^{\mathrm{T}}\boldsymbol{R}_x\boldsymbol{w}-\lambda(\boldsymbol{w}^{\mathrm{T}}\boldsymbol{w}-1)$$

其中，λ 是拉格朗日乘子。

(2) 由问题(1)的结果，证明 $\boldsymbol{w}$ 的解满足

$$\boldsymbol{R}_x\boldsymbol{w}=\lambda\boldsymbol{w}$$

即 $\boldsymbol{w}$ 的解是$\boldsymbol{R}_x$ 的特征向量，其中 λ 为相应特征值。

第 12 章 强化学习

CHAPTER 12

强化学习也称增强学习(reinforcement learning,RL),研究智能体如何基于对环境的认知做出行动来最大化长期收益,是解决智能控制问题的重要方法。强化学习不同于监督学习,没有直接的标注信号引导学习过程,但存在一个奖励信号(reward signal)用于间接地引导学习过程。强化学习在与环境交互过程中学习一个最优控制策略,是通过利用按时间顺序排列的一系列观测、动作、奖励等序列过程完成的,样本数据往往不满足独立同分布(IID)假设。强化学习的目标是最大化控制策略的长期收益,而不仅仅是最大化当前奖励,因此策略在当前状态生成的动作的优劣需要由其对后续状态和动作的影响进行评估,即对当前选择的动作的优劣评价是被延迟的。由于这种监督的间接性,评价的可延迟和长期性等诸多特点,强化学习可被看作一种弱监督学习。

12.1 强化学习的基本问题

视频讲解

强化学习的主体称为一个智能体(agent),智能体面对一个环境(environment),通过与环境的交互,感知当前环境的状态并获得当前环境的奖励(reward),决策当前要采取的动作(action),以达到最大化决策策略所能获得的环境长期收益的预期目标。

图 12.1.1 所示为强化学习的基本结构模型。智能体能够感知当前的环境状态 S_t,这里用 t 表示当前时刻,只处理离散时刻情况。强化学习的目标是为智能体学习一个策略 π,由其确定智能体在当前状态下要选择的动作 A_t,完成动作 A_t 后,从环境得到一个奖励 R_{t+1},并影响到环境的状态,智能体将观察到新的状态 S_{t+1}。若从 $t=0$ 开始记录,则得到一个"状态,动作,奖励"的序列,即

$$\{S_0,A_0,R_1,S_1,A_1,R_2,\cdots,S_t,A_t,R_{t+1},S_{t+1},A_{t+1},\cdots,\} \tag{12.1.1}$$

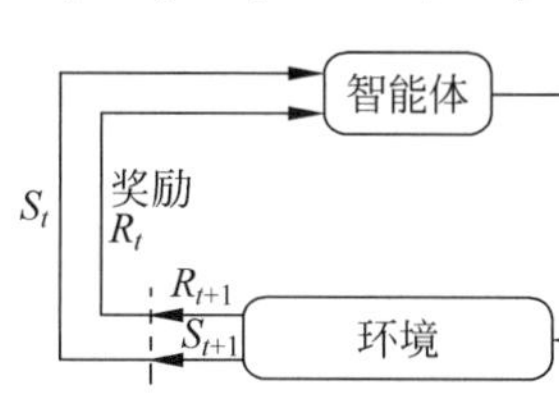

图 12.1.1 强化学习的基本结构模型

在大多数情况下,式(12.1.1)这样的序列不是预先采集好的样本,而是与环境交互中产生的样本,强化学习的任务是在这种交互过程中学习得到智能体的最优策略。

为了理解强化学习的原理,看几个例子。首先仔细观察猫和老鼠的例子。为了简化问题,把一个环境格式化为如图 12.1.2 所示的格子结构,这样表示的环境其状态数目是有限的,动作类型也是有限的,在讨论强化学习的开始阶段,以状态有限、动作有限的情况作为起点,强化学习目前已扩展到可处理连续状态和连续动作的更一般情况。

图 12.1.2 的环境中有猫和老鼠,环境中有障碍物,用阴影格子表示障碍物。设要训练一个机器猫,猫从初始位置出发,规避障碍物,移动到老鼠所在位置。本章多次用到这个例子,为了讨论问题简单,猫的初始位置、障碍物位置及老鼠的位置预先给定,在学习过程中不会发生变化。对该问题,环境的状态由猫当前所在的位置 S_t 确定,对这样的简单问题,可用两种方法表示状态。一是将格子从左到右、从上到下编码,即将格子编码为(状态的集合)$\{1,2,3,\cdots,16\}$,由于用状态 S_t 表示猫所在位置,故起始时 $S_0=1$,状态是一个有限标量;也可用二维编码表示格子的(x,y)坐标,则状态集合为$\{(1,1),(1,2),\cdots,(4,3),(4,4)\}$,该例子的初始状态为 $S_0=(1,1)$,由此可见状态的表示方式并不唯一。该例子的动作有上、下、左、右。假设希望猫更快地抓住老鼠,可设立奖励:猫移动到老鼠的位置奖励为 $R_t=10$;移动到障碍物位置表示撞到障碍物,奖励为 $R_t=-10$;其他情况每移动一步奖励为 $R_t=-1$。结束条件:猫移动到老鼠的位置或者障碍物的位置。

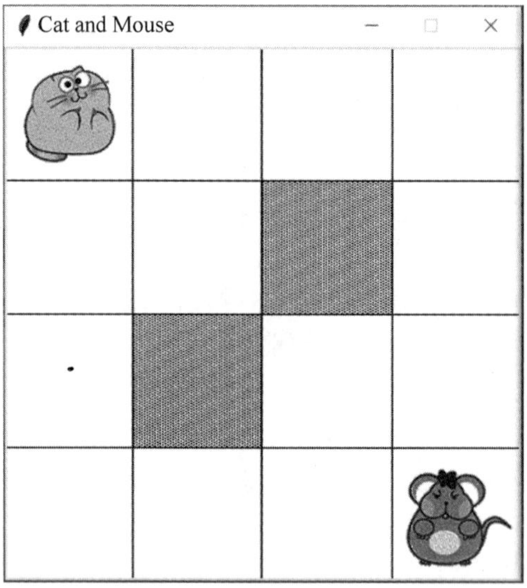

图 12.1.2 猫和老鼠的例子

对于该例,我们不难直接观察到猫的最优策略是什么,故可以帮助我们验证和理解强化学习的概念。本章以这样一种简单形式使用该例子。读者不难将该例子扩展到更复杂的场景。例如,将老鼠设置为按照一定方式运动,则可用猫和老鼠分别在格子中的位置表示状态,若用一维编码表示格子,状态是二维向量;若用二维编码格子,状态是四维向量;若将格子扩大到 40×40,并且环境中有随机布设的 50 个障碍物,则这是一个更有意思的强化学习问题,有兴趣的读者学习完本章可编程实现该问题。

猫和老鼠的例子是一个说明概念的简单例子,强化学习最有影响力的一个实例是围棋程序 AlphaGo。围棋盘如图 12.1.3 所示,有 19×19 格子,每个格子中可填入白子、黑子或空格。智能体是机器棋手,状态表示目前棋盘的布局,可用一个矩阵表示围棋盘的状态,矩阵是 19×19 维的，每个元素可取 3 个值，即{±1,0}(1 代表白子，−1 代表黑子，0 代表空格)，不考虑其他限制因素，围棋的状态数目可达 3^{361}，是非常巨大的，智能体感知到目前的状态，决策在哪一个空格位置上落子。与智能体对弈的是人类棋手，智能体的目标是赢得比赛。

强化学习用于求解棋牌类游戏由来已久，另一种近期由强化学习取得优异比赛成绩的是麻将。与围棋不同，尽管围棋布局极为复杂，但智能体能够感知围棋盘的完整状态，是一种"完全可观测"情况。对于麻将，强化学习的智能体与实际对弈的每个参与人一样，只能观测到自己的手牌和已公开的手牌。不知道对手的手牌。因此，麻将是一个部分可观测序列决策问题，我们将说明，对于强化学习，部分可观测是更有挑战性的问题。

很多现实生活中的问题可用强化学习来解决，实例不胜枚举，本节给出的最后一个例子是机器人。强化学习可以在机器人的很多应用场景发挥作用。例如，比较复杂的有机器人在一个复杂环境下的运动轨迹规划、机器人的充电控制，更复杂的有多机器人的协同规划(多智能体问题)。图 12.1.4 所示为机器人抓取一个物体，在这个问题中，智能体基于感知要抓取的物体的位置，控制机器人走近物体，然后控制手臂去抓取物体。精确地讲，这是一个连续动作的问题。

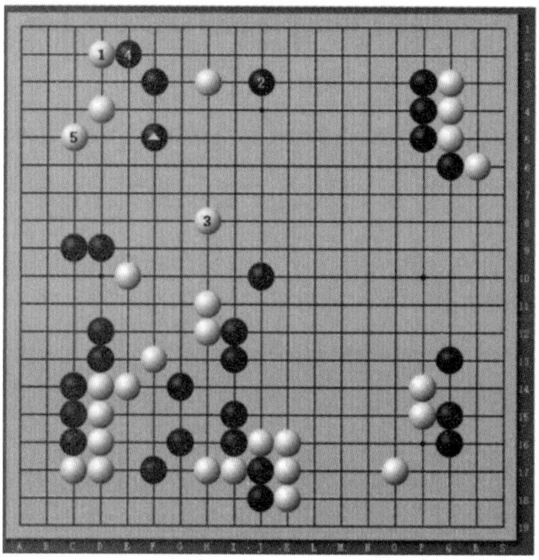

图 12.1.3　AlphaGo 围棋盘

图 12.1.4　强化学习用于机器人控制

12.2　马尔可夫决策过程

强化学习依据的一个重要假设是马尔可夫性，其求解的大部分问题可建模为马尔可夫决策过程(Markov decision process，MDP)。下面以上述几个例子为基础，理解决策问题的马尔可夫性，并引出 MDP 的定义。

12.2.1　MDP 的定义

在得到式(12.1.1)所示的序列时，简单地假设在一个给定时刻 t，智能体可感知到环境

的状态 S_t，这种叙述其实已经包含了很多假设。实际中智能体可得到一个观测 O_t，但 O_t 是否能代表环境的状态需要看具体情况。状态是一个专用名词，是对一个系统(环境)的完整表示，即若知道了系统的状态 S_t，则 S_t 可表示系统从初始时刻至 t 的全部积累信息，若考虑 t 之后的系统行为，则由 S_t 和 t 之后的系统激励确定，与 t 之前的激励无关，即状态 S_t 紧凑地表示了 t 之前系统的所有行为。

智能体的观测 O_t 是否可表示环境的状态，取决于环境是否是完全可观测的。猫和老鼠的例子中，用智能体在格子中的位置表征状态，状态是完全可观测的；围棋尽管复杂，其状态也是完全可观测的；机器人的例子中，若机器人的测量传感器是精确的，则也是完全可观测的。在这种完全可观测的条件下，智能体的观测可与环境状态相等，即 $O_t=S_t$。

在这种完全可观测的情况下，当状态 S_t 已知，则后续状态 S_{t+1} 与 S_{t-1} 和以前的状态无关。这在猫和老鼠、围棋的例子中是显然的。既然知道了 S_t，如何通过前面的步骤达到 S_t 都与今后新状态的获取无关，只与 S_t 有关，因此这类问题的环境状态转移概率满足

$$P(S_{t+1} \mid S_0, S_1, \cdots, S_{t-1}, S_t) = P(S_{t+1} \mid S_t) \tag{12.2.1}$$

式(12.2.1)的关系称为马尔可夫性，可以看到对于大量完全可观测的强化学习问题，马尔可夫性假设是合理的。即使有些问题不严格满足马尔可夫性，但用马尔可夫性假设仍可得到相当好的结果。

除了状态的马尔可夫性，强化学习求解的这些问题还是一个序列决策过程，即从 t 时刻的 S_t 出发，需要选择一个动作 A_t，因这个动作获得一个奖励 R_{t+1} 并使环境发生变化，得到新状态 S_{t+1}，这个过程一直持续下去，实际上形成一个决策过程，这个决策过程产生一个样本序列为

$$\{S_t, A_t, R_{t+1}, S_{t+1}, A_{t+1}, R_{t+2}, \cdots, S_{T-1}, A_{T-1}, R_T, S_T\} \tag{12.2.2}$$

其中，S_T 为终止状态，T 为终止时刻。在一些具体场景中，T 是有限的，如猫和老鼠的例子；也有可能 $T\to\infty$，如一个机器人的漫游过程。

对于式(12.2.2)形成的序列，可以计算从 S_t 出发所获得的累积奖励，称之为 S_t 的返回值(return)，可表示为 G_t。为了统一考虑 T 有限和无限的情况，设置一个折扣因子 γ，要求 $0\leqslant\gamma\leqslant 1$，则 G_t 表示为

$$G_t = R_{t+1} + \gamma R_{t+2} + \gamma^2 R_{t+3} + \cdots + \gamma^{T-t-1} R_T = \sum_{k=0}^{T-t-1} \gamma^k R_{t+k+1} \tag{12.2.3}$$

注意，之所以要加折扣因子 γ，有两个基本原因：①当 $T\to\infty$ 时，若没有折扣因子，则可能 G_t 不收敛；②在考虑 t 时刻从 S_t 出发的决策时，靠近 t 时刻的奖励对 t 时刻的决策影响更大，而非常遥远的未来的奖励则影响较小。在 T 有限的场景下允许取 $\gamma=1$。

强化学习求解的是具有马尔可夫性质的序列决策问题，这类问题可以被建模成马尔可夫决策过程(MDP)。这里首先引入 MDP 的定义，然后介绍求解 MDP 常用的几种经典的 RL 算法。

MDP 描述的是一个具有马尔可夫性质的序列决策问题。假设在时刻 $t=1,2,\cdots$，环境所处的状态表示为 S_t，智能体在当前状态执行一个动作 A_t，环境跳转到了新的状态 S_{t+1}，并反馈给智能体一个奖励 R_{t+1}。决策问题的马尔可夫性体现在环境的状态转移只取决于当前环境的状态以及智能体在当前状态所执行的动作，而与更早时刻的环境状态和智能体执行的动作无关。下面给出离散且有限状态和动作的马尔可夫决策过程的定义。

定义 12.2.1 马尔可夫决策过程定义如下。一个 MDP 由一个五元组$(S,A,r,P_{ss'}^{a},\gamma)$构成。其中，$\mathcal{S}=\{s^{(1)},s^{(2)},\cdots\}$表示状态集合；$\mathcal{A}=\{a^{(1)},a^{(2)},\cdots\}$表示在任意状态下智能体可采取的所有动作集合；$P_{ss'}^{a}:\mathcal{S}\times\mathcal{A}\times\mathcal{S}\to[0,1]$表示状态转移概率函数，即$P_{ss'}^{a}=P(S_{t+1}=s'|S_t=s,A_t=a)$表示在状态$S_t=s$下执行动作$A_t=a$，环境跳转到状态$S_{t+1}=s'$的概率；$r:\mathcal{S}\times\mathcal{A}\to\mathbb{R}$为奖励函数，$r(s,a)=E(R_{t+1}|S_t=s,A_t=a)$为在状态$S_t=s$执行动作$A_t=a$，智能体获得奖励的期望；$\gamma\in[0,1]$表示折扣因子。

MDP 的定义是相当一般性的，转移概率具有一般性的意义，若一个问题的状态具有$|\mathcal{S}|$种可能的取值，则对于一个固定的动作$A_t=a$，$P_{ss'}^{a}$是一个$|\mathcal{S}|\times|\mathcal{S}|$维矩阵。若有$|\mathcal{A}|$种动作，一般意义下，对每个$a\in\mathcal{A}$，均有一个$|\mathcal{S}|\times|\mathcal{S}|$维矩阵，合在一起最一般意义下$P_{ss'}^{a}$是$|\mathcal{A}|\times|\mathcal{S}|\times|\mathcal{S}|$的三维张量。同样，$r(s,a)$是在每种状态与动作组合下奖励的均值。注意，在 MDP 定义中，S_t、A_t、R_{t+1}分别表示状态、动作和奖励，是随机变量，用大写字母表示，其取值s、a或均值$r(s,a)$是确定量，用小写字母表示。

MDP 模型具有理论上的重要意义，但在一个复杂的实际问题中，一般并不能预先确定 MDP 的所有参数，如$P_{ss'}^{a}$或$r(s,a)$并不是预先知道的，或对于一些复杂问题，这些模型参数过于庞大，并不能直接使用。例如，围棋中状态数目为3^{361}，显然无法完整存储和表示$P_{ss'}^{a}$，在这种情况下，可以使用后续定义的值函数，并通过函数逼近的方式实现决策。

例 12.2.1 对于猫和老鼠例子，给出 MDP 的描述。可以看到，在这类问题中 MDP 可以得以简化。对例子中的格子按从左到右从上到下编号，如图 12.2.1 所示。将猫所处的位置定义为状态值，此例中可用标量表示状态，状态集合为$\mathcal{S}=\{1,2,\cdots,16\}$。设猫在格子中每次只能移动一步，只有 4 个动作，即$\mathcal{A}=\{\text{up},\text{down},\text{left},\text{right}\}$，由于边界的限制，当猫在边界向边界外方向动作时，将留在原地不动。在这个例子中，当$S_t=s$，选择动作$A_t=a$时，猫将进入下一个确定的格子，即对应$S_{t+1}=s'$，故只有一项$P_{ss'}^{a}=1$，其他为 0。

观察图 12.2.1，可以得到$P_{ss'}^{a}$的一些例子。例如，$P_{1,1}^{up}=P(S_{t+1}=1|S_t=1,A_t=up)=1$，$P_{1,s'\neq1}^{up}=P(S_{t+1}=s'\neq1|S_t=1,A_t=up)=0$；按照类似的符号，则有$P_{1,2}^{right}=1$，$P_{1,s'\neq2}^{right}=0$。类似地，可写出其他状态和其他动作下的$P_{ss'}^{a}$。按照该例子中奖励的定义，可得到$r(1,\text{right})=E(R_{t+1}|S_t=1,A_t=\text{right})=-1$和$r(15,\text{right})=10$，$r(9,\text{right})=-10$。读者可自行补充其他的$r(s,a)$。

对于本例这种一个完整的决策序列过程可在较短步数内结束的情况，可取折扣因子$\gamma=1$。

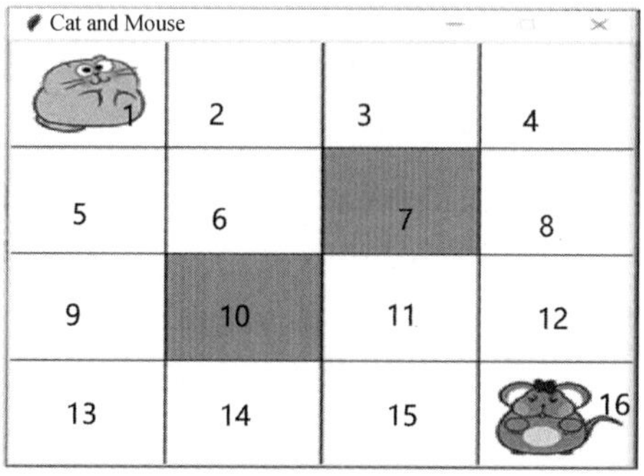

图 12.2.1 猫和老鼠的格子编号

大多数强化学习求解的序列决策问题可以用 MDP 模型描述，对于仅由当前观测不能确定环境状态的情况，可建模为部分可观测马尔可夫决策过程(partially observable markov decision process，POMDP)，本书仅考虑 MDP 问题，在 MDP 基础上的强化学习算法通过扩展可用于 POMDP。

12.2.2 贝尔曼方程

对于一个由 MDP 建模的过程，最主要的学习任务是为智能体确定一个策略。策略是智能体的行动函数，将状态映射为行为，即在 $S_t=s$ 的条件下，确定智能体的动作 $A_t=a$。有两种典型的策略函数：确定性策略和随机策略。

确定性策略的定义为

$$a=\pi(s) \tag{12.2.4}$$

该函数的含义：当 $S_t=s$ 时 $A_t=a$，即当状态确定时，动作也是确定的。由于策略不随时刻 t 变化，故式(12.2.4)与时刻无关。

随机策略定义为

$$\pi(a \mid s)=P(A_t=a \mid S_t=s) \tag{12.2.5}$$

随机策略说明在 $S_t=s$ 条件下，A_t 可能取多个动作，式(12.2.5)给出了 A_t 可取动作的概率值。

对于例 12.2.1，一种简单的策略是采用随机策略，若猫在任意状态以等概率去向 4 个方向，则其策略函数为

$$\pi(\text{up} \mid s)=\pi(\text{down} \mid s)=\pi(\text{left} \mid s)=\pi(\text{right} \mid s)=1/4, \quad s=1,2,\cdots,16$$

确定性策略相当于在给定状态取一个动作的概率为 1，选其他动作的概率为 0，故确定性策略是随机策略的特例，因此，若不加说明，以随机策略为基础讨论以下各种表示。对于一个给定的 MDP，一般存在多种可选择的策略，为一般化，用符号 π 表示一个任意给定的策略。

在一个给定策略 π 下，可以评价一个 MDP 中各状态的收益性能。以一个状态 $S_t=s$ 作为起点，观察其累加奖励，即返回值 G_t 的大小，G_t 如式(12.2.3)所定义。为了对各状态的收益进行确定性评估，给定策略 π，对以 $S_t=s$ 为起点的所有可能返回值取期望，可定义一个状态的值函数为

$$\begin{aligned} v_\pi(s) &= E_\pi[G_t \mid S_t=s] \\ &= E_\pi[R_{t+1}+\gamma R_{t+2}+\gamma^2 R_{t+3}+\cdots \mid S_t=s] \end{aligned} \tag{12.2.6}$$

其中，E_π 为对按照策略 π 形成的各种序列取期望。这里 s 是一个指定的状态，$v_\pi(s)$ 取值大意味着从平均意义上讲，从 s 出发可能获得大的累积奖励。

$v_\pi(s)$ 称为状态值函数，类似地，可定义“动作-值函数” $q_\pi(s,a)$ 为

$$\begin{aligned} q_\pi(s,a) &= E_\pi[G_t \mid S_t=s, A_t=a] \\ &= E_\pi[R_{t+1}+\gamma R_{t+2}+\gamma^2 R_{t+3}+\cdots \mid S_t=s, A_t=a] \end{aligned} \tag{12.2.7}$$

显然，$q_\pi(s,a)$ 是在 $S_t=s$ 状态下，取动作 $A_t=a$ 以后，在策略 π 控制下后续累积奖励的期望。

一个 MDP 过程是一个序列决策过程，在决策过程中各状态之间有转移，因此其各状态

的值函数或动作-值函数之间也会建立起关系，表示 MDP 的状态之间值函数关系的一组方程称为贝尔曼(Bellman)方程。贝尔曼方程有以下几种等价形式。

$$v_\pi(s)=E_\pi[R_{t+1}+\gamma v_\pi(S_{t+1})\mid S_t=s] \tag{12.2.8}$$

$$q_\pi(s,a)=E_\pi[R_{t+1}+\gamma q_\pi(S_{t+1},A_{t+1})\mid S_t=s,A_t=a] \tag{12.2.9}$$

$$v_\pi(s)=\sum_{a\in\mathcal{A}}\pi(a\mid s)\Big(r(s,a)+\gamma\sum_{s'\in\mathcal{S}}P_{ss'}^a v_\pi(s')\Big) \tag{12.2.10}$$

$$q_\pi(s,a)=r(s,a)+\gamma\sum_{s'\in\mathcal{S}}P_{ss'}^a\sum_{a'\in\mathcal{A}}\pi(a'\mid s')q_\pi(s',a') \tag{12.2.11}$$

通过以下证明过程能够同时说明贝尔曼方程的含义。对于式(12.2.8)可直接由(12.2.6)进一步分解而得，即

$$\begin{aligned}v_\pi(s)&=E_\pi[G_t\mid S_t=s]\\&=E_\pi[R_{t+1}+\gamma R_{t+2}+\gamma^2R_{t+3}+\cdots\mid S_t=s]\\&=E_\pi[R_{t+1}+\gamma(R_{t+2}+\gamma R_{t+3}+\gamma^2R_{t+4}+\cdots)\mid S_t=s]\\&=E_\pi[R_{t+1}+\gamma G_{t+1}\mid S_t=s]\\&=E_\pi[R_{t+1}+\gamma v_\pi(S_{t+1})\mid S_t=s]\end{aligned} \tag{12.2.12}$$

式(12.2.9)的证明类似，此处从略。注意观察式(12.2.8)两侧，左侧状态值函数 $v_\pi(s)$ 内的自变量 s 是确定性的量，是由定义中的条件 $S_t=s$ 所指定的值，但式(12.2.8)右侧的 $v_\pi(S_{t+1})$ 中，下一时刻的状态 S_{t+1} 是一个随机变量，这是因为从 $S_t=s$ 出发，由随机策略 π 可能以概率达到多个不同状态，故 S_{t+1} 是随机的，S_{t+1} 的取值服从策略 π，故 E_π 表示在服从策略 π 的条件下对 $v_\pi(S_{t+1})$ 取期望。

在定义 12.2.1 节的 MDP 模型中，若 MDP 模型的所有参数是已知的，即 $P_{ss'}^a$ 和 $r(s,a)$ 均已确定，则可以看到状态值函数 $v_\pi(s)$ 和动作-值函数 $q_\pi(s,a)$ 是可以互相表示的，即相互具有等价性。从 $S_t=s$ 出发，按照策略 $\pi(a|s)$(不失一般性，用随机策略)可能会取不同的动作 A_t，由此产生各 S_{t+1} 和奖励 R_{t+1}，由于值函数与动作-值函数均为期望值，故它们满足

$$v_\pi(s)=\sum_{a\in\mathcal{A}}\pi(a\mid s)q_\pi(s,a) \tag{12.2.13}$$

另外，若以 $S_t=s,A_t=a$ 作为起点，即考虑 $q_\pi(s,a)$，则由该起点可能到达的新状态 $S_{t+1}=s'$ 由转移概率 $P_{ss'}^a$ 决定，即以概率 $P_{ss'}^a$ 转移到 s' 状态，且获得期望奖励 $r(s,a)$，故 $q_\pi(s,a)$ 可表示为

$$q_\pi(s,a)=r(s,a)+\gamma\sum_{s'\in\mathcal{S}}P_{ss'}^a v_\pi(s') \tag{12.2.14}$$

将式(12.2.14)代入式(12.2.13)可得式(12.2.10)。反之，将式(12.2.13)代入式(12.2.14)则得到式(12.2.11)。

例 12.2.2 继续例 12.2.1 猫和老鼠的例子，给出一个策略 π，假设在任意状态(7、10、16 除外)，猫向 4 个方向等概率选一个动作，即

$$\pi(\mathrm{up}\mid s)=\pi(\mathrm{down}\mid s)=\pi(\mathrm{left}\mid s)=\pi(\mathrm{right}\mid s)=1/4,\quad s=1,2,\cdots,16$$

当猫进入状态(7、10、16)时，游戏停止在该状态。

按式(12.2.8)可写出状态之间的关系方程，取 $\gamma=1$，以 $s=5$ 为例，设 $S_t=s=5$，则由给

出的策略，从 $S_t=s=5$ 出发可完成以下可能的状态转移

$$
\begin{aligned}
&a=\text{up}, && S_{t+1}=1, && r(5,\text{up})=-1\\
&a=\text{left}, && S_{t+1}=5, && r(5,\text{left})=-1\\
&a=\text{right}, && S_{t+1}=6, && r(5,\text{right})=-1\\
&a=\text{down}, && S_{t+1}=9, && r(5,\text{down})=-1
\end{aligned}
$$

由给出的策略，以上各后续动作的概率均为 1/4，故

$$
\begin{aligned}
v_\pi(5)&=E_\pi[R_{t+1}+\gamma v_\pi(S_{t+1})\mid S_t=5]\\
&=\frac{1}{4}(-1+v_\pi(1))+\frac{1}{4}(-1+v_\pi(5))+\frac{1}{4}(-1+v_\pi(6))+\frac{1}{4}(-1+v_\pi(9))
\end{aligned}
$$

整理得

$$
\frac{3}{4}v_\pi(5)=-1+\frac{1}{4}[v_\pi(1)+v_\pi(6)+v_\pi(9)]
$$

若利用式(12.2.10)，则注意到，从状态 $s=5$ 出发，只有几个转移概率为 1，即 $P_{5,1}^{\text{up}}=1$，$P_{5,5}^{\text{left}}=1$，$P_{5,6}^{\text{right}}=1$，$P_{5,9}^{\text{down}}=1$，其他转移概率为 0，将这些转移概率带入式(12.2.10)，稍加整理，得到同上的关系。

在本例中，由于猫将停留在状态 7、10 或 16，故 $v_\pi(7)=v_\pi(10)=v_\pi(16)=0$（注意，由于智能体将终止在这些状态，一旦智能体到达这些终止状态，则不再获得奖励，故终止状态值函数为 0）。读者可自行练习列出其他状态作为出发点的贝尔曼方程。

4 个贝尔曼方程尽管形式上不同，本质是相同的，都表示的是当前状态与后续状态的值函数(或动作-值函数)之间的联系，这种联系具有序列性，是前后状态之间的联系。在具有完整 MDP 模型的条件下，$v_\pi(s)$和 $q_\pi(s,a)$是等价的，值函数 $v_\pi(s)$更加简单。在具有有限离散状态和动作空间中，可用列表表示所有 $v_\pi(s)$，其数目只有$|\mathcal{S}|$个，但要列表表示 $q_\pi(s,a)$，则其数目为$|\mathcal{S}|\times|\mathcal{A}|$，表示 $q_\pi(s,a)$需要更多存储空间。这组贝尔曼方程在期望运算下成立，故更确切地称为贝尔曼期望方程。

在 MDP 模型已知的情况下，既然 $v_\pi(s)$和 $q_\pi(s,a)$具有等价性，且 $v_\pi(s)$更简单，则更习惯使用 $v_\pi(s)$表述相关算法，如在动态规划问题中；而在 MDP 模型参数未知的情况下，由 $q_\pi(s,a)$函数更易于确定策略函数，故在与环境边交互边学习的强化学习算法中，更多使用函数 $q_\pi(s,a)$。

对于确定的 MDP 模型和给定的策略 $\pi(a|s)$，式(12.2.10)和式(12.2.11)分别表示求解 $v_\pi(s)$和 $q_\pi(s,a)$的方程组，即 $\pi(a|s)$、$P_{ss'}^a$ 和 $r(s,a)$已知时，式(12.2.10)为求解 $v_\pi(s)$的线性方程组，式(12.2.11)为求解 $q_\pi(s,a)$的方程组。为了使用更方便，针对式(12.2.10)给出方程组的向量形式，将式(12.2.10)重写为

$$
\begin{aligned}
v_\pi(s)&=\sum_{a\in\mathcal{A}}\pi(a\mid s)\left[r(s,a)+\gamma\sum_{s'\in\mathcal{S}}P_{ss'}^a v_\pi(s')\right]\\
&=\sum_{a\in\mathcal{A}}\pi(a\mid s)r(s,a)+\gamma\sum_{a\in\mathcal{A}}\sum_{s'\in\mathcal{S}}\pi(a\mid s)P_{ss'}^a v_\pi(s')\\
&=\sum_{a\in\mathcal{A}}\pi(a\mid s)r(s,a)+\gamma\sum_{s'\in\mathcal{S}}\sum_{a\in\mathcal{A}}\pi(a\mid s)P_{ss'}^a v_\pi(s')
\end{aligned}
\tag{12.2.15}
$$

为了表示紧凑，在式(12.2.15)中令

$$r_s^\pi = \sum_{a \in \mathcal{A}} \pi(a \mid s) r(s,a) \tag{12.2.16}$$

$$p_{s,s'}^\pi = \sum_{a \in \mathcal{A}} \pi(a \mid s) P_{ss'}^a \tag{12.2.17}$$

则式(12.2.15)简化为

$$v_\pi(s) = r_s^\pi + \gamma \sum_{s' \in \mathcal{S}} p_{s,s'}^\pi v_\pi(s'), \quad s \in \mathcal{S} \tag{12.2.18}$$

定义以下向量和矩阵

$$\boldsymbol{v}_\pi = [v_\pi(s^{(1)}), v_\pi(s^{(2)}), \cdots, v_\pi(s^{(|\mathcal{S}|)})]^{\mathrm{T}} \tag{12.2.19}$$

$$\boldsymbol{r}^\pi = [r_{s^{(1)}}^\pi, r_{s^{(2)}}^\pi, \cdots, r_{s^{(|\mathcal{S}|)}}^\pi]^{\mathrm{T}} \tag{12.2.20}$$

$$\boldsymbol{P}^\pi = [p_{s,s'}^\pi]_{|\mathcal{S}| \times |\mathcal{S}|} \tag{12.2.21}$$

式(12.2.18)可写成矩阵形式为

$$\boldsymbol{v}_\pi = \boldsymbol{r}^\pi + \gamma \boldsymbol{P}^\pi \boldsymbol{v}_\pi \tag{12.2.22}$$

可直接解得所有状态值函数为

$$\boldsymbol{v}_\pi = (\boldsymbol{I} - \gamma \boldsymbol{P}^\pi)^{-1} \boldsymbol{r}^\pi \tag{12.2.23}$$

从原理上讲，对于已知模型参数的 MDP，可得到 $\boldsymbol{P}^\pi$ 和 $\boldsymbol{r}^\pi$，解式(12.2.23)可求得值函数向量 $\boldsymbol{v}_\pi$。但实际上，式(12.2.22)更多的是理论意义，很少直接用式(12.2.23)求解值函数，原因是对于实际问题，$\boldsymbol{v}_\pi$ 的维数太高。在前述的猫和老鼠的简单例子中，$\boldsymbol{v}_\pi$ 是 16 维的，但对稍复杂的系统，$\boldsymbol{v}_\pi$ 的维数可能很高，矩阵求逆的运算量不可接受。稍后会看到，可以通过递推求解方程式(12.2.22)。

这种状态、动作及其值函数之间的序列关系可用图表示，如图 12.2.2 所示，其中图 12.2.2(a)对应式(12.2.10)，图 12.2.2(b)对应式(12.2.11)。图中用空心圆表示状态 s，实心圆表示动作 a。在图 12.2.2(a)中，从状态 s 出发(对应值函数 $v_\pi(s)$)，由策略控制以概率 $\pi(a|s)$ 选择多个动作(图中只表示两个动作)，针对每个组合 s、a，以转移概率 $P_{ss'}^a$ 转移到 s' 状态(对应值函数 $v_\pi(s')$)，同时得到期望收益 $r(s,a)$。图中只画出一层转移关系，可以从 s' 继续出发，由于选择了折扣因子 γ，$v_\pi(s')$ 对 $v_\pi(s)$ 的贡献需要乘以因子 γ。

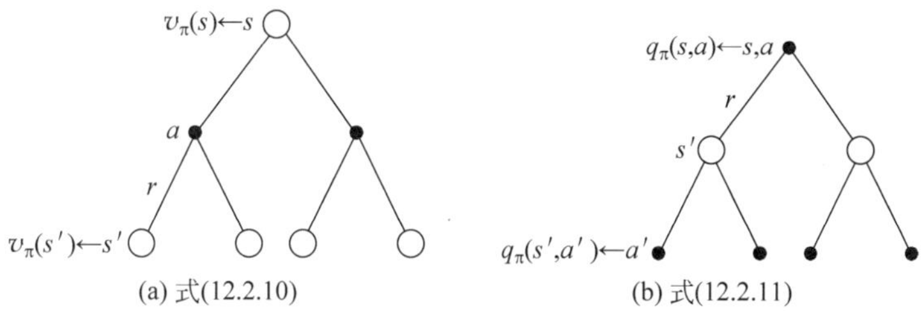

图 12.2.2 状态-动作转移的图表示

12.2.3 最优策略

对于一个强化学习的问题，可给出很多策略 π，每种策略可对应不同的状态值函数 $v_\pi(s)$ 和动作-值函数 $q_\pi(s,a)$。由于值函数刻画的是从该状态出发的期望累积奖励，因此对不同的策略 π，在状态 s 值函数越大，说明该策略下从状态 s 出发能获得更大累积奖励，因此若存在两个策略 π 和 π'，对于任意 $s\in\mathcal{S}$均有 $v_{\pi}(s)\geqslant v_{\pi'}(s)$，则说明 π 是比 π' 更优的策略。对于策略的比较，可简单用符号 $\pi\geqslant\pi'$ 表示 π 是更优的策略。

例 12.2.3 为了直观说明不同策略带来的状态值函数的不同，也直观说明大的状态值函数对应更优的策略，以例 12.2.1 和例 12.2.2 猫和老鼠的例子进行说明。对应例 12.2.2 的以均等概率向各方向运动的"低级"策略，可计算出所有状态的值函数，并填到相应格子中(仅保留小数点后 1 位)，则如图 12.2.3(a)所示。

为了比较，可以给出一个更优的策略，如图 12.2.3(b)所示，格子中的箭头表示猫在该格子中取的动作，若有一个箭头表示只取一个动作，有多个箭头表示各箭头的动作以等概率选择，对于有 • 的格子，表示将停留在该状态下。图 12.2.3(c)给出这个新策略的值函数(读者可自行检验这个值函数)。

−19.8	−17.8	−15.2	−14.9
−17.8	−14.4	0	−10.5
−15.2	0	−7.3	−3.6
−14.9	−10.5	−3.6	0

(a) 状态值函数

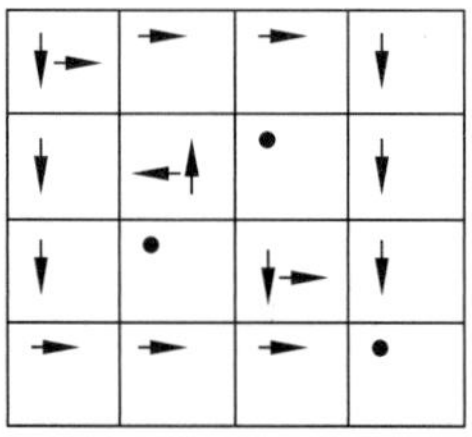

(b) 更优的策略

5.0	6.0	7.0	8.0
6.0	5.0	0.0	9.0
7.0	0.0	9.0	10
8.0	9.0	10	0.0

(c) 新策略的值函数

图 12.2.3 猫和老鼠问题的不同策略和状态值函数比较

由于这个简单例子非常直观，稍加思考即可知道第 2 个策略比 4 个方向等概率动作策略要更优，实际上，对这个简单问题，第 2 个策略是最优策略。

在所有的策略中，总可以找到一个最优的策略，将其记为 π^*，即对于所有可能存在的 π，至少存在一个 $\pi^*\geqslant\pi,\forall\pi$。对于最优的 π^*，存在最优的值函数 $v_*(s)$，其是所有策略对应的值函数中最大的(对所有状态)，即

$$v_*(s)=\max_{\pi}\{v_{\pi}(s)\} \tag{12.2.24}$$

对于动作-值函数 $q_{\pi}(s,a)$，也同样存在最优函数

$$q_*(s,a)=\max_{\pi}\{q_{\pi}(s,a)\} \tag{12.2.25}$$

对于一个实际强化学习问题，可能的最优策略不止一个，但最优值函数是唯一的。

若得到了动作-值函数，可直接得到一个最优策略，$q_*(s,a)$已知时，在 $S_t=s$ 时，有多个动作可选，显然选择使得 $q_*(s,a)$取得最大值的 a，按这个原则，可得到一个最优策略为

$$\pi^*(a\mid s)=\begin{cases}1, & \text{当 } a^*=\underset{a\in\mathcal{A}}{\operatorname{argmax}}\{q_*(s,a)\}\\ 0, & \text{其他}\end{cases} \tag{12.2.26}$$

当对所有 $s\in\mathcal{S}$

$$a^*=\underset{a\in\mathcal{A}}{\operatorname{argmax}}\{q_*(s,a)\} \tag{12.2.27}$$

都有唯一解时，以上策略成为一个确定性策略，但当式(12.2.27)有多个解 $a_i^*,i=1,2,\cdots,I$ 时(这里 I 是多解的数目)，则各解 a_i^* 表示的动作可等概率选择，这时需要对式(12.2.26)做相应修改，或只是从多解中任选其一。为简单起见，后续仍以式(12.2.26)的形式表示由 $q_*(s,a)$确定最优策略的方法。

式(12.2.8)～式(12.2.11)是给定一个策略 π 时的期望方程，在最优情况下，可对这组方程做一些针对最优性的调整，得到一组贝尔曼最优方程，可用于求解最优策略问题。

首先式(12.2.13)中，由于最优策略 $\pi^*(a|s)$ 只选择使 $q_{\pi^*}(s,a)$ 取得最大值的动作 a，即按式(12.2.26)取策略，故最优策略下，状态值函数和动作-值函数的关系式(12.2.13)可变为

$$v_*(s)=\max_{a\in\mathcal{A}}\{q_*(s,a)\} \tag{12.2.28}$$

在式(12.2.14)两侧都用最优策略 π^* 替代一般策略 π，且带入式(12.2.28)得

$$v_*(s)=\max_{a\in\mathcal{A}}\{r(s,a)+\gamma\sum_{s'\in\mathcal{S}}P_{ss'}^{a}v_*(s')\} \tag{12.2.29}$$

而将式(12.2.28)带入式(12.2.14)得

$$q_*(s,a)=r(s,a)+\gamma\sum_{s'\in\mathcal{S}}P_{ss'}^{a}\max_{a'\in\mathcal{A}}\{q_*(s',a')\} \tag{12.2.30}$$

式(12.2.29)和式(12.2.30)表示的贝尔曼最优方程并不是独立的新方程组，是式(12.2.8)～式(12.2.11)表示的贝尔曼期望方程在最优策略条件下的特殊形式。这些方程是构成强化学习算法的基础，在后续研究中将视情况选择其中的一些形式导出相关算法。

12.2.4 强化学习的类型

建立在 MDP 假设基础上的强化学习问题可大致分为以下几类。

1. 类型 1

所面对问题的 MDP 参数(如 $P_{ss'}^{a}$、$r(s,a)$ 等)均已知，并且离散状态和动作集规模有限，这种情况下，直接求解贝尔曼方程可得到最优状态值函数、动作-值函数和最优策略。这种情况对应的是确定的有限状态模型下的一种规划问题，并不是一种需要与环境交互的学习问题。这种情况下的问题还不能算是强化学习的问题，但其方法可引出实际的强化学习方法，故将其放在本章讨论，其主要解法是 12.3 节要介绍的动态规划方法。

2. 类型 2

未知 MDP 模型参数，但模型的离散状态和动作集规模有限，可用与环境交互的方法学习到状态值函数或动作-值函数，由值函数确定策略，随着学习过程推进，值函数和策略都得以改善，最终逼近最优值函数和最优策略。

3. 类型 3

一个 MDP 模型的参数未知，需要与环境进行交互，在交互过程中首先学习到 MDP 的模型参数，再利用动态规划方法求解最优策略；或边学习模型、边改善策略，最终逼近到模型的真实参数和最优策略。这类方法称为基于模型的强化学习方法。

常用的基于模型的方法一般都是边学习模型，边更新策略。但是模型的利用方式会有所不同，主要有 3 种：①直接利用学习到的模型做动态规划；②利用学习到的模型作为伪造环境(fake environment)，智能体利用伪造环境产生的数据，采用强化学习得到策略；③智能体同时利用伪造环境和真实环境的数据更新策略。

4. 类型 4

类型 1 和类型 2 可看作一种"表格方法"，即可以用表格方式存储和计算出针对所有状态的 $v_*(s)$ 和所有状态与动作组合的 $q_*(s,a)$ 的值。当状态空间和动作空间巨大时，实际

中还可能遇到连续变化的状态和连续变化的动作时，类型1和类型2的表格方法不再适用，不管此时MDP模型参数是否可知(如围棋例子中，MDP参数可以获得，但因为参数规模巨大而无法使用表格方法)。这种情况下可以用参数化的函数表示值函数，称为值函数的函数逼近方法，这类方法可解决大规模强化学习问题。例如，AlphaGo就是利用深度神经网络逼近值函数从而构成深度强化学习(deep reinforcement learning，DRL)。

5. 类型5

不通过值函数，而是直接通过学习得到策略函数。这类针对策略建立目标函数，直接优化逼近最优策略的算法称为策略梯度算法，是近代强化学习的一种重要方法，这类方法的一些成员也需要同时学习值函数，但这种情况下值函数起到评价或辅助作用，最优策略是在优化过程中直接得到的。

6. 类型6

前面提到的POMDP假设下的强化学习算法，一般可通过转化为MDP的算法实现。

7. 类型7

多臂赌博机问题。多臂赌博机不是一类标准的强化学习问题，但与强化学习存在密切关系，可看作只有一个状态的强化学习问题，因此在介绍强化学习的本章中，专门对多臂赌博机问题做一个概要介绍。

以上所列类型并不能涵盖所有可能的强化学习类型，只是可包括在本书视角内的类型。本章集中于类型1和类型2这两类最基本或最经典的强化学习问题，然后概要介绍类型4和类型5的两种算法，这些算法易与深度学习结合而构成深度强化学习算法，最后概要介绍类型7的多臂赌博机算法。类型3和类型6尚在快速进展中，本书不再深入讨论。

12.2.5 探索与利用

在12.2.4节给出的各种类型的强化学习中，除了类型1实际上是一种规划问题而非学习问题外，其他类型中都需要智能体与环境进行交互，这种交互是一种试错式(trial-and-error)的学习，在学习的过程中智能体从环境中积累经验，最终期待着发现好的策略。

在强化学习的过程中，存在一个实际的平衡问题，即尽可能好地利用当前经验和探索式的试验一些未知状态，这个平衡称为"利用"(exploitation)和"探索"(exploration)。

利用是指通过目前的经验去最大化收益以得到尽可能好的策略。在强化学习过程中，如果已经经过一段与环境的交互，获得一定的经验。以类型2的强化学习为例，利用这种交互过程，可得到阶段性的状态值函数估计，这种阶段性估计使用了有限样本估计值函数，因此值函数具有随机性，记为$Q(s,a)$，可用这个阶段性估计的值函数，得到一个比随机猜测好的策略，即

$$\hat{\pi}(a \mid s)=\begin{cases}1, & a^{*}=\underset{a \in \mathcal{A}}{\operatorname{argmax}}\{Q(s,a)\} \\ 0, & \text{其他}\end{cases} \tag{12.2.31}$$

这个过程称为"利用"，即仅靠已积累的经验来优化策略，并控制后续的与环境的交互过程。由式(12.2.31)得到的策略称为贪婪策略。

探索是尝试去发现环境的更多信息。如果一个强化学习过程仅依靠利用方式，则其可能被最早期的几个好的状态和好的动作所控制，无法去探究更多的状态和动作。因此，要依

靠探索方式去试验更多的动作从而进入更多的状态，一个完全的探索模式是均匀随机地选取所有的动作，即

$$\hat{\pi}(a \mid s)=\frac{1}{|\mathcal{A}|}\quad,\forall a \in \mathcal{A} \tag{12.2.32}$$

式(12.2.32)是一个纯粹的探索过程，不考虑已经得到的经验，在每个状态处完全随机地选择一个动作，显然这种方式总是限制在一个随机猜测的水平上。

实际的强化学习算法，是在利用和探索之间平衡，尤其在学习过程的早期，要以一定的比例，既要利用也要探索。

由于利用和探索在强化学习中的重要性，近期有一些研究者提出许多复杂的利用和探索平衡的算法，本书不打算介绍这些更复杂的算法，主要介绍一种启发式的简单的利用和探索平衡的方法，称为 ε-贪婪(ε-greedy)算法。

将式(12.2.31)确定策略的贪婪方法结合式(12.2.32)的随机探索模式，取所有动作的概率 1 分为两部分，以 $1-\varepsilon$ 的概率由贪婪方法确定动作，将概率 ε 平均分配给动作空间的所有动作，故每个动作都可能以概率$\frac{\varepsilon}{|\mathcal{A}|}$被探索，这里 ε 是一个超参数。考虑了这种利用和探索均衡以后，以当前估计的动作-值函数确定策略的 ε-贪婪算法可表示为

$$\hat{\pi}(a \mid s)=\begin{cases}1-\varepsilon+\dfrac{\varepsilon}{|\mathcal{A}|}, & a^{*}=\underset{a \in \mathcal{A}}{\operatorname{argmax}}\{Q(s, a)\} \\ \dfrac{\varepsilon}{|\mathcal{A}|}, & \text{其他动作}\end{cases} \tag{12.2.33}$$

ε-贪婪算法是一种简单且实用的算法，对大多数强化学习问题有效，带来的问题是增加了一个参数 ε，在许多实际算法中，初始时给出较大的 ε，随学习过程进展可逐渐减小 ε 的值。

12.3 动态规划

视频讲解

在智能体的环境可由一个 MDP 完整描述，MDP 的所有参数均已确定的情况下，解贝尔曼方程可解决智能体的最优策略问题。在这种情况下可用动态规划(dynamic programming，DP)求解贝尔曼方程。

传统动态规划是求解贝尔曼方程的一种迭代算法。存在两种典型方法：策略迭代和值函数迭代。本节解决 12.2.4 节所描述的强化学习类型 1，针对离散状态和离散动作集规模有限的环境。本节针对的问题不是典型的强化学习环境，但所给出的方法为强化学习算法提供了必要的基础。

由于当 MDP 模型被完整描述时，状态值函数与动作-值函数完全等价，因状态值函数更简单，本节针对状态值函数进行讨论。

12.3.1 策略迭代方法

当智能体的 MDP 模型参数确定时，可用策略迭代算法求其最优策略 $\pi^{*}(a \mid s)$和对应的最优状态值函数 $v_{*}(s)$。由于起始时最优策略和最优值函数均未知，采用迭代算法进行

求解。为解决该问题,分为两步。

(1) 对于一个策略 $\pi(a|s)$(起始时给出一个初始策略),利用贝尔曼期望方程求策略对应的状态值函数,这一步称为策略评估(policy evaluation);

(2) 利用所求的状态值函数,对策略进行改进,得到更好的策略,然后回到步骤(1),这一步称为策略改进(policy improvement)。

以上过程反复迭代,当改进后的策略不再变化,已得到最优策略,可停止。下面分别讨论这两步。

1. 策略评估

在这一步,策略 $\pi(a|s)$是给定的,求出对应策略的值函数 $v_\pi(s)$,这可以直接解式(12.2.10)所构成的方程组,或直接解式(12.2.22)的矩阵方程,但直接解方程或用消元法需要计算逆矩阵,运算复杂性高。一种办法是迭代求解贝尔曼方程。

首先给出状态值函数的初始值,即对于 $\forall s \in \mathcal{S}$,用 $v_0(s)$表示其初始值,用初始值代入式(12.2.10)计算第 1 次迭代的值 $v_1(s)$,迭代持续进行直到收敛。设已得第 k 次迭代值为 $v_k(s)$,第$(k+1)$迭代表示为

$$v_{k+1}(s)=\sum_{a\in\mathcal{A}}\pi(a \mid s)\Big(r(s,a)+\gamma\sum_{s'\in\mathcal{S}}P_{ss'}^{a}v_k(s')\Big) \tag{12.3.1}$$

或用矩阵形式计算为

$$\boldsymbol{v}_{k+1}=\boldsymbol{r}^{\pi}+\gamma\boldsymbol{P}^{\pi}\boldsymbol{v}_k \tag{12.3.2}$$

其中,$\boldsymbol{v}_k$ 为第 k 次迭代后所有状态值函数组成的向量。可预先给出一个精度门限参数 δ,若满足

$$\max_{s\in\mathcal{S}}|v_{k+1}(s)-v_k(s)|<\delta \tag{12.3.3}$$

迭代停止,得到满足精度的值函数 $v_\pi(s)=v_{k+1}(s)$,$\forall s\in\mathcal{S}$。

2. 策略改进

策略评估确定了策略 π 对应的状态值函数 $v_\pi(s)$,利用这个值函数可以改进策略,得到更好的策略 $\pi'\geqslant\pi$。

在式(12.2.26)中,若已知最优状态动作值函数 $q_*(s,a)$,则可以得到最优策略,但若用一个策略的动作-值函数 $q_\pi(s,a)$替代 $q_*(s,a)$,用式(12.2.26)得到一个新的策略 π',这样的 π'不能保证是最优策略,但可以得到一种改进策略,即 $\pi'\geqslant\pi$。在 MDP 参数确定的情况下,利用式(12.2.14)可用 $v_\pi(s)$表示 $q_\pi(s,a)$,故得到用 $v_\pi(s)$改进的策略为

$$\pi'(a \mid s)=\begin{cases}1, & a^*=\underset{a\in\mathcal{A}}{\operatorname{argmax}}\Big\{r(s,a)+\gamma\sum_{s'\in\mathcal{S}}P_{ss'}^{a}v_\pi(s')\Big\}\\ 0, & \text{其他}\end{cases} \tag{12.3.4}$$

我们将采用式(12.3.4),由 $v_\pi(s)$得到 $\pi'(a|s)$的策略改进算法称为由 $v_\pi(s)$改进策略的贪婪算法,可简单表示为

$$\pi'(a \mid s)=\text{greedy}[v_\pi(s)] \tag{12.3.5}$$

若 $\pi'(a|s)=\pi(a|s)$,则算法收敛,即 $\pi'(a|s)$是最优策略 $\pi^*(a|s)$,当前 $v_\pi(s)$已是最优状态值函数 $v_*(s)$,算法结束;否则,令 $\pi(a|s)\leftarrow\pi'(a|s)$,回到策略评估步骤继续迭代,直至收敛。可以证明,策略迭代算法总可以收敛到最优策略。

总结起来,策略迭代是一个链式递推过程,从初始的策略 π_0 起,不断在策略评估和策

略改进之间向最优方向推进，最终收敛到最优策略，可表示为

$$\pi_0 \xrightarrow{\text{评估}} v_{\pi_0} \xrightarrow{\text{改进}} \pi_1 \xrightarrow{\text{评估}} v_{\pi_1} \xrightarrow{\text{改进}} \pi_2 \cdots \longrightarrow \pi^* \longrightarrow v_* \tag{12.3.6}$$

例 12.3.1 继续以猫和老鼠的例子说明策略迭代算法，假设开始时选用例 12.2.2 的策略作为初始策略 π_0，即在各状态以 0.25 的概率向上下左右移动，且设初始状态值函数均为 0，故初始状态值函数写入各状态格子中，如图 12.3.1(a)所示。

在策略评估步骤，$k=0$，利用式(12.3.1)做第 1 次迭代，求得各状态的值函数 $v_1(s)$，如图 12.3.1(b)所示。经过几轮迭代，得到该策略的状态值函数 $v_{\pi_0}(s)$，如图 12.3.1(c)所示。

在第 2 步，策略更新，由图 12.3.1(c)的值函数采用 greedy$[v_{\pi_0}(s)]$算法得到的新策略如图 12.3.1(d)所示。

这个过程（策略评估＋策略改进）执行几轮以后，则策略收敛到最优策略，最优策略如图 12.2.3(b)所示，也可收敛到最优状态值函数，该函数值如图 12.2.3(c)所示，这里不再重复。

0	0	0	0
0	0	0	0
0	0	0	0
0	0	0	0

(a) 初始状态值函数

−1	−1	$-\frac{13}{4}$	−1
−1	$-\frac{22}{4}$	0	$-\frac{13}{4}$
$-\frac{13}{4}$	0	$-\frac{22}{4}$	$\frac{7}{4}$
−1	$-\frac{13}{4}$	$\frac{7}{4}$	0

(b) 第1次迭代

−19.8	−17.8	−15.2	−14.9
−17.8	−14.4	0	−10.5
−15.2	0	−7.3	−3.6
−14.9	−10.5	−3.6	0

(c) n轮迭代后

↓→	↓	↓	↓
→	↓→	•	↓
→	•	↓→	↓
→	→	→	•

(d) 新策略

图 12.3.1 猫和老鼠的策略迭代实例

本问题比较简单，经过 3 轮过程即可收敛到最优策略，再经过第 4 轮确认策略不再变化，则该策略即是最优策略，同时也计算得到最优状态值函数。

3. 广义策略迭代

在上述的标准策略迭代算法中，在策略评估步骤，需要收敛到目前策略 π 对应的状态值函数 $v_\pi(s)$，然后利用 $v_\pi(s)$进行贪婪策略更新。实际上，每次策略评估过程不必要完成收敛，通过一次到几次迭代，已得到一个中间过程的状态值函数，就可以用于做策略改进，即完成部分策略评估，就可进行一次策略改进，这样总体收敛速度更快。

例 12.3.2 再次考察例 12.3.1，在起始时给出一个随机策略 π_0，在策略评估步骤做多次迭代后，收敛到图 12.3.1(c)的 $v_{\pi_0}(s)$，然后通过策略改进，得到新策略。其实，观察完成部分策略评估后，如在 π_0 下只做一次迭代得到 $v_1(s)$，若我们不等到策略评估收敛，而是用部分策略评估结果 $v_1(s)$做策略改进，则不难验证改进的策略如图 12.3.2 所示。

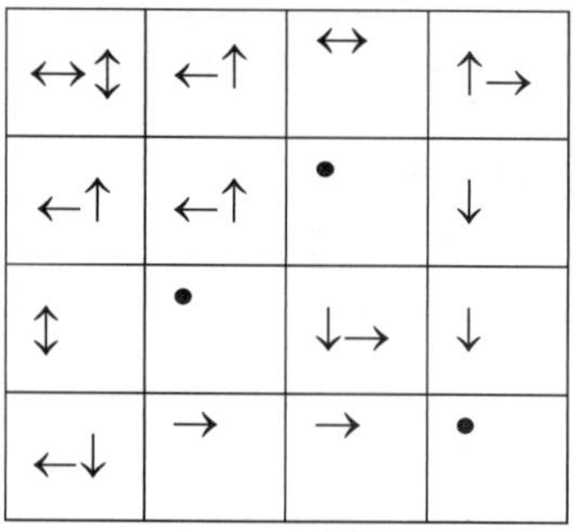

图 12.3.2　部分策略评估后的改进策略

可见部分策略评估后，改进策略已有明显改善，下一步以改进后的新策略再做部分策略改进，这个过程一直到收敛到最优策略。

以上例子说明，策略评估不必到收敛，只做部分策略评估，则进入策略改进，这样也形成一个链式算法，即

$$\pi_0 \xrightarrow{\text{部分评估}} v_{\pi_0} \xrightarrow{\text{改进}} \pi_1 \xrightarrow{\text{部分评估}} v_{\pi_1} \xrightarrow{\text{改进}} \pi_2 \cdots \longrightarrow \pi^* \longrightarrow v_* \tag{12.3.7}$$

式(12.3.7)所示的链式递推过程称为广义策略迭代(generalized policy iteration, GPI)，其中部分评估的选择可以是非常灵活的，GPI 方法广泛应用于与环境交互的实际强化学习算法中。

在本节的讨论中，我们假设采用同步方式，即在一轮更新中，所有状态的值函数不变，当所有值函数均更新完成后，用新的值函数做下一轮更新。也可采用异步方式，即每个值函数一旦被更新，在接下来的计算中即采用其更新后的值。在异步更新方式中，状态选择次序对中间过程的计算是有影响的，但在动态规划情况下，同步方式和异步方式都是可收敛的。

12.3.2　值函数迭代方法

值函数迭代方法可以不考虑策略，直接迭代计算最优的值函数，当求得最优值函数之后，再通过贪婪策略得到最优策略，即 $\pi^*(a|s)=\text{greedy}(v_*(s))$。这里只考虑状态值函数，类似方法可直接用于动作-值函数。值函数迭代依据的是式(12.2.29)表示的贝尔曼最优方程，为了参考方便重写如下

$$v_*(s)=\max_{a\in\mathcal{A}}\left\{r(s,a)+\gamma\sum_{s'\in\mathcal{S}}P_{ss'}^{a}v_*(s')\right\} \tag{12.3.8}$$

如果已知从状态 s 可直接转移到状态 s' 的最优值函数 $v_*(s')$，则由式(12.3.8)可得到状态 s 的值函数 $v_*(s)$，问题是 $v_*(s')$ 同样是未知的。再次利用迭代算法，首先假设初始值 $v_0(s)$，$\forall s\in\mathcal{S}$，将 $v_0(s)$ 用于式(12.3.8)的右侧，通过最优贝尔曼方程得到新的状态值函数 $v_1(s)$，依次对所有状态 $s\in\mathcal{S}$ 运行方程式(12.3.8)，这个过程反复迭代，若已经得到 $v_k(s)$，则迭代公式的一般形式写为

$$v_{k+1}(s)=\max_{a\in\mathcal{A}}\left\{r(s,a)+\gamma\sum_{s'\in\mathcal{S}}P_{ss'}^{a}v_k(s')\right\},\quad \forall s\in\mathcal{S} \tag{12.3.9}$$

式(12.3.9)可紧凑地写成向量形式，即式(12.3.2)的最优形式为

$$\boldsymbol{v}_{k+1}=\max_{a\in\mathcal{A}}\{\boldsymbol{r}^{\pi}+\gamma\boldsymbol{P}^{\pi}\boldsymbol{v}_k\} \tag{12.3.10}$$

其中，$\max\limits_{a\in\mathcal{A}}$运算是针对向量的每个分量进行的。

例 12.3.3 对于猫和老鼠的例子，设初始的状态值函数均为 0，以状态 $s=6$ 为例，观察采用式(12.3.9)的最优方程，在状态 $s=6$，可能的 4 个动作分别移动到状态$\{2,5,7,10\}$，对应的$\left\{r(s,a)+\gamma\sum\limits_{s'\in\mathcal{S}}P_{ss'}^{a}v_0(s')\right\}$项为$\{-1,-1,-10,-10\}$，故

$$v_1(6)=\max_{a\in\mathcal{A}}\{-1,-1,-10,-10\}=-1$$

通过第 1 轮迭代，状态值函数修改为如图 12.3.3 所示。

−1	−1	−1	−1
−1	−1	0	−1
−1	0	−1	10
−1	−1	10	0

图 12.3.3 值函数迭代第 1 步

与例 12.3.1 中用同样初始值由第 1 步迭代得到的 $v_1(6)=-22/4$ 比，值函数迭代的 max 操作避免选择带来非常大的负奖励的动作，可能用更少的迭代次数达到最优值函数，图 12.3.3 只给出了第 1 次迭代后的结果，多次迭代后可逼近最优值函数，然后利用 greedy$[v_*(s)]$得到最优策略。但要注意，贝尔曼最优方程是非线性方程。

在本节中，不管是策略迭代算法还是值函数迭代算法，都用到一种更新方式，称为自举(bootstrapping)，以值函数迭代为例说明自举的含义。观察式(12.3.8)，为了计算值函数 $v_*(s)$，需要其相关状态 s'的值函数 $v_*(s')$，所有的相关状态 s'是状态子集，甚至可能包含 s 自身。问题是 $v_*(s')$也是未知的，故直接求解(12.3.8)的方法是对所有状态 $s\in\mathcal{S}$，列出$|\mathcal{S}|$个非线性方程，解这个非线性方程组可得到每个 $v_*(s)$的解。解非线性方程是复杂的，故使用迭代算法求解。在计算 $v_*(s)$时，使用不准确的 $v_*(s')$值(最初是初始猜测值)，对 $v_*(s)$进行计算，以期改善 $v_*(s)$的准确度，这种方式称之为自举。DP 的两类算法都是自举算法。

12.4 强化学习的蒙特卡洛方法

本节和 12.5 节分别介绍两类强化学习方法，分别称为蒙特卡洛(Monte-Carlo，MC)方法和时序差分方法。本节讨论蒙特卡洛方法。在这两种方法中，智能体通过与环境的交互进行学习，最终得到一种逼近最优的策略。

由于智能体需要在环境中进行实际交互，将智能体从开启到结束的过程称为一次试验，这样的一次试验有两种类型，一种类型是一次试验的步数有限，即在有限步 T 内结束(T 可以随机但有限)，将这种类型的试验称为分幕(episode)，很多强化学习任务是这种，如棋牌类游戏有限步结束，迷宫游戏也是有限步结束，本节的简单例子猫和老鼠也在有限步后结束；另一种试验其持续步数可能是无限的，这一类称为连续情景，例如，一个机器人在一个环境的服务，可能会持续到很久以致可以用无限步描述，这相当于 $T\rightarrow\infty$。

本节介绍的 MC 方法只用于分幕环境。这里给出 MC 方法的一种基本情景：起始时给出一个初始的策略 π_0，智能体在该策略控制下，在环境中完成一次试验(完成一次分幕)，在试验中记录"状态、动作、奖励"序列，通过这个序列用 MC 估计状态值函数 $v_{\pi_0}(s)$或动作-值函数 $q_{\pi_0}(s,a)$。由于是通过实际记录得到的估计函数，这些函数在估计过程中具有随机性，故分别用符号 $V(s)$和 $Q(s,a)$表示。然后利用广义策略迭代原则，通过 $Q(s,a)$做一次策略改进，得到新策略 π_1，由 π_1 控制智能体再次进行试验，按照这种方式依次进行，直到收

敛。这是一种部分策略评估和策略改进过程的交替。

12.4.1 MC 部分策略评估

在 MC 学习中，一般是用一个给出的策略 π，首先完成一幕，如果从初始状态 S_0 出发，一幕的序列按如下记录

$$\{S_0, A_0, R_1, S_1, A_1, R_2, \cdots, S_t, A_t, R_{t+1}, S_{t+1}, A_{t+1}, R_{t+2}, \cdots, S_{T-1}, A_{T-1}, R_T, S_T\} \tag{12.4.1}$$

设从序列中任意一个时刻出发，即 $S_t = s$，并从此时刻计算返回值，即累积奖励，回忆式(12.2.3)返回值的定义，有

$$G_t = R_{t+1} + \gamma R_{t+2} + \gamma^2 R_{t+3} + \cdots + \gamma^{T-t-1} R_T = \sum_{k=0}^{T-t-1} \gamma^k R_{t+k+1} \tag{12.4.2}$$

回忆式(12.2.6)中状态值函数的定义，重写为

$$v_\pi(s) = E_\pi[G_t \mid S_t = s] \tag{12.4.3}$$

注意值函数是返回值 G_t 的期望，在只有有限样本的情况下，可用 G_t 的有限均值对值函数进行近似。

例如，若式(12.4.1)的序列是第 1 次记录，某时刻 t，$S_t = s$，且状态 s 在记录中只出现一次，则可近似有

$$V(s) \leftarrow G_t, \quad N(s) = 1 \tag{12.4.4}$$

其中，$N(s)$ 记录状态 s 被遇到的次数；若式(12.4.1)的序列是已进行了多幕以后的新一幕记录，则

$$V(s) \leftarrow V(s) + G_t, \quad N(s) \leftarrow N(s) + 1 \tag{12.4.5}$$

可在所有幕结束后，取平均作为一个状态的值函数估计，即

$$V(s) \leftarrow \frac{V(s)}{N(s)} \tag{12.4.6}$$

式(12.4.4)～式(12.4.6)给出了用 MC 方法做策略评估的计算式，这需要由一个策略控制完成很多幕，然后通过 MC 方法由有限平均替代期望值对值函数进行的估计，当幕数趋于无穷时，估计趋于其期望值。

实际中，MC 方法很少完成完整的策略评估，而是完成部分评估(一般每次只做一幕)，这种情况下，可导出一个增量计算平均的方式。若存在 n 个数$\{x_1, x_2, \cdots, x_{n-1}, x_n\}$，求其均值 μ_n，则有

$$\begin{aligned}\mu_n &= \frac{1}{n}\sum_{i=1}^{n} x_i = \frac{n-1}{n}\frac{1}{n-1}\sum_{i=1}^{n-1} x_i + \frac{1}{n}x_n \\ &= \mu_{n-1} + \frac{1}{n}(x_n - \mu_{n-1})\end{aligned} \tag{12.4.7}$$

利用式(12.4.7)的增量均值算法，则当遇到式(12.4.1)的一个序列时，其中状态 S_t 对应的返回值是 G_t，则状态值函数更新为

$$\begin{cases} N(S_t) \leftarrow N(S_t) + 1 \\ V(S_t) \leftarrow V(S_t) + \dfrac{1}{N(S_t)}[G_t - V(S_t)] \end{cases} \tag{12.4.8}$$

MC 方法在使用一幕记录的序列时,有两种处理状态 s 的方法。一种是"首次访问记录",即对于一个状态 s,在序列式(12.4.1)中第 1 次遇到时,用式(12.4.8)对其进行计算,当该状态 s 在一幕中再次遇到时,则忽略;另一种方式是"每次访问记录",即每次遇到的状态,不管在序列中出现几次,都按式(12.4.8)计算其对值函数的贡献。

MC 与 DP 不同,在 DP 算法中,MDP 的参数均已知,只要计算得到状态值函数,就可以得到动作-值函数;而在 MC 方法中,MDP 参数未知,无法由状态值函数获得动作-值函数,故若要进行策略改进,需要计算动作-值函数 $Q(s,a)$。同样,对于式(12.4.1)的记录序列,对于每个(S_t,A_t)对,可由式(12.4.2)得到同样的返回 G_t,可将式(12.4.8)推广到计算 $Q(s,a)$,即

$$\begin{cases} N(S_t,A_t) \leftarrow N(S_t,A_t)+1 \\ Q(S_t,A_t) \leftarrow Q(S_t,A_t)+\dfrac{1}{N(S_t,A_t)}[G_t-Q(S_t,A_t)] \end{cases} \tag{12.4.9}$$

注意,必须要完成一幕后才能计算 G_t,故 MC 方法的单元是一幕,因此 MC 方法只能用于分幕情况,即一次试验是有限步终止的,对于终止状态 S_T,有 $Q(S_T,a)=0$,$V(S_T)=0$。

在实际中,对式(12.4.8)和式(12.4.9)的迭代公式,以小的学习率 η 替代 $1/N$,算法仍可收敛,即可将值函数更新修改为

$$V(S_t) \leftarrow V(S_t)+\eta[G_t-V(S_t)] \tag{12.4.10}$$

$$Q(S_t,A_t) \leftarrow Q(S_t,A_t)+\eta[G_t-Q(S_t,A_t)] \tag{12.4.11}$$

12.4.2 MC 策略改进

一般的 MC 通过一个策略 π 产生一幕,利用一幕的序列计算部分策略评估,然后转入策略改进。MC 与 DP 不同,DP 算法针对 MDP 模型参数完全确定的情况,直接可用贪婪方法改进策略。在 MC 和后续的时序差分方法中,因为不知道模型,要进行利用和探索。利用是使用已有的经验,探索是要尝试尚未遇到的状态和动作。因此,在策略改进中采用 ε-贪婪策略,利用已经得到的 $Q(s,a)$ 函数,按照 ε-贪婪策略进行策略改进。12.2.5 节已介绍了 ε-贪婪策略,这里针对 MC 方法,再简单介绍 ε-贪婪算法。

用已记录的一幕进行动作-值函数的部分策略评估,得到的当前函数记为 $Q(s,a)$,策略改进对每个状态 s 计算动作,得到一个最优动作为

$$a^* = \underset{a\in\mathcal{A}}{\operatorname{argmax}}\{Q(s,a)\} \tag{12.4.12}$$

若 a^* 有多个解,这里任取一个,则 ε-贪婪策略为

$$\pi(a \mid s) = \begin{cases} 1-\varepsilon+\dfrac{\varepsilon}{|\mathcal{A}(s)|}, & a=a^* \\ \dfrac{\varepsilon}{|\mathcal{A}(s)|}, & \text{其他} \end{cases} \tag{12.4.13}$$

这里用符号 $\mathcal{A}(s)$ 表示不同状态 s 可能有不同的动作集合。为了表示方便,后续将式(12.4.12)和式(12.4.13)表示的 ε-贪婪算法记为

$$\pi(a \mid s) = \varepsilon\_\text{greedy}[Q(s,a)] \tag{12.4.14}$$

将 MC 部分策略评估和策略改进结合在一起,可构成一个基本的 MC 强化学习算法。

12.5 强化学习的时序差分方法

MC 方法要求一幕结束后才可以更新值函数，本节给出一种实时性更高、更灵活的算法。在最基本的情况下，交互过程每进行一步，即在当前状态 S_t 下选择了一个动作 A_t，获得奖励 R_{t+1}，进入下一个状态 S_{t+1}，并选择下一个动作 A_{t+1}，就可以更新状态值函数 $S(S_t)$或动作-值函数 $Q(S_t,A_t)$。这种算法称为时序差分(temporal difference,TD)算法，基本的 TD 算法(或称为 TD(0)算法)只向前一步后就可以更新值函数，也可紧跟着改进策略，TD 算法也可推广到多步情况或反向情况。

12.5.1 基本时序差分学习和 Sarsa 算法

重写 MC 计算值函数的迭代公式(12.4.10)如下

$$V(S_t) \leftarrow V(S_t) + \eta(G_t - V(S_t)) \tag{12.5.1}$$

其中，计算 G_t 需要累积从当前到一幕结束的所有奖励，由 G_t 的定义可以分解为

$$\begin{aligned} G_t &= R_{t+1} + \gamma R_{t+2} + \gamma^2 R_{t+3} + \cdots \\ &= R_{t+1} + \gamma(R_{t+2} + \gamma^1 R_{t+3} + \cdots) = R_{t+1} + \gamma G_{t+1} \end{aligned} \tag{12.5.2}$$

若当前试验中已经实际完成了下一步，即已得到 S_{t+1}，可以用 $V(S_{t+1})$近似表示 G_{t+1}，故可得

$$G_t \approx R_{t+1} + \gamma V(S_{t+1}) \tag{12.5.3}$$

将式(12.5.3)带入式(12.5.1)得到状态值函数更新公式为

$$V(S_t) \leftarrow V(S_t) + \eta[R_{t+1} + \gamma V(S_{t+1}) - V(S_t)] \tag{12.5.4}$$

其中，η 为学习率参数。

也可以这样理解式(12.5.4)。对于要学习的值函数 $v_\pi(S_t)$，如果有准确值 $v_\pi(S_t)$存在，则可以以准确值为标注，利用梯度算法更新其估计值

$$V(S_t) \leftarrow V(S_t) + \eta[v_\pi(S_t) - V(S_t)] \tag{12.5.5}$$

但实际上，在强化学习中准确值函数 $v_\pi(S_t)$不存在，但贝尔曼期望方程式(12.2.10)给出

$$v_\pi(s) = E_\pi[R_{t+1} + \gamma v_\pi(S_{t+1}) \mid S_t = s] \tag{12.5.6}$$

在式(12.5.6)中，若去掉期望运算 E_π(相当于随机梯度)，用目前已估计的 $V(S_{t+1})$替代真实的 $v_\pi(S_{t+1})$，则 $v_\pi(S_t)$可近似为

$$\hat{v}_\pi(S_t) \approx R_{t+1} + \gamma V(S_{t+1}) \tag{12.5.7}$$

将式(12.5.7)的 $\hat{v}_\pi(S_t)$替代式(12.5.5)的 $v_\pi(S_t)$同样可得到式(12.5.4)。

式(12.5.4)的状态值函数更新公式就是 TD 算法的核心，该算法中，从 S_t 出发只要交互过程向前走一步，就可以更新一步状态值函数，用于更新 $V(S_t)$的是下一步实际观察到的状态 S_{t+1} 当前的值函数估计 $V(S_{t+1})$。可见 TD 算法是一种自举算法，在起始时为所有状态设置值函数的初始值，然后递推更新。

在式(12.5.4)中，可定义 TD 误差(TD error)为

$$\delta_t = R_{t+1} + \gamma V(S_{t+1}) - V(S_t) \tag{12.5.8}$$

其近似表示目标值函数与当前值函数的误差。用 TD 误差表示的更新公式为

$$V(S_t) \leftarrow V(S_t) + \eta\delta_t \tag{12.5.9}$$

以上讨论了状态值函数的更新策略，在实际 TD 算法中，更经常使用的是动作-值函数，相应的 $Q(S_t,A_t)$的更新公式为

$$Q(S_t,A_t) \leftarrow Q(S_t,A_t) + \eta(R_{t+1} + \gamma Q(S_{t+1},A_{t+1}) - Q(S_t,A_t)) \tag{12.5.10}$$

为了与后续扩展的时序差分算法区别，式(12.5.4)和式(12.5.10)表示的值函数更新方法称为 TD(0)算法。

在 MC 类算法中，给出一个策略 π 产生一幕，然后更新计算值函数，一幕的全部序列更新完成，用 ε-贪婪策略做策略改善。在 TD(0)算法中，交互过程每前进一步可更新相应的值函数，每次值函数更新后，立刻用更新后的值函数进行策略更新，下一步即可用新策略控制交互过程。TD 算法的值函数更新和策略改善都是可以按一步进行的，是一种高度实时的算法。

一种基本的 TD 强化学习算法 Sarsa，即是按以上所述进行操作的，将 Sarsa 算法总结描述如下。

基本 Sarsa 算法(在轨策略算法)

初始化：对所有 $s\in\mathcal{S},a\in\mathcal{A}(s)$，任意初始化 $Q(s,a)$，Q(终至状态，$\cdot$)$=0$；
给出参数：小的 $\varepsilon>0$，折扣因子 γ，学习率 η；

对每幕重复
　给出初始状态 S；
　用 Q 函数导出的策略在 S 处选择一个动作 A(如可用 ε-贪婪策略)；
　　对于一幕的每步重复；
　　执行动作 A，观察 R'和 S'；
　　用 Q 函数导出的策略在 S'处选择一个动作 A'(如可用 ε-贪婪策略)；
　　$Q(S,A)\leftarrow Q(S,A)+\eta[R'+\gamma Q(S',A')-Q(S,A)]$；
　　$S\leftarrow S',A\leftarrow A'$；
　直到 S 为终止状态

在 Sarsa 算法描述中，“用 Q 函数导出的策略在 S'处选择一个动作 A'(如可用 ε-贪婪策略)”表明，Sarsa 算法在每次选择动作时是通过最新的 Q 函数改进策略的，一般来讲会采用 ε-贪婪策略，但也可以采用其他方式改进策略。

可以看到，Sarsa 算法在每步迭代时，需要一个五元组$\{S_t,A_t,R_{t+1},S_{t+1},A_{t+1}\}$，算法描述中不用下标，用的是符号$\{S,A,R',S',A'\}$，而 Sarsa 算法名称的来源就是这样一个五元组舍去下标的字母组合。

12.5.2 Q 学习

在与环境交互的强化学习算法中，有两种典型的交互方式，一种称为在轨策略，一种称为离轨策略。12.5.1 节的 Sarsa 算法是一种在轨策略，即形成样本序列的策略和目标策略是相同策略。离轨策略指存在行为策略和目标策略两个策略，以行为策略 μ 去形成样本序

列，用于评估目标策略 π 的值函数。在强化学习中这两种方法各有优缺点，但一般来讲离轨策略需要更多的计算开销。

在 TD 算法情况下，可导出一种进行离轨策略更新的更有效的算法，称为 Q 学习算法。该算法建立在对 $Q(s,a)$ 函数充分利用的基础上，并且实现简单。

Q 算法作为离轨策略算法，同时采用两个策略：行为策略 μ 和目标策略 π。这两个策略都来自目前已估计的 $Q(s,a)$ 函数，但两个策略略有不同，行为策略 μ 是以 $Q(s,a)$ 为基础的 ε-贪婪策略，目标策略 π 是以 $Q(s,a)$ 为基础的贪婪策略。

在状态-动作二元组 (S_t,A_t) 下，得到奖励 R_{t+1} 并转移到状态 S_{t+1}，以 μ 策略选择下一步动作 A_{t+1}，这样在动作选择上依据“利用”和“探索”的平衡，但是在更新 $Q(S_t,A_t)$ 时，目标值却不用 $R_{t+1}+\gamma Q(S_{t+1},A_{t+1})$，而是用另一个策略 π 产生的动作 A' 代替 A_{t+1}。由于策略 π 是贪婪的，故

$$A' = \underset{a'}{\operatorname{argmax}}\{Q(S_{t+1},a')\} \tag{12.5.11}$$

目标值为

$$R_{t+1} + \gamma Q(S_{t+1},A') = R_{t+1} + \gamma \max_{a'}\{Q(S_{t+1},a')\} \tag{12.5.12}$$

$Q(S_t,A_t)$ 的更新为

$$Q(S_t,A_t) \leftarrow Q(S_t,A_t) + \eta[R_{t+1} + \gamma \max_{a'}\{Q(S_{t+1},a')\} - Q(S_t,A_t)] \tag{12.5.13}$$

在 (S_t,A_t) 组合下，以 ε-贪婪策略控制交互试验的进行，但按目前经验的最优方式(利用)更新 $Q(S_t,A_t)$，因为 A_{t+1} 可能以 ε 概率选择探索一个随机动作，故 $Q(S_{t+1},A_{t+1})$ 可能没有被很好地预学习，故以 $\max_{a'}\{Q(S_{t+1},a')\}$ 作为替代实际是在利用目前最大可能的经验知识，是一种更好的更新 $Q(S_t,A_t)$ 的方法。

Q 算法在每步用 ε-贪婪策略 μ 产生下一步实际动作，却以贪婪策略 π 产生的动作 A' 去更新值函数(实际算法中不出现 π，π 的作用以式(10.5.13)的更新式体现)。Q 算法是一种离轨策略算法，描述如下。看上去 Sarsa 算法和 Q 算法很接近，但注意其不同，Sarsa 是在轨策略算法，Q 是离轨策略算法。

Q 学习算法(离轨策略算法)

初始化：对所有 $s\in\mathcal{S},a\in\mathcal{A}(s)$，任意初始化 $Q(s,a)$，Q(终止状态，·)$=0$；

给出参数：小的 $\varepsilon>0$，折扣因子 γ，学习率 η；

对于每幕重复

  给出初始状态 S；

    对于幕的每步重复

    用 Q 函数导出的策略在 S 处选择一个动作 A(如可用 ε-贪婪策略)；

    执行动作 A，观察 R' 和 S'；

    $Q(S,A)\leftarrow Q(S,A)+\eta[R'+\gamma \max_{a}\{Q(S',a)\}-Q(S,A)]$；

    $S\leftarrow S'$；

  直到 S 为终止状态

可以证明 Q 学习算法是收敛的，限于篇幅，此处略去证明。Sarsa 算法和 Q 学习算法按幕进行循环，按步进行更新，显然这些 TD 类算法可直接推广到无终止状态的连续试验环境中。

12.5.3 DP、MC 和 TD 算法的简单比较

目前已讨论了 3 种基本算法：DP、MC 和 TD，可对 3 种算法做一概要比较，以进一步理解各算法的特点。为讨论简单，这里只以状态值函数为例进行讨论，结论可推广到动作-值函数。设从一个状态 S_t 出发，为了更新值函数 $V(S_t)$，三种算法的更新公式分别为

$$\text{DP}: V(S_t) = E_\pi[R_{t+1} + \gamma V_\pi(S_{t+1})] \tag{12.5.14}$$

$$\text{MC}: V(S_t) \leftarrow V(S_t) + \eta[G_t - V(S_t)] \tag{12.5.15}$$

$$\text{TD}: V(S_t) \leftarrow V(S_t) + \eta[R_{t+1} + \gamma V(S_{t+1}) - V(S_t)] \tag{12.5.16}$$

为了做 DP 的更新计算，需要知道 MDP 模型的全部参数才可计算期望值，即可利用 S_t 之后跟随的所有可能的状态 S_{t+1} 进行平均；MC 需要完成一个完整的分幕后，才可以更新，这是因为 G_t 的计算需要完整一幕结束后才可以做累积；而 TD 的更新只需要向前走一步，即可得到下一个状态 S_{t+1}，并通过该状态的已有值函数 $V(S_{t+1})$ 对 $V(S_t)$ 进行更新。这 3 种方法中，DP 和 TD 都是自举算法，即计算一个值函数的更新，需要用到后续值函数的已有值；MC 算法是非自举的，其更新 $V(S_t)$ 不需要其他状态的值函数。

图 12.5.1 给出了 3 种算法的示意图，图中对每种算法均假设画出了从 S_t 出发的所有可能状态转移关系，其中标 T 的节点表示一幕的终止状态。图 12.5.1 是图 12.2.2 的扩大版，空心圆点表示一个状态，实心圆点表示一个动作。在图 12.5.1(a)的 DP 方法示意中，为计算 $V(S_t)$ 的更新，需要平均所有可能动作及动作引起的下一步状态；在图 12.5.1(b)的 MC 方法中，必须深度地完成一幕，然后在这一幕的序列中，计算返回值 G_t；在图 12.5.1(c)的 TD 方法中，从 S_t 出发，在一幕中向前走过一步（先产生 A_t，再产生 S_{t+1} 并获得 R_{t+1}）即可更新 $V(S_t)$。

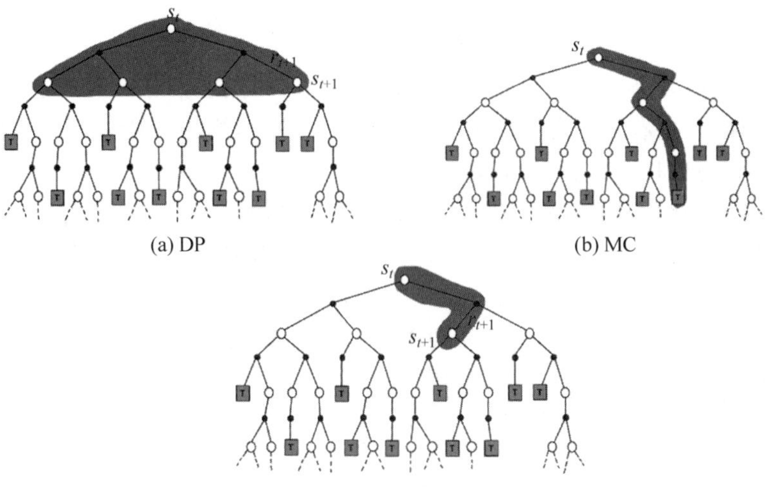

(a) DP (b) MC (c) TD

图 12.5.1 DP、MC 和 TD 算法的值函数更新关系图

以上是值函数更新，属于部分策略评估。策略改进也有所不同，在 DP 方法中，由于 MDP 模型参数已知，环境对算法完全透明，策略改进一般可简单使用贪婪算法，不必考虑利用和探索的平衡。在 MC 和 TD 算法中，MDP 模型的参数未知(或不能直接使用)，在策略改进步，需要考虑探索和利用的平衡，故一般可使用 ε-贪婪策略进行策略改进，在利用的同时，以一定的概率进行随机探索。

从性能上讲，DP 与 MC 和 TD 算法没有可比性，DP 面对环境完全确定且可用的情况，实际是一种规划算法，而不是学习算法，一般总可以收敛到最优策略，但无法适应各种环境复杂多变无法准确建模的情况。MC 和 TD 算法是环境自适应的，在交互中适应环境，对许多实际问题可得到良好的策略，但是无法保证能够准确地收敛到最优策略。若 MC 和 TD 进行比较，由于迭代的目标值 G_t 是无偏的，但 $R_{t+1}+\gamma V(S_{t+1})$ 可能是有偏的，故一般 MC 是值函数的无偏估计，TD 是值函数的有偏估计；从方差来讲，MC 具有更大的方差，TD 有更小的方差。此外，由于 TD 算法利用自举性，对具有明显马尔可夫性的问题更有效，MC 算法在值函数估计中并没有利用马尔可夫性。许多实际情况的仿真表明，在选取良好参数的情况下，TD 算法一般收敛更快，且往往有更小的收敛误差。

12.6 强化学习的值函数逼近

12.3 节～12.5 节的方法可称为 RL 的表格方法，状态取值空间 $\mathcal{S}=\{s^{(1)},s^{(2)},\cdots,s^{(K_S)}\}$ 和动作的取值空间 $\mathcal{A}=\{a^{(1)},a^{(2)},\cdots,a^{(K_A)}\}$ 均为有限离散，且 $|\mathcal{S}|$ 和 $|\mathcal{A}|$ 均非一个巨大的数。为了得到最优策略需要计算所有 $s\in\mathcal{S}$ 的值函数 $v_\pi(s)$ 或所有 $s\in\mathcal{S},a\in\mathcal{A}$ 组合的动作-值函数 $q_\pi(s,a)$，这些量可存储于内存空间中，因此这些方法属于表格方法。当 $|\mathcal{S}|$ 和 $|\mathcal{A}|$ 巨大(如围棋)，甚至当状态空间或动作空间取值连续时，经典的表格方法不再适用，这时可用函数逼近的方法表示值函数。

值函数逼近指用一种参数化的函数分别表示值函数和(或)动作-值函数，即

$$\hat{v}(s,\boldsymbol{w})\approx v_\pi(s) \tag{12.6.1}$$

$$\hat{q}(s,a,\boldsymbol{w})\approx q_\pi(s,a) \tag{12.6.2}$$

其中，$\hat{v}(s,\boldsymbol{w})$ 和 $\hat{\boldsymbol{q}}(s,a,\boldsymbol{w})$ 均为由参数 $\boldsymbol{w}$ 表示的函数。采用参数化的函数逼近的值函数，具有一定的泛化能力，由有限状态-动作序列有效估计出值函数的参数 $\boldsymbol{w}$ 后，可利用得到的值函数预测未遇到的新状态 S 的值函数。

注意，本章只关注用参数函数逼近值函数的问题，这是目前主要的方法。由于值函数取值是实值函数，故可将监督学习中的回归模型用于值函数逼近，原理上任意的回归模型均可以用于值函数逼近，如线性回归、神经网络、支持向量回归等。非参数回归模型(如决策回归树、最近邻回归等)原理上也可用于表示值函数，本章不对此开展讨论。限于篇幅，本章主要讨论两类值函数逼近模型：线性回归和神经网络。

本节首先讨论值函数逼近情况下的策略评估方法，即在给定一个策略的条件下如何评估其值函数，然后再讨论策略改进问题，最后结合部分策略评估与策略改进构成一个强化学习算法。

12.6.1 基本线性值函数逼近

若要用一个函数逼近一个值函数，需要用一个（输入）特征向量表示状态S，一个特征向量表示为

$$\boldsymbol{x}(S)=[\boldsymbol{x}_1(S),\boldsymbol{x}_2(S),\cdots,\boldsymbol{x}_D(S)]^{\mathrm{T}} \tag{12.6.3}$$

特征向量$\boldsymbol{x}(S)$可以有多种选择方式，必要的条件是可区分所有不同的状态。

例 12.6.1 用实例说明特征向量的选取。第1个例子是猫和老鼠的例子，这个例子中环境是一个4×4的格子，猫所在格子的位置作为状态。按图12.2.1的方式对格子编号为1～16，故特征向量$\boldsymbol{x}(S)$的第1个取法就是取一个整数标量x，表示猫当前所在格子的编号；第2种取法是将格子的行列分别编号，取$\boldsymbol{x}(S)=[l,c]^{\mathrm{T}}$，其中$l$、$c$表示猫所在格子的行、列标号；第3种取法是一种编码方式，取$\boldsymbol{x}(S)=[\mathrm{I}(S=1),\mathrm{I}(S=2),\cdots,\mathrm{I}(S=16)]^{\mathrm{T}}$，这里$\boldsymbol{x}(S)$是16维的向量，猫所在位置对应的向量元素为1，其他元素为0。可以发现，这3种特征向量均可表示和区分全部状态，但用于构造函数逼近的表达能力不同，若用线性函数作为值函数的逼近，则第1种特征向量的表达能力很弱，与实际值函数相差很大，而第3种表示即使使用线性函数也可准确表示值函数，但特征向量维度太高，其实际等价于表格方法，第2种是一种折中。

以上的简单例子可说明对于一种回归模型，不同特征向量有不同表达能力，特征向量可有多种选择。再看围棋的例子，对于围棋的棋盘状态，可用19×19的矩阵作为特征向量$\boldsymbol{x}(S)$，矩阵中的每个元素只取3个不同值，如果用线性回归逼近，将19×19矩阵重排为一个361维向量，待确定参数为362个（增加一个偏置项）。若用CNN逼近，则可直接用19×19矩阵作为输入特征向量，参数个数与网络结构相关。对于围棋这种复杂游戏，可预计线性回归模型表达力是不够的，实际中可采用深度神经网络。

类似地，若表示动作-值函数，则可定义表示状态-动作对(S,A)的特征向量为

$$\boldsymbol{x}(S,A)=[\boldsymbol{x}_1(S,A),\boldsymbol{x}_2(S,A),\cdots,\boldsymbol{x}_D(S,A)]^{\mathrm{T}} \tag{12.6.4}$$

在定义了特征向量后，可选择一种回归模型用于逼近值函数，为了叙述简单，首先以状态值函数$v_\pi(s)$的逼近为例进行讨论，结果可直接推广到$q_\pi(s,a)$。对于状态变量S，函数逼近可表示为

$$\hat{v}(S,\boldsymbol{w})=f[\boldsymbol{x}(S),\boldsymbol{w}] \tag{12.6.5}$$

其中，f是一种模型，如线性回归。为了确定模型参数$\boldsymbol{w}$，参考监督学习的方法，为了得到$\hat{v}(S,\boldsymbol{w})$，首先假设真实值函数$v_\pi(s)$是存在的（称为目标值或标注值），则目标是求$\boldsymbol{w}$，使目标函数

$$J(\boldsymbol{w})=E_\pi[(v_\pi(S)-\hat{v}(S,\boldsymbol{w}))^2] \tag{12.6.6}$$

达到最小。若采用梯度算法优化参数$\boldsymbol{w}$，则参数更新量为

$$\Delta\boldsymbol{w}=-\frac{1}{2}\eta\,\nabla_{\boldsymbol{w}}J(w)=\eta E_\pi\{[v_\pi(S)-\hat{v}(S,\boldsymbol{w})]\,\nabla_{\boldsymbol{w}}\hat{v}(S,\boldsymbol{w})\} \tag{12.6.7}$$

与回归学习类似，实际中采用随机梯度，即对于一个样本S，参数更新为

$$\Delta\boldsymbol{w}=\eta[v_\pi(S)-\hat{v}(S,\boldsymbol{w})]\,\nabla_{\boldsymbol{w}}\hat{v}(S,\boldsymbol{w}) \tag{12.6.8}$$

以上是对式(12.6.5)的一般函数形式而言的，对于最基本的函数逼近方法，采用线性回归函数的情况，式(12.6.5)取线性回归形式，即

$$\hat{v}(S,\boldsymbol{w})=f[\boldsymbol{x}(S),\boldsymbol{w}]=\boldsymbol{w}^{\mathrm{T}}\boldsymbol{x}(S) \tag{12.6.9}$$

这里假设 $\boldsymbol{x}(S)$中包含了哑元,$\boldsymbol{w}$ 中包含了偏置项。由式(12.6.9)可得

$$\nabla_{\boldsymbol{w}}\hat{v}(S,\boldsymbol{w})=\boldsymbol{x}(S) \tag{12.6.10}$$

因此,对于式(12.6.9)的线性回归,随机梯度式(12.6.8)简化为

$$\Delta\boldsymbol{w}=\eta[v_{\pi}(S)-\boldsymbol{w}^{\mathrm{T}}\boldsymbol{x}(S)]x(S) \tag{12.6.11}$$

在上述讨论中,假设在每个状态值函数 $v_{\pi}(S)$是已知的,其作用相当于监督学习中的标注值,所述的学习过程实际是监督学习过程。但在实际强化学习环境下,$v_{\pi}(S)$是未知的,不过可用交互过程产生的奖励对 $v_{\pi}(S)$进行估计(如 MC、TD 等)。然而,这个估计是不准确的,故在强化学习环境下的标注自身是一个迭代过程中的估计值,这一点反映出弱监督学习的特点。

1. MC 学习情况

对于分幕情况,设在策略 π 下产生一幕样本序列如下

$$\{S_1,A_1,R_2,\cdots,S_t,A_t,R_{t+1},S_{t+1},A_{t+1},R_{t+2},\cdots,S_{T-1},A_{T-1},R_T,S_T\} \tag{12.6.12}$$

首先计算各状态 S_t 的返回 G_t,重写式(12.4.2)如下

$$G_t=R_{t+1}+\gamma R_{t+2}+\gamma^2 R_{t+3}+\cdots+\gamma^{T-t-1}R_T \tag{12.6.13}$$

以 G_t 近似表示目标值,即 $v_{\pi}(S_t)\approx G_t$,相当于得到一个子样本集$\{S_t,G_t\}_{t=1}^{T-1}$,将这个近似标注带入式(12.6.11),得到 MC 线性值函数逼近 $\hat{v}(S,\boldsymbol{w})$的 SGD 系数更新公式为

$$\Delta\boldsymbol{w}=\eta[G_t-\boldsymbol{w}^{\mathrm{T}}\boldsymbol{x}(S_t)]\boldsymbol{x}(S_t) \tag{12.6.14}$$

对于动作-值函数,其线性回归逼近表达式为

$$\hat{q}(S,A,\boldsymbol{w})=\boldsymbol{w}^{\mathrm{T}}\boldsymbol{x}(S,A) \tag{12.6.15}$$

MC 的状态-动作对样本集为$\{(S_t,A_t),G_t\}_{t=1}^{T-1}$,则 $\hat{q}(s,a,\boldsymbol{w})$的 MC 系数更新为

$$\Delta\boldsymbol{w}=\eta[G_t-\boldsymbol{w}^{\mathrm{T}}\boldsymbol{x}(S_t,A_t)]\boldsymbol{x}(S_t,A_t) \tag{12.6.16}$$

由于 G_t 是 $v_{\pi}(S_t)$或 $q_{\pi}(S_t,A_t)$的无偏估计,MC 情况下的随机梯度值函数逼近是可收敛的。

2. TD(0)学习情况

对于基本时序差分学习 TD(0),只要在策略 π 控制下,在 S_t 状态下,先向前进展一步得到 A_t,R_{t+1},S_{t+1},则可近似表示目标值为 $v_{\pi}(S_t)\approx R_{t+1}+\gamma\hat{v}(S_{t+1},w)$,则 TD(0)的线性值函数逼近的 SGD 系数更新公式为

$$\begin{aligned}\Delta\boldsymbol{w}&=\eta[R_{t+1}+\gamma\hat{v}(S_{t+1},\boldsymbol{w})-\hat{v}(S_t,\boldsymbol{w})]\nabla_{\boldsymbol{w}}\hat{v}(S_t,\boldsymbol{w})\\&=\eta[R_{t+1}+\gamma\boldsymbol{w}^{\mathrm{T}}\boldsymbol{x}(S_{t+1})-\boldsymbol{w}^{\mathrm{T}}\boldsymbol{x}(S_t)]\boldsymbol{x}(S_t)\end{aligned} \tag{12.6.17}$$

类似地,为了得到动作-值函数的参数更新,在状态 S_t、A_t 下,向前一步产生 R_{t+1},S_{t+1},A_{t+1},则 $q_{\pi}(S_t,A_t)\approx R_{t+1}+\gamma\hat{q}(S_{t+1},A_{t+1},\boldsymbol{w})=R_{t+1}+\gamma\boldsymbol{w}^{\mathrm{T}}\boldsymbol{x}(S_{t+1},A_{t+1})$,$\hat{q}(s,a,\boldsymbol{w})$的 TD(0)系数更新为

$$\begin{aligned}\Delta\boldsymbol{w}&=\eta[R_{t+1}+\gamma\hat{q}(S_{t+1},A_{t+1},\boldsymbol{w})-\hat{q}(S_t,A_t,\boldsymbol{w})]\nabla_{\boldsymbol{w}}\hat{q}(S_t,A_t,\boldsymbol{w})\\&=\eta[R_{t+1}+\gamma\boldsymbol{w}^{\mathrm{T}}\boldsymbol{x}(S_{t+1},A_{t+1})-\boldsymbol{w}^{\mathrm{T}}\boldsymbol{x}(S_t,A_t)]\boldsymbol{x}(S_t,A_t)\end{aligned} \tag{12.6.18}$$

3. 函数逼近情况下的策略改进

在一些应用环境下,状态空间元素数目巨大甚至是连续空间,但动作空间是有限离散

的，在这种情况下，利用动作-值函数的函数逼近 $\hat{q}(S_t, A_t, \boldsymbol{w})$，在给定状态通过贪婪算法确定新的策略，选择当前逼近函数下的最优动作，即

$$A^* = \underset{a}{\operatorname{argmax}}\{\hat{q}(S_t, a, \boldsymbol{w})\} \tag{12.6.19}$$

由贪婪策略结合探索，如利用 ε-贪婪策略作为改进策略，ε-贪婪策略为

$$\pi(a \mid A_t) = \begin{cases} 1-\varepsilon+\dfrac{\varepsilon}{|\mathcal{A}|}, & a = A^* \\ \dfrac{\varepsilon}{|\mathcal{A}|}, & \text{其他} \end{cases} \tag{12.6.20}$$

结合本节介绍的 TD(0)动作-值函数逼近方法和 ε-贪婪策略，可得到在线性函数逼近情况下的 Sarsa 算法，总结描述如下。

线性函数逼近的 Sarsa 算法

输入：考虑线性动作-值函数逼近 $\hat{q}(S, A, \boldsymbol{w}) = \boldsymbol{w}^{\mathrm{T}}\boldsymbol{x}(S, A)$；

初始化：任意初始化 $\boldsymbol{w}$(可初始化为 0 向量)；

给出参数：$\varepsilon > 0$，折扣因子 γ，学习率 η；

对于每幕循环

  给出初始 S；

  用 Q 函数导出的策略在 S 处选择一个动作 A(如可用 ε-贪婪策略)；

   对于一幕的每步重复

   执行动作 A，观察 R' 和 S'；

   如果 S' 为终止状态

    $\boldsymbol{w} \leftarrow \boldsymbol{w} + \eta[R' - \boldsymbol{w}^{\mathrm{T}}\boldsymbol{x}(S, A)]\boldsymbol{x}(S, A)$；

    退出当前循环到下一幕；

  否则用 $\hat{q}(S, \cdot, \boldsymbol{w})$ 导出的策略在 S' 处选择一个动作 A'(如可用 ε-贪婪策略)；

    $\boldsymbol{w} \leftarrow \boldsymbol{w} + \eta[R' + \gamma \boldsymbol{w}^{\mathrm{T}}\boldsymbol{x}(S', A') - \boldsymbol{w}^{\mathrm{T}}\boldsymbol{x}(S, A)]\boldsymbol{x}(S, A)$；

    $S \leftarrow S'$，$A \leftarrow A'$；

注意，比较基本 Sarsa 算法和上述算法发现，主要不同在于基本 Sarsa 算法每步直接更新一个状态-动作对(S, A)的值函数，只有当一个状态-动作对(S, A)在学习过程中多次出现，才可能对其动作-值函数进行可靠估计，因此其状态和动作数量必须是有限且少量的。线性函数逼近的 Sarsa 算法是通过学习更新参数 $\boldsymbol{w}$，如果适当的步数后参数估计收敛，函数模型泛化能力较强，则对于训练中没有遇到的状态-动作对(S, A)，仍可能较好地预测其值。因此，值函数逼近面对的问题与监督学习类似，要求学习过程训练的模型有强的泛化能力。

线性值函数逼近是早期值函数逼近的主要方法，这些方法是有收敛保证的。更一般的非线性值函数逼近和离轨策略不能保证收敛性，限制了其应用。实际上仔细观察可以发现，在值函数逼近情况下的随机梯度算法并不是真正的监督学习算法，或者说并不是真正的梯度算法。在监督学习中，梯度中包括标注值(目标值)与模型输出之间的误差项，但在强化学习中，目标值 $v_\pi(s)$ 或 $q_\pi(s, a)$ 并不存在，而是用其在交互中产生的奖励或自举方式对目标

值进行近似，用于梯度中的目标值只是这样的近似值。例如，对于函数 $v_\pi(S_t)$，在 MC 方法中用 G_t 替代，在 TD(0)中用 $R_{t+1}+\gamma\hat{v}(S_{t+1},\boldsymbol{w})$替代，由于 $\hat{v}(S_{t+1},\boldsymbol{w})$自身也受参数更新影响，这种替代是一种自举方式。实际上，在替代中若替代量是无偏的，如在 MC 方法中，$E_\pi(G_t)=v_\pi(S_t)$，则随机梯度通过迭代可收敛到目标值。但在 TD 算法中，由于自举性的存在，其替代的目标值并不是无偏的，不能保证收敛，只是线性函数是个例外。因此，对于值函数逼近技术，一般 MC 方法对于线性回归模型或非线性模型均可收敛，但对 TD 类算法除线性回归模型外，并没有一般的收敛性保证。由于目标值(监督项)也包含了参数 $\boldsymbol{w}$，但在计算梯度时并未考虑目标值产生的梯度，称这种基本的 TD 类梯度算法为半梯度算法。

在这些方面近年有大量研究成果，接下来讨论用深度神经网络表示值函数逼近的实例。

12.6.2 深度 Q 网络

若经典的强化学习与深度学习结合，则构成深度强化学习(DRL)。深度强化学习借助了深度学习强大的特征表示学习能力，打通了从原始高维观测数据到状态表示及从状态表示到策略学习之间的隔阂，将 RL 变成了一个可以直接从高维度观测数据映射到控制策略的端到端学习范式。深度学习与强化学习结合的一种方式是通过深度神经网络表示或逼近值函数，另一种常用方式是用深度神经网络表示策略函数，本节首先讨论前者。

如果用神经网络表示逼近的动作-值函数 $\hat{q}(S,\boldsymbol{A},\boldsymbol{w})$，按照神经网络学习的基本算法，对于一段样本序列

$$\boldsymbol{D}=\{S_1,A_1,R_2,\cdots,S_t,A_t,R_{t+1},S_{t+1},A_{t+1},R_{t+2},\cdots,S_{T-1},A_{T-1},R_T,S_T\} \tag{12.6.21}$$

如果采用 MC 方法，则可构成如下“带标注”的样本子集

$$\boldsymbol{D}_{MC}=\{[(S_t,A_t),G_t]\}_{t=1}^{T-1} \tag{12.6.22}$$

如果采用 TD(0)算法，则相当于构成的样本子集为

$$\boldsymbol{D}_{\mathrm{TD}}=\{[(S_t,A_t),R_{t+1}+\gamma\hat{q}(S_{t+1},A_{t+1},\boldsymbol{w})]\}_{t=1}^{T-1} \tag{12.6.23}$$

由于 G_t 是 q_π 的无偏估计，利用式(12.6.22)的子集序列训练神经网络，一般可收敛。但对于 TD 方法，由于式(12.6.23)的近似目标值通过自举生成，且不是 q_π 的无偏估计，故 TD 方法训练神经网络是不能保证收敛的。

TD 强化学习除了由于其自举带来的发散性以外，其与监督学习的以下几点不同，也是导致算法收敛困难的因素。用参数化的函数近似动作-值函数会导致算法：①在同一个状态-动作轨迹 $S_1,A_1,R_2,\cdots,S_t,A_t,R_{t+1}$ 中，状态之间存在强相关性，而传统监督学习样本一般是独立同分布的；②对 $\hat{q}(s,a,\boldsymbol{w})$函数的微小更新，可能会导致动作的分布剧烈变化；③目标值 $R_{t+1}+\gamma\hat{q}(S_{t+1},A_{t+1},\boldsymbol{w})$与 $\hat{q}(S_t,A_t,\boldsymbol{w})$存在强相关性。这些强相关和非平稳因素导致参数很难被优化。

为了解决训练神经网络遇到的困难，Minh(DeepMind)等提出一种深度 Q 网络(deep Q-networks，DQN)。DQN 是基于函数逼近的 DRL 中最有代表性的方法。

DQN 是 Q 学习算法在神经网络逼近动作-值函数的推广，采用一个 CNN 表示 Q 函数，这里将 CNN 逼近的 Q 函数表示为 $Q(s,a,\boldsymbol{w})$，$\boldsymbol{w}$ 表示 CNN 的所有参数，这个网络称为 Q 网络。

DQN 的智能体用于操作 Atari 的视频游戏机。输入是游戏机的屏幕图像，由于单帧图像包含的信息可能无法表示环境的真实状态，DQN 将连续 4 帧图像作为输入特征向量，每

帧图像预处理为 84×84 的像素，故输入特征向量 $\boldsymbol{x}(s_t)$ 是 84×84×4 的 4 个 84×84 矩阵，可直接作为 CNN 的输入。由于游戏操纵杆最多有 18 种动作，故针对每个不同动作 a_i，对应网络的一个输出，网络共有 18 个输出，即 $Q(s,a_i,\boldsymbol{w})=Q_i(s,\boldsymbol{w})$，故网络输入只有表示状态的 $\boldsymbol{x}(s_t)$，动作 a 不作为网络的输入。DQN 的结构如图 12.6.1 所示，DQN 网络有 3 层卷积层，第 1 卷积层由 32 个 8×8 卷积核，步幅为 4，非线性激活函数为整流函数；第 2 卷积层是 64 个 4×4 卷积核，步幅为 2，采用整流激活函数；第 3 卷积层由 64 个 3×3 卷积核组成，步幅为 1，采用整流激活函数；其后跟一个 512 个单元的全连接层，采用整流激活函数，最后输出层有 18 个输出，分别表示游戏杆可能的 18 种动作，作为回归输出，输出层是线性单元。

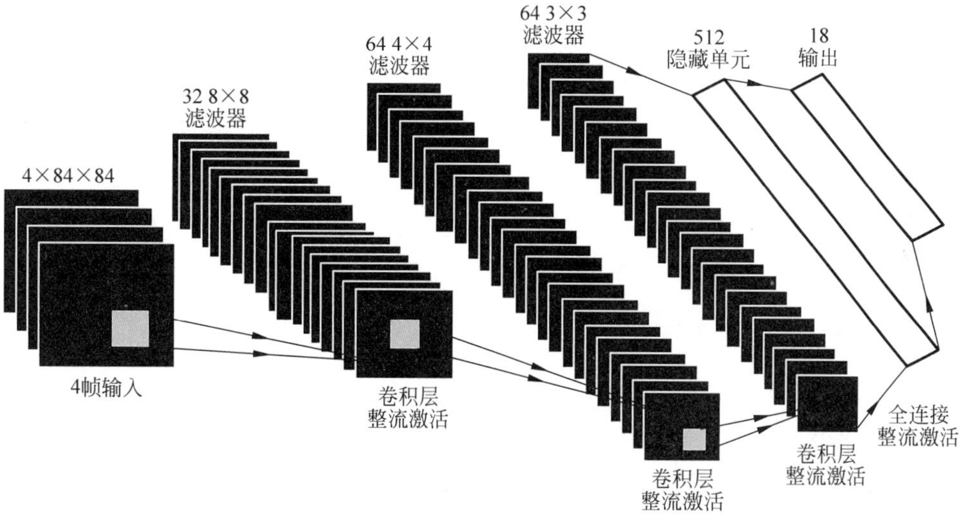

图 12.6.1 DQN 结构

DQN 通过以下方式解决神经网络训练问题：①应用经验回放机制，首先将当前状态转移元组 $(s_t,a_t,r_{t+1},s_{t+1})$ 保存到回放缓存 $\boldsymbol{D}_R$ 中，然后随机在 $\boldsymbol{D}_R$ 中采样一小批量数据 $\{(s_i,a_i,r_i,s_i')\}_{i=1}^m$ 进行 Q 学习，经验回放缓存的使用打破了状态动作轨迹中状态的强相关性；②设置一个与 Q 网络伴随的"目标网络"，其产生一个目标动作值函数 $Q(s,a,\tilde{\boldsymbol{w}})$，这里 $\tilde{\boldsymbol{w}}$ 是目标网络的参数。使用目标动作-值函数 $Q(s',a,\tilde{\boldsymbol{w}})$ 来计算目标值 $y_t=r_t+\max\limits_{a'}Q(s_t',a',\tilde{\boldsymbol{w}})$，其中参数 $\tilde{\boldsymbol{w}}$ 不需要单独训练，而是用参数 $\boldsymbol{w}$ 周期性地更新，相当于 $\tilde{\boldsymbol{w}}$ 是 $\boldsymbol{w}$ 有一定延迟更新的参数，该方法降低了目标值和当前动作-值函数的相关性。

对于每步的小批量"元组"样本，相当于最小化以下目标函数

$$J(\boldsymbol{w}^{(t)})=\frac{1}{m}\sum_{i=1}^{m}\left[r_i+\gamma\max_{a'}Q(s_i',a',\tilde{\boldsymbol{w}}^{(t)})-Q(s_i,a_i,\boldsymbol{w}^{(t)})\right]^2 \tag{12.6.24}$$

对 CNN 的参数更新，可采用第 10 章已介绍的 CNN 的学习方法。DQN 的详细算法描述如下。

DQN 算法

初始化回放缓存 $\boldsymbol{D}_R$；

随机初始化动作-值函数 $Q(s,a,\boldsymbol{w})$ 的参数 $\boldsymbol{w}$；

初始化目标值函数 $Q(s,a,\tilde{w})$ 的网络参数：$w \to \tilde{w}$；

初始化 $\tilde{w}$ 的更新频率 C 和 w 的学习速率 η；

对于每幕重复

给出初始动作 s_1；

For $t=1,2,\cdots,T$

利用 ε-greedy 方法由 $Q(s,a,w)$ 采样一个动作 a_t；

执行动作 a_t，得到观测 s_{t+1} 和奖励 r_{t+1}；

将状态转移元组 $(s_t,a_t,r_{t+1},s_{t+1})$ 放入回放缓存 $\boldsymbol{D}_R$；

从回放缓存 $\boldsymbol{D}_R$ 中随机采样 m 个状态转移元组为 $\{(s_i,a_i,r_i,s_i')\}_{i=1}^{m}$；

计算目标值

$$y_i=\begin{cases} r_i, & s_i' \text{ 为终止状态} \\ r_i+\gamma \max_{a'} Q(s_i',a',\tilde{w}), & \text{其他} \end{cases}$$

更新 $Q(s,a,w)$ 的参数 w

$$w \leftarrow w+\frac{\eta}{m}\sum_{i=1}^{m}[y_i-Q(s_i,a_i,w)]\nabla_w Q(s_i,a_i,w)$$

每 C 步，更新 $Q(s,a,\tilde{w})$ 的参数 $\tilde{w}$：$w \to \tilde{w}$；

End For

DNN 算法中更新 w 用到的梯度可用 CNN 的反向传播算法计算。

Minh 等报告了 DQN 在 Atari2600 游戏上的表现，在大多数游戏中，DQN 表现超过人类水平，但在一些游戏上，尤其是高难度游戏中表现低于人类高手的水平。这些结果说明 DRL 在模仿人类智能方面取得了长足的进步，但仍有许多问题需要进一步研究。

12.7 策略梯度方法

与值函数逼近类似，策略梯度法将策略函数 $\pi(a|s)$ 用参数化函数表示为 $\pi_{\boldsymbol{\theta}}(a|s)=\pi(a|s,\boldsymbol{\theta})$，其中 $\boldsymbol{\theta}$ 为表示策略函数的参数，并利用梯度法等优化算法最大化从初始状态 s_0 出发得到的期望累积回报 $v_\pi(s_0)$ 从而学习策略函数的参数 $\boldsymbol{\theta}$。不同于基于动作-值函数的方法，在策略梯度法中，动作直接由学习到的参数化策略函数给出，而不是由动作-值函数给出。此外，基于动作-值函数的 RL 算法一般只能求解拥有离散动作空间的决策过程，其原因是在任意状态 s 的最优动作 a 由 $\arg\max_a Q(s,a)$ 的方式得到，如果动作空间连续，意味着在每个状态选取动作的时候需要首先求解一个连续优化问题，这是非常烦琐的。策略梯度法直接用参数化的函数表示策略，因此可以同时求解拥有离散动作空间和连续动作空间的决策过程。

本节讨论离散动作空间的随机策略优化问题，即动作 a 是离散的，策略是随机的，参数化策略函数表示为

$$\pi_\theta(a \mid s)=\pi(a \mid s,\boldsymbol{\theta})=P\{A_t=a \mid S_t=s,\boldsymbol{\theta}\} \tag{12.7.1}$$

对于离散动作 a，确定策略是随机策略的一个特例。用$\boldsymbol{\theta}$的连续函数表示策略函数，所谓策略梯度算法，是指给出描述策略优化的目标函数 $J(\boldsymbol{\theta})$，通过求梯度$\nabla_\theta J(\boldsymbol{\theta})$，得到策略函数参数的更新为

$$\boldsymbol{\theta}^{(t+1)}=\boldsymbol{\theta}^{(t)}+\eta\nabla_\theta J(\boldsymbol{\theta}) \tag{12.7.2}$$

由于策略优化问题的目标函数一般需要最大化(累积收益最大)，故式(12.7.2)使用了梯度上升。为了使用式(12.7.2)的策略梯度迭代，一是需要给出策略函数的有效表示，二是需要给出策略优化的目标函数，接下来首先讨论这两个基本问题。

式(12.7.1)表示的是一个概率函数，不是所有函数都可表示概率函数，策略函数类似于多分类问题的表示。设动作集合为$\mathcal{A}=\{a^{(1)},a^{(2)},\cdots,a^{(K_A)}\}$，对于任意 $a=a^{(i)}\in\mathcal{A}$，$\pi_\theta(a|s)\geqslant 0$，且 $\sum\limits_a\pi_\theta(a\mid s)=1$，因此可参考多分类中的 softmax 函数，首先设计一个回归函数 $h(s,a,\boldsymbol{\theta})$，则 $\pi_\theta(a|s)$定义为

$$\pi_\theta(a\mid s)=\frac{\exp[h(s,a,\boldsymbol{\theta})]}{\sum\limits_b\exp[h(s,b,\boldsymbol{\theta})]} \tag{12.7.3}$$

回归函数 $h(s,a,\boldsymbol{\theta})$可以灵活选择，如 $h(s,a,\boldsymbol{\theta})$可选择为线性函数，即

$$h(s,a,\boldsymbol{\theta})=\boldsymbol{\theta}^{\mathrm{T}}\boldsymbol{x}(s,a) \tag{12.7.4}$$

其中，$\boldsymbol{x}(s,a)$为输入特征向量，其定义如式(12.6.4)所示。若使用神经网络表示 $\pi_\theta(a|s)$，则可直接采用输出端为 softmax 的神经网络，不必单独写出 $h(s,a,\boldsymbol{\theta})$。

现在讨论策略梯度算法的目标函数，首先讨论分幕情况，简单起见，设在分幕情况下每幕都从一个起始状态 s_0 出发，希望策略可使累积收益最大化，故取目标函数为

$$J(\theta)=v_{\pi_\theta}(s_0) \tag{12.7.5}$$

其中，$v_{\pi_\theta}(s_0)$表示在策略 π_θ 下，从 s_0 出发的值函数。

如果是持续环境(即不必在有限步后停止或不分幕)，则可假设在 π_θ 控制的持续过程中，状态 s 的概率分布为$\rho_{\pi_\theta}(s)$，可定义目标函数为平均值函数，即

$$J_{av}(\theta)=\sum_s\rho_{\pi_\theta}(s)v_{\pi_\theta}(s) \tag{12.7.6}$$

在这些不同目标函数下，关于策略梯度均由以下定理描述。

定理 12.7.1(策略梯度定理) 对于参数可微的策略函数 $\pi_\theta(a|s)$和不同目标函数，策略梯度为

$$\nabla_\theta J(\theta)\propto\sum_s\rho_{\pi_\theta}(s)\sum_a\nabla_\theta\pi_\theta(a\mid s)q_{\pi_\theta}(s,a) \tag{12.7.7}$$

或可写为更易推广应用的形式

$$\nabla_\theta J(\boldsymbol{\theta})\propto E_{\pi_\theta}\{\nabla_\theta[\ln\pi_\theta(A_t\mid S_t)]q_{\pi_\theta}(S_t,A_t)\} \tag{12.7.8}$$

其中，$q_{\pi_\theta}(s,a)$为在策略 π_θ 下的动作-值函数，E_{π_θ} 表示对策略 π_θ 取期望。

定理 12.7.1 中，$\propto$表示式(12.7.7)两侧可能相差一个常数系数，由于常数系数可合并到学习率 η 中，故式(12.7.7)也可写成等号形式。另外，在式(12.7.8)中，简单用 E_{π_θ} 表示对策略 π_θ 取期望，更详细地，可写为 $E_{s\sim\rho_{\pi_\theta},a\sim\pi_\theta}$。

定理 12.7.1 的证明略复杂，证明过程与导出后续算法没有直接联系，此处从略，策略梯度定理给出了利用梯度求解策略函数参数所需梯度的闭式表达式，以下将这个定理应用到

具体环境,得到两类最基本的策略梯度算法。

12.7.1 MC 策略梯度算法 Reinforce

第 1 个策略梯度算法建立在 MC 基础上,以当前策略 $\pi_\theta(a|s)$产生一幕,即

$$S_0,A_0,R_1,S_1,A_1,R_2,\cdots,\quad S_t,A_t,R_{t+1},\cdots,\quad S_{T-1},A_{T-1},R_T,S_T$$

在每个状态-动作对(S_t,A_t),计算返回值 G_t,并以 G_t 近似表示策略定理式(12.7.8)中的 $q_{\pi_\theta}(S_t,A_t)$,即将 $q_{\pi_\theta}(S_t,A_t)\approx G_t$ 代入式(12.7.8),并以随机梯度代替梯度,可得一次参数更新为

$$\boldsymbol{\theta}^{(t+1)}=\boldsymbol{\theta}^{(t)}+\eta G_t\,\nabla_\theta \ln\pi_\theta(A_t\mid S_t) \tag{12.7.9}$$

以式(12.7.9)为更新公式的算法称为 Reinforce 算法,算法描述如下。

Reinforce 算法

输入:给出一个可微策略函数 $\pi_\theta(a|s)$;

学习率 η,策略函数的初始参数 θ(初始为零向量或随机初始化向量);

对于每幕循环

以 $\pi_\theta(a|s)$产生一幕 $S_0,A_0,R_1,S_1,A_1,R_2,\cdots,S_t,A_t,R_{t+1},\cdots,S_{T-1},A_{T-1},R_T,S_T$,对于幕中每步 $t=0,1,\cdots,T-1$

$G_t\leftarrow\sum_{k=t+1}^{T}\gamma^{k-t-1}R_k$;

$\boldsymbol{\theta}\leftarrow\boldsymbol{\theta}+\eta\gamma^t G\,\nabla_\theta\ln\pi_\theta(A_t\mid S_t)$;

在前面讨论时为了简单,假设 $\gamma=1$,当取折扣因子时,参数更新时需加一个 γ^t 的校正系数。在实际中,$\pi_\theta(a|s)$的函数形式是预先选择确定的。例如,可选式(12.7.3)和式(12.7.4)所示的策略函数,在这些情况下,$\nabla_\theta\ln\pi_\theta(A_t|S_t)$的函数形式可预先求出。若使用神经网络表示策略函数,则可用 BP 算法计算梯度。

12.7.2 行动器-评判器方法

在策略定理的式(12.7.7)和式(12.7.8)中,需要动作-值函数 $q_{\pi_\theta}(s,a)$。为了应用策略定理,可以同时产生动作-值函数的估计。动作-值函数具有评估"状态-动作"好坏的功能,故可称为评判器(critic);策略函数控制智能体的行为,可称为"行动器"(actor)。这类同时实现动作-值函数和策略函数功能的策略梯度方法称为行动器-评判器方法(actor-critic,也有翻译为"演员-评论家"的)。

在实际算法实现时,动作-值函数也需要从样本序列中学习,一般采用 12.6 节介绍的函数逼近方法实现参数化动作-值函数,记为 $Q_{\boldsymbol{w}}(s,a)$,$\boldsymbol{w}$ 是动作-值函数的参数,以 $Q_{\boldsymbol{w}}(s,a)$替代策略梯度定理中的 $q_{\pi_\theta}(s,a)$对策略函数参数进行更新。

行动器-评判器中同时有两个参数化函数,一个表示策略函数,另一个表示动作-值函数,其参数分别用$\boldsymbol{\theta}$ 和 $\boldsymbol{w}$ 表示。动作-值函数的学习可采用第 12.6 节介绍的方法,其参数 $\boldsymbol{w}$

表示了 $Q_w(s,a)$，因而影响了策略函数参数的学习。这两个函数可独立选择，既可以用线性函数实现，也可以采用神经网络甚至深度神经网络来实现。下面给出行动器-评判器算法实现的一个一般性描述，其中动作-值函数的学习采用 TD(0)方法，对两个函数的选择不加限制。

行动器-评判器算法

随机初始化策略函数 $\pi_\theta(a|s)$和动作-值函数 $Q_w(s,a)$的参数$\boldsymbol{\theta}$和$\boldsymbol{w}$(线性函数时初始参数可设为0)；

设定策略和动作-值函数参数更新的学习率 η_1 和 η_2；

对于每幕循环

  生成初始状态 S；

  采样一个动作 $A \sim \pi_\theta(\cdot|S)$；

  对于幕中每步重复；

    执行动作 A；

    观察新的状态 S'并获得奖励R；

    采样一个动作 $A' \sim \pi_\theta(\cdot|S')$；

    计算目标值 $y = R + \gamma Q_w(S',A')$；

    更新策略参数$\boldsymbol{\theta} \leftarrow \boldsymbol{\theta} + \eta_1 \nabla_\theta \ln\pi_\theta(A|S) Q_w(S,A)$；

    更新动作-值函数参数 $\boldsymbol{w} \leftarrow \boldsymbol{w} + \eta_2[y - Q_w(S,A)]\nabla_w Q(S,A)$；

    $S \leftarrow S', A \leftarrow A'$；

  直到 S 为终止状态

在本节的梯度算法中，无论是MC类方法还是行动器-评判器方法，都可能存在梯度方差较大的问题。以行动器-评判器方法为例讨论该问题，一个降低策略梯度方差的方法是在动作-值函数 $q_\pi(s,a)$中减去一个与动作 a 无关的基准值，最常使用的基准是值函数 $v_\pi(s)$，故可定义一个优势函数(advantage function)为

$$A_\pi(s,a) = q_\pi(s,a) - v_\pi(s) \tag{12.7.10}$$

以优势函数 $A_\pi(s,a)$取代动作-值函数，则策略梯度定理修改为

$$\nabla_\theta J(\theta) \propto E_{\pi_\theta}\{\nabla_\theta[\ln\pi_\theta(A_t \mid S_t)]A_{\pi_\theta}(S_t,A_t)\} \tag{12.7.11}$$

使用优势函数，需要多学习一个参数化的值函数。

目前策略梯度方法是强化学习领域一个研究热点，不同的方法和改进不断提出，与深度学习结合的各类算法不断报道，其中以行动器-评判器算法为基础的各类新算法的研究尤为活跃。本节对这类方法给出一个基本介绍，建立在离散动作基础上，目前针对连续动作问题也已得到广泛研究。

*12.8 多臂赌博机

多臂赌博机(multi-armed bandit)是在线学习中的一个子问题，与强化学习有着密切联系，可看作只有一个状态情况下的强化学习问题。在这里，我们把多臂赌博机看作强化学习

的一个特例,仅作一些概要介绍。

一个多臂赌博机有多个臂,每个臂对应了一个动作,在选择拉下一个臂时可获得随机收益。若多臂赌博机有 K 个臂,则对应有 K 个可选动作,对应的多臂赌博机可描述如下。

定义 12.8.1 一个多臂赌博机是一个二元组$(\mathcal{A},r)$,其中$\mathcal{A}$是 K 个动作集合;$r(a)=P(r|a)$表示取动作 a 时奖励 r 的概率分布。

多臂赌博机的任务:在每步 t,选择动作 $a_t\in\mathcal{A}$,环境产生奖励 $r_t\sim r(a_t)$,目标是在各步选择动作使得累积奖励 $\sum_{\tau=1}^{t}r_\tau$ 最大。从这个意义上看,可将多臂赌博机看作只有一个状态(即代表该赌博机)的强化学习问题。故在多臂赌博机中,可忽略状态选择,因此多臂赌博机的动作值函数可定义为

$$Q(a)=E(r\mid a) \tag{12.8.1}$$

在实际中,各动作奖励的概率分布 $P(r|a)$是未知的,需要在交互中估计动作值函数。对于理论分析,若假设 $P(r|a)$已知,则可得到一个最优的值函数为

$$V^*=Q(a^*)=\max_a\{Q(a)\} \tag{12.8.2}$$

对多臂赌博机,可定义后悔度(regret)评价一个动作的性能。对于一步,后悔度定义为

$$l_t=E[V^*-Q(a_t)] \tag{12.8.3}$$

累积后悔度定义为

$$L_t=tV^*-E\left[\sum_{\tau=1}^{t}Q(a_t)\right] \tag{12.8.4}$$

最小后悔度相当于最大累积收益。

到第 t 步时,设已有记录$\{a_\tau,r_\tau\}_{\tau=1}^{t-1}$,利用这些记录通过蒙特卡罗方法可估计动作值函数为

$$N_t(a)=\sum_{\tau=1}^{t-1}I(a_\tau=a)$$

$$\hat{Q}_t(a)=\frac{1}{N_t(a)}\sum_{\tau=1}^{t-1}r_\tau I(a_\tau=a) \tag{12.8.5}$$

其中,$I(\cdot)$为示性函数。可利用式(12.4.7)的增量算法实现式(12.8.5)中 $\hat{Q}_t(a)$的计算。

可利用 $\hat{Q}_t(a)$确定第 t 步的动作选择,在多臂赌博机问题中,存在类似的探索与利用的平衡问题,这里有两类常用的方法,一类是已熟悉的 ε-贪婪算法,即按 $1-\varepsilon$ 的概率选择 $a^*=\operatorname{argmax}_a\{\hat{Q}_t(a)\}$,按 ε 概率随机选择其他动作,且 ε 的值按照 $O(1/t)$的方式减小。

另一类更常用的方法是利用上置信界(upper confidence bounds,UCB)算法选择动作,上置信界定义为

$$D_t(a)=\hat{Q}_t(a)+\sqrt{\frac{2\ln(t)}{\hat{Q}_t(a)}} \tag{12.8.6}$$

则第 t 步动作选择为

$$a_t=\operatorname{argmax}_a\{D_t(a)\} \tag{12.8.7}$$

对于 ε-贪婪策略,可以从开始的随机动作选择起,不断利用式(12.8.5)进行 $\hat{Q}_t(a)$的

更新并通过 ε-选择下一个动作并持续更新动作值函数。对于 UCB 算法，在开始的 K 个动作，分别选择每个动作一次(以免一些 a 的 $\hat{Q}_t(a)=0$)，然后按式(12.8.5)计算 $\hat{Q}_t(a)$，此后由式(12.8.6)和式(12.8.7)选择后续的动作和持续更新动作值函数。

多臂赌博机有很多形式和应用，如与博弈论结合的对抗赌博机，典型应用有互联网的在线应用，如互联网上广告拍卖等。

12.9 本章小结

本章讨论了强化学习的基本概念和方法，讨论了以表格方法为主的经典方法和与深度学习结合的函数逼近和策略梯度方法。首先给出了强化学习依据的基本模型——马尔可夫决策过程(MDP)，在其基础上讨论了贝尔曼方程的各种形式，以此为基础介绍了强化学习的三种基本学习方式：动态规划(DP)、蒙特卡洛学习(MC)和时间差分学习(TD)。动态规划应用于 MDP 参数确定并已知的环境，通过求解贝尔曼方程获得最优策略，实际是一种在预知环境模型下的规划类方法；在模型未知且不对模型进行估计的情况下(无模型方法)，利用智能体与环境的直接交互，可通过 MC 学习和 TD 学习获得最优策略。

本章进一步介绍了强化学习的更现代的技术。主要讨论了两类方法，一类方法是用函数逼近来表示值函数，包括用深度神经网络表示值函数的方法，如 DQN，讨论了在非线性值函数逼近尤其深度网络表示值函数时为使得算法收敛而采用的技术；另一类方法是策略梯度方法，从目标函数出发采用梯度优化直接学习最优策略，介绍了策略定理，并应用策略定理构造了两类基本策略梯度算法，分别是 Reinforce 和行动器-评判器算法，最后以对多臂赌博机的简单介绍结束了本章。

本章对经典强化学习给出了一个概要性的介绍，需要对强化学习进行更全面和更深入学习的读者，可参考 Sutton 等的 *Reinforcement Learning: An Introduction*，而 Bertsekas 的 *Reinforcement Learning and Optimal Control* 则更多地反映了强化学习和最优控制的联系。

习题

1. 对于图 12.2.1 猫和老鼠例子，状态集合为 $\mathcal{S}=\{1,2,\cdots,16\}$。设猫在格子中每次只能移动一步，只有 4 个动作，即 $\mathcal{A}=\{\text{up},\text{down},\text{left},\text{right}\}$，由于边界的限制，当猫在边界向边界外方向动作时，将留在本地不动。对于这个 MDP 过程，写出所有状态转移概率 $P_{ss'}^{a}$ 和所有期望奖励 $r(s,a)$。

2. 对于第 1 题的 MDP 过程，定义策略为

$$\pi(\text{up}\mid s)=\pi(\text{down}\mid s)=\pi(\text{left}\mid s)=\pi(\text{right}\mid s)=1/4,\quad s=1,2,\cdots,16$$

(1) 写出对所有状态 $s=1,2,\cdots,16$ 的贝尔曼状态值函数方程；

(2) 利用以上写出的贝尔曼方程，求所有值函数 $v_\pi(s)$，$s=1,2,\cdots,16$；

(3) 写出动作-值函数 $q_\pi(5,\text{right})$ 的贝尔曼方程。

3. 在猫和老鼠的例子中，用策略 π 产生了两幕结构为 $\{S_0,A_0,R_1,S_1,A_1,R_2,\cdots,S_{T-1},A_{T-1},R_T,S_T\}$ 的序列，分别为

$\{1,r,-1,2,d,-1,6,l,-1,5,d,-1,9,u,-1,5,d,-1,9,l,-10,10\}$

$\{1,d,-1,5,r,-1,6,u,-1,2,r,-1,3,r,-1,4,d,-1,8,d,-1,12,l,-1,11,d,-1,15,r,10,16\}$

其中,$r=\text{right}$,$l=\text{left}$,$u=\text{up}$,$d=\text{down}$,表示 4 种动作。利用这两幕序列通过 MC 方法(首次访问记录)估计状态值函数 $V(s)$(初始设为 0)。

4. 对于第 3 题的序列,通过 TD(0)算法估计状态值函数 $V(s)$和动作-值函数 $Q(s,a)$。

5. 设策略函数 $\pi_\theta(a|s)$可表示为 $\pi_\theta(a \mid s)=\dfrac{\exp[h(s,a,\boldsymbol{\theta})]}{\sum_b \exp[h(s,b,\boldsymbol{\theta})]}$,其中 $h(s,a,\boldsymbol{\theta})=\boldsymbol{\theta}^{\mathrm{T}}\boldsymbol{x}(s,a)$ 为线性函数,参数为$\boldsymbol{\theta}$。试导出策略梯度中的量$\nabla_\theta \ln\pi_\theta(a \mid s)$。

参考文献

[1] Alpaydm E. 机器学习导论[M]. 3 版. 范明,译. 北京：机械工业出版社,2017.

[2] Bellman R. Dynamic Programming[M]. Princeton：Princeton University Press,1957.

[3] Berger J O. Statistical Decision Theory and Bayesian Analysis [M]. 2nd ed. New York：Springer,1980.

[4] Bertsekas D P. Reinforcement Learning and Optimal Control [M]. Belmont MA：Athena Scientific,2019.

[5] Bishop C M. Neural Networks for Pattern Recognition[M]. Oxford：Oxford University Press,1995.

[6] Bishop C M. Pattern Recognition and Machine Learning[M]. New York：Springer Science+ Business Media LLC,2006.

[7] Breiman L,Friedman J. Classification and Regression Trees[M]. New-York：Wadsworth,1984.

[8] Casella G,Berger R L. Statistical Inference[M]. 2nd ed. New Jersey：Thomson Learning,2002.

[9] Chapelle O,Scholkopf B. Semi-supervised Learning[M]. Cambridge MA：MIT Press,2006.

[10] Cherkassky V,Mulier F. Learning from Data：Concepts,Theory,and Methods[M]. New Jersey：IEEE Press/Wiley-Interscience,2007.

[11] Cover T M,Thomas J A. Elements of Information Theory[M]. New Jersey：Wiley,1991.

[12] Duda R O,Hart P E,Stork D G. 模式分类[M]. 李宏东,姚天翔,等译. 2 版. 北京：机械工业出版社,2010.

[13] Edron B,Hastie T. Computer Age Statistical Inference[M]. New York：Cambridge University Press,2016.

[14] Everitt B S,Laudau S,Leese M. Cluster Analysis[M]. 4th ed. New York：Edward Arnold,2001.

[15] Geron A. Hands-on Machine Learning with Scikit-Learn & TensorFlow [M]. 2nd ed. Sebastopol：O'REILLY,2017.

[16] Goodfellow I J,Bengio Y,Courville A. Deep Learning[M]. Cambridge MA：MIT Press,2016.

[17] Gopal M. Application Machine Learning[M]. New York：McGraw-Hill,2018.

[18] Graves A. Supervised Sequence Labelling with Recurrent Neural Network[M]. New York：Springer,2012.

[19] Hastie T,Tibsshirani R,Friedman J. The Elements of Statistical Learning[M]. New York：Springer,2009.

[20] Hastie T,Tibsshirani R,Wainwright M. Statistical Learning with Sparsity[M]. London：CRC Press,2015.

[21] Haykin S. Neural Networks and Learning Machines [M]. 3rd ed. New York：Pearson Education,2009.

[22] Jain A,Dubes R. Algorithms for Clustering Data[M]. Englewood Cliffs N J：Prentice-Hall,1988.

[23] Koller D,Friedman N. Probabilistic Graphical Models：Principles and Techniques[M]. Cambridge MA：MIT Press,2009.

[24] Kubat M. 机器学习导论[M]. 王勇,仲国强,孙鑫,等译. 2 版. 北京：机械工业出版社,2018.

[25] Little R J A,Rubin D B. Statistical Analysis with Missing Data[M]. 2nd ed. New Jersey：Wiley-Interscience,2002.

[26] Liu Tie-Yan. Learning to Rank for Information Retrieval[M]. New York：Springer,2011.

[27] Mackay D J. Information Theory,Inference,and Learning Algorithms[M]. Cambridge：Cambridge University Press,2003.

[28] McLachlan G J,Peel D. Finite Mixture Model[M]. New Jersey: Wiley,2000.

[29] McLachlan G J,Krishnan T. The EM Algorithm and Extensions[M]. 2nd ed. New Jersey: John Wiley & Sons,2008.

[30] Minsky M,Papert S. Perceptrons[M]. Cambridge MA: MIT Press,1969.

[31] Mitchell T. 机器学习[M]. 曾华军,张银奎,等译. 北京: 机械工业出版社,2003.

[32] Mohri M,Rostamizadeh A,Talwalkar A. 机器学习基础[M]. 张文生,等译. 2 版. 北京: 机械工业出版社,2019.

[33] Murphy K P. Machine Learning[M]. Cambridge MA: MIT Press,2012.

[34] Neal R. Bayesian Learning for Neural Network[M]. New York: Springer,1996.

[35] Papoulis A. Probability, Random Variables and Stochastic Processing[M]. 4th ed. New York: McGraw-Hill,2002.

[36] Pearl J. Causality, Models, Reasoning and Inference[M]. Cambridge: Cambridge University Press,2000.

[37] Poor H V. An Introduction to Signal Detection and Estimation[M]. New-York: Springer,1988.

[38] Quinlan J R. C4. 5 Programs for Machine Learning[M]. San Mateo: Morgan Kaufmann,1993.

[39] Rasmussen C E,Williams C K I. Gaussian Processes for Machine Learning[M]. Cambridge MA: MIT Press,2006.

[40] Ross S M. Introduction to Probability Model[M]. 9th ed. Singapore: Elsevier Pte Ltd. ,2007.

[41] Schapiro R E,Freund Y. 机器学习提升法: 理论与算法[M]. 沙瀛,译. 北京: 人民邮电出版社,2020.

[42] Schwartz H M. Multi-Agent Machine Learning: A Reinforcement Approach[M]. New York: John Wiley & Sons Inc. ,2014.

[43] Silver D. Reinforcement Learning Lecture[EB/OL]. [2021-06-25]. http://www0. cs. ucl. ac. uk/staff/D. Silver/web/ Teaching. html.

[44] Shai S S,Shai B D. 深入理解机器学习: 从原理到算法[M]. 张文生,等译. 北京: 机械工业出版社,2016.

[45] Sugiyama M. Statistical Reinforcement Learning-Modern Machine Learning Approaches[M]. New York: CRC Press,2015.

[46] Sundaram R K. A First Course in Optimization Theory[M]. Cambridge: Cambridge University Press,1996.

[47] Sutton R S,Barto A G. 强化学习[M]. 俞凯,等译. 北京: 电子工业出版社,2019.

[48] Theodoridis S. Machine Learning: A Bayesian and Optimization Perspective[M]. Amsterdam: Academic Press,2015.

[49] Vapnik V N. Statistical Learning Theory[M]. New York: Wiley,1998.

[50] Vapnik V N. 统计学习的本质[M]. 张学工,译. 2 版. 北京: 清华大学出版社,2000.

[51] Vorobeychik Y,Kantarcioglu M. Adversarial Machine Learning[M]. New York: Morgan & Claypool Press,2018.

[52] Watt J, Borhani R, Katsaggelos A. Machine Learning Refined: Foundations, Algorithms and Applications[M]. Cambridge: Cambridge University Press,2016.

[53] Webb A R,Copsey K D. 统计模式识别[M]. 王萍,译. 3 版. 北京: 电子工业出版社,2015.

[54] 陈希孺. 概率论与数理统计[M]. 合肥: 中国科技大学出版社,2017.

[55] Deng L,Yu D. 深度学习: 方法及应用[M]. 谢磊,译. 北京: 机械工业出版社,2016.

[56] Deng L,Liu Y. 基于深度学习的自然语言处理[M]. 李轩涯,等译. 北京: 清华大学出版社,2020.

[57] 邓乃扬,田英杰. 支持向量机——理论、算法与拓展[M]. 北京: 科学出版社,2009.

[58] 戈卢布,洛恩. 矩阵计算[M]. 袁亚湘,等译. 北京: 科学出版社,2001.

[59] Hutter F, Kotthoff L, Vanschoren, J. 自动机器学习(AutoML)：方法、系统与挑战[M]. 何明，刘淇，等译. 北京：清华大学出版社，2020.
[60] 李航. 统计学习方法[M]. 2 版. 北京：清华大学出版社，2019.
[61] 刘铁岩，陈薇，王太峰，等. 分布式机器学习：算法、理论与实践[M]. 北京：机械工业出版社，2018.
[62] 刘知远，韩旭，孙茂松. 知识图谱与深度学习[M]. 北京：清华大学出版社，2020.
[63] 邱锡鹏. 神经网络与深度学习[M]. 北京：机械工业出版社，2020.
[64] Boyd S, Vandenberghe L. 凸优化[M]. 王书宁，等译. 北京：清华大学出版社，2013.
[65] 杨强，刘洋，程勇，等. 联邦学习[M]. 北京：电子工业出版社，2020.
[66] 杨强，张宇，戴文渊，等. 迁移学习[M]. 北京：机械工业出版社，2020.
[67] 袁亚湘，孙文瑜. 最优化理论与方法[M]. 北京：科学出版社，1997.
[68] 阿斯顿，李沐，扎卡里，等. 动手学深度学习[M]. 北京：人民邮电出版社，2019.
[69] 张旭东. 机器学习导论[M]. 北京：清华大学出版社，2021.
[70] 周志华. 机器学习[M]. 北京：清华大学出版社，2016.
[71] 周志华. 集成学习：基础与算法[M]. 李楠，译. 北京：电子工业出版社，2020.
[72] 朱雪龙. 应用信息论基础[M]. 北京：清华大学出版社，2001.

附录A 课程的实践型作业实例

APPENDIX A

在大学高年级或研究生课程中，机器学习是相对难度较大的“硬课”，真正要有收获，不仅要读懂、理解许多相对较为繁复的算法，还要完成实践型的练习。机器学习的实践性是非常强的，不通过编程实践的训练很难达到理想的学习效果。

在我们的课程教学中，一学期内布置并要求选课学生完成3个实践型作业，作业的数据源均来自网络资源的实际数据集。为了给使用本教材的读者一个完整的参考，本附录给出了某学期3个实践作业的真实题目，在不同学年实践作业都会重新设计，但基本难度相当。

对于不同的院校和专业，不一定要求学生完成3个实践题，但要求至少完成1个针对实际数据的实践题，这对于提高学生应用机器学习模型解决实际问题的能力是有帮助的。本附录仅作为参考，对于自学者，也可取其中一两个习题来测试自己的学习效果。

本教材及其相关课程不介绍有关编程语言，如Python等，假设学生已有编程基础或可通过自学入门编程语言，课程中助教会有两个学时的编程指导讲座，指导学生快速入门Python和TensorFlow或PyTorch等工具，为了控制篇幅，这些内容不包含在本教材中，有兴趣的读者可在本教材的出版社资源中下载参考。本附录最后给出几个编程入门的网络资源仅供参考。

A.1 第1次实践作业

1. 作业要求

(1) 任选一个任务完成。

(2) 使用Python和TensorFlow。

(3) 数据预处理(数据缺失、数值差异大、非数值数据等问题)，训练集/测试集划分、交叉验证等可通过查找文献自行发挥，并在实验报告中做出说明。

(4) 提交实验报告和代码文件(单独文件)，代码要有必要的注释。

注意：两个任务的数据集均来自Kaggle网站，关于数据库细节请仔细阅读网站中的说明。

2. 任务介绍

(1) 任务1：利用车载诊断系统(OBD-TI)和用户手机传感器收集的数据推测路面情况和驾驶员的驾驶风格。

实现逻辑回归推测路面情况，高斯概率生成模型推测驾驶风格，具体说明如下。

数据集来自 https://www.kaggle.com/gloseto/traffic-driving-style-road-surface-condition。

- 使用逻辑回归预测路面情况，使用高斯概率生成模型推测驾驶风格。
- 需要数据预处理。
- 使用 Python 和 TensorFlow。

(2) 任务 2：利用线性回归进行房价预测。

分别实现无先验和有先验的线性回归(先验分布自己定义)，具体说明如下。

数据集来自 https://www.kaggle.com/anthonypino/melbourne-housing-market.

数据集包括地址、房间数、面积、距离市中心距离、房价等。

- 使用没有和有先验的线性回归(如线性回归和贝叶斯线性回归)。
- 需要数据预处理。
- 使用 Python 和 TensorFlow。

A.2 第 2 次实践作业

1. 作业要求

(1) 认真阅读数据介绍。

(2) 参与训练的欺诈交易数据占总欺诈交易数据样本比例不超过 3/5。

(3) 详细分析不同情况下算法的性能。

(4) 请勿直接调用 SVM 的 API。

(5) 使用 TensorFlow 或 PyTorch。

(6) 提交代码和实验报告(代码单独文件，添加详细注释，不要出现在实验报告中)。

2. 任务介绍

数据集来自 https://www.kaggle.com/mlg-ulb/creditcardfraud。

任务：识别信用卡欺诈交易。

(1) 实现 Kernel SVM。

(2) 用编写的 SVM 识别信用卡欺诈交易。

- 合法交易数据样本远多于欺诈交易数据样本，该如何处理？
- 使用至少两种核函数实现 SVM。
- 使用 PR 曲线下面积(Area Under the Precision-Recall Curve，AUPRC)作为评价指标。
- 漏检一笔欺诈交易就会带来很大的损失，如何进一步降低漏检率？

A.3 第 3 次实践作业

本次作业提供了 4 个选做题目，任选其中一个即可。每个题目给出了最基本要求，可在此基础上实现性能更好的算法。要求用 TensorFlow 或 PyTorch 实现；要求撰写较详细的实验报告(各种训练曲线，测试结果和结果分析等)；另外，作业必须自己完成，切勿直接复制已有代码，如果有参考，请注明。

1. 选做 1：CNN

(1) 作业任务：使用卷积神经网络进行手语识别。

(2) 作业要求：设计一个手语识别的分类器，进行自动手语识别，要求训练集大小不超过数据集的 70%。

(3) 作业提交：代码、实验报告(报告中请指明所有的参数设置，如 batch size、学习率等)。

(4) 数据集链接为 https://www.kaggle.com/ash2703/handsignimages。

2. 选做 2：RNN

(1) 作业任务：使用 RNN，根据蛋白质的分子序列，预测蛋白质的种类。

(2) 作业要求：从给定数据集中，筛选出样本最多的前 10 种蛋白质的相关数据作为数据集，利用 RNN(如 LSTM)实现对蛋白质种类的预测；说明数据的嵌入(表示)方式；请认真阅读数据集介绍；数据集划分要求训练集样本数占比不超过 70.0%。

(3) 作业提交：代码、实验报告 (详细介绍所有实施细节，以及超参数设定等)。

(4) 数据集链接为 https://www.kaggle.com/shahir/protein-data-set。

3. 选做 3：DRL

(1) 作业任务：使用深度增强学习算法实现月球车月面着陆。

(2) 作业要求：使用深度增强学习算法(具体算法不限，如 DQN、DDPG、PPO 等)实现仿真月球车在月面的着陆功能。

(3) 作业提交：代码、实验报告(详细介绍所有实施细节，以及超参数设置等)。

(4) 仿真环境链接为 https://gym.openai.com/envs/LunarLander-v2/或 https://gym.openai.com/envs/LunarLanderContinuous-v2/。

4. 选做 4：任选

(1) 作业任务：利用 CNN/RNN/DRL 解决自己专业中遇到的实际问题。

(2) 作业要求：所选问题难度不低于前三个作业的难度，经助教同意后方可；切忌将之前做过的工作直接拿来用。

(3) 作业提交：代码、实验报告 (详细的背景知识介绍、详细的实验过程)。

附录 B 函数对向量和矩阵的求导

APPENDIX B

在机器学习中经常用到一个标量函数对向量或矩阵的求导，大学“线性代数”课程教材可能不包括这部分内容，这里做一简单介绍供参考。

有一个标量函数 $f(\boldsymbol{x})$，假设 $\boldsymbol{x}$ 和 $f(\boldsymbol{x})$都是实的，$\boldsymbol{x}=[x_1,x_2,\cdots,x_M]^{\mathrm{T}}$，定义 $f(\boldsymbol{x})$对 $\boldsymbol{x}$ 的梯度为

$$\nabla f(\boldsymbol{x})=\frac{\mathrm{d}f(\boldsymbol{x})}{\mathrm{d}\boldsymbol{x}}=\left(\frac{\partial f}{\partial x_1},\frac{\partial f}{\partial x_2},\cdots,\frac{\partial f}{\partial x_M}\right)^{\mathrm{T}} \tag{B.1}$$

常见例子为

$$\frac{\mathrm{d}(\boldsymbol{a}^{\mathrm{T}}\boldsymbol{x})}{\mathrm{d}\boldsymbol{x}}=\boldsymbol{a}$$

$$\frac{\mathrm{d}(\boldsymbol{x}^{\mathrm{T}}\boldsymbol{A}\boldsymbol{x})}{\mathrm{d}\boldsymbol{x}}=(\boldsymbol{A}+\boldsymbol{A}^{\mathrm{T}})\boldsymbol{x}$$

$$\frac{\mathrm{d}(\boldsymbol{A}\boldsymbol{x})}{\mathrm{d}\boldsymbol{x}}=\boldsymbol{A}^{\mathrm{T}} \tag{B.2}$$

当 $\boldsymbol{A}$ 是实对称矩阵时，有

$$\frac{\mathrm{d}(\boldsymbol{x}^{\mathrm{T}}\boldsymbol{A}\boldsymbol{x})}{\mathrm{d}\boldsymbol{x}}=2\boldsymbol{A}\boldsymbol{x} \tag{B.3}$$

类似地，可定义函数对矩阵的求导，若 $\boldsymbol{A}=[a_{ij}]_{n\times m}$ 中每个 a_{ij} 是变量，$f(\boldsymbol{A})$对 $\boldsymbol{A}$ 的导数定义为

$$f(\boldsymbol{A})=\frac{\mathrm{d}f(\boldsymbol{A})}{\mathrm{d}\boldsymbol{A}}=\left[\frac{\partial f}{\partial a_{ij}}\right]_{n\times m} \tag{B.4}$$

容易验证，$\boldsymbol{x}^{\mathrm{T}}\boldsymbol{A}\boldsymbol{x}$ 对实对称矩阵 $\boldsymbol{A}$ 的导数为

$$\frac{\mathrm{d}(\boldsymbol{x}^{\mathrm{T}}\boldsymbol{A}\boldsymbol{x})}{\mathrm{d}\boldsymbol{A}}=\boldsymbol{x}\boldsymbol{x}^{\mathrm{T}} \tag{B.5}$$

另有

$$\frac{\mathrm{d}(\ln|\boldsymbol{A}|)}{\mathrm{d}\boldsymbol{A}}=(\boldsymbol{A}^{-1})^{\mathrm{T}} \tag{B.6}$$

$$\frac{\mathrm{d}[\mathrm{tr}(\boldsymbol{A}^{\mathrm{T}}\boldsymbol{B})]}{\mathrm{d}\boldsymbol{A}}=\boldsymbol{B} \tag{B.7}$$

$$\frac{\mathrm{d}[\mathrm{tr}(\boldsymbol{A}\boldsymbol{B}\boldsymbol{A}^{\mathrm{T}})]}{\mathrm{d}\boldsymbol{A}}=\boldsymbol{A}(\boldsymbol{B}+\boldsymbol{B}^{\mathrm{T}}) \tag{B.8}$$

$$\frac{\mathrm{d}[\mathrm{tr}(\boldsymbol{A}^{\mathrm{T}}\boldsymbol{B}\boldsymbol{A})]}{\mathrm{d}\boldsymbol{A}}=(\boldsymbol{B}+\boldsymbol{B}^{\mathrm{T}})\boldsymbol{A} \tag{B.9}$$

图书资源支持

感谢您一直以来对清华大学出版社图书的支持和爱护。为了配合本书的使用，本书提供配套的资源，有需求的读者请扫描下方的“书圈”微信公众号二维码，在图书专区下载，也可以拨打电话或发送电子邮件咨询。

如果您在使用本书的过程中遇到了什么问题，或者有相关图书出版计划，也请您发邮件告诉我们，以便我们更好地为您服务。